Rennert/Bundschuh
Signale und Systeme

 Bleiben Sie auf dem Laufenden!

Hanser Newsletter informieren Sie regelmäßig über neue Bücher und Termine aus den verschiedenen Bereichen der Technik. Profitieren Sie auch von Gewinnspielen und exklusiven Leseproben. Gleich anmelden unter
www.hanser-fachbuch.de/newsletter

Ines Rennert, Bernhard Bundschuh

Signale und Systeme
Einführung in die Systemtheorie

Mit 119 Beispielen, 337 Bildern und 52 Übungsaufgaben

Fachbuchverlag Leipzig
im Carl Hanser Verlag

Prof. Dr.-Ing. Ines Rennert
Hochschule für Telekommunikation Leipzig

Prof. Dr.-Ing. Bernhard Bundschuh
Hochschule Merseburg

Bibliografische Information der Deutschen Nationalbibliothek

Die Deutsche Nationalbibliothek verzeichnet diese Publikation in der Deutschen Nationalbibliografie; detaillierte bibliografische Daten sind im Internet über http://dnb.d-nb.de abrufbar.

ISBN: 978-3-446-43327-4
E-Book-ISBN: 978-3-446-43328-1

Dieses Werk ist urheberrechtlich geschützt.
Alle Rechte, auch die der Übersetzung, des Nachdruckes und der Vervielfältigung des Buches, oder Teilen daraus, vorbehalten. Kein Teil des Werkes darf ohne schriftliche Genehmigung des Verlages in irgendeiner Form (Fotokopie, Mikrofilm oder ein anderes Verfahren), auch nicht für Zwecke der Unterrichtsgestaltung – mit Ausnahme der in den §§ 53, 54 URG genannten Sonderfälle –, reproduziert oder unter Verwendung elektronischer Systeme verarbeitet, vervielfältigt oder verbreitet werden.

© 2013 Carl Hanser Verlag München
Internet: http://www.hanser-fachbuch.de

Lektorat: Mirja Werner, M.A.
Herstellung: Dipl.-Ing. Franziska Kaufmann
Satz: Satzherstellung Dr. Steffen Naake, Brand-Erbisdorf
Coverconcept: Marc Müller-Bremer, www.rebranding.de, München
Coverrealisierung: Stephan Rönigk
Druck und Bindung: CPI books GmbH, Leck
Printed in Germany

Vorwort

Es gibt schon zahlreiche Bücher zur Systemtheorie. Warum denn noch eins, könnte man fragen. Die Antwort lautet: Dafür gibt es verschiedene Gründe. In unserer jahrelangen Lehrtätigkeit haben wir zahlreiche Erfahrungen sammeln können, wie man die Studierenden erfolgreich oder manchmal leider auch weniger erfolgreich an die Systemtheorie heranführen kann. Bei den Studierenden, bei denen es uns weniger gut geglückt ist, könnte man in die weitverbreitete Meinung einstimmen: „Die Studienanfänger werden immer dümmer." Aber das ist wohl sehr vorschnell gedacht. Erinnern wir uns an unser Studium zurück, dann haben wir doch auch lange gebraucht, um zu verstehen, was der Dozent z. B. mit diesem theoretischen Dirac-Impuls, der noch nicht mal eine ordentliche Funktion ist, meint. Oder was ist diese mysteriöse Operation *Faltung*, Origami für Fortgeschrittene? Wozu braucht man das und wie führt man diese Operation korrekt aus? Es gab viele Fragen, die uns im Studium verwirrt haben. Und nach einem Seminar, das Aufklärung bringen sollte, war man immer noch verwirrt, wenn auch auf einer höheren Stufe. Und so geht es den Studierenden damals wie heute. Da wir uns nun seit Jahren mit der Systemtheorie befassen, sind uns viele Dinge so in Fleisch und Blut übergegangen, dass man schnell vergisst, wie man selbst als Lernender darüber angestrengt gegrübelt hat. Aus diesem Grund entstand die Idee, ein Buch mit dem Anspruch *Systemtheorie für Einsteiger* zu schreiben. Die Systemtheorie ist ein Gebiet, das Abstraktionsvermögen verlangt und stark mathematisch orientiert ist, davon können wir nicht abweichen. Aber wir werden versuchen, weitestgehend auf mathematisch ausgefeilte Beweisführungen zu verzichten und eher Plausibilitätserklärungen, auch „Kochrezepte", anzubieten. Jeder Lehrende weiß, Studierende schätzen es, anhand von Übungsaufgaben den Sachverhalt zu erschließen. Zahlreiche im Buch vorgerechnete Beispiele kommen dem Wunsch der Studierenden nach, natürlich mit dem Ziel, den vorgestellten Sachverhalt zu verstehen und zu festigen. Es soll ein Buch für Einsteiger sein, die sich die wesentlichen Grundbausteine der Systemtheorie aneignen und ein Grundverständnis für das Gebiet *Systemtheorie* erarbeiten wollen.

Das vorliegende Buch ist hauptsächlich vorgesehen für Studierende in den Studiengängen Elektrotechnik, Mechatronik, Informationstechnik, Kommunikationstechnik, Automatisierungstechnik und Physikalische Technik.

Leipzig, Merseburg im Februar 2013   Ines Rennert und Bernhard Bundschuh

Inhalt

1 Einleitung 11

I Signale 15

2 Was ist ein Signal? 16

3 Deterministische kontinuierliche Signale im Zeitbereich 20
   3.1 Wie kann man Signale im Zeitbereich darstellen? 20
   3.2 Elementarsignale 20
   3.3 Signaloperationen 32
      3.3.1 Elementare Signaloperationen 32
      3.3.2 Korrelation 36
      3.3.3 Faltung 42
   3.4 Energie und Leistung 50

4 Deterministische zeitdiskrete Signale im Zeitbereich 55
   4.1 Signaldarstellung im Zeitbereich 55
   4.2 Elementarsignale 57
   4.3 Signaloperationen 63
      4.3.1 Elementare Signaloperationen 63
      4.3.2 Korrelation 67
      4.3.3 Diskrete Faltung 71
   4.4 Energie und Leistung 77

5 Deterministische kontinuierliche Signale im Frequenzbereich 80
   5.1 Darstellung von Signalparametern im Frequenzbereich 80
   5.2 Spektraldarstellung von Signalen mittels Fourier-Reihen 84
   5.3 Spektraldarstellung von Signalen mittels Fourier-Transformation 97
      5.3.1 Fourier-Transformation und inverse Fourier-Transformation 97
      5.3.2 Eigenschaften und Rechenregeln der Fourier-Transformation 102
      5.3.3 Spektren von Elementarsignalen 115
   5.4 Energie- und Leistungsdichtespektren 125
   5.5 Zusammenhang zwischen Fourier-Reihe und Fourier-Transformation . . . 128

6 Deterministische zeitdiskrete Signale im Frequenzbereich . . . 132
   6.1 Ideale Abtastung 132
   6.2 Darstellung von Signalparametern im Frequenzbereich 142
   6.3 Spektraldarstellung von Abtastsignalen und zeitdiskreten Signalen 144

6.4　Spektraldarstellung von Signalen mittels diskreter Fourier-Transformation 152
　　6.4.1　Diskrete Fourier-Transformation und inverse diskrete Fourier-Transformation 152
　　　　6.4.1.1　Hintransformation 152
　　　　6.4.1.2　Rücktransformation 156
　　6.4.2　Schnelle diskrete Fourier-Transformation 158
6.5　Energie- und Leistungsdichtespektren................................. 164
6.6　Zusammenhang zwischen den Spektren kontinuierlicher und zeitdiskreter Signale 167

7 Übungsaufgaben 172

II Systeme 181

8 Systemdefinition 182

9 Zeitkontinuierliche LTI-Systeme im Zeitbereich 185
9.1　Systemeigenschaften 185
9.2　Lineare Differenzialgleichung mit konstanten Koeffizienten 191
9.3　Signalflusspläne und Signalflussgraphen 197

10 Kontinuierliche LTI-Systeme im Zeitbereich und im Bildbereich 201
10.1　Laplace-Transformation und Laplace-Rücktransformation 201
10.2　Rechenregeln und Korrespondenzen der Laplace-Transformation 210
10.3　Lösung von Differenzialgleichungen mittels Laplace-Transformation 217
10.4　Übertragungsfunktion 231
10.5　Systemantworten 238
10.6　Stabilität 246

11 Kontinuierliche LTI-Systeme im Frequenzbereich 252
11.1　Frequenzgang 252
11.2　Darstellung des Frequenzgangs 262

12 Ideale kontinuierliche Übertragungssysteme 275

13 Zusammenhang der Frequenzfunktionen kontinuierlicher Signale und Systeme 280

14 Zeitdiskrete LTI-Systeme im Zeitbereich 285
14.1　Systemeigenschaften 285
14.2　Lineare Differenzengleichung mit konstanten Koeffizienten 293
14.3　Signalflusspläne und Signalflussgraphen 303

15 Zeitdiskrete LTI-Systeme im Zeit- und Bildbereich 307
    15.1 z-Transformation und inverse z-Transformation 307
              15.1.1   Laplace-Transformation eines ideal abgetasteten Signals 307
              15.1.2 z-Transformation 309
              15.1.3   Inverse z-Transformation 312
    15.2   Rechenregeln und Korrespondenzen der z-Transformation.............. 315
    15.3   Lösung von Differenzengleichungen mittels z-Transformation 320
    15.4   Übertragungsfunktion 332
    15.5   Systemantworten 339
    15.6   Stabilität 347

16 Zeitdiskrete LTI-Systeme im Frequenzbereich 352
    16.1   Frequenzgang... 352
    16.2   Darstellung des Frequenzgangs 358

17 Ideale zeitdiskrete Übertragungssysteme 364

18 Zusammenhang der Frequenzfunktionen zeitdiskreter Signale und Systeme 370

19 Übungsaufgaben 374

Anhang 382

Literatur 391

Sachwortverzeichnis 393

1 Einleitung

Die im Buch beschriebenen *Signale und Systeme* gehören zum Gebiet *Systemtheorie für Ingenieurwissenschaften*. Der Begriff *Systemtheorie* ist unmittelbar verbunden mit den Wissenschaftlern Norbert Wiener /19/ und Karl Küpfmüller /25/, da diese wesentliche Anstöße und Beiträge zur Systemtheorie lieferten. Die seit diesen Anfängen in der ersten Hälfte des vergangenen Jahrhunderts stark weiterentwickelte Systemtheorie gehört inzwischen zum Handwerkszeug eines jeden Ingenieurs. Die systemtheoretische Herangehensweise an die Analyse und Synthese von Prozessen, die in den Ingenieurwissenschaften technischer Natur sind, ist heute selbstverständlich. Zum Einstieg in die Systemtheorie werden im Buch zunächst ausgewählte Grundbausteine betrachtet.

Die Grundbausteine der Sprache sind Laute, die Grundbausteine von Texten liefert das Alphabet, Grundbausteine der Mathematik sind die Grundrechenarten. In Analogie dazu kann man für die Systemtheorie ebensolche Grundbausteine benennen, denn erst bei deren Kenntnis und Handhabung ist der Zugang zu komplizierten Signalverarbeitungsprozessen möglich. Unabhängig vom Anwendungsgebiet werden diese Grundbausteine definiert, sie werden wie die Sprache, Texte und die Mathematik in den unterschiedlichsten Fachgebieten eingesetzt. Welche Elemente sind zu den Grundbausteinen der Systemtheorie zu rechnen? Sicherlich gibt es Konsens über die meisten in diesem Buch beschriebenen Grundbausteine, an einigen werden sich die Geister scheiden. Um die Auswahl der hier ausgewählten Grundbausteine plausibel zu machen, sind Beispiele hilfreich. Betrachten wir als anschauliches einführendes Beispiel ein Mobiltelefon.

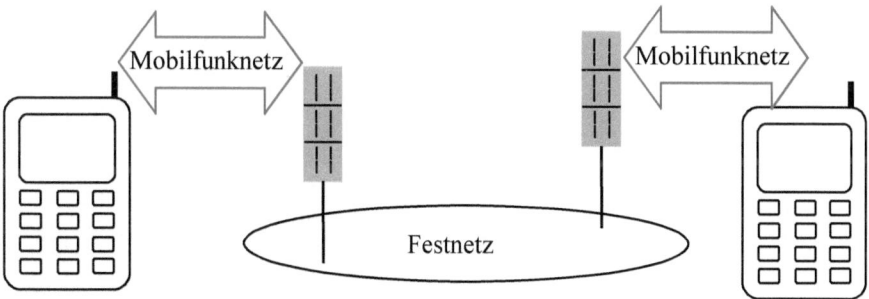

Bild 1.1 Kommunikationsweg zweier Mobilfunknutzer

Die Kommunikation zwischen den Mobilfunknutzern, siehe Bild 1.1, erfolgt nur auf den sogenannten letzten Kilometern über Funknetze. Diese Funknetze sind verbunden mit dem Festnetz, auf dem, in Kilometern ausgedrückt, der längste Teil der Kommunikation stattfindet. Aus Sicht der Signalverarbeitung werden nachfolgend einige Aspekte der primären Funktion des Mobiltelefons, des Telefonierens, dargestellt. Nicht betrachtet werden Signalisierungsprozesse und Protokolle.

Prinzipiell gibt es in einem Mobiltelefon zwei Signalverarbeitungsketten. Die eine Signalverarbeitungskette beschreibt den Weg eines *Signals*
- vom Mikrophon über Verarbeitungseinheiten bis zur Antenne

und die andere Signalverarbeitungskette den Weg
- von der Antenne über Verarbeitungseinheiten zum Lautsprecher.

Im Bild 1.2 sind schematisch diese beiden Signalverarbeitungsketten dargestellt. Das gesprochene Wort wird im Mikrophon, einem *System*, von einem *akustischen Signal* zur weiteren Verarbeitung in ein *elektrisches Signal* gewandelt. Beim Lautsprecher erfolgt genau die umgekehrte Wandlung, vom elektrischen in ein akustisches Signal. Die akustischen und die elektrischen Signale sind vorstell- und darstellbar als *Zeitfunktionen*. Und da zu jedem Zeitpunkt ein Signalwert vorliegt, nennt man dieses Signal *analog*. Das Sprachsignal auch nach der Wandlung wird als niederfrequentes Signal im Kilohertz-Bereich bezeichnet. Die Eigenschaft niederfrequent hängt mit den *Frequenzinhalten* des Signals zusammen. Die *Frequenzinhalte* werden durch die *Frequenzfunktion*, auch *Frequenzspektrum* genannt, des Signals ausgedrückt. Das Signal, das von der Antenne gesendet und empfangen wird, ist hochfrequent und liegt im Mega- und Gigahertz-Bereich. In welchem Frequenzbereich dieses Signal liegt, hängt vom Netzbetreiber des Mobilfunknetzes ab. Diese Frequenzbereiche ersteigern die Netzbetreiber für viel Geld bei der Bundesnetzagentur.

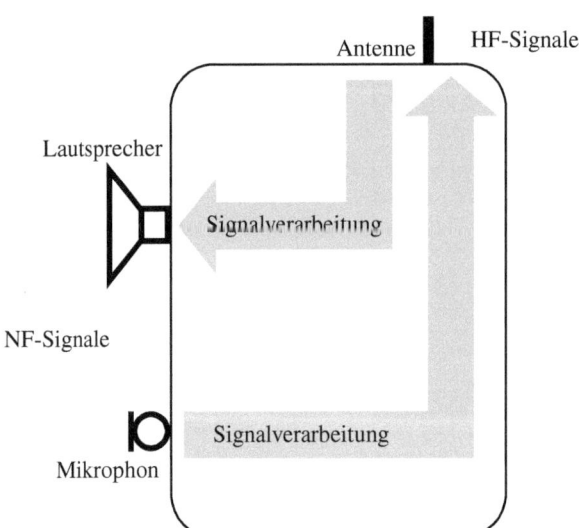

Bild 1.2 Prinzipielle Signalverarbeitungsketten

Die *Frequenzfunktion* erscheint auf den ersten Blick nicht so einfach durchschaubar, ist aber gerade auf dem Gebiet der modernen Kommunikationsmittel eine sehr wichtige Beschreibungsmethode, wenn man an die *Bandbreiten* von Signalen und Übertragungskanälen sowie die Übertragungsraten auf den Übertragungskanälen denkt. Signale werden im *Zeit- und Frequenzbereich* beschrieben.

Detaillierter betrachtet wird nachfolgend die Signalverarbeitungskette vom Mikrophon zur Antenne. Nach der akustisch-elektrischen Wandlung des Sprachsignals erfolgt in dem *System* Tiefpass eine Filterung, um mögliche im Signal vorhandene höhere Frequenzanteile zu unterdrücken und das Signal an die digitale Signalverarbeitung anzupassen. Die digitale Signalverarbeitung wird hier verwendet, da sie zuverlässig Daten speichert, flexibler ist und eine höhere Genauigkeit ermöglicht als die analoge Signalverarbeitung. Das gefilterte *analo-*

ge Signal wird in einem Analog/Digital-Wandler zeitlich abgetastet und wertquantisiert. Es entsteht ein *wert- und zeitdiskretes Signal*, auch *digitales Signal* genannt, das durch seine *Zahlenfolge* ausgedrückt wird. Aus diesem *digitalen Signal* wird über eine Codierung ein *Binärsignal*, bestehend aus Einsen und Nullen, erzeugt.

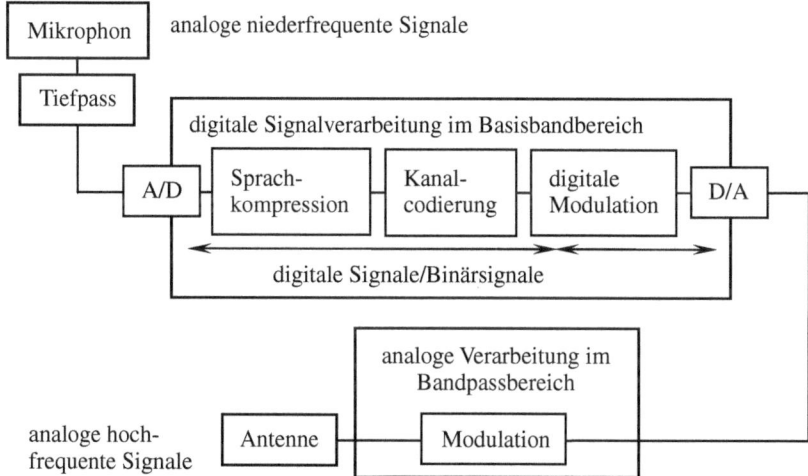

Bild 1.3 Signalverarbeitungsketten vom Mikrophon zur Antenne

Redundanzen im Sprachsignal und Anteile des Sprachsignals, die für das menschliche Gehör unwichtig sind, werden bei der Sprachkompression aus dem Signal entfernt. Die Kanalcodierung fügt wieder Redundanzen hinzu, um z. B. Übertragungsfehler erkennen zu können. Mithilfe der digitalen Modulation werden Symbole, die aus einer festen Anzahl aufeinanderfolgender abstrakter Nullen und Einsen bestehen, durch solche Signalverläufe repräsentiert, die ein Frequenzspektrum mit einer für die Übertragung geeigneten Bandbreite aufweisen und eine nahezu störungsfreie Übertragung ermöglichen.

Nach der Digital/Analog-Wandlung und Signalrekonstruktion durch *Systeme*, die Rekonstruktionsfilter, liegt wieder ein *analoges Signal* vor. Dieses analoge Signal wird durch Modulation zum Bandpasssignal im Hochfrequenzbereich, das über die Antenne ausgesendet wird. Der Weg von der Antenne zum Lautsprecher durchläuft in umgekehrter Weise die Signalverarbeitungskette. Dabei wird aus dem hochfrequenten Signal nach Demodulation ins Basisband die Nachricht nach erfolgter digitaler Demodulation, Kanaldecodierung, Sprachdekompression als analoges Signal im hörbaren Bereich an den Lautsprecher geführt.

Man kann nur erahnen, welche raffinierten und vielfältigen Signalverarbeitungsverfahren in einem kleinen Mobiltelefon ablaufen, um ein Telefongespräch zu führen. Dabei wurde noch nicht einmal darüber gesprochen, was auf dem Übertragungsweg durch die verschiedenen Netze mit dem Signal passiert. Besonders wichtig ist weiterhin zu sehen, dass, obwohl viel vom digitalen Zeitalter zu lesen und zu hören ist, neben den *digitalen Signalen* und *Systemen* die *analogen Signale* und *Systeme* weiterhin sehr wichtige Komponenten sind.

Dem Leser wird aufgefallen sein, dass im Text die Begriffe, wie z. B. *Signal, System, Zeit- und Frequenzfunktion*, kursiv hervorgehoben werden. Genau diese Begriffe, deren Bedeutung und Beschreibung sowie deren Handhabung und Zusammenwirken sind Grundbausteine der *Systemtheorie* und sind Inhalte des vorliegenden Buches. Im *Teil I* werden analoge und zeitdiskrete Signale im Zeit- und Frequenzbereich beschrieben und es werden Gemeinsamkeiten und Unterschiede zwischen analogen und zeitdiskreten Signalen aufgezeigt. *Teil II* widmet sich dem Systemverhalten von analogen und zeitdiskreten Systemen im Zeit- und Frequenzbereich. Hinzu kommt noch die Beschreibung im Bildbereich, mit der z. B. die Systemeigenschaft Stabilität anschaulich diskutiert werden kann. Weiterhin werden die Systeme im Zusammenhang mit den Signalen betrachtet. Die Ermittlung der Systemreaktionen auf verschiedene Eingangssignale im Zeitbereich und über den Bildbereich wird beschrieben, ebenso die Filterwirkung von Systemen auf Signale.

Teil I und II beinhalten jeweils einen Abschnitt mit zahlreichen Aufgaben. Die Lösungen zu den Aufgaben finden Sie im Internet auf der Seite zum Buch unter www.hanserfachbuch.de/buch/Signale+und+Systeme/9783446433274.

Teil I

Signale

2 Was ist ein Signal?

Signale können z. B. *physikalische* Größen als Funktionen einer oder mehrerer unabhängiger Variablen sein. Die folgende Liste mit Beispielen könnte man fast beliebig fortsetzen:

- Elektrische Spannung $u(t)$ in V
- Elektrischer Strom $i(t)$ in A
- Optische Leistung $p(t)$ in W
- Temperatur als Funktion des Ortes $T(x)$, $T(x, y, z)$ in K oder °C
- Elektrische Feldstärke $\vec{E}(x, y, z)$ in V/m
- Magnetische Feldstärke $\vec{H}(x, y, z)$ in A/m
- Elektrokardiogramm (EKG) in V als Funktion der Zeit (siehe Bild 2.1)
- Deutscher Aktienindex (DAX) in € als Funktion der Zeit (keine physikalische Größe) (siehe Bild 2.2)

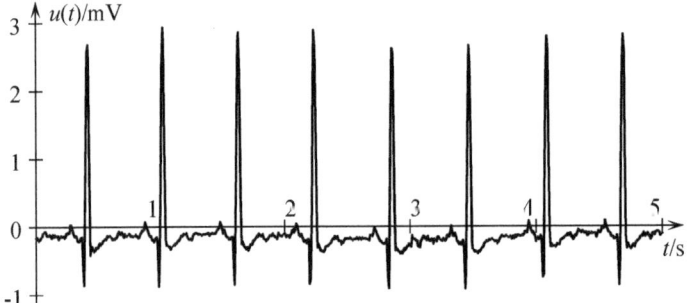

Bild 2.1 EKG-Verlauf als Beispiel für ein Zeitsignal

Bild 2.2 DAX-Verlauf als Beispiel für Zeitsignale /9/

Signale können sowohl orts- als auch zeitabhängige, skalare oder vektorielle Größen in Abhängigkeit von einer oder mehreren Variablen sein. Außer Zeit und Ort können auch andere unabhängige Variablen, z. B. Drehwinkel, auftreten.

Speziell in der Nachrichtentechnik dienen Signale als *physikalische Träger* der *Information*. Bild 2.3 veranschaulicht diesen Zusammenhang anhand dreier Modulationsverfahren. Beim Amplitude Shift Keying (ASK) wird die Information durch unterschiedliche Amplituden des Signals repräsentiert, beim Frequency Shift Keying (FSK) durch unterschiedliche Frequenzen und beim Phase Shift Keying (PSK) durch unterschiedliche Phasenlagen.

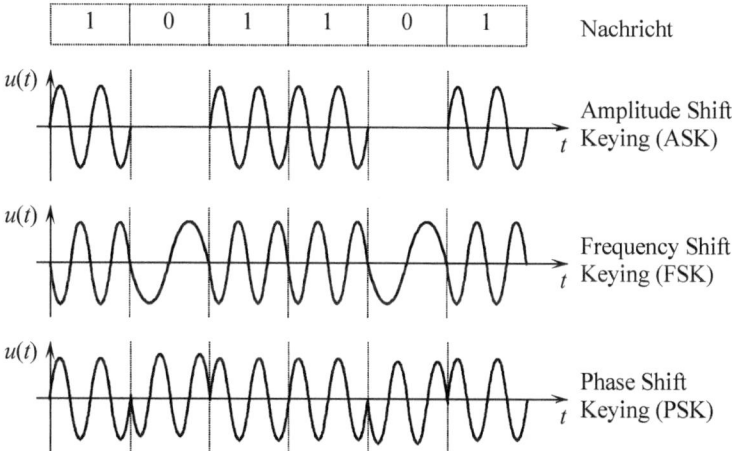

Bild 2.3 Repräsentation von Information durch Signalamplitude, -frequenz oder -phase

Die unabhängigen Variablen können auch als diskrete Folgen auftreten. Beispiele sind
- abgetastete elektrische Spannung $u(k)$ in V,
- Intensität $I(k_x, k_y)$ eines gerasterten Bildes in W/m^2,
- orts- und zeitabhängige Intensitäten ($rot(k_x, k_y, k_t)$, $grün(k_x, k_y, k_t)$, $blau(k_x, k_y, k_t)$) eines digitalen Farbvideosignals in W/m^2 usw.

Auch in dieser Kategorie können Signale sowohl orts- als auch zeitabhängige, skalare oder vektorielle Größen in Abhängigkeit von einer oder mehreren Variablen sein. Die universelle Anwendbarkeit der *Systemtheorie* erfordert eine abstrakte Betrachtung der Signale, unabhängig von ihrer physikalischen Bedeutung. Gleichartige mathematische Beschreibungen wie z. B. Differenzialgleichungen lassen sich auf den unterschiedlichsten Gebieten anwenden. Ein bekanntes Beispiel ist hier die Schwingungsdifferenzialgleichung, die sich auf elektrische Schwingkreise ebenso anwenden lässt wie auf schwingungsfähige mechanische Anordnungen, wie z. B. ein mechanisches Pendel oder Brückenkonstruktionen.

Im Sinne der Allgemeingültigkeit werden Signale in der Systemtheorie als einheitenfreie Größen aufgefasst. Die unabhängige Variable t steht für die Zeit, was die Allgemeinheit jedoch nicht einschränkt. Ortsabhängige Signale können z. B. mit $f(x)$ bezeichnet werden. Durch geeignete Proportionalitätsfaktoren kann man von einheitenlosen Signalen in physikalische Signale umrechnen. Im vorliegenden Buch werden nur rein zeitabhängige skalare Signale behandelt.

Durch Abtastung entsteht ein zeitdiskretes Signal, dessen Abtastwerte kontinuierlich sind. Die Abtastzeitpunkte liegen auf einem regulären Raster. Nach einer Quantisierung ohne vorherige Abtastung existieren nur noch diskrete Signalwerte. Die Übergänge zwischen benachbarten Signalwerten liegen nicht auf einem zeitlichen Raster, sondern sind kontinuierlich verteilt. Führt man zuerst eine Signalabtastung aus und anschließend eine Quantisierung, so erhält man ein zeit- und wertdiskretes Signal. Der umgekehrte Weg, das Signal zuerst zu quantisieren und anschließend abzutasten, ist ebenfalls möglich. Bild 2.4 veranschaulicht die Unterschiede zwischen kontinuierlichen und diskreten Signalen.

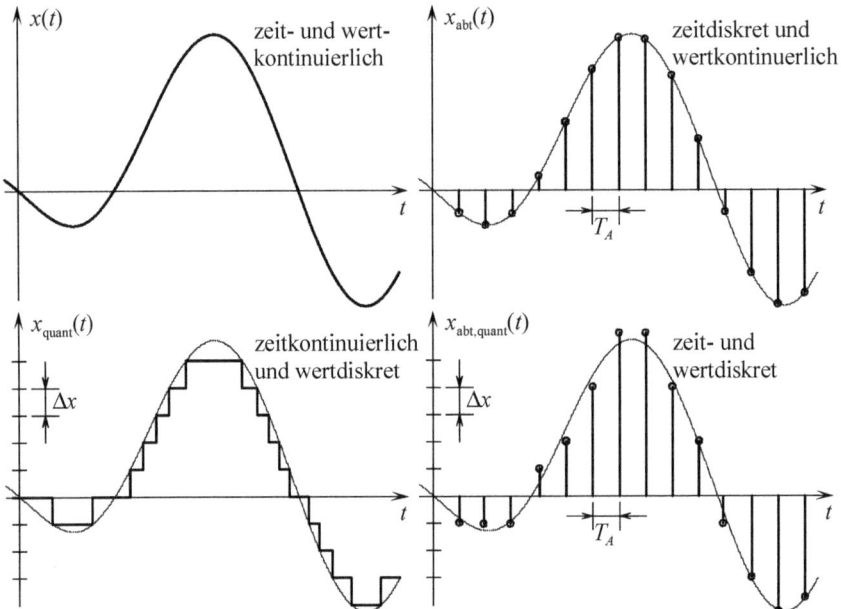

Bild 2.4 Einteilung der Signale hinsichtlich der Verfügbarkeit der Funktionswerte und der zeitlichen Verfügbarkeit

Aus dem üblicherweise im Dezimalsystem dargestellten zeit- und wertdiskreten Signal kann durch binäre Codierung ein binäres Signal erzeugt werden, das sich mit Rechenprogrammen oder mit Digitalschaltungen verarbeiten lässt. Eine weitere Unterscheidung von Signalkategorien, deterministische und stochastische Signale, zeigt das Schema in Bild 2.5.

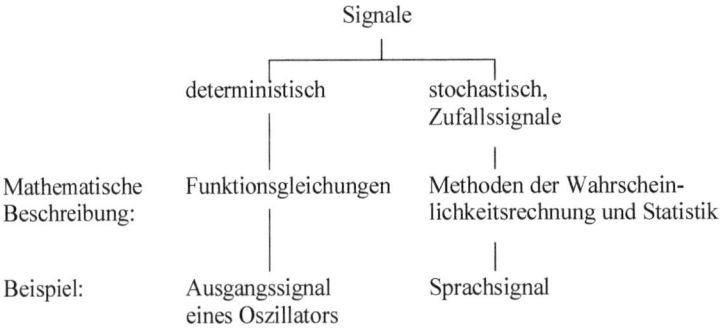

Bild 2.5 Beispiele für deterministische und stochastische Signale

Bild 2.6 zeigt einige Beispiele. Welche Signale deterministisch und welche stochastisch sind, wird intuitiv klar. Deterministische zeitkontinuierliche Signale werden im Kapitel 3 behandelt, deterministische zeitdiskrete Signale im Kapitel 4. Auf nichtdeterministische bzw. stochastische Signale, auch Zufallssignale genannt, gehen wir nicht weiter ein.

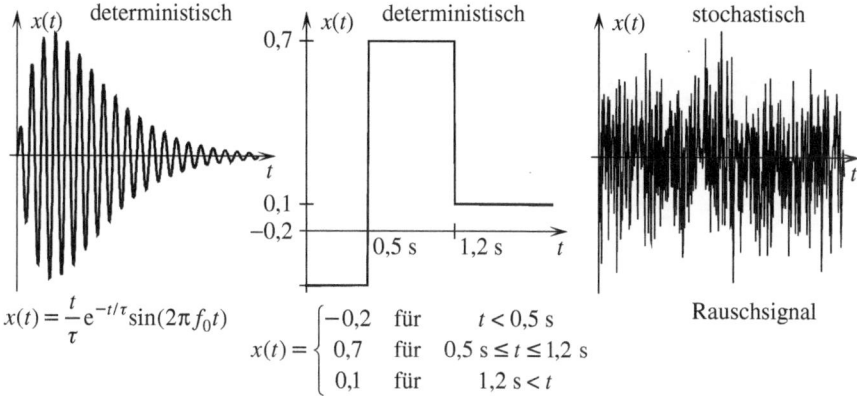

Bild 2.6 Deterministische und stochastische Signale

Das Adjektiv deterministisch stammt vom lateinischen *determinare* = bestimmen, begrenzen, festlegen ab. Wenn ein Signal sowohl deterministisch als auch kontinuierlich ist, lässt sich zu jedem beliebigen Zeitpunkt t der exakte Signalwert angeben. Dies kann mittels eines Formelausdrucks geschehen wie beim ersten Signal im Bild 2.6 oder mittels einer abschnittsweisen Definition wie beim zweiten Signal im Bild 2.6. Bei Zufallssignalen hingegen lassen sich lediglich Wahrscheinlichkeiten für das Auftreten bestimmter Signalwerte bzw. für das Auftreten von Signalwerten in bestimmten Wertebereichen angeben.

3 Deterministische kontinuierliche Signale im Zeitbereich

3.1 Wie kann man Signale im Zeitbereich darstellen?

Die Darstellung des simulierten Spannungsverlaufs $u(t)$ im Bild 3.1 ist dem Kurvenverlauf auf dem Bildschirm eines Oszilloskops nachempfunden.

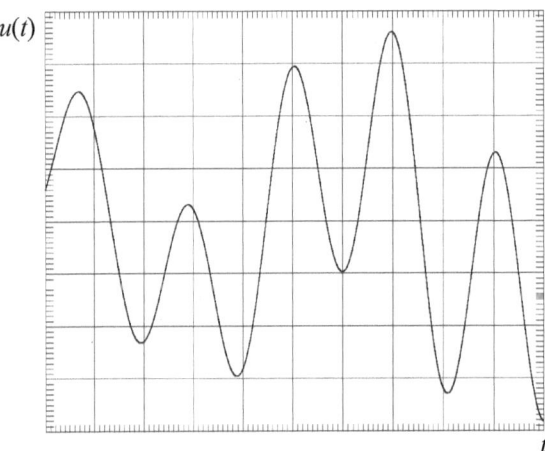

Bild 3.1 Kontinuierlicher Spannungsverlauf

Aus dem Kurvenverlauf lassen sich einige Informationen über das Signal gewinnen, z. B. die zeitliche Dauer (falls endlich), der Wertebereich, die Lage der Nulldurchgänge und der Extremwerte. Eine genauere Analyse ermöglicht evtl. auch eine Ermittlung der Frequenzzusammensetzung des Signals. Die komplette Information ist im Kurvenverlauf $u(t)$ (physikalisch z. B. $1\,\text{V} \cdot \cos(2\pi f_P t)$ bzw. $x(t)$ systemtheoretisch z. B. $\cos(2\pi f_P t)$) enthalten.

3.2 Elementarsignale

Elementarsignale stellen einfache und idealisierte Signale dar, die jedoch den großen Vorteil einfacher mathematischer Handhabbarkeit besitzen. Man denke an die Berechnung von Integralen, wie sie im Zusammenhang mit Signaloperationen vorkommen. Bei Verwendung von Elementarsignalen verringert sich der Aufwand für die Integration ganz erheblich.

Wenn man analytisch rechnen will, verwendet man Elementarsignale einzeln oder in Kombination zur vereinfachten Nachbildung praktisch auftretender Signale. Dabei ist immer zu beachten, dass durch die Idealisierungen bei Verwendung von Elementarsignalen keine zu großen Fehler entstehen dürfen. Bild 3.2 illustriert die Problematik.

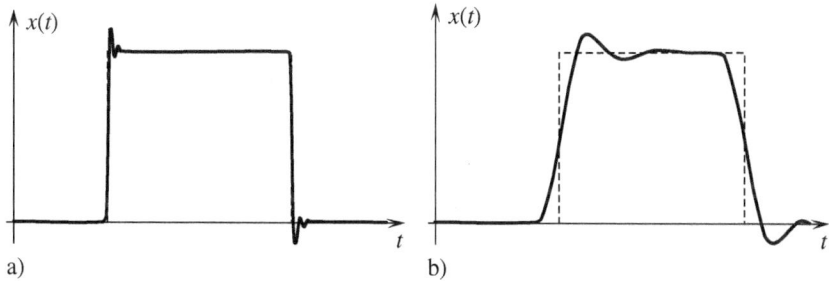

Bild 3.2 Gemessene Signalverläufe; a) gute Approximation durch Rechteck, b) ungenaue Approximation durch Rechteck

Betrachtet man den gemessenen Signalverlauf im Bild 3.2a, so erkennt man, dass ein Ersetzen der Messkurve durch eine idealisierte Rechteckfunktion unkritisch sein sollte. Das Signal im Bild 3.2b würde durch eine Rechteckfunktion jedoch nur grob angenähert.

Konstantes Signal

Gleichspannung oder Gleichstrom lassen sich beispielsweise als konstante Signale darstellen. Ohne Beschränkung der Allgemeinheit kann man den Wert des einheitenlosen Signals $x(t)$ zu 1 annehmen.

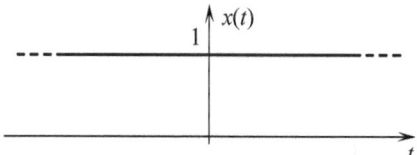

Bild 3.3 Konstantes Signal $x(t) = 1$

Einheitssprung $\varepsilon(t)$

Der Einheitssprung lässt sich sehr gut verwenden, um Ein- bzw. Ausschaltvorgänge zu modellieren. Bild 3.4 zeigt eine mögliche Anwendung.

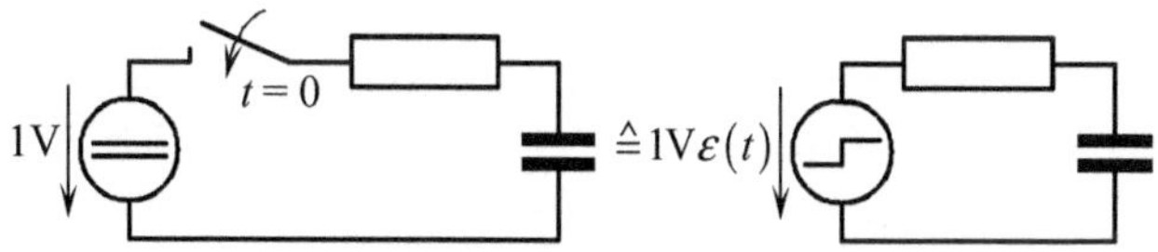

Bild 3.4 Modellierung eines Einschaltvorgangs

Die folgende einfache abschnittsweise Definition ist für praktische Anwendungen im Allgemeinen völlig ausreichend:

$$\varepsilon(t) = \begin{cases} 0 & \text{für } t < 0 \\ 1 & \text{für } t \geq 0. \end{cases} \quad (3.1)$$

Hinweis: Man darf sich unter $\varepsilon(t)$ keine analytische Funktion vorstellen wie etwa die Kosinusfunktion, die Logarithmusfunktion o. Ä., sondern es handelt sich um eine symbolische Kurzschreibweise für die abschnittsweise Definition nach Gl. (3.1). Bild 3.5 zeigt den zeitlichen Verlauf der Funktion.

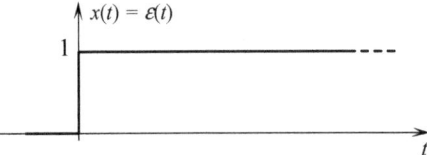

Bild 3.5 Einheitssprung

Rechteckfunktion rect(t/T)

Rechteckförmige Signalverläufe treten z. B. bei kombinierten Ein- und Ausschaltvorgängen auf. Sie stellen auch eine typische Signalform im Rahmen der Impulstechnik dar. Bild 3.6 zeigt den Zeitverlauf der elementaren Rechteckfunktion und veranschaulicht ihre Definition als Differenz zweier gegeneinander verschobener Einheitssprünge.

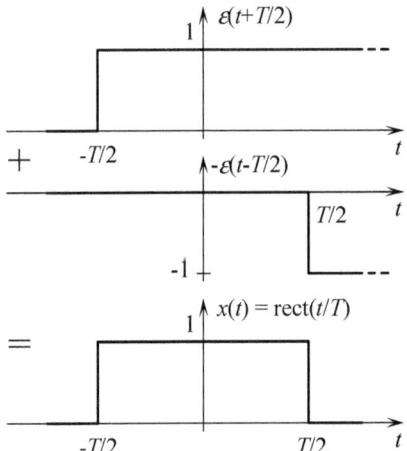

Bild 3.6 Rechteckfunktion

Die Zeitverschiebungen und die Spiegelung des Signals $\varepsilon(t - T/2)$ an der Zeitachse stellen erste Beispiele von Signaloperationen dar. Im Abschnitt 3.3 werden diese Signaloperationen neben anderen noch eingehender erläutert.

$$\text{rect}\left(\frac{t}{T}\right) = \varepsilon\left(t + \frac{T}{2}\right) - \varepsilon\left(t - \frac{T}{2}\right) \tag{3.2}$$

Die symbolische Bezeichnung rect(t/T) stammt vom lateinischen „*rectangula*". Man darf sich darunter auch hier keine analytische Funktion vorstellen, sondern es handelt sich wieder um eine symbolische Kurzschreibweise für die abschnittsweise Definition des Signals!

Ausgehend von der in Gl. (3.1) angegebenen abschnittsweisen Definition des Einheitssprungs erhält man folgende Definition der Rechteckfunktion.

$$\text{rect}\left(\frac{t}{T}\right) = \begin{cases} 0 & \text{für} \quad t < -T/2 \\ 1 & \text{für} \quad -T/2 \leq t \leq T/2 \\ 0 & \text{für} \quad t > T/2. \end{cases} \tag{3.3}$$

Dirac-Impuls $\delta(t)$

Häufig wird in Lehrbüchern die folgende einfache, für praktische Anwendungen ausreichende, aber mathematisch nicht rigorose Herleitung verwendet.

Ausgangspunkt ist die Rechteckfunktion $T^{-1} \cdot \text{rect}(t/T)$. Aus Bild 3.7 liest man ab, dass die Fläche unter der Funktion gleich 1 sein muss (Breite $T \cdot$ Höhe $1/T$). Wenn man nun den Wert von T immer weiter verkleinert, bleibt die Fläche gleich eins, da die Höhe reziprok zur Breite des Rechtecks immer weiter anwächst.

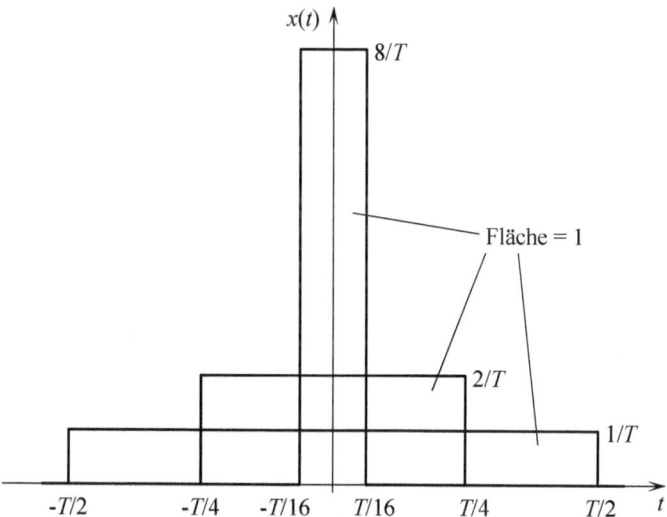

Bild 3.7 Rechteckfunktionen mit konstanter Fläche = 1

Führt man nun den Grenzübergang

$$\delta(t) = \lim_{T \to 0} \frac{1}{T} \cdot \text{rect}\left(\frac{t}{T}\right) \tag{3.4}$$

durch, so entsteht ein Impuls, der als *Dirac-Impuls*, *Dirac-Stoß*, *Deltafunktion* oder *Dirac'sche Deltafunktion* bezeichnet wird. Seine Dauer geht gegen 0 und seine Höhe gegen ∞. Der Name erinnert an den Physiker *Paul Dirac*, der wichtige Beiträge zur Quantenmechanik geleistet und das Signal in diesem Zusammenhang eingeführt hat.

Als grafische Darstellung hat sich der im Bild 3.8 zu erkennen Pfeil nach oben eingebürgert. Er symbolisiert die Höhe des Impulses, die gegen ∞ geht. Die vorher erwähnte konstante Fläche = 1 wird nach dem Grenzübergang als Gewicht oder Gewichtsfaktor bezeichnet. Dies schreibt man in Klammern neben die Spitze des Pfeils. Andere Gewichtsfaktoren können ebenfalls in der Klammer stehen, z. B. (-1) bei einem ins Negative reichenden Dirac-Impuls.

Eine einfache abschnittsweise Definition des Dirac-Impulses könnte nun folgendermaßen lauten:

$$\delta(t) = \begin{cases} \infty & \text{für } t = 0 \\ 0 & \text{für } t \neq 0 \end{cases} \tag{3.5}$$

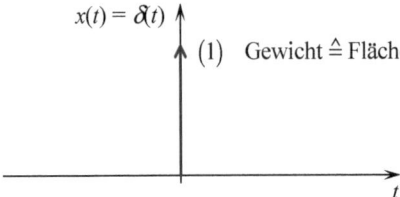

Bild 3.8 Symbolische Darstellung des Dirac-Impulses

Die ungewöhnliche Definition wirft folgende Fragen auf:
1. Wie kann man das so definierte Signal mathematisch handhaben?
2. Wie ist das Gewicht des Dirac-Impulses in der abschnittsweisen Definition enthalten?

Letztendlich stellt der Dirac-Impuls keine mathematische Funktion im eigentlichen Sinn dar, sondern eine sogenannte *Distribution*. Die Distributionentheorie /27/ soll im vorliegenden Buch jedoch nicht behandelt werden.

Eine Definition des Dirac-Impulses, die die Fragen 1. und 2. vermeidet, lässt sich durch einfache Überlegungen nach Bild 3.9 ermitteln. Anzumerken ist hier erneut, dass die mathematische Herleitung nicht rigoros ist, für praktische Anwendungen jedoch ausreicht. Voraussetzung hierfür ist, dass das Signal $x(t)$ bei t_0 stetig ist, was bei „praktischen" Signalen immer gegeben ist.

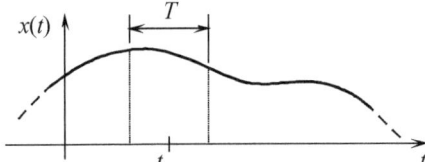

Bild 3.9 Anschauliche Definition des Dirac-Impulses

Der Mittelwert des Signals $x(t)$ in einem Zeitintervall der Dauer T symmetrisch um den Zeitpunkt t_0 lässt sich mit folgendem Integral berechnen:

$$\overline{x}(t_0) = \frac{1}{T} \int_{t_0 - T/2}^{t_0 + T/2} x(t) \, dt \tag{3.6}$$

Unter Verwendung der Rechteckfunktion lässt sich formal eine Integration von $-\infty$ bis ∞ durchführen. Die Signalanteile außerhalb des Rechtecks werden dabei unterdrückt und liefern somit keinen Beitrag zum Integral.

$$\overline{x}(t_0) = \frac{1}{T} \int_{-\infty}^{\infty} x(t) \, \text{rect}\left(\frac{t - t_0}{T}\right) dt \tag{3.7}$$

Wenn man nun die Breite T der Rechteckfunktion gegen 0 gehen lässt, so strebt der Mittelwert im *Zeitintervall* gegen den Signalwert zum *Zeitpunkt* t_0. Voraussetzung ist die vorher angegebene Stetigkeit von $x(t)$ bei $t = t_0$.

$$x(t_0) = \lim_{T \to 0} \frac{1}{T} \int_{-\infty}^{\infty} x(t) \, \text{rect}\left(\frac{t - t_0}{T}\right) dt = \int_{-\infty}^{\infty} x(t) \underbrace{\lim_{T \to 0} \frac{1}{T} \text{rect}\left(\frac{t - t_0}{T}\right)}_{\delta(t - t_0)} dt \tag{3.8}$$

In dieser Gleichung taucht wieder der oben erläuterte Grenzübergang auf, der von der Rechteckfunktion zum Dirac-Impuls führt. Die formal korrekte Definitionsgleichung des Dirac-Impulses lautet damit

$$\int_{-\infty}^{\infty} x(t)\delta(t - t_0)\,\mathrm{d}t = x(t_0). \tag{3.9}$$

Man spricht bei dieser Definitionsgleichung auch von der Ausblendeigenschaft des Dirac-Impulses. Alle Signalwerte außer $x(t_0)$ werden ausgeblendet bzw. unterdrückt. Diese Definition mittels eines Integrals ist charakteristisch für Distributionen.

Betrachtet man nur das Produkt unter dem Integral, so erhält man die Multiplikationseigenschaft des Dirac-Impulses.

$$x(t) \cdot \delta(t - t_0) = x(t_0) \cdot \delta(t - t_0) \tag{3.10}$$

Bild 3.10 veranschaulicht diese einfache Beziehung

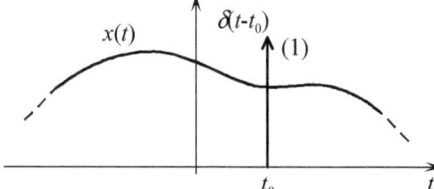

Bild 3.10 Produkt aus kontinuierlichem Signal und Dirac-Impuls

Für alle Zeitpunkte $t \neq t_0$ ist der Signalwert des Dirac-Impulses gleich null. Somit wird das Signal nur zu diesem einen Zeitpunkt, nämlich $t = t_0$, mit einem Zahlenwert ungleich null multipliziert und nur dieser eine Zahlenwert wird im Produkt wirksam. Zu beachten ist, dass das Signal $x(t)$ bei t_0 stetig sein muss.

Technisch lässt sich der Dirac-Impuls natürlich nicht erzeugen. Dennoch kann es vorteilhaft sein, mit Dirac-Impulsen zu rechnen, z. B. bei der Beschreibung der periodischen Fortsetzung eines Signals durch Faltung mit einer Dirac-Impulsfolge wie sie im Bild 3.38 dargestellt wird. Eine andere Anwendung ist die mathematische Beschreibung von Abtastvorgängen wie im Abschnitt 6.1. Eine praktisch ausreichende Nachbildung des Dirac-Impulses wird durch einen kurzen Impuls erreicht, dessen Dauer sehr viel kleiner ist als die Zeitkonstanten in einem System, an dessen Eingang der Impuls angelegt wird. Bild 3.11 zeigt eine einfache Anordnung dieser Art mit dem Eingangssignal $u_\mathrm{e}(t)$ und einem schematisch dargestellten Ausgangssignal $u_\mathrm{a}(t)$.

Beispiel 3.1 Übergang des Eingangssignals von der Rechteckfunktion zum Dirac-Impuls

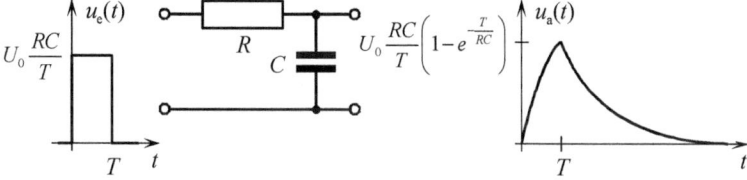

Bild 3.11 *RC*-Schaltung mit Rechteckimpuls als Eingangssignal

Für das Ausgangssignal gilt die Fallunterscheidung

$$u_a(t) = \begin{cases} 0 & \text{für } t \leq 0 \\ U_0 \dfrac{RC}{T}\left(1 - e^{-t/RC}\right) & \text{für } 0 \leq t \leq T \\ U_0 \dfrac{RC}{T}\left(1 - e^{-T/RC}\right) e^{-(t-T)/RC} & \text{für } t \geq T. \end{cases}$$

Bild 3.12 zeigt einige für verschiedene Werte von T berechnete Ausgangssignale. Der Fall $T \to 0$ entspricht einem Dirac-Impuls mit Gewicht $U_0 \cdot RC$ als Eingangssignal.

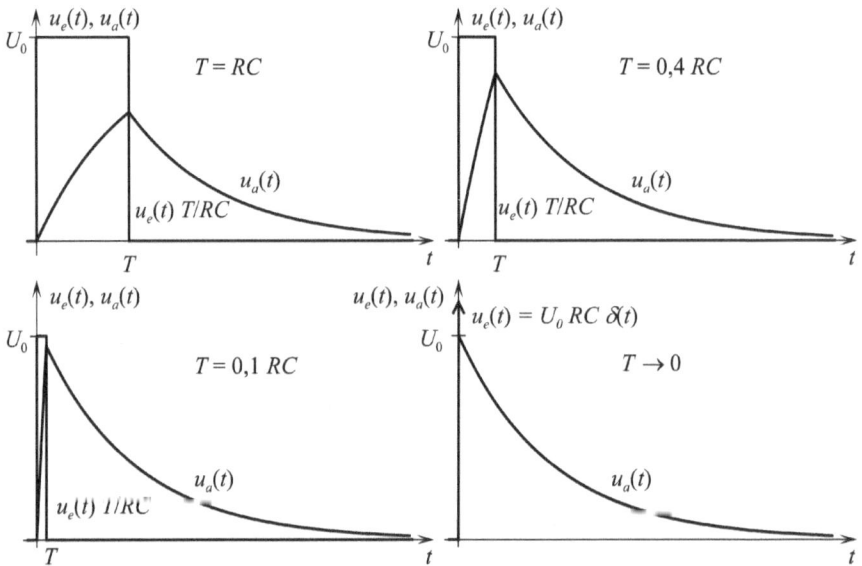

Bild 3.12 Ein- und Ausgangssignale einer RC-Schaltung

Man erkennt, dass sich das Ausgangssignal des Systems bei sehr kurzer Dauer des Eingangssignals ($T \ll RC$) nur noch wenig von dem Ausgangssignal unterscheidet, das bei einem Dirac-Impuls mit Gewicht $U_0 \cdot RC$ als Eingangssignal theoretisch zu erwarten wäre. Ein Dirac-Impuls $\delta(t)$ mit Gewicht 1 besitzt die Einheit s^{-1}. Ein Dirac-Impuls mit Gewicht $U_0 \cdot RC$ besitzt somit die Einheit V. Das Gewicht wurde hier so gewählt, dass man Spannungsverläufe in V als Eingangs- und Ausgangssignale erhält. ∎

Dirac-Impulsfolge $\mathrm{III}_{T_p}(t)$

Setzt man den Dirac-Impuls mit Periode T_P periodisch fort, so entsteht die im Bild 3.13 grafisch dargestellte Dirac-Impulsfolge.

Die formelmäßige Beschreibung lautet

$$x(t) = \sum_{i=-\infty}^{\infty} \delta\left(t - iT_\mathrm{P}\right). \tag{3.11}$$

Gebräuchlich ist auch das Symbol $\mathrm{III}_{T_p}(t)$, das die Dirac-Impulsfolge veranschaulichen soll. Der kyrillische Buchstabe Ш wird als „Scha" gesprochen. Infolgedessen wird die Dirac-Impulsfolge auch als Scha-Funktion bezeichnet.

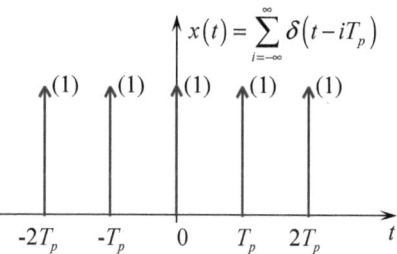

Bild 3.13 Dirac-Impulsfolge

Rampenfunktion r(t)

Wie bereits erwähnt, wird das exemplarische Signal im Bild 3.2b durch Einheitssprünge bzw. durch eine Rechteckfunktion nur unzureichend angenähert. Eine verbesserte Näherung ergibt sich, wenn man eine endliche Anstiegszeit mitberücksichtigt. Bild 3.14 zeigt die Rampenfunktion, mit der sich lineare Anstiege oder Abfälle von Signalen modellieren lassen.

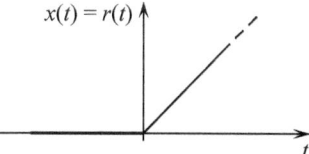

Bild 3.14 Rampenfunktion

Die abschnittsweise Definition führt zu der etwas „gewöhnungsbedürftigen" Einheit Sekunde des Signals.

$$r(t) = \begin{cases} 0 & \text{für } t < 0 \\ t & \text{für } t \geq 0 \end{cases} \tag{3.12a}$$

Durch Verwendung eines Proportionalitätsfaktors mit der Einheit s^{-1}, z. B. $1\,s^{-1} \cdot r(t)$, erzeugt man ein „gewohntes" einheitenloses Signal. Der Proportionalitätsfaktor definiert die Steigung des Signals. Eine alternative Definition der Rampenfunktion lautet

$$r(t) = t \cdot \varepsilon(t). \tag{3.12b}$$

An dieser alternativen Definition kann man eine nützliche Eigenschaft des Einheitssprungs demonstrieren. Für Zeiten $t < 0$ wird t mit null multipliziert, für Zeiten $t \geq 0$ mit eins und es ergeben sich die in der abschnittsweisen Definition unterschiedenen Fälle $r(t) = 0$ bzw. $r(t) = t$. Unter Verwendung des Einheitssprungs erhält man eine sehr kompakte Formulierung der abschnittsweisen Definition der Rampenfunktion.

Mittels Differenziation bzw. Integration ergeben sich die folgenden Beziehungen zwischen der Rampenfunktion und dem Einheitssprung:

$$\frac{d}{dt} r(t) = \begin{cases} 0 & \text{für } t < 0 \\ dt/dt = 1 & \text{für } t \geq 0 \end{cases} = \varepsilon(t) \quad \text{bzw.} \quad r(t) = \int_{-\infty}^{t} \varepsilon(\tau)\, d\tau \tag{3.13}$$

Für $t < 0$ liefert die Integration den Wert 0.

Dreieckfunktion $\Lambda(t/T)$

Bild 3.15 zeigt ein weiteres gebräuchliches Elementarsignal, die Dreieckfunktion.

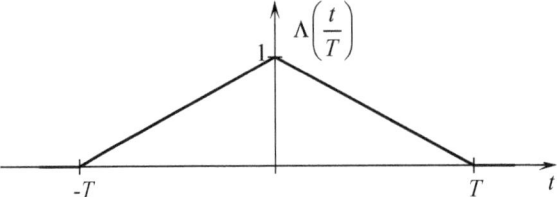

Bild 3.15 Dreieckfunktion

Bei der Bezeichnung des Signals und bei der abschnittsweisen Definition ist ein Unterschied zur auf den ersten Blick sehr ähnlichen Definition der Rechteckfunktion zu beachten. Die Breite des Dreiecks beträgt nicht T wie beim Rechteck sondern $2T$!

$$\Lambda\left(\frac{t}{T}\right) = \begin{cases} 0 & \text{für } t \leq -T \\ \frac{T+t}{T} & \text{für } -T \leq t \leq 0 \\ \frac{T-t}{T} & \text{für } 0 \leq t \leq T \\ 0 & \text{für } t \geq T \end{cases} \quad \text{oder kürzer}$$

$$\Lambda\left(\frac{t}{T}\right) = \begin{cases} \frac{T-|t|}{T} & \text{für } |t| \leq T \\ 0 & \text{für } |t| \geq T \end{cases} \tag{3.14}$$

Unter Verwendung von Rampenfunktionen lässt sich die Dreieckfunktion auch als Kombination dreier einfacherer Elementarsignale definieren.

$$\Lambda\left(\frac{t}{T}\right) = \frac{1}{T}\left(r(t+T) - 2r(t) + r(t-T)\right) \tag{3.15}$$

Exponentialfunktion e^{at}

In Natur und Technik treten Exponentialfunktionen im Rahmen von Prozessen mit positivem und negativem Wachstum auf. In der Elektrotechnik ist dies beispielsweise im Zusammenhang mit RLC-Schaltungen, bestehend aus Widerständen, Induktivitäten und Kapazitäten, der Fall. Siehe dazu auch die Bilder 3.11 und 3.12.

Die gebräuchlichste Schreibweise lautet $x(t) = e^{at}$. Falls im Exponenten etwas umfangreichere Ausdrücke auftauchen, kann die Lesbarkeit des Exponenten problematisch sein. Aus diesem Grund wurde auch die Schreibweise $x(t) = \exp(at)$ eingeführt.

Bild 3.16 zeigt die Funktion für verschiedene reelle Werte von a.

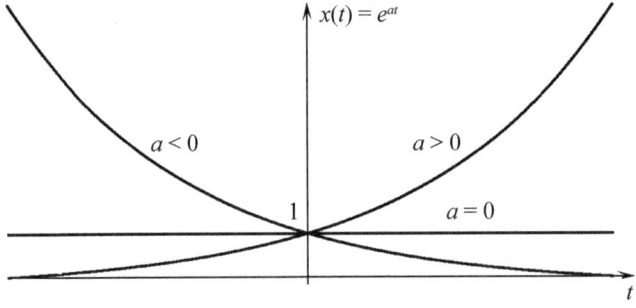

Bild 3.16 Exponentialfunktion

Ansteigende Exponentialfunktionen können Ausgangssignale von Wachstumsprozessen darstellen. Gebräuchlicher in technischen Prozessen sind abfallende Exponentialfunktionen, die z. B. zum Zeitpunkt $t = 0$ beginnen. Die Konstante a wird dann durch $-1/T_1$ ersetzt. Wie bereits im Rahmen des Beispiels nach Bild 3.11 angenommen, ist T_1 die Zeitkonstante des Systems.

$$x(t) = \begin{cases} 0 & \text{für } t < 0 \\ e^{-\frac{t}{T_1}} & \text{für } t \geq 0 \end{cases} \quad \text{oder kürzer} \quad x(t) = \varepsilon(t)\, e^{-\frac{t}{T_1}} \tag{3.16}$$

Hier bewährt sich wieder die Verwendung des Einheitssprungs zur kompakten abschnittsweisen Definition des Signals.

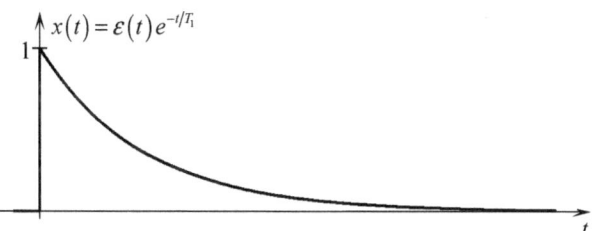

Bild 3.17 Geschaltete abfallende Exponentialfunktion

Harmonische Schwingungen

Harmonische Schwingungen treten in vielen Bereichen von Natur und Technik auf. Beispiele sind die Solarstrahlung, nichtmodulierte Radiowellen, Wechselstrom, akustische Schwingungen.

Harmonische Schwingungen lassen sich als Sinus- oder Kosinusfunktionen mit den Parametern Amplitude A, Frequenz f_P und Phase φ_0 definieren.

$$x(t) = A \cdot \cos\left(2\pi f_P t + \varphi_0\right) = A \cdot \sin\left(2\pi f_P t + \varphi_0 + \pi/2\right) \tag{3.17}$$

Der Term $2\pi f_P$ kann auch durch $2\pi/T_P$ ersetzt werden, mit der Periodendauer $T_P = 1/f_P$. Anstelle der Frequenz kann auch die Kreisfrequenz $\omega_P = 2\pi f_P$ verwendet werden. Bild 3.18 zeigt exemplarisch eine Kosinusfunktion mit $A = 1$, $T_P = 12$ s, $\varphi_0 = 30°$ bzw. $\pi/6$.

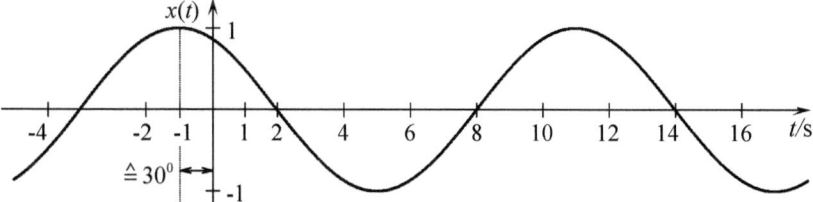

Bild 3.18 Harmonische Schwingung

Harmonische Schwingungen werden auch in komplexer Form beschrieben. Bekannt sind die Euler'schen Beziehungen.

$$e^{j 2\pi f_P t} = \cos\left(2\pi f_P t\right) + j \sin\left(2\pi f_P t\right) \tag{3.18a}$$

$$e^{-j 2\pi f_P t} = \cos\left(2\pi f_P t\right) - j \sin\left(2\pi f_P t\right) \tag{3.18b}$$

Addition: $\quad e^{j2\pi f_P t} + e^{-j2\pi f_P t} = 2\cos(2\pi f_P t)$ (3.19a)

Subtraktion: $\quad e^{j2\pi f_P t} - e^{-j2\pi f_P t} = 2j\sin(2\pi f_P t)$ (3.19b)

Die komplexe Schreibweise ist vorteilhaft, wenn harmonische Schwingungen in Kombination mit Exponentialfunktionen auftreten, z. B.

$$\begin{aligned}e^{-t/T_1}\cos(2\pi f_P t) &= \frac{1}{2}e^{-t/T_1}e^{j2\pi f_P t} + \frac{1}{2}e^{-t/T_1}e^{-j2\pi f_P t}\\ &= \frac{1}{2}e^{-\left(\frac{1}{T_1}-j2\pi f_P\right)t} + \frac{1}{2}e^{-\left(\frac{1}{T_1}+j2\pi f_P\right)t}\end{aligned}$$ (3.20)

Sie stellt auch eine gute Vorbereitung für die Spektraldarstellung von Signalen dar.

Weitere Signalformen lassen sich durch Kombination mit anderen Elementarsignalen erzeugen, z. B. die im Bild 3.19 dargestellte geschaltete exponentiell gedämpfte Schwingung.

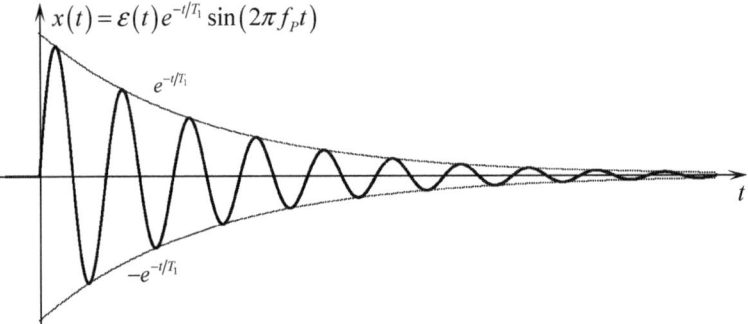

Bild 3.19 Geschaltete exponentiell gedämpfte harmonische Schwingung

Gauß-Funktion

Die Gauß-Funktion tritt ebenfalls in vielen Bereichen von Wissenschaft und Technik auf, z. B. in der Stochastik oder in der Lasertechnik. Sehr kurze technisch erzeugte Impulse mit Zeitdauern von wenigen Nanosekunden oder darunter werden häufig durch Gauß-Funktionen approximiert. Bild 3.20 zeigt die Gauß-Funktion.

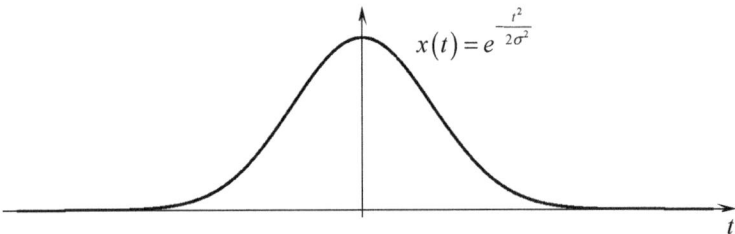

Bild 3.20 Gauß-Funktion

Die formelmäßige Beschreibung lautet

$$x(t) = e^{-\frac{t}{2\sigma^2}}$$ (3.21)

3.2 Elementarsignale

si-Funktion

Die *si-Funktion*, auch *sinc-Funktion* (<u>si</u>nus <u>c</u>ardinalis) oder *Spaltfunktion* genannt, findet unter anderem in der Nachrichtentechnik, der digitalen Signalverarbeitung und der Optik Verwendung. Bei der Beugung elektromagnetischer Wellen an einem Spalt entsteht ein Beugungsmuster mit einer räumlichen Verteilung der elektrischen bzw. magnetischen Feldstärke in Form einer si-Funktion. Daraus resultiert die Bezeichnung Spaltfunktion. Die bei der Beugung von Licht vom Auge wahrgenommene Helligkeitsverteilung ist das Betragsquadrat der Feldstärke; sie folgt daher der quadrierten Funktion si^2.

Als Zeitsignal kann die im Bild 3.21 grafisch dargestellte Funktion folgendermaßen definiert werden:

$$\operatorname{si}(2\pi t/T) = \operatorname{sinc}(2\pi t/T) = \frac{\sin(2\pi t/T)}{2\pi t/T} \tag{3.22}$$

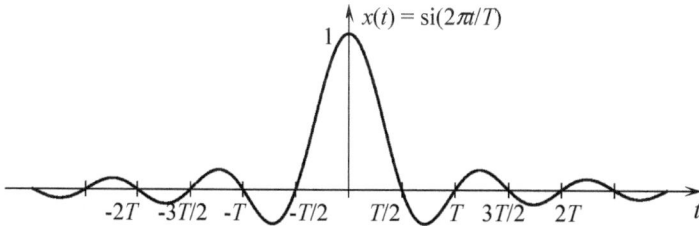

Bild 3.21 si-Funktion

Die Nulldurchgänge lassen sich aus der Beziehung $\sin(\pm N\pi) = 0$ ableiten.

$$\sin(2\pi t/T) = 0 \quad \text{für} \quad 2\pi t/T = \pm N\pi \Rightarrow t = \pm NT/2 \tag{3.23a}$$

Der Fall $N = 0$ muss gesondert behandelt werden. Mit der Regel von Bernoulli L'Hospital erhält man

$$\operatorname{si}(0) = \lim_{t \to 0} \frac{\frac{d}{dt}\sin(2\pi t/T)}{\frac{d}{dt}2\pi t/T} = \lim_{t \to 0} \frac{\cos(2\pi t/T)\, 2\pi/T}{2\pi/T} = 1. \tag{3.23b}$$

Die analytische Berechnung von Extremwerten bzw. Wendepunkten der Funktion ist nicht möglich.

Hyperbolischer Kosinusimpuls

Der u. a. in /24/ vorgestellte *hyperbolische Kosinusimpuls*, der auch als *Sekansimpuls* bezeichnet wird, findet beispielsweise bei der Solitonen-Übertragung über Glasfaserstrecken Verwendung. Bei optimaler Wahl der Leistung und der Kurvenform des Signals lässt sich eine fast dispersionsfreie, d. h. unverzerrte Signalübertragung auch über sehr große Distanzen realisieren. Als Zeitsignal kann die im Bild 3.22 grafisch dargestellte Funktion folgendermaßen definiert werden:

$$x(t) = \frac{2}{e^{\pi t/T} + e^{-\pi t/T}} = \frac{1}{\cosh(\pi t/T)} = \operatorname{sech}(\pi t/T) \tag{3.24}$$

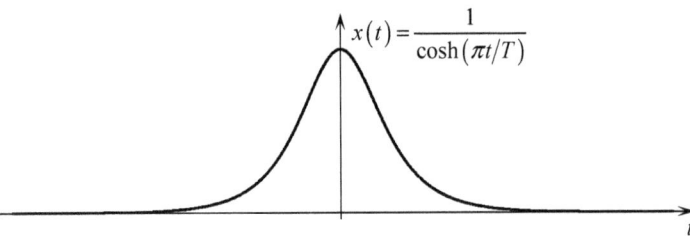

Bild 3.22 Hyperbolischer Kosinusimpuls

▪ 3.3 Signaloperationen

3.3.1 Elementare Signaloperationen

Wichtige Elementarsignale wurden im Abschnitt 3.2 beschrieben. Bei der Verarbeitung und Übertragung von Signalen treten gewollte und/oder ungewollte Signalbeeinflussungen auf, die mit verschiedenen Signaloperationen beschrieben werden können. Einfache Signaloperationen sind die Addition/Subtraktion, Multiplikation, Verschiebung und Spiegelung. Die Faltung und Korrelation gehören zu den nicht so einfachen Signaloperationen und werden in den Abschnitten 3.3.2 und 3.3.3 vorgestellt.

Skalierung
Ein Signal $x(t)$ kann zeit- und/oder wertskaliert werden, d. h. das Signal wird in Richtung Abszisse und/oder Ordinate gestreckt oder gestaucht.

$$\text{Zeitskalierung:} \quad y(t) = x(at), \tag{3.25}$$
$$0 < a < 1 \text{ Zeitdehnung,} \quad 1 < a \text{ Zeitstauchung}$$
$$\text{Wertskalierung:} \quad y(t) = Ax(t), \tag{3.26}$$
$$0 < A < 1 \text{ Stauchung,} \quad 1 < A \text{ Dehnung}$$

Sind die Skalierungsfaktoren a und A negativ, erfolgt zusätzlich eine Spiegelung des Signals. Diese Operation wird in diesem Abschnitt vorgestellt. Beispiele für die Zeitskalierung sind der Dopplereffekt, die Zeitlupe bzw. die Zeitraffung. Bei der Verstärkung oder Dämpfung eines Signals erfolgt eine Wertskalierung.

Beispiel 3.2 Skalierung eines Signals

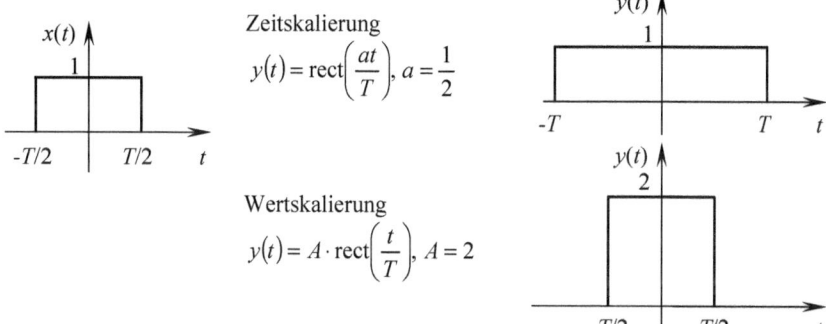

Zeitskalierung
$$y(t) = \text{rect}\left(\frac{at}{T}\right), a = \frac{1}{2}$$

Wertskalierung
$$y(t) = A \cdot \text{rect}\left(\frac{t}{T}\right), A = 2$$

Bild 3.23 Zeit- und Wertskalierung eines Rechtecksignals

Verschiebung

Bei der Verschiebung wird das Signal zeitlich versetzt, ohne die Form des Signals zu verändern. Üblich sind zwei Darstellungsarten für die zeitliche Verschiebung.

$$y(t) = x(t - t_v) \quad \text{oder} \quad y(t) = x(t + t_v) \tag{3.27}$$

$t_v > 0$ $\quad\quad$ $t_v < 0$ $\quad$ Verschiebung nach rechts
$t_v < 0$ $\quad\quad$ $t_v > 0$ $\quad$ Verschiebung nach links

Ein Beispiel ist die Laufzeit von Signalen bei deren Übertragung.

Beispiel 3.3 Verschiebung eines Signals

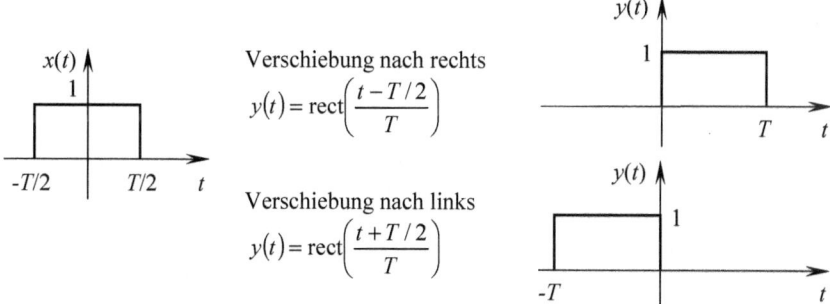

Verschiebung nach rechts
$$y(t) = \text{rect}\left(\frac{t - T/2}{T}\right)$$

Verschiebung nach links
$$y(t) = \text{rect}\left(\frac{t + T/2}{T}\right)$$

Bild 3.24 Verschiebung einer Rechteckfunktion nach rechts und nach links

34   3 Deterministische kontinuierliche Signale im Zeitbereich

Spiegelung

Ein Signal $x(t)$ wird an der Ordinate oder Abszisse oder beiden Achsen gespiegelt.

Spiegelung an der Ordinate	$y(t) = x(-t)$	(3.28)
Spiegelung an der Abszisse	$y(t) = -x(t)$	(3.29)
Spiegelung an Ordinate und Abszisse	$y(t) = -x(-t)$	(3.30)

Beispiel 3.4 Spiegelung eines Signals

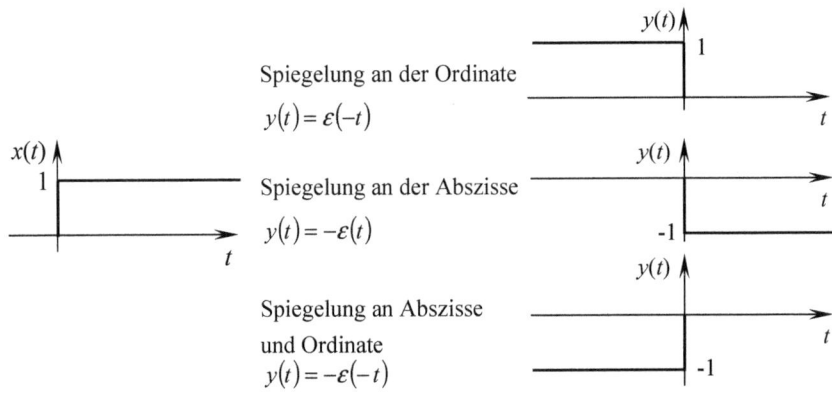

Bild 3.25   Spiegelungen eines Einheitssprunges ∎

Addition/Subtraktion

Zwei oder mehrere Signale werden addiert bzw. subtrahiert, d. h. es erfolgt eine Addition/Subtraktion der Funktionswerte, die zum gleichen Zeitpunkt auftreten.

$$y(t) = \sum_{i=1}^{n} x_i(t) \tag{3.31}$$

Die additive Überlagerung von Nutzsignalen durch Rauschen ist ein in nahezu allen Bereichen bekannter Effekt. Hier soll die Überlagerung von Rampenfunktionen zum Zwecke der Erzeugung eines Impulses mit endlichen Anstiegs- und Abfallzeiten gezeigt werden. Bei diesem Beispiel ist zu beachten, dass die Einheit der Rampenfunktion die Zeit ist. Siehe dazu Abschnitt 3.2.

Beispiel 3.5 Addition von Signalen

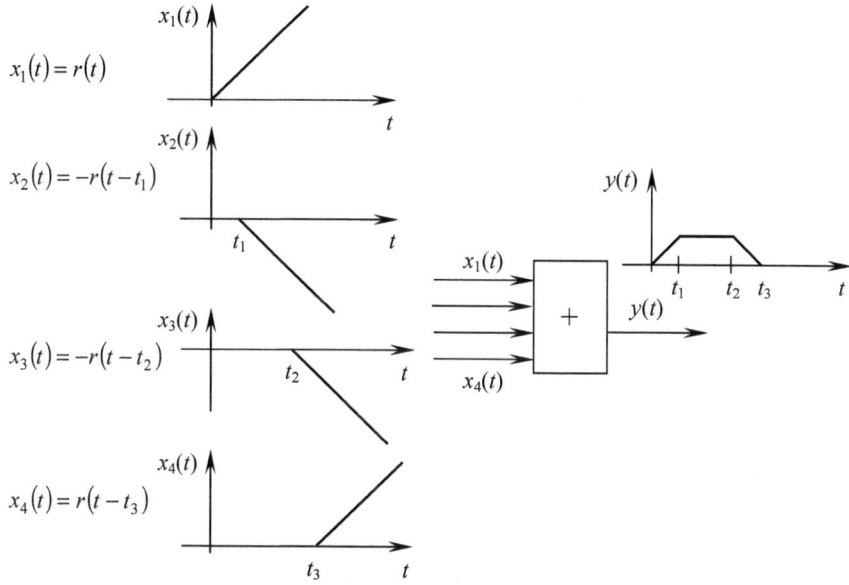

Bild 3.26 Addition von Rampenfunktionen

Multiplikation

Es werden zwei oder mehrere Signale miteinander multipliziert, indem das Produkt der Funktionswerte zu gleichen Zeitpunkten gebildet wird.

$$y(t) = \prod_{i=1}^{n} x_i(t) \tag{3.32}$$

Das im Bild 3.27 dargestellte Beispiel zeigt die Multiplikation einer Rechteckfunktion mit einer harmonischen Funktion, es erfolgt eine zeitliche Begrenzung der unendlich ausgedehnten harmonischen Funktion.

Beispiel 3.6 Multiplikation von Signalen

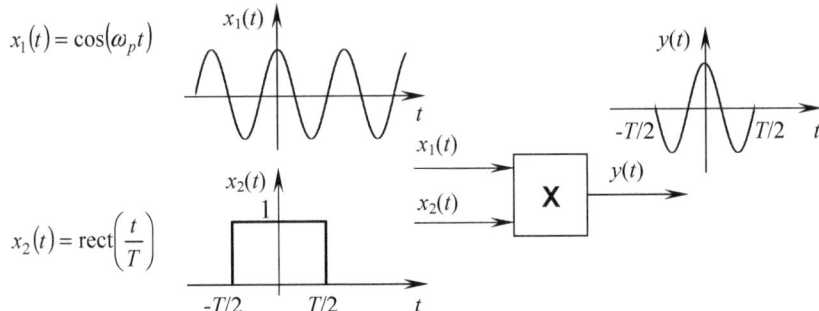

$x_1(t) = \cos(\omega_p t)$

$x_2(t) = \text{rect}\left(\dfrac{t}{T}\right)$

Bild 3.27 Multiplikation von Signalen ∎

3.3.2 Korrelation

Die Korrelation wird u. a. verwendet, um die Ähnlichkeit von Signalen festzustellen, die zeitliche Verschiebung ähnlicher Signale zu ermitteln sowie die Periodizität verrauschter Signale zu finden. Dazu wird eines der beiden vorliegenden Signale mathematisch gesehen über das andere geschoben. Beim Verschieben entstehen verschieden große Überdeckungen beider Signale, die als Ergebnis in Abhängigkeit der Verschiebung erfasst werden. Daraus sind dann die Ähnlichkeit, die zeitliche Verschiebung ähnlicher Signale bzw. die Periodizität von Signalen erkennbar. In der Nachrichtentechnik ist der Korrelationsempfang eine sehr wichtige Anwendung, um den Zeitpunkt des Auftretens bekannter Signale zu detektieren. Dabei wird im Empfänger eine Musterfunktion mit dem Empfangssignal korreliert. Aus dem Maximum der Korrelationsfunktion sind dann Empfängeranpassungen ableitbar. Eine besondere Rolle spielt die Korrelation bei stochastischen Prozessen. In diesem Buch wird die Korrelation für deterministische Signale beschrieben.

Für das Korrelationsintegral sind in der Literatur zwei Varianten üblich, die durch Substitution ineinander überführbar sind:

$$r_{x_1 x_2}(\tau) = M \int_{t_{\text{unten}}}^{t_{\text{oben}}} x_1(t) x_2(t-\tau)\, dt \quad \text{bzw.} \tag{3.33a}$$

$$r_{x_2 x_1}(\tau) = M \int_{t_{\text{unten}}}^{t_{\text{oben}}} x_2(t) x_1(t+\tau)\, dt \tag{3.33b}$$

Die Indizierung der abhängigen Variable r drückt aus, dass das erstgenannte Signal nicht verschoben wird und das an zweiter Stelle stehende Signal verschoben wird. Die folgenden Betrachtungen beziehen sich auf das in Gl. (3.33a) stehende Korrelationsintegral. Bei der Korrelation wird das Signal $x_2(t)$ über das Signal $x_1(t)$ geschoben. Die Zeitverschiebung des Signals $x_2(t)$ wird durch den Parameter τ angegeben, die Verschiebung des Signals wird beschrieben mit $x_2(t-\tau)$. Bei jeder Verschiebung, die bei kontinuierlichen Signalen unendlich klein ist, wird das Produkt der beiden Signale gebildet und es wird integriert. Die größte Fläche entsteht dann, wenn eine maximale Überdeckung beider Signale auftritt. Die Korrelationsfunktion weist zu diesem Verschiebungszeitpunkt τ ein Maximum auf. Das Korrelationsintegral mittelt über das Produkt zweier Signale. In Abhängigkeit davon, ob es sich um nicht identische oder identische Signale handelt, wird unterschieden in Kreuz- oder Autokorrelation.

Als Kreuzkorrelationsfunktion KKF bezeichnet man das Korrelationsintegral, wenn gilt $x_1(t) \neq x_2(t)$.

$$r_{x_1 x_2}(\tau) = M \int_{t_{\text{unten}}}^{t_{\text{oben}}} x_1(t) x_2(t - \tau) \, dt \qquad (3.34)$$

Als Autokorrelationsfunktion AKF bezeichnet man das Korrelationsintegral, wenn gilt $x_1(t) \equiv x_2(t)$.

$$r_{x_1 x_1}(\tau) = M \int_{t_{\text{unten}}}^{t_{\text{oben}}} x_1(t) x_1(t - \tau) \, dt \qquad (3.35)$$

Der Faktor M ist an die zu korrelierenden Signale anzupassen.

$M = 1$ für Signale mit endlicher Dauer

$M = 1/T_P$ für periodische Signale, Integrationsgrenzen $\pm T_P/2$ (Korrelation periodischer Signale ergibt eine periodische Korrelationsfunktion)

$M = \lim\limits_{T \to \infty} 1/2T$ für Leistungssignale auch Zufallssignale (siehe dazu Abschnitt 3.4), Integrationsgrenzen $\pm T$

Das Ergebnis der durchgeführten Integration ist die *Korrelationsfunktion*, oft nur *Korrelation* genannt, wobei mit Korrelation auch der Vorgang zur Ermittlung der Korrelationsfunktion gemeint sein kann. Bei der Berechnung der Korrelationsfunktion können stückweise integrierbare Funktionen auftreten. Um die Berechnung durchschaubar zu machen, ist eine *Schrittfolge* hilfreich. Die nachfolgend aufgeführte Schrittfolge ist für die Berechnung des Korrelationsintegrals nach Gl. (3.34) mit Signalen endlicher Dauer aufgestellt, sie kann für periodische Signale und Leistungssignale entsprechend angepasst werden, in dem der Faktor M und die entsprechenden Integrationsgrenzen eingesetzt werden. Dies gilt auch für die Berechnung der Autokorrelationsfunktion Gl. (3.35).

Schrittfolge der Korrelation:
1. Verschiebung von $x_2(t)$ um τ, bis zum Auftreten von Überdeckungen zwischen $x_1(t)$ und $x_2(t - \tau)$, außerhalb dieses Überdeckungsbereiches ist das Integral null
2. Bildung des Produktes $x_1(t) \cdot x_2(t - \tau)$
3. Integration des Produktes im Bereich der Überdeckungen
4. Wiederholung der Schritte 1 bis 3 bis zur Erfassung aller Überdeckungen

Das Ergebnis ist die Korrelationsfunktion $r_{x_1 x_2}(\tau)$.

Anhand eines einfachen Beispiels soll die Kreuzkorrelation gezeigt werden. Es liegen zwei Signale $x_1(t)$ und $x_2(t)$ vor, deren Verläufe sich nur durch deren zeitliche Lage unterscheiden. Mittels Kreuzkorrelation soll die zeitliche Verschiebung ermittelt werden.

Beispiel 3.7 Kreuzkorrelation von Signalen

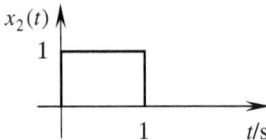 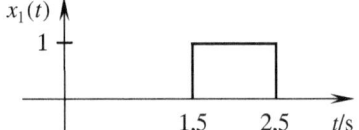

Bild 3.28 Signale $x_1(t)$ und $x_2(t)$

Entsprechend der Schrittfolge wird $x_2(t)$ um τ verschoben.

1. Es ist zu beachten, dass nach Gl. (3.34) bei der Verschiebung nach rechts $\tau > 0$ und bei der Verschiebung nach links $\tau < 0$ ist.

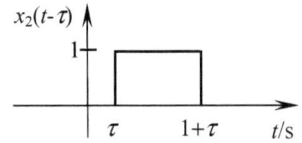

2. Die ersten Überdeckungen entstehen, wenn für τ gilt $0{,}5\,\text{s} \leq \tau < 1{,}5\,\text{s}$. Die Überdeckungsflächen nehmen bei Zunahme von τ stetig zu.

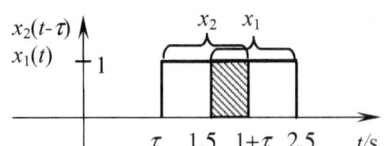

3. $\displaystyle\int_{1{,}5\,\text{s}}^{\tau+1\,\text{s}} \mathrm{d}t = \tau - 0{,}5\,\text{s}$ für $0{,}5\,\text{s} \leq \tau < 1{,}5\,\text{s}$

4. Wiederholung der Schritte 1 bis 3.

1. Eine vollständige Überdeckung tritt ein, wenn die Verschiebung von $x_2(t)$ um $\tau = 1{,}5\,\text{s}$ erfolgt.

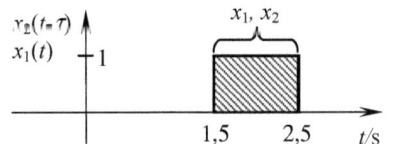

2. Produktbildung

3. $\displaystyle\int_{1{,}5\,\text{s}}^{2{,}5\,\text{s}} \mathrm{d}t = 1\,\text{s}$ für $\tau = 1{,}5\,\text{s}$

4. Wiederholung der Schritte 1 bis 3.

1. Wird $x_2(t)$ weiter nach rechts verschoben, dann verringern sich die Überdeckungsflächen.

   Dies gilt für $1{,}5\,\text{s} < \tau \leq 2{,}5\,\text{s}$.

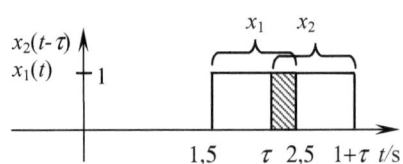

2. Produktbildung

3. $\displaystyle\int_{\tau}^{2{,}5\,\text{s}} \mathrm{d}t = -\tau + 2{,}5\,\text{s}$ für $1{,}5\,\text{s} < \tau \leq 2{,}5\,\text{s}$

4. Die Korrelationsfunktion lautet für dieses Beispiel

$$r_{x_1 x_2}(\tau) = \begin{cases} \tau - 0{,}5\,\text{s} & \text{für } 0{,}5\,\text{s} \leq \tau < 1{,}5\,\text{s} \\ 1\,\text{s} & \text{für } \tau = 1{,}5\,\text{s} \\ -\tau + 2{,}5\,\text{s} & \text{für } 1{,}5\,\text{s} < \tau \leq 2{,}5\,\text{s} \end{cases}$$

oder als Dreieckfunktion ausgedrückt

$$r_{x_1 x_2}(\tau) = 1\,\text{s} \cdot \Lambda\left(\frac{t - 1{,}5\,\text{s}}{1\,\text{s}}\right) \tag{3.36}$$

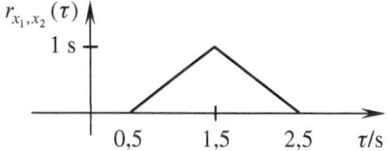

Bild 3.29 Ergebnis der Korrelation $r_{x_1 x_2}(\tau)$

Die Korrelationsfunktion hat bei $\tau = 1{,}5$ s ihr Maximum, d. h. bei einer Verschiebung von $x_2(t)$ um 1,5 s nach rechts tritt die größte Ähnlichkeit mit $x_1(t)$ auf. Weiterhin ist aus dem Maximum bei $\tau = 1{,}5$ s abzulesen, dass $x_1(t)$ gegenüber $x_2(t)$ um 1,5 s nach rechts verschoben ist.

Das Ergebnis der Korrelation für dieses Beispiel im Falle eines Ansatzes nach Gl. (3.34)

$$r_{x_2 x_1}(\tau) = M \int_{t_{\text{unten}}}^{t_{\text{oben}}} x_2(t) x_1(t - \tau)\, dt \tag{3.37}$$

liefert die im Bild 3.30 dargestellte Korrelationsfunktion.

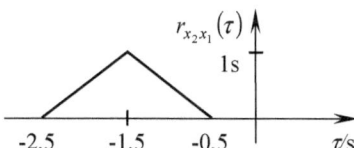

Bild 3.30 Ergebnis der Korrelation $r_{x_2 x_1}(\tau)$

Aus diesem Ergebnis kann abgelesen werden, dass bei einer Verschiebung des Signals $x_1(t)$ um $\tau = -1{,}5$ s nach links die größte Ähnlichkeit mit dem Signal $x_2(t)$ besteht, und dass $x_2(t)$ gegenüber $x_1(t)$ um 1,5 s nach links verschoben ist. Das Signal $x_2(t)$ beginnt früher. ∎

Das Beispiel zeigt eine wesentliche Eigenschaft der Kreuzkorrelation. Die Kreuzkorrelation ist nicht kommutativ. Es gilt

$$r_{x_1 x_2}(\tau) = r_{x_2 x_1}(-\tau). \tag{3.38}$$

Diese Beziehung beschreibt, dass eine Verschiebung von $x_2(t)$ über $x_1(t)$ um τ einer Verschiebung von $x_1(t)$ über $x_2(t)$ um $-\tau$ entspricht.

Sind beide Signale $x_1(t)$ und $x_2(t)$ identisch, dann gilt

$$r_{x_1 x_1}(\tau) = r_{x_1 x_1}(-\tau). \tag{3.39}$$

Die Autokorrelationsfunktion ist eine symmetrisch gerade Funktion.

Ist die Zeitdauer des Signals endlich, dann ist seine Autokorrelationsfunktion doppelt so breit wie das Signal und das Maximum der Autokorrelationsfunktion liegt bei null. Liegt ein periodisches Signal vor, so ist zu unterscheiden, ob das Signal verrauscht oder nicht verrauscht ist. Im Fall des nichtverrauschten periodischen Signals treten die Maxima periodisch auf mit der Periode des Signals, ein Maximum liegt bei $\tau = 0$. Bei einem verrauschten periodischen Signal hat die Autokorrelationsfunktion nur an der Stelle $\tau = 0$ ihr Maximum. Mit zwei Beispielen sollen diese Eigenschaften veranschaulicht werden. Zuerst wird eine nichtverrauschte Sinusfunktion autokorreliert.

Beispiel 3.8 Autokorrelation eines Signals

$$x_1(t) = \sin(\omega_P t) \tag{3.40}$$

$$r_{x_1 x_1}(\tau) = \frac{1}{T_P} \int_{-T_P/2}^{T_P/2} \sin(\omega_P t) \sin(\omega_P (t - \tau)) \, dt \tag{3.41}$$

Die Lösung des Integrals wird mit den im Bild 3.31 angegebenen Funktionsverläufen veranschaulicht. Die oberen Funktionsverläufe zeigen jeweils die Sinusfunktion und die um τ verschobene Sinusfunktion. Die Funktionsverläufe darunter sind jeweils die Produkte. Aus dem kleinen Ausschnitt der möglichen Verschiebungen kann man schon sehr gut die Tendenzen der Autokorrelationsfunktion erkennen. Über das Produkt $x_1(t)x_1(t - \tau)$ wird integriert. Bei einer Verschiebung von $\tau = 0$ wird sich der größte Korrelationswert ergeben, die Ähnlichkeit mit sich selbst ist maximal. Mit zunehmender Verschiebung nähern sich die Flächen oberhalb und unterhalb der Abszisse an. Der Korrelationswert wird kleiner. Bei einer Verschiebung um $\tau = T_P/4$ heben sich die Flächen auf und der Korrelationswert ist null. Ohne die folgenden Bilder anzugeben, kann man sich gut vorstellen, dass bei einer weiteren Verschiebung erst einmal die Flächen unterhalb der Abszisse zunehmen und dann wieder abnehmen. Und dieser Vorgang setzt sich periodisch fort.

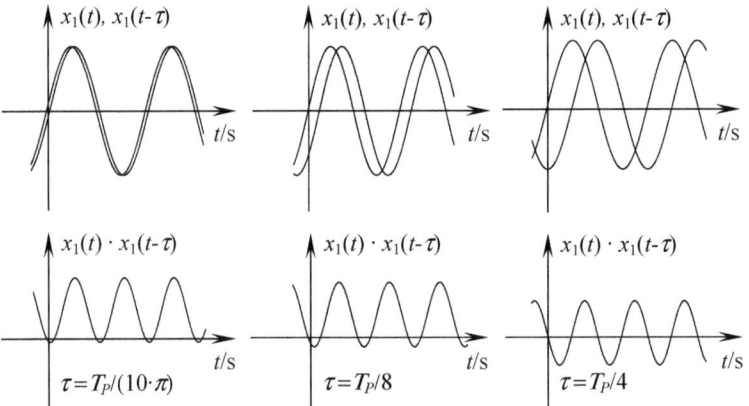

Bild 3.31 Sinusfunktion $x_1(t)$, verschobene Sinusfunktion $x_1(t - \tau)$, Produkte $x_1(t) \cdot x_1(t - \tau)$

Für die Berechnung der Autokorrelationsfunktion der Sinusfunktion wird mithilfe des Additionstheorems

$$\sin(\alpha)\sin(\beta) = 0{,}5\cos(\alpha-\beta) - 0{,}5\cos(\alpha+\beta) \tag{3.42}$$

das Produkt aus Sinusfunktionen in eine Summe von Kosinusfunktionen umgewandelt.

$$r_{x_1 x_1}(\tau) = \frac{1}{T_P} \int_{-T_P/2}^{T_P/2} \sin(\omega_P t)\sin(\omega_P(t-\tau))\,\mathrm{d}t$$

$$r_{x_1 x_1}(\tau) = \frac{1}{2T_P} \int_{-T_P/2}^{T_P/2} \left(\cos(\omega_P \tau) - \cos(2\omega_P t - \omega_P \tau)\right)\,\mathrm{d}t \tag{3.43}$$

Das Integral, bestehend aus der Summe der beiden Kosinusfunktionen, wird in zwei Integrale zerlegt.

$$r_{x_1 x_1}(\tau) = \frac{1}{2T_P} \int_{-T_P/2}^{T_P/2} \cos(\omega_P \tau)\,\mathrm{d}t - \frac{1}{2T_P} \int_{-T_P/2}^{T_P/2} \cos(2\omega_P t - \omega_P \tau)\,\mathrm{d}t \tag{3.44}$$

$$r_{x_1 x_1}(\tau) = \left[\frac{1}{2T_P}\cos(\omega_P \tau)\cdot t - \frac{1}{2T_P}\frac{1}{2\omega_P}\sin(2\omega_P t - \omega_P \tau)\right]_{-T_P/2}^{T_P/2} \tag{3.45}$$

Beim Einsetzen der Grenzen wird der zweite Summand zu null, da die Sinusfunktion über genau zwei Perioden integriert wird. Die Autokorrelationsfunktion der Sinusfunktion ergibt eine Kosinusfunktion, siehe dazu Bild 3.32.

$$r_{x_1 x_1}(\tau) = \frac{1}{T_P} \int_{-T_P/2}^{T_P/2} \sin(\omega_P t)\sin(\omega_P(t-\tau))\,\mathrm{d}t = \frac{1}{2}\cos(\omega_P \tau) \tag{3.46}$$

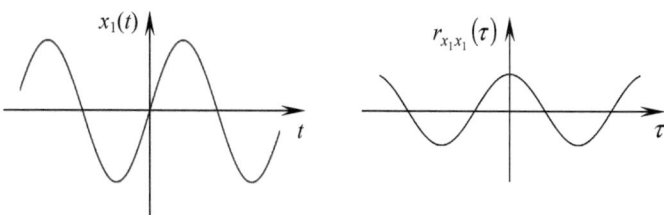

Bild 3.32 Harmonisches Signal und seine Autokorrelationsfunktion

Beispiel 3.9 Autokorrelation eines verrauschten Signals

Das Bild 3.33 zeigt ein verrauschtes harmonisches Signal und seine Autokorrelationsfunktion. Die Autokorrelation wird zum Entrauschen harmonischer Signale genutzt. Rauschen ist zufällig und selbstverständlich nichtperiodisch. Die maximale Ähnlichkeit ist daher nur für $\tau = 0$ gegeben. Die Autokorrelation weist bei $\tau = 0$ einen Peak auf, der das Vorhandensein von Rauschen im Signal charakterisiert, ansonsten ergibt sich ungefähr ein harmonisches Signal, wie im vorangegangenen Beispiel. Zu beachten ist aber noch folgende Tatsache. Bei der Autokorrelation harmonischer Signale, also Kosinus- oder Sinusfunktionen, ergibt sich immer eine Kosinusfunktion. Es geht somit die Phaseninformation verloren.

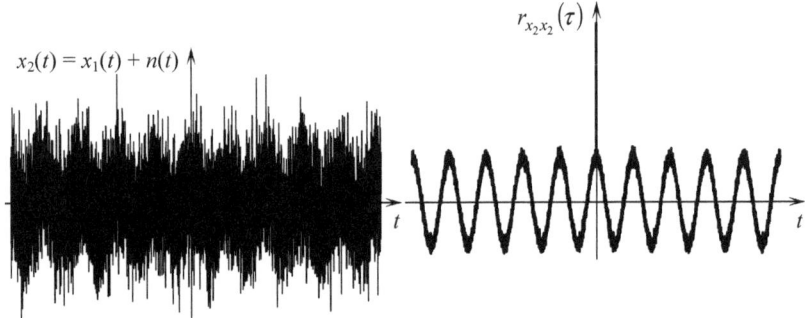

Bild 3.33 Verrauschtes harmonisches Signal und seine Autokorrelationsfunktion

3.3.3 Faltung

Die Operation Faltung ähnelt der Operation Korrelation. Die Faltung ist eine Signaloperation, die in vielen Anwendungen, z. B. beim Abtastprozess von Signalen und bei der Beschreibung von Signalen im Zeit- und Frequenzbereich sowie bei der Verarbeitung von Signalen durch Systeme, zu finden ist. Es soll auf die Beschreibung der Systeme an dieser Stelle etwas vorgegriffen werden, um den Faltungsprozess plausibler zu machen. Für die Ermittlung des Ausgangssignals $x_a(t)$ eines Systems als Reaktion auf ein beliebiges Eingangssignal $x_e(t)$ müssen Informationen vorliegen, die das Systemverhalten beschreiben. Man benutzt dazu die Antwort des Systems auf ein spezielles Testsignal, den Dirac-Impuls $\delta(t)$. Der Dirac-Impuls $\delta(t)$ und seine Eigenschaften werden bei den Elementarsignalen (siehe dazu Abschnitt 3.2) vorgestellt. Die Antwort des Systems auf den Dirac-Impuls $\delta(t)$ wird als Gewichtsfunktion, Impulsantwort oder Stoßantwort $g(t)$ bezeichnet. Nachfolgend wird der Begriff Impulsantwort verwendet. Bild 3.34 zeigt den Zusammenhang zwischen den Signalen und dem System für den Spezialfall $x_e(t) = \delta(t)$. Mit S soll der Systemoperator bezeichnet werden, der die Verarbeitung des Eingangssignals durch das System darstellt.

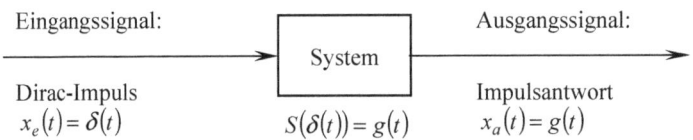

Bild 3.34 System mit Ein- und Ausgangssignal

Die Operation Faltung kann nur angewendet werden, wenn das System linear und zeitinvariant ist. Nur solche Systeme werden in diesem Buch behandelt.

3.3 Signaloperationen

Was heißt linear?

Ein System wird als *linear* bezeichnet, wenn auf jede Linearkombination der Eingangssignale, z. B.

$$x_e(t) = k_1 x_{e1}(t) + k_2 x_{e2}(t), \tag{3.47}$$

das System mit der entsprechenden Linearkombination der Ausgangssignale reagiert.

$$x_a(t) = S\left(k_1 x_{e1}(t) + k_2 x_{e2}(t)\right) = k_1 S\left(x_{e1}(t)\right) + k_2 S\left(x_{e2}(t)\right) \tag{3.48}$$

Für ein lineares System gilt das Überlagerungs- bzw. Superpositionsprinzip.

Was heißt zeitinvariant?

Ein System heißt *zeitinvariant*, wenn das System auf das Eingangssignal $x_e(t)$ mit dem Ausgangssignal $x_a(t)$ reagiert, dann muss das System auf das um t_0 später einsetzende Eingangssignal $x_e(t - t_0)$ mit dem entsprechenden zeitverschobenen Ausgangssignal $x_a(t - t_0)$ reagieren.

$$S\left(x_e(t)\right) = x_a(t) \quad \text{und} \quad S\left(x_e(t - t_0)\right) = x_a(t - t_0) \tag{3.49}$$

Die Begriffe Impulsantwort, lineare und zeitinvariante Systeme werden nun für die Erklärung der Operation Faltung benötigt.

Am System im Bild 3.35 liegt ein beliebiges Eingangssignal $x_e(t)$ an. Es soll die Frage beantwortet werden, durch welche Operation die Impulsantwort $g(t)$ und das Eingangssignal $x_e(t)$ miteinander verknüpft werden, um das Ausgangssignal zu erhalten?

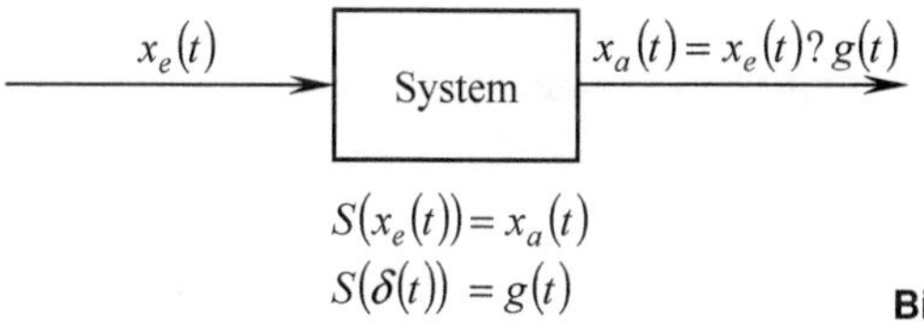

$$S(x_e(t)) = x_a(t)$$
$$S(\delta(t)) = g(t)$$

Bild 3.35 System mit Ein- und Ausgangssignal

Nach Gl. (3.9) gilt laut Ausblendeigenschaft des Dirac-Impulses

$$\int_{-\infty}^{\infty} x_e(\tau)\delta(t - \tau) \, d\tau = x_e(t) \tag{3.50}$$

Mit dieser Beschreibung des Eingangssignals kann für das Ausgangssignal angegeben werden:

$$x_a(t) = S\left(x_e(t)\right) = S\left(\int_{-\infty}^{\infty} x_e(\tau)\delta(t - \tau) \, d\tau\right). \tag{3.51}$$

Da ausschließlich lineare Systeme betrachtet werden, gilt nach Gl. (3.48)

$$x_a(t) = S\left(x_e(t)\right) = S\left(\int_{-\infty}^{\infty} x_e(\tau)\delta(t - \tau) \, d\tau\right) = \int_{-\infty}^{\infty} x_e(\tau) S\left(\delta(t - \tau)\right) \, d\tau. \tag{3.52}$$

Weiterhin ist davon auszugehen, dass das System zeitinvariant ist, somit unter Berücksichtigung von Gl. (3.49) die gesuchte Signaloperation gefunden ist. Sie wird als *Faltung* bezeichnet.

Das *Faltungsintegral* oder auch die *Faltung* berechnet sich nach

$$x_a(t) = \int_{-\infty}^{\infty} x_e(\tau) g(t-\tau) \, d\tau. \tag{3.53}$$

Das Operationszeichen für die Faltung ist ein Sternchen *.

$$x_e(t) * g(t) = \int_{-\infty}^{\infty} x_e(\tau) g(t-\tau) \, d\tau. \tag{3.54}$$

Für allgemeine Zeitfunktionen lautet die Operation Faltung

$$\int_{-\infty}^{\infty} f_1(\tau) f_2(t-\tau) \, d\tau = \int_{-\infty}^{\infty} f_2(\tau) f_1(t-\tau) \, d\tau = f_1(t) * f_2(t) = f_2(t) * f_1(t) \tag{3.55}$$

Es gelten das Kommutativgesetz (Reihenfolge der Funktionen ist vertauschbar)

$$f_1(t) * f_2(t) = f_2(t) * f_1(t) \tag{3.56}$$

das Assoziativgesetz (Reihenfolge der Funktionen ist beliebig)

$$f_1(t) * \bigl(f_2(t) * f_3(t)\bigr) = \bigl(f_1(t) * f_2(t)\bigr) * f_3(t) \tag{3.57}$$

und das Distributivgesetz (Reihenfolge der Operationen ist beliebig)

$$f_1(t) * \bigl(f_2(t) + f_3(t)\bigr) = f_1(t) * f_2(t) + f_1(t) * f_3(t) \tag{3.58}$$

Weiterhin besitzt die Faltung wichtige Eigenschaften.

1. Eigenschaft: Die Faltung ist verschiebungsinvariant.

$$f_1(t) * f_2(t) = y(t)$$
$$f_1(t-t_v) * f_2(t) = f_1(t) * f_2(t-t_v) = y(t-t_v) \tag{3.59}$$
$$f_1(t-t_{v1}) * f_2(t-t_{v2}) = y(t-t_{v1}-t_{v2}) \tag{3.60}$$

2. Eigenschaft: Die Faltung eines Signals mit einem Dirac-Impuls erzeugt das Signal bzw. das verschobene Signal.

$$f(t) * \delta(t) = f(t)$$
$$f(t) * \delta(t-t_v) = f(t-t_v) * \delta(t) = f(t-t_v) \tag{3.61}$$

3. Eigenschaft: Hat $f_1(t)$ die Dauer T_{S1} und $f_2(t)$ die Dauer T_{S2}, so hat $y(t)$ die Dauer $T_{S1}+T_{S2}$. Da bei der Faltung wie bei der Korrelation oft stückweise integrierbare Funktionen miteinander verknüpft werden, ist zur leichteren Handhabung des Faltungsintegrals die angegebene *Schrittfolge* hilfreich.

Schrittfolge der Faltung
1. Zeitvariable t durch τ ersetzen $\Rightarrow f_1(\tau), f_2(\tau)$
2. Spiegelung einer Funktion, z. B. $f_1(\tau)$, an der Ordinate $\Rightarrow f_1(-\tau)$
3. Verschiebung von $f_1(-\tau)$ um $t \Rightarrow f_1(t-\tau)$ bis zum Auftreten von Überdeckungen zwischen $f_1(t-\tau)$ und $f_2(\tau)$
4. Multiplikation von $f_1(t-\tau)$ und $f_2(\tau)$ und Integration über $\tau \Rightarrow y_1(t)$
5. Wiederholung der Schritte 3 und 4 für alle gemeinsamen Flächen zwischen $f_1(t-\tau)$ und $f_2(\tau)$

Das Ergebnis ist die Funktion $y(t) = f_1(t) * f_2(t)$.

Zur Demonstration des Faltungsprozesses werden zwei Beispiele betrachtet.

Beispiel 3.10 Berechnung des Ausgangssignals eines Integrators bei angelegter Rechteckfunktion

Das System habe die Impulsantwort $g(t) = \varepsilon(t)\,\text{s}^{-1}$. Die nachfolgende Rechnung wird zeigen, dass das System die Wirkungsweise eines Integrators hat. Einfache praktische Beispiele für Integratoren sind Wassereimer, Kondensator oder Sparstrumpf. Ein Wassereimer als System mit dem Wasserzufluss als Eingangssignal und der Wasserstandshöhe als Ausgangssignal beschreibt anschaulich die integrierende Wirkung. Ein Kondensator, der an eine Stromquelle angeschlossen ist und an dem sich eine Spannung aufbaut, hat ebenfalls eine integrierende Wirkung. Die integrierende Wirkung des Sparstrumpfs ist wohl jedem bekannt.

Am Eingang dieses Systems liegt eine Rechteckfunktion an, siehe dazu Bild 3.36. Ohne die Faltungsoperation zu bemühen, kann man sich das Ausgangssignal gut vorstellen, wenn man bedenkt, dass das System die Rechteckfunktion integriert. Aber leider sind die einzelnen Signale und das Systemverhalten nicht immer so leicht durchschaubar, sodass der Faltungsprozess Schritt für Schritt abgearbeitet werden muss.

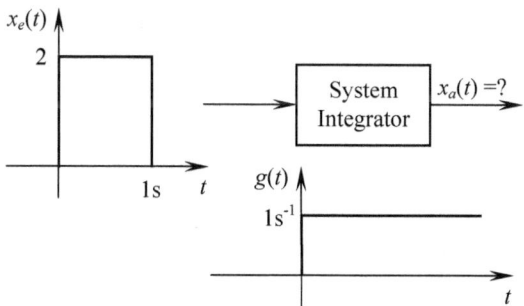

Bild 3.36 System mit Eingangssignal und Impulsantwort

Die Schrittfolge wird auf das Beispiel im Bild 3.36 angewendet.

1. Variable t durch τ ersetzen $x_e(\tau) = 2\,\text{rect}\left(\dfrac{\tau - 0{,}5\,\text{s}}{1\,\text{s}}\right); g(\tau) = \varepsilon(\tau)\,\text{s}^{-1}$

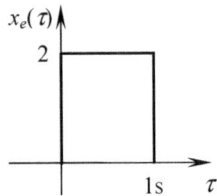
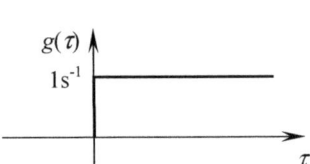

2. Spiegelung $g(-\tau) = \varepsilon(-\tau)\,\text{s}^{-1}$

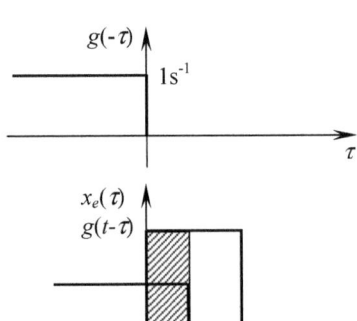

3. Verschiebung $g(t-\tau) = \varepsilon(t-\tau)\,\text{s}^{-1}$
   Die Verschiebung nach rechts lässt sich gut erkennen anhand der Umformung

   $g(t-\tau) = g(-(\tau-t))$

   Da τ die Variable ist, bedeutet $\tau - t$ mit $t > 0$ eine Rechtsverschiebung.

4. Integration

$$\int_0^t x_e(\tau)g(t-\tau)\,d\tau = \int_0^t 2\cdot 1\,\text{s}^{-1}\,d\tau = 2\,\text{s}^{-1}t \text{ für } 0 \leq t \leq 1\,\text{s}$$

5. Wiederholung der Schritte 3 und 4

3. Verschiebung

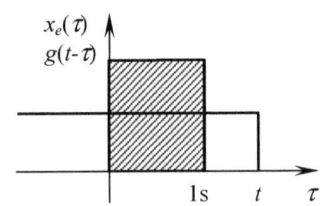

4. Integration

$$\int_0^{1\text{s}} x_e(\tau)g(t-\tau)\,d\tau = \int_0^{1\text{s}} 2\cdot 1\,\text{s}^{-1}\,d\tau = 2 \text{ für } t \geq 1\,\text{s}$$

$$x_a(t) = \begin{cases} 2\,\text{s}^{-1}t & \text{für } 0 \leq t \leq 1\,\text{s} \\ 2 & \text{für } t \geq 1\,\text{s} \end{cases} \tag{3.62}$$

3.3 Signaloperationen

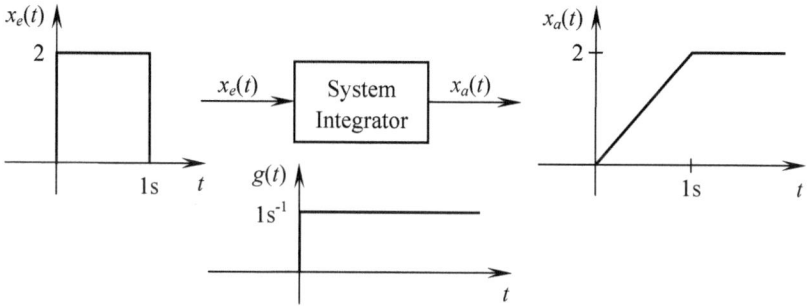

Bild 3.37 System mit Impulsantwort, Ein- und Ausgangssignal

Das zu erwartende Ergebnis für die Faltung einer Rechteckfunktion mit einem Einheitssprung zeigt Bild 3.37. ∎

Das folgende Beispiel, die Faltung einer Rechteckfunktion mit einer unendlichen Dirac-Impulsfolge, wird aus zwei Gründen besprochen. Zum einen wird bei der Erklärung der Periodizität der Frequenzfunktionen zeitdiskreter Signale im Kapitel 6 die Faltung mit einer periodischen Dirac-Impulsfolge benötigt, und zum anderen sollen die Eigenschaften nach Gl. (3.9) beim Falten mit Dirac-Impulsen gezeigt werden.

Beispiel 3.11 Faltung einer Rechteckfunktion mit einer periodischen Dirac-Impulsfolge

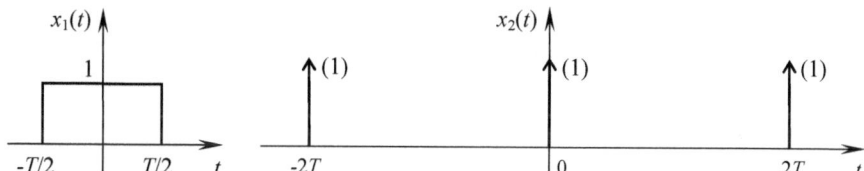

Bild 3.38 Rechteckfunktion und Dirac-Impulsfolge

Die beiden Signale werden gefaltet.

$$y(t) = x_1(t) * x_2(t) = \text{rect}\left(\frac{t}{T}\right) * \sum_{i=-\infty}^{\infty} \delta(t - i2T)$$
$$= \int_{-\infty}^{\infty} \text{rect}\left(\frac{\tau}{T}\right) \sum_{i=-\infty}^{\infty} \delta(t - \tau - i2T) \, d\tau \tag{3.63}$$

Man kann die Operationen Integration und Summenbildung auch vertauschen, dann gilt:

$$y(t) = \sum_{i=-\infty}^{\infty} \int_{-\infty}^{\infty} \text{rect}\left(\frac{\tau}{T}\right) \delta(t - \tau - i2T) \, d\tau$$
$$y(t) = \ldots + \underbrace{\int_{-\infty}^{\infty} \text{rect}\left(\frac{\tau}{T}\right) \delta(t - \tau + 2T) \, d\tau}_{i=-1} + \underbrace{\int_{-\infty}^{\infty} \text{rect}\left(\frac{\tau}{T}\right) \delta(t - \tau) \, d\tau}_{i=0} + \ldots \tag{3.64}$$

Um die Faltung anschaulich zu zeigen, wird *ein* Integral aus dieser unendlichen Summe von Integralen ausgewählt. Es ist das Integral für $i = -1$.

$$y_{i=-1}(t) = \text{rect}\left(\frac{t}{T}\right) * \delta(t+2T) = \int_{-\infty}^{\infty} \text{rect}\left(\frac{\tau}{T}\right) \delta(t-\tau+2T)\, d\tau \qquad (3.65)$$

Die Anwendung der Schrittfolge liefert die folgenden Bilder:

1. Variable t durch τ ersetzen $\text{rect}\left(\frac{\tau}{T}\right)$; $\delta(\tau+2T)$

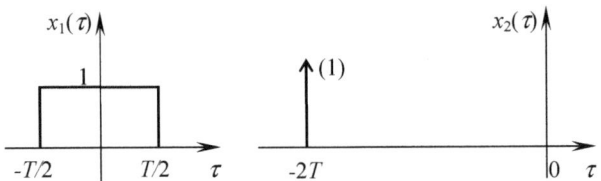

2. Spiegelung $\delta(-\tau+2T)$

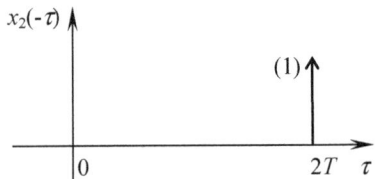

3. Verschiebung $\delta(-\tau+t+2T)$

   Um Überdeckungen zu erhalten, muss der Dirac-Impuls um

   $$-\frac{5}{2}T \leq t \leq -\frac{3}{2}T$$

   verschoben werden. Diese Ungleichung lässt sich aus den Bedingungen

   $t + 2T > -T/2$ und $t + 2T < T/2$

   berechnen.

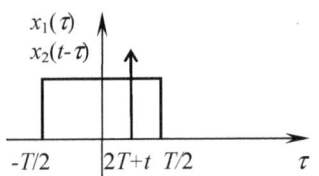

4. Integration

$$y_{i=-1}(t) = \int_{-\infty}^{\infty} \text{rect}\left(\frac{\tau}{T}\right) \cdot \delta(-\tau+t+2T)\, d\tau$$

$$= \int_{-T/2}^{T/2} 1 \cdot \delta(-\tau+t+2T)\, d\tau = 1 \quad \text{für} \quad -\frac{5}{2}T \leq t \leq -\frac{3}{2}T$$

$$y_{i=-1}(t) = \text{rect}\left(\frac{t}{T}\right) * \delta(t+2T) = \text{rect}\left(\frac{t+2T}{T}\right) \qquad (3.66)$$

Das Teilergebnis ist eine nach links um $2T$ verschobene Rechteckfunktion. Wendet man jetzt die Eigenschaften der Faltung einer Funktion mit einem Dirac-Impuls auf alle Integrale der Gl. (3.64) an, dann ergeben sich unendlich viele verschobene Rechteckfunktionen.

$$y(t) = \ldots + \text{rect}\left(\frac{t}{T}\right) * \delta(t+2T) + \text{rect}\left(\frac{t}{T}\right) * \delta(t) + \text{rect}\left(\frac{t}{T}\right) * \delta(t-2T) + \ldots$$

$$y(t) = \ldots + \text{rect}\left(\frac{t+2T}{T}\right) \quad + \text{rect}\left(\frac{t}{T}\right) \quad + \text{rect}\left(\frac{t-2T}{T}\right) \quad + \ldots \tag{3.67}$$

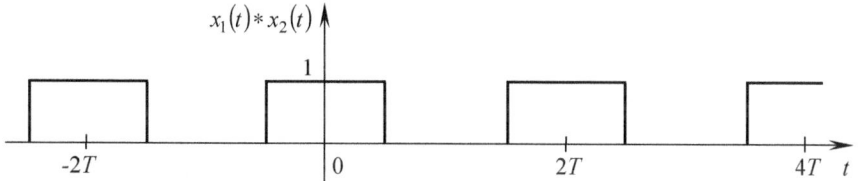

Bild 3.39 Faltung einer Rechteckfunktion mit einer Dirac-Impulsfolge

Die Faltung einer Rechteckfunktion mit einer Dirac-Impulsfolge ergibt eine periodische Rechteckfolge, wie Bild 3.39 zeigt.

$$y(t) = \text{rect}\left(\frac{t}{T}\right) * \sum_{i=-\infty}^{\infty} \delta(t-i2T) = \sum_{i=-\infty}^{\infty} \text{rect}\left(\frac{t-i2T}{T}\right) \tag{3.68}$$

Der faltungsverwöhnte Leser löst dieses Beispiel unter Anwendung der 2. Eigenschaft der Faltung nach Gl. (3.61). Die Faltung einer Summe verschobener Dirac-Impulse mit einer Rechteckfunktion liefert wieder eine Summe. Nun aber eine Summe von Rechteckfunktionen, die verschoben sind. Die Verschiebung der Rechteckfunktionen ist durch die Verschiebung der Dirac-Impulse festgelegt. ∎

Zusammenhang zwischen Korrelation und Faltung

Dass Korrelation und Faltung ähnliche Operationen sind, geht aus der vorangegangenen Beschreibung hervor. Den mathematischen Zusammenhang zwischen diesen Operationen kann man wie folgt ausdrücken:

Das Korrelationsintegral

$$r_{x_1 x_2}(\tau) = \int_{-\infty}^{\infty} x_1(t) x_2(t-\tau)\,dt \tag{3.69}$$

wird durch Ausklammern des Minuszeichens im Argument von x_2 zu

$$r_{x_1 x_2}(\tau) = \int_{-\infty}^{\infty} x_1(t) x_2(-(\tau - t))\,dt \tag{3.70}$$

Das entstandene Integral entspricht dem Faltungsintegral

$$x_1(\tau) * x_2(-\tau) = \int_{-\infty}^{\infty} x_1(t) x_2(-(\tau - t))\,dt. \tag{3.71}$$

Somit kann die Korrelation auch durch die Faltung ausgedrückt werden, es gilt

$$r_{x_1 x_2}(\tau) = x_1(\tau) * x_2(-\tau). \tag{3.72}$$

Unter Berücksichtigung des Kommutativgesetzes Gl. (3.56) bei der Faltung

$$x_1(\tau) * x_2(-\tau) = x_2(-\tau) * x_1(\tau), \tag{3.73}$$

der Tatsache, dass die Korrelation nicht kommutativ ist Gl. (3.38)

$$r_{x_1 x_2}(\tau) = r_{x_2 x_1}(-\tau), \tag{3.74}$$

und des Zusammenhangs von Korrelation und Faltung nach Gl. (3.72) gilt

$$r_{x_1 x_2}(\tau) = x_1(\tau) * x_2(-\tau) = x_2(-\tau) * x_1(\tau) = r_{x_2 x_1}(-\tau). \tag{3.75}$$

Wird die Korrelation der beiden Signale $x_1(t)$ und $x_2(t)$ mit $r_{x_2 x_1}(\tau)$ berechnet, dann kann, wie oben gezeigt, der Zusammenhang von Korrelation und Faltung bei Berücksichtigung der geänderten Reihenfolge der Signale ausgedrückt werden durch

$$r_{x_2 x_1}(\tau) = x_2(\tau) * x_1(-\tau) = x_1(-\tau) * x_2(\tau) = r_{x_1 x_2}(-\tau). \tag{3.76}$$

■ 3.4 Energie und Leistung

Vor der Einführung der etwas abstrakten und ungewohnten Definitionen der Energie und Leistung eines Signals im systemtheoretischen Sinn werden die *physikalischen* Begriffe aus der Elektrotechnik verwendet.

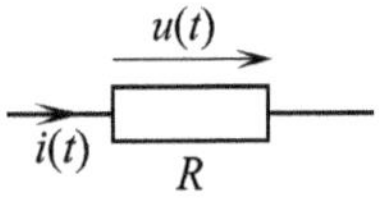

Bild 3.40 Strom und Spannung an einem Widerstand

Fließt Gleichstrom durch den Widerstand, so geht die i. Allg. zeitabhängige Spannung $u(t)$ in die konstante Spannung U über, ebenso der zeitabhängige Strom $i(t)$ in den konstanten Strom I. Die verbrauchte Leistung kann nach dem Ohm'schen Gesetz folgendermaßen angegeben werden:

$$P = U \cdot I = \frac{U^2}{R} = R \cdot I^2. \tag{3.77}$$

Bei zeitabhängigen Signalen gibt man die *Momentanleistung* auf die gleiche Art an.

$$p(t) = u(t) \cdot i(t) = \frac{u^2(t)}{R} = R \cdot i^2(t) \tag{3.78}$$

Man erkennt, dass die Momentanleistung jeweils proportional zum quadrierten Signal ist. Für unterschiedliche physikalische Größen, wie z. B. Strom $i(t)$ und Spannung $u(t)$, werden unterschiedliche Proportionalitätsfaktoren verwendet, wie $1/R$ bei Spannung bzw. R bei Strom.

In der Wechselstromlehre gilt für die Spannung bzw. den Strom

$$u(t) = \hat{U} \cdot \cos\left(\frac{2\pi t}{T_\mathrm{P}}\right) \quad \text{bzw.} \quad i(t) = \hat{I} \cdot \cos\left(\frac{2\pi t}{T_\mathrm{P}}\right) \tag{3.79}$$

Die *mittlere* Leistung in einem Zeitintervall von $-T_\mathrm{P}/2$ bis $T_\mathrm{P}/2$ erhält man im allgemeinen Fall durch Integration.

$$\overline{P} = \frac{1}{R}\frac{1}{T_\mathrm{P}} \int_{-T_\mathrm{P}/2}^{T_\mathrm{P}/2} u^2(t)\,\mathrm{d}t \quad \text{bzw.} \quad \overline{P} = R\frac{1}{T_\mathrm{P}} \int_{-T_\mathrm{P}/2}^{T_\mathrm{P}/2} i^2(t)\,\mathrm{d}t \tag{3.80}$$

Bei harmonischen Spannungen und Strömen erhält man

$$\overline{P} = \frac{1}{R}\frac{\hat{U}^2}{2} \quad \text{bzw.} \quad \overline{P} = R \cdot \frac{\hat{I}^2}{2}. \tag{3.81}$$

Beispiel 3.12 Nichtharmonisches periodisches Signal

Bild 3.41 zeigt schematisch ein Beispiel eines nichtharmonischen aber periodischen Signals, das elektrotechnisch als Spannungs- bzw. Stromverlauf aufgefasst werden kann.

$$u(t) = u\left(t - kT_\mathrm{P}\right) \quad \text{bzw.} \quad i(t) = i\left(t - kT_\mathrm{P}\right) \tag{3.82}$$

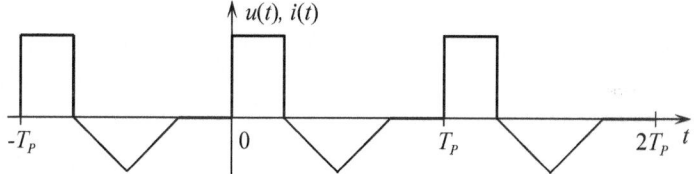

Bild 3.41 Periodischer nichtharmonischer Spannungs- bzw. Stromverlauf

In diesem allgemeinen Fall kann die mittlere Leistung durch *Integration über eine Periode* des Signals bestimmt werden. ■

Nichtperiodische Spannungs- bzw. Stromverläufe sind in dieser Beziehung als Grenzfälle mit *Periodendauer unendlich* enthalten.

$$\overline{P} = \frac{1}{R} \lim_{T\to\infty} \frac{1}{2T} \int_{-T}^{T} u^2(t)\,\mathrm{d}t \quad \text{bzw.} \quad \overline{P} = R \lim_{T\to\infty} \frac{1}{2T} \int_{-T}^{T} i^2(t)\,\mathrm{d}t \tag{3.83}$$

Festzustellen ist, dass im Prinzip für jede Art von *physikalischem* Signal ein eigener Formelausdruck gilt, was dem Bestreben der Systemtheorie, möglichst allgemeingültige Beziehungen zu definieren, zuwider läuft.

Allgemeingültig werden die beiden Beziehungen, wenn man den Proportionalitätsfaktor $1/R$ bzw. R weglässt und ein dimensionsloses Signal $x(t)$ verwendet. Daraus entsteht der *systemtheoretische* Leistungsbegriff.

$$\overline{P} = \lim_{T \to \infty} \frac{1}{2T} \int_{-T}^{T} x^2(t)\,dt \tag{3.84}$$

Der Praktiker wundert sich womöglich über die „gewöhnungsbedürftige" Einheit der Leistung. $\overline{P}$ ist jetzt dimensionslos und hat nicht etwa die Einheit W!

Ein Rechenbeispiel verdeutlicht den Übergang von der Leistung im systemtheoretischen Sinn zur physikalischen Leistung.

Beispiel 3.13 $x(t) = \varepsilon(t)$

$$\overline{P} = \lim_{T \to \infty} \frac{1}{2T} \int_{-T}^{T} \varepsilon^2(t)\,dt = \lim_{T \to \infty} \frac{1}{2T} \int_{0}^{T} 1^2\,dt = \lim_{T \to \infty} \frac{1}{2T} t \bigg|_{0}^{T} = \frac{1}{2} \tag{3.85}$$

Nimmt man an, dass $x(t)$ ein Spannungsverlauf in V ist und dass diese Spannung an einem 1 Ω-Widerstand abfällt, so entspricht $\overline{P}$ einem Wert von 0,5 W.

Nimmt man an, dass $x(t)$ ein Stromverlauf in A ist und dass dieser Strom durch einen 1 Ω-Widerstand fließt, so entspricht $\overline{P}$ ebenfalls einem Wert von 0,5 W.

Nimmt man an, dass $x(t)$ ein Spannungsverlauf in V ist und dass diese Spannung an einem 1 kΩ-Widerstand abfällt, so entspricht $\overline{P}$ einem Wert von $0{,}5/1000$ W = 0,5 mW.

Nimmt man an, dass $x(t)$ ein Stromverlauf in A ist und dass dieser Strom durch einen 1 kΩ-Widerstand fließt, so entspricht $\overline{P}$ einem Wert von $0{,}5 \cdot 1000$ W = 500 W.

Bei der Berechnung der Leistung anderer physikalischer Größen gelten andere Proportionalitätsfaktoren. ∎

Aus der Beziehung für die mittlere Leistung lässt sich eine Beziehung für die Gesamtenergie W gewinnen, indem man die Normierung auf das Integrationsintervall T weglässt.

$$W = \lim_{T \to \infty} \int_{-T}^{T} x^2(t)\,dt = \int_{-\infty}^{\infty} x^2(t)\,dt \tag{3.86}$$

Hinweis für das praktische Rechnen: Bei der Berechnung der mittleren Leistung erfolgt zuerst die Integration mit den Grenzen $-T$ bzw. T. Danach wird der Grenzübergang durchgeführt.

Beispiel 3.14 $x(t) = \varepsilon(t)\,e^{-\frac{t}{\tau}}$

$$\overline{P} = \lim_{T \to \infty} \frac{1}{2T} \int_{-T}^{T} \left(\varepsilon(t)\,e^{-\frac{t}{\tau}}\right)^2 dt = \lim_{T \to \infty} \frac{1}{2T} \int_{0}^{T} e^{-\frac{2}{\tau}t}\,dt$$
$$= \lim_{T \to \infty} \frac{1}{2T} \frac{1}{-2/\tau} e^{-\frac{2}{\tau}t}\bigg|_{0}^{T} \tag{3.87}$$

Für $t < 0$ ist der Einheitssprung gleich null. Daher kann die untere Integrationsgrenze auf null gesetzt werden.

$$\overline{P} = -\lim_{T\to\infty} \frac{1}{2T} \frac{\tau}{2} \left(e^{-\frac{2}{\tau}T} - e^{-\frac{2}{\tau}0} \right) = \lim_{T\to\infty} \frac{1}{2T} \frac{\tau}{2} \left(1 - e^{-\frac{2T}{\tau}} \right) = 0 \tag{3.88}$$

$$W = \int_{-\infty}^{\infty} \left(\varepsilon(t) e^{-\frac{t}{\tau}} \right)^2 dt = \int_{0}^{\infty} e^{-\frac{2}{\tau}t} dt = \frac{1}{-2/\tau} \left. e^{-\frac{2}{\tau}t} \right|_{0}^{\infty} = \frac{\tau}{2} \tag{3.89}$$

Der Einheitssprung wird hier wieder zur kompakten abschnittsweisen Definition des Signals verwendet. ∎

Der Praktiker wundert sich womöglich wieder über die „gewöhnungsbedürftige" Einheit der Energie in s anstelle der gewohnten Ws bzw. Joule. Zur *physikalischen* Energie gelangt man wieder, indem man $x(t)$ in V oder A annimmt und W anschließend mit $1/R$ bzw. R multipliziert.

Beispiel 3.15 $x(t) = \cos\left(2\pi \dfrac{t}{T_P}\right)$

$$\overline{P} = \lim_{T\to\infty} \frac{1}{2T} \int_{-T}^{T} \cos^2\left(2\pi \frac{t}{T_P}\right) dt = \lim_{T\to\infty} \frac{1}{2T} \int_{-T}^{T} \frac{1}{2}\left(1 + \cos\left(4\pi \frac{t}{T_P}\right)\right) dt$$

$$\overline{P} = \frac{1}{2} \lim_{T\to\infty} \left(\frac{1}{2T}(T - (-T)) + \frac{1}{2T} \frac{T_P}{4\pi} \sin\left(4\pi \frac{t}{T_P}\right) \bigg|_{-T}^{T} \right)$$

$$\overline{P} = \frac{1}{2} \lim_{T\to\infty} \left(1 + \frac{1}{2T} \frac{T_P}{4\pi} \sin\left(\frac{4\pi}{T_P} T\right) - \frac{1}{2T} \frac{T_P}{4\pi} \sin\left(-\frac{4\pi}{T_P} T\right) \right) = \frac{1}{2} \tag{3.90}$$

Bekanntlich reicht der Wertebereich der Sinusfunktion von -1 bis $+1$. Führt man den Grenzübergang $T \to \infty$ durch, so gehen der zweite und der dritte Term in der Klammer gegen null und können entfallen.

$$W = \int_{-\infty}^{\infty} \cos^2\left(2\pi \frac{t}{T_P}\right) dt = \int_{-\infty}^{\infty} \frac{1}{2}\left(1 + \cos\left(4\pi \frac{t}{T_P}\right)\right) dt$$

$$= \frac{1}{2} \int_{-\infty}^{\infty} dt + \frac{1}{2} \int_{-\infty}^{\infty} \cos\left(4\pi \frac{t}{T_P}\right) dt = \infty \tag{3.91}$$

∎

Die Ergebnisse der beiden Beispiele können nach folgendem Schema geordnet werden:

Tabelle 3.1 Energie- und Leistungssignale

$x(t) = \varepsilon(t) e^{-\frac{t}{\tau}}$	endliche Energie	Leistung $\to 0$	Energiesignal
$x(t) = \cos\left(2\pi \dfrac{t}{T_P}\right)$	Energie $\to \infty$	endliche Leistung	Leistungssignal

Zeitbegrenzte Signale, die nicht gegen unendlich gehen, wie z. B. die Rechteckfunktion oder die Dreieckfunktion, sind grundsätzlich Energiesignale, ebenso exponentiell abfallende Signale. Weitere Beispiele für Leistungssignale sind die Konstante, der Einheitssprung, sämtliche periodischen Funktionen und nicht zeitbegrenztes Rauschen. Nach Faltung mit einer

Dirac-Impulsfolge stellen periodisch fortgesetzte Energiesignale ebenfalls Leistungssignale dar. Siehe dazu auch Abschnitt 3.3.

Der Unterschied zwischen Energie- und Leistungssignalen kommt bei der Berechnung von Kreuz- und Autokorrelationsfunktionen zum Tragen. In Tabelle 3.2 werden die entsprechenden Rechenvorschriften gegenübergestellt.

Tabelle 3.2 Berechnung von Energie, mittlerer Leistung und Autokorrelationsfunktionen

Energie/mittlere Leistung	Autokorrelationsfunktion
$W = \int_{-\infty}^{\infty} x^2(t)\,dt$	$r_{xx}(\tau) = \int_{-\infty}^{\infty} x(t-\tau)x(t)\,dt$
$\overline{P} = \lim\limits_{T\to\infty} \dfrac{1}{2T} \int_{-T}^{T} x^2(t)\,dt$	$r_{xx}(\tau) = \lim\limits_{T\to\infty} \dfrac{1}{2T} \int_{-T}^{T} x(t-\tau)x(t)\,dt$

4 Deterministische zeitdiskrete Signale im Zeitbereich

■ 4.1 Signaldarstellung im Zeitbereich

Der Begriff *deterministisch* wurde bereits im Kapitel 3 anhand kontinuierlicher Signale geklärt. Zeitdiskrete Signale können auf zwei Arten entstehen, entweder durch Abtastung kontinuierlicher Signale oder durch Bildung von Signalwerten an diskreten Zeitpunkten, z. B. durch Messungen oder Berechnungen. Bild 4.1 veranschaulicht noch ohne theoretischen Hintergrund den Vorgang der Abtastung.

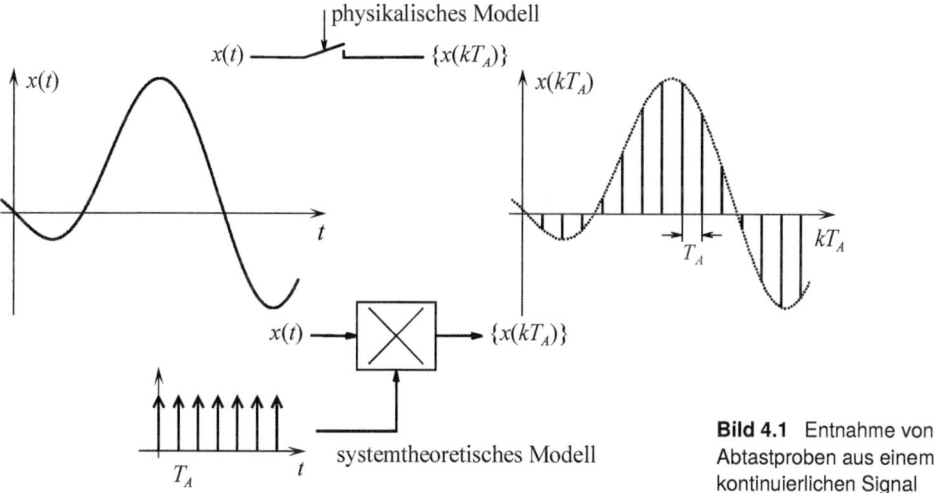

Bild 4.1 Entnahme von Abtastproben aus einem kontinuierlichen Signal

Nach dem Nyquist-Shannon'schen Abtasttheorem /43/, /35/, Abschnitt 6.1 lässt sich das kontinuierliche Signal aus den Abtastproben rekonstruieren, wenn die Abtastungen dicht genug liegen. Für das Abtastintervall T_A gilt folgende Bedingung, die allerdings nur für bandbegrenzte Signale exakt erfüllbar ist:

$$T_A \leq \frac{1}{2 f_{go}}. \tag{4.1}$$

Diese Beziehung gilt für sogenannte Tiefpasssignale mit einer oberen Grenzfrequenz f_{go} und einer unteren Grenzfrequenz 0. Bei Bandpasssignalen, die eine untere Grenzfrequenz f_{gu} mit $0 < f_{gu} < f_{go}$ besitzen, kann in Gl. (4.1) unter bestimmten Voraussetzungen f_{go} durch die Signalbandbreite $B = f_{go} - f_{gu}$ ersetzt werden – Näheres dazu in Abschnitt 6.1.

Zeitdiskrete Signale, interpretiert als Folgen von Abtastwerten, können, wie im Bild 4.2, als Liniendiagramme dargestellt werden.

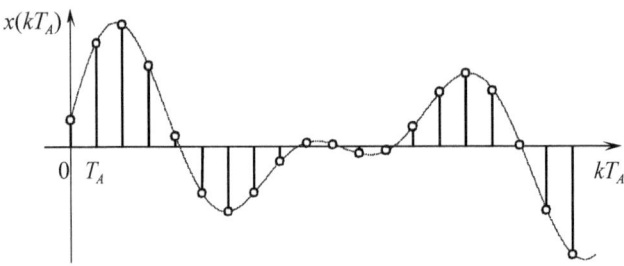

Bild 4.2 Zeitdiskretes Signal als Liniendiagramm

Zu beachten ist, dass zeitdiskrete Signale immer Folgen einheitenloser Zahlenwerte darstellen. Die Darstellung als Liniendiagramm sollte nicht mit dem Kurvenverlauf eines kontinuierlichen Signals verwechselt werden. Die Höhen der Linien im Bild 4.2 repräsentieren die einzelnen Werte der Zahlenfolge.

Die Zahlenfolge schreibt man als

$$\{x(kT_A)\} = \{\ldots x(-3T_A);\ x(-2T_A);\ x(-T_A);\ \underline{x(0)};\ x(T_A);\ x(2T_A);\ x(3T_A);\ \ldots\}.$$

Für die praktische Anwendung, z. B. in einem Rechenprogramm, sind nur die Indizes der einzelnen Abtastwerte von Interesse. Danach definiert man die kürzere Schreibweise

$$\{x(k)\} = \{\ldots x(-3);\ x(-2);\ x(-1);\ \underline{x(0)};\ x(1);\ x(2);\ x(3);\ \ldots\}$$

Zu unterscheiden sind die in geschweiften Klammern geschriebene *Zahlenfolge* $\{x(kT_A)\}$ und ein einzelnes *Element* $x(kT_A)$ der Folge. Die Unterstreichung des Folgenelementes mit Index 0 erleichtert die Orientierung.

Beispiel 4.1 Zeitliche Lage einer Zahlenfolge

Ein Beispiel verdeutlicht die Problematik anhand einer Zahlenfolge unendlicher Dauer, die sieben Elemente ungleich null enthält. Nicht aufgelistete Folgenelemente sind grundsätzlich gleich null.

$$\{x(k)\} = \{1;\ 2;\ -3;\ -1;\ 2;\ 5;\ -1\}$$

Ohne die Unterstreichung erkennt man nicht, wo das Folgenelement mit Index 0 liegt. Durch die Unterstreichung wird dies sofort klar.

$$\{x(k)\} = \{1;\ 2;\ \underline{-3};\ -1;\ 2;\ 5;\ -1\}$$ ∎

Bild 4.3 zeigt das im Bild 4.2 als Liniendiagramm dargestellte zeitdiskrete Signal in einer Form, die häufig von Rechen- bzw. Visualisierungsprogrammen verwendet wird.

Bei dicht liegenden Signalwerten wirken derartige Kurven kontinuierlich. In speziellen Fällen können die Verbindungslinien jedoch Signalverläufe vortäuschen, die leicht zu Fehlinterpretationen führen. Dies wird im Bild 4.4 verdeutlicht. In diesem Beispiel tritt nur ein Signalwert ungleich null auf. Eine grafische Darstellung mit Verbindungslinien zwischen benachbarten Signalwerten täuscht dem unerfahrenen Anwender ein Dreiecksignal vor, das mit dem wirklichen Signal nichts zu tun hat.

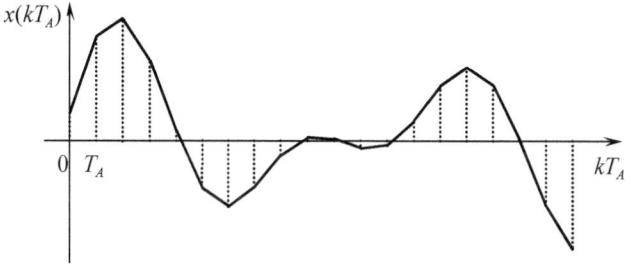

Bild 4.3 Grafische Darstellung mit Verbindungslinien

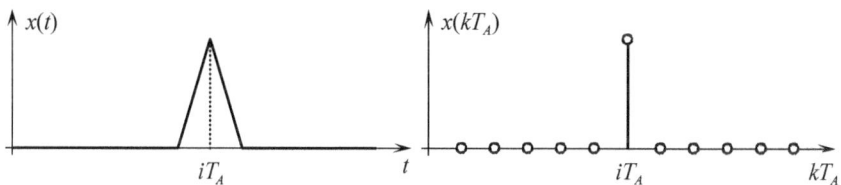

Bild 4.4 Grafische Darstellung mit verfälschter Signalform

■ 4.2 Elementarsignale

Elementarsignale als einfache und idealisierte Signale werden auch in zeitdiskreter Form definiert. Sie ermöglichen, wie ihre kontinuierlichen Gegenstücke, einfache analytische Berechnungen. In der Anwendung verwendet man sie einzeln oder in Kombination anstelle von komplizierteren zeitdiskreten Signalen, wobei auch hier zwischen der Genauigkeit der Approximation eines Signalverlaufs und dem Aufwand abzuwägen ist.

Konstante Signalfolge

Ohne Beschränkung der Allgemeinheit kann man die konstante Signalfolge als Folge unendlich vieler Einsen definieren.

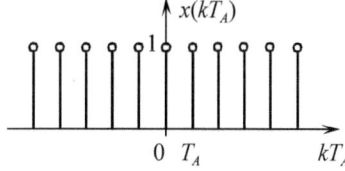

Bild 4.5 Konstante Signalfolge
$\{x(kT_A)\} = \{\ldots 1;\ 1;\ 1;\ 1;\ 1;\ 1;\ 1;\ 1;\ 1;\ \ldots\}$

Eine Unterstreichung des Folgenelementes mit Index 0 ist hier nicht nötig.

Einheitssprungfolge $\{\varepsilon(kT_A)\}$

Die abschnittsweise Definition der zeitdiskreten Einheitssprungfolge $\{\varepsilon(kT_A)\}$ lautet

$$\varepsilon(kT_A) = \begin{cases} 0 & \text{für } k < 0 \\ 1 & \text{für } k \geqq 0. \end{cases} \tag{4.2}$$

Bild 4.6 zeigt ihren zeitlichen Verlauf.

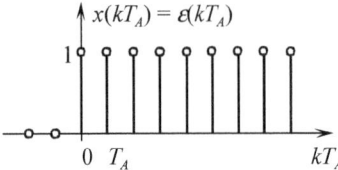

Bild 4.6 Einheitssprungfolge
$\{\varepsilon(kT_A)\} = \{\underline{1};\ 1;\ 1;\ 1;\ 1;\ 1;\ \ldots\}$

Rechteckfolge $\{\text{rect}_N(kT_A)\}$

Die Rechteckfolge wird etwas anders definiert als die äquivalente kontinuierliche Rechteckfunktion. Bild 4.7 zeigt die Folge am Beispiel $\{\text{rect}_6(kT_A)\}$. Der Index N bzw. 6 bezeichnet die Anzahl der Einsen. Die erste Eins liegt bei $k = 0$.

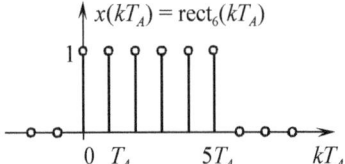

Bild 4.7 Rechteckfolge

Formal lässt sich diese Folge durch Subtraktion zweier gegeneinander verschobener Einheitssprungfolgen definieren.

$$\{\text{rect}_N(kT_A)\} = \{\varepsilon(kT_A)\} - \{\varepsilon((k-N)T_A)\} \tag{4.3a}$$

Die abschnittsweise Definition lautet

$$\text{rect}_N(kT_A) = \begin{cases} 0 & \text{für} & k < 0 \\ 1 & \text{für} & 0 \leq k \leq N-1 \\ 0 & \text{für} & k \geq N. \end{cases} \tag{4.3b}$$

Einheitsimpulsfolge $\{\delta(kT_A)\}$

Als Spezialfall der Rechteckfolge kann man $\{\text{rect}_1(k)\}$ ansehen. Bild 4.8 zeigt diese Folge.

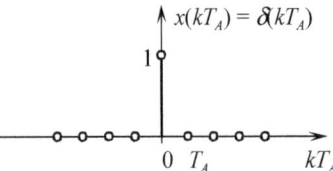

Bild 4.8 Einheitsimpulsfolge

Die abschnittsweise Definition lautet

$$\delta(kT_A) = \begin{cases} 1 & \text{für} & k = 0 \\ 0 & \text{für} & k \neq 0. \end{cases} \tag{4.4}$$

Im Gegensatz zum Dirac-Impuls als kontinuierliches Signal gibt es im zeitdiskreten Fall keine Verständnisprobleme durch unendliche Impulshöhen bzw. durch Impulsdauern, die gegen null gehen. Praktisch kann man sich die Einheitsimpulsfolge vorstellen als ein Array, das etwa in einem Rechenprogramm erzeugt wird. Ein Element dieses Arrays erhält den Wert eins, alle anderen Elemente hingegen den Wert null. Die Einheitsimpulsfolge, die somit auch praktisch realisiert werden kann, stellt ein sehr gut geeignetes Testsignal zur Ermittlung von Systemeigenschaften dar. Sie wird auch für die Beschreibung beliebiger zeitdiskreter Signale verwendet.

Periodische Einheitsimpulsfolge

Setzt man die Einheitsimpulsfolge mit Periode $T_P = N T_A$ periodisch fort, so entsteht die im Bild 4.9 dargestellte periodische Einheitsimpulsfolge.

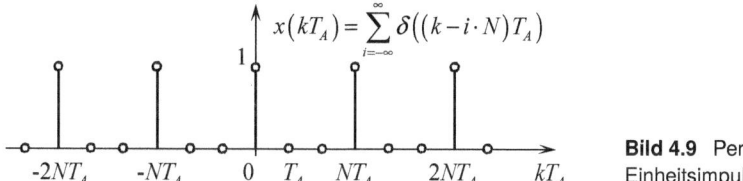

Bild 4.9 Periodische Einheitsimpulsfolge

Die formelmäßige Definition lautet

$$x(kT_A) = \sum_{i=-\infty}^{\infty} \delta\left((k - i \cdot N) T_A\right). \tag{4.5}$$

Rampenfolge und Potenzfolge

Bild 4.10 zeigt die Rampenfolge, mit der sich lineare Anstiege oder Abfälle zeitdiskreter Signale modellieren lassen.

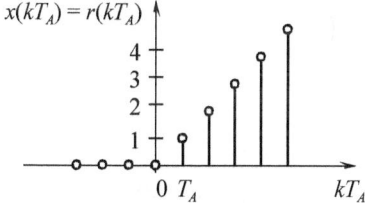

Bild 4.10 Rampenfolge

Die abschnittsweise Definition lautet

$$r(kT_A) = \begin{cases} 0 & \text{für } k < 0 \\ k & \text{für } k \geq 0 \end{cases} \tag{4.6a}$$

bzw.

$$\{r(kT_A)\} = \{k \cdot \varepsilon(kT_A)\}. \tag{4.6b}$$

Die Einheitssprungfolge ermöglicht auch hier wieder eine sehr kompakte Formulierung der abschnittsweisen Definition. Eine Verallgemeinerung dieser Beziehung führt zur Potenzfolge.

$$\{x(kT_A)\} = \{k^N \varepsilon(kT_A)\} \tag{4.7}$$

Mittels Differenz- bzw. Summenbildung ergeben sich die folgenden Beziehungen zwischen der Rampenfolge und der Einheitssprungfolge.

$$\{r((k+1)T_A)\} - \{r(kT_A)\} = \{\varepsilon(kT_A)\} \quad \text{bzw.} \quad r(kT_A) = \sum_{n=-\infty}^{k-1} \varepsilon(nT_A). \tag{4.8}$$

Harmonische Schwingungen als Folgen diskreter Signalwerte

Harmonische Schwingungen lassen sich als Sinus- oder Kosinusfolgen mit den Parametern Amplitude A, Frequenz f_P und Phase φ_0 definieren, beispielsweise

$$\{x(kT_A)\} = A \cdot \{\cos(\omega_P k T_A + \varphi_0)\} \qquad \omega_P T_A = \frac{\omega_P}{f_A} = 2\pi \frac{f_P}{f_A} = 2\pi f_P T_A. \qquad (4.9)$$

Beispiel 4.2 Abtastung harmonischer Schwingungen mit verschiedenen Abtastintervallen

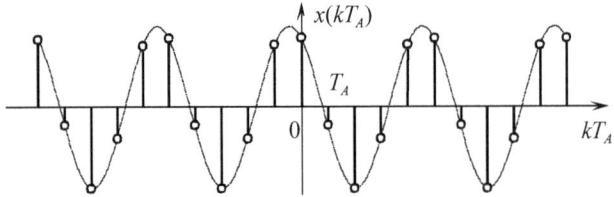

Bild 4.11 Abgetastete harmonische Schwingung

In diesem Beispiel gilt für die Periodendauer der harmonischen Schwingung $T_P = 5 \cdot T_A$. Bild 4.12 zeigt nun ein Simulationsbeispiel, bei dem die Periodendauer des Signals und das Abtastintervall in keinem rationalen Verhältnis zueinander stehen.

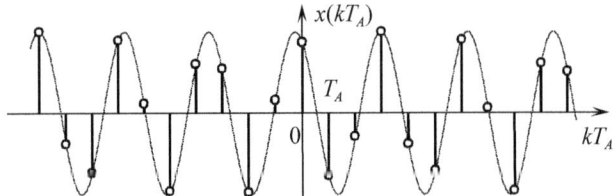

Bild 4.12 Abgetastete harmonische Schwingung mit $T_P = \pi \cdot T_A$

Daraus resultiert der zunächst verblüffend wirkende Effekt, dass ein zeitdiskretes Signal, entstanden durch Abtastung eines kontinuierlichen periodischen Signals, nicht periodisch ist. ∎

Exponentialfolgen

Eine zeitdiskrete Exponentialfolge besitzt die Bildungsvorschrift

$$x(t) = e^{at} \rightarrow \{x(kT_A)\} = \left\{ e^{a \cdot kT_A} \right\}. \qquad (4.10a)$$

Eine einfache Umformung führt zu einer modifizierten Schreibweise.

$$\{x(kT_A)\} = \left\{ \left(e^{aT_A}\right)^k \right\} \qquad (4.10b)$$

Führt man für den einheitenlosen Exponentialterm e^{aT_A} eine Abkürzung ein, so erhält man eine vereinfachte Schreibweise, bei der allerdings der Bezug zum Abtastintervall T_A nicht mehr explizit auftritt.

$$\{x(kT_A)\} = \left\{ c^k \right\} \qquad (4.11)$$

Für $a > 0$ gilt $c > 1$. Für $a < 0$ gilt $0 < c < 1$.

Eine Erweiterung auf negative Werte von c ist möglich, wenn man die reelle Konstante a im Exponenten der e-Funktion durch die komplexe Konstante $a + \mathrm{j}b$ ersetzt.

$$\{x(kT_\mathrm{A})\} = \left\{ \mathrm{e}^{(a+\mathrm{j}b)\cdot kT_\mathrm{A}} \right\} = \left\{ \mathrm{e}^{a\cdot kT_\mathrm{A}} \mathrm{e}^{\mathrm{j}b\cdot kT_\mathrm{A}} \right\} = \left\{ \left(\mathrm{e}^{aT_\mathrm{A}}\right)^k \left(\mathrm{e}^{\mathrm{j}bT_\mathrm{A}}\right)^k \right\} \tag{4.12}$$

Ist bT_A ein ungeradzahliges Vielfaches von π, d. h. $bT_\mathrm{A} = (2N+1)\pi$, so gilt

$$\mathrm{e}^{\mathrm{j}bT_\mathrm{A}} = -1 \quad \text{bzw.} \quad \{x(kT_\mathrm{A})\} = \left\{ \left(-\mathrm{e}^{aT_\mathrm{A}}\right)^k \right\} \tag{4.13}$$

Man erhält somit eine alternierende Folge. Für $a > 0$ gilt $c < -1$. Für $a < 0$ gilt $-1 < c < 0$.
Bild 4.13 zeigt Exponentialfolgen für verschiedene Werte von c.

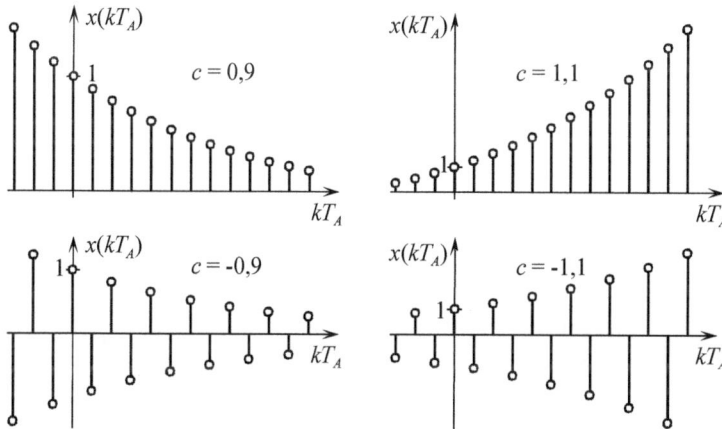

Bild 4.13 Exponentialfolgen

Als Spezialfälle treten für $c = 1$ die konstante Signalfolge mit dem Wert 1 und für $c = -1$ eine zwischen 1 und -1 alternierende Folge auf.

Soll die Exponentialfolge bei $k = 0$ beginnen, so wird die Einheitssprungfolge für die kompakte abschnittsweise Definition verwendet und es gilt

$$\{x(kT_\mathrm{A})\} = \{\varepsilon(kT_\mathrm{A}) \cdot c^k\}. \tag{4.14}$$

Will man die zeitdiskrete Exponentialfolge in Beziehung setzen zur Exponentialfunktion als kontinuierliches Signal, so wird die kontinuierliche Zeit t durch die diskrete Zeit kT_A ersetzt und man benötigt als zusätzlichen Parameter entweder das Abtastintervall T_A oder die Abtastfrequenz $f_\mathrm{A} = 1/T_\mathrm{A}$. Dann gilt die Gleichsetzung

$$\mathrm{e}^{-\frac{t}{T_1}} \to \mathrm{e}^{-\frac{k\cdot T_\mathrm{A}}{T_1}} = \left(\mathrm{e}^{-T_\mathrm{A}/T_1}\right)^k = c^k \quad \text{und somit} \quad c = \mathrm{e}^{-\frac{T_\mathrm{A}}{T_1}} \tag{4.15}$$

Mit $T_1 = 40\,\mu\mathrm{s}$ und $T_\mathrm{A} = 4\,\mu\mathrm{s}$ erhält man beispielsweise $c \simeq 0{,}9$.

Weitere Signalfolgen lassen sich durch Kombination mit anderen zeitdiskreten Elementarsignalen erzeugen, z. B. die bei $k = 0$ beginnende exponentiell gedämpfte Schwingungsfolge.

$$\{x(kT_\mathrm{A})\} = \left\{ c^k \varepsilon(kT_\mathrm{A}) \cdot \sin(\omega_p kT_\mathrm{A}) \right\} \tag{4.16}$$

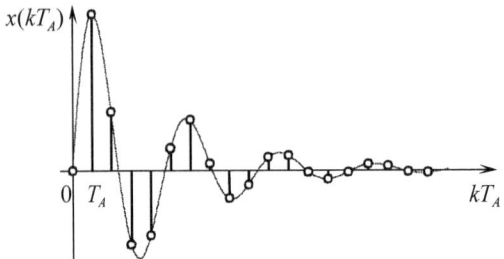

Bild 4.14 Geschaltete exponentiell gedämpfte Schwingungsfolge

Ein zeitdiskretes Signal lässt sich auch als Summe von Einheitsimpulsfolgen beschreiben.

$$\{x(kT_A)\} = \sum_{i=-\infty}^{\infty} x(iT_A) \cdot \{\delta((k-i)T_A)\} \qquad (4.17)$$

Bild 4.15 illustriert ein Beispiel.

Beispiel 4.3

$$\{\text{rect}_6(kT_A)\} = \{\delta(kT_A)\} + \{\delta((k-1)T_A)\} + \{\delta((k-2)T_A)\}$$
$$+ \{\delta((k-3)T_A)\} + \{\delta((k-4)T_A)\} + \{\delta((k-5)T_A)\}$$

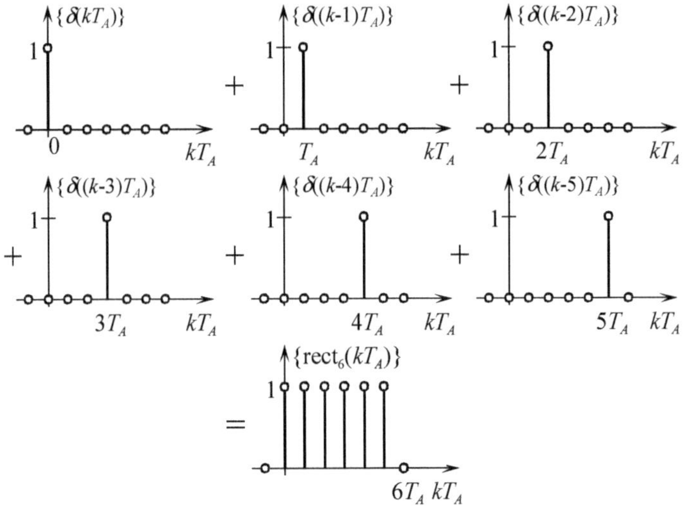

Bild 4.15 Rechteckfolge als Überlagerung verschobener Einheitsimpulsfolgen

4.3 Signaloperationen

4.3.1 Elementare Signaloperationen

Die im Abschnitt 3.3 besprochenen Signaloperationen kontinuierlicher Signale werden in diesem Abschnitt für zeitdiskrete Signale vorgestellt. Auch hier ist die Intention darauf gerichtet, die Signalbeeinflussung bei deren Verarbeitung und Übertragung mittels Signaloperationen zu beschreiben. Es handelt sich um die Signaloperationen Skalierung, Addition/Subtraktion, Multiplikation, Verschiebung, Spiegelung, Faltung und Korrelation. Der Unterschied zu den kontinuierlichen Signalen besteht darin, dass die kontinuierlichen Signale durch Funktionen und Distributionen beschrieben werden. Für die zeitdiskreten Signale verwendet man Zahlenfolgen. Aus diesem Grund sind bei Verknüpfungen von zeitdiskreten Signalen die Operationen auf Zahlenfolgen anzuwenden, d. h. die Operationen werden elementweise ausgeführt.

Skalierung

Bei der Skalierung wird unterschieden zwischen der *Zeit-* und der *Wertskalierung*. Eine Zeitskalierung bedeutet eine Änderung der Abtastperiode. Die beiden Möglichkeiten der Abtastratenänderung, die Abtastratenreduzierung (Dezimation) und Abtastratenerhöhung (Interpolation), werden hier nicht besprochen, es sei an dieser Stelle auf die weiterführende Literatur /15/ verwiesen. Bei der Wertskalierung werden die Elemente der Folge in Richtung Ordinate gestreckt oder gestaucht.

Wertskalierung: $0 < A < 1$ Stauchung, $1 < A$ Streckung

$$\{y(kT_A)\} = A \cdot \{x(kT_A)\} \quad \text{bzw.}$$
$$y(kT_A) = A \cdot x(kT_A) \quad \forall k \tag{4.18}$$

Ist der Skalierungsfaktor A negativ, erfolgt zusätzlich eine Spiegelung des Signals. Diese Operation wird noch in diesem Abschnitt vorgestellt.

Beispiel 4.4 Skalierung eines Signals

Zur Demonstration dieser Operation wird die Rechteckfolge $\{x(kT_A)\} = \{\text{rect}_3(kT_A)\}$ wertskaliert $\{y(kT_A)\} = 2\{x(kT_A)\}$.

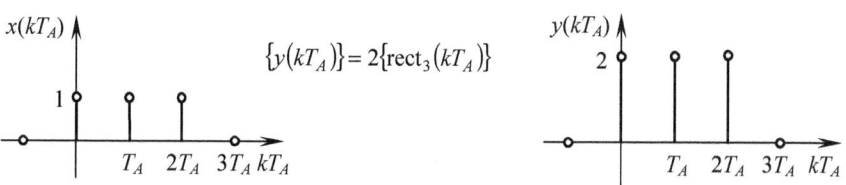

Bild 4.16 Wertskalierung eines Signals

Verschiebung

Bei der Verschiebung eines Signals wird dieses Signal um ein oder mehrere Abtastintervalle nach links oder rechts verschoben. Die zeitliche Verschiebung wird wie folgt ausgedrückt:

$$\{y(kT_\mathrm{A})\} = \{x\left((k-i)\,T_\mathrm{A}\right)\}; \quad i \in G \qquad (4.19)$$

$i > 0$ Verschiebung nach rechts

$i < 0$ Verschiebung nach links.

Beispiel 4.5 Verschiebung eines Signals

Bild 4.17 zeigt die Verschiebung der Rechteckfolge $\{x(kT_\mathrm{A})\} = \{\mathrm{rect}_3(kT_\mathrm{A})\}$ um ein Abtastintervall nach links, $i = -1$ bzw. um zwei Abtastintervalle nach rechts, $i = 2$.

Verschiebung nach links $\{y(kT_A)\} = \{\mathrm{rect}_3((k+1)T_A)\}$

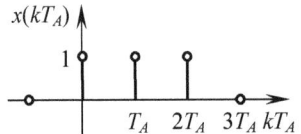
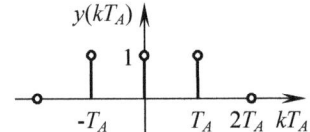

Verschiebung nach rechts $\{y(kT_A)\} = \{\mathrm{rect}_3((k-2)T_A)\}$

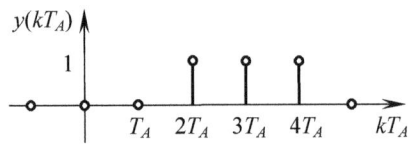

Bild 4.17 Verschiebung von Signalen

Spiegelung

Ein Signal $\{x(kT_\mathrm{A})\}$ wird an der Ordinate oder Abszisse oder beiden Achsen gespiegelt. Dann gilt:

Spiegelung an der Ordinate	$\{y(kT_\mathrm{A})\} = \{x(-kT_\mathrm{A})\}$	(4.20)
Spiegelung an der Abszisse	$\{y(kT_\mathrm{A})\} = -\{x(kT_\mathrm{A})\}$	(4.21)
Spiegelung an Ordinate und Abszisse	$\{y(kT_\mathrm{A})\} = -\{x(-kT_\mathrm{A})\}\,.$	(4.22)

Beispiel 4.6 Spiegelung eines Signals

Auch für diese Signaloperationen soll die Rechteckfolge $\{x(kT_\mathrm{A})\} = \{\mathrm{rect}_3(kT_\mathrm{A})\}$ als Beispiel dienen.

4.3 Signaloperationen

Spiegelung an der Ordinate $\{y(kT_A)\} = \{\text{rect}_3(-kT_A)\}$

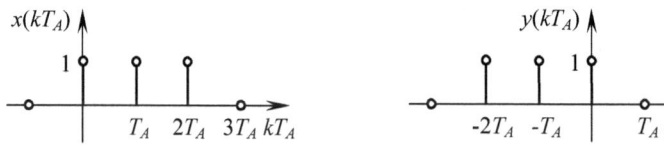

Spiegelung an der Abszisse $\{y(kT_A)\} = -\{\text{rect}_3(kT_A)\}$

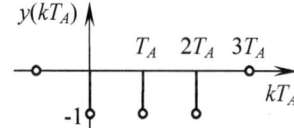

Spiegelung an Abszisse und Ordinate $\{y(kT_A)\} = -\{\text{rect}_3(-kT_A)\}$

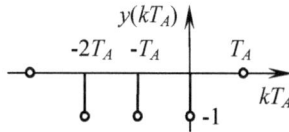

Bild 4.18 Spiegelung von Signalen

Addition/Subtraktion

Signale werden addiert bzw. subtrahiert, indem die Elemente, die zum gleichen Zeitpunkt auftreten, addiert bzw. subtrahiert werden.

$$\{y(kT_A)\} = \sum_{i=1}^{N} \{x_i(kT_A)\} \quad \text{bzw.}$$
$$y(kT_A) = \sum_{i=1}^{N} x_i(kT_A) \quad \forall k \tag{4.23}$$

Beispiel 4.7 Addition von Signalen

Die Addition von vier Rampenfolgen wird im Bild 4.19 gezeigt.

$\{y(kT_A)\} = \{r(kT_A)\} - \{r((k-2)T_A)\} - \{r((k-3)T_A)\} + \{r((k-5)T_A)\}$
$\{y(kT_A)\} = \{\delta((k-1)T_A)\} + 2\{\delta((k-2)T_A)\} + 2\{\delta((k-3)T_A)\} + \{\delta((k-4)T_A)\}$
$\{y(kT_A)\} = \{\underline{0};\ 1;\ 2;\ 2;\ 1\}$

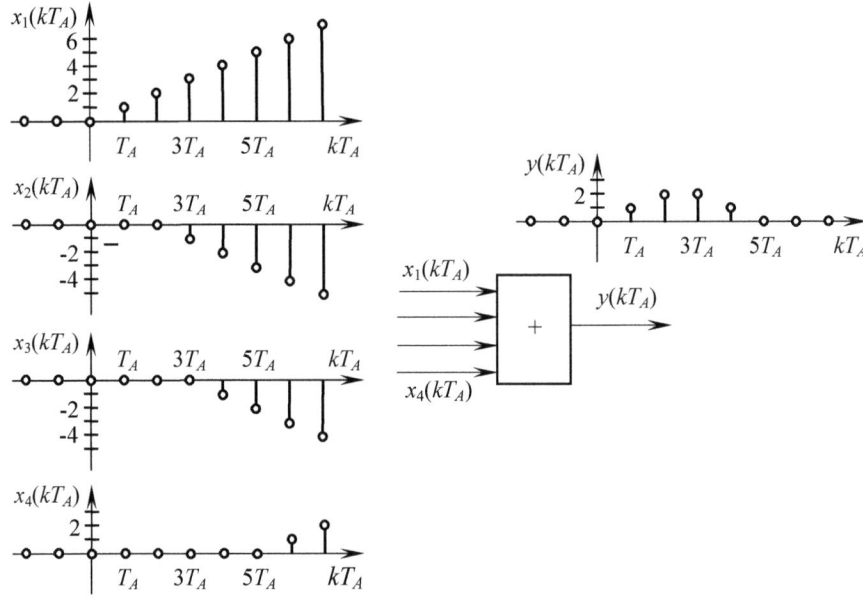

Bild 4.19 Addition von Signalen

Multiplikation

Signale werden multipliziert, indem das Produkt der Elemente, die zu gleichen Zeitpunkten auftreten, gebildet wird.

$$\{y(kT_A)\} = \prod_{i=1}^{N} \{x_i(kT_A)\} \quad \text{bzw.}$$
$$y(kT_A) = \prod_{i=1}^{N} x_i(kT_A) \quad \forall k \tag{4.24}$$

Beispiel 4.8 Multiplikation zweier Signale

Die Rechteckfolge und die harmonische Folge mit einer Kreisfrequenz von $\omega_P = f_A \cdot \pi/2$ bzw. der Frequenz $f_P = f_A/4$ werden multipliziert.

$$\{y(kT_A)\} = \{x_1(kT_A)\} \cdot \{x_2(kT_A)\}$$
$$\{y(kT_A)\} = \left\{\cos\left(f_A \frac{\pi}{2} kT_A\right)\right\} \cdot \{\text{rect}_4(kT_A)\} = \left\{\cos\left(\frac{\pi}{2} k\right)\right\} \cdot \{\text{rect}_4(kT_A)\}$$
$$\{y(kT_A)\} = \{\delta(kT_A)\} - \{\delta((k-2)T_A)\} = \{\underline{1};\ 0;\ -1\}$$

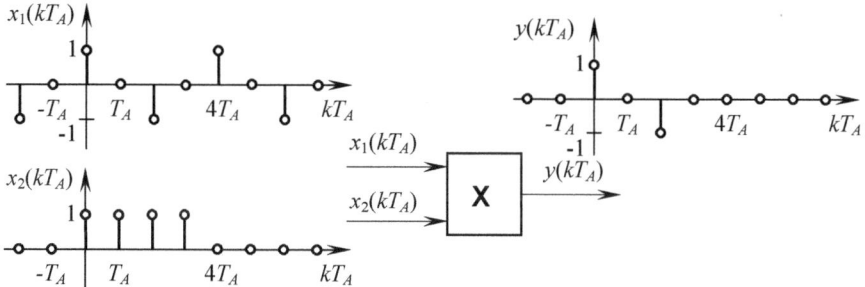

Bild 4.20 Multiplikation von Signalen

4.3.2 Korrelation

Die Signaloperation Korrelation für zeitkontinuierliche Signale wurde im Abschnitt 3.3 vorgestellt. Die Vorgehensweise bei zeitdiskreten Signalen ist prinzipiell gleich. Der wesentliche Unterschied besteht darin, dass bei den zeitdiskreten Signalen mit Folgen und nicht mit Funktionen gearbeitet wird. Der Korrelationsprozess verwendet keine Integralrechnung, sondern es werden Summen gebildet. Mit dem Begriff *Korrelation* sind zum einen der Rechenweg, auch Korrelationsprozess, und zum anderen das Ergebnis des Rechenweges gemeint. Beim Korrelationsprozess wird ein Signal über das andere im Rhythmus der Abtastperiode geschoben und die Summenberechnung durchgeführt, dabei entstehen verschieden große Überdeckungen, die als Ergebnis in Abhängigkeit der Verschiebung erfasst werden. Das Ergebnis der Korrelation zeitdiskreter Signale ist eine Korrelationsfolge. Die Korrelation gibt Auskunft über die Ähnlichkeit von Signalen und deren zeitliche Verschiebung sowie die Periodizität verrauschter Signale. In diesem Abschnitt wird die Korrelation für deterministische Signale beschrieben.

Die Korrelationsfolge $\{r_{x_1 x_2}(iT_A)\}$ ergibt sich aus der Korrelationssumme. Dafür sind zwei Varianten in der Literatur üblich, die durch Substitution ineinander überführbar sind:

$$r_{x_1 x_2}(iT_A) = M \sum_{k=k_{\text{unten}}}^{k_{\text{oben}}} x_1(kT_A) x_2((k-i)T_A) \quad \text{bzw.} \tag{4.25}$$

$$r_{x_2 x_1}(iT_A) = M \sum_{k=k_{\text{unten}}}^{k_{\text{oben}}} x_2(kT_A) x_1((k+i)T_A). \tag{4.26}$$

In der Literatur ist häufig die Abtastperiode T_A als Wichtung zu finden. Die nachfolgenden Erläuterungen beziehen sich auf die Korrelation nach Gl. (4.25). Bei der Summenbildung wird über das Produkt zweier Signale $\{x_1(kT_A)\}$ und $\{x_2(kT_A)\}$ gemittelt, wobei $\{x_2(kT_A)\}$ schrittweise um i Abtastwerte verschoben wird. Die Zeitverschiebung des Signals $\{x_2(kT_A)\}$ wird durch den Parameter iT_A angegeben, die Verschiebung des Signals wird beschrieben durch $\{x_2((k-i)T_A)\}$. Bei jeder Verschiebung wird das Produkt der beiden Signale gebildet und es wird summiert. Die größte Summe ergibt sich, wenn eine maximale Überdeckung beider Signale auftritt. Die Korrelationsfolge weist zu diesem Verschiebungszeitpunkt iT_A ein Maximum auf. Die Korrelation zweier Signale wird unterschieden in Kreuzkorrelation, die Signale sind nicht identisch, und Autokorrelation, die Signale sind identisch.

Als Kreuzkorrelation KKF bezeichnet man die Korrelationssumme, wenn gilt
$\{x_1(kT_A)\} \neq \{x_2(kT_A)\}$

$$r_{x_1 x_2}(iT_A) = M \sum_{k=k_{\text{unten}}}^{k_{\text{oben}}} x_1(kT_A) \, x_2\left((k-i)T_A\right) \tag{4.27}$$

Als Autokorrelation AKF bezeichnet man die Korrelationssumme, wenn gilt
$\{x_1(kT_A)\} \equiv \{x_2(kT_A)\}$

$$r_{x_1 x_1}(iT_A) = M \sum_{k=k_{\text{unten}}}^{k_{\text{oben}}} x_1(kT_A) \, x_1\left((k-i)T_A\right) \tag{4.28}$$

Der Faktor M ist an die zu korrelierenden Signale anzupassen.
$M = 1$ für Signale mit endlicher Dauer
$M = 1/K$ für periodische Signale,
Summationsgrenzen $\pm K/2$, wobei gilt $T_P = KT_A$
(Korrelation periodischer Signale ergibt eine periodische Korrelationsfolge)
$M = \lim\limits_{K \to \infty} 1/2K$ für Leistungssignale auch Zufallssignale,
Summationsgrenzen $\pm K$, wobei gilt $T = KT_A$

Hilfreich für die Berechnung der Korrelation nach Gl. (4.25) ist die nachfolgende *Schrittfolge*.

Schrittfolge der Korrelation:
1. Verschiebung von $\{x_2(kT_A)\}$ um i Abtastwerte bis zum Auftreten der ersten Überdeckung zwischen den Signalen $\{x_1(kT_A)\}$ und $\{x_2((k-i)T_A)\}$, außerhalb dieses Überdeckungsbereiches ist die Summe null
2. Bildung der Produkte $\{x_1(kT_A)\} \cdot \{x_2((k-i)T_A)\}$
3. Summe der Produkte im Bereich der Überdeckung
4. Wiederholung der Schritte 1 bis 3 bis zur Erfassung aller Überdeckungen

Das Ergebnis ist die Korrelationsfolge $\{r_{x_1 x_2}(iT_A)\}$.

Die Schrittfolge ist für Signale mit endlicher Dauer aufgestellt und kann für periodische Signale und Leistungssignale entsprechend angepasst werden. Dies geschieht z. B. für periodische Signale, indem die Summenbildung unter Schritt 3 in den Summationsgrenzen $\pm K/2$ erfolgt und für den Faktor M der Wert $1/K$ festgelegt wird. Für die Autokorrelation ist die Schrittfolge bei entsprechender Anpassung ebenfalls nutzbar.

Beispiel 4.9 Kreuzkorrelation von Signalen

Zur Demonstration dieser Signaloperation werden zwei Rechteckfolgen, die zeitlich verschoben sind, korreliert. Es soll die zeitliche Verschiebung zwischen diesen Folgen ermittelt werden.

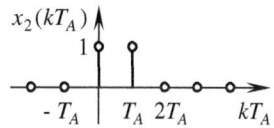
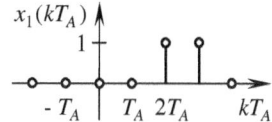

Bild 4.21 Signale $\{x_1(kT_A)\}$ und $\{x_2(kT_A)\}$

1. Verschiebung von $\{x_2(kT_A)\}$ um iT_A,
   Verschiebung nach rechts $i > 0$,
   Verschiebung nach links $i < 0$.

   Die erste Überdeckung entsteht bei $i = 1$.

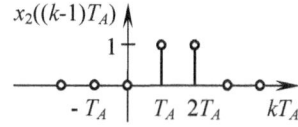

2. Produktbildung

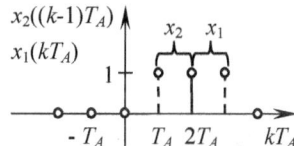

3. $r_{x_1 x_2}(T_A) = \sum_{k=2}^{2} x_1(kT_A) \, x_2\big((k-1)T_A\big) = 1$

4. Wiederholung der Schritte 1 bis 3.

1. Verschiebung von $\{x_2((k-i)T_A)\}$ um einen weiteren Abtastwert nach rechts, $i = 2$.

2. Produktbildung

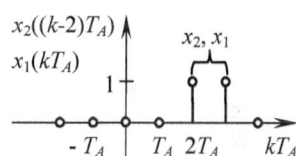

3. $r_{x_1 x_2}(2T_A) = \sum_{k=2}^{3} x_1(kT_A) \, x_2\big((k-2)T_A\big) = 2$

4. Wiederholung der Schritte 1 bis 3.

1. Verschiebung von $\{x_2((k-i)T_A)\}$ um einen weiteren Abtastwert nach rechts, $i = 3$.

2. Produktbildung

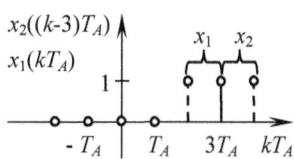

3. $r_{x_1 x_2}(3T_A) = \sum_{k=3}^{3} x_1(kT_A) \, x_2\big((k-2)T_A\big) = 1$

4. $\{r_{x_1 x_2}(iT_A)\} = \{\underline{0};\, 1;\, 2;\, 1\}$ \hfill (4.29)

Bild 4.22 Ergebnis der Korrelation $\{r_{x_1 x_2}(iT_A)\}$

Die Korrelationsfolge $\{r_{x_1 x_2}(iT_A)\}$ hat bei $2T_A$ ihr Maximum. Daraus kann man ablesen, dass bei einer Verschiebung der Folge $\{x_2(kT_A)\}$ um zwei Abtastwerte nach rechts die größte Ähnlichkeit mit der Folge $\{x_1(kT_A)\}$ auftritt. Bei gleicher Signalform kann man davon ausgehen, dass das Signal $\{x_1(kT_A)\}$ gegenüber $\{x_2(kT_A)\}$ um zwei Abtastwerte nach rechts verschoben ist.

Für den Fall, dass die Folge $\{x_1(kT_A)\}$ verschoben wird, also die Korrelation nach

$$r_{x_2 x_1}(iT_A) = \sum_{k=k_{\text{unten}}}^{k_{\text{oben}}} x_2(kT_A) \, x_1\left((k-i)T_A\right) \tag{4.30}$$

ausgeführt wird, sei hier nur das Ergebnis des Korrelationsprozesses $\{r_{x_2 x_1}(iT_A)\} = \{1; 2; 1; \underline{0}\}$ angegeben. Es ist leicht einzusehen, dass die Verschiebung von $\{x_1(kT_A)\}$ nach links erfolgen wird, somit ergeben sich nur negative Werte für i.

Bild 4.23 Ergebnis der Korrelation $\{r_{x_2 x_1}(iT_A)\}$

In diesem Fall tritt ein Maximum bei $-2T_A$ auf, d. h. die Folge $\{x_1(kT_A)\}$ wird um zwei Abtastwerte nach links verschoben, dann ist die Ähnlichkeit beider Folgen $\{x_1(kT_A)\}$ und $\{x_2(kT_A)\}$ am größten. ∎

Das Beispiel zeigt, dass die Kreuzkorrelation nicht kommutativ ist. Es gilt

$$\{r_{x_1 x_2}(iT_A)\} = \{r_{x_2 x_1}(-iT_A)\}. \tag{4.31}$$

Die Verschiebung der Folge $\{x_2(kT_A)\}$ über die Folge $\{x_1(kT_A)\}$ um iT_A entspricht einer Verschiebung der Folge $\{x_1(kT_A)\}$ über die Folge $\{x_2(kT_A)\}$ um $-iT_A$.

Wird eine Autokorrelation durchgeführt, dann ist die entstandene Korrelationsfolge eine symmetrisch gerade Folge.

$$\{r_{x_1 x_1}(iT_A)\} = \{r_{x_1 x_1}(-iT_A)\} \tag{4.32}$$

Wie bei der Autokorrelation zeitkontinuierlicher Signale gilt für zeitdiskrete Signale, dass bei einem endlichen Signal die Autokorrelationsfolge doppelt so breit ist wie die Signaldauer und das Maximum der Folge bei $i = 0$ liegt. Wird ein periodisches Signal autokorreliert, ist zu unterscheiden, ob das Signal verrauscht oder nicht verrauscht ist. Im Fall des nicht verrauschten periodischen Signals treten die Maxima periodisch auf mit der Periode des Signals, ein Maximum liegt immer bei $i = 0$. Bei einem verrauschten periodischen Signal hat die Autokorrelationsfolge nur an der Stelle $i = 0$ maximale Ähnlichkeit und weist an dieser Stelle ihr absolutes Maximum auf.

4.3.3 Diskrete Faltung

Da nun schon im Abschnitt 3.3 mit der Faltung und Korrelation gearbeitet wurde, ist im Wesentlichen die Vorgehensweise und die Zielrichtung bekannt. Auch bei den zeitdiskreten Signalen ist die Faltung eine Signaloperation, die bei der Beschreibung im Zeit- und Frequenzbereich und in vielen Anwendungen bei der Verknüpfung von Systemverhalten mit Systemeingangssignalen genutzt wird. Die Signaloperation Faltung wird nachfolgend anhand der Verknüpfung von Systemverhalten mit Systemeingangssignalen entwickelt. Deshalb wird an dieser Stelle auf den Abschnitt 14 *Zeitdiskrete LTI-Systeme im Zeitbereich* etwas vorgegriffen. Es soll das Ausgangssignal $\{x_a(kT_A)\}$ eines Systems bei Einwirkung eines beliebigen Eingangssignals $\{x_e(kT_A)\}$ ermittelt werden. Vom System sei die Impulsantwort $\{g(kT_A)\}$, die Reaktion des Systems auf einen Einheitsimpuls $\{\delta(kT_A)\}$, bekannt, siehe dazu Bild 4.24. Mit S wird der Systemoperator bezeichnet, mit welchem die Verarbeitung des Eingangssignals durch das System dargestellt wird.

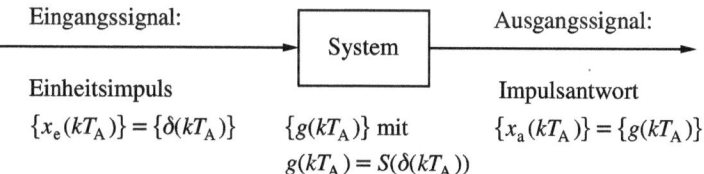

Bild 4.24 System mit Ein- und Ausgangssignal

Wie für die kontinuierlichen Systeme wird für die zeitdiskreten Systeme vorausgesetzt, dass sie *linear* und *zeitinvariant* sind.

Was heißt linear? Ein System wird als *linear* bezeichnet, wenn auf jede Linearkombination der Eingangssignale, z. B.

$$\{x_e(kT_A)\} \quad \text{mit}$$
$$x_e(kT_A) = k_1 x_{e1}(kT_A) + k_2 x_{e2}(kT_A) \tag{4.33}$$

das System mit der entsprechenden Linearkombination der Ausgangssignale reagiert.

$$\{x_a(kT_A)\} \quad \text{mit}$$
$$\begin{aligned} x_a(kT_A) &= S\left(k_1 x_{e1}(kT_A) + k_2 x_{e2}(kT_A)\right) \\ &= k_1 S\left(x_{e1}(kT_A)\right) + k_2 S\left(x_{e2}(kT_A)\right) \end{aligned} \tag{4.34}$$

Was heißt zeitinvariant? Ein System reagiert auf das Eingangssignal $\{x_e(kT_A)\}$ mit dem Ausgangssignal $\{x_a(kT_A)\}$. Ein System ist *zeitinvariant*, wenn das System auf das um iT_A später einsetzende Eingangssignal $\{x_e((k-i)T_A)\}$ das entsprechende zeitverschobene Ausgangssignal $\{x_a((k-i)T_A)\}$ erzeugt.

$$\begin{aligned} \{x_a(kT_A)\} &\quad \text{mit} \quad S\left(x_e(kT_A)\right) = x_a(kT_A) \\ \{x_a((k-i)T_A)\} &\quad \text{mit} \quad S\left(x_e((k-i)T_A)\right) = x_a((k-i)T_A) \end{aligned} \tag{4.35}$$

Ein beliebiges Eingangssignal $\{x_e(kT_A)\}$ liegt am System mit der Impulsantwort $\{g(kT_A)\}$ an. Nachfolgend wird gezeigt, wie das Ausgangssignal $\{x_a(kT_A)\}$ im Bild 4.25 ermittelt wird.

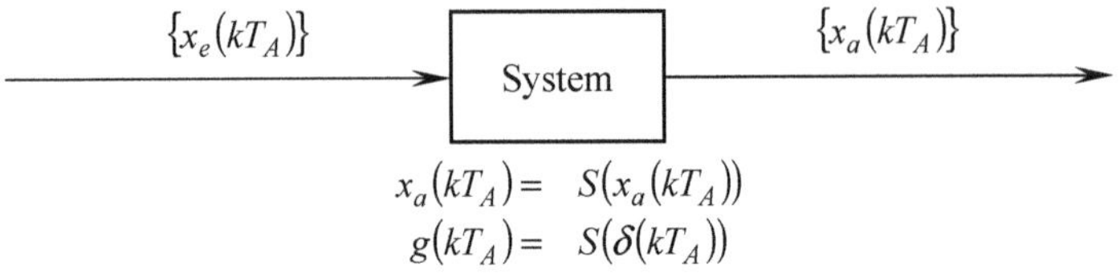

4 Deterministische zeitdiskrete Signale im Zeitbereich

$$\{x_e(kT_A)\} \longrightarrow \boxed{\text{System}} \longrightarrow \{x_a(kT_A)\}$$

$$x_a(kT_A) = S(x_e(kT_A))$$
$$g(kT_A) = S(\delta(kT_A))$$

Bild 4.25 System mit Ein- und Ausgangssignal

Ein zeitdiskretes Signal lässt sich als Summe von Einheitsimpulsen beschreiben.

$$\{x_e(kT_A)\} = \left\{\sum_{i=-\infty}^{\infty} x_e(iT_A)\,\delta\left((k-i)T_A\right)\right\} \tag{4.36}$$

Die Elemente $x_a(kT_A)$ der Ausgangsfolge $\{x_a(kT_A)\}$ sind abhängig vom System und lassen sich angeben mit

$$x_a(kT_A) = S\left(x_e(kT_A)\right) = S\left(\sum_{i=-\infty}^{\infty} x_e(iT_A)\,\delta\left((k-i)T_A\right)\right). \tag{4.37}$$

Da $x_e(iT_A)$ nicht von k abhängt und nur einen Wert der Folge zum Zeitpunkt iT_A darstellt und es sich ausschließlich um lineare Systeme handelt, gilt:

$$x_a(kT_A) = S\left(\sum_{i=-\infty}^{\infty} x_e(iT_A)\,\delta\left((k-i)T_A\right)\right) = \sum_{i=-\infty}^{\infty} x_e(iT_A)\,S\left(\delta\left((k-i)T_A\right)\right). \tag{4.38}$$

Die *Faltungssumme* oder auch die *Faltung* berechnet sich nach

$$x_a(kT_A) = \sum_{i=-\infty}^{\infty} x_e(iT_A) g\left((k-i)T_A\right). \tag{4.39}$$

Das Operationszeichen für die Faltung ist ein Sternchen ∗

$$\{x_e(kT_A)\} * \{g(kT_A)\} = \{x_a(kT_A)\} \quad \text{mit}$$

$$x_a(kT_A) = \sum_{i=-\infty}^{\infty} x_e(iT_A) g\left((k-i)T_A\right) \tag{4.40}$$

Die Faltungssumme für Folgen in allgemeiner Formulierung lautet

$$\{y(kT_A)\} = \{x_1(kT_A)\} * \{x_2(kT_A)\} \quad \text{mit}$$

$$y(kT_A) = \sum_{i=-\infty}^{\infty} x_1(iT_A) x_2\left((k-i)T_A\right) = \sum_{i=-\infty}^{\infty} x_2(iT_A) x_1\left((k-i)T_A\right). \tag{4.41}$$

Bei der Faltung gelten das Kommutativgesetz (die Reihenfolge der Folgen ist vertauschbar)

$$\{x_1(kT_A)\} * \{x_2(kT_A)\} = \{x_2(kT_A)\} * \{x_1(kT_A)\} \tag{4.42}$$

das Assoziativgesetz (die Reihenfolge der Folgen ist beliebig)

$$\{x_1(kT_A)\} * \left(\{x_2(kT_A)\} * \{x_3(kT_A)\}\right) = \left(\{x_1(kT_A)\} * \{x_2(kT_A)\}\right) * \{x_3(kT_A)\} \tag{4.43}$$

und das Distributivgesetz (die Reihenfolge der Operationen ist beliebig)

$$\{x_1(kT_A)\} * (\{x_2(kT_A)\} + \{x_3(kT_A)\}) = \{x_1(kT_A)\}*\{x_2(kT_A)\}+\{x_1(kT_A)\}*\{x_3(kT_A)\}. \tag{4.44}$$

Wie bei den zeitkontinuierlichen Signalen im Abschnitt 3.3 besitzt die Faltung zeitdiskreter Signale folgende wichtige Eigenschaften.

1. Eigenschaft:
Die Faltung ist verschiebungsinvariant.

$$\{x_1(kT_A)\} * \{x_2(kT_A)\} = \{y(kT_A)\}$$
$$\{x_1((k-i)T_A)\} * \{x_2(kT_A)\} = \{x_1(kT_A)\} * \{x_2((k-i)T_A)\}$$
$$= \{y((k-i)T_A)\} \tag{4.45}$$
$$\{x_1((k-i_1)T_A)\} * \{x_2((k-i_2)T_A)\} = \{y((k-i_1-i_2)T_A)\} \tag{4.46}$$

2. Eigenschaft:
Wird ein Signal mit einem Einheitsimpuls gefaltet, entsteht das Signal bzw. das verschobene Signal.

$$\{x(kT_A)\} * \{\delta(kT_A)\} = \{x(kT_A)\}$$
$$\{x(kT_A)\} * \{\delta((k-i)T_A)\} = \{x((k-i)T_A)\} * \{\delta(kT_A)\} = \{x((k-i)T_A)\} \tag{4.47}$$

3. Eigenschaft:
Hat die Folge $\{x_1(kT_A)\}$ die Dauer $K_1 T_A$ und die Folge $\{x_2(kT_A)\}$ die Dauer $K_2 T_A$, dann ergibt sich durch den Faltungsprozess eine Folge mit einer Dauer von $(K_1 + K_2 - 1) T_A$.

Aus Gl. (4.41) ist gut zu sehen, dass die Faltungssumme, bestehend aus Multiplikationen mit konstanten Faktoren, Verschiebungen und Summenbildungen im Rhythmus der Abtastperiode, leicht mit einem Rechenprogramm umsetzbar ist. Die Vorgehensweise des Faltungsprozesses ist in der nachfolgenden *Schrittfolge* zusammengefasst.

Schrittfolge der Faltung
1. $\{x_1(kT_A)\}$ und $\{x_2(kT_A)\}$ sind zwei einseitig begrenzte Folgen.
2. Die Variable k wird durch i ersetzt, $\{x_1(iT_A)\}$ und $\{x_2(iT_A)\}$.
3. Eine der beiden Folgen wird an der Ordinate gespiegelt, z. B. $\{x_2(-iT_A)\}$.
4. Die Folge $\{x_2(-iT_A)\}$ wird so um k verschoben, dass sich die beiden Folgen $\{x_1(iT_A)\}$ und $\{x_2((k-i)T_A)\}$ überdecken.
5. Es wird das Produkt gebildet.

$$y(kT_A) = \sum_{i=-\infty}^{\infty} x_1(iT_A) \cdot x_2((k-i)T_A).$$

6. Die Schritte 4 und 5 werden solange wiederholt, bis alle Überdeckungen berücksichtigt wurden.

Das Ergebnis ist die Folge $\{y(kT_A)\} = \{x_1(kT_A)\} * \{x_2(kT_A)\}$.

Beispiel 4.10 Berechnung des Ausgangssignals eines Systems zur Mittelwertbildung

Anhand des Beispiels im Bild 4.26 wird die Schrittfolge für die Faltung zweier Folgen gezeigt. Die eine Folge sei die Impulsantwort eines Systems zur Mittelwertbildung mit $\{g(kT_A)\} = \{\underline{1}; 1\} \cdot 1/2$. Diese Impulsantwort drückt folgende Verarbeitungsvorschrift aus: Der aktuelle und der um ein Abtastintervall verschobene Eingangswert werden addiert und diese Summe wird halbiert. Das Eingangssignal, von dem der Mittelwert gebildet werden soll, hat die Folgenelemente $\{x_e(kT_A)\} = \{\underline{2}; 0; -2\}$. Das Ergebnis könnte man gleich aufschreiben, denn die Mittelwerte lassen sich bei diesem einfachen Beispiel schnell im Kopf berechnen. Aber nicht immer sind die Ergebnisse so schnell überschaubar, sodass der Faltungsprozess hier ausführlich gezeigt wird.

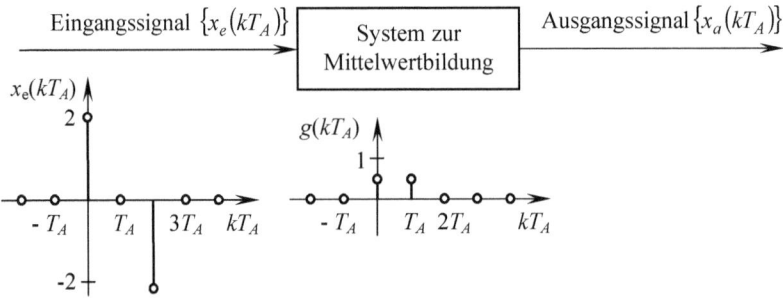

Bild 4.26 System zur Mittelwertbildung und Eingangssignal

1. Die beiden Folgen $\{g(kT_A)\} = \frac{1}{2}\{\underline{1}; 1\}$ und $\{x_e(kT_A)\} = \{\underline{2}; 0; -2\}$ sind endliche Folgen.

2. Es wird k durch i ersetzt.

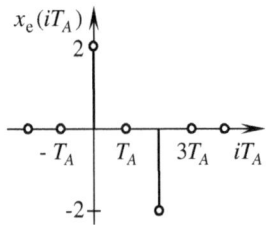
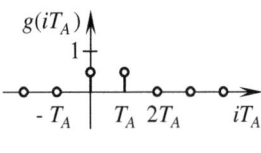

3. Spiegelung von $\{x_e(iT_A)\} = \{\underline{2}; 0; -2\}$ an der Ordinate, $\{x_e(-iT_A)\} = \{-2; 0; \underline{2}\}$.

4. Verschiebung um $k = 0$

5. Produktbildung

$$k = 0: \quad x_a(0T_A) = \sum_{i=0}^{1} g(iT_A) x_e((-i)T_A)$$

$$x_a(0T_A) = 1$$

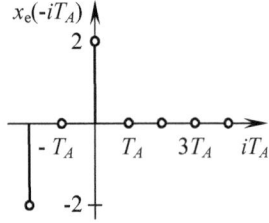

6. Wiederholung der Schritte 4 und 5

4. Verschiebung um $k = 1$

5. Produktbildung

$$k = 1: \quad x_a(T_A) = \sum_{i=0}^{1} g(iT_A) x_e((1-i)T_A)$$

$$x_a(T_A) = 1$$

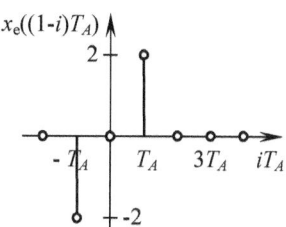

6. Wiederholung der Schritte 4 und 5

4. Verschiebung um $k = 2$

5. Produktbildung

$$k = 2: \quad x_a(2T_A) = \sum_{i=0}^{1} g(iT_A) x_e((2-i)T_A)$$

$$x_a(2T_A) = -1$$

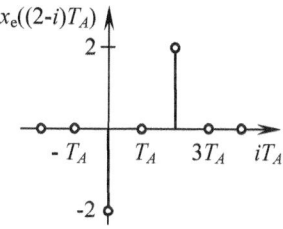

6. Wiederholung der Schritte 4 und 5

4. Verschiebung um $k = 3$

5. Produktbildung

$$k = 3: \quad x_a(3T_A) = \sum_{i=0}^{1} g(iT_A) x_e((3-i)T_A)$$

$$x_a(3T_A) = -1$$

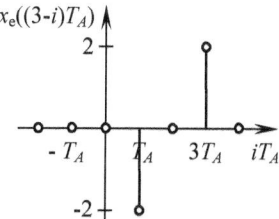

$$\{x_a(kT_A)\} = \{x_e(kT_A)\} * \{g(kT_A)\} = \{\underline{1};\ 1;\ -1;\ -1\} \tag{4.48}$$

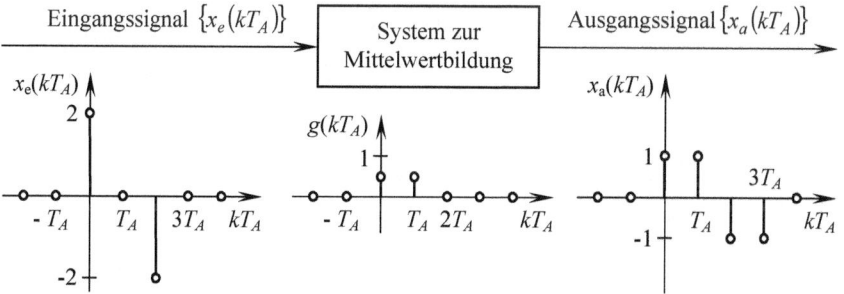

Bild 4.27 System mit Ein- und Ausgangssignal

Bei dem hier betrachteten Beispiel wurden zwei endliche Folgen gefaltet. Das Falten periodischer Folgen ist auch unter dem Begriff *periodische Faltung* bekannt und läuft nach der beschriebenen Schrittfolge ab. Der Unterschied besteht darin, dass man die Berechnung nur über eine Periode vornimmt, d. h. im Schritt 5 umfassen die Grenzen der Summe eine Periode der Faltungssumme. Bei der Festlegung der Summationsgrenzen sind die folgenden drei Fälle zu unterscheiden:

1. Die periodischen Folgen $\{x_1(kT_A)\}$ und $\{x_2(kT_A)\}$ haben gleiche Periodenlängen $T_{P1} = T_{P2}$.

   Die Faltungssumme wird über eine Periode $T_{P1} = T_{P2}$ durchgeführt.

2. Die periodischen Folgen $\{x_1(kT_A)\}$ und $\{x_2(kT_A)\}$ haben ungleiche Periodenlängen $T_{P1} \neq T_{P2}$.

   Die Faltung erfolgt über das kleinste gemeinsame Vielfache beider Periodenlängen T_{P1} und T_{P2}.

3. Eine nichtperiodische und eine periodische Folge mit der Periode T_P werden gefaltet.

   Die Faltungssumme ist periodisch mit der Periode T_P.

Hier wird die Berechnung der Faltungssumme zweier Signale mit gleicher Periodenlänge gezeigt. Dies lässt sich gut in einer Tabelle darstellen. Die Darstellung der Faltung in der Tabelle ist sowohl für periodische Folgen als auch für die nichtperiodische geeignet.

Beispiel 4.11 Faltung zweier periodischer Folgen mit jeweils einer Periodenlänge von drei

$$\{y(kT_A)\} = \{x_1(kT_A)\} * \{x_2(kT_A)\} = \{\underline{1}; 2; 3\}_P * \{4; 5; 6\}_P$$

In Tabelle 4.1 wird die Berechnung der Faltungssumme nach der Schrittfolge dargestellt.

Tabelle 4.1 Faltung von Folgen

Schritt	Laufvariable i :	−1	0	1	2	3	$y(kT_A)$
1. $\{x_1(kT_A)\}; \{x_2(kT_A)\}$ Periodische Folgen mit Periodenlänge von drei	$\{x_1(kT_A)\} =$ $\{x_2(kT_A)\} =$		3 6	1 4	2 5	3 6	1 4
2. k durch i ersetzen	$\{x_1(iT_A)\} =$ $\{x_2(iT_A)\} =$		3 6	1 4	2 5	3 6	1 4
3. Spiegelung an Ordinate	$\{x_2(-iT_A)\} =$		5	4	6	5	4
4. Verschiebung um $k = 0$	$\{x_2(-iT_A)\} =$		5	4	6	5	4
5. Produktbildung	$\{x_1(iT_A)\}\{x_2(-iT_A)\} =$			4	12	15		$y(0) = 31$
4. Verschiebung um $k = 1$	$\{x_2((1-i)T_A)\} =$		6	5	4	6	5
5. Produktbildung	$\{x_1(iT_A)\}\{x_2(1-iT_A)\} =$			5	8	18		$y(T_A) = 31$
4. Verschiebung um $k = 2$	$\{x_2((2-i)T_A)\} =$		4	6	5	4	6
5. Produktbildung	$\{x_1(iT_A)\}\{x_2(2-iT_A)\} =$			6	10	12		$y(2T_A) = 28$

Das Ergebnis der Faltung liefert wiederum eine periodische Folge mit einer Periodenlänge von drei Abtastwerten.

$$\{y(kT_A)\} = \{x_1(kT_A)\} * \{x_2(kT_A)\} = \{\underline{1}; 2; 3\}_P * \{4; 5; 6\}_P$$

$$\{y(kT_A)\} = \{\underline{31}; 31; 28\}_P$$

(4.49)

∎

Zusammenhang zwischen Korrelation und Faltung

Die Prozesse der Korrelation und Faltung ähneln sich in ihren mathematischen Operationen, wie aus den vorangegangenen Betrachtungen ersichtlich.

Die Korrelation

$$r_{x_1 x_2}(i T_A) = \sum_{k=k_{\text{unten}}}^{k_{\text{oben}}} x_1(k T_A)\, x_2\left((k-i)\, T_A\right) \tag{4.50}$$

wird durch Ausklammern des Minuszeichens im Argument von x_2 zu

$$r_{x_1 x_2}(i T_A) = \sum_{k=k_{\text{unten}}}^{k_{\text{oben}}} x_1(k T_A)\, x_2\left(-(i-k)\, T_A\right) \tag{4.51}$$

Diese entstandene Summe entspricht der Faltung

$$\{x_1(i T_A)\} * \{x_2(-i T_A)\} \text{ mit } \sum_{k=k_{\text{unten}}}^{k_{\text{oben}}} x_1(k T_A)\, x_2\left(-(i-k)\, T_A\right). \tag{4.52}$$

Die Korrelation kann somit durch eine Faltung ausgedrückt werden.

$$\{r_{x_1 x_2}(i T_A)\} = \{x_1(i T_A)\} * \{x_2(-i T_A)\} \tag{4.53}$$

Die Korrelation ist nicht kommutativ, es gilt:

$$\{r_{x_1 x_2}(i T_A)\} = \{r_{x_2 x_1}(-i T_A)\}. \tag{4.54}$$

Die Faltung ist kommutativ.

$$\{x_1(i T_A)\} * \{x_2(-i T_A)\} = \{x_2(-i T_A)\} * \{x_1(i T_A)\} \tag{4.55}$$

Unter Berücksichtigung der Aussagen in den Gleichungen (4.53), (4.54) und (4.55) gilt für die Korrelation und die Faltung der folgende Zusammenhang

$$\begin{aligned}\{r_{x_1 x_2}(i T_A)\} &= \{x_1(i T_A)\} * \{x_2(-i T_A)\} \\ &= \{x_2(-i T_A)\} * \{x_1(i T_A)\} = \{r_{x_2 x_1}(-i T_A)\}.\end{aligned} \tag{4.56}$$

Wird die Reihenfolge der beiden Signale bei der Korrelation geändert in $\{r_{x_2 x_1}(i T_A)\}$, dann ergibt sich der Zusammenhang von Korrelation und Faltung bei Berücksichtigung der geänderten Reihenfolge der Signale nach Gl. (4.57).

$$\begin{aligned}\{r_{x_2 x_1}(i T_A)\} &= \{x_2(i T_A)\} * \{x_1(-i T_A)\} \\ &= \{x_1(-i T_A)\} * \{x_2(i T_A)\} = \{r_{x_1 x_2}(-i T_A)\}\end{aligned} \tag{4.57}$$

■ 4.4 Energie und Leistung

Die Berechnung der mittleren Leistung einer zeitdiskreten Signalfolge $\{x(k T_A)\}$ lehnt sich an die entsprechende Berechnung für ein kontinuierliches Signal $x(t)$ nach Abschnitt 3.4 an. Mit den Ersetzungen

$$x(t) \to x(k T_A), \quad \mathrm{d}t \to T_A \text{ (Abtastintervall)}, \quad T_p \to N \cdot T_A, \quad \int_{-T_P/2}^{T_P/2} \ldots \to \sum_{k=-N/2}^{N/2} \ldots$$

ergibt sich die Berechnung der mittleren Leistung zu

$$\overline{P} = \lim_{N\to\infty} \frac{1}{NT_A} \sum_{-N/2}^{N/2} x^2(kT_A)\, T_A. \tag{4.58a}$$

Wenn man den Signalwert $x(kT_A)$ nur mit seinem Index k adressiert, so ergibt sich die kürzere Formulierung der Leistung

$$\overline{P} = \lim_{N\to\infty} \frac{1}{N} \sum_{-N/2}^{N/2} x^2(k). \tag{4.58b}$$

Hinweis für das praktische Rechnen: Bei der Berechnung der mittleren Leistung wird zuerst innerhalb der Summationsgrenzen $-N/2$ bzw. $N/2$ summiert und danach der Grenzwert bestimmt.

Beispiel 4.12 $\{x(kT_A)\} = \left\{\varepsilon(kT_A)c^k\right\}$

$$\begin{aligned}\overline{P} &= \lim_{N\to\infty} \frac{1}{N} \sum_{-N/2}^{N/2} x^2(kT_A) = \lim_{N\to\infty} \frac{1}{N} \sum_{0}^{N/2} \left(c^k\right)^2 = \lim_{N\to\infty} \frac{1}{N} \sum_{0}^{N/2} \left(c^2\right)^k \\ &= \lim_{N\to\infty} \frac{1}{N} \frac{1-c^{2\frac{N+1}{2}}}{1-c^2} = \begin{cases} 0 & \text{für } |c|<1 \\ 1/2 & \text{für } |c|=1 \\ \infty & \text{für } |c|>1 \end{cases}\end{aligned} \tag{4.59}$$

Dabei wird die Summenformel für die endliche geometrische Reihe verwendet. ∎

Die Berechnung der Energie einer zeitdiskreten Signalfolge $\{x(kT_A)\}$ lehnt sich ebenfalls an die entsprechende Berechnung für ein kontinuierliches Signal $x(t)$ nach Abschnitt 3.4 an. Mit den Ersetzungen

$$x(t) \to x(kT_A), \quad dt \to T_A \text{ (Abtastintervall)}, \quad \int_{-\infty}^{\infty} \ldots \to \sum_{k=-\infty}^{\infty} \ldots$$

ergibt sich die Berechnung der Signalenergie zu

$$W = T_A \sum_{-\infty}^{\infty} x^2(kT_A). \tag{4.60}$$

Beispiel 4.13 $\{x(kT_A)\} = \left\{\varepsilon(kT_A)c^k\right\}$

$$W = T_A \sum_{-\infty}^{\infty} x^2(kT_A) = T_A \sum_{0}^{\infty} \left(c^k\right)^2 = T_A \sum_{0}^{\infty} \left(c^2\right)^k = \begin{cases} \dfrac{T_A}{1-c^2} & \text{für } |c|<1 \\ \infty & \text{für } |c|\geq 1 \end{cases} \tag{4.61}$$

∎

Nimmt man an, dass $\{x(kT_A)\}$ eine Folge mit dem Abtastintervall T_A abgetasteter Spannungswerte in V darstellt und dass diese Spannung an einem Widerstand R abfällt, so können die mittlere Leistung $\overline{P}$ in W und die Energie W in J folgendermaßen berechnet werden:

$$\overline{P} = \frac{1}{R} \cdot \lim_{N\to\infty} \frac{1}{N} \sum_{-N/2}^{N/2} x^2(kT_A) \qquad W = \frac{T_A}{R} \cdot \sum_{-\infty}^{\infty} x^2(kT_A). \qquad (4.62a)$$

Nimmt man an, dass $\{x(kT_A)\}$ eine Folge mit dem Abtastintervall T_A abgetasteter Stromwerte in A darstellt und dass dieser Strom durch einen Widerstand R fließt, so können die mittlere Leistung $\overline{P}$ in W und die Energie W in J folgendermaßen berechnet werden:

$$\overline{P} = R \cdot \lim_{N\to\infty} \frac{1}{N} \sum_{-N/2}^{N/2} x^2(kT_A) \qquad W = R \cdot T_A \cdot \sum_{-\infty}^{\infty} x^2(kT_A). \qquad (4.62b)$$

Für andere physikalische Größen gelten andere Proportionalitätsfaktoren.

5 Deterministische kontinuierliche Signale im Frequenzbereich

5.1 Darstellung von Signalparametern im Frequenzbereich

In den vorangegangenen Abschnitten wurden Signale im Zeitbereich beschrieben. Aus der zeitlichen Darstellung von Signalen, die z. B. messtechnisch mit einem Oszilloskop aufgezeichnet werden, sind Eigenschaften des Signals wie Periodizität, Maxima, Minima, langsame und schnelle Änderungen der Funktionswerte usw. ablesbar. Die Darstellung von Signalen im Zeitbereich liefert zwar wichtige Informationen zum Signal, aber bestimmte Eigenschaften sind allein aus der Darstellung im Zeitbereich nicht ablesbar. Bei vielen Hi-Fi-Anlagen, auch bei Media Playern, kann man „zappelnde Balken" sehen. Was zappelt dort? Es hängt schon mit dem zu hörenden Signal zusammen, aber es ist nicht sein Zeitverlauf. Es wird der Frequenzinhalt des Signals dargestellt, wie im Bild 5.1 gezeigt.

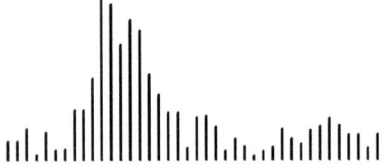

Bild 5.1 Frequenzspektrum (Amplitudenspektrum) eines Signals

Der Begriff *Frequenzspektrum* setzt die Klärung des Begriffes *Frequenz* voraus. Aus der Physik und Mathematik ist bekannt, dass mit Frequenz auch die Häufigkeit bzw. die Anzahl von sich wiederholenden Ereignissen pro Zeiteinheit bezeichnet wird. Die Ereignisse wiederholen sich mit einem bestimmten zeitlichen Abstand. Diesen Abstand bezeichnet man mit *Periode* oder *Schwingungsdauer*. Die harmonischen Funktionen, Sinus- und Kosinusfunktion, beschreiben solche periodisch wiederkehrenden Ereignisse.

Im Bild 5.2 ist die Kosinusfunktion mit der beschreibenden Gleichung dargestellt, wie sie aus dem Abschnitt 3.2 bekannt ist.

$$x(t) = A\cos\left(\omega_\text{p} t + \varphi_0\right) = A\cos\left(2\pi f_\text{p} t + \varphi_0\right) = A\cos\left(\frac{2\pi}{T_\text{p}} t + \varphi_0\right) \tag{5.1}$$

Wobei mit den Parametern A die Amplitude, ω_p die Kreisfrequenz, f_p die Frequenz, T_p die Periodendauer und φ_0 die Phasenverschiebung bezeichnet werden. Die Indizierung mit p

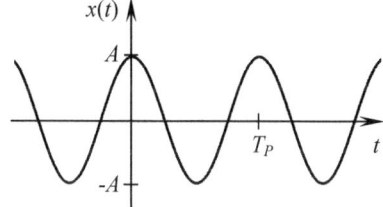

Bild 5.2 Zeitverlauf der Kosinusfunktion

bzw. null soll unterstreichen, dass es sich um eine bestimmte Kreisfrequenz, Frequenz, Periodendauer und Phasenverschiebung handelt. Allgemein besteht zwischen Kreisfrequenz, Frequenz und Periodendauer folgender Zusammenhang:

$$\omega_p = 2\pi f_p = \frac{2\pi}{T_p}; \quad f_p = \frac{1}{T_p}. \tag{5.2}$$

Für diese drei Größen sind die Maßeinheiten s^{-1} für die Kreisfrequenz ω_p, Hz für die Frequenz f_p und s für die Periodendauer T_p definiert.

Beispiel 5.1 Begriff *Frequenz* in verschiedenen Anwendungsgebieten

- 50 Hz — Frequenz des europäischen Wechselstromnetzes
- 440 Hz — Kammerton *a*
- 16 Hz ... 20 kHz — menschlicher Hörbereich
- 44,1 kHz — Abtastfrequenz für Audio-CDs
- 87,5 ... 108 MHz — UKW-Hörfunk terrestrisch
- 880 MHz ... 915 MHz — Sendefrequenzen für GSM 900 (D-Netz)
- 925 MHz ... 960 MHz — Empfangsfrequenzen für GSM 900 (D-Netz)
- 1,2276 GHz; 1,57542 GHz — Global Positioning System (GPS) ■

Betrachtet man im Bild 5.2 die harmonische Funktion, dann sind die Amplitude und die Periodendauer bzw. Frequenz die Eigenschaften, die den Verlauf dieser harmonischen Funktion ausmachen. Hinzu kommt noch eine mögliche Phasenverschiebung, auf diesen Parameter wird im nächsten Abschnitt 5.2 eingegangen. Um eine harmonische Funktion mit ihren Parametern Amplitude und Frequenz als Frequenzspektrum darzustellen, wird auf der Abszisse die Frequenz und auf der Ordinate die Amplitude aufgetragen. Im Bild 5.3 ist das Spektrum der harmonischen Funktion mit der eingezeichneten Spektrallinie bei f_{p1} und einer Höhe der Spektrallinie von A angegeben. Das Bild 5.3 zeigt, dass sich bei Verringerung der Periodendauer die Frequenz erhöht, die Spektrallinie liegt dann bei einer höheren Frequenz.

Es gibt Signale, die nur durch eine einzige Frequenz charakterisiert sind, wie z. B. der Kammerton *a* oder die Trägerfrequenz bei verschiedenen Modulationsverfahren. Und es gibt Signale, die aus einem Frequenzgemisch bestehen. Im Bild 5.4 sind zwei Beispiele dargestellt, wobei jedes Beispiel eine Addition zweier Kosinusfunktionen beschreibt.

$$x(t) = A\cos(2\pi f_{p1} t) + A\cos(2\pi f_{p2} t) \tag{5.3}$$

Aus dem Zeitverlauf ist für den ungeübten Betrachter nicht erkennbar, wie sich die beiden Frequenzen f_{p1} und f_{p2} unterscheiden. Das Frequenzspektrum gibt diesen Sachverhalt deutlich wieder.

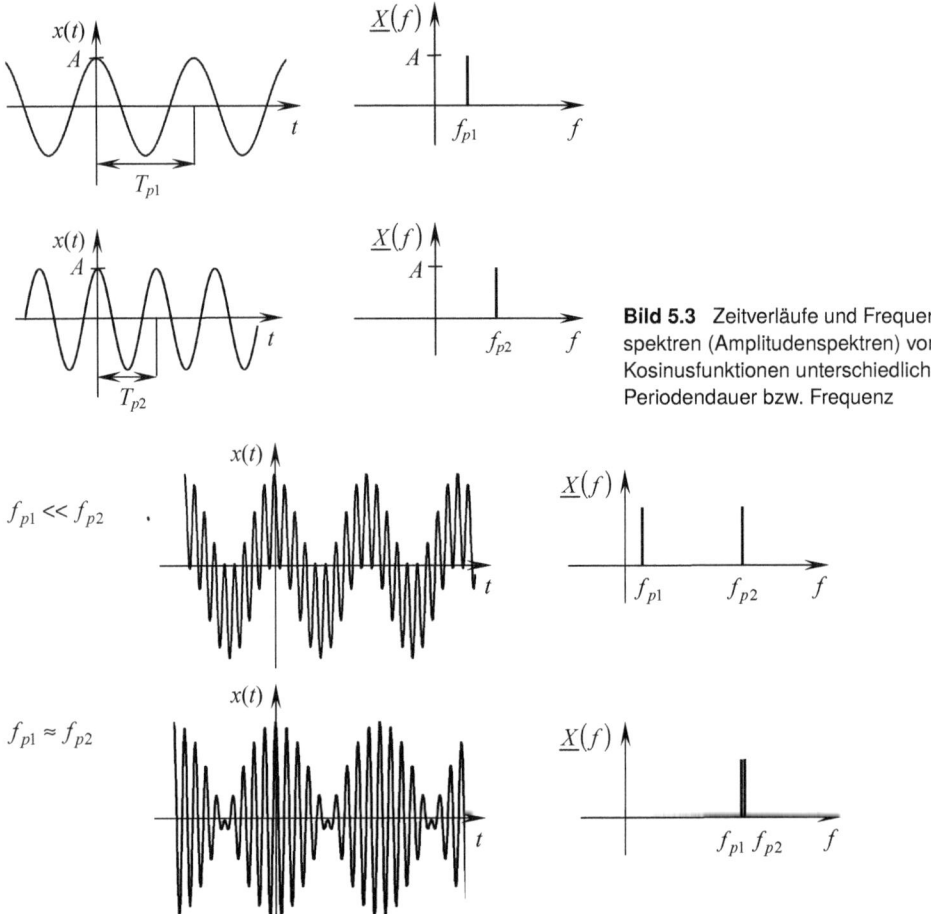

Bild 5.3 Zeitverläufe und Frequenzspektren (Amplitudenspektren) von Kosinusfunktionen unterschiedlicher Periodendauer bzw. Frequenz

Bild 5.4 Zeitverläufe und Frequenzspektren (Amplitudenspektren) der Summen von Kosinusfunktionen unterschiedlicher Periodendauer bzw. Frequenz

Der Fall der dicht beieinanderliegenden Frequenzen ist als *Schwebung* bekannt, in der Nachrichtentechnik tritt dies bei der *Modulation* auf.

Betrachtet man nun z. B. Sprachsignale oder Musiksignale, so liegt ein Frequenzgemisch vor, wie aus Bild 5.5 ersichtlich. Die „zappelnden Balken", Bild 5.1, sind das Ergebnis einer Spektralanalyse, die fortlaufend durchgeführt wird und kurzzeitig den Frequenzinhalt eines Teils des gehörten Musik- oder Sprachsignals zeigt. Im Bild 5.5 ist dieser Vorgang anhand eines verrauschten Chirpsignals angedeutet. Es wird aus dem Zeitsignal $x(t)$ ein Teil, Fenster 1, spektral analysiert und das Ergebnis der Spektralanalyse, das Spektrum $\underline{X}(f)$ für dieses Fenster, wird dargestellt. Dann erfolgt die Spektralanalyse des Fensters 2 des Zeitsignals und das Ergebnis wird über das Ergebnis der Spektralanalyse des Fensters 1 geschrieben. Dieser Vorgang wird laufend fortgeführt bis das gesamte Zeitsignal analysiert ist. Durch das Überschreiben mit aktuellen Analysewerten entstehen die „zappelnden Balken".

Ohne zu wissen, wie die Spektralanalyse genau funktioniert, kann man aus Bild 5.5 aber schon einige Informationen ablesen. Abgesehen vom Rauschen weist das Zeitsignal im Fens-

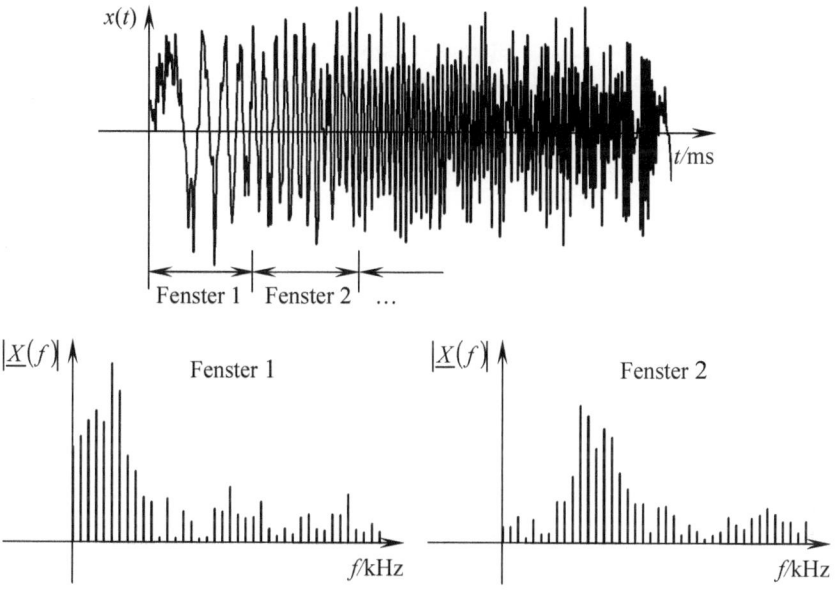

Bild 5.5 Zeitverlauf und Frequenzspektren (Amplitudenspektren) eines Signals

ter 1 größere Periodendauern als im Fenster 2 auf. Beim Ausschnitt des Zeitsignals im Fenster 1 sind also die tieferen Frequenzanteile stärker ausgeprägt als beim Ausschnitt des Zeitsignals im Fenster 2. Genau dies zeigen auch die Spektren der beiden Fenster.

Die Frage, wozu man die Darstellung der Frequenzinhalte von Signalen braucht, ist anhand zahlreicher Anwendungen und Beispiele zu beantworten.

Beispiel 5.2 Kommunikationstechnik, Akustik, Alltag

In der *Kommunikationstechnik*, in der es ja in erster Linie um die Übertragung von Audio-, Video- und Datensignalen geht, ist die Aussage über den Frequenzinhalt eines Signals, auch Bandbreite genannt, eine wichtige Voraussetzung für die fehlerfreie Übertragung des Signals. Der Übertragungskanal muss mindestens die Bandbreite des zu übertragenden Signals aufweisen, um Signalverzerrungen oder Verluste zu vermeiden. Sind mögliche Verzerrungen des Signals durch den Übertragungskanal bekannt, so kann mit Vorverzerrungen des Signals vor dem Senden dem Einfluss des Übertragungskanals entgegengewirkt werden. Ebenso ist die Entzerrung auch nach der Signalübertragung zur Kompensation nichtidealer Eigenschaften des Übertragungskanals üblich.

Aus dem Bereich der *Akustik* sind die modernen Hörgeräte zu nennen, die das Signal entsprechend den Hörverlusten der hörgeschädigten Person anpassen. Zum Beispiel wird ein bestimmter Hoch- oder Tieftonbereich so angehoben, dass ein ähnlicher Höreindruck wie der einer nicht hörgeschädigten Person entsteht.

Ein Beispiel aus dem *Alltag* ist der Kauf von Glas oder Porzellan. Beim Kauf testet man die Unversehrtheit und bringt z. B. eine Schüssel zum Klingen. Dabei werden mit dem Gehör die Frequenzinhalte aufgenommen und es wird eine mit den eigenen Erfahrungen verbundene Mustererkennung des erklungenen Tones durchgeführt. Der

Frequenzinhalt wird also analysiert. Ist ein lang anhaltender heller (hoher) Ton zu hören, ist die Schüssel in Ordnung, ist aber ein kurzer dumpfer (tiefer) Ton zu hören, ist ein Sprung in der Schüssel und man sollte Abstand vom Kauf nehmen. ∎

Um die Frequenzinhalte von Signalen zu ermitteln, gibt es zwei Methoden für die zeitkontinuierlichen Signale. Obwohl diese Methoden schon fast 200 Jahre alt sind, sie gehen auf Jean Baptiste Joseph Fourier (1768–1830) zurück, sind sie unverzichtbar für die verschiedensten Bereiche wie die Kommunikationstechnik, Akustik, Medizintechnik, Sprach- und Bildverarbeitung, Seismologie .... Bei den Methoden handelt es sich um die Fourier-Reihen für die periodischen Signale und die Fourier-Transformation für die nichtperiodischen Signale, wobei die Fourier-Transformation auch für periodische Signale geeignet ist. In den beiden folgenden Abschnitten werden diese beiden Methoden erläutert.

∎ 5.2 Spektraldarstellung von Signalen mittels Fourier-Reihen

Die Entwicklung von Funktionen in *Fourier-Reihen* ist aus der Mathematik gut bekannt, hier soll nicht der mathematische Hintergrund, die Beschreibung periodischer nichtharmonischer Funktionen mit einer unendlichen Summe harmonischer Funktionen (Fourier-Reihen), bewiesen werden, sondern es werden die Fourier-Reihen in ihren drei üblichen Darstellungsformen sowie ihre Nutzung zur Darstellung von Frequenzinhalten periodischer nichtharmonischer Signale gezeigt. Der Begriff *Fourier-Reihe* ist unmittelbar verbunden mit den Begriffen *harmonische Analyse* bzw. *Fourier-Analyse*. Mit Analyse wird ausgedrückt, dass eine beliebige periodische nichtharmonische Funktion

$$x(t) = x\left(t + kT_\mathrm{p}\right) \quad (5.4)$$

in eine Summe aus einem Gleichanteil und harmonischen Schwingungen zerlegt wird. Diese Summe bezeichnet man als Fourier-Reihe. Die drei üblichen Darstellungsformen der Fourier-Reihe sind

- die *reelle Form 1*, die aus Sinus- *und* Kosinusgliedern und Koeffizienten besteht,

$$x(t) = a_0 + \sum_{n=1}^{\infty} \left(a_n \cos\left(2\pi n f_\mathrm{p} t\right) + b_n \sin\left(2\pi n f_\mathrm{p} t\right)\right), \quad (5.5)$$

- die *reelle Form 2*, die entweder aus Kosinus- *oder* aus Sinusgliedern sowie Amplituden und entsprechenden Phasenverschiebungen zusammengesetzt ist,

$$x(t) = A_0 + \sum_{n=1}^{\infty} A_n \cos\left(2\pi n f_\mathrm{p} t - \varphi_n\right) = A_0 + \sum_{n=1}^{\infty} A_n \sin\left(2\pi n f_\mathrm{p} t + \varphi'_n\right), \quad (5.6)$$

- und die *komplexe Form*, die mit komplexen Schwingungen und komplexen Koeffizienten dargestellt wird

$$x(t) = \underline{c}_0 + \sum_{n=1}^{\infty} \left(\underline{c}_{+n}\, \mathrm{e}^{\mathrm{j}2\pi n f_\mathrm{p} t} + \underline{c}_{-n}\, \mathrm{e}^{-\mathrm{j}2\pi n f_\mathrm{p} t}\right) \quad \text{oder kürzer}$$

$$x(t) = \sum_{n=-\infty}^{\infty} \underline{c}_n\, \mathrm{e}^{\mathrm{j}2\pi n f_\mathrm{p} t}. \quad (5.7)$$

5.2 Spektraldarstellung von Signalen mittels Fourier-Reihen

In allen drei Formen gelten folgende Festlegungen:

$$f_n = n f_p = \frac{n}{T_p} = \frac{\omega_n}{2\pi} = \frac{n\omega_p}{2\pi} \quad \text{mit}$$

- f_p Frequenz der Grundschwingung oder Pulsfolgefrequenz
- f_n Frequenz der n-ten Harmonischen
- T_p Periodendauer von $x(t)$
- ω_p Kreisfrequenz der Grundschwingung oder Pulsfolgekreisfrequenz
- ω_n Kreisfrequenz der n-ten Harmonischen

Gut bekannt ist die reelle Form 1. Sie wird in zahlreichen Formelsammlungen /3/, /6/ für die Beschreibung häufig auftretender Funktionen mittels Fourier-Reihen verwendet. Aus diesem Grund soll auch zuerst auf die reelle Form 1 eingegangen werden. Die beiden weiteren Formen sind andere Darstellungen der reellen Form 1 unter Nutzung der Zusammenhänge trigonometrischer Funktionen und der Gleichung von Euler. Insbesondere die reelle Form 2 und die komplexe Form werden im Zusammenhang mit der Spektraldarstellung von Signalen benutzt.

Die *reelle Form 1 der Fourier-Reihe* eines periodischen nichtharmonischen Signals lautet

$$x(t) = a_0 + \sum_{n=1}^{\infty} \left(a_n \cos\left(2\pi n f_p t\right) + b_n \sin\left(2\pi n f_p t\right) \right). \tag{5.8}$$

Die Koeffizienten a_n und b_n von Gl. (5.8) werden mit den drei folgenden Integralen bestimmt:

$$a_0 = \frac{1}{T_p} \int_{T_p} x(t) \, dt \tag{5.9}$$

$$a_n = \frac{2}{T_p} \int_{T_p} x(t) \cos\left(2\pi n f_p t\right) \, dt, \quad n = 1, 2, \ldots \tag{5.10}$$

$$b_n = \frac{2}{T_p} \int_{T_p} x(t) \sin\left(2\pi n f_p t\right) \, dt, \quad n = 1, 2, \ldots \tag{5.11}$$

Liegen symmetrische Signale vor, dann sind für den Fall eines symmetrisch geraden Signals nur die Koeffizienten a_n und für den Fall eines symmetrisch ungeraden Signals nur die Koeffizienten b_n zu berechnen. Ein Gleichanteil a_0 entsteht nur dann, wenn das Signal innerhalb einer Periode nicht den gleichen Flächeninhalt oberhalb wie unterhalb der Abszisse aufweist. Der Gleichanteil a_0 ist der Mittelwert des Signals $x(t)$. Für die einzelnen Glieder der Fourier-Reihe verwendet man die in der Tabelle 5.1 aufgeführte Terminologie.

Anhand eines Beispiels soll die Entwicklung eines periodischen nichtharmonischen Signals in eine Fourier-Reihe gezeigt werden. Das Bild 5.6 zeigt eine periodische Rechteckspannung mit einer Impulsbreite von T_i.

Tabelle 5.1 Terminologie der Elemente der Fourier-Reihe

Glied der Reihe	Kreisfrequenz	Frequenz	Periodendauer	Bezeichnung
$n = 0$	–	–	–	Gleichanteil
$n = 1$	$\omega_1 = \omega_p$	$f_1 = f_p$	$T_1 = T_p$	1. Harmonische oder Grundschwingung
$n = 2$	$\omega_2 = 2\omega_p$	$f_2 = 2f_p$	$T_2 = T_p/2$	2. Harmonische oder 1. Oberschwingung
$n = 3$	$\omega_3 = 3\omega_p$	$f_3 = 3f_p$	$T_3 = T_p/3$	3. Harmonische oder 2. Oberschwingung
⋮	⋮	⋮	⋮	⋮

Beispiel 5.3 Fourier-Reihe (reelle Form 1) für die periodische Rechteckfunktion

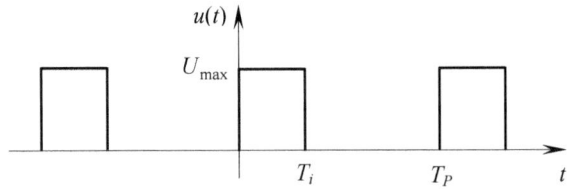

Bild 5.6 Periodische Rechteckfunktion $u(t)$

$$u(t) = \begin{cases} U_{\max} & \text{für } kT_p \leq t \leq T_i + kT_p \\ 0 & \text{für } T_i + kT_p < t < T_p + kT_p \end{cases} \; ; \; k \in \text{der ganzen Zahlen}$$

Es wird sich ein Gleichanteil nach Gl (5.9) ungleich null ergeben, denn das Signal liegt ausschließlich oberhalb der Abszisse.

$$a_0 = \frac{1}{T_p} \int_{T_p} u(t) \, dt = \frac{1}{T_p} \int_0^{T_i} U_{\max} \, dt = U_{\max} \frac{T_i}{T_p}$$

Die Koeffizienten a_n berechnen sich nach Gl. (5.10) wie folgt:

$$a_n = \frac{2}{T_p} \int_{T_p} u(t) \cos(2\pi n f_p t) \, dt = \frac{2}{T_p} \int_0^{T_i} U_{\max} \cos(2\pi n f_p t) \, dt$$

$$a_n = 2U_{\max} \frac{\sin(2\pi n f_p T_i)}{T_p 2\pi n f_p} = 2U_{\max} \frac{\sin(2\pi n T_i/T_p)}{2\pi n}.$$

Bei diesem Beispiel tritt für die Koeffizienten a_n noch eine Besonderheit auf. Die Variable n nimmt Werte von 1 bis ∞ an und tritt sowohl im Zähler in der Sinusfunktion als auch im Nenner auf. Derartige Funktionen nennt man si-*Funktion* oder *Spaltfunktion*, siehe auch Abschnitte 3.2 und 5.3.3.

$$a_n = 2U_{\max} \frac{T_i}{T_p} \frac{\sin(2\pi n T_i/T_p)}{2\pi n T_i/T_p} = 2U_{\max} \frac{T_i}{T_p} \operatorname{si}(2\pi n T_i/T_p) \; ; \; n \geq 1$$

Die Koeffizienten b_n werden berechnet nach Gl. (5.11).

$$b_n = \frac{2}{T_p} \int_{T_p} u(t) \sin(2\pi n f_p t) \, dt = \frac{2}{T_p} \int_0^{T_i} U_{\max} \sin(2\pi n f_p t) \, dt$$

$$b_n = -2U_{\max}\frac{\cos\left(2\pi n f_p T_i\right) - 1}{T_p 2\pi n f_p} = 2U_{\max}\frac{1 - \cos\left(2\pi n T_i/T_p\right)}{2\pi n}; \quad n \geq 1$$

Der Quotient Impulsdauer : Periodendauer = $T_i : T_p$ wird auch als *Tastverhältnis* bezeichnet. Die Fourier-Reihe für die Rechteckfunktion lautet:

$$u(t) = U_{\max}\frac{T_i}{T_p}\left[1 + 2\sum_{n=1}^{\infty}\left(\text{si}\left(\frac{2\pi n T_i}{T_p}\right)\cos\left(2\pi n f_p t\right)\right.\right.$$
$$\left.\left.+ \frac{1 - \cos\left(2\pi n T_i/T_p\right)}{2\pi n T_i/T_p}\sin\left(2\pi n f_p t\right)\right)\right] \quad (5.12)$$

Mit der üblichen Terminologie lassen sich die einzelnen Glieder der Fourier-Reihe bezeichnen.

$$u(t) =$$
$$\underbrace{\frac{U_{\max}T_i}{T_p}}_{\text{Gleichanteil}} + \underbrace{\frac{2U_{\max}T_i}{T_p}\text{si}\left(\frac{2\pi T_i}{T_p}\right)\cos\left(2\pi f_p t\right) + \frac{U_{\max}\left[1-\cos\left(\frac{2\pi T_i}{T_p}\right)\right]}{\pi T_i/T_p}\sin\left(2\pi f_p t\right)}_{\text{1. Harmonische}}$$
$$+ \underbrace{\frac{2U_{\max}T_i}{T_p}\text{si}\left(\frac{4\pi T_i}{T_p}\right)\cos\left(4\pi f_p t\right) + \frac{U_{\max}\left[1-\cos\left(\frac{4\pi T_i}{T_p}\right)\right]}{2\pi T_i/T_p}\sin\left(4\pi f_p t\right)}_{\text{2. Harmonische}} + \ldots$$
$$(5.13)$$

Nimmt man z. B. an, dass das Tastverhältnis sich wie 1 : 4 verhält und der maximale Spannungswert 1 V beträgt, dann ergibt sich die Fourier-Reihe mit den folgenden konkreten Koeffizienten.

$$u(t) = \frac{1}{4}\text{V} + \frac{1}{\pi}\text{V}\cos\left(2\pi f_p t\right) + 0 \qquad -\frac{1}{3\pi}\text{V}\cos\left(2\pi 3 f_p t\right) + \ldots$$
$$+ \frac{1}{\pi}\text{V}\sin\left(2\pi f_p t\right) + \frac{1}{\pi}\text{V}\sin\left(2\pi 2 f_p t\right) + \frac{1}{3\pi}\text{V}\sin\left(2\pi 3 f_p t\right) + \ldots \quad (5.14)$$

Die periodische Rechteckfunktion wird durch eine unendliche Summe von Sinus- und Kosinusfunktionen, die die Frequenzen $f_n = n f_p$ haben und durch die Koeffizienten entsprechend gewichtet werden, beschrieben. Zum Frequenzinhalt der periodischen Rechteckfunktion ist schon eine Aussage möglich. Da unendlich viele Sinus und Kosinus die Summe bilden, werden auch unendlich viele Frequenzen vorliegen, wobei es sich bei diesen Frequenzen um die Pulsfolgefrequenz f_p und deren Vielfache handelt. ∎

Für die Darstellung der Frequenzinhalte als Spektrum wählt man statt der reellen Form 1 der Fourier-Reihe die reelle Form 2 oder die komplexe Form der Fourier-Reihe. Diese beiden Formen gestatten durch ihren Aufbau das unmittelbare Ablesen der Spektren. Bei der reellen Form 1 ist dies nur dann möglich, wenn entweder nur Sinus- oder nur Kosinusglieder vorliegen. Treten beide Funktionstypen auf, ist eine Wandlung in die reelle Form 2 oder komplexe Form der Fourier-Reihe notwendig.

Reelle Form 2 der Fourier-Reihe

Ausgangspunkt ist die reelle Form 1. Jede Harmonische setzt sich aus einem Sinus- und Kosinusanteil zusammen. Die n-te Harmonische der Fourier-Reihe lautet

$$x_n(t) = a_n\cos\left(2\pi n f_p t\right) + b_n\sin\left(2\pi n f_p t\right). \quad (5.15)$$

Die reelle Form 2 unterscheidet sich von der reellen Form 1 dadurch, dass alle Harmonischen entweder durch Kosinus- *oder* Sinusfunktionen ausgedrückt werden. Die Addition harmonischer Schwingungen mit der gleichen Frequenz nf_p ergibt wiederum eine harmonische Schwingung mit der gleichen Frequenz nf_p. Diese Schwingung hat eine Amplitude A_n, die von a_n und b_n abhängig ist, und kann eine Phasenverschiebung aufweisen, die ebenfalls von a_n und b_n abhängig ist.

$$x_n(t) = a_n \cos\left(2\pi n f_p t\right) + b_n \sin\left(2\pi n f_p t\right)$$
$$x_n(t) = A_n \cos\left(2\pi n f_p t - \varphi_n\right) = A_n \sin\left(2\pi n f_p t + \varphi_n'\right) \tag{5.16}$$

Da die Sinus- und Kosinusfunktion zueinander um 90° verschoben sind, lässt sich die Beziehung der Phasenverschiebungen durch folgende Gleichung angeben:

$$\varphi_n + \varphi_n' = 90°. \tag{5.17}$$

Die Berechnung der Amplitude A_n und der Phasenverschiebung φ_n für die Kosinusform nach Gl. (5.6) sind aus folgenden Überlegungen unter Anwendung von Additionstheoremen erklärbar. Für die Sinusform gilt dann Entsprechendes:

$$x(t) = a_n \cos\left(2\pi n f_p t\right) + b_n \sin\left(2\pi n f_p t\right) = A_n \cos\left(2\pi n f_p t - \varphi_n\right). \tag{5.18}$$

Für die Koeffizienten a_n und b_n wird angenommen:

$$a_n = A_n \cos\left(\varphi_n\right) \tag{5.19}$$
$$b_n = A_n \sin\left(\varphi_n\right). \tag{5.20}$$

Dies führt bei Anwendung folgender Additionstheoreme

$$\cos\left(\alpha\right)\cos\left(\beta\right) = \frac{1}{2}\cos\left(\alpha+\beta\right) + \frac{1}{2}\cos\left(\alpha-\beta\right) \tag{5.21}$$
$$\sin\left(\alpha\right)\sin\left(\beta\right) = -\frac{1}{2}\cos\left(\alpha+\beta\right) + \frac{1}{2}\cos\left(\alpha-\beta\right) \tag{5.22}$$

zur gewünschten Kosinusform

$$x(t) = A_n \left(\cos\left(\varphi_n\right)\cos\left(2\pi n f_p t\right) + \sin\left(\varphi_n\right)\sin\left(2\pi n f_p t\right)\right) = A_n \cos\left(2\pi n f_p t - \varphi_n\right). \tag{5.23}$$

Mit den beiden Gleichungen (5.19) und (5.20) ergibt sich φ_n aus den Koeffizienten a_n und b_n

$$\tan\left(\varphi_n\right) = \frac{b_n}{a_n} \tag{5.24}$$

Die Amplitude A_n wird berechnet, indem die Gleichungen (5.19) und (5.20) quadriert und anschließend addiert werden.

$$\begin{aligned} a_n^2 &= A_n^2 \cos^2\left(\varphi_n\right) \\ b_n^2 &= A_n^2 \sin^2\left(\varphi_n\right) \\ \hline a_n^2 + b_n^2 &= A_n^2 \underbrace{\left(\cos^2\left(\varphi_n\right) + \sin^2\left(\varphi_n\right)\right)}_{1} \end{aligned} \tag{5.25}$$

Die Amplitude A_n berechnet sich zu

$$A_n = \sqrt{a_n^2 + b_n^2}. \tag{5.26}$$

Die *reelle Form 2 der Fourier-Reihe* lautet in cos-Form oder sin-Form:

$$x(t) = A_0 + \sum_{n=1}^{\infty} A_n \cos\left(2\pi n f_\mathrm{p} t - \varphi_n\right) = A_0 + \sum_{n=1}^{\infty} A_n \sin\left(2\pi n f_\mathrm{p} t + \varphi'_n\right) \quad (5.27)$$

mit

$$A_0 = a_0, \quad A_n = \sqrt{a_n^2 + b_n^2} \quad \text{für } n \geq 1 \quad \text{und} \quad (5.28)$$

$$\tan(\varphi_n) = \frac{b_n}{a_n} \quad \text{bzw.} \quad \tan(\varphi'_n) = \frac{a_n}{b_n}. \quad (5.29)$$

Ein weiterer wesentlicher Unterschied zwischen den beiden reellen Formen der Fourier-Reihe ist die Verwendung von Koeffizienten bei der reellen Form 1, die positiv und negativ sein können, und den stets positiven Amplituden und den Phasenverschiebungen zwischen 0° und 360° der reellen Form 2.

Die reelle Form 2 der Fourier-Reihe wird dazu genutzt, das Amplitudenspektrum und Phasenspektrum eines Signals in Abhängigkeit von der Frequenz $n f_\mathrm{p}$, der Kreisfrequenz $n \omega_\mathrm{p}$ oder der Nummer der Harmonischen n darzustellen. Amplituden- und Phasenspektrum fasst man unter dem Begriff *Frequenzspektrum* zusammen, siehe dazu Bild 5.7. Bei der Berechnung der Phasenverschiebung ist mit der Arcustangensfunktion darauf zu achten, ob der Koeffizient a_n bzw. b_n negativ ist, in diesem Fall ist noch π abzuziehen oder hinzuzufügen.

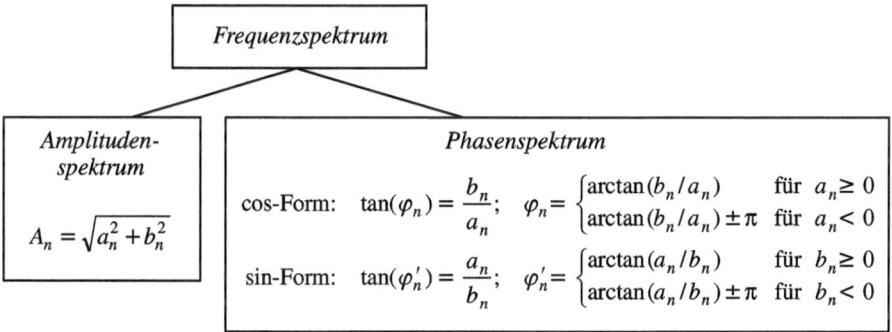

Bild 5.7 Frequenzspektrum der reellen Form 2 der Fourier-Reihe

Beispiel 5.4 Fourier-Reihe (reelle Form 2) für die periodische Rechteckfunktion

Für das Beispiel der Rechteckfunktion sollen das Amplituden- und Phasenspektrum ermittelt werden. Dazu wird die reelle Form 1 der Fourier-Reihe dieses Signals in die cos-Form der reellen Form 2 der Fourier-Reihe überführt. Der Gleichanteil ändert sich selbstverständlich nicht, es gilt $A_0 = a_0$. Für die Amplituden A_n und Phasenverschiebungen φ_n finden die Gl. (5.28) und (5.29) Anwendung. Es werden wieder für den Maximalwert 1 V und das Tastverhältnis $T_\mathrm{i} : T_\mathrm{p} = 1 : 4$ angenommen.

$$A_n = \frac{1}{2} \mathrm{V} \sqrt{\frac{\sin^2(n\pi/2) + (1 - \cos(n\pi/2))^2}{(n\pi/2)^2}} = \frac{1}{2} \mathrm{V} \sqrt{\frac{2 - 2\cos(n\pi/2)}{(n\pi/2)^2}}$$

Der Zähler in der Wurzel kann noch durch ein Additionstheorem ersetzt werden und es liegt dann unter der Wurzel das Quadrat einer Spaltfunktion vor, d. h. die Bildungsvorschrift der Amplituden A_n ist durch den Betrag der Spaltfunktion gegeben.

$$A_n = \frac{1}{2} V \sqrt{\frac{4\sin^2(n\pi/4)}{(n\pi/2)^2}} = \frac{1}{2} V \sqrt{\frac{\sin^2(n\pi/4)}{(n\pi/4)^2}} = \frac{1}{2} V |\operatorname{si}(n\pi/4)|; \; n \geq 1$$

Für die Phasenverschiebungen seien hier nur die Verschiebungen für die ersten drei Harmonischen angegeben, dazu werden die Koeffizienten a_n und b_n in Gl. (5.29) eingesetzt.

$$\tan(\varphi_1) = \frac{1\,V/\pi}{1\,V/\pi}, \quad \varphi_1 = \frac{\pi}{4};$$

$$\tan(\varphi_2) = \frac{1\,V/\pi}{0}, \quad \varphi_2 = \frac{\pi}{2};$$

$$\tan(\varphi_3) = \frac{1\,V/3\pi}{-1\,V/3\pi}, \quad \varphi_3 = \frac{3\pi}{4} = -\frac{5\pi}{4}$$

Die reelle Form 2 (cos-Form) der Fourier-Reihe für die periodische Rechteckfunktion wird beschrieben durch

$$u(t) = \underbrace{\frac{1}{4}V}_{\text{Gleichanteil}} + \underbrace{\frac{\sqrt{2}}{\pi}V\cos\left(2\pi f_p t - \frac{\pi}{4}\right)}_{\text{1. Harmonische}} + \underbrace{\frac{1}{\pi}V\cos\left(2\pi 2 f_p t - \frac{\pi}{2}\right)}_{\text{2. Harmonische}} \\ + \underbrace{\frac{\sqrt{2}}{3\pi}V\cos\left(2\pi 3 f_p t - \frac{3\pi}{4}\right)}_{\text{3. Harmonische}} + \ldots \quad (5.30)$$

Links im Bild 5.8 sind die ersten drei Harmonischen dargestellt. Gut erkennbar sind die unterschiedlichen Amplituden und Phasenverschiebungen. Rechts im Bild 5.8 ist die Addition der drei Harmonischen plus Gleichanteil zu sehen. Man kann sich vorstellen, dass beim Hinzufügen weiterer Harmonischer die periodische Rechteckfunktion entstehen würde. Siehe dazu Bild 5.12.

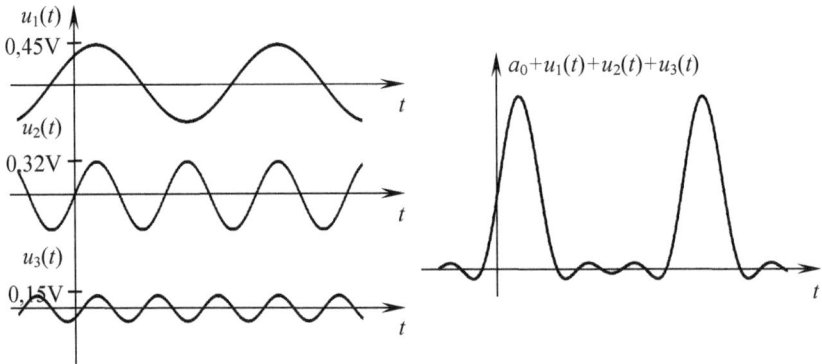

Bild 5.8 Darstellung der ersten drei Harmonischen (links) und deren Addition (rechts) inkl. Gleichanteil

Das Amplituden- und Phasenspektrum, dargestellt im Bild 5.9, sind leicht ablesbar, jede Harmonische in Gl. (5.30) hat eine bestimmte Amplitude A_n und Phasenverschiebung φ_n bei der Frequenz nf_p bzw. der Kreisfrequenz $n\omega_\mathrm{p}$. Bei Angabe des Phasenspektrums ist die Information nötig, welche reelle Form 2 (cos- oder sin-Form) zugrunde liegt. In das Amplitudenspektrum wurde zusätzlich der Betrag der Spaltfunktion als Hüllkurve eingezeichnet. Die Spektralanteile werden als Spektrallinien im Amplituden- und Phasenspektrum dargestellt.

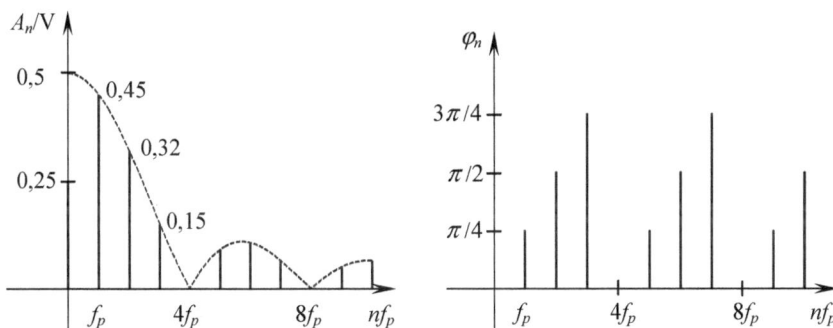

Bild 5.9 Amplituden- und Phasenspektrum (cos-Form) der periodischen Rechteckfunktion ∎

Komplexe Form der Fourier-Reihe

Neben den beiden oben besprochenen Formen gibt es noch die komplexe Form der Fourier-Reihe. Sie hat den Vorteil, dass mit ihr die Verknüpfung der Frequenzfunktionen von Signalen und Systemen sehr einfach ist, weiterhin sind auch bei dieser Form das Amplituden- und Phasenspektrum gut ablesbar und mit der komplexen Form wird die Fourier-Transformation, die im nächsten Abschnitt besprochen wird, vorbereitet.

Auch hier ist der Ausgangspunkt die reelle Form 1 der Fourier-Reihe. Die n-te Harmonische wird mit

$$x_n(t) = a_n \cos(2\pi nf_\mathrm{p} t) + b_n \sin(2\pi nf_\mathrm{p} t) \tag{5.31}$$

beschrieben. Weiterhin ist aus dem Abschnitt 3.2 der Zusammenhang zwischen reellen Schwingungen und komplexen Schwingungen bekannt. Ersetzt man nun laut Euler'scher Gleichung

$$\cos(2\pi nf_\mathrm{p} t) + \mathrm{j}\sin(2\pi nf_\mathrm{p} t) = \mathrm{e}^{\mathrm{j}2\pi nf_\mathrm{p} t}$$
$$\cos(2\pi nf_\mathrm{p} t) - \mathrm{j}\sin(2\pi nf_\mathrm{p} t) = \mathrm{e}^{-\mathrm{j}2\pi nf_\mathrm{p} t}$$

$$2\cos(2\pi nf_\mathrm{p} t) = \mathrm{e}^{\mathrm{j}2\pi nf_\mathrm{p} t} + \mathrm{e}^{-\mathrm{j}2\pi nf_\mathrm{p} t} \quad \text{Addition} \tag{5.32}$$

$$2\mathrm{j}\sin(2\pi nf_\mathrm{p} t) = \mathrm{e}^{\mathrm{j}2\pi nf_\mathrm{p} t} - \mathrm{e}^{-\mathrm{j}2\pi nf_\mathrm{p} t} \quad \text{Subtraktion} \tag{5.33}$$

die harmonischen Schwingungen in Gl. (5.31) durch die Summe bzw. Differenz der komplexen Schwingungen, so ergibt sich für die n-te Harmonische

$$x_n(t) = \frac{a_n}{2}\left(\mathrm{e}^{\mathrm{j}2\pi nf_\mathrm{p} t} + \mathrm{e}^{-\mathrm{j}2\pi nf_\mathrm{p} t}\right) - \mathrm{j}\frac{b_n}{2}\left(\mathrm{e}^{\mathrm{j}2\pi nf_\mathrm{p} t} - \mathrm{e}^{-\mathrm{j}2\pi nf_\mathrm{p} t}\right). \tag{5.34}$$

Multipliziert man aus

$$x_n(t) = \frac{a_n}{2} e^{j2\pi n f_p t} + \frac{a_n}{2} e^{-j2\pi n f_p t} - j\frac{b_n}{2} e^{j2\pi n f_p t} + j\frac{b_n}{2} e^{-j2\pi n f_p t}, \quad (5.35)$$

sortiert neu und fasst die mit der gleichen e-Funktion verknüpften Koeffizienten zusammen, so hat die n-te Harmonische folgende Form:

$$x_n(t) = \underbrace{\frac{a_n - j b_n}{2}}_{} e^{j2\pi n f_p t} + \underbrace{\frac{a_n + j b_n}{2}}_{} e^{-j2\pi n f_p t} \quad (5.36)$$

$$x_n(t) = \underline{c}_{+n} \, e^{j2\pi n f_p t} + \underline{c}_{-n} \, e^{-j2\pi n f_p t} \quad (5.37)$$

Die beiden e-Funktionen sind mit Koeffizienten verknüpft, die reelle und imaginäre Anteile aufweisen, d. h. die Fourier-Koeffizienten der komplexen Form sind komplex und werden hier mit $\underline{c}_{+n}$ und $\underline{c}_{-n}$ bezeichnet. Die Indizierung der komplexen Koeffizienten mit $+n$ und $-n$ ist entsprechend den Exponenten der komplexen Schwingung festgelegt.

Wird für jede Harmonische diese Umformung angesetzt und für den Gleichanteil $\underline{c}_0 = a_0$ festgelegt, lautet die komplexe Form der Fourier-Reihe

$$x(t) = \underline{c}_0 + \sum_{n=1}^{\infty} \left(\underline{c}_{+n} e^{j2\pi n f_p t} + \underline{c}_{-n} e^{-j2\pi n f_p t} \right). \quad (5.38)$$

Es ist aus Gl. (5.38) ersichtlich, dass sich beim Ausführen der Summenbildung Terme mit der Laufvariablen n von 1 bis ∞ und zum anderen von $-\infty$ bis -1 ergeben. Dies kann man auch zusammenfassen und schreiben

$$x(t) = \sum_{n=-\infty}^{\infty} \underline{c}_n e^{j2\pi n f_p t}. \quad (5.39)$$

Hierbei ist der Gleichanteil $\underline{c}_0$ in dieser Zusammenfassung bei $n = 0$ berücksichtigt. Die Berechnung der komplexen Fourier-Koeffizienten $\underline{c}_n$ lässt sich mithilfe der Berechnung der reellen Fourier-Koeffizienten nach Gl. (5.10) und (5.11) gut zeigen. Für den Fourier-Koeffizienten $\underline{c}_{+n}$ gilt:

$$\underline{c}_{+n} = \frac{1}{2}(a_n - j b_n)$$

$$\underline{c}_{+n} = \frac{1}{2}\left(\frac{2}{T_p} \int_{T_p} x(t) \cos(2\pi n f_p t) \, dt - j\frac{2}{T_p} \int_{T_p} x(t) \sin(2\pi n f_p t) \, dt \right)$$

$$\underline{c}_{+n} = \frac{1}{T_p} \int_{T_p} x(t) \left(\cos(2\pi n f_p t) - j \sin(2\pi n f_p t) \right) dt$$

$$\underline{c}_{+n} = \frac{1}{T_p} \int_{T_p} x(t) \, e^{-j2\pi n f_p t} \, dt. \quad (5.40)$$

Für den Fourier-Koeffizienten $\underline{c}_{-n}$ gilt entsprechend

$$\underline{c}_{-n} = \frac{1}{T_p} \int_{T_p} x(t) \, e^{j2\pi n f_p t} \, dt. \quad (5.41)$$

Die Gl. (5.40) und (5.41) lassen sich zusammenfassen, die komplexen Fourier-Koeffizienten berechnen sich damit nach

$$\underline{c}_n = \frac{1}{T_\mathrm{p}} \int_{T_\mathrm{p}} x(t)\, \mathrm{e}^{-\mathrm{j}2\pi n f_\mathrm{p} t}\, \mathrm{d}t. \tag{5.42}$$

Die *komplexe Form der Fourier-Reihe* eines periodischen nichtharmonischen Signals wird beschrieben durch

$$x(t) = \sum_{n=-\infty}^{\infty} \underline{c}_n\, \mathrm{e}^{\mathrm{j}2\pi n f_\mathrm{p} t}. \tag{5.43}$$

Die Koeffizienten $\underline{c}_n$ werden ermittelt mit

$$\underline{c}_n = \frac{1}{T_\mathrm{p}} \int_{T_\mathrm{p}} x(t)\, \mathrm{e}^{-\mathrm{j}2\pi n f_\mathrm{p} t}\, \mathrm{d}t. \tag{5.44}$$

Die komplexen Fourier-Koeffizienten können in arithmetischer und Exponentialform angegeben werden.

$$\underline{c}_n = \mathrm{Re}\{\underline{c}_n\} + \mathrm{j}\,\mathrm{Im}\{\underline{c}_n\} = |\underline{c}_n|\, \mathrm{e}^{\mathrm{j}\,\arg\{\underline{c}_n\}} \tag{5.45}$$

Die Bezeichnung *arg* im Exponenten der e-Funktion ist eine übliche Bezeichnung in der komplexen Rechnung. Es wird damit das *Argument* einer komplexen Zahl also die Phase ausgedrückt. Hier wird mit $\arg\{\underline{c}_n\}$ die Phase des komplexen Fourier-Koeffizienten $\underline{c}_n$ bezeichnet.

Die Exponentialform der komplexen Fourier-Koeffizienten wird dazu genutzt, das Frequenzspektrum mit Amplituden- und Phasenspektrum darzustellen. Der Betrag der komplexen Koeffizienten und die Phase werden nach den bekannten Operationen der komplexen Rechnung gebildet, wie Bild 5.10 zeigt.

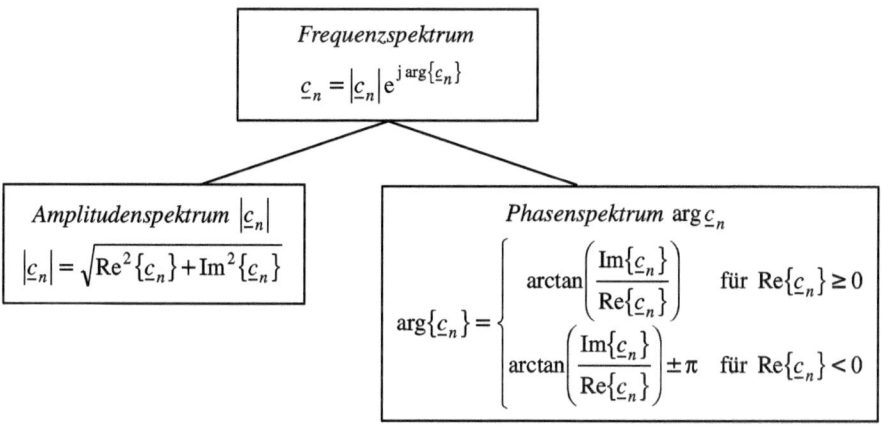

Bild 5.10 Frequenzspektrum der komplexen Form der Fourier-Reihe

Beispiel 5.5 Fourier-Reihe (komplexe Form) für die periodische Rechteckfunktion

Für das Beispiel der periodischen Rechteckfunktion wird die Ermittlung der komplexen Form der Fourier-Reihe sowie des Amplituden- und Phasenspektrums gezeigt. Zuerst müssen die komplexen Fourier-Koeffizienten nach Gl. (5.44) berechnet werden.

$$\underline{c}_n = \frac{1}{T_p} \int_{T_p} u(t)\, e^{-j2\pi n f_p t}\, dt = \frac{1}{T_p} \int_0^{T_i} U_{max}\, e^{-j2\pi n f_p t}\, dt$$

$$\underline{c}_n = \frac{U_{max}}{T_p} \cdot \frac{1}{-j2\pi n f_p}\, e^{-j2\pi n f_p t}\Big|_0^{T_i} = \frac{U_{max}}{-j2\pi n f_p T_p}\left(e^{-j2\pi n f_p T_i} - 1\right)$$

Für den maximalen Spannungswert wird wieder 1 V und für das Tastverhältnis $T_i : T_p$ wieder 1 : 4 vorgegeben. Mit diesen Vorgaben lautet $\underline{c}_n$

$$\underline{c}_n = \frac{1\,V}{-j2\pi n}\left(e^{-jn\pi/2} - 1\right).$$

Durch Umformung lässt sich gut der Zusammenhang mit der reellen Form 2 zeigen.

$$\underline{c}_n = \frac{1\,V\left(e^{-jn\pi/4} - e^{jn\pi/4}\right)}{-j2\pi n}\, e^{-jn\pi/4} = \frac{1\,V(-2j\sin(n\pi/4))}{-j2\pi n}\, e^{-jn\pi/4}$$

$$\underline{c}_n = \frac{1}{4}\,V\frac{\sin(n\pi/4)}{n\pi/4}\, e^{-jn\pi/4} = \frac{1}{4}\,V\,\text{si}(n\pi/4)\, e^{-jn\pi/4}$$

Zur Darstellung des Amplituden- und Phasenspektrums ist eine Umformung in die Exponentialform vorzunehmen.

$$\underline{c}_n = |\underline{c}_n|\, e^{j\,\arg\{\underline{c}_n\}}$$

Da die Spaltfunktion positive und negative Werte liefert und bei der Betragsbildung das negative Vorzeichen entfällt, muss diese Information in der Phase berücksichtigt werden. Es gilt:

$$-1 = 1\, e^{\pm j\pi}.$$

Für das Amplituden- und Phasenspektrum ergeben sich die beiden Ausdrücke.

$$|\underline{c}_n| = \frac{1}{4}\,V|\,\text{si}(n\pi/4)\,|$$

$$\arg\{\underline{c}_n\} = \begin{cases} -n\pi/4 & \text{für}\quad \text{si}(n\pi/4) > 0 \\ -n\pi/4 \pm \pi & \text{für}\quad \text{si}(n\pi/4) < 0. \end{cases}$$

Zur Demonstration werden für n: 0; ±1; ±2; ±3 die jeweiligen Koeffizienten berechnet:

$$\underline{c}_0 = \frac{1}{4}\,V$$

$$|\underline{c}_{+1}| = |\underline{c}_{-1}| = \frac{\sqrt{2}\,V}{2\pi}; \qquad \arg\{\underline{c}_{+1}\} = -\pi/4; \qquad \arg\{\underline{c}_{-1}\} = \pi/4$$

$$|\underline{c}_{+2}| = |\underline{c}_{-2}| = \frac{1\,\text{V}}{2\pi}; \qquad \arg\{\underline{c}_{+2}\} = -\pi/2; \qquad \arg\{\underline{c}_{-2}\} = \pi/2$$

$$|\underline{c}_{+3}| = |\underline{c}_{-3}| = \frac{\sqrt{2}\,\text{V}}{6\pi}; \qquad \arg\{\underline{c}_{+3}\} = -3\pi/4; \qquad \arg\{\underline{c}_{-3}\} = 3\pi/4.$$

Vergleicht man die komplexe Form der Fourier-Reihe dieses Beispiels mit der reellen Form 2 der Fourier-Reihe Gl. (5.30), dann stellt man fest, dass die Beträge $|\underline{c}_n|$ genau halb so groß sind wie die Amplituden A_n. Die Winkel $\arg\{\underline{c}_{+n}\}$ entsprechen den Winkeln $-\varphi_n$ und die Winkel $\arg\{\underline{c}_{-n}\}$ den Winkeln φ_n. Die komplexe Form der Fourier-Reihe für die periodische Rechteckfunktion lautet:

$$u(t) = \underbrace{\frac{1}{4}\text{V}}_{\text{Gleichanteil}} + \underbrace{\frac{\sqrt{2}\,\text{V}}{2\pi}\,\text{e}^{-\text{j}\pi/4}\,\text{e}^{\text{j}2\pi f_p t} + \frac{\sqrt{2}\,\text{V}}{2\pi}\,\text{e}^{\text{j}\pi/4}\,\text{e}^{-\text{j}2\pi f_p t}}_{\text{1. Harmonische}} + \underbrace{\frac{1\,\text{V}}{2\pi}\,\text{e}^{-\text{j}\pi/2}\,\text{e}^{\text{j}2\pi 2 f_p t} + \frac{1\,\text{V}}{2\pi}\,\text{e}^{\text{j}\pi/2}\,\text{e}^{-\text{j}2\pi 2 f_p t}}_{\text{2. Harmonische}} + \underbrace{\frac{\sqrt{2}\,\text{V}}{6\pi}\,\text{e}^{-\text{j}3\pi/4}\,\text{e}^{\text{j}2\pi 3 f_p t} + \frac{\sqrt{2}\,\text{V}}{6\pi}\,\text{e}^{\text{j}3\pi/4}\,\text{e}^{-\text{j}2\pi 3 f_p t}}_{\text{3. Harmonische}} + \ldots$$

(5.46)

Im Bild 5.11 werden das Amplituden- und Phasenspektrum der periodischen Rechteckfunktion dargestellt, dabei fallen die Symmetrieeigenschaften der Spektren ins Auge. Das Amplitudenspektrum ist symmetrisch gerade und das Phasenspektrum ist symmetrisch ungerade. Eine weitere wichtige Eigenschaft ist das diskrete Spektrum, das schon bei der reellen Form 2 der Fourier-Reihe zu sehen war. Diskret heißt, dass nur bei den Frequenzen der Harmonischen Spektrallinien auftreten. Die Spektrallinien haben einen Abstand von $f_p = 1/T_p$ bzw. $\omega_p = 2\pi/T_p$.

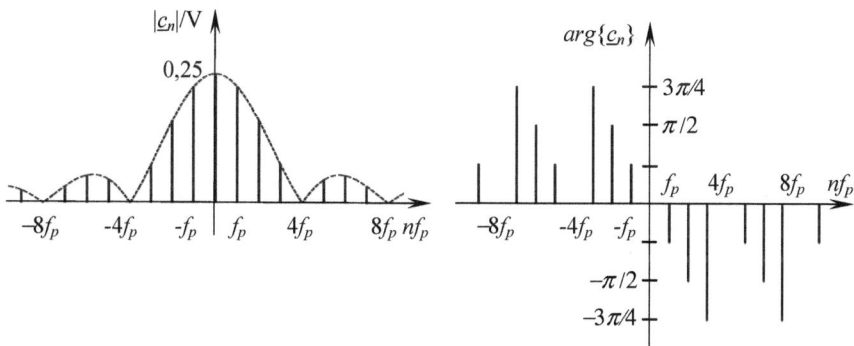

Bild 5.11 Amplituden- und Phasenspektrum der periodischen Rechteckfunktion ∎

Zusammenhang zwischen den Darstellungsformen der Fourier-Reihe

Die drei vorgestellten Darstellungsformen der Fourier-Reihe werden hier noch einmal zusammengefasst. Die reellen Fourier-Koeffizienten a_n und b_n, die Amplituden A_n und die Phasenverschiebungen φ_n und φ'_n sowie die komplexen Fourier-Koeffizienten $\underline{c}_n$ sind ineinander überführbar.

$$
\begin{aligned}
x(t) &= |\overline{a_0}| + |\overline{\begin{array}{c} a_1 \cos(2\pi f_\mathrm{p} t) \\ + \ b_1 \sin(2\pi f_\mathrm{p} t) \end{array}}| + |\overline{\begin{array}{c} a_2 \cos(2\pi 2 f_\mathrm{p} t) \\ + \ b_2 \sin(2\pi 2 f_\mathrm{p} t) \end{array}}| + \cdots \Big\} \begin{array}{l} \text{Reelle} \\ \text{Form 1} \end{array} \\[4pt]
x(t) &= |A_0| + |A_1 \cos(2\pi f_\mathrm{p} t - \varphi_1)| + |A_2 \cos(2\pi 2 f_\mathrm{p} t - \varphi_2)| + \cdots \quad \begin{array}{l} \text{Reelle} \\ \text{Form 2} \end{array} \\[4pt]
x(t) &= |\underline{c}_0| + |\ |\underline{c}_{+1}|\,\mathrm{e}^{\mathrm{j}\arg\{\underline{c}_{+1}\}}\,\mathrm{e}^{\mathrm{j} 2\pi f_\mathrm{p} t}\ | + |\ |\underline{c}_{+2}|\,\mathrm{e}^{\mathrm{j}\arg\{\underline{c}_{+2}\}}\,\mathrm{e}^{\mathrm{j} 2\pi 2 f_\mathrm{p} t}\ | + \cdots \Big\} \begin{array}{l} \text{Komplexe} \\ \text{Form} \end{array} \\
&\phantom{=|\underline{c}_0|} + |\ |\underline{c}_{-1}|\,\mathrm{e}^{\mathrm{j}\arg\{\underline{c}_{-1}\}}\,\mathrm{e}^{-\mathrm{j} 2\pi f_\mathrm{p} t}\ | + |\ |\underline{c}_{-2}|\,\mathrm{e}^{\mathrm{j}\arg\{\underline{c}_{-2}\}}\,\mathrm{e}^{-\mathrm{j} 2\pi 2 f_\mathrm{p} t}\ | + \cdots
\end{aligned}
$$

Gleichanteil　　　1. Harmonische　　　　2. Harmonische

Für den Gleichanteil gilt

$$a_0 = A_0 = \underline{c}_0. \tag{5.47}$$

Mit

$$\underline{c}_{+n} = \frac{a_n - \mathrm{j} b_n}{2} = \frac{1}{2}\sqrt{a_n^2 + b_n^2}\,\mathrm{e}^{\mathrm{j}\arg\{\underline{c}_{+n}\}}; \quad \tan(\arg\{\underline{c}_{+n}\}) = -\frac{b_n}{a_n} \tag{5.48}$$

$$\underline{c}_{-n} = \frac{a_n + \mathrm{j} b_n}{2} = \frac{1}{2}\sqrt{a_n^2 + b_n^2}\,\mathrm{e}^{\mathrm{j}\arg\{\underline{c}_{-n}\}}; \quad \tan(\arg\{\underline{c}_{-n}\}) = \frac{b_n}{a_n} \tag{5.49}$$

lässt sich der Zusammenhang zwischen den reellen Fourier-Koeffizienten a_n und b_n, den Amplituden A_n und den Beträgen der komplexen Fourier-Koeffizienten $|\underline{c}_n|$

$$\sqrt{a_n^2 + b_n^2} = A_n = 2|\underline{c}_n| \tag{5.50}$$

sowie zwischen den Phasenverschiebungen φ_n und $\arg\{\underline{c}_n\}$ angeben:

$$\arg\{\underline{c}_{+n}\} = -\varphi_n, \ \arg\{\underline{c}_{-n}\} = \varphi_n. \tag{5.51}$$

Fourier-Synthese

Die Umkehrung der Fourier-Analyse ist die *Fourier-Synthese*. Es handelt sich dabei um die Addition eines Gleichanteils und harmonischer Schwingungen zu einer periodischen Funktion. Gedanklich ist die Addition unendlich vieler harmonischer Schwingungen zulässig, aber dies stößt an praktische Grenzen. Und gerade diese Begrenzung auf endlich viele

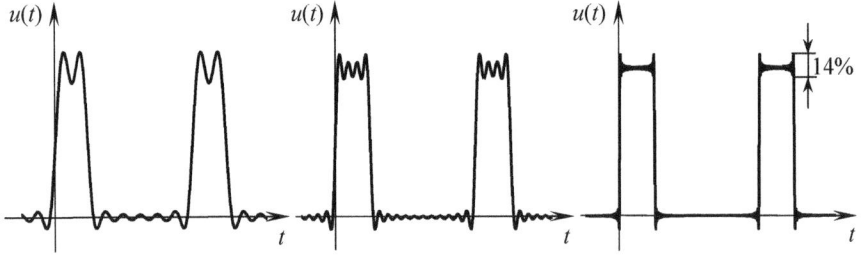

Bild 5.12 Addition der ersten 7 (links), der ersten 15 (mittig) und der ersten 99 (rechts) Harmonischen der Fourier-Reihe der periodischen Rechteckfunktion

Schwingungen hat bei Signalen mit Unstetigkeitsstellen einen nachteiligen Effekt. Dieser Effekt wurde erstmals von *Josiah Willard Gibbs*, einem amerikanischen Physiker (1839–1903), erkannt und wird deshalb auch als *Gibbs'sches Phänomen* bezeichnet. Es äußert sich in einer Welligkeit und mit einem Überschwingen von rund 9 % und einem Unterschwingen von rund 5 % an den Unstetigkeitsstellen. Wird die Anzahl der Harmonischen erhöht, wird die Welligkeit um die Unstetigkeitsstelle zwar zeitlich zusammengedrückt, aber sie nimmt nicht ab und bleibt auf einem festen Wert, etwa 14 % von der Sprunghöhe. Der Extremfall äußert sich in Spitzen an den Unstetigkeitsstellen. Bild 5.12 zeigt das Gibbs'sche Phänomen anhand der Fourier-Synthese der periodischen Rechteckfunktion.

■ 5.3 Spektraldarstellung von Signalen mittels Fourier-Transformation

5.3.1 Fourier-Transformation und inverse Fourier-Transformation

In den vorangegangenen Abschnitten wurde schon in mehrfacher Hinsicht auf die Fourier-Transformation verwiesen. Mit ihr hat man eine Methode in der Hand, die der Ermittlung der Frequenzinhalte insbesondere von nichtperiodischen Signalen dient, sie ist auch, wie im Abschnitt 5.5 gezeigt wird, für periodische Signale geeignet. Die Fourier-Transformation spielt nicht nur im Zusammenhang mit Signalen eine Rolle, sondern auch beim Frequenzverhalten von Systemen, und sie wird bei der Einführung der *Laplace-Transformation* im Abschnitt 10.1 nützlich sein.

Die Fourier-Transformation lässt sich aus den Erläuterungen der komplexen Form der Fourier-Reihe aus Abschnitt 5.2 herleiten. Bekannt sind die komplexe Form der Fourier-Reihe mit

$$x(t) = \sum_{n=-\infty}^{\infty} \underline{c}_n \, e^{j 2\pi n f_p t} \tag{5.52}$$

und das Integral zur Berechnung der komplexen Fourier-Koeffizienten

$$\underline{c}_n = \frac{1}{T_p} \int_{-T_p/2}^{T_p/2} x(t) \, e^{-j 2\pi n f_p t} \, dt \quad \text{mit} \quad f_p = \frac{1}{T_p}. \tag{5.53}$$

Wie bei der Spektraldarstellung periodischer Signale zu sehen war, sind die Fourier-Koeffizienten abhängig von der Frequenz bzw. Kreisfrequenz.

$$\underline{c}_n = \underline{c}_n \left(n f_p \right). \tag{5.54}$$

Geht man davon aus, dass statt periodischer Signale nichtperiodische behandelt werden, dann strebt die Periodendauer T_p gegen unendlich und die diskrete Frequenz $n f_p$ gegen eine kontinuierliche Frequenz f. Berücksichtigt man diese Annahmen

$$n f_p \rightarrow f \quad \text{und} \quad T_p \rightarrow \infty \tag{5.55}$$

im Integral Gl. (5.53), dann geht das Integral in Gl. (5.53) in das folgende Integral

$$\int_{-T_p/2}^{T_p/2} x(t)\, e^{-j2\pi n f_p t}\, dt \quad \to \quad \int_{-\infty}^{\infty} x(t)\, e^{-j2\pi f t}\, dt \tag{5.56}$$

über. Die Integrationsgrenzen ändern sich wegen $T_p \to \infty$ auf $\pm\infty$. Das entstandene Integral liefert als Stammfunktion eine komplexe Funktion, die von der kontinuierlichen Frequenz f abhängig ist. Das Signal $x(t)$ wird Fourier-transformiert, $\underline{X}(f)$ ist die *Fourier-Transformierte* von $x(t)$. Die Unterstreichung der Fourier-Transformierten soll ausdrücken, dass die sich ergebenden Funktionen komplex sein können. Andere übliche Schreibweisen, die dies ausdrücken, sind $X(jf)$ und $X(j\omega)$.

$$\underline{X}(f) = \int_{-\infty}^{\infty} x(t)\, e^{-j2\pi f t}\, dt \tag{5.57}$$

Geht man nun von der Fourier-Reihe nach Gl. (5.43) und dem Integral zur Berechnung der Fourier-Koeffizienten nach Gl. (5.44) aus, dann ergibt sich beim Einsetzen des Integrals in die Summe

$$x(t) = \sum_{n=-\infty}^{\infty} \underline{c}_n\, e^{j2\pi n f_p t} = \sum_{n=-\infty}^{\infty} \underbrace{\left[\frac{1}{T_p} \int_{-T_p/2}^{T_p/2} x(t)\, e^{-j2\pi n f_p t}\, dt \right]}_{\underline{c}_n} e^{j2\pi n f_p t}, \tag{5.58}$$

$$x(t) = \sum_{n=-\infty}^{\infty} \left[\int_{T_p/2}^{T_p/2} x(t)\, e^{-j2\pi n f_p t}\, dt \right] e^{j2\pi n f_p t} f_p. \tag{5.59}$$

Der Quotient $1/T_p$ wurde durch f_p ersetzt. Geht man auch hier von den gleichen Annahmen aus, dass keine periodischen, sondern nichtperiodische Signale vorliegen, dann strebt die Periodendauer T_p gegen unendlich und die diskrete Frequenz nf_p gegen eine kontinuierliche Frequenz f. Das Integral in der eckigen Klammer Gl. (5.59) wird zur Fourier-Transformierten des Signals $x(t)$ und wird nach Gl. (5.57) mit $\underline{X}(f)$ bezeichnet. Die Summe geht in ein Integral und f_p in ein Differenzial über. Mit Gl. (5.55) und

$$\sum \ldots f_p \to \int \ldots df \tag{5.60}$$

beschreibt das Integral

$$x(t) = \int_{-\infty}^{\infty} \underline{X}(f)\, e^{j2\pi f t}\, df \tag{5.61}$$

die *Fourier-Rücktransformation*. Aus der Fourier-Transformierten $\underline{X}(f)$ ergibt sich durch Rücktransformation das Signal $x(t)$.

Die beiden Integrale in den Gleichungen (5.57) und (5.61) werden als *Fourier-Integral* und *Umkehrintegral* bezeichnet. Mit ihnen werden die Fourier-Transformation und die inverse Fourier-Transformation ausgeführt. In der Literatur ist auch statt der Frequenz f die Kreisfrequenz ω als Variable üblich.

Fourier-Transformation (Fourier-Integral)

$$\underline{X}(f) = F\{x(t)\} = \int_{-\infty}^{\infty} x(t)\,e^{-j2\pi f t}\,dt \tag{5.62}$$

$$\underline{X}(\omega) = F\{x(t)\} = \int_{-\infty}^{\infty} x(t)\,e^{-j\omega t}\,dt \tag{5.63}$$

$F\{x(t)\}$ bedeutet, die Funktion $x(t)$ wird Fourier-transformiert.

Inverse Fourier-Transformation (Umkehrintegral)

$$x(t) = F^{-1}\{\underline{X}(f)\} = \int_{-\infty}^{\infty} \underline{X}(f)\,e^{j2\pi f t}\,df \tag{5.64}$$

$$x(t) = F^{-1}\{\underline{X}(\omega)\} = \frac{1}{2\pi} \int_{-\infty}^{\infty} \underline{X}(\omega)\,e^{j\omega t}\,d\omega \tag{5.65}$$

$F^{-1}\{\underline{X}(f)\}$ bzw. $F^{-1}\{\underline{X}(\omega)\}$ bedeutet, $\underline{X}(f)$ bzw. $\underline{X}(\omega)$ wird Fourier-rücktransformiert.

Der Vorfaktor vor dem Integral Gl. (5.65) ergibt sich dadurch, dass das Integral Gl. (5.64) mit 2π erweitert wird. Aus dem Differenzial df wird dann das Differenzial $d2\pi f = d\omega$ bzw. $df = (1/2\pi)\,d\omega$. Nachfolgend wird nur die Variable f verwendet, für ω gilt Entsprechendes.

Den Zusammenhang zwischen der Zeitfunktion $x(t)$ und der Frequenzfunktion $\underline{X}(f)$ über die Fourier-Transformation drückt man durch folgende Schreibweise aus:

$$x(t) \circ\!\!-\!\!\bullet\ \underline{X}(f). \tag{5.66}$$

Man sagt, „die Funktionen korrespondieren miteinander".

Es muss dabei vorausgesetzt werden, dass die Funktionen integrierbar sind. Die beiden Funktionen $x(t)$ und $\underline{X}(f)$ bilden ein Transformationspaar.

Die komplexe Funktion $\underline{X}(f)$ ist im Gegensatz zum komplexen Fourier-Koeffizienten $\underline{c}_n(nf_p)$ eine kontinuierliche Funktion der Frequenz, d. h. die Spektralanteile liegen unendlich dicht auf der Frequenzachse. Die komplexe Funktion $\underline{X}(f)$ beschreibt das Spektrum eines Signals und kann in gewohnter Weise nach den Gesetzen der komplexen Rechnung in Betrag und Phase zur Darstellung des Amplituden- und Phasenspektrums zerlegt werden. Die Tabelle 5.2 gibt zusammenfassend die Analogie zwischen der komplexen Form der Fourier-Reihe und der Umkehrformel des Fourier-Integrals an.

Tabelle 5.2 Analogie zwischen Fourier-Reihe und Fourier-Umkehrintegral

Fourier-Reihe	Fourier-Umkehrintegral
$x(t) = \sum_{n=-\infty}^{\infty} \underline{c}_n\, e^{j2\pi n f_p t}$	$x(t) = \int_{-\infty}^{\infty} \underline{X}(f)\, e^{j2\pi f t}\, df$
$n f_p$ diskrete Frequenz $\underline{c}_n(n f_p)$ komplexe Fourier-Koeffizienten, Spektrum	f kontinuierliche Frequenz $\underline{X}(f)$ Fourier-Transformierte, Spektrum
$\underline{c}_n(nf_p) = \lvert \underline{c}_n(nf_p)\rvert\, e^{j\,\arg\{\underline{c}_n(nf_p)\}}$	$\underline{X}(f) = \lvert \underline{X}(f)\rvert\, e^{j\,\arg\{\underline{X}(f)\}}$
diskretes Amplitudenspektrum / diskretes Phasenspektrum	kontinuierliches Amplitudenspektrum / kontinuierliches Phasenspektrum

Beispiel 5.6 Fourier-Transformation einer Rechteckfunktion

Zur Demonstration der Fourier-Transformation soll hier für ein Rechtecksignal $u(t)$ das Spektrum berechnet werden. Auf die Besonderheiten dieses Spektrums wird im Abschnitt 5.3.3 noch einmal ausführlich eingegangen. Es handelt sich hier um ein nichtperiodisches Signal. Im Abschnitt 5.2 wurde das Spektrum des periodischen Rechtecksignals berechnet. Wie zu sehen sein wird, ergeben sich hinsichtlich der Spektren Parallelen.

$$u(t) = \hat{U} \cdot \operatorname{rect}\left(\frac{t - T/2}{T}\right)$$

Das Signal $u(t)$ wird Fourier-transformiert

$$\underline{U}(f) = F\{u(t)\} = \int_{-\infty}^{\infty} u(t)\, e^{-j2\pi f t}\, dt = \int_{0}^{T} \hat{U}\, e^{-j2\pi f t}\, dt,$$

die Integration und das Einsetzen der Grenzen liefern folgenden Ausdruck

$$\underline{U}(f) = F\{u(t)\} = \frac{\hat{U}}{-j2\pi f}\left(e^{-j2\pi f T} - 1\right).$$

Das Ergebnis ist eine komplexe Funktion mit der kontinuierlichen Frequenz als unabhängige Variable. Zur Darstellung des Amplituden- und Phasenspektrums ist noch eine Umformung der Lösung in die Exponentialform durch geschicktes Ausklammern und Anwendung der Euler'schen Formel notwendig.

$$\underline{U}(f) = F\{u(t)\} = \frac{\hat{U}}{-j2\pi f}\underbrace{\left(e^{-j2\pi f T/2} - e^{j2\pi f T/2}\right)}_{-2j\sin(2\pi f T/2)} e^{-j2\pi f T/2}$$

$$\underline{U}(f) = F\{u(t)\} = \frac{\hat{U}}{j2\pi f}\, 2j\sin(2\pi f T/2)\, e^{-j\pi f T} = \frac{\hat{U}T\sin(\pi f T)}{\pi f T}\, e^{-j\pi f T}$$

$$\underline{U}(f) = F\{u(t)\} = \hat{U}T\,\operatorname{si}(\pi f T)\, e^{-j\pi f T} \tag{5.67}$$

Es tritt hier wieder die si- bzw. *Spaltfunktion* auf. Für das Amplituden- und Phasenspektrum wird die Exponentialform der Fourier-Transformierten

$$\underline{U}(f) = |\underline{U}(f)| \, e^{j \arg\{\underline{U}(f)\}} \tag{5.68}$$

benötigt. Die Gl. (5.67) ist noch an die Exponentialform anzupassen. Die Spaltfunktion Gl. (5.67) liefert positive und negative Funktionswerte. Bei der Betragsbildung der Spaltfunktion werden die negativen Werte positiv. Diese Information wird in der Phase berücksichtigt, denn es gilt $-1 = 1 \, e^{\pm j \pi}$.

$$|\underline{U}(f)| = \left| \hat{U} T \, \text{si} \, (\pi f T) \right| \tag{5.69}$$

$$\arg\{\underline{U}(f)\} = \begin{cases} -\pi f T & \text{für } \text{si}(\pi f T) > 0 \\ -\pi f T \pm \pi & \text{für } \text{si}(\pi f T) < 0 \end{cases} \tag{5.70}$$

Bild 5.13 zeigt den Verlauf des Amplituden- und Phasenspektrums. Vergleicht man das bei den Fourier-Reihen besprochene Beispiel der Fourier-Reihe (komplexe Form) für die periodische Rechteckfunktion Gl. (5.46) und Bild 5.11, kann man gut die Gemeinsamkeit bei der Form der Spektren sehen und natürlich auch den Unterschied. Beim periodischen Signal liegt ein diskretes Spektrum vor und hier beim nichtperiodischen Signal ist das Spektrum kontinuierlich.

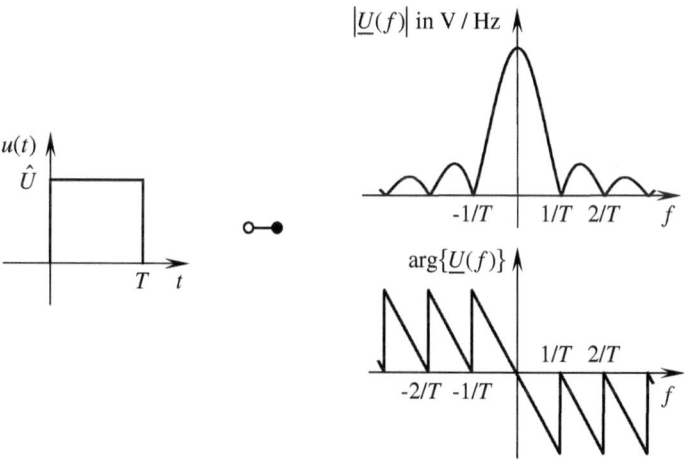

Bild 5.13 Zeitverlauf sowie Amplituden- und Phasenspektrum der Rechteckfunktion

Ein wichtiger Hinweis auf die Maßeinheiten ist noch zu geben. Vergleicht man die beiden Beispiele Spektrum der periodischen Rechteckfunktion aus Abschnitt 5.2 und Spektrum der hier betrachteten nichtperiodischen Rechteckfunktion, so ergeben sich beim periodischen Signal für das Spektrum die Maßeinheit V und für das Spektrum des nichtperiodischen Signals die Maßeinheit V/Hz. Die Angabe pro Hz drückt aus, dass es sich hier um eine Dichtefunktion handelt. ■

Im Bild 5.14 ist noch einmal konzentriert der Zusammenhang der Spektraldarstellung mittels Fourier-Reihen und Fourier-Transformation angegeben.

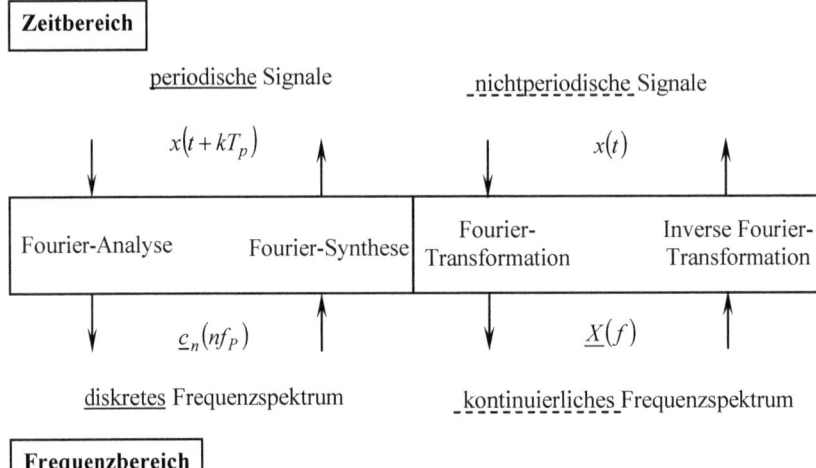

Bild 5.14 Zusammenhang zwischen Zeit- und Frequenzbereich bei der Spektraldarstellung mittels Fourier-Reihen und Fourier-Transformation

Für das Arbeiten mit der Fourier-Transformation sind die Eigenschaften und Rechenregeln der Fourier-Transformation ausgesprochen nützlich, sie vermeiden mitunter aufwendiges Integrieren. Die Eigenschaften, Rechenregeln und Spektren elementarer Signale werden in den nächsten beiden Abschnitten beschrieben.

5.3.2 Eigenschaften und Rechenregeln der Fourier-Transformation

Bild 5.15 zeigt eine willkürlich definierte Kombination von Elementarsignalen. Am Ende dieses Abschnitts wird sich die Fourier-Transformierte dieses Signals mithilfe der vorher erläuterten Rechenregeln ohne großen Aufwand bestimmen lassen.

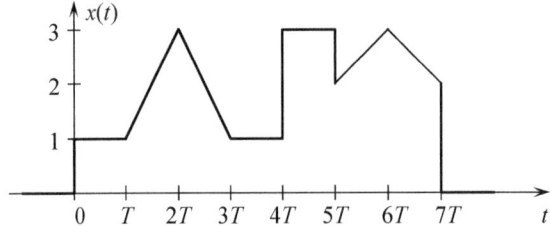

Bild 5.15 Überlagerung von Elementarsignalen

Die formelmäßige Beschreibung des Signals lautet

$$x(t) = \text{rect}\left(\frac{t-2T}{4T}\right) + 2\Lambda\left(\frac{t-2T}{T}\right) + 3\,\text{rect}\left(\frac{t-9T/2}{T}\right) \\ + 2\,\text{rect}\left(\frac{t-6T}{2T}\right) + \Lambda\left(\frac{t-6T}{T}\right).$$

(5.71)

Die Berechnung der Fourier-Transformierten eines Signals kann sehr mühsam sein. Durch geschickte Nutzung der Eigenschaften der Fourier-Transformation kann man jedoch in vielen Fällen auf bekannte Transformationspaare zurückgreifen und so die explizite Berechnung des Fourier-Integrals vermeiden.

Ausgangspunkt aller folgenden Betrachtungen ist ein als bekannt vorausgesetztes Transformationspaar in allgemeiner Form.

$$x(t) \circ\!\!-\!\!\bullet \underline{X}(f) \tag{5.72}$$

Linearität

Setzt sich das Signal $x(t)$ additiv aus mehreren Teilsignalen $x_i(t)$ zusammen, so kann die Fourier-Transformation jeweils auf die Teilsignale angewendet werden; anschließend werden die einzelnen Fourier-Transformierten $\underline{X}_i(f)$ zur Fourier-Transformierten $\underline{X}(f)$ von $x(t)$ kombiniert.

$$x(t) = a_1 x_1(t) + a_2 x_2(t) + a_3 x_3(t) + \ldots \circ\!\!-\!\!\bullet a_1 \underline{X}_1(f) + a_2 \underline{X}_2(f) + a_3 \underline{X}_3(f) + \ldots = \underline{X}(f) \tag{5.73}$$

Aufgrund der Linearitätseigenschaft kann die Fourier-Transformation nacheinander auf die einzelnen Rechteck- und Dreieckfunktionen im Bild 5.15 angewendet werden. Anschließend lassen sich die einzelnen Spektren zum Gesamtspektrum überlagern.

Symmetrien

Im vorliegenden Buch wird von reellen Zeitsignalen $x(t)$ ausgegangen. Daraus resultieren bestimmte Symmetrien des Signalspektrums. Jedes Signal $x(t)$ besteht aus einem symmetrisch geraden Anteil $x_g(t)$ und einem symmetrisch ungeraden Anteil $x_u(t)$.

$$x(t) = x_g(t) + x_u(t) \tag{5.74}$$

Mittels der Euler'schen Beziehungen lässt sich die Fourier-Transformation nach Gl. (5.62) auch mit der Kosinus- und der Sinusfunktion ausdrücken.

$$\underline{X}(f) = \int_{-\infty}^{\infty} x(t) e^{-j2\pi ft} \, dt = \int_{-\infty}^{\infty} x(t) \cos(2\pi ft) \, dt - j \int_{-\infty}^{\infty} x(t) \sin(2\pi ft) \, dt \tag{5.75}$$

Setzt man für $x(t)$ die Summe des symmetrisch geraden und des symmetrisch ungeraden Anteils ein, so lautet der Realteil des Spektrums

$$\begin{aligned} \mathrm{Re}\,\{\underline{X}(f)\} &= \int_{-\infty}^{\infty} x(t) \cos(2\pi ft) \, dt \\ &= \int_{-\infty}^{\infty} x_g(t) \cos(2\pi ft) \, dt + \underbrace{\int_{-\infty}^{\infty} x_u(t) \cos(2\pi ft) \, dt}_{0} \end{aligned} \tag{5.76}$$

Unabhängig vom jeweiligen Wert des Faktors $2\pi f$ im Argument ist die Kosinusfunktion eine symmetrisch gerade Funktion der Zeit t. Im zweiten Integral steht das Produkt der symmetrisch ungeraden Funktion $x_u(t)$ und der symmetrisch geraden Funktion $\cos(2\pi ft)$, das eine symmetrisch ungerade Funktion der Zeit t darstellt. Das Integral von $-\infty$ bis ∞ ist somit gleich null. Im ersten Integral steht das Produkt der symmetrisch geraden Funktionen $x_g(t)$ und $\cos(2\pi ft)$, das eine symmetrisch gerade Funktion der Zeit t darstellt. Das Integral von $-\infty$ bis ∞ ist daher ungleich null, mit Ausnahme des Sonderfalls $x_g(t) = 0$.

Der Imaginärteil des Spektrums lautet

$$\operatorname{Im}\{\underline{X}(f)\} = -\int_{-\infty}^{\infty} x(t) \sin(2\pi f t) \, dt$$

$$= \underbrace{-\int_{-\infty}^{\infty} x_{\mathrm{g}}(t) \sin(2\pi f t) \, dt}_{0} - \int_{-\infty}^{\infty} x_{\mathrm{u}}(t) \sin(2\pi f t) \, dt. \qquad (5.77)$$

Unabhängig vom jeweiligen Wert des Faktors $2\pi f$ im Argument ist die Sinusfunktion eine symmetrisch ungerade Funktion der Zeit t. Im ersten Integral steht das Produkt der symmetrisch geraden Funktion $x_{\mathrm{g}}(t)$ und der symmetrisch ungeraden Funktion $\sin(2\pi f t)$, das eine symmetrisch ungerade Funktion der Zeit t darstellt. Das Integral von $-\infty$ bis ∞ ist somit gleich null. Im zweiten Integral steht das Produkt der symmetrisch ungeraden Funktionen $x_{\mathrm{u}}(t)$ und $\sin(2\pi f t)$, das eine symmetrisch gerade Funktion der Zeit t darstellt. Das Integral von $-\infty$ bis ∞ ist daher ungleich null, mit Ausnahme des Sonderfalls $x_{\mathrm{u}}(t) = 0$.

Der Realteil des Spektrums wird also nur durch den symmetrisch geraden Anteil des Signals bestimmt, der Imaginärteil hingegen nur durch den symmetrisch ungeraden Anteil.

Da die Integration den Grenzfall einer Summation darstellt, kann man sich den Realteil $\operatorname{Re}\{\underline{X}(f)\}$ des Spektrums als Summe unendlich vieler Kosinusfunktionen vorstellen. Zu beachten ist, dass im Spektrum $\underline{X}(f)$ die Frequenz f die unabhängige Variable darstellt. Unabhängig vom jeweiligen Wert der restlichen Faktoren $2\pi t$ im Argument sind sämtliche Kosinusfunktionen in der Summe bzw. im Integral symmetrisch gerade Funktionen der Frequenz f. Somit stellt auch der gesamte Realteil des Spektrums eine symmetrisch gerade Funktion der Frequenz dar.

$$\operatorname{Re}\{\underline{X}(f)\} = \operatorname{Re}\{\underline{X}(-f)\} \qquad (5.78)$$

Aufgrund der Punktsymmetrie der Sinusfunktion stellt man mit einer gleichartigen Argumentation fest, dass der Imaginärteil des Spektrums eine symmetrisch ungerade Funktion der Frequenz darstellt.

$$\operatorname{Im}\{\underline{X}(f)\} = -\operatorname{Im}\{\underline{X}(-f)\} \qquad (5.79)$$

Kombiniert man die Symmetrien des Realteils und des Imaginärteils, so ergibt sich für das komplexe Spektrum die Symmetrie

$$\operatorname{Re}\{\underline{X}(f)\} + j \operatorname{Im}\{\underline{X}(f)\} = \operatorname{Re}\{\underline{X}(-f)\} - j \operatorname{Im}\{\underline{X}(-f)\}. \qquad (5.80)$$

Die Spektralwerte bei negativen Frequenzen sind konjugiert komplex zu den Spektralwerten bei den entsprechenden positiven Frequenzen.

$$\underline{X}(f) = \underline{X}^*(-f) \qquad (5.81)$$

Da sowohl der quadrierte Realteil als auch der quadrierte Imaginärteil des Spektrums symmetrisch gerade Funktionen der Frequenz darstellen, ist auch das Betragsspektrum $|\underline{X}(f)| = \sqrt{\operatorname{Re}^2\{\underline{X}(f)\} + \operatorname{Im}^2\{\underline{X}(f)\}}$ eine symmetrisch gerade Funktion der Frequenz.

Das Phasenspektrum berechnet sich zu

$$\varphi(f) = \begin{cases} \arctan\left(\dfrac{\operatorname{Im}\{\underline{X}(f)\}}{\operatorname{Re}\{\underline{X}(f)\}}\right) & \text{für } \operatorname{Re}\{\underline{X}(f)\} > 0 \\ \arctan\left(\dfrac{\operatorname{Im}\{\underline{X}(f)\}}{\operatorname{Re}\{\underline{X}(f)\}}\right) \pm \pi & \text{für } \operatorname{Re}\{\underline{X}(f)\} < 0 \end{cases} \qquad (5.82)$$

Der Quotient aus dem symmetrisch ungeraden Imaginärteil und dem symmetrisch geraden Realteil stellt eine symmetrisch ungerade Funktion der Frequenz dar. Wendet man auf diese die symmetrisch ungerade Arcustangens-Funktion an, so erhält man das Phasenspektrum als symmetrisch ungerade Funktion der Frequenz.

Beispiel 5.7 Rechtecksignal

Als Beispiel dient das im Bild 5.16 dargestellte Rechtecksignal der Dauer T, das bei $t = 0$ beginnt.

$$x(t) = \operatorname{rect}\left(\frac{t - T/2}{T}\right) = \underbrace{\frac{1}{2} \operatorname{rect}\left(\frac{t}{2T}\right)}_{x_g(t)} + \underbrace{\frac{1}{2} \operatorname{rect}\left(\frac{t - T/2}{T}\right) - \frac{1}{2} \operatorname{rect}\left(\frac{t + T/2}{T}\right)}_{x_u(t)}$$

Bild 5.16 zeigt auch den symmetrisch geraden und den symmetrisch ungeraden Anteil des Signals. Daraus lassen sich der Realteil und Imaginärteil des Spektrums getrennt berechnen.

$$\operatorname{Re}\{\underline{X}(f)\} = \frac{1}{2}\int_{-T}^{T} e^{-j2\pi ft}\, dt = \frac{1}{2}\frac{1}{-j2\pi f}e^{-j2\pi ft}\bigg|_{-T}^{T} = \frac{e^{-j2\pi fT} - e^{j2\pi fT}}{-j4\pi f}$$

$$= T\frac{\sin(2\pi fT)}{2\pi fT}$$

$$j\operatorname{Im}\{\underline{X}(f)\} = -\frac{1}{2}\int_{-T}^{0} e^{-j2\pi ft}\, dt + \frac{1}{2}\int_{0}^{T} e^{-j2\pi ft}\, dt$$

$$= \frac{1}{j4\pi f}e^{-j2\pi ft}\bigg|_{-T}^{0} - \frac{1}{j4\pi f}e^{-j2\pi ft}\bigg|_{0}^{T}$$

$$j\operatorname{Im}\{\underline{X}(f)\} = \frac{1 - e^{j2\pi fT} - e^{-j2\pi fT} + 1}{j4\pi f} = \frac{2 - 2\cos(2\pi fT)}{j4\pi f}$$

$$= -jT\frac{1 - \cos(2\pi fT)}{2\pi fT}$$

Mit dem symmetrisch geraden Realteil und dem symmetrisch ungeraden Imaginärteil ergibt sich das komplexe Spektrum $\underline{X}(f)$ zu

$$\underline{X}(f) = T\frac{\sin(2\pi fT)}{2\pi fT} - jT\frac{1 - \cos(2\pi fT)}{2\pi fT}.$$

Die Anwendung der Fourier-Transformation auf das Signal $x(t)$ liefert natürlich das gleiche Ergebnis.

$$\underline{X}(f) = \int_{0}^{T} e^{-j2\pi ft}\, dt = \frac{1}{-j2\pi f}e^{-j2\pi ft}\bigg|_{0}^{T} = \frac{e^{-j2\pi fT} - e^{-j2\pi f0}}{-j2\pi f} = \frac{1 - e^{-j2\pi fT}}{j2\pi f}$$

$$\underline{X}(f) = \frac{1-\cos\left(2\pi fT\right) + \mathrm{j}\sin\left(2\pi fT\right)}{\mathrm{j}2\pi f} = T\frac{\sin\left(2\pi fT\right)}{2\pi fT} - \mathrm{j}T\frac{1-\cos\left(2\pi fT\right)}{2\pi fT} \tag{5.83}$$

Der Realteil und der Imaginärteil des Spektrums sind im Bild 5.16 grafisch dargestellt.

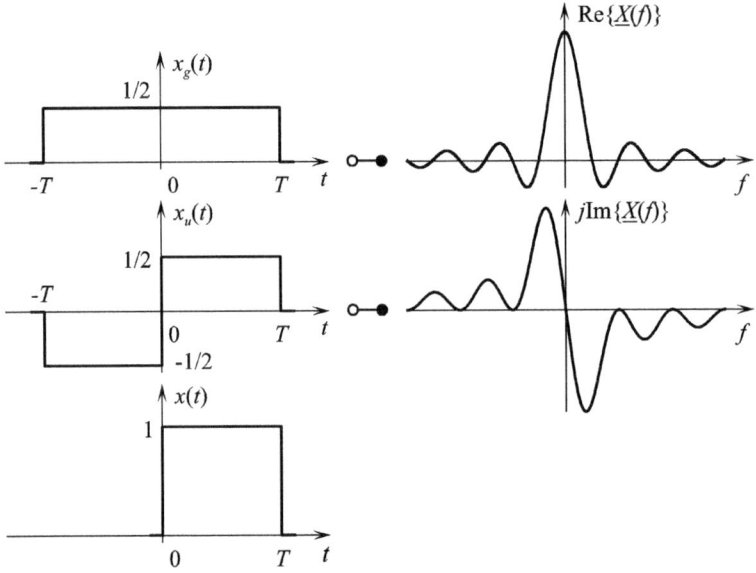

Bild 5.16 Zeitverschobene Rechteckfunktion und ihr Spektrum

Zeitverschiebung eines Signals

Die Fourier-Transformierte eines verschobenen Zeitsignals $x(t-t_0)$ lässt sich nach Einsetzen von $x(t-t_0)$ in das Fourier-Integral berechnen.

$$x(t-t_0) \circ\!\!-\!\!\bullet \int_{-\infty}^{\infty} x(t-t_0)\,\mathrm{e}^{-\mathrm{j}2\pi ft}\,\mathrm{d}t \tag{5.84}$$

Um diese Transformation auf das Transformationspaar nach Gl. (5.72) zurückzuführen, wird folgende Substitution durchgeführt:

$$t - t_0 = \tau \Rightarrow t = \tau + t_0 \Rightarrow \mathrm{d}t = \mathrm{d}\tau$$

$$x(t-t_0) \circ\!\!-\!\!\bullet \int_{-\infty(-t_0)}^{\infty(-t_0)} x(\tau)\,\mathrm{e}^{-\mathrm{j}2\pi f(\tau+t_0)}\,\mathrm{d}\tau = \mathrm{e}^{-\mathrm{j}2\pi ft_0}\underbrace{\int_{-\infty}^{\infty} x(\tau)\,\mathrm{e}^{-\mathrm{j}2\pi f\tau}\,\mathrm{d}\tau}_{\underline{X}(f)}$$

$$x(t-t_0) \circ\!\!-\!\!\bullet \underline{X}(f)\cdot\mathrm{e}^{-\mathrm{j}2\pi ft_0} \tag{5.85}$$

Durch die Substitution ändern sich auch die Integrationsgrenzen. Es gilt $\pm\infty - t_0 = \pm\infty$.

Der Zeitverschiebung des Signals entspricht also eine zusätzliche Phasenverschiebung des Spektrums von $\varphi = -2\pi ft_0$.

Beispiel 5.8 $x(t) = \text{rect}\left(\dfrac{t - T/2}{T}\right) \circ\!\!-\!\!\bullet \underline{X}(f) = T \cdot \text{si}(\pi f T)\, e^{-j2\pi f T/2}$

Mit $t_0 = T/2$ wird die Rechteckfunktion um $T/2$ nach rechts verschoben, mit $t_0 = -T/2$ um $T/2$ nach links. Daraus ergeben sich folgende Transformationspaare

$$\text{rect}\left(\frac{t - T/2 - T/2}{T}\right) = \text{rect}\left(\frac{t - T}{T}\right) \circ\!\!-\!\!\bullet \underline{X}(f) = T \cdot \text{si}(\pi f T)\, e^{-j2\pi f T} \quad (5.86a)$$

$$\text{rect}\left(\frac{t + T/2 - T/2}{T}\right) = \text{rect}\left(\frac{t}{T}\right) \circ\!\!-\!\!\bullet \underline{X}(f) = T \cdot \text{si}(\pi f T) \quad (5.86b)$$

■

Einer Zeitverschiebung t_0 entspricht im Frequenzbereich eine lineare Phasenverschiebung proportional zur Frequenz f. Da für den Betrag der Exponentialfunktion $|\,e^{-j2\pi f T}\,| = 1$ gilt, wird das Betragsspektrum $|\underline{X}(f)|$ durch die Zeitverschiebung *nicht* verändert.

Frequenzverschiebung eines Spektrums

Die inverse Fourier-Transformation nach Gl. (5.64) wird auf ein verschobenes Spektrum $\underline{X}(f - f_0)$ angewendet.

$$\underline{X}(f - f_0) \bullet\!\!-\!\!\circ \int_{-\infty}^{\infty} \underline{X}(f - f_0)\, e^{j2\pi f t}\, df \quad (5.87)$$

Um auch diese Transformation auf das Transformationspaar nach Gl. (5.72) zurückzuführen, wird folgende Substitution durchgeführt:

$$f - f_0 = v \Rightarrow f = v + f_0 \Rightarrow df = dv$$

$$\underline{X}(f - f_0) \bullet\!\!-\!\!\circ \int_{-\infty}^{\infty} \underline{X}(v)\, e^{j2\pi(v+f_0)t}\, dv = e^{j2\pi f_0 t} \underbrace{\int_{-\infty}^{\infty} \underline{X}(v)\, e^{j2\pi v t}\, dv}_{x(t)}$$

$$\underline{X}(f - f_0) \bullet\!\!-\!\!\circ x(t) \cdot e^{j2\pi f_0 t}. \quad (5.88)$$

Der Frequenzverschiebung des Spektrums entspricht also die Multiplikation des Signals mit einer komplexen harmonischen Schwingung der Frequenz f_0.

Führt man eine gleichartige Rechnung für eine Frequenzverschiebung um $-f_0$ durch, so erhält man eine ähnliche Beziehung:

$$\underline{X}(f + f_0) \bullet\!\!-\!\!\circ x(t) \cdot e^{-j2\pi f_0 t}. \quad (5.89)$$

Unter Verwendung der Euler'schen Beziehungen lässt sich die Frequenzverschiebung des Spektrums zur Berechnung der Fourier-Transformierten des Produktes aus einem Signal $x(t)$ und einer Kosinusschwingung anwenden.

$$x(t)\cos(2\pi f_0 t) = x(t) \frac{e^{j2\pi f_0 t} + e^{-j2\pi f_0 t}}{2} = \frac{x(t)}{2} e^{j2\pi f_0 t} + \frac{x(t)}{2} e^{-j2\pi f_0 t}$$

$$\frac{x(t)}{2} e^{j2\pi f_0 t} + \frac{x(t)}{2} e^{-j2\pi f_0 t} \circ\!\!-\!\!\bullet \frac{1}{2}\underline{X}(f - f_0) + \frac{1}{2}\underline{X}(f + f_0) \quad (5.90)$$

Beispiel 5.9 $x(t) = \text{rect}\left(\dfrac{t}{T}\right) \circ\!\!-\!\!\bullet\; T \cdot \text{si}\left(\pi f T\right) = \underline{X}(f)$

Einsetzen von $\underline{X}(f)$ in Gl. (5.90) liefert das Spektrum $\underline{X}_{AM}(f)$, das dem Spektrum eines amplitudenmodulierten Signals entspricht.

$$\text{rect}\left(\dfrac{t}{T}\right) \cdot \cos(2\pi f_0 t) \circ\!\!-\!\!\bullet\; \dfrac{T}{2}\text{si}\left(\pi\left(f - f_0\right)T\right) + \dfrac{T}{2}\text{si}\left(\pi\left(f + f_0\right)T\right) \tag{5.91}$$

Bild 5.17 zeigt das Transformationspaar für den Fall $f_0 = 8/T$.

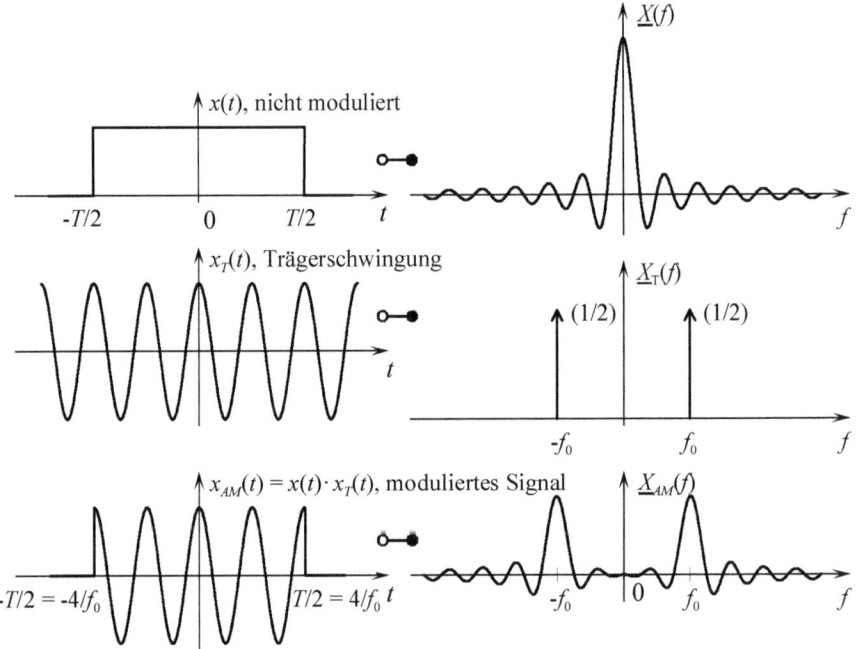

Bild 5.17 Beispiel für Frequenzverschiebung/Amplitudenmodulation ∎

Zeitskalierung

Die Fourier-Transformierte eines zeitskalierten Signals $x(at)$ lässt sich nach Einsetzen von $x(at)$ in das Fourier-Integral berechnen.

$$x(at) \circ\!\!-\!\!\bullet\; \int_{-\infty}^{\infty} x(at)\, e^{-j2\pi f t}\, dt \tag{5.92}$$

Um diese Transformation auf das bekannte Transformationspaar nach Gl. (5.72) zurückzuführen, wird folgende Substitution durchgeführt:

$$at = \tau \Rightarrow t = \tau/a \Rightarrow dt = d\tau/a.$$

Für $a > 0$ gilt

$$x(at) \circ\!\!-\!\!\bullet\; \dfrac{1}{a}\int_{-\infty}^{\infty} x(\tau)\, e^{-j2\pi \frac{f}{a}\tau}\, d\tau = \dfrac{1}{a}\underline{X}\left(\dfrac{f}{a}\right). \tag{5.93a}$$

Für $a < 0$ gilt

$$x(at) \circlearrowleft \frac{1}{a} \int_{\infty}^{-\infty} x(\tau) e^{-j2\pi \frac{f}{a}\tau} \, d\tau = \frac{1}{-a} \int_{-\infty}^{\infty} x(\tau) e^{-j2\pi \frac{f}{a}\tau} \, d\tau = \frac{1}{-a} \underline{X}\left(\frac{f}{a}\right). \quad (5.93b)$$

Die Festlegung der Integrationsgrenzen hängt davon ab, ob a positiv oder negativ ist. Die beiden Varianten lassen sich zu einem Transformationspaar zusammenfassen.

$$x(at) \circlearrowleft \frac{1}{|a|} \underline{X}\left(\frac{f}{a}\right) \quad (5.94)$$

Der Zeitskalierung entspricht also eine reziproke Frequenzskalierung. Eine zeitliche Stauchung des Signals führt zu einer Streckung des Spektrums, eine zeitliche Streckung des Signals hingegen zu einer Stauchung des Spektrums.

Der Spezialfall $a = -1$ beschreibt eine zeitliche Spiegelung des Signals an der Ordinate, die zu einer Spiegelung des Spektrums an der Ordinate führt. Unter Verwendung der Symmetrieeigenschaft nach Gl. (5.81) entspricht dies der Bildung des konjugiert komplexen Spektrums.

$$x(-t) \circlearrowleft \underline{X}(-f) = \underline{X}^*(f) \quad (5.95)$$

Dabei gilt

$$\int_{-\infty}^{\infty} x(t) e^{-j2\pi(-f)t} \, dt = \int_{-\infty}^{\infty} x(t) e^{j2\pi ft} \, dt = \left(\int_{-\infty}^{\infty} x(t) e^{-j2\pi ft} \, dt\right)^*. \quad (5.96)$$

Beispiel 5.10 $x(t) = \text{rect}\left(\dfrac{t}{T}\right)$

Anhand zweier Skalierungsfaktoren sollen die Zusammenhänge zwischen den Zeitsignalen und den zugehörigen Spektren veranschaulicht werden.

$a = 2$:

$$x(2t) = \text{rect}\left(\frac{2t}{T}\right) = \text{rect}\left(\frac{t}{T/2}\right) \circlearrowleft \frac{1}{2}\underline{X}\left(\frac{f}{2}\right) = \frac{T}{2} \, \text{si}\left(\pi \frac{f}{2} T\right) \quad (5.97a)$$

$a = 1/2$:

$$x\left(\frac{1}{2}t\right) = \text{rect}\left(\frac{t/2}{T}\right) = \text{rect}\left(\frac{t}{2T}\right) \circlearrowleft 2\underline{X}(2f) = 2T \cdot \text{si}(2\pi fT) \quad (5.97b)$$

Bild 5.18 zeigt grafisch die drei Transformationspaare für $a = 1$, $a = 2$ und $a = 1/2$.

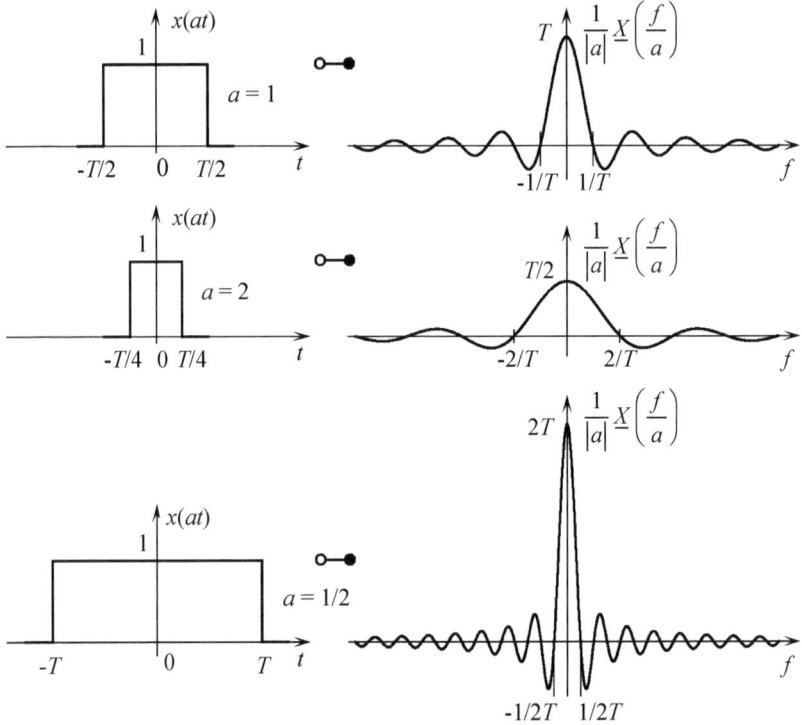

Bild 5.18 Beispiele für zeitskalierte Signale und deren Spektren

Die Tatsache, dass ein zeitlich gestauchtes Signal ein gestrecktes Spektrum besitzt, kennt mancher Leser vielleicht aus persönlichen Erfahrungen bei der Übertragung digitaler Signale, z. B. Bitfolgen, die man vereinfacht als unregelmäßige Folgen von Rechteckimpulsen auffassen kann. Bei sehr hohen Bitraten, d. h. bei der Übertragung sehr kurzer Rechteckimpulse kommt es aufgrund der hohen Signalbandbreite leichter zu Störungen als bei niedrigen Bitraten, d. h. bei der Übertragung längerer Rechteckimpulse mit entsprechend geringerer Signalbandbreite. ∎

Frequenzskalierung

Die inverse Fourier-Transformierte des frequenzskalierten Spektrums $\underline{X}(bf)$ lässt sich nach dem gleichen Schema berechnen wie das Spektrum eines zeitskalierten Signals.

$$\underline{X}(bf) \multimap \frac{1}{|b|} x\left(\frac{t}{b}\right) \qquad (5.98)$$

Man erhält eine Zeitskalierung des Signals reziprok zur Frequenzskalierung des Spektrums. Wenn man b durch $1/a$ ersetzt, kann man diese Gleichung leicht in Gl. (5.94) umrechnen.

Differenziation im Zeitbereich

Nach Gl. (5.64) kann man das Signal $x(t)$ mittels Rücktransformation seines Spektrums aus dem Frequenzbereich in den Zeitbereich angeben. Aufgrund der Linearität der Fourier-Transformation kann die Ableitung von $x(t)$ im Integral erfolgen.

$$x(t) = \int_{-\infty}^{\infty} \underline{X}(f) \, e^{j2\pi ft} \, df \Rightarrow \frac{dx(t)}{dt} = \int_{-\infty}^{\infty} \underline{X}(f) \frac{d}{dt} e^{j2\pi ft} \, df$$
$$= \int_{-\infty}^{\infty} j2\pi f \cdot \underline{X}(f) \, e^{j2\pi ft} \, df \quad (5.99)$$

Dies entspricht der inversen Fourier-Transformation des Terms $j2\pi f \cdot \underline{X}(f)$. Das zugehörige Transformationspaar lautet

$$\frac{dx(t)}{dt} \circ\!\!-\!\!\bullet \; j2\pi f \cdot \underline{X}(f). \quad (5.100)$$

Durch mehrfaches Anwenden dieser Beziehung können auch Ableitungen höherer Ordnung problemlos transformiert werden.

$$\frac{d^N x(t)}{dt^N} \circ\!\!-\!\!\bullet \; (j2\pi f)^N \underline{X}(f) \quad (5.101)$$

Differenziation im Frequenzbereich

Nach Gl. (5.62) kann man das Spektrum $\underline{X}(f)$ mittels Transformation aus dem Zeitbereich in den Frequenzbereich angeben. Aufgrund der Linearität der Fourier-Transformation kann die Ableitung auch hier im Integral erfolgen.

$$\underline{X}(f) = \int_{-\infty}^{\infty} x(t) \, e^{-j2\pi ft} \, df \Rightarrow \frac{d\underline{X}(f)}{df} = \int_{-\infty}^{\infty} x(t) \frac{d}{df} e^{-j2\pi ft} \, dt$$
$$= \int_{-\infty}^{\infty} (-j2\pi t) \cdot x(t) \, e^{-j2\pi ft} \, dt \quad (5.102)$$

Dies entspricht der Fourier-Transformation des Terms $-j2\pi t \cdot x(t)$. Das zugehörige Transformationspaar lautet

$$-j2\pi t \cdot x(t) \circ\!\!-\!\!\bullet \; \frac{d\underline{X}(f)}{df}. \quad (5.103)$$

Durch mehrfaches Anwenden dieser Beziehung können auch Ableitungen höherer Ordnung des Spektrums $\underline{X}(f)$ problemlos transformiert werden.

$$(-j2\pi t)^N x(t) \circ\!\!-\!\!\bullet \; \frac{d^N \underline{X}(f)}{df^N} \quad (5.104)$$

Faltung im Zeitbereich

Die Fourier-Transformierte des Faltungsintegrals der Signale $x_1(t)$ und $x_2(t)$ lässt sich nach Einsetzen des Faltungsintegrals in das Fourier-Integral berechnen.

$$x_1(t) * x_2(t) \;\circ\!\!-\!\!\bullet\; \int_{-\infty}^{\infty} (x_1(t) * x_2(t))\, \mathrm{e}^{-\mathrm{j}2\pi ft}\, \mathrm{d}t = \int_{-\infty}^{\infty} \int_{-\infty}^{\infty} x_1(\tau) x_2(t-\tau)\, \mathrm{d}\tau\, \mathrm{e}^{-\mathrm{j}2\pi ft}\, \mathrm{d}t \tag{5.105}$$

Um diese Transformation auf das Transformationspaar nach Gl. (5.72) zurückzuführen, wird folgende Substitution durchgeführt:

$$t - \tau = z \Rightarrow t = z + \tau \Rightarrow \mathrm{d}t = \mathrm{d}z$$

$$\begin{aligned} x_1(t) * x_2(t) \;\circ\!\!-\!\!\bullet\; & \int_{-\infty}^{\infty}\int_{-\infty}^{\infty} x_1(\tau) x_2(z)\, \mathrm{e}^{-\mathrm{j}2\pi f(z+\tau)}\, \mathrm{d}\tau\, \mathrm{d}z \\ = & \int_{-\infty}^{\infty} x_1(\tau)\, \mathrm{e}^{-\mathrm{j}2\pi f\tau}\, \mathrm{d}\tau \cdot \int_{-\infty}^{\infty} x_2(z)\, \mathrm{e}^{-\mathrm{j}2\pi fz}\, \mathrm{d}z. \end{aligned} \tag{5.106}$$

Die Zerlegung des Doppelintegrals in das Produkt zweier einzelner Integrale ist hier möglich, da im Doppelintegral eine sogenannte separierbare Funktion steht. Die einzelnen Integrale entsprechen jeweils dem Fourier-Integral, sodass sich folgendes Transformationspaar ergibt

$$x_1(t) * x_2(t) \;\circ\!\!-\!\!\bullet\; \underline{X}_1(f) \cdot \underline{X}_2(f). \tag{5.107}$$

Beispiel 5.11 $x_1(t) = x_2(t) = \mathrm{rect}\left(\dfrac{t}{T}\right)$

Mit der bekannten Fourier-Transformierten $T \cdot \mathrm{si}(\pi f T)$ der Rechteckfunktion erhält man

$$\mathrm{rect}\left(\frac{t}{T}\right) * \mathrm{rect}\left(\frac{t}{T}\right) \;\circ\!\!-\!\!\bullet\; T^2\, \mathrm{si}^2(\pi f T) \tag{5.108}$$

■

Faltung im Frequenzbereich

Die inverse Fourier-Transformierte des Faltungsintegrals $\underline{X}_1(f) * \underline{X}_2(f)$ zweier Spektren lässt sich nach Einsetzen in Gl. (5.64) berechnen.

$$\begin{aligned} \underline{X}_1(f) * \underline{X}_2(f) \;\bullet\!\!-\!\!\circ\; & \int_{-\infty}^{\infty} (\underline{X}_1(f) * \underline{X}_2(f))\, \mathrm{e}^{\mathrm{j}2\pi ft}\, \mathrm{d}f \\ = & \int_{-\infty}^{\infty}\int_{-\infty}^{\infty} \underline{X}_1(\nu)\, \underline{X}_2(f - \nu)\, \mathrm{d}\nu\, \mathrm{e}^{\mathrm{j}2\pi ft}\, \mathrm{d}f \end{aligned} \tag{5.109}$$

Um diese Transformation auf das Transformationspaar nach Gl. (5.72) zurückzuführen, wird folgende Substitution durchgeführt:

$$f - \nu = z \Rightarrow f = z + \nu \Rightarrow \mathrm{d}f = \mathrm{d}z$$

$$\underline{X}_1(f) * \underline{X}_2(f) \;\bullet\!\!-\!\!\circ\; \int_{-\infty}^{\infty} \int_{-\infty}^{\infty} \underline{X}_1(\nu)\,\underline{X}_2(z)\,\mathrm{e}^{\mathrm{j}2\pi(z+\nu)t}\,\mathrm{d}\nu\,\mathrm{d}z$$

$$= \int_{-\infty}^{\infty} \underline{X}_1(\nu)\,\mathrm{e}^{\mathrm{j}2\pi\nu t}\,\mathrm{d}\nu \int_{-\infty}^{\infty} \underline{X}_2(z)\,\mathrm{e}^{\mathrm{j}2\pi z t}\,\mathrm{d}z. \tag{5.110}$$

Die Zerlegung des Doppelintegrals in das Produkt zweier einzelner Integrale ist auch hier möglich, da im Doppelintegral wieder eine separierbare Funktion steht. Die einzelnen Integrale entsprechen jeweils der inversen Fourier-Transformation, sodass sich folgendes Transformationspaar ergibt

$$x_1(t) \cdot x_2(t) \;\circ\!\!-\!\!\bullet\; \underline{X}_1(f) * \underline{X}_2(f). \tag{5.111}$$

Beispiel 5.12 Amplitudenmodulation

Die Multiplikation zweier Signale tritt z. B. im Rahmen der Amplitudenmodulation auf. Im Rahmen des Beispiels 5.9 zur Frequenzverschiebung von Spektren nach Gl. (5.88) und Gl. (5.89) wurde folgende Beziehung verwendet:

$$\mathrm{rect}\left(\frac{t}{T}\right) \cdot \cos\left(2\pi f_0 t\right) = \mathrm{rect}\left(\frac{t}{T}\right) \cdot \frac{1}{2}\mathrm{e}^{\mathrm{j}2\pi f_0 t} + \mathrm{rect}\left(\frac{t}{T}\right) \cdot \frac{1}{2}\mathrm{e}^{-\mathrm{j}2\pi f_0 t}.$$

Das zugehörige Spektrum lautet

$$\underline{X}_{\mathrm{AM}}(f) = \frac{T}{2}\,\mathrm{si}\left(\pi\left(f - f_0\right)T\right) + \frac{T}{2}\,\mathrm{si}\left(\pi\left(f + f_0\right)T\right).$$

Die Beziehung $f(t) * \delta(t - t_V) = f(t - t_V)$ nach Gl. (3.61) beschreibt die Zeitverschiebung eines Signals als Faltung des Signals mit einem zeitverschobenen Dirac-Impuls. Analog dazu kann auch die Frequenzverschiebung eines Spektrums als Faltung des Spektrums mit einem frequenzverschobenen Dirac-Impuls beschrieben werden. Die Anwendung auf das Beispiel liefert

$$\mathrm{si}\left(\pi\left(f - f_0\right)T\right) = \mathrm{si}\left(\pi f T\right) * \delta\left(f - f_0\right) \quad \text{bzw.}$$
$$\mathrm{si}\left(\pi\left(f + f_0\right)T\right) = \mathrm{si}\left(\pi f T\right) * \delta\left(f + f_0\right).$$

Unter Verwendung der Faltung im Frequenzbereich lautet somit das Spektrum des modulierten Signals

$$\underline{X}_{\mathrm{AM}}(f) = T \cdot \mathrm{si}\left(\pi f T\right) * \left(\frac{1}{2}\delta\left(f - f_0\right) + \frac{1}{2}\delta\left(f + f_0\right)\right). \tag{5.112}$$

Im Vorgriff auf Abschnitt 5.3.3 wird auf diesem Weg indirekt bereits die Fourier-Transformierte einer Kosinusschwingung der Frequenz f_0 ermittelt.

$$\cos\left(2\pi f_0 t\right) \;\circ\!\!-\!\!\bullet\; \frac{1}{2}\delta\left(f + f_0\right) + \frac{1}{2}\delta\left(f - f_0\right) \tag{5.113}$$

■

Kreuzkorrelationsfunktion (KKF)

Nach Gl. (3.72) lässt sich die Kreuzkorrelationsfunktion zweier Signale $x_1(t)$ und $x_2(t)$ auf die Faltung zurückführen. Zur Bestimmung der Fourier-Transformierten der KKF zweier Signale kann man zum einen die Fourier-Transformation des zeitlich gespiegelten Signals nach Gl. (5.95) und zum anderen die Fourier-Transformation des Faltungsintegrals nach Gl. (5.107) verwenden. Damit erhält man

$$r_{x_1 x_2}(\tau) = x_1(\tau) * x_2(-\tau) \circ\!\!-\!\!\bullet \underline{X}_1(f) \cdot \underline{X}_2^*(f) \tag{5.114a}$$

$$r_{x_2 x_1}(\tau) = x_1(-\tau) * x_2(\tau) \circ\!\!-\!\!\bullet \underline{X}_1^*(f) \cdot \underline{X}_2(f). \tag{5.114b}$$

Diese Transformationspaare verdeutlichen, wie schon Gl. (3.38), dass die KKF zweier Signale nicht kommutativ ist.

Beispiel 5.13 Fourier-Transformation des Signals nach Gl. (5.71)

$$\begin{aligned}x(t) = {}&\operatorname{rect}\left(\frac{t-2T}{4T}\right) + 2\Lambda\left(\frac{t-2T}{T}\right) + 3\operatorname{rect}\left(\frac{t-9T/2}{T}\right) \\ &+ 2\operatorname{rect}\left(\frac{t-6T}{2T}\right) + \Lambda\left(\frac{t-6T}{T}\right)\end{aligned} \tag{5.115}$$

Durch Anwendung der dargestellten Eigenschaften und Rechenregeln der Fourier-Transformation kann die Fourier-Transformierte des Signals nach Gl. (5.71) ohne Integration bestimmt werden.

$$x_1(t) = \operatorname{rect}\left(\frac{t-2T}{4T}\right) \quad \circ\!\!-\!\!\bullet \quad \underline{X}_1(f) = 4T \cdot \operatorname{si}\left(\pi f 4T\right) \mathrm{e}^{-\mathrm{j} 2\pi f 2T} \tag{5.116a}$$

$$x_2(t) = \Lambda\left(\frac{t-2T}{T}\right) \quad \circ\!\!-\!\!\bullet \quad \underline{X}_2(f) = T \cdot \operatorname{si}^2\left(\pi f T\right) \mathrm{e}^{-\mathrm{j} 2\pi f 2T} \tag{5.116b}$$

$$x_3(t) = \operatorname{rect}\left(\frac{t-9T/2}{T}\right) \quad \circ\!\!-\!\!\bullet \quad \underline{X}_3(f) = T \cdot \operatorname{si}\left(\pi f T\right) \mathrm{e}^{-\mathrm{j} 2\pi f 9T/2} \tag{5.116c}$$

$$x_4(t) = \operatorname{rect}\left(\frac{t-6T}{2T}\right) \quad \circ\!\!-\!\!\bullet \quad \underline{X}_4(f) = 2T \cdot \operatorname{si}\left(\pi f 2T\right) \mathrm{e}^{-\mathrm{j} 2\pi f 6T} \tag{5.116d}$$

$$x_5(t) = \Lambda\left(\frac{t-6T}{T}\right) \quad \circ\!\!-\!\!\bullet \quad \underline{X}_5(f) = T \cdot \operatorname{si}^2\left(\pi f T\right) \mathrm{e}^{-\mathrm{j} 2\pi f 6T} \tag{5.116e}$$

Die Überlagerung der einzelnen Teilspektren, unter Berücksichtigung der Gewichtsfaktoren in Gl. (5.71), liefert

$$\begin{aligned}\underline{X}(f) = {}&4T \cdot \operatorname{si}\left(\pi f 4T\right) \mathrm{e}^{-\mathrm{j} 2\pi f 2T} + 2T \cdot \operatorname{si}^2\left(\pi f T\right) \mathrm{e}^{-\mathrm{j} 2\pi f 2T} \\ &+ 3T \cdot \operatorname{si}\left(\pi f T\right) \mathrm{e}^{-\mathrm{j} 2\pi f 9T/2} + 4T \cdot \operatorname{si}\left(\pi 2Tf\right) \mathrm{e}^{-\mathrm{j} 2\pi f 6T} \\ &+ T \cdot \operatorname{si}^2\left(\pi f T\right) \mathrm{e}^{-\mathrm{j} 2\pi f 6T}.\end{aligned} \tag{5.117}$$

Die abschnittsweise Transformation des im Bild 5.15 dargestellten Signalverlaufs wäre sehr viel mühsamer, außerdem zeitaufwendig und fehleranfällig. ■

5.3.3 Spektren von Elementarsignalen

Analog zur Verknüpfung von Elementarsignalen zu komplizierteren Signalen lassen sich die Spektren von Elementarsignalen zu komplizierteren Spektren verknüpfen. Als Verknüpfungsoperationen dienen die im Abschnitt 5.3.2 behandelten Operationen Addition, Subtraktion, Zeit- und Frequenzverschiebung, Zeit- und Frequenzskalierung, Multiplikation und Faltung. Die Spektren sämtlicher im Abschnitt 3.2 erläuterter Elementarsignale werden ausführlich hergeleitet und erläutert. Dazu gehören auch die Spektren der im Abschnitt 5.3.2 bereits exemplarisch transformierten Signale, wie z. B. die Rechteckfunktion, die noch einmal genauer unter die Lupe genommen werden.

Rechteckfunktion

$$\text{rect}\left(\frac{t}{T}\right) \circ\!\!-\!\!\bullet \int_{-\infty}^{\infty} \text{rect}\left(\frac{t}{T}\right) e^{-j2\pi ft} \, dt \tag{5.118}$$

Gewohnheitsmäßig wird mancher Leser an dieser Stelle eine Integraltafel zur Hand nehmen, um die Stammfunktion des Produktes aus Rechteckfunktion und Exponentialfunktion nachzuschlagen. Fündig wird er nicht werden.
Integriert wird hier über eine abschnittsweise definierte Funktion. Wie häufig bei der Faltung und der Korrelation muss auch hier abschnittsweise integriert werden. Entsprechend der abschnittsweisen Definition nach Gl. (3.3) ist die Rechteckfunktion außerhalb des Zeitintervalls zwischen $-T/2$ und $T/2$ gleich null. Innerhalb dieses Zeitintervalls besitzt sie den Wert eins. Damit ergeben sich neue Integrationsgrenzen und ein einfacherer Integrand.

$$\text{rect}\left(\frac{t}{T}\right) \circ\!\!-\!\!\bullet \int_{-T/2}^{T/2} e^{-j2\pi ft} \, dt = \frac{1}{-j2\pi f} e^{-j2\pi ft} \Big|_{-T/2}^{T/2}$$

$$= \frac{e^{-j2\pi fT/2} - e^{j2\pi fT/2}}{-j2\pi f} = \frac{e^{j\pi fT} - e^{-j\pi fT}}{j2\pi f}$$

Nach Gl. (3.19b) ist in dieser Beziehung die Sinusschwingung enthalten, sodass sich für die Fourier-Transformierte der Rechteckfunktion ein einfacher reeller Ausdruck ergibt.

$$\text{rect}\left(\frac{t}{T}\right) \circ\!\!-\!\!\bullet \frac{\sin(\pi fT)}{\pi f} = T\frac{\sin(\pi fT)}{\pi fT} = T \cdot \text{si}(\pi fT) \tag{5.119}$$

Die Nullstellen der Funktion sind auf den ersten Blick mit den Nullstellen der Sinusfunktion im Zähler identisch.

$$\sin(\pi fT) = 0 \quad \text{für} \quad f = \pm N\frac{1}{T} \quad \text{mit} \quad n = 0, 1, 2, 3, \ldots \tag{5.120}$$

Die Nullstelle bei $f = 0$ bedarf allerdings einer gesonderten Behandlung, da bei dieser Frequenz auch der Nenner der si-Funktion gleich null ist. Mit der Regel von Bernoulli L'Hospital ergibt sich

$$\lim_{f \to 0} T\frac{\sin(\pi fT)}{\pi fT} = \lim_{f \to 0} T\frac{d\sin(\pi fT)/df}{d\pi fT/df} = \lim_{f \to 0} T\frac{\pi T\cos(\pi fT)}{\pi T} = T. \tag{5.121}$$

Da sowohl $\sin(\pi ft)$ als auch $1/\pi ft$ symmetrisch ungerade Funktionen sind, ist das Produkt $\text{si}(\pi ft)$ eine symmetrisch gerade Funktion. Für $f \to \pm\infty$ geht die Funktion asymptotisch gegen null. Im Bild 5.19 ist das Transformationspaar grafisch dargestellt.

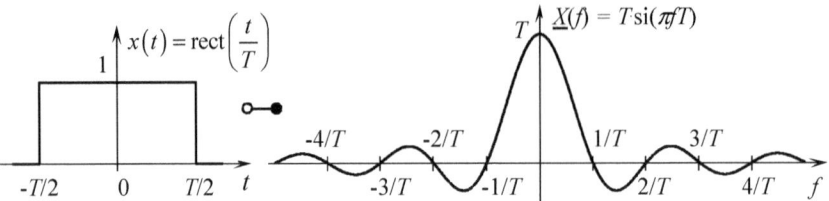

Bild 5.19 Rechteckfunktion und ihre Fourier-Transformierte

Dirac-Impuls

Im Abschnitt 3.2 wurde der Dirac-Impuls als Grenzfall der Rechteckfunktion definiert. Damit lässt sich die Fourier-Transformierte des Dirac-Impulses als Grenzfall der Fourier-Transformierten der Rechteckfunktion definieren.

$$\delta(t) = \lim_{T \to 0} \frac{1}{T} \mathrm{rect}\left(\frac{t}{T}\right) \circ\!\!-\!\bullet \lim_{T \to 0} \frac{1}{T} \cdot T \cdot \mathrm{si}\left(\pi f T\right) = \lim_{T \to 0} \mathrm{si}\left(\pi f T\right) \tag{5.122}$$

Wie Bild 5.20 verdeutlicht, werden beim Grenzübergang die Nulldurchgänge der si-Funktion ins Unendliche verschoben. Die si-Funktion strebt dann für beliebig kleine T-Werte asymptotisch gegen eins.

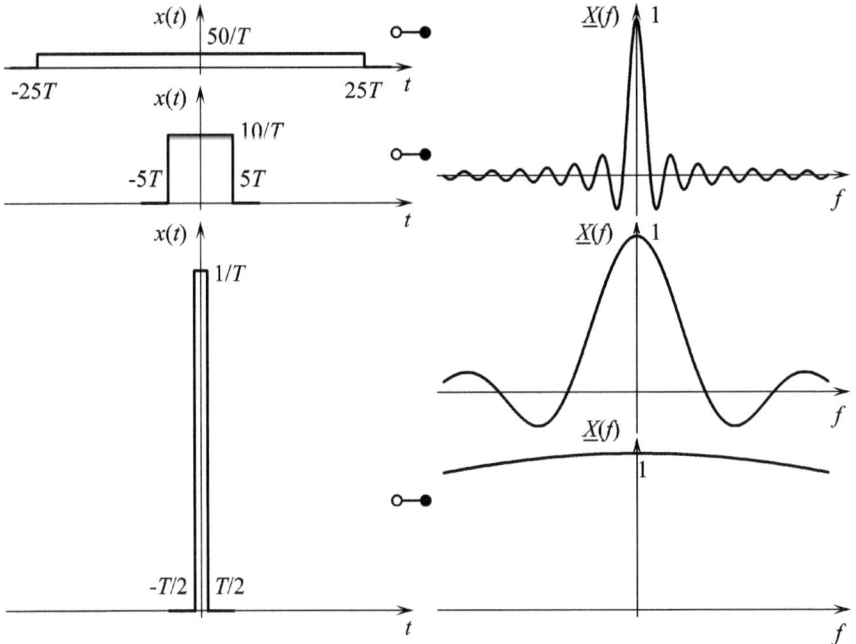

Bild 5.20 Spektren der Rechteckfunktion bei sinkender Breite und steigender Höhe

Man erhält das Transformationspaar

$$\delta(t) \circ\!\!-\!\bullet 1 \tag{5.123}$$

Der Dirac-Impuls enthält Frequenzanteile von der Frequenz $f = -\infty$ bis zur Frequenz $f = \infty$ in gleicher Stärke. Man erkennt auch daran – vergl. Abschnitt 3.2 –, dass der Dirac-Impuls technisch nicht realisierbar ist. Im Bild 5.21 wird das Transformationspaar grafisch dargestellt.

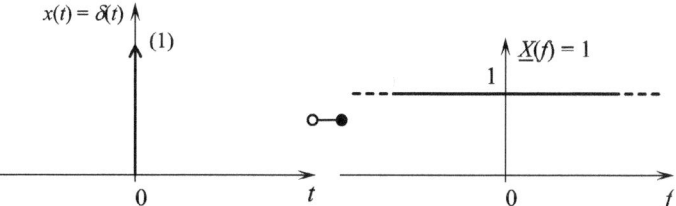

Bild 5.21 Dirac-Impuls und seine Fourier-Transformierte

Konstantes Signal

Die Fourier-Transformierte des konstanten Signals mit dem Wert eins kann ebenfalls als Grenzfall einer si-Funktion dargestellt werden.

$$1 = \lim_{T \to \infty} \mathrm{rect}\left(\frac{t}{T}\right) \circ\!\!-\!\!\bullet \lim_{T \to \infty} T \cdot \mathrm{si}\left(\pi f T\right) \tag{5.124}$$

Wie Bild 5.22 verdeutlicht, rücken beim Grenzübergang die Nulldurchgänge der si-Funktion immer dichter an die Frequenz $f = 0$ heran. Der Wert der Funktion bei der Frequenz $f = 0$ geht gegen unendlich.

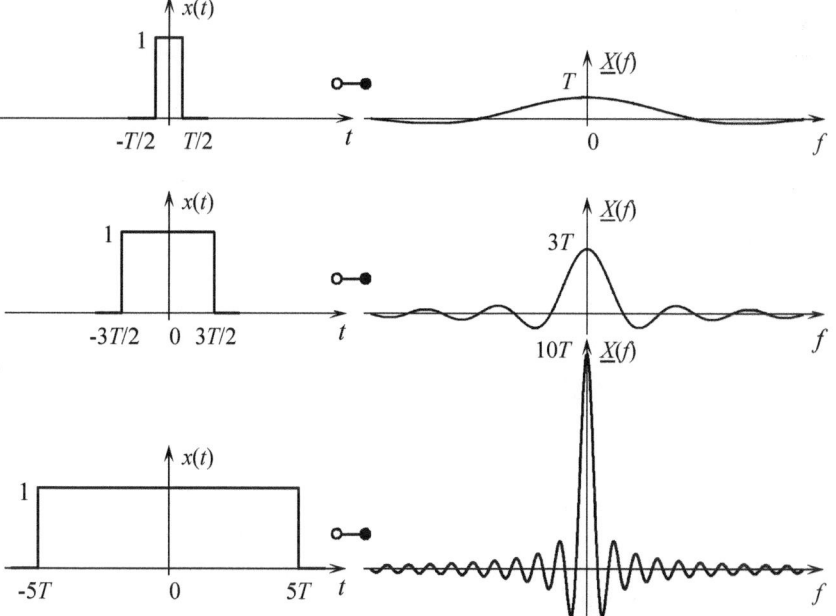

Bild 5.22 Fourier-Transformierte der Rechteckfunktion bei wachsender Breite

Im Grenzfall entsteht ein Dirac-Impuls als Fourier-Transformierte des konstanten Signals mit Wert eins.

$$\lim_{T\to\infty} T \cdot \text{si}\left(\pi f T\right) = a \cdot \delta(f) \tag{5.125}$$

Zu überprüfen ist das zunächst noch unbekannte Gewicht a dieses Dirac-Impulses. Dazu muss die Fläche unter der si-Funktion (positive Anteile + negative Anteile) unabhängig von T konstant sein. Die Fläche unter der si-Funktion lässt sich im Prinzip durch Integration ermitteln.

$$a = \int_{-\infty}^{\infty} T \cdot \text{si}\left(\pi f T\right) \, df \tag{5.126}$$

Da die Stammfunktion der si-Funktion nicht in geschlossener Form angegeben werden kann, wird die Fläche a auf indirektem Weg bestimmt. Bekannt ist die Korrespondenz zwischen der Rechteckfunktion im Zeitbereich und der si-Funktion im Frequenzbereich nach Gl. (5.119).

$$\text{rect}\left(\frac{t}{T}\right) = \int_{-\infty}^{\infty} T \cdot \text{si}\left(\pi f T\right) e^{j2\pi f t} \, df \tag{5.127}$$

Betrachtet man die Rechteckfunktion speziell zum Zeitpunkt $t = 0$, so erhält man

$$\text{rect}\left(\frac{0}{T}\right) = \int_{-\infty}^{\infty} T \cdot \text{si}\left(\pi f T\right) e^{j2\pi f 0} \, df = \int_{-\infty}^{\infty} T \cdot \text{si}\left(\pi f T\right) \, df = 1. \tag{5.128}$$

Das Gewicht $a = \text{rect}(0)$ des Dirac-Impulses ist also gleich eins. Damit entsteht das Transformationspaar

$$1 \circ\!\!-\!\!\bullet \delta(f). \tag{5.129}$$

Diese Gleichung stellt genau die Umkehrung von Gl. (5.123) dar. Das Ergebnis kann auch anschaulich interpretiert werden. Die einzige Frequenz, die in einem konstanten Signal enthalten ist, ist die Frequenz 0. Das Gewicht des Dirac-Impulses entspricht gerade dem konstanten Signalwert. Im Bild 5.23 ist das Transformationspaar grafisch dargestellt.

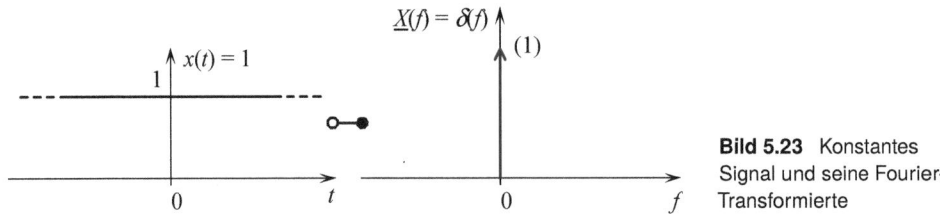

Bild 5.23 Konstantes Signal und seine Fourier-Transformierte

Harmonische Schwingungen

Mittels der Euler'schen Beziehung nach Gl. (3.19a) kann eine reelle Kosinusschwingung als Summe zweier komplexer harmonischer Schwingungen formuliert werden. Ihre Fourier-Transformierte lässt sich nach Anwendung der Frequenzverschiebung nach Gl. (5.88) und Gl. (5.89) auf das konstante Zeitsignal $x(t) = 1/2$ bestimmen.

$$\frac{1}{2} \circ\!\!-\!\!\bullet \frac{1}{2}\delta(f) \tag{5.130}$$

$$\frac{1}{2}e^{j2\pi f_0 t} + \frac{1}{2}e^{-j2\pi f_0 t} = \cos(2\pi f_0 t) \circ\!\!-\!\!\bullet \frac{1}{2}\delta(f - f_0) + \frac{1}{2}\delta(f + f_0) \qquad (5.131)$$

Im Bild 5.24 wird das Transformationspaar grafisch dargestellt.

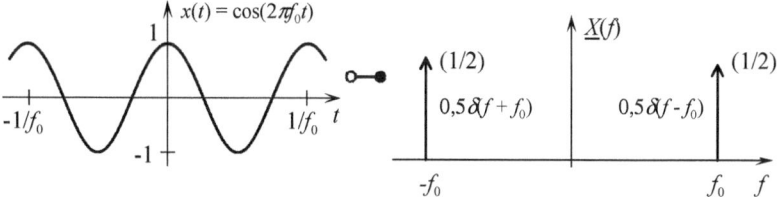

Bild 5.24 Kosinusschwingung und ihr Spektrum

Für die Sinusschwingung gelten ähnliche Beziehungen.

$$\frac{1}{j2} \circ\!\!-\!\!\bullet \frac{1}{j2}\delta(f) \qquad (5.132)$$

$$\frac{1}{j2}e^{j2\pi f_0 t} - \frac{1}{j2}e^{-j2\pi f_0 t} = \sin(2\pi f_0 t) \circ\!\!-\!\!\bullet \frac{1}{j2}\delta(f - f_0) - \frac{1}{j2}\delta(f + f_0) \qquad (5.133)$$

Im Bild 5.25 ist das Transformationspaar grafisch dargestellt.

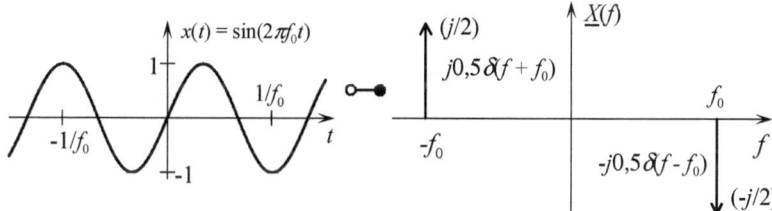

Bild 5.25 Sinusschwingung und ihr Spektrum

Das Spektrum der symmetrisch geraden Kosinusfunktion ist eine symmetrisch gerade Funktion der Frequenz. Das Spektrum der symmetrisch ungeraden Sinusfunktion ist eine symmetrisch ungerade Funktion der Frequenz.

Dreieckfunktion

Die direkte Berechnung der Fourier-Transformierten der Dreieckfunktion mithilfe des Fourier-Integrals ist sehr umfangreich. Definiert man die Dreieckfunktion als Faltungsintegral zweier Rechteckfunktionen gleicher Breite – siehe hierzu auch Gl. (5.108) –, so erhält man die Fourier-Transformierte der Dreieckfunktion als Produkt zweier si-Funktionen.

$$\Lambda\left(\frac{t}{T}\right) = \frac{1}{T}\text{rect}\left(\frac{t}{T}\right) * \text{rect}\left(\frac{t}{T}\right) \circ\!\!-\!\!\bullet \frac{1}{T} T \cdot \text{si}(\pi f t) \cdot T \cdot \text{si}(\pi f t) = T \cdot \text{si}^2(\pi f t) \qquad (5.134)$$

Im Bild 5.26 ist das Transformationspaar grafisch dargestellt.

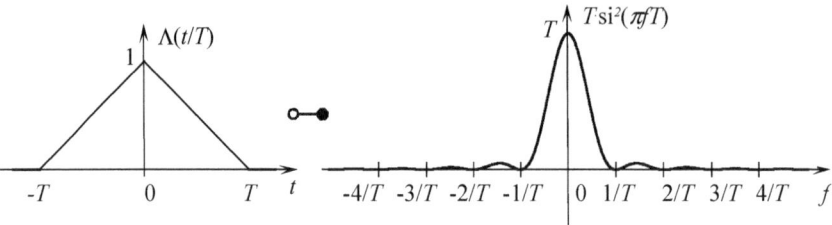

Bild 5.26 Dreieckfunktion und ihr Spektrum

Geschaltete Exponentialfunktion

Die zum Zeitpunkt $t = 0$ eingeschaltete Exponentialfunktion wird in das Fourier-Integral eingesetzt. Damit das Integral konvergiert, d. h. endlich bleibt, muss a größer als null sein.

$$\varepsilon(t) \cdot e^{-at} \circ\!\!-\!\!\bullet \int_{-\infty}^{\infty} \varepsilon(t) \cdot e^{-at} e^{-j2\pi f t} \, dt = \int_{0}^{\infty} e^{-(a+j2\pi f)t} \, dt$$

$$= \left. \frac{-1}{a + j2\pi f} e^{-(a+j2\pi f)t} \right|_{0}^{\infty}$$

$$\varepsilon(t) \cdot e^{-at} \circ\!\!-\!\!\bullet \frac{1}{a + j2\pi f} \tag{5.135}$$

Im Bild 5.27 ist das Transformationspaar grafisch dargestellt. Das Spektrum ist komplex. Dargestellt werden sein Betrag $|\underline{X}(f)|$ und seine Phase $\varphi(f)$.

$$|\underline{X}(f)| = \frac{1}{\sqrt{a^2 + (2\pi f)^2}}, \qquad \varphi(f) = -\arctan\left(\frac{2\pi f}{a}\right) \tag{5.136}$$

Alternativ ist auch eine grafische Darstellung des Realteils und des Imaginärteils des Spektrums möglich.

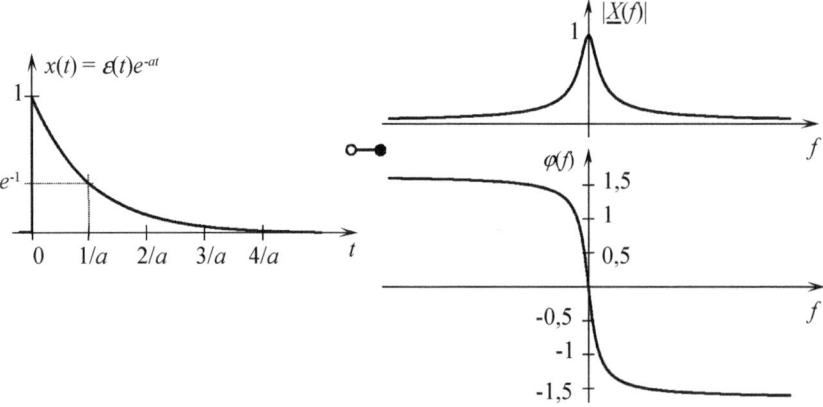

Bild 5.27 Geschaltete Exponentialfunktion und ihr Spektrum

Einheitssprung

Die Fourier-Transformierte des Einheitssprungs erhält man als Grenzfall der Fourier-Transformierten der geschalteten Exponentialfunktion.

$$\varepsilon(t) \circ\!\!-\!\bullet \lim_{a\to 0}\frac{1}{a+\mathrm{j}2\pi f} = \lim_{a\to 0}\frac{a-\mathrm{j}2\pi f}{a^2+(2\pi f)^2} = \lim_{a\to 0}\left(\frac{a}{a^2+(2\pi f)^2} - \mathrm{j}\frac{2\pi f}{a^2+(2\pi f)^2}\right) \tag{5.137}$$

Für $a = 0$ lautet der Imaginärteil der Fourier-Transformierten

$$\mathrm{j}\,\mathrm{Im}\{\underline{X}(f)\} = -\mathrm{j}\frac{1}{2\pi f} = \frac{1}{\mathrm{j}2\pi f}. \tag{5.138}$$

Für $f \neq 0$ und $a = 0$ ist der Realteil der Fourier-Transformierten gleich null. Lässt man a gegen null gehen, dann geht der Realteil bei der Frequenz $f = 0$ gegen unendlich, bei allen anderen Frequenzen geht er gegen null. Man erkennt, dass in diesem Fall der Nenner des Realteils schneller gegen null strebt als der Zähler und der gesamte Realteil somit bei $f = 0$ gegen unendlich strebt. Dieses Verhalten erinnert an die Eigenschaften des Dirac-Impulses. Damit der Realteil im Grenzfall in einen Dirac-Impuls übergeht, muss die Fläche unter dem Realteil unabhängig von a konstant sein. Durch Integration lässt sich diese Vermutung überprüfen.

$$\int_{-\infty}^{\infty}\frac{a}{a^2+(2\pi f)^2}\,\mathrm{d}f = \frac{1}{a}\int_{-\infty}^{\infty}\frac{1}{1+(2\pi f/a)^2}\,\mathrm{d}f = \frac{1}{a}\frac{a}{2\pi}\int_{-\infty}^{\infty}\frac{1}{1+z^2}\,\mathrm{d}z$$

Die Substitution $2\pi f/a = z$ und somit $\mathrm{d}f = a/2\pi \cdot \mathrm{d}z$ vereinfacht das Integral. Die Stammfunktion lautet arctan(z) /6/.

$$\int_{-\infty}^{\infty}\frac{a}{a^2+(2\pi f)^2}\,\mathrm{d}f = \frac{1}{2\pi}\arctan(z)\Big|_{-\infty}^{\infty}$$

Mit $\arctan(\infty) = \pi/2$ und $\arctan(-\infty) = -\pi/2$ folgt

$$\int_{-\infty}^{\infty}\frac{a}{a^2+(2\pi f)^2}\,\mathrm{d}f = \frac{1}{2}. \tag{5.139}$$

Damit lautet die Fourier-Transformierte des Einheitssprungs

$$\varepsilon(t) \circ\!\!-\!\bullet \frac{1}{2}\delta(f) + \frac{1}{\mathrm{j}2\pi f}. \tag{5.140}$$

Bild 5.28 zeigt das Transformationspaar in grafischer Darstellung mit dem Real- und Imaginärteil des komplexen Spektrums. Alternativ könnten auch der Betrag und die Phase des Spektrums gezeigt werden.

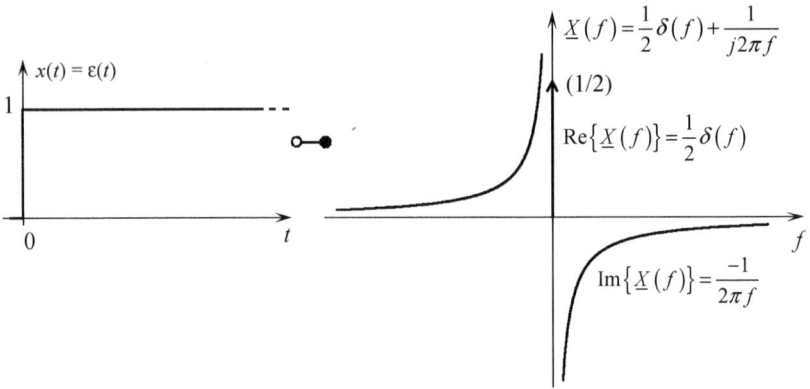

Bild 5.28 Einheitssprung und sein Spektrum

Gauß-Funktion

In Lehrbüchern der Systemtheorie wird die Fourier-Transformierte der Gauß-Funktion meistens ohne Herleitung angegeben. Zum besseren Verständnis erhalten mathematisch interessierte Leser hier Gelegenheit, die Herleitung nachzuvollziehen. Die Gauß-Funktion wird in das Fourier-Integral eingesetzt.

$$e^{-\frac{t^2}{2\sigma^2}} \circ\!\!-\!\!\bullet \int_{-\infty}^{\infty} e^{-\frac{t^2}{2\sigma^2}} e^{-j2\pi ft}\, dt = \int_{-\infty}^{\infty} e^{-\left(\frac{t^2}{2\sigma^2}+j2\pi ft\right)}\, dt \qquad (5.141)$$

Als erster Schritt zur Berechnung des Integrals wird im Exponenten eine quadratische Ergänzung durchgeführt.

$$\frac{t^2}{2\sigma^2} + j2\pi ft = \left(\frac{t}{\sqrt{2}\sigma}\right)^2 + 2\frac{t}{\sqrt{2}\sigma} j\pi\sqrt{2}\sigma f + \left(j\pi\sqrt{2}\sigma f\right)^2 - \left(j\pi\sqrt{2}\sigma f\right)^2$$

$$\frac{t^2}{2\sigma^2} + j2\pi ft = \left(\frac{t}{\sqrt{2}\sigma} + j\pi\sqrt{2}\sigma f\right)^2 + \left(\pi\sqrt{2}\sigma f\right)^2 = \frac{(t+j\pi 2\sigma^2 f)^2}{2\sigma^2} + \left(\pi\sqrt{2}\sigma f\right)^2$$

Nach Einsetzen dieses Terms in das Integral und Herausziehen des nicht von t abhängigen Teils des Integranden erfolgt eine Substitution.

$$e^{-\frac{t^2}{2\sigma^2}} \circ\!\!-\!\!\bullet\ e^{-\left(\pi\sqrt{2}\sigma f\right)^2} \int_{-\infty}^{\infty} e^{-\frac{(t+j\pi 2\sigma^2 f)^2}{2\sigma^2}}\, dt \qquad (5.142)$$

$$t + j2\pi\sigma^2 f = z \Rightarrow t = z - j2\pi\sigma^2 f \Rightarrow dt = dz$$

$$e^{-\frac{t^2}{2\sigma^2}} \circ\!\!-\!\!\bullet\ e^{-\left(\pi\sqrt{2}\sigma f\right)^2} \int_{-\infty}^{\infty} e^{-\frac{z^2}{2\sigma^2}}\, dz = e^{-\left(\pi\sqrt{2}\sigma f\right)^2} \sigma\sqrt{2\pi} \qquad (5.143)$$

Die Stammfunktion der Gauß-Funktion lässt sich nicht in geschlossener Form angeben. Hier handelt es sich jedoch um ein bestimmtes Integral mit den Integrationsgrenzen $-\infty$ und $+\infty$. Seinen Wert $\sigma\sqrt{2\pi}$ findet man in gängigen mathematischen Formelsammlungen, z. B. /6/. Damit lautet das endgültige Transformationspaar

$$e^{-\frac{t^2}{2\sigma^2}} \circ\!\!-\!\!\bullet\ \sqrt{2\pi}\sigma\, e^{-2(\pi\sigma f)^2}. \qquad (5.144)$$

Man erkennt, dass sowohl im Zeitbereich als auch im Frequenzbereich eine Gauß-Funktion auftritt. Die zeitliche Standardabweichung bzw. Streuung der Gauß-Funktion im Zeitbereich wird mit σ bezeichnet. Im Frequenzbereich erhält man den dazu umgekehrt proportionalen Wert $1/2\pi\sigma$. Wie anhand der Zeitskalierungseigenschaft der Fourier-Transformation nach Gl. (5.92) bereits bekannt, sind die Zeit- und Frequenzskalierung umgekehrt proportional zueinander.

Im Bild 5.29 ist das Transformationspaar grafisch dargestellt.

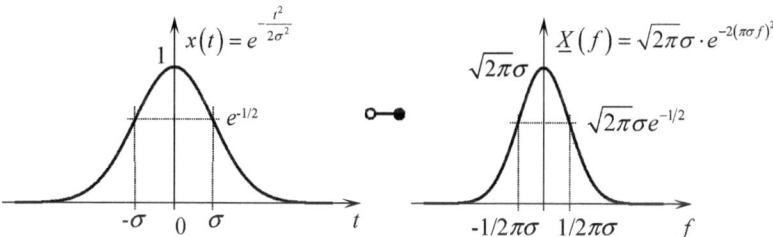

Bild 5.29 Gauß-Funktion und ihr Spektrum

si-Funktion

Das Spektrum der si-Funktion lässt sich nicht ohne Weiteres durch Einsetzen in das Fourier-Integral, Auffinden der Stammfunktion und Einsetzen der Integrationsgrenzen ermitteln. Ausgehend von der Symmetrie der Formeln zur Hin- und Rücktransformation und der bekannten Korrespondenz – si-Funktion als Fourier-Transformierte der Rechteckfunktion im Zeitbereich nach Gl. (5.119) –, liegt die Vermutung nahe, dass die si-Funktion im Zeitbereich ein rechteckförmiges Spektrum besitzen könnte. Bild 5.30 zeigt einen solchen Verlauf mit den zunächst noch unbestimmten Parametern a und f_g.

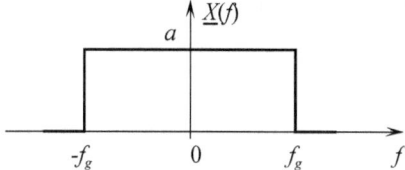

Bild 5.30 Rechteckfunktion im Frequenzbereich

Die Berechnung der inversen Fourier-Transformierten liefert mit der Euler'schen Beziehung für die Sinusfunktion nach Gl. (3.19b)

$$a \cdot \text{rect}\left(\frac{f}{2f_g}\right) \circ\!\!-\!\!\bullet\, a \int_{-f_g}^{f_g} e^{j2\pi ft}\, df = \frac{a}{j2\pi t} e^{j2\pi ft}\bigg|_{-f_g}^{f_g} \qquad (5.145)$$

$$= a\frac{e^{j2\pi f_g t} - e^{-j2\pi f_g t}}{j2\pi t} = a\frac{\sin(2\pi f_g t)}{\pi t}.$$

Die Fourier-Transformierte der si-Funktion nach Gl. (3.22) erhält man nach einem Koeffizientenvergleich

$$\text{si}(2\pi t/T) = \frac{\sin(2\pi t/T)}{2\pi t/T} = a\frac{\sin(2\pi f_g t)}{\pi t} \Rightarrow a = \frac{T}{2}, \qquad f_g = \frac{1}{T}.$$

Damit ergibt sich das Transformationspaar zu

$$\operatorname{si}(2\pi t/T) \circ\!\!-\!\!\bullet \frac{T}{2} \cdot \operatorname{rect}\left(\frac{f}{2/T}\right). \tag{5.146}$$

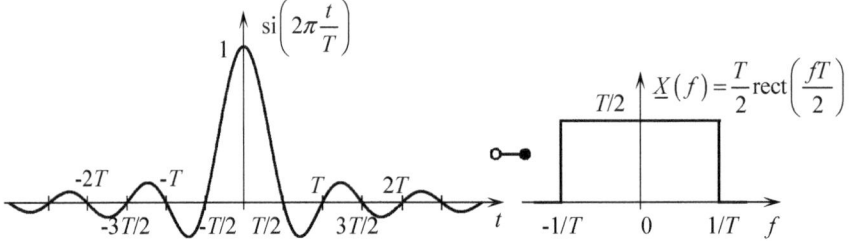

Bild 5.31 si-Funktion und ihr Spektrum

Das Spektrum der si-Funktion ist strikt bandbegrenzt mit der Bandbreite $B = 1/T$. Somit ließe sich die si-Funktion als Zeitsignal theoretisch verzerrungsfrei über bandbegrenzte Übertragungskanäle übertragen. Wie im Bild 5.31 illustriert, beginnt die si-Funktion allerdings zum Zeitpunkt $-\infty$ und dauert bis zum Zeitpunkt $+\infty$. Sie kann daher technisch nicht in exakter Form erzeugt werden.

Hyperbolischer Kosinusimpuls

Die Fourier-Transformierte des im Abschnitt 3.2 erläuterten hyperbolischen Kosinusimpulses wird beispielsweise in /24/ angegeben, allerdings ohne Erläuterung eines Rechenwegs. Man findet das Ergebnis auch in verschiedenen Internet-Quellen. Auch mit Computeralgebra-Programmen wie Mathematica lässt sich die Fourier-Transformierte in geschlossener Form ermitteln. Zum besseren Verständnis erhalten mathematisch interessierte Leser hier in der gleichen Weise Gelegenheit, die Herleitung in eher traditioneller Weise unter Verwendung einer Integraltafel nachzuvollziehen, wie bei der Fourier-Transformation der Gauß-Funktion. Der hyperbolische Kosinusimpuls wird in das Fourier-Integral eingesetzt.

$$\underline{X}(f) = \int_{-\infty}^{\infty} \frac{1}{\cosh(\pi t/T)} e^{-j2\pi ft} \, dt = \int_{-\infty}^{\infty} \frac{2}{e^{\pi t/T} + e^{-\pi t/T}} e^{-j2\pi ft} \, dt \tag{5.147}$$

Mit der Substitution $e^{\pi t/T} = x \Rightarrow t = \frac{T}{\pi} \ln(x) \Rightarrow dt = \frac{T}{\pi} \frac{dx}{x}$ wird das Integral in eine Form überführt, die in der traditionsreichen Integraltafel /16/ enthalten ist.

$$\begin{aligned}\underline{X}(f) &= \frac{T}{\pi} \int_0^{\infty} \frac{2}{x + 1/x} e^{-j2\pi f \frac{T}{\pi} \ln(x)} \frac{dx}{x} = \frac{T}{\pi} \int_0^{\infty} \frac{2}{x^2 + 1} \left(e^{\ln(x)}\right)^{-j2fT} dx \\ &= \frac{2T}{\pi} \int_0^{\infty} \frac{x^{-j2fT}}{x^2 + 1} \, dx\end{aligned} \tag{5.148}$$

Dort findet man das bestimmte Integral

$$\int_0^{\infty} \frac{x^{\beta-1}}{(x^\alpha + 1)^n} dx = \binom{n - \frac{\beta}{\alpha} - 1}{n - 1} \frac{\pi}{\alpha \sin\left(\frac{\pi\beta}{\alpha}\right)}$$

Im vorliegenden Fall gilt für die Konstanten: $\alpha = 2$, $n = 1$ und $\beta = 1 - j2fT$ und man erhält

$$\int_0^\infty \frac{x^{-j2fT}}{(x^2+1)^1} \, dx = \underbrace{\left(1 - \frac{1 - j2fT}{2} - 1\right)}_{1} \frac{\pi}{2\sin\left(\pi \frac{1-j2fT}{2}\right)} = \frac{\pi}{2\sin\left(\frac{\pi}{2} - j\pi fT\right)}.$$

(5.149)

Unter Verwendung der Euler'schen Beziehung nach Gl. (3.19b) wird die Sinusfunktion mit komplexem Argument in einen reellen Ausdruck überführt.

$$2\sin\left(\frac{\pi}{2} - j\pi fT\right) = \frac{1}{j}\left(e^{j\frac{\pi}{2}} e^{j(-j\pi fT)} - e^{-j\frac{\pi}{2}} e^{-j(-j\pi fT)}\right)$$

$$= \frac{1}{j}\left(j\, e^{\pi fT} - (-j)\, e^{-\pi fT}\right) = 2\cosh(\pi fT)$$

Das Spektrum des hyperbolischen Kosinusimpulses ergibt sich damit zu

$$\underline{X}(f) = \frac{2T}{\pi} \frac{\pi}{2\cosh(\pi fT)} = \frac{T}{\cosh(\pi fT)}.$$

(5.150)

Damit lautet das endgültige Transformationspaar

$$\frac{1}{\cosh(\pi t/T)} \circ\!\!-\!\!\bullet \frac{T}{\cosh(\pi fT)}.$$

(5.151)

Im Bild 5.32 ist das Spektrum des hyperbolischen Kosinusimpulses grafisch dargestellt.

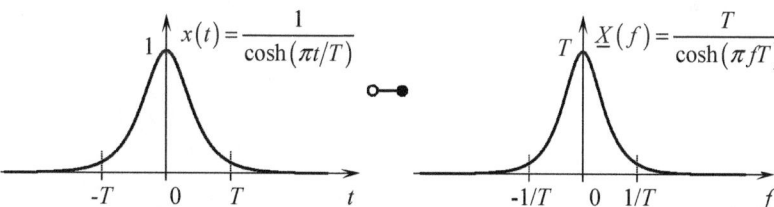

Bild 5.32 Hyperbolischer Kosinusimpuls und sein Spektrum

Wie bei der Gauß-Funktion wird auch das Spektrum des hyperbolischen Kosinusimpulses mit der gleichen mathematischen Funktion beschrieben wie sein Zeitverlauf. Diese Eigenschaft besitzt ansonsten nur noch die Dirac-Impulsfolge, deren Fourier-Transformierte im Abschnitt 5.5 berechnet wird.

5.4 Energie- und Leistungsdichtespektren

Die Darstellung von Energie- und Leistungsdichtespektren beruht auf der Fourier-Transformation der Autokorrelationsfunktion (AKF) des Signals $x(t)$, wobei zwischen Energie- und Leistungssignalen unterschieden werden muss.

Energiesignale

Die AKF

$$r_{xx}(\tau) = \int_{-\infty}^{\infty} x(t)x(t-\tau)\,dt \qquad (5.152)$$

wird in das Fourier-Integral eingesetzt.

$$r_{xx}(\tau) \circ\!\!-\!\bullet R_{XX}(f) = \int_{-\infty}^{\infty} r_{xx}(\tau)\,e^{-j2\pi f\tau}\,d\tau = \int_{-\infty}^{\infty}\int_{-\infty}^{\infty} x(t)x(t-\tau)\,dt \cdot e^{-j2\pi f\tau}\,d\tau \qquad (5.153)$$

Man beachte, dass jetzt im Fourier-Integral über die Verschiebung τ integriert wird, während die Integration über t zur Berechnung der AKF dient. Mittels einer Substitution lässt sich das Doppelintegral in das Produkt zweier Integrale überführen.

$$t - \tau = z \Rightarrow \tau = t - z \Rightarrow d\tau = -dz$$

$$-\int_{\infty}^{-\infty}\int_{-\infty}^{\infty} x(t)x(z)\,e^{-j2\pi f(t-z)}\,dt\,dz = \int_{-\infty}^{\infty} x(z)\,e^{j2\pi fz}\,dz \cdot \int_{-\infty}^{\infty} x(t)\,e^{-j2\pi ft}\,dt \qquad (5.154)$$

Das erste Integral stellt das konjugiert komplexe Signalspektrum $\underline{X}^*(f)$ dar. Das zweite Integral entspricht dem Signalspektrum $\underline{X}(f)$. Es ergibt sich das Transformationspaar

$$r_{xx}(\tau) \circ\!\!-\!\bullet R_{XX}(f) = \underline{X}(f) \cdot \underline{X}^*(f) = |\underline{X}(f)|^2. \qquad (5.155)$$

Diese Beziehung ist auch als *Wiener-Khintchine-Beziehung* bekannt /37/.

Der Formelausdruck für die AKF in Gl. (5.153) entspricht, bis auf die zusätzliche Subtraktion von τ im Argument $t - \tau$, dem bereits im Abschnitt 3.4 erläuterten Formelausdruck $W = \int_{-\infty}^{\infty} x^2(t)\,dt$ zur Berechnung der Energie im systemtheoretischen Sinn. Die Einheit von $r_{xx}(\tau)$ ist, wie bei der Energie im systemtheoretischen Sinn, die Sekunde. Physikalisch entspricht dies der Einheit Ws oder J. Bei der Fourier-Transformation wird nun noch einmal über die Zeit integriert, sodass sich als Einheit von $R_{XX}(f)$ s^2 bzw. Ws^2 oder Js ergibt. Diese Einheiten kann man auch als s/Hz bzw. Ws/Hz oder J/Hz schreiben, in anderen Worten als Energie pro Hertz. Dies erklärt die Bezeichnung *Energiedichtespektrum*. Die Energie des Signals kann durch Integration über das Energiedichtespektrum bestimmt werden.

$$W = \int_{-\infty}^{\infty} R_{XX}(f)\,df = \int_{-\infty}^{\infty} |\underline{X}(f)|^2\,df \qquad (5.156)$$

In Tabelle 3.2 im Abschnitt 3.4 wurde bereits eine Rechenvorschrift zur Berechnung der Signalenergie W im Zeitbereich angegeben. Aus der Gegenüberstellung dieser Rechenvorschrift und der Integration über das Energiedichtespektrum erkennt man, dass sich die Signalenergie sowohl im Zeitbereich als auch im Frequenzbereich durch Integration berechnen lässt.

$$W = \int_{-\infty}^{\infty} x^2(t)\,\mathrm{d}t = \int_{-\infty}^{\infty} |\underline{X}(f)|^2\,\mathrm{d}f \qquad (5.157)$$

Diese Beziehung wird auch als *Parseval'sches Theorem* bezeichnet.

Falls das Integral nicht direkt bestimmt werden kann, ist eine indirekte Lösung möglich, ausgehend von der Tatsache, dass die AKF $r_{xx}(\tau)$ die inverse Fourier-Transformierte des Energiedichtespektrums darstellt.

$$r_{xx}(\tau) = \int_{-\infty}^{\infty} R_{XX}(f)\,\mathrm{e}^{\mathrm{j}2\pi f\tau}\,\mathrm{d}f \qquad (5.158)$$

Betrachtet man die AKF speziell bei der Verschiebung $\tau = 0$, so erhält man

$$r_{xx}(0) = \int_{-\infty}^{\infty} R_{XX}(f)\,\mathrm{e}^{\mathrm{j}2\pi f 0}\,\mathrm{d}f = \int_{-\infty}^{\infty} R_{XX}(f)\,\mathrm{d}f. \qquad (5.159)$$

Das Integral zur Berechnung von W stellt also gerade den Wert der inversen Fourier-Transformierten von $R_{XX}(f)$ bei der Verschiebung $\tau = 0$ dar, sodass auch folgende einfachere Beziehung die Signalenergie liefert: $W = r_{xx}(0)$.

Beispiel 5.14 Energiedichtespektrum der Rechteckfunktion

$$x(t) = \mathrm{rect}\,(t/T) \,\circ\!\!-\!\!\bullet\, \underline{X}(f) = T \cdot \mathrm{si}\,(\pi f T)$$
$$R_{XX}(f) = |\underline{X}(f)|^2 = T^2 \,\mathrm{si}^2\,(\pi f T) \,\bullet\!\!-\!\!\circ\, r_{xx}(\tau) = T \cdot \Lambda\,(\tau/T) \qquad (5.160)$$

■

Nimmt man als Zahlenbeispiel $T = 1$ s an, so beträgt die Signalenergie $r_{xx}(0)$ im systemtheoretischen Sinn 1 s. Wenn $x(t)$ eine Spannung in V darstellt, die an einem Widerstand $R = 1\,\Omega$ abfällt, dann gilt $W = 1$ J. Die alternative Integration über $R_{XX}(f)$ wäre wesentlich aufwendiger.

Leistungssignale

Die Berechnung der Fourier-Transformierten der AKF

$$r_{xx}(\tau) = \lim_{T\to\infty} \frac{1}{2T} \int_{-T}^{T} x(t)x(t-\tau)\,\mathrm{d}t \qquad (5.161)$$

nach Berechnung von $\underline{X}(f)$ ist jetzt nicht möglich, da immer zuerst der Grenzübergang in Gl. (5.161) durchgeführt werden muss. Die Fourier-Transformierte der AKF wird mit dem Fourier-Integral bestimmt.

$$R_{XX}(f) = \int_{-\infty}^{\infty} r_{xx}(\tau)\,\mathrm{e}^{-\mathrm{j}2\pi f\tau}\,\mathrm{d}\tau \qquad (5.162)$$

Der Formelausdruck für die AKF in Gl. (5.161) entspricht, bis auf die zusätzliche Subtraktion von τ im Argument $t - \tau$, dem bereits im Abschnitt 3.4 erläuterten Formelausdruck

$\overline{P} = \lim\limits_{T\to\infty} \dfrac{1}{2T} \displaystyle\int_{-T}^{T} x^2(t)\,\mathrm{d}t$ zur Berechnung der Leistung im systemtheoretischen Sinn. Die AKF $r_{xx}(\tau)$ ist wie die Leistung im systemtheoretischen Sinn einheitenlos. Physikalisch entspricht dies der Einheit W. Bei der Fourier-Transformation wird nun noch einmal über die Zeit integriert, sodass sich als Einheit von $R_{XX}(f)$ s bzw. Ws ergibt. Diese Einheiten kann man auch als 1/Hz bzw. W/Hz schreiben, in anderen Worten als Leistung pro Frequenzintervall. Dies erklärt die Bezeichnung *Leistungsdichtespektrum*. Die mittlere Leistung des Signals kann durch Integration über das Leistungsdichtespektrum bestimmt werden.

$$\overline{P} = \int_{-\infty}^{\infty} R_{XX}(f)\,\mathrm{d}f \tag{5.163}$$

Das Integral stellt den Wert der inversen Fourier-Transformierten bei der Verschiebung $\tau = 0$ dar, sodass auch folgende einfache Beziehung die mittlere Signalleistung liefert:

$$\overline{P} = r_{xx}(0)\,. \tag{5.164}$$

Beispiel 5.15 Leistungsdichtespektrum der Sinusfunktion

$$x(t) = \sin(2\pi f_\mathrm{p} t) \;\Rightarrow\; r_{xx}(\tau) = \frac{1}{2}\cos(2\pi f_\mathrm{p}\tau) \;\Rightarrow\; r_{xx}(0) = \frac{1}{2}$$

Nach Fourier-Transformation folgt daraus das Leistungsdichtespektrum

$$R_{XX}(f) = \frac{1}{4}\left(\delta(f - f_\mathrm{p}) + \delta(f + f_\mathrm{p})\right). \tag{5.165}$$

Die Gewichte beider Dirac-Impulse sind gleich 1/4, sodass die Integration über die Frequenz von $-\infty$ bis $+\infty$ die mittlere Leistung 1/2 liefert. Wenn $x(t)$ eine Spannung in V darstellt, die an einem Widerstand $R = 1\,\Omega$ abfällt, dann gilt $\overline{P} = 0{,}5\,\mathrm{W}$. ∎

■ 5.5 Zusammenhang zwischen Fourier-Reihe und Fourier-Transformation

Nach der getrennten Behandlung der Fourier-Reihen im Abschnitt 5.2. und der Fourier-Transformation im Abschnitt 5.3 sollen nun deren Zusammenhänge und Unterschiede näher untersucht werden. Ein periodisches Signal $x(t)$ mit der Periode T_p lässt sich in eine komplexe Fourier-Reihe entwickeln. Der Zusammenhang mit reellen Formen der Fourier-Reihe wurde im Abschnitt 5.2 erläutert.

$$x(t) = \sum_{n=-\infty}^{\infty} \underline{c}_n\, \mathrm{e}^{\mathrm{j}2\pi n t/T_\mathrm{p}} \quad \text{mit} \tag{5.166}$$

$$\underline{c}_n = \frac{1}{T_\mathrm{p}} \int_{-T_\mathrm{p}/2}^{T_\mathrm{p}/2} x(t)\, \mathrm{e}^{-\mathrm{j}2\pi n t/T_\mathrm{p}}\,\mathrm{d}t \tag{5.167}$$

Wenn das Signal $x(t)$ einheitenlos ist, dann gilt dies auch für die Fourier-Koeffizienten $\underline{c}_n$.

Die Fourier-Transformierte von $x(t)$ nach Gl. (5.166) wird unter Verwendung der Frequenzverschiebung nach Gl. (5.88) und der Fourier-Transformation der Konstanten nach Gl. (5.129) bestimmt. Die Konstante f_0 in Gl. (5.88) wird hier durch n/T_p ersetzt.

$$x(t) = \sum_{n=-\infty}^{\infty} \underline{c}_n e^{j2\pi n t/T_p} \circ\!\!-\!\!\bullet \sum_{n=-\infty}^{\infty} \underline{c}_n \cdot \delta\left(f - n/T_p\right) = \underline{X}(f) \qquad (5.168)$$

Im Bild 5.33 werden zwei verschiedene Darstellungen eines nach Gl. (5.168) entstehenden Linienspektrums verglichen. Einmal stellen die Beträge der Fourier-Koeffizienten Amplituden komplexer harmonischer Schwingungen und einmal Gewichte von Dirac-Impulsen dar. Zu beachten ist hier, dass die Fourier-Transformierte der einheitenlosen Fourier-Reihe die Einheit s bzw. Hz^{-1} besitzt.

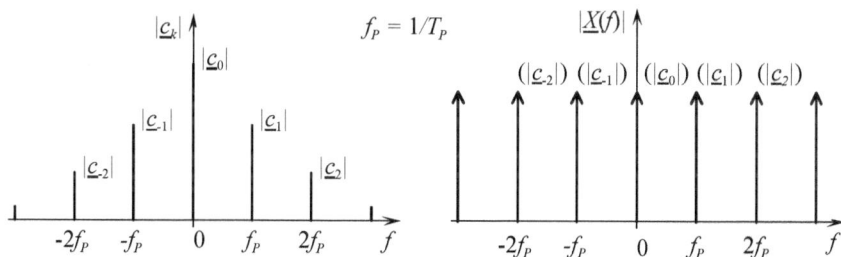

Bild 5.33 Linienspektren

Wie bereits im Abschnitt 3.4 gezeigt wurde, kann man ein nichtperiodisches Signal $x'(t)$ durch Faltung mit einer Dirac-Impulsfolge periodisch fortsetzen und erhält das periodische Signal $x(t)$.

$$x(t) \circ\!\!-\!\!\bullet F\{x(t)\}$$

$$x'(t) * \sum_{i=-\infty}^{\infty} \delta\left(t - iT_p\right) = \sum_{i=-\infty}^{\infty} x'\left(t - iT_p\right) \circ\!\!-\!\!\bullet F\{x'(t)\} \cdot F\left\{\sum_{i=-\infty}^{\infty} \delta\left(t - iT_p\right)\right\} \qquad (5.169)$$

Nach Gl. (3.83) entspricht der Faltung zweier Signale im Zeitbereich im Frequenzbereich die Multiplikation ihrer Fourier-Transformierten. Um die Multiplikation im Frequenzbereich nach Gl. (5.169) durchführen zu können, muss die Fourier-Transformierte der im Bild 5.34 grafisch dargestellten Dirac-Impulsfolge bestimmt werden.

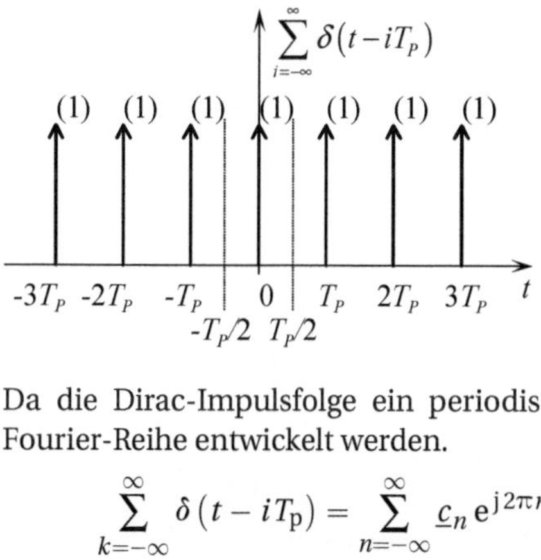

Bild 5.34 Dirac-Impulsfolge mit Integrationsintervall $-T_p/2 - T_p/2$

Da die Dirac-Impulsfolge ein periodisches Signal darstellt, kann sie in eine komplexe Fourier-Reihe entwickelt werden.

$$\sum_{k=-\infty}^{\infty} \delta\left(t - iT_p\right) = \sum_{n=-\infty}^{\infty} \underline{c}_n e^{j2\pi nt/T_p} \qquad (5.170)$$

130 5 Deterministische kontinuierliche Signale im Frequenzbereich

Mit Gl. (5.167) lassen sich die komplexen Fourier-Koeffizienten bestimmen. Zu beachten ist, dass nur ein Dirac-Impuls innerhalb des Integrationsintervalls liegt. Hier findet wieder die Ausblendeigenschaft des Dirac-Impulses nach Gl. (3.9) Anwendung.

$$\underline{c}_n = \frac{1}{T_p} \int_{-T_p/2}^{T_p/2} \sum_{i=-\infty}^{\infty} \delta(t - iT_p) e^{-j2\pi nt/T_p} \, dt = \frac{1}{T_p} \int_{-T_p/2}^{T_p/2} \delta(t) \underbrace{e^{-j2\pi nt/T_p}}_{e^{-j2\pi n \cdot 0/T_p}=1} \, dt = \frac{1}{T_p}$$

(5.171)

Mit $\underline{c}_n = 1/T_p$ in Gl. (5.168) ergibt sich als Fourier-Transformierte der Dirac-Impulsfolge im Zeitbereich eine Dirac-Impulsfolge im Frequenzbereich. Die Perioden der beiden Dirac-Impulsfolgen sind reziprok zueinander.

$$\sum_{i=-\infty}^{\infty} \delta(t - iT_p) \circ\!\!-\!\!\bullet\ T_p^{-1} \sum_{n=-\infty}^{\infty} \delta(f - n/T_p) = T_p^{-1} \sum_{n=-\infty}^{\infty} \delta(f - nf_p)$$

(5.172)

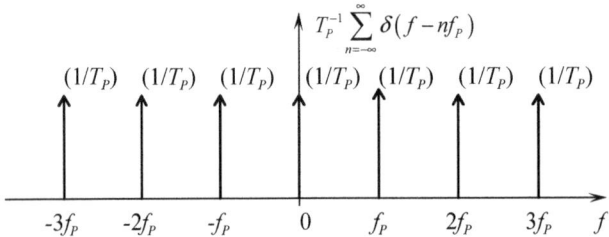

Bild 5.35 Linienspektrum der Dirac-Impulsfolge

Die Fourier-Transformierte des periodisch fortgesetzten Signals lautet damit

$$x'(t) * \sum_{i=-\infty}^{\infty} \delta(t - iT_p) \circ\!\!-\!\!\bullet\ \underline{X}'(f) \cdot T_p^{-1} \sum_{n=-\infty}^{\infty} \delta(f - n/T_p) = \underline{X}'(f) \cdot T_p^{-1} \sum_{n=-\infty}^{\infty} \delta(f - nf_p)$$

(5.173)

Abgesehen von dem konstanten Faktor T_p^{-1} wird das Spektrum $\underline{X}'(f)$ des nichtperiodischen Signals $x'(t)$ durch die Dirac-Impulsfolge im Frequenzbereich abgetastet. So entsteht das bereits in Gl. (5.168) beschriebene Linienspektrum eines periodischen Signals.

Beispiel 5.16 Rechteckfunktion und ihre periodische Fortsetzung

Bild 5.36 zeigt eine Rechteckfunktion und die daraus durch Faltung mit einer Dirac-Impulsfolge mit der Periode $T_p = 4T$ erzeugte periodisch fortgesetzte Rechteckfunktion.

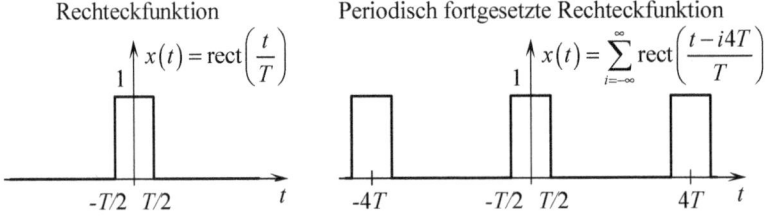

Bild 5.36 Rechteckfunktion und periodisch fortgesetzte Rechteckfunktion

Mit Gl. (5.119) lautet die Fourier-Transformierte der Rechteckfunktion

$$\underline{X}(f) = T\,\text{si}\,(\pi f T)\,. \tag{5.174}$$

Die komplexen Fourier-Koeffizienten der periodisch fortgesetzten Rechteckfunktion werden nach Gl. (5.167) berechnet.

$$\underline{c}_n = \frac{1}{4T} \int_{-T/2}^{T/2} e^{-j2\pi n \frac{t}{4T}}\,dt = \frac{4T}{-j2\pi n}\frac{1}{4T} e^{-j2\pi n \frac{t}{4T}}\bigg|_{-T/2}^{T/2}$$

$$= \frac{1}{-j2\pi n}\underbrace{\left(e^{-jn\frac{\pi}{4}} - e^{jn\frac{\pi}{4}}\right)}_{-j2\sin\left(n\frac{\pi}{4}\right)}$$

$$\underline{c}_n = \frac{1}{\pi n}\sin\left(n\frac{\pi}{4}\right) = \frac{1}{4}\frac{4}{\pi n}\sin\left(n\frac{\pi}{4}\right) = \frac{1}{4}\text{si}\left(n\frac{\pi}{4}\right) \tag{5.175}$$

Aufgrund der Achsensymmetrie des reellen Zeitsignals erhält man reelle Fourier-Koeffizienten. Siehe dazu auch Abschnitt 5.3.2.

Die Spektrallinien liegen bei den Frequenzen $n/4T$ mit $n = -\infty \ldots \infty$. Setzt man diese Frequenzen in die Fourier-Transformierte der Rechteckfunktion nach Gl. (5.174) ein, so erhält man

$$\underline{X}\left(\frac{n}{4T}\right) = T\,\text{si}\left(\pi\frac{n}{4T}T\right) = T\,\text{si}\left(n\frac{\pi}{4}\right). \tag{5.176a}$$

Dividiert man diese Zahlenwerte noch durch die Periodendauer $T_\text{p} = 4T$, so ergeben sich die vorher berechneten Fourier-Koeffizienten $\underline{c}_n$. Die Fourier-Koeffizienten lassen sich aus den Abtastwerten des Spektrums der Rechteckfunktion bestimmen.

$$\underline{c}_n = \frac{1}{4T}\underline{X}\left(f = \frac{n}{4T}\right) \quad \text{Allgemein gilt} \quad \underline{c}_n = \frac{1}{T_\text{p}}\underline{X}\left(f = \frac{n}{T_\text{p}}\right) \tag{5.176b}$$

Bild 5.37 zeigt das Linienspektrum der periodisch fortgesetzten Rechteckfunktion zusammen mit dem Spektrum der nichtperiodischen Rechteckfunktion.

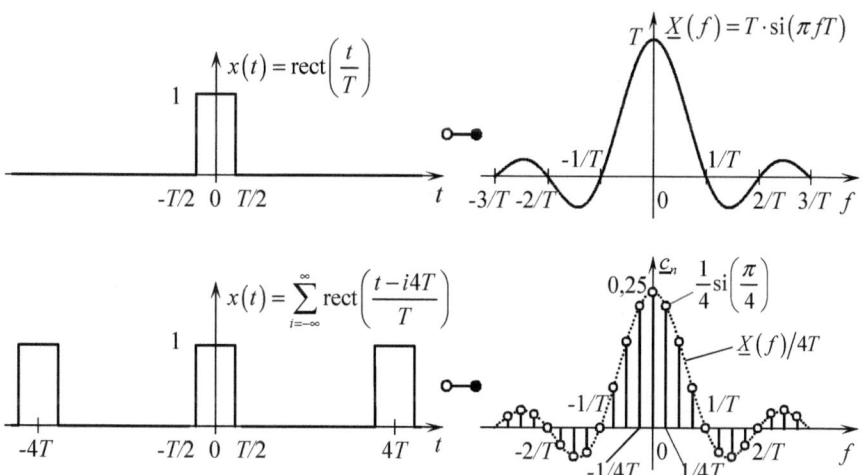

Bild 5.37 Rechteckfunktion sowie ihre periodische Fortsetzung mit kontinuierlichem und diskretem Spektrum

6 Deterministische zeitdiskrete Signale im Frequenzbereich

6.1 Ideale Abtastung

Eine Möglichkeit der Beschreibung von Abtastvorgängen besteht darin, ein kontinuierliches Signal $x(t)$ mit einer äquidistanten Folge $p(t)$ von Abtastimpulsen zu multiplizieren. Bild 6.1 verdeutlicht dieses Prinzip am Beispiel einer Rechteckimpulsfolge als Abtastimpulsfolge.

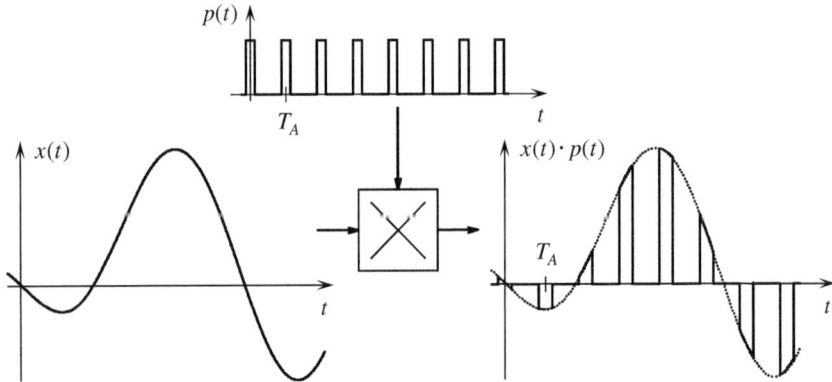

Bild 6.1 Prinzip der Abtastung

Beim Spezialfall der idealen Abtastung wird für $p(t)$ die Dirac-Impulsfolge eingesetzt. Die Tatsache, dass Dirac-Impulse nicht praktisch realisierbar sind, erklärt die Bezeichnung *ideale* Abtastung. Bild 6.2 verdeutlicht die ideale Abtastung. Die unterschiedlichen Höhen der Dirac-Impulse sind rein symbolisch zu verstehen. Die Höhe eines Dirac-Impulses geht immer gegen unendlich. Die Signalwerte an den Abtastzeitpunkten stellen die *Gewichte* der Dirac-Impulse dar. Das abgetastete Signal lautet

$$\tilde{x}(t) = x(t) \cdot p(t) = x(t) \cdot \sum_{k=-\infty}^{\infty} \delta\left(t - kT_A\right). \tag{6.1}$$

T_A = Abtastintervall

Bild 6.3 illustriert zwei verschiedene Betrachtungsweisen der idealen Abtastung. Zur Berechnung des kontinuierlichen Spektrums $\underline{X}(f/f_A)$ des abgetasteten Signals nach Gl. (6.1) mittels der kontinuierlichen Fourier-Transformation benötigt man eine (quasi-)kontinuierliche

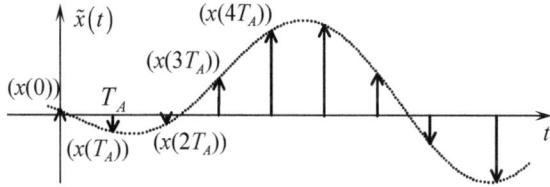

Bild 6.2 Abgetastetes Signal bei idealer Abtastung

Beschreibung des abgetasteten Signals. Dazu fasst man die punktweise entnommenen Abtastproben $x(kT_A)$ als Gewichte der Dirac-Impulse einer periodischen Dirac-Impulsfolge mit der Periode T_A auf.

Alternativ kann man die punktweise entnommenen Abtastproben als Zahlenwerte auffassen, mit denen die einzelnen Impulse einer periodischen Einheitsimpulsfolge mit der Periode T_A multipliziert werden. Die einzelnen Impulshöhen entsprechen somit den Werten des kontinuierlichen Signals $x(t)$ an den Abtastzeitpunkten kT_A. Für praktische Anwendungen ist die Unterscheidung der beiden Betrachtungsweisen nicht von Bedeutung.

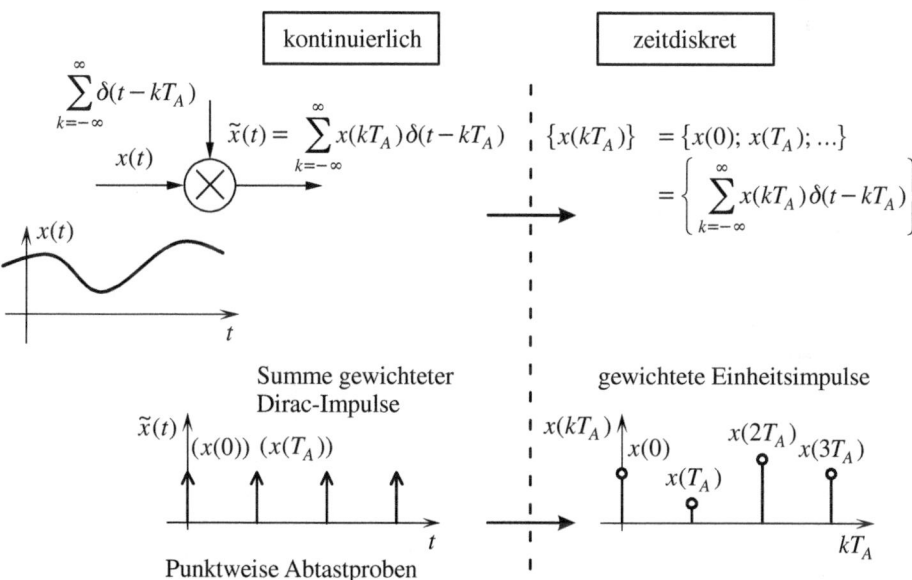

Bild 6.3 Verschiedene Betrachtungsweisen der idealen Abtastung

Für praktische Anwendungen der Abtastung ist die Frage von Interesse, wie groß das Abtastintervall bzw. die Abtastfrequenz $f_A = 1/T_A$ sein sollte. Eine zu grobe Abtastung führt zu Fehlern. Eine unnötig feine Abtastung verursacht unnötigen technischen Aufwand. Bild 6.4 verdeutlicht die Problematik. Intuitiv erkennt man, dass das Abtastintervall im rechten Bild zu groß gewählt ist.

Bei der Wahl der Abtastfrequenz muss man zwischen sogenannten *Tiefpasssignalen* mit einer unteren Grenzfrequenz 0 sowie einer oberen Grenzfrequenz f_{go} und sogenannten *Bandpasssignalen*, die eine untere Grenzfrequenz $f_{gu} \neq 0$ besitzen, unterscheiden. Bild 6.5 zeigt schematisch die Spektren eines Tiefpasssignals und eines Bandpasssignals. Die Bandbreite B

des Tiefpasssignals entspricht der oberen Grenzfrequenz, die Bandbreite B des Bandpasssignals der Differenz der oberen und der unteren Grenzfrequenz.

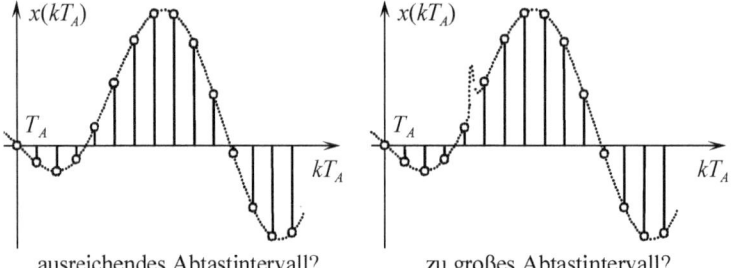

ausreichendes Abtastintervall?   zu großes Abtastintervall?

Bild 6.4 Wahl der Abtastfrequenz

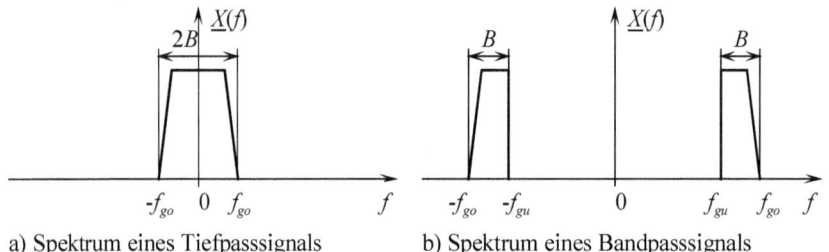

a) Spektrum eines Tiefpasssignals   b) Spektrum eines Bandpasssignals

Bild 6.5 Spektren eines Tiefpasssignals und eines Bandpasssignals

Im Folgenden wird zunächst die Abtastung von Tiefpasssignalen als einfachere Variante eingehend erläutert. Mit den dabei gewonnenen Erkenntnissen lässt sich anschließend die etwas kompliziertere Abtastung von Bandpasssignalen, die in Lehrbüchern meistens nur am Rande erwähnt wird, problemlos verstehen.

Abtastung von Tiefpasssignalen

Um eine theoretisch fundierte Wahl der Abtastfrequenz zu treffen, wird das abgetastete Signal in den Frequenzbereich transformiert. $\underline{P}(f)$ ist die Fourier-Transformierte der Dirac-Impulsfolge nach Gl. (5.172). $\underline{X}(f/f_A)$ bezeichnet symbolisch das Spektrum des abgetasteten Signals.

$$\underline{X}\left(f/f_A\right) = \underline{X}(f) * \underline{P}(f) = \underline{X}(f) * T_A^{-1} \sum_{m=-\infty}^{\infty} \delta\left(f - mf_A\right) \tag{6.2}$$

$f_A = 1/T_A = $ Abtastfrequenz

Dabei wird von der Tatsache Gebrauch gemacht, dass der Multiplikation zweier Zeitsignale im Frequenzbereich die Faltung der beiden Signalspektren nach Gl. (5.111) entspricht.

Die Faltung als lineare Operation kann in die Summe verschoben werden. Anschließend wird die Verschiebungseigenschaft des Dirac-Impulses nach Gl. (3.61) angewendet, hier allerdings im Frequenzbereich.

$$\underline{X}\left(f/f_A\right) = T_A^{-1} \sum_{m=-\infty}^{\infty} \underline{X}(f) * \delta\left(f - mf_A\right) = T_A^{-1} \sum_{m=-\infty}^{\infty} \underline{X}\left(f - mf_A\right) \tag{6.3}$$

Man erkennt, dass, abgesehen von der Konstanten $1/T_A = f_A$, das Spektrum $\underline{X}(f/f_A)$ des abgetasteten Signals aus einer periodischen Fortsetzung des Spektrums $\underline{X}(f)$ des kontinuierlichen Signals besteht, mit dem Abstand f_A zweier benachbarter Teilspektren. Bild 6.6 zeigt schematisch das Spektrum eines ideal abgetasteten Signals.

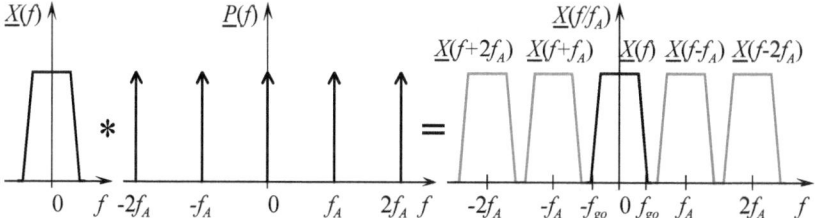

Bild 6.6 Spektrum des ideal abgetasteten Signals

Der Vergleich der idealen Abtastung mit der periodischen Fortsetzung eines Zeitsignals nach Abschnitt 5.5 liefert eine interessante Dualität.

Tabelle 6.1 Dualität von idealer Abtastung und periodischer Fortsetzung

Zeitbereich		Frequenzbereich	
Zeitdiskretes Signal	$x(t) \cdot \sum_{k=-\infty}^{\infty} \delta(t - kT_A)$	$\underline{X}(f) * T_A^{-1} \sum_{m=-\infty}^{\infty} \delta(f - m/T_A)$	Periodische Fortsetzung
Periodische Fortsetzung	$x(t) * \sum_{i=-\infty}^{\infty} \delta(t - iT_p)$	$\underline{X}(f) \cdot T_p^{-1} \sum_{n=-\infty}^{\infty} \delta(f - n/T_p)$	Diskretes Spektrum

Ein im Zeitbereich ideal abgetastetes Signal ist dual zum diskreten Spektrum eines periodischen Signals. Das diskrete Spektrum stellt also nichts anderes dar, als ein ideal abgetastetes Signalspektrum. Ein periodisches Signal im Zeitbereich ist dual zum periodisch fortgesetzten Spektrum eines ideal abgetasteten Signals.

Bedingung für die Wahl der Abtastfrequenz ist die – zumindest theoretische – Möglichkeit, das kontinuierliche Signal $x(t)$ aus dem abgetasteten Signal $\{x(kT_A)\}$ zu rekonstruieren. Aus Bild 6.7 erkennt man, dass theoretisch ein idealer – nicht realisierbarer – Tiefpass mit rechteckförmiger Frequenzfunktion – Näheres dazu im Kapitel 12 – zur Unterdrückung der periodisch wiederholten Teilspektren bzw. zur Rekonstruktion des kontinuierlichen Signals dienen kann.

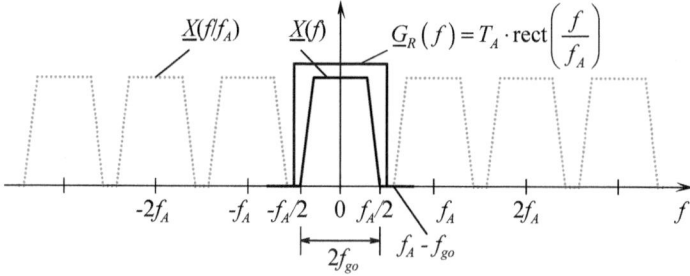

Bild 6.7 Rekonstruktion des kontinuierlichen Signals mit einem idealen Tiefpass

Nach Tiefpassfilterung bleibt nur das Spektrum $\underline{X}(f)$ des kontinuierlichen Signals erhalten. Nach inverser Fourier-Transformation erhält man daraus das kontinuierliche Signal $x(t)$. Das rekonstruierte Signal stimmt allerdings nur dann mit dem ursprünglichen kontinuierlichen Signal überein, wenn benachbarte Teilspektren sich nicht überlappen.

Die *Abtastfrequenz für Tiefpasssignale* wird nach dem *Nyquist-Shannon'schen Abtasttheorem*, auch WKS-Abtasttheorem (Whittaker-Kotelnikow-Shannon) genannt, festgelegt:

$$f_{go} \leqq f_A - f_{go} \Rightarrow f_A \geqq 2 f_{go}. \tag{6.4}$$

Auf den Überlegungen von Harry Nyquist (1889–1976), Edmund Taylor Whittaker (1873–1956) und John Macnaghten Whittaker (1905–1984) formulierte 1948 Claude Elwood Shannon (1916–2001) das Abtasttheorem. Bereits 1933 führte Wladimir Alexandrowitsch Kotelnikow (1908–2005) das Abtasttheorem ein.

Im Grenzfall $f_A = 2 f_{go}$ spricht man auch von einer Abtastung mit der *Nyquist-Frequenz*. Wird die Bedingung nach Gl. (6.4) verletzt, so tritt Unterabtastung auf. Wie im Bild 6.8 dargestellt, überlappen sich dann benachbarte Teilspektren. Diese Überlappung ist auch unter dem englischen Begriff *aliasing* bekannt. In diesem Fall gibt es keine Möglichkeit, das kontinuierliche Signal $x(t)$ aus den Abtastwerten korrekt zu rekonstruieren.

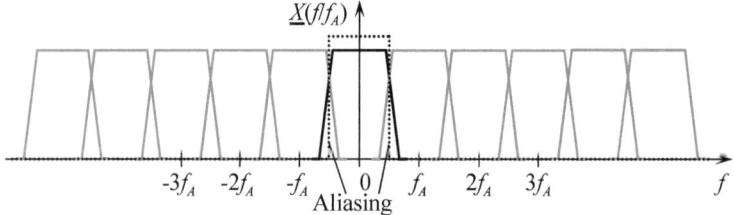

Bild 6.8 Aliasing bei Unterabtastung

Beispiel 6.1 Rekonstruktion eines unterabgetasteten Signals

Das Simulationsergebnis im Bild 6.9 zeigt exemplarisch die Abweichungen des rekonstruierten Signals vom kontinuierlichen Signal bei Unterabtastung. Das kontinuierliche Signal hat ein Spektrum mit einer Grenzfrequenz f_{go} von 3,4 kHz. Abgetastet wurde mit $f_A = 4$ kHz.

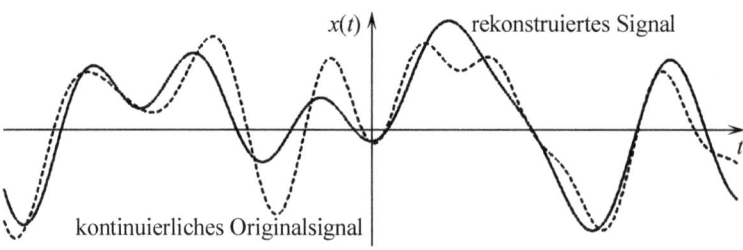

Bild 6.9 Fehler durch Unterabtastung

Die tendenziell langsamere Variation des rekonstruierten Signals resultiert aus der mit 2 kHz relativ niedrigen Grenzfrequenz des Rekonstruktionstiefpasses. ∎

Da ein idealer Tiefpass nicht praktisch realisierbar ist, ist eine Abtastung mit der Nyquist-Frequenz $f_A = 2f_{go}$ nicht sinnvoll. In praktischen Anwendungen ist eine Überabtastung mit $f_A > 2f_{go}$ erforderlich. Bild 6.10 zeigt schematisch das Spektrum eines überabgetasteten Signals, zusammen mit der Frequenzfunktion eines Tiefpasses endlicher Flankensteilheit. Durch die Überabtastung werden im Spektrum Lücken erzeugt, in denen Filterflanken untergebracht werden können. Im idealisierten Fall, dass die Übertragungsfunktion des Rekonstruktionstiefpasses im Bereich $|f| \leq f_{go}$ gleich eins ist und im Bereich $|f| \geq f_A - f_{go}$ gleich null ist, wäre das rekonstruierte Signal mit dem Originalsignal identisch.

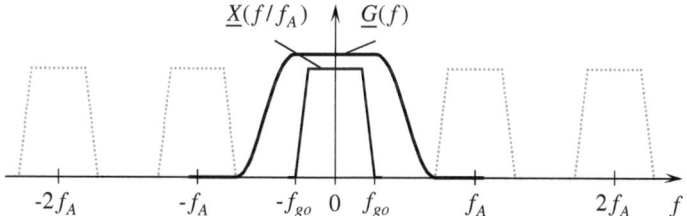

Bild 6.10 Überabtastung und Rekonstruktion mit Tiefpass endlicher Flankensteilheit

Gebräuchlich ist auch die Verwendung sogenannter Anti-Aliasing-Filter vor der Abtastung. Dadurch wird die Signalbandbreite bzw. obere Grenzfrequenz des abzutastenden kontinuierlichen Signals f_{go} auf die Hälfte der Nyquist-Frequenz begrenzt.

Abtastung von Bandpasssignalen

Mithilfe eines einführenden Beispiels werden zunächst die Unterschiede zur Abtastung von Tiefpasssignalen anschaulich demonstriert. Aus den sich daraus ergebenden Fragen werden dann die Anforderungen an die Wahl der Abtastfrequenz abgeleitet.

Beispiel 6.2 Abtastung eines Bandpasssignals

Bild 6.11 zeigt das periodisch fortgesetzte Spektrum eines Bandpasssignals mit den Grenzfrequenzen $f_{go} = 1\,\text{MHz}$ und $f_{gu} = 0{,}8\,\text{MHz}$, das bei einer idealen Abtastung mit der Abtastfrequenz nach Gl. (6.4) $f_A = 2f_{go} = 2\,\text{MHz}$ entsteht. Durchgezogene schwarze Linien repräsentieren das Teilspektrum des Signals bei positiven Frequenzen, durchgezogene graue Linien seine periodischen Fortsetzungen. Gestrichelte schwarze Linien repräsentieren das Teilspektrum des Signals bei negativen Frequenzen, gestrichelte graue Linien seine periodischen Fortsetzungen.

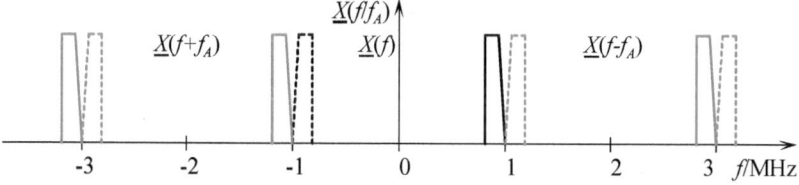

Bild 6.11 Spektrum eines Bandpasssignals bei Abtastung mit $f_A = 2f_{go}$

Theoretisch lässt sich das kontinuierliche Signal mit einem idealen Tiefpass der Grenzfrequenz $f_A/2 = f_{go}$ aus dem abgetasteten Signal rekonstruieren. Wenn eine Überabtastung mit einer Abtastfrequenz größer als die Nyquist-Frequenz durchgeführt wird, können wie oben bereits erwähnt für die Rekonstruktion auch praktisch realisierbare Tiefpassfilter verwendet werden. Auffällig sind die großen Lücken im Spektrum des abgetasteten Signals, die die Frage nahelegen, ob auch eine niedrigere Abtastfrequenz ausreichend sein könnte. Zur Beantwortung dieser Frage zeigt Bild 6.12 das Spektrum des Bandpasssignals, das mit der Abtastfrequenz $f_A = 2\left(f_{go} - f_{gu}\right) = 0{,}4\,\text{MHz}$, dem Doppelten der Bandbreite des Signals, abgetastet wurde.

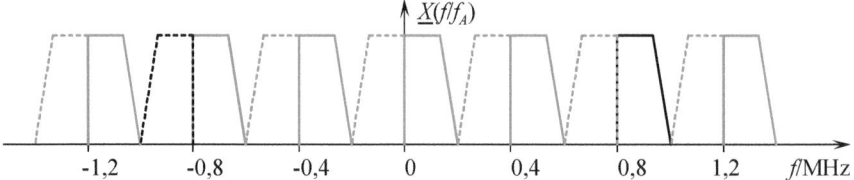

Bild 6.12 Spektrum eines Bandpasssignals bei Abtastung mit $f_A = 2\left(f_{go} - f_{gu}\right)$

Theoretisch lässt sich das kontinuierliche Signal mit einem idealen Bandpass mit unterer Grenzfrequenz f_{gu} und oberer Grenzfrequenz f_{go} aus dem abgetasteten Signal rekonstruieren. Es treten keine Überlappungen von Teilspektren, d. h. kein *aliasing* auf.

Da ideale Tief- bzw. Bandpässe nicht praktisch realisiert werden können, ist in praktischen Anwendungen immer eine Überabtastung erforderlich. Bild 6.13 zeigt das Spektrum des Bandpasssignals, das mit der Abtastfrequenz $f_A = 3{,}2\left(f_{go} - f_{gu}\right) = 0{,}64\,\text{MHz}$ abgetastet wurde.

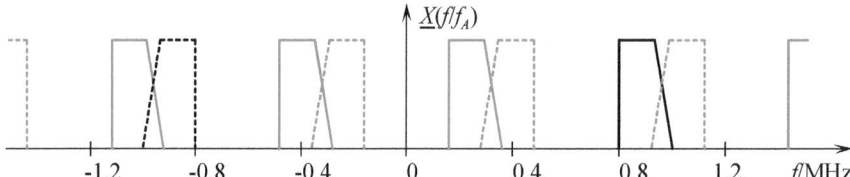

Bild 6.13 Spektrum eines Bandpasssignals bei Abtastung mit $f_A = 3{,}2\left(f_{go} - f_{gu}\right)$

Man erkennt, dass, obwohl eine Erhöhung der Abtastfrequenz vorliegt, sich Teilspektren überlappen, also *aliasing* auftritt und eine fehlerfreie Rekonstruktion nicht möglich ist. ■

Es besteht natürlich die Möglichkeit, bei der Abtastung von Bandpasssignalen die Abtastfrequenz größer oder gleich dem Doppelten der oberen Grenzfrequenz des Signals zu wählen. Aus Gründen der Effizienz und Realisierbarkeit kann die Abtastfrequenz aber auch kleiner in Abhängigkeit der Signalbandbreite festgelegt werden. Allerdings sind dabei gewisse Einschränkungen zu beachten. Aus dem im Bild 6.14 schematisch dargestellten Spektrum eines ideal abgetasteten Bandpasssignals lassen sich Randbedingungen für die Wahl der Abtastfrequenz gewinnen.

Um Überlappungen von Teilspektren zu vermeiden, muss die $m-1$. Wiederholung der Frequenz $-f_{gu}$ unterhalb der Frequenz f_{gu} liegen. Außerdem muss die m-te Wiederholung der

Frequenz $-f_{go}$ oberhalb der Frequenz f_{go} liegen. Daraus ergeben sich die Ungleichungen

$$-f_{gu} + (m-1)f_A \leq f_{gu} \quad \text{bzw.} \quad -f_{go} + mf_A \geq f_{go}.$$

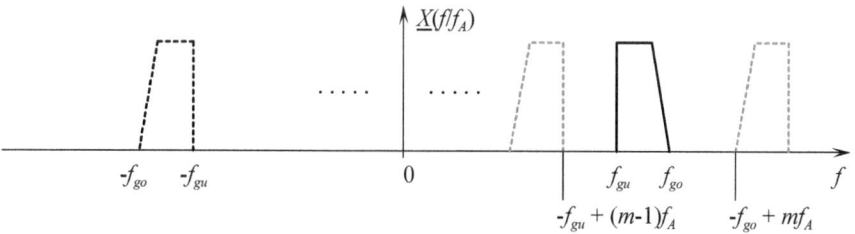

Bild 6.14 Spektrum eines Bandpasssignals, schematisch

Nach Umstellen und Zusammenfassen dieser Ungleichungen erhält man die folgenden Einschränkungen bei der Wahl der Abtastfrequenz:

$$\frac{2f_{go}}{m} \leq f_A \leq \frac{2f_{gu}}{m-1}, \quad m \in \mathbb{N}. \tag{6.5a}$$

Sinnvolle Werte für die Konstante m liegen zwischen $m = 1$ und einer Obergrenze, die man aus der Randbedingung $\frac{2f_{go}}{m} \leq \frac{2f_{gu}}{m-1}$ ermitteln kann.

$$1 \leq m \leq \frac{f_{go}}{f_{go} - f_{gu}}, \quad m \in \mathbb{N} \tag{6.5b}$$

Bei der Abtastung von Bandpasssignalen müssen beide Ungleichungen ((6.5a) und (6.5b)) erfüllt sein. Für Tiefpasssignale gilt $f_{gu} = 0$. Der Parameter m kann dann nur den Wert 1 annehmen und f_A liegt zwischen dem Doppelten der oberen Grenzfrequenz f_{go} und unendlich. Dies entspricht dem Shannon'schen Abtasttheorem für Tiefpasssignale nach Gl. (6.4).

Beispiel 6.3 Zulässige und unzulässige Abtastfrequenzen eines Bandpasssignals

Verwendet wird wieder das Bandpasssignal mit einer unteren Grenzfrequenz $f_{gu} = 0{,}8\,\text{MHz}$ und einer oberen Grenzfrequenz $f_{go} = 1\,\text{MHz}$. Der maximal mögliche Wert für m liegt bei $1\,\text{MHz}/(1\,\text{MHz} - 0{,}8\,\text{MHz}) = 5$. Die Ergebnisse der nachfolgenden Rechnung veranschaulicht Bild 6.15.

$m = 1$: $\quad \frac{2f_{go}}{1} = 2\,\text{MHz} \leq f_A \leq \frac{2f_{gu}}{0} = \infty$

$m = 2$: $\quad \frac{2f_{go}}{2} = 1\,\text{MHz} \leq f_A \leq \frac{2f_{gu}}{1} = 1{,}6\,\text{MHz}$

Frequenzen zwischen 1,6 MHz und 2 MHz sind unzulässig.

$m = 3$: $\quad \frac{2f_{go}}{3} \simeq 0{,}667\,\text{MHz} \leq f_A \leq \frac{2f_{gu}}{2} = 0{,}8\,\text{MHz}$

Frequenzen zwischen 0,8 MHz und 1 MHz sind unzulässig.

$m = 4$: $\quad \frac{2f_{go}}{4} = 0{,}5\,\text{MHz} \leq f_A \leq \frac{2f_{gu}}{3} \simeq 0{,}533\,\text{MHz}$

Jetzt ist zu erkennen, dass die im vorherigen Beispiel probehalber gewählte Abtastfrequenz $f_A = 0{,}64$ MHz in einem unzulässigen Bereich zwischen 0,533 MHz und 0,667 MHz liegt.

$$m = 5: \quad \frac{2f_{go}}{5} = 0{,}4 \,\text{MHz} \leq f_A \leq \frac{2f_{gu}}{4} = 0{,}4 \,\text{MHz}$$

Dieser Fall entspricht dem Grenzfall der Abtastung mit dem Doppelten der Bandbreite des Signals. Diese Wahl der Abtastfrequenz ist nur dann möglich, wenn der Maximalwert für m nach Gl. (6.5b) ganzzahlig ist.

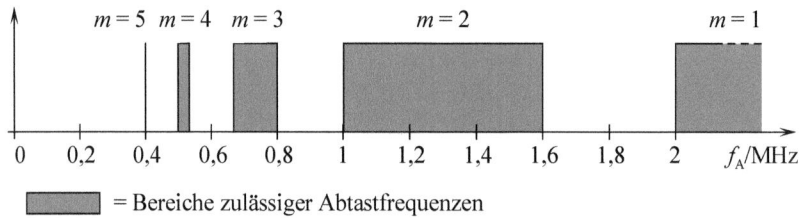

= Bereiche zulässiger Abtastfrequenzen

Bild 6.15 Bereiche zulässiger und unzulässiger Abtastfrequenzen

Zusammenfassend lässt sich feststellen, dass bei der Abtastung von Bandpasssignalen das Doppelte der Signalbandbreite eine absolute Untergrenze für die Abtastfrequenz darstellt.

Die im Bild 6.15 skizzierten Bereiche zulässiger Abtastfrequenzen ermöglichen bei der Anwendung eine flexible Wahl der Abtastfrequenz unter Berücksichtigung technischer Randbedingungen. Da wie oben bereits erwähnt, ideale Tief- oder Bandpässe nicht praktisch realisierbar sind, ist es nicht sinnvoll, f_A am Rand eines Bereiches zulässiger Abtastfrequenzen zu wählen. Günstig ist es hingegen, die periodischen Fortsetzungen des Teilspektrums bei negativen Frequenzen und die des Teilspektrums bei positiven Frequenzen symmetrisch zu verschachteln. Die auch im Bild 6.14 ablesbaren Abstände des Teilspektrums zwischen f_{gu} und f_{go} zu seinen beiden Nachbarn werden hier gleich groß gewählt und es gilt

$$f_{gu} - (-f_{gu} + (m-1)f_A) = -f_{go} + mf_A - f_{go}.$$

Diese Gleichung wird nach f_A umgestellt und man erhält die Abtastfrequenzen

$$f_A = 2\frac{f_{go} + f_{gu}}{2m - 1}, \quad m \in N. \tag{6.6}$$

Die vorangegangenen Erläuterungen zur Festlegung der Abtastfrequenz für Bandpasssignale sind im Folgenden noch einmal zusammenfassend angegeben:

Für die Festlegung der *Abtastfrequenz von Bandpasssignalen* mit $B = f_{go} - f_{gu}$ wird die Konstante m berechnet

$$1 \leq m \leq \frac{f_{go}}{f_{go} - f_{gu}}, \quad m \in N.$$

Für $\max(m) < 2$ wird das Bandpasssignal wie ein Tiefpasssignal mit

$$f_A = 2f_{go}$$

abgetastet.

Für max(m) ≥ 2 lassen sich mit

$$\frac{2f_{go}}{m} \leq f_A \leq \frac{2f_{gu}}{m-1}, \quad m \in N$$

Bereiche zulässiger Abtastfrequenzen und mit

$$f_A = 2\frac{f_{go} + f_{gu}}{2m-1}, \quad m \in N$$

Werte von Abtastfrequenzen berechnen, die einen symmetrischen Abstand zwischen den Teilspektren garantieren.

Beispiel 6.4 Abtastfrequenzen bei symmetrischer Verschachtelung der Teilspektren

Verwendet wird wieder das Bandpasssignal mit einer unteren Grenzfrequenz $f_{gu} = 0{,}8\,\text{MHz}$ und einer oberen Grenzfrequenz $f_{go} = 1\,\text{MHz}$.

$m = 1$: $\quad f_A = 2\dfrac{f_{go} + f_{gu}}{1} = 2\dfrac{1\,\text{MHz} + 0{,}8\,\text{MHz}}{1} = 3{,}6\,\text{MHz}$

$m = 2$: $\quad f_A = 2\dfrac{f_{go} + f_{gu}}{3} = 2\dfrac{1\,\text{MHz} + 0{,}8\,\text{MHz}}{3} = 1{,}2\,\text{MHz}$

$m = 3$: $\quad f_A = 2\dfrac{f_{go} + f_{gu}}{5} = 2\dfrac{1\,\text{MHz} + 0{,}8\,\text{MHz}}{5} = 0{,}72\,\text{MHz}$

$m = 4$: $\quad f_A = 2\dfrac{f_{go} + f_{gu}}{7} = 2\dfrac{1\,\text{MHz} + 0{,}8\,\text{MHz}}{7} = 0{,}514\,\text{MHz}$

$m = 5$: $\quad f_A = 2\dfrac{f_{go} + f_{gu}}{9} = 2\dfrac{1\,\text{MHz} + 0{,}8\,\text{MHz}}{9} = 0{,}4\,\text{MHz}$

Bild 6.16 zeigt exemplarisch das Spektrum des abgetasteten Signals für den Fall $m = 3$, d. h. $f_A = 0{,}72\,\text{MHz}$. Die symmetrische Lage der Teilspektren ist gut erkennbar.

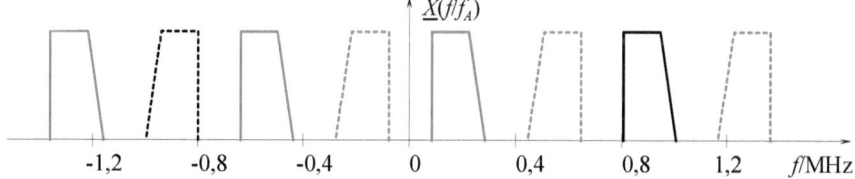

Bild 6.16 Spektrum des abgetasteten Signals bei Abtastung mit $f_A = 0{,}72\,\text{MHz}$

6.2 Darstellung von Signalparametern im Frequenzbereich

Im Abschnitt 5.1 und den folgenden wurden für die Darstellung von Signalparametern kontinuierlicher Signale die Begriffe *Frequenz, Amplitude, Phase* sowie *Amplituden-* und *Phasenspektrum* erklärt. Genau diese Begriffe werden hier wieder aufgegriffen und im gleichen Kontext verwendet. Die „zappelnden Balken" bei der Hi-Fi-Anlage (siehe Abschnitt 5.1) werden realisiert durch die im Abschnitt 6.4.2 dargestellte Methode der schnellen Fourier-Transformation. Es handelt sich bei dem Frequenzspektrum um das Spektrum eines zeitdiskreten Signals, welches mit einer effizienten Methode der Fourier-Transformation für zeitdiskrete Signale berechnet wird.

Wenn nun Frequenz, Amplitude, Phase sowie Amplituden- und Phasenspektrum gleiche Bedeutung bei kontinuierlichen wie bei zeitdiskreten Signalen haben, dann stellt sich die Frage, worin unterscheiden sich die Spektren kontinuierlicher und zeitdiskreter Signale? Der Unterschied wurde schon im Abschnitt 6.1 gezeigt und wird hier noch einmal aufgegriffen. Zuerst wird noch einmal rekapituliert, was von den kontinuierlichen Signalen und ihren Spektren bekannt ist. Liegt ein *periodisches* Signal nach Bild 6.17 vor, dann ist mit der Fourier-Analyse die Berechnung des Spektrums vorzunehmen und das Spektrum ist *diskret*.

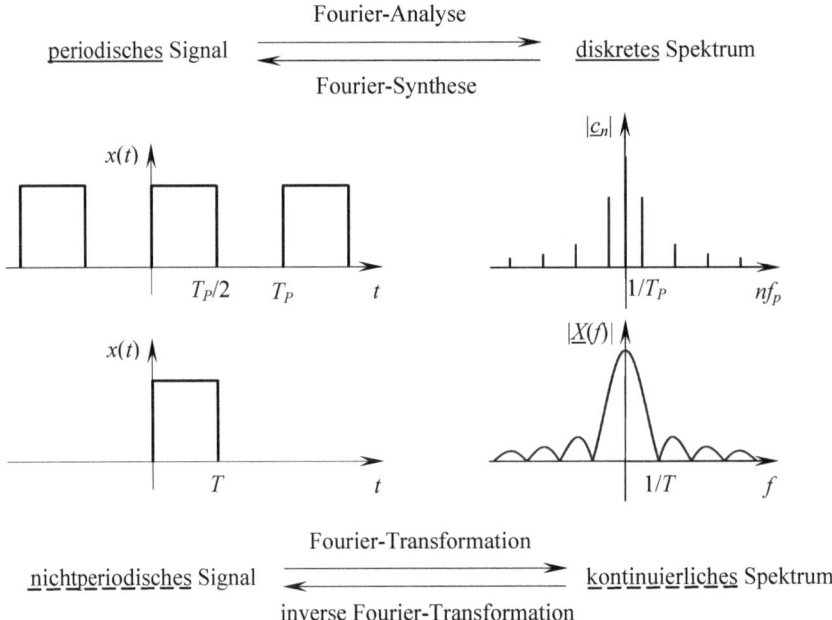

Bild 6.17 Zeitverläufe und Amplitudenspektren kontinuierlicher Signale

Ist das Signal nichtperiodisch, dann verwendet man die Fourier-Transformation für die Berechnung des Spektrums, dieses Spektrum ist *kontinuierlich*. Es wurde im Abschnitt 5.5 gezeigt, dass periodische Signale ebenso mit der Fourier-Transformation zu behandeln sind. Die Eigenschaft, dass periodische Signale ein diskretes Spektrum haben, bleibt erhalten.

Die oben beschriebenen Eigenschaften treten auch bei zeitdiskreten Signalen auf. Im Bild 6.18 sind diese Eigenschaften ersichtlich. Eine weitere Eigenschaft kommt noch hinzu, die in den Abschnitten 6.1, 6.3 und 6.4 beschrieben wird. Es ist die Periodizität des *Spektrums*, deren Ursache die *Abtastung im Zeitbereich* ist. Bei den zeitdiskreten Signalen werden wie bei den kontinuierlichen Signalen verschiedene Methoden zur Berechnung des Spektrums angewendet. Für die *periodischen* zeitdiskreten Signale wird die **d***iskrete Fourier-Transformation DFT* und ihre von redundanten Rechenoperationen befreite Version, die *schnelle Fourier-Transformation FFT*, *fast Fourier transform*, verwendet. Die *nichtperiodischen* Signale werden mit der *zeitdiskreten Fourier-Transformation DTFT* behandelt, die Abkürzung stammt von der englischen Bezeichnung *discrete time Fourier transform*.

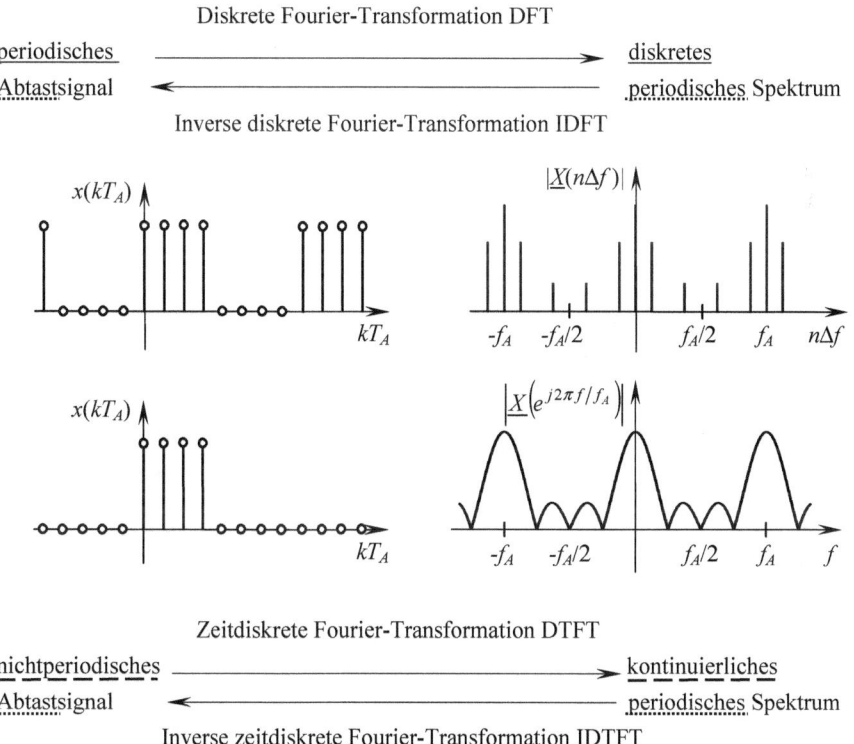

Bild 6.18 Zeitverläufe und Amplitudenspektren zeitdiskreter Signale

Die oben genannten Methoden werden in den folgenden Abschnitten beschrieben. Die Anwendung der Methoden ist abhängig davon, ob das Signal periodisch oder nichtperiodisch ist. Da die diskrete Fourier-Transformation, genauer die schnelle Fourier-Transformation, eine effiziente Methode ist, die sehr gut in Soft- und Hardware implementierbar ist und Echtzeitverarbeitung gestattet, werden auch nichtperiodische Signale mit dieser Methode spektral analysiert. Man sollte dabei aber daran denken, dass das von der diskreten Fourier-Transformation gelieferte Ergebnis ein diskretes Spektrum ist und ein nichtperiodisches Signal ein kontinuierliches Spektrum aufweist, somit nicht alle Spektralanteile durch die diskrete Fourier-Transformation angezeigt werden. Für nichtperiodische Signale liefert die diskrete Fourier-Transformation eine Näherung des tatsächlichen Spektrums dieser Signale, wobei zusätzliche Maßnahmen notwendig sein können, um eine akzeptable Näherung zu erhalten.

Beispiel 6.5 Akustik, Kommunikationstechnik

Im Abschnitt 5.1 werden Anwendungen genannt, bei denen die Spektren sowohl von analogen als auch von zeitdiskreten Signalen eine wichtige Rolle spielen.

Die modernen Hörgeräte in der *Akustik* wandeln die mit Mikrophonen aufgenommenen kontinuierlichen akustischen Signale in zeitdiskrete Signale und verarbeiten diese. Dabei wird mit der FFT das akustische Signal analysiert, die durch die Hörkurve des Patienten auftretenden akustischen Beeinträchtigungen werden ausgeglichen und das verarbeitete Signal wird nach der IFFT über einen Lautsprecher an das Ohr weitergegeben.

Geräte der Unterhaltungselektronik, wie Hi-Fi-Anlagen, oder Media Player benutzen zur Darstellung der Frequenzspektren der gehörten Musik, Sprache oder Geräusche die schnelle Fourier-Transformation FFT. Im Abschnitt 5.1 werden die „zappelnden Balken" bei der Darstellung der Spektren erklärt.

Die Breitband*kommunikation* über Fest- und Mobilfunknetze bedient sich raffinierter Modulationsverfahren, wie das OFDM-Verfahren (**o**rthogonal **f**requency **d**ivision **m**ultiplexing). Dieses Verfahren nutzt beim Sender zur Generierung der für die Übertragung der Nachricht notwendigen Unterträgersignale die inverse schnelle Fourier-Transformation IFFT. Auf der Empfängerseite wird genau das inverse Verfahren praktiziert. Um aus den Unterträgersignalen die eigentliche Nachricht zu gewinnen, wird die schnelle Fourier-Transformation FFT verwendet. ∎

■ 6.3 Spektraldarstellung von Abtastsignalen und zeitdiskreten Signalen

In den Abschnitten 6.1 und 6.2 wird auf die Eigenschaften der Spektren abgetasteter und zeitdiskreter Signale hingewiesen. An dieser Stelle wird detailliert darauf eingegangen. Es ist die Frage zu klären, wie erfolgt die spektrale Analyse von abgetasteten kontinuierlichen Signalen und von zeitdiskreten Signalen? Bei Beantwortung dieser Frage ist auf die Erläuterungen des idealen Abtastprozesses im Abschnitt 6.1 hinzuweisen. Die mathematische Beschreibung des idealen Abtastprozesses im Zeitbereich ist eine Multiplikation des analogen Signals $x(t)$ mit einer unendlichen Summe von Dirac-Impulsen. Das Ergebnis ist ein kontinuierliches abgetastetes Signal, das *Abtastsignal*. Den abgetasteten Werten werden Folgenelemente zugeordnet. Das zeitdiskrete Signal ist eine *Folge* $x(kT_A)$.

$$\text{Abtastsignal} \longrightarrow \text{Folge}$$

$$x(t) \sum_{k=-\infty}^{\infty} \delta(t - kT_A) = \sum_{k=-\infty}^{\infty} x(kT_A) \delta(t - kT_A) \longrightarrow \{x(kT_A)\} \quad (6.7)$$

Zuerst soll die Berechnung der *Spektren von Abtastsignalen* über die Fourier-Transformation gezeigt werden. Das Spektrum eines nichtperiodischen Abtastsignals wird über das bekannte Fourier-Integral bestimmt.

$$\underline{X}(f/f_A) = \int_{-\infty}^{\infty} \sum_{k=-\infty}^{\infty} x(t) \delta(t - kT_A) e^{-j2\pi f t} dt \quad (6.8)$$

6.3 Spektraldarstellung von Abtastsignalen und zeitdiskreten Signalen

Aufgrund der Linearität der Fourier-Transformation können die Operationen Integration und Summenbildung vertauscht werden.

$$\underline{X}(f/f_A) = \sum_{k=-\infty}^{\infty} \int_{-\infty}^{\infty} x(kT_A)\, \delta(t - kT_A)\, e^{-j2\pi f t}\, dt \tag{6.9}$$

Mit der Ausblendeigenschaft des Dirac-Impulses ergibt sich die gesuchte Vorschrift für die Berechnung des Spektrums von Abtastsignalen.

Fourier-Transformierte für Abtastsignale FTA

$$\underline{X}(f/f_A) = \sum_{k=-\infty}^{\infty} x(kT_A)\, e^{-j2\pi f k T_A} \tag{6.10}$$

Die Summe enthält genau die Elemente der Folge $\{x(kT_A)\}$, die durch Zuordnung der Abtastwerte auf die Folgenelemente entsteht. Gl. (6.10) beschreibt damit auch die Fourier-Transformation für nichtperiodische zeitdiskrete Signale bzw. Folgen.

Zeitdiskrete Fourier-Transformation bzw. ***discrete time Fourier transform DTFT***

$$\text{DTFT}\{x(kT_A)\} = X\left(e^{j2\pi f/f_A}\right) = \sum_{k=-\infty}^{\infty} x(kT_A)\, e^{-j2\pi k f/f_A} \tag{6.11}$$

Um eine Unterscheidung zwischen dem Spektrum eines zeitkontinuierlichen Abtastsignals und dem eines zeitdiskreten Signals deutlich in der Schreibweise zu erkennen, wird für die FTA die Frequenz f und für die DTFT der Ausdruck $e^{j2\pi f/f_A}$ verwendet.

Abtastsignal	$\longrightarrow$	Folge
$\sum_{k=-\infty}^{\infty} x(kT_A)\, \delta(t - kT_A)$	$\longrightarrow$	$\{x(kT_A)\}$
FTA $\updownarrow$		$\updownarrow$ DTFT
$\underline{X}(f/f_A) = \sum_{i=-\infty}^{\infty} x(iT_A)\, e^{-j2\pi f i T_A}$	$\longrightarrow$	$X\left(e^{j2\pi f/f_A}\right) = \sum_{i=-\infty}^{\infty} x(iT_A)\, e^{-j2\pi i f/f_A}$
Spektrum des Abtastsignals		Spektrum der Folge

Oft werden auch die Kreisfrequenz ω, die normierte Frequenz F und die normierte Kreisfrequenz Ω verwendet. Es gelten die bekannten Beziehungen zwischen diesen Größen.

$$2\pi f T_A = 2\pi f/f_A = 2\pi F = \omega T_A = \Omega \tag{6.12}$$

Für die zeitdiskrete Fourier-Transformation DTFT ergeben sich damit folgende Schreibweisen:

$$\text{DTFT}\{x(kT_A)\} = \sum_{k=-\infty}^{\infty} x(kT_A)\, e^{-j2\pi k f/f_A} = X\left(e^{j2\pi f/f_A}\right) \tag{6.13a}$$

$$\text{DTFT}\{x(kT_A)\} = \sum_{k=-\infty}^{\infty} x(kT_A)\, e^{-j2\pi kF} = X\left(e^{j2\pi F}\right) \tag{6.13b}$$

$$\text{DTFT}\{x(kT_A)\} = \sum_{k=-\infty}^{\infty} x(kT_A)\, e^{-jk\omega T_A} = X\left(e^{j\omega T_A}\right) \tag{6.13c}$$

$$\text{DTFT}\{x(kT_A)\} = \sum_{k=-\infty}^{\infty} x(kT_A)\, e^{-jk\Omega} = X\left(e^{j\Omega}\right) \tag{6.13d}$$

Den Zusammenhang zwischen dem Zeitsignal $\{x(kT_A)\}$ und der Frequenzfunktion $X\left(e^{j2\pi f/f_A}\right)$ über die Fourier-Transformation drückt man durch das Korrespondenzzeichen aus. Für alle anderen Darstellungsvarianten gilt dies auch. Die Zeitfolge und die Frequenzfunktion korrespondieren miteinander.

$$\{x(kT_A)\} \circ\!\!-\!\!\bullet\; X\left(e^{j2\pi f/f_A}\right) \tag{6.14}$$

Die *Periodizität des Spektrums*, die schon in den vorangegangenen Abschnitten betont wurde, ist in den Gleichungen (6.10) und (6.11) anhand der Periodizität der e-Funktion mit komplexen Exponenten erkennbar. Die Periode ist abhängig von der Wahl der Variable f, F, ω oder Ω. In der Tabelle 6.2 sind die Variablen, die Perioden und die Maßeinheiten angegeben, diese gelten sowohl für die FTA als auch DTFT.

Tabelle 6.2 Zusammenhang zwischen Variable und Periode des Spektrums

Variable	Periode	Maßeinheit
f	f_A	Hz
F	1	einheitenlos
ω	$2\pi/T_A$	o^{-1}
Ω	2π	Grad- oder Bogenmaß

Da man bei messtechnisch aufgenommenen Spektren fast ausschließlich die Variable f benutzt, wird in den nachfolgenden Erläuterungen weitestgehend ebenfalls die Variable f verwendet.

Neben der Periodizität ist die *Symmetrie* eine wesentliche Eigenschaft der Spektren. Die Symmetrieeigenschaften sind schon von den kontinuierlichen Signalen aus Abschnitt 5.3.2 bekannt. Da das Spektrum $\underline{X}(f/f_A)$ des Abtastsignals und das Spektrum $X\left(e^{j2\pi f/f_A}\right)$ der zugeordneten Folge identisch sind, gelten auch die Symmetrieeigenschaften für beide. Da die in diesem Buch betrachteten Signale reell sind, tritt eine *komplexe Symmetrie des Spektrums* auf. Es gilt:

$$X\left(e^{j2\pi f/f_A}\right) = X^*\left(e^{-j2\pi f/f_A}\right). \tag{6.15}$$

Der Realteil des Spektrums ist symmetrisch gerade und der Imaginärteil ist symmetrisch ungerade. Die komplexe Symmetrie tritt wegen der Periodizität des Spektrums auch bezüglich aller ganzzahligen Periodendauern K auf. Die Periodendauer beträgt f_A bei Verwendung der Variable f.

$$X\left(e^{j2\pi f/f_A}\right) = X^*\left(e^{j2\pi(Kf_A-f)/f_A}\right) \tag{6.16}$$

6.3 Spektraldarstellung von Abtastsignalen und zeitdiskreten Signalen   147

Der Symmetriepunkt innerhalb einer Periode liegt bei $f_A/2 + K f_A$, innerhalb jeder Periode tritt komplexe Symmetrie auf.

$$X\left(e^{j2\pi(f+f_A/2+Kf_A)/f_A}\right) = X^*\left(e^{j2\pi(-f+f_A/2+Kf_A)/f_A}\right) \quad (6.17)$$

Für die *Darstellung des komplexen Spektrums* erfolgt, wie aus der *komplexen Rechnung* bekannt, die Zerlegung in die arithmetische Form mit Real- und Imaginärteil oder in die exponentielle Form mit Betrag und Phase.

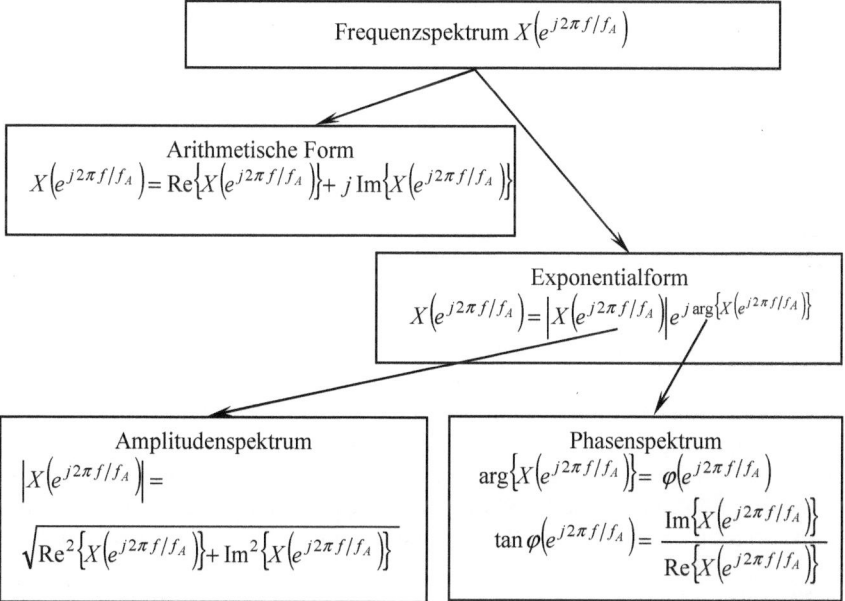

Bild 6.19 Zerlegung des Frequenzspektrums in die arithmetische und die Exponentialform

Um die Berechnung des Spektrums und dessen grafische Darstellung zu zeigen, sei an dieser Stelle ein Beispiel aufgeführt.

Beispiel 6.6 Berechnung des Spektrums des nichtperiodischen Signals
$\{x(kT_A)\} = \{\underline{1};\ 1;\ 1;\ 1\}$

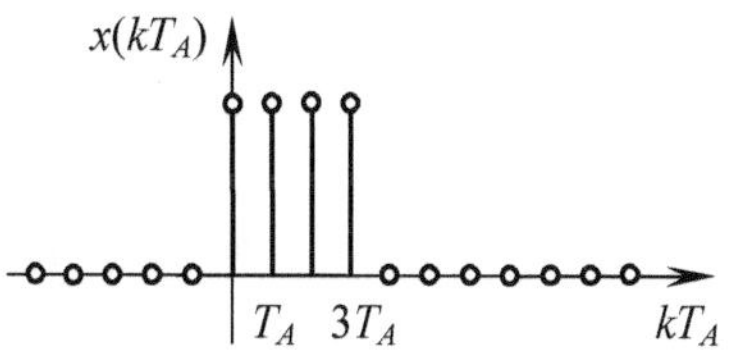

Bild 6.20 Nichtperiodisches zeitdiskretes Signal

$$\text{DTFT}\{x(kT_A)\} = \sum_{k=0}^{3} 1 \cdot e^{-jk2\pi f/f_A} \quad (6.18)$$
$$= 1 + e^{-j2\pi f/f_A} + e^{-j2\cdot 2\pi f/f_A} + e^{-j3\cdot 2\pi f/f_A}$$

Die Berechnung des Spektrums erfordert wenig Aufwand. Der Aufwand ist nun in die Umformung der Summe der e-Funktionen zu stecken, um eine handhabbare Form für die Darstellung des Frequenzspektrums zu erhalten. Dazu wird Gl. (6.18) mithilfe der Euler'schen Formel in Real- und Imaginärteil zerlegt. Bild 6.21 zeigt die grafische Darstellung beider Anteile, gut zu erkennen sind deren Symmetrieeigenschaften. Der Realteil des Spektrums ist eine symmetrische gerade Funktion und der Imaginärteil ist eine symmetrische ungerade Funktion.

$$\begin{aligned}\text{DTFT}\{x(kT_\text{A})\} =& 1 + \cos\left(2\pi f/f_\text{A}\right) + \cos\left(4\pi f/f_\text{A}\right) + \cos\left(6\pi f/f_\text{A}\right) \\ &- \text{j}\left(\sin\left(2\pi f/f_\text{A}\right) + \sin\left(4\pi f/f_\text{A}\right) + \sin\left(6\pi f/f_\text{A}\right)\right)\end{aligned} \quad (6.19)$$

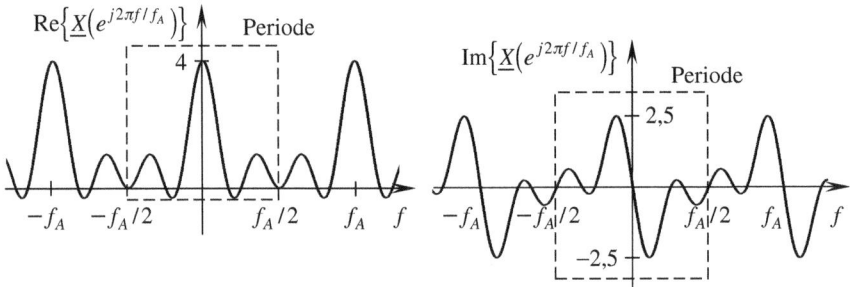

Bild 6.21 Real- und Imaginärteil des Spektrums des nichtperiodischen Signals $\{x(kT_\text{A})\} = \{\underline{1}; 1; 1; 1\}$

Gut erkennbar ist die komplexe Symmetrie auch aus dem Amplituden- und Phasenspektrum. Dazu ist Gl. (6.18) in die Exponentialform zu überführen. Bei der klassischen Variante der Umformung, die in jedem Fall praktikabel ist, geht man von der arithmetischen Form nach Gl. (6.19) aus. Es ist leicht zu sehen, dass die Betragsbildung bei vier Summanden für den Realteil und drei Summanden für den Imaginärteil an Komplexität zunimmt und die Überschaubarkeit abnimmt. Bei der anderen Variante muss vorausgesetzt werden, dass durch geschicktes Ausklammern Paare von e-Funktionen mit gleichen Exponenten und gleichem Faktor gebildet werden können, wobei sich die Exponenten eines Paares von e-Funktionen im Vorzeichen unterscheiden müssen, die Faktoren müssen den gleichen Betrag aufweisen. Für das hier gewählte Beispiel gelten die Voraussetzungen, klammert man aus der Summe Gl. (6.18) $\text{e}^{-\text{j}3\pi f/f_\text{A}}$ aus, dann ergeben sich solche gewünschte Paare.

$$\text{DTFT}\{x(kT_\text{A})\} = \left[\text{e}^{\text{j}3\pi f/f_\text{A}} + \text{e}^{\text{j}\pi f/f_\text{A}} + \text{e}^{-\text{j}\pi f/f_\text{A}} + \text{e}^{-\text{j}3\pi f/f_\text{A}}\right]\text{e}^{-\text{j}3\pi f/f_\text{A}}$$

$$\text{DTFT}\{x(kT_\text{A})\} = \left[2\cos\left(3\pi f/f_\text{A}\right) + 2\cos\left(\pi f/f_\text{A}\right)\right]\text{e}^{-\text{j}3\pi f/f_\text{A}} \quad (6.20)$$

Die Paare von e-Funktionen werden laut *Euler'scher Formel* zu Kosinusfunktionen zusammengefasst. Die Frequenzfunktion hat schon fast die Exponentialform des Spektrums, aber die Kosinusfunktionen können positiv und negativ werden. Der Betrag der Summe der Kosinusfunktionen ist das Amplitudenspektrum. Beim Phasenspektrum ist zu beachten, dass $\pm\pi$ zur Phase addiert werden muss, wenn die Summe der Kosinusfunktionen negativ ist. Das Amplituden- und Phasenspektrum lassen sich wie folgt berechnen:

$$|X(\text{e}^{\text{j}2\pi f/f_\text{A}})| = |2\cos\left(3\pi f/f_\text{A}\right) + 2\cos\left(\pi f/f_\text{A}\right)| \quad (6.21)$$

$$\arg\left\{X(\mathrm{e}^{\mathrm{j}2\pi f/f_\mathrm{A}})\right\} = \begin{cases} -3\pi f/f_\mathrm{A} & \text{für } 2\cos(3\pi f/f_\mathrm{A}) + 2\cos(\pi f/f_\mathrm{A}) \geqq 0 \\ -3\pi f/f_\mathrm{A} \pm \pi & \text{für } 2\cos(3\pi f/f_\mathrm{A}) + 2\cos(\pi f/f_\mathrm{A}) < 0. \end{cases}$$
(6.22)

Im Bild 6.22 sind das Amplituden- und Phasenspektrum dargestellt.

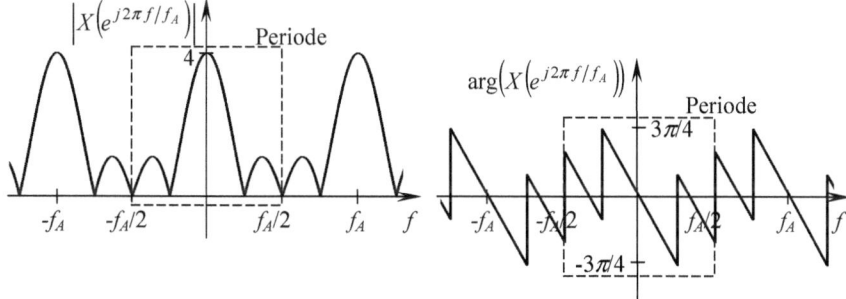

Bild 6.22 Amplituden- und Phasenspektrum des nichtperiodischen Signals $\{x(kT_\mathrm{A})\} = \{\underline{1};\ 1;\ 1;\ 1\}$

Deutlich zu sehen sind die Eigenschaften Periodizität und Symmetrie. Wegen der komplexen Symmetrie nach Gl. (6.15) ist das Amplitudenspektrum eine symmetrisch gerade Funktion und das Phasenspektrum eine symmetrisch ungerade Funktion. Diese Symmetrieeigenschaften treten auch innerhalb einer Periode f_A auf. Im Phasenspektrum sind Sprünge von $\pm\pi$ zu sehen, diese treten immer an den Frequenzen auf, an denen das Amplitudenspektrum Nullstellen aufweist. ∎

Die Umkehrung der oben beschriebenen Vorgehensweise, also die Ermittlung des zeitdiskreten Signals $\{x(kT_\mathrm{A})\}$ aus seinem vorliegenden Spektrum $X\left(\mathrm{e}^{\mathrm{j}2\pi f/f_\mathrm{A}}\right)$, erfolgt über die Rücktransformation oder inverse zeitdiskrete Fourier-Transformation IDTFT. Der Ausgangspunkt ist die Vorschrift für die Hintransformation nach Gl. (6.13a). Für die Entwicklung der inversen zeitdiskreten Fourier-Transformation wird in Gl. (6.13a) die Laufvariable k durch i ersetzt, um als Rücktransformierte die Folge $\{x(kT_\mathrm{A})\}$ zu erhalten.

$$\sum_{i=-\infty}^{\infty} x(iT_\mathrm{A})\,\mathrm{e}^{-\mathrm{j}2\pi i f/f_\mathrm{A}} = X\left(\mathrm{e}^{\mathrm{j}2\pi f/f_\mathrm{A}}\right)$$
(6.23)

Um die Gl. (6.23) nach $x(iT_\mathrm{A})$ aufzulösen, wird auf beiden Seiten der Gleichung eine Multiplikation mit $\mathrm{e}^{\mathrm{j}2\pi k f/f_\mathrm{A}}$, eine Integration über eine Periode des Spektrums f_A und eine Normierung auf die Periode durchgeführt.

$$\frac{1}{f_\mathrm{A}}\int_{-f_\mathrm{A}/2}^{f_\mathrm{A}/2} \sum_{i=-\infty}^{\infty} x(iT_\mathrm{A})\,\mathrm{e}^{-\mathrm{j}2\pi i f/f_\mathrm{A}}\,\mathrm{e}^{\mathrm{j}2\pi k f/f_\mathrm{A}}\,\mathrm{d}f = \frac{1}{f_\mathrm{A}}\int_{-f_\mathrm{A}/2}^{f_\mathrm{A}/2} X\left(\mathrm{e}^{\mathrm{j}2\pi f/f_\mathrm{A}}\right)\mathrm{e}^{\mathrm{j}2\pi k f/f_\mathrm{A}}\,\mathrm{d}f$$
(6.24)

Auf der linken Seite können die Integration und die Summenbildung vertauscht werden, da nach f integriert wird, ist die Summe über $x(iT_\mathrm{A})$ von der Integration nicht betroffen.

$$\frac{1}{f_\mathrm{A}}\sum_{i=-\infty}^{\infty} x(iT_\mathrm{A})\int_{-f_\mathrm{A}/2}^{f_\mathrm{A}/2} \mathrm{e}^{\mathrm{j}(k-i)2\pi f/f_\mathrm{A}}\,\mathrm{d}f = \frac{1}{f_\mathrm{A}}\int_{-f_\mathrm{A}/2}^{f_\mathrm{A}/2} X\left(\mathrm{e}^{\mathrm{j}2\pi f/f_\mathrm{A}}\right)\mathrm{e}^{\mathrm{j}2\pi k f/f_\mathrm{A}}\,\mathrm{d}f \quad (6.25)$$

Das Integral der linken Gleichungsseite wird genauer betrachtet, d. h. es wird die Stammfunktion gebildet und es werden die Grenzen eingesetzt.

$$\int_{-f_A/2}^{f_A/2} e^{j(k-i)2\pi f/f_A} \, df = \frac{f_A}{j(k-i)2\pi} \, e^{j(k-i)2\pi f/f_A} \Big|_{-f_A/2}^{f_A/2}$$

$$= \frac{f_A}{j(k-i)2\pi} \left(e^{j(k-i)\pi} - e^{-j(k-i)\pi} \right) \qquad (6.26)$$

Die Laufvariablen k und i können jede beliebige ganze Zahl annehmen. Genau zwei Fälle können unterschieden werden, das sind $i = k$ und $i \neq k$. Für den Fall $i \neq k$ liefern die zwei e-Funktionen entweder beide eins oder beide minus eins, sodass die Summe null wird. Für den Fall $i = k$ ergibt sich ein unbestimmter Ausdruck, der mit der Regel von *Bernoulli-L'Hospital* lösbar ist.

$$\lim_{i \to k} \frac{f_A \left(e^{j(k-i)\pi} - e^{-j(k-i)\pi} \right)}{j(k-i)2\pi} = \lim_{i \to k} \frac{f_A \left(j\pi \, e^{j(k-i)\pi} + j\pi \, e^{-j(k-i)\pi} \right)}{j2\pi} = f_A \qquad (6.27)$$

Nur für den Fall, dass $i = k$ ist, ist die linke Gleichungsseite der Gl. (6.25) nicht null. Der Abtastwert $x(kT_A)$ lässt sich mit der folgenden Vorschrift berechnen. Die Lösung des Integrals ist dann für jeden Abtastwert vorzunehmen.

Die *inverse zeitdiskrete Fourier-Transformation* IDTFT lautet

$$\text{IDTFT} \left\{ \underline{X} \left(e^{j2\pi f/f_A} \right) \right\} = x(kT_A) = \frac{1}{f_A} \int_{-f_A/2}^{f_A/2} X \left(e^{j2\pi f/f_A} \right) e^{jk2\pi f/f_A} \, df. \qquad (6.28)$$

Die Hintransformation ließ die Variablen f, F, ω oder Ω zu, dies muss natürlich im Rahmen der Rücktransformation beim Festlegen der Integrationsgrenzen, siehe dazu Tabelle 6.2, und des Differenzials berücksichtigt werden. Die Rücktransformation lautet demnach für die verschiedenen Variablen:

$$\text{DTFT} \left\{ X \left(e^{j2\pi f/f_A} \right) \right\} = \frac{1}{f_A} \int_{-f_A/2}^{f_A/2} X \left(e^{j2\pi f/f_A} \right) e^{jk2\pi f/f_A} \, df = x(kT_A) \qquad (6.29\text{a})$$

$$\text{DTFT} \left\{ X \left(e^{j2\pi F} \right) \right\} = \int_{-1/2}^{1/2} X \left(e^{j2\pi F} \right) e^{jk2\pi F} \, dF = x(kT_A) \qquad (6.29\text{b})$$

$$\text{DTFT} \left\{ X \left(e^{j\omega T_A} \right) \right\} = \frac{T_A}{2\pi} \int_{-\pi/T_A}^{\pi/T_A} X \left(e^{j\omega T_A} \right) e^{jk\omega T_A} \, d\omega = x(kT_A) \qquad (6.29\text{c})$$

$$\text{DTFT} \left\{ X \left(e^{j\Omega} \right) \right\} = \frac{1}{2\pi} \int_{-\pi}^{\pi} X \left(e^{j\Omega} \right) e^{jk\Omega} \, d\Omega = x(kT_A) \qquad (6.29\text{d})$$

Um die Vorgehensweise der inversen zeitdiskreten Fourier-Transformation zu zeigen, wird aus dem im vorangegangenen Beispiel berechneten Frequenzspektrum das Zeitsignal ermittelt.

6.3 Spektraldarstellung von Abtastsignalen und zeitdiskreten Signalen

Beispiel 6.7 Berechnung des Signals $\{x(kT_A)\}$ aus dem Spektrum $X\left(e^{j2\pi f/f_A}\right)$ nach Gl. (6.18)

$$X\left(e^{j2\pi f/f_A}\right) = 1 + e^{-j2\pi f/f_A} + e^{-j2\cdot 2\pi f/f_A} + e^{-j3\cdot 2\pi f/f_A}$$

Es ist das Integral

$$\text{IDTFT}\left\{X\left(e^{j2\pi f/f_A}\right)\right\} = \frac{1}{f_A}\int_{-f_A/2}^{f_A/2}\left[1 + e^{-j2\pi f/f_A} + e^{-j2\cdot 2\pi f/f_A} + e^{-j3\cdot 2\pi f/f_A}\right]e^{jk2\pi f/f_A}\,df$$

zu lösen. Dazu wird zuerst ausmultipliziert und jeder Summand der entstandenen Summe dann integriert. Da hier gleiche Integrale wie in Gl. (6.26) entstehen, ergeben sich für die Integrale nur dann Werte ungleich null, wenn die Exponenten der e-Funktionen null werden.

$$x(kT_A) = \frac{1}{f_A}\left(\underbrace{\int_{-f_A/2}^{f_A/2} e^{jk2\pi f/f_A}\,df}_{f_A \text{ für } k=0} + \underbrace{\int_{-f_A/2}^{f_A/2} e^{j(k-1)2\pi f/f_A}\,df}_{f_A \text{ für } k=1} + \underbrace{\int_{-f_A/2}^{f_A/2} e^{j(k-2)2\pi f/f_A}\,df}_{f_A \text{ für } k=2} + \underbrace{\int_{-f_A/2}^{f_A/2} e^{j(k-3)2\pi f/f_A}\,df}_{f_A \text{ für } k=3}\right) \quad (6.30)$$

Mit diesen Werten für die Integrale sind die einzelnen Werte des zeitdiskreten Signals definiert.

$k = 0:$ $\quad x(0 \cdot T_A) = \dfrac{1}{f_A}(f_A + 0 + 0 + 0)$

$k = 1:$ $\quad x(1 \cdot T_A) = \dfrac{1}{f_A}(0 + f_A + 0 + 0)$

...

Wie zu erwarten war, ergibt sich für das zeitdiskrete Signal $\{x(kT_A)\}$ die Folge

$$\{x(kT_A)\} = \{\underline{1};\,1;\,1;\,1\}. \quad (6.31)$$

■

6.4 Spektraldarstellung von Signalen mittels diskreter Fourier-Transformation

6.4.1 Diskrete Fourier-Transformation und inverse diskrete Fourier-Transformation

6.4.1.1 Hintransformation

Im Abschnitt 6.3 wurde die Spektraldarstellung von Signalen, die als Zahlenfolgen vorlagen, hergeleitet. Danach stellt die folgende Gl. (6.32) den Ausgangspunkt für die Herleitung der diskreten Fourier-Transformation dar.

$$X\left(e^{j2\pi f/f_A}\right) = \sum_{k=-\infty}^{\infty} x(kT_A)\, e^{-j2\pi f k T_A} \tag{6.32}$$

Bei einer praktischen Anwendung wird immer über eine endliche Anzahl von Abtastwerten summiert. Die Anzahl der Abtastwerte im Zeitbereich beträgt K, die Dauer des zu transformierenden Zeitsignals entsprechend $K T_A$. Wie im Bild 6.23 dargestellt, erhält man ein kontinuierliches mit der Abtastfrequenz $f_A = 1/T_A$ periodisch wiederholtes Spektrum $X\left(e^{j2\pi f/f_A}\right)$.

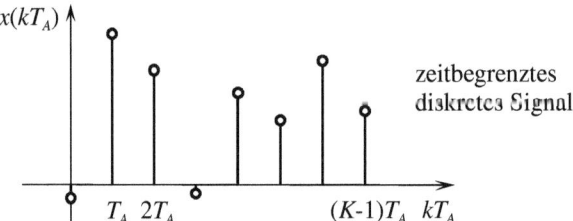

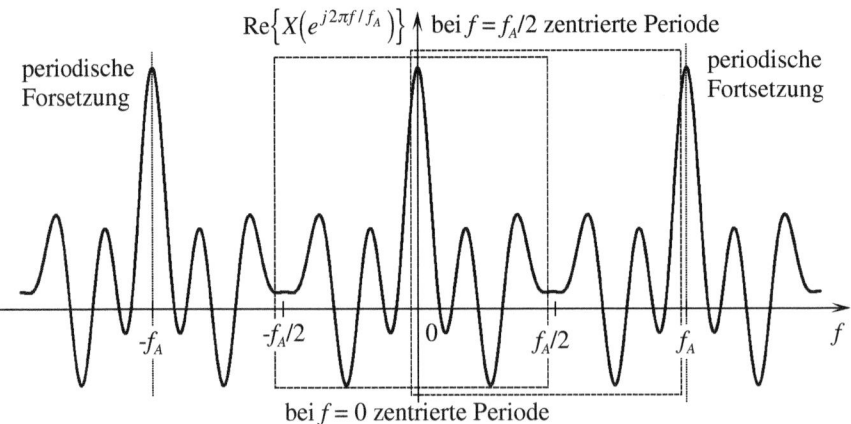

Bild 6.23 Periodisch fortgesetztes kontinuierliches Spektrum eines zeitdiskreten Signals

6.4 Spektraldarstellung von Signalen mittels diskreter Fourier-Transformation

Tastet man das kontinuierliche Spektrum $X\left(e^{j2\pi f/f_A}\right)$ mit dem diskreten Frequenzintervall Δf ab, so treten nur noch Spektralwerte bei den diskreten Frequenzen $n\Delta f$ mit $n = 0, 1, 2, \ldots, n_{\max} - 1$ auf. Ausgehend von der Periode $f_A = 1/T_A$ erhält eine Periode des Spektrums $f_A/\Delta f$ Abtastungen. Diese entsprechen den Spektrallinien wie sie auch bei Fourier-Reihen auftreten. Festzulegen bleibt noch das diskrete Frequenzintervall Δf, durch das die Anzahl der Abtastungen pro Periode festgelegt wird.

$$X\left(e^{j2\pi n\Delta f/f_A}\right) = \sum_{k=0}^{K-1} x(kT_A)\, e^{-j2\pi n\Delta f k T_A} \tag{6.33}$$

Das mit dem diskreten Frequenzintervall Δf abgetastete kontinuierliche und periodisch fortgesetzte Spektrum korrespondiert mit einem periodischen und zeitdiskreten Zeitsignal mit der Periode $1/\Delta f$. Wie im Bild 6.24 veranschaulicht, werden im vorliegenden Fall die im Bild 6.23 dargestellten K diskreten Signalwerte mit der Periode $1/\Delta f$ wiederholt.

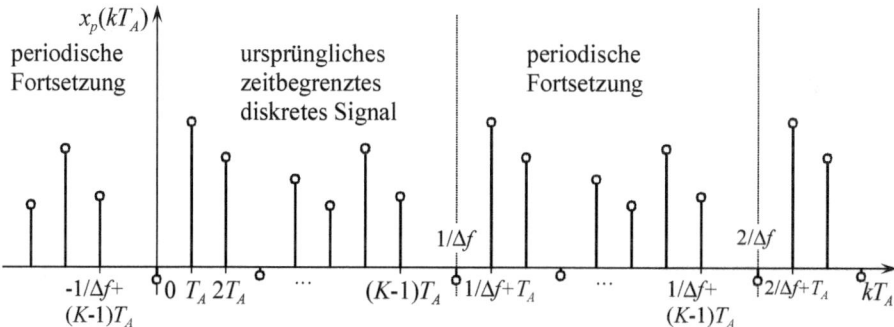

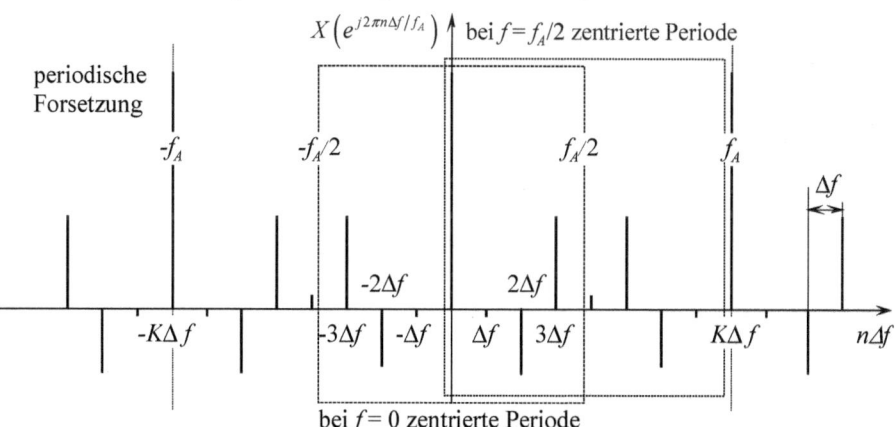

Bild 6.24 Periodisch fortgesetztes diskretes Spektrum eines diskreten Zeitsignals

Um Überlappungen benachbarter Perioden des periodisch fortgesetzten diskreten Zeitsignals zu vermeiden, muss folgende Randbedingung für das Frequenzintervall Δf eingehalten werden:

$$\frac{1}{\Delta f} \geq KT_A \quad \text{bzw.} \quad \Delta f \leq \frac{1}{KT_A}$$

Sinnvollerweise wählt man den größtmöglichen Wert $\Delta f = 1/KT_A$. Eine feinere Abtastung des Spektrums liefert keine zusätzliche Information über das Signal. Mit dem Frequenzintervall

$$\Delta f = \frac{1}{KT_A} \quad \text{und} \quad f_A = \frac{1}{T_A} \tag{6.34}$$

erhält man in einer Periode des Spektrums $f_A/\Delta f = K$ Spektrallinien. Die Gleichheit der Anzahl der Abtastwerte in einer Periode des Zeitsignals und der Anzahl der Spektrallinien in einer Periode des Spektrums ist auch intuitiv naheliegend. Gl. (6.33) vereinfacht sich dadurch.

$$X\left(e^{j2\pi n \Delta f / f_A}\right) = X\left(e^{j2\pi \frac{n/KT_A}{f_A}}\right) = X\left(e^{j2\pi \frac{n}{K}}\right)$$

$$X\left(e^{j2\pi n \Delta f / f_A}\right) = \sum_{k=0}^{K-1} x(kT_A) e^{-j2\pi n \frac{1}{KT_A} kT_A} = \sum_{k=0}^{K-1} x(kT_A) e^{-j2\pi \frac{nk}{K}} \tag{6.35}$$

Gl. (6.35) beschreibt die sogenannte *diskrete Fourier-Transformation (DFT)*. Die Abtastwerte im Zeit- und Frequenzbereich werden bei einer programmtechnischen Realisierung der DFT als Feldelemente gespeichert. Somit lautet die DFT in vereinfachter Schreibweise

$$\underline{X}(n\Delta f) = \sum_{k=0}^{K-1} x(kT_A) e^{-j2\pi nk/K} \quad \text{bzw.}$$

$$\underline{X}(n) = \sum_{k=0}^{K-1} x(k) e^{-j2\pi nk/K} \tag{6.36}$$

Der Index n im Frequenzbereich durchläuft in den meisten programmtechnischen Realisierungen den Zahlenbereich $n = 0, 1, 2, \ldots, K-2, K-1$. Prinzipiell wäre auch eine Programmierung mit negativen Indizes möglich, z. B. $n = -K/2, \ldots, -1, 0, 1, \ldots, K/2 - 1$. Dies ist jedoch nicht in allen Programmiersprachen möglich und in der Praxis nicht gebräuchlich.

Bild 6.25 zeigt exemplarisch sämtliche im speziellen Fall $K = 8$ in Gl. (6.36) auftretenden komplexen Faktoren $e^{-j2\pi nk/8}$, mit Betrag und Phase sowie mit Real- und Imaginärteil in der *Gauß'schen Zahlenebene*. Obwohl das Produkt $n \cdot k$ Werte von 0 bis $7 \cdot 7 = 49$ annehmen kann, treten aufgrund der Periodizität der komplexen Exponentialfunktion nur 8 verschiedene komplexe Faktoren auf. Die in den Exponenten mit j multiplizierten Zahlenwerte können als Drehwinkel im Bogenmaß interpretiert werden. Daher werden die Exponentialterme auch *Drehfaktoren* genannt.

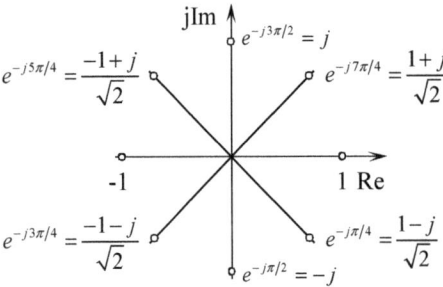

Bild 6.25 Drehfaktoren der 8-Punkte-DFT

6.4 Spektraldarstellung von Signalen mittels diskreter Fourier-Transformation

Bei Anwendung auf periodische Signale liefert die diskrete Fourier-Transformation immer korrekte Ergebnisse. Das Ergebnis der Transformation eines nichtperiodischen Signals der Dauer KT_A entspricht jedoch dem Ergebnis der Transformation eines mit der Periode KT_A periodisch fortgesetzten Signals. Welche Konsequenzen sich daraus ergeben, wird im Abschnitt 6.6 erläutert.

Will man Zeiten und Frequenzen in s bzw. Hz ablesen, so muss k durch kT_A bzw. n durch $n/KT_A = n\Delta f$ ersetzt werden. Soll das Ergebnis der DFT eine Spektraldichte z. B. in V/Hz oder A/Hz sein, so muss $\underline{X}(n)$ nach Gl. (6.36) mit dem Vorfaktor T_A multipliziert werden.

Beispiel 6.8

Als Rechenbeispiel dient die periodisch fortgesetzte diskrete Rechteckfunktion
$$\{x(kT_A)\} = \{\text{rect}_4(kT_A)\} * \left\{ \sum_{i=-\infty}^{\infty} \delta\left((k-8i)\,T_A\right) \right\} \text{ nach Bild 6.26.}$$

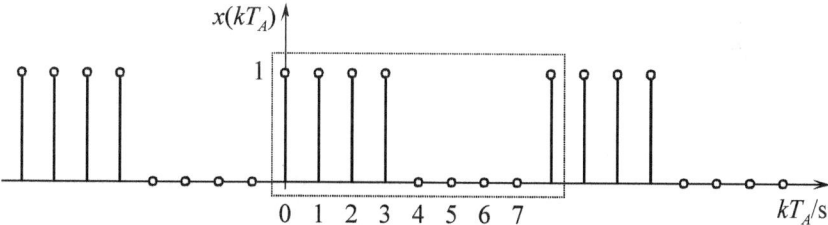

Bild 6.26 Periodisches zeitdiskretes Signal

Für die Berechnung des diskreten Spektrums nach Gl. (6.36) wird nur eine Periode des Zeitsignals verwendet. Lässt man die Multiplikationen mit null weg, so berechnen sich die Spektralwerte zu

$$\underline{X}(n) = \sum_{k=0}^{3} e^{-j2\pi nk/K} \quad \text{mit} \quad n = 0, 1, 2, \ldots, 7. \tag{6.37}$$

Die detaillierte Berechnung liefert 8 Spektralwerte, von denen 3 gleich null sind.

$\underline{X}(0) = 1 + 1 \quad\quad\quad + 1 \quad\quad\quad + 1 \quad\quad\quad = 4$
$\underline{X}(1) = 1 + e^{-j2\pi/8} + e^{-j2\pi 2/8} + e^{-j2\pi 3/8} = 1 - j\left(1 + \sqrt{2}\right)$
$\underline{X}(2) = 1 + e^{-j2\pi 2/8} + e^{-j2\pi 4/8} + e^{-j2\pi 6/8} = 0$
$\underline{X}(3) = 1 + e^{-j2\pi 3/8} + e^{-j2\pi 6/8} + e^{-j2\pi 9/8} = 1 + j\left(1 - \sqrt{2}\right)$
$\underline{X}(4) = 1 + e^{-j2\pi 4/8} + e^{-j2\pi 8/8} + e^{-j2\pi 12/8} = 0$
$\underline{X}(5) = 1 + e^{-j2\pi 5/8} + e^{-j2\pi 10/8} + e^{-j2\pi 15/8} = 1 - j\left(1 - \sqrt{2}\right)$
$\underline{X}(6) = 1 + e^{-j2\pi 6/8} + e^{-j2\pi 12/8} + e^{-j2\pi 18/8} = 0$
$\underline{X}(7) = 1 + e^{-j2\pi 7/8} + e^{-j2\pi 14/8} + e^{-j2\pi 21/8} = 1 + j\left(1 + \sqrt{2}\right)$

Bild 6.27 zeigt das Betragsspektrum und das Phasenspektrum, einschließlich ihrer periodischen Fortsetzungen.

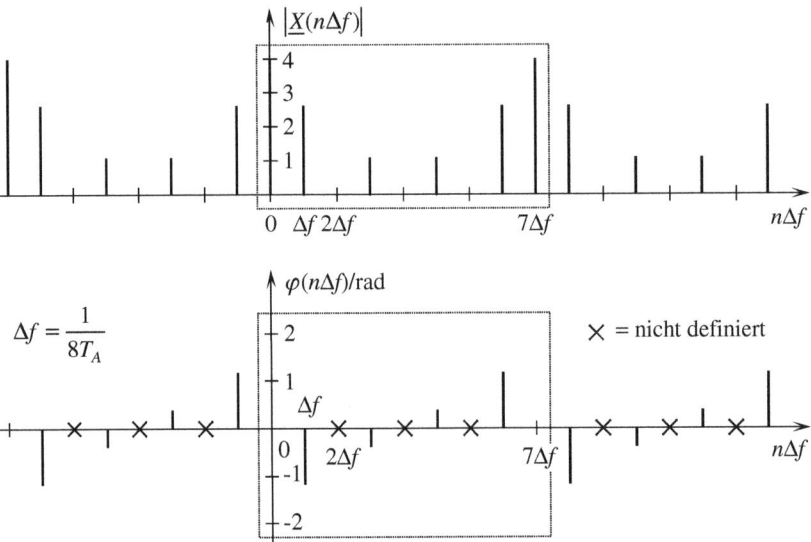

Bild 6.27 DFT-Spektrum des periodischen zeitdiskreten Signals

Durch die periodische Fortsetzung des DFT-Spektrums treten die von der kontinuierlichen Fourier-Transformation bekannten negativen Frequenzen wieder auf, wenn man beispielsweise die Periode von $-4\Delta f$ bis $3\Delta f$ benutzt. Die diskreten Frequenzen $n\Delta f$ liegen dann zwischen der kleinsten Frequenz $-4/8T_A$ und der größten Frequenz $3/8T_A$, mit einer Schrittweite von $1/KT_A$. In den Bildern 6.26 und 6.27 werden für die Abtastzeitpunkte und die Frequenzen der Spektrallinien jeweils konkrete Zahlenwerte für $T_A = 1\,\text{s}$ verwendet. ∎

Ist das Zeitsignal $x(kT_A)$ reell, so tritt hier wieder die konjugiert komplexe Symmetrie des Spektrums, die bereits in Gl. (5.81) beschrieben wurde, auf und es gilt

$$\underline{X}(n) = \underline{X}^*(-n)\,. \tag{6.38a}$$

Infolge der Periodizität des DFT-Spektrums tritt diese Symmetrie bezüglich sämtlicher ganzzahliger Vielfacher der Periodendauer K auf und es gilt

$$\underline{X}(n) = \underline{X}^*(NK - n)\,. \tag{6.38b}$$

Weitere Symmetriepunkte liegen bei $NK + K/2$, sodass außerdem gilt

$$\underline{X}(NK + K/2 + n) = \underline{X}^*(NK + K/2 - n)\,. \tag{6.38c}$$

Für obiges Beispiel gilt $\underline{X}(4+n) = \underline{X}^*(4-n)$.

6.4.1.2 Rücktransformation

Ausgangspunkt der Herleitung der *inversen* Transformation ist die Symmetrie von Hin- und Rücktransformation bei der kontinuierlichen Fourier-Transformation nach Gl. (5.57) bzw. Gl. (5.61).

$$\underline{X}(f) = \int_{-\infty}^{\infty} x(t)\,\mathrm{e}^{-\mathrm{j}2\pi ft}\,\mathrm{d}t \tag{6.39a}$$

6.4 Spektraldarstellung von Signalen mittels diskreter Fourier-Transformation

$$x(t) = \int_{-\infty}^{\infty} \underline{X}(f)\, e^{j2\pi ft}\, df \tag{6.39b}$$

Dies legt die Vermutung nahe, dass die *inverse diskrete Fourier-Transformation (IDFT)* nach folgendem Schema berechnet werden kann:

$$x(k) = \sum_{n=0}^{K-1} \underline{X}(n)\, e^{j2\pi \frac{nk}{K}}. \tag{6.40}$$

Zu überprüfen ist nun, ob aus der DFT eines zeitdiskreten Signals gefolgt von der so definierten IDFT wieder das ursprüngliche zeitdiskrete Signal resultiert.

$$x(k) = \text{IDFT}\left(\text{DFT}\left(x(k)\right)\right) \tag{6.41}$$

Gl. (6.36) und Gl. (6.40) werden kombiniert zu:

$$x(k) = \sum_{n=0}^{K-1} \underbrace{\sum_{i=0}^{K-1} x(i)\, e^{-j2\pi \frac{ni}{K}}}_{\underline{X}(n)}\, e^{j2\pi \frac{nk}{K}} = \sum_{i=0}^{K-1} x(i) \underbrace{\sum_{n=0}^{K-1} e^{j2\pi n \frac{k-i}{K}}}_{\text{innere Summe}}. \tag{6.42}$$

Im Gegensatz zu Gl. (6.36) wird bei der Hintransformation (DFT) jetzt, um Verwechslungen zu vermeiden, der Index i verwendet. Für die innere Summe kann folgende Fallunterscheidung getroffen werden:

$$\sum_{n=0}^{K-1} e^{j2\pi n \frac{k-i}{K}} = \begin{cases} K & \text{für } i = k \\ 0 & \text{für } i \neq k. \end{cases} \tag{6.43}$$

Im Fall $i = k$ nimmt die Exponentialfunktion den Wert eins an, sodass über K Einsen summiert werden. Im Fall $i \neq k$ wird, mit beliebigen Werten für i und k immer über eine ganzzahlige Anzahl von Perioden der komplexen harmonischen Schwingung $e^{j2\pi n(k-i)/K}$ summiert, woraus der Summenwert null resultiert. Gleichung (6.42) liefert somit das widersprüchliche Ergebnis

$$x(k) = K \cdot x(k)$$

Der Widerspruch kann auf zwei Arten beseitigt werden.

Version 1: Multiplikation mit $1/K$ bei der Rücktransformation

$$\underline{X}(n) = \sum_{k=0}^{K-1} x(k)\, e^{-j2\pi \frac{nk}{K}} \circ\!\!-\!\!\bullet\ x(k) = \frac{1}{K} \sum_{n=0}^{K-1} \underline{X}(n)\, e^{j2\pi \frac{nk}{K}} \tag{6.44a}$$

Version 2: Multiplikation mit $1/K$ bei der Hintransformation

$$\underline{X}(n) = \frac{1}{K} \sum_{k=0}^{K-1} x(k)\, e^{-j2\pi \frac{nk}{K}} \circ\!\!-\!\!\bullet\ x(k) = \sum_{n=0}^{K-1} \underline{X}(n)\, e^{j2\pi \frac{nk}{K}} \tag{6.44b}$$

Beide Versionen sind in der Anwendung gebräuchlich.

6.4.2 Schnelle diskrete Fourier-Transformation

Im Sprachgebrauch wird die schnelle diskrete Fourier-Transformation FFT genannt. Dies ist die Abkürzung der englischen Bezeichnung *fast Fourier transform*. Es handelt sich dabei nicht um eine neue Transformation, sondern um einen Algorithmus, in dem die einzelnen Berechnungen so organisiert sind, dass, bei gleichem Ergebnis der Transformation, die Rechenzeit im Vergleich zur DFT nach Gl. (6.36) deutlich reduziert werden kann.

Ein grobes Maß für den Rechenaufwand stellt die für eine Hin- oder Rücktransformation erforderliche Anzahl komplexer Multiplikationen nach den folgenden Schemata dar:

$$x(k) \cdot e^{-j2\pi nk/K} \,\hat{=}\, x(kT_A) \cdot e^{-j2\pi nk/K} \quad \text{bzw.}$$

$$\underline{X}(n) \cdot e^{j2\pi nk/K} \,\hat{=}\, \underline{X}(n/KT_A) \cdot e^{j2\pi nk/K}.$$

Die Multiplikationen in den Exponenten und die Berechnung der Exponentialfunktionen tragen nur wenig zum Rechenaufwand bei, da, infolge der Periodizität der komplexen harmonischen Schwingungen, die Anzahl auftretender Werte der Exponentialfunktion, wie im Folgenden noch gezeigt wird, sehr begrenzt ist, sodass diese Werte vorab bestimmt werden können. Da sowohl bei der DFT als auch bei der IDFT k und n jeweils K Werte durchlaufen, sind für eine komplette Transformation K^2 komplexe Multiplikationen erforderlich, was bei großen Werten von K sehr zeitaufwendig wird. Anzumerken ist hier, dass moderne Rechner Hardwaremultiplizierer enthalten, sodass die alleinige Betrachtung der Anzahl der komplexen Multiplikationen im Vergleich zu früheren Rechnergenerationen nur ein ungefähres Maß für den Rechenaufwand darstellt. Dieses Maß ist jedoch ausreichend, um die Vorteile des FFT-Algorithmus zu verstehen. Die Anzahl der komplexen Additionen wird ebenfalls deutlich reduziert, aber wird üblicherweise nicht als Maß für den Rechenaufwand angegeben.

Eine Grundbedingung für die Entwicklung von FFT-Algorithmen ist die Zerlegbarkeit von K in ein Produkt von Primfaktoren (Radizes). Je kleiner diese Primfaktoren sind, desto effektiver wird eine FFT. Unter Effektivität ist hier die Gesamtanzahl auszuführender komplexer Multiplikationen im Verhältnis zur Anzahl bei einer DFT gleicher Größe zu verstehen.

Die weiter unten exemplarisch hergeleitete 8-Punkte-FFT ($K = 8$ Abtastungen im Zeitbereich und 8 Spektrallinien im Frequenzbereich) gehört zur Klasse der *Radix 2-FFT*s. Eine 9-Punkte-FFT für $K = 3^2 = 9$ wäre eine *Radix 3-FFT*. Auch gemischte Radizes wie etwa $K = 2 \cdot 2 \cdot 3 = 12$ sind möglich. Man spricht dann von einer *Mixed Radix-FFT*. Die einfachsten Algorithmen erhält man, wenn K eine Zweierpotenz darstellt. Auf dieser Voraussetzung beruhen die meisten erhältlichen FFT-Programme, die beispielsweise im Internet für verschiedene Programmiersprachen zu finden sind. Die Herleitung bzw. Programmierung von Mixed Radix-FFTs ist wesentlich aufwendiger. Eine sehr gute Quelle hierzu ist die Originalveröffentlichung zur FFT von Cooley und Tukey aus dem Jahr 1965 /8/. Ist K eine Primzahl, so ist die FFT nicht anwendbar und das Spektrum muss mit der DFT berechnet werden.

Die Herleitung erfolgt hier exemplarisch anhand der Hintransformation für den Fall $K = 8$. Das Prinzip des Algorithmus lässt sich leicht auf größere Zweierpotenzen übertragen. Da es sich hier um eine Radix 2-FFT handelt, werden die Indizes k und n binär codiert. Bei einer Radix 3-FFT würde eine ternäre Codierung der Indizes durchgeführt.

$$k = 4k_2 + 2k_1 + k_0, \qquad n = 4n_2 + 2n_1 + n_0 \tag{6.45}$$

6.4 Spektraldarstellung von Signalen mittels diskreter Fourier-Transformation

Damit lautet die DFT nach Gl. (6.36)

$$\underline{X}(4n_2 + 2n_1 + n_0) = \sum_{k_0=0}^{1} \sum_{k_1=0}^{1} \sum_{k_2=0}^{1} x(4k_2 + 2k_1 + k_0) \, e^{-j2\pi \frac{(4n_2+2n_1+n_0)(4k_2+2k_1+k_0)}{8}}.$$

(6.46)

Ausmultiplizieren im Exponenten und Ausklammern eröffnet Möglichkeiten zur Vereinfachung. Daraus resultiert eine Reduktion der Anzahl der komplexen Multiplikationen.

$$\underline{X}(4n_2 + 2n_1 + n_0) = \sum_{k_0=0}^{1} e^{-j2\pi \frac{(4n_2+2n_1+n_0)k_0}{8}} \sum_{k_1=0}^{1} e^{-j2\pi \frac{(8n_2+4n_1+2n_0)k_1}{8}}$$
$$\times \sum_{k_2=0}^{1} x(4k_2 + 2k_1 + k_0) \, e^{-j2\pi \frac{(16n_2+8n_1+4n_0)k_2}{8}}$$
$$= \sum_{k_0=0}^{1} e^{-j2\pi \frac{(4n_2+2n_1+n_0)k_0}{8}} \sum_{k_1=0}^{1} e^{-j2\pi \frac{8n_2 k_1}{8}} e^{-j2\pi \frac{(4n_1+2n_0)k_1}{8}}$$
$$\times \sum_{k_2=0}^{1} x(4k_2 + 2k_1 + k_0) \, e^{-j2\pi \frac{(16n_2+8n_1)k_2}{8}} e^{-j2\pi \frac{4n_0 k_2}{8}} \quad (6.47)$$

In den Exponentialtermen $e^{-j2\pi \frac{8n_2 k_1}{8}}$ bzw. $e^{-j2\pi \frac{(16n_2+8n_1)k_2}{8}}$ treten immer ganzzahlige Vielfache von $j2\pi$ auf, sodass die zugehörigen Exponentialterme gleich eins sind und weggelassen werden können.

$$\underline{X}(4n_2 + 2n_1 + n_0) = \sum_{k_0=0}^{1} e^{-j2\pi \frac{(4n_2+2n_1+n_0)k_0}{8}} \sum_{k_1=0}^{1} e^{-j2\pi \frac{(4n_1+2n_0)k_1}{8}}$$
$$\times \underbrace{\sum_{k_2=0}^{1} x(4k_2 + 2k_1 + k_0) \, e^{-j2\pi \frac{4n_0 k_2}{8}}}_{\underline{X}_1(4n_0+2k_1+k_0)} \quad (6.48)$$

Mit dem Term $\underline{X}_1(4n_0 + 2k_1 + k_0)$ wird ein erstes Zwischenergebnis bezeichnet. Da über k_2 summiert wurde, taucht dieser Summationsindex im Argument nicht auf.

Der FFT-Algorithmus weist eine mehrstufige Struktur auf. Die Anzahl der Stufen richtet sich nach dem Wert von K. $K = 1024 = 2^{10}$ würde beispielsweise zu einem zehnstufigen Algorithmus führen. Im vorliegenden Fall erhält man bei $K = 8 = 2^3$ einen dreistufigen Algorithmus. Die Ergebnisse der einzelnen Stufen des Algorithmus werden Teilspektren genannt. Diese Teilspektren stellen jeweils die Eingangssignale der folgenden Stufen dar.

Nach der Vereinfachung werden die Binärsummen schrittweise von rechts nach links abgearbeitet. Man bestimmt zuerst das Teilspektrum $\underline{X}_1(4n_0 + 2k_1 + k_0)$, bei dem nach der Summation die Abhängigkeit von k_2 entfällt. Man kann eine derartige Summation auch als 2-Punkte-DFT (Radix 2) auffassen. Im Zeitbereich lautet der Summationsindex k_2, im Frequenzbereich n_0.

$$\underline{X}_1(4n_0 + 2k_1 + k_0) = \sum_{k_2=0}^{1} x(4k_2 + 2k_1 + k_0) \, e^{-j2\pi \frac{4n_0 k_2}{8}}$$

$$\underline{X}_1(4n_0 + 2k_1 + k_0) = \underbrace{x(2k_1 + k_0)}_{k_2=0} + \underbrace{x(4 + 2k_1 + k_0)}_{k_2=1} e^{-j2\pi \frac{4n_0}{8}}$$

$$\underline{X}(4n_2 + 2n_1 + n_0) = \sum_{k_0=0}^{1} e^{-j2\pi \frac{(4n_2+2n_1+n_0)k_0}{8}}$$

$$\times \underbrace{\sum_{k_1=0}^{1} e^{-j2\pi \frac{(4n_1+2n_0)k_1}{8}} \underline{X}_1\left(4n_0 + 2k_1 + k_0\right)}_{\underline{X}_2(4n_0+2n_1+k_0)} \quad (6.49)$$

Als nächstes bestimmt man das Teilspektrum $\underline{X}_2$, bei dem nach der Summation die Abhängigkeit von k_1 entfällt. Man kann diese Summation wieder als eine 2-Punkte-DFT (Radix 2) auffassen. Im Zeitbereich lautet der Summationsindex k_1, im Frequenzbereich n_1.

$$\underline{X}_2\left(4n_0 + 2n_1 + k_0\right) = \sum_{k_1=0}^{1} \underline{X}_1\left(4n_0 + 2k_1 + k_0\right) e^{-j2\pi \frac{(4n_1+2n_0)k_1}{8}}$$

$$\underline{X}_2\left(4n_0 + 2n_1 + k_0\right) = \underbrace{\underline{X}_1\left(4n_0 + k_0\right)}_{k_1=0} + \underbrace{\underline{X}_1\left(4n_0 + 2 + k_0\right) e^{-j2\pi \frac{4n_1+2n_0}{8}}}_{k_1=1} \quad (6.50)$$

Abschließend bestimmt man das endgültige Spektrum, bei dem nach der Summation auch die Abhängigkeit von k_0 entfällt. Man kann auch diese Summation wieder als eine 2-Punkte-DFT (Radix 2) auffassen. Im Zeitbereich lautet der Summationsindex k_0, im Frequenzbereich n_2.

$$\underline{X}_3\left(4n_0 + 2n_1 + n_2\right) = \sum_{k_0=0}^{1} \underline{X}_2\left(4n_0 + 2n_1 + k_0\right) e^{-j2\pi \frac{(4n_2+2n_1+n_0)k_0}{8}}$$

$$\underline{X}_3\left(4n_0 + 2n_1 + n_2\right) = \underbrace{\underline{X}_2\left(4n_0 + 2n_1\right)}_{k_0=0} + \underbrace{\underline{X}_2\left(4n_0 + 2n_1 + 1\right) e^{-j2\pi \frac{4n_2+2n_1+n_0}{8}}}_{k_0=1} \quad (6.51)$$

Vergleicht man die resultierende Indizierung $4n_0 + 2n_1 + n_2$ von $\underline{X}_3$ mit dem ursprünglich angegebenen Schema $n = 4n_2 + 2n_1 + n_0$, so stellt man fest, dass im Frequenzbereich die Reihenfolge der Wertigkeiten der einzelnen Binärstellen umgekehrt wurde. Im Englischen wird dieser Effekt *bit reversal* genannt. Man nennt derartige Varianten der FFT auch *decimation in frequency*-Algorithmen, wobei *decimation* nicht so zu verstehen ist, dass die Zahl der Abtastwerte reduziert wird. Eine ausführliche Erläuterung des Begriffs findet man z. B. in /38/. Als abschließender Schritt ist ein entsprechendes Umordnen der Indizes im Frequenzbereich erforderlich. Es gibt auch Varianten der FFT, bei denen der *bit reversal* als erster Schritt im Zeitbereich durchzuführen ist /38/. Derartige Varianten der FFT nennt man auch *decimation in time*-Algorithmen. Im vorliegenden Fall wird der *bit reversal* nach folgendem Schema durchgeführt:

$$\underline{X}(4n_2 + 2n_1 + n_0) = \underline{X}_3(4n_0 + 2n_1 + n_2). \quad (6.52)$$

wobei die Indizes n_0, n_1 und n_2 jeweils die Werte 0 und 1 durchlaufen.

In jeder Stufe des hergeleiteten Algorithmus werden acht Werte eines Teilspektrums als Summen über jeweils zwei Summanden berechnet. Von den beiden Summanden wird jeweils nur einer mit einem komplexen Faktor multipliziert. Pro Stufe des Algorithmus treten also insgesamt acht komplexe Multiplikationen auf, im gesamten Algorithmus somit 24. Dies ist weniger als die Hälfte der 64 komplexen Multiplikationen, die bei einer 8-Punkte-DFT auftreten. Im allgemeinen Fall, mit $K = 2^N$, besteht die FFT aus $N = \text{ld}(K)$ Stufen mit jeweils K komplexen Multiplikationen. Der *Logarithmus dualis* $\text{ld}(K)$ kann beispielsweise mittels

6.4 Spektraldarstellung von Signalen mittels diskreter Fourier-Transformation

der Beziehung $\mathrm{ld}(K) = \ln(K)/\ln(2)$ bestimmt werden. Im allgemeinen Fall liegt die Anzahl komplexer Multiplikationen bei:

$$K \cdot N = K \cdot \mathrm{ld}(K).\qquad(6.53)$$

Eine tiefere Einsicht in den Algorithmus gewinnt man, wenn man die Berechnung der acht komplexen Zahlenwerte jedes Teilspektrums detailliert betrachtet.

Tabelle 6.3a Berechnung der Zahlenwerte des Teilspektrums $\underline{X}_1$

n_0	k_1	k_0	$4n_0 + 2k_1 + k_0$	$\underline{X}_1(4n_0 + 2k_1 + k_0) =$ $x(2k_1 + k_0) + x(4 + 2k_1 + k_0)\, e^{-j2\pi \frac{4n_0}{8}}$
0	0	0	0	$\underline{X}_1(0) = x(0) + x(4)$
0	0	1	1	$\underline{X}_1(1) = x(1) + x(5)$
0	1	0	2	$\underline{X}_1(2) = x(2) + x(6)$
0	1	1	3	$\underline{X}_1(3) = x(3) + x(7)$
1	0	0	4	$\underline{X}_1(4) = x(0) - x(4)$
1	0	1	5	$\underline{X}_1(5) = x(1) - x(5)$
1	1	0	6	$\underline{X}_1(6) = x(2) - x(6)$
1	1	1	7	$\underline{X}_1(7) = x(3) - x(7)$

Tabelle 6.3b Berechnung der Zahlenwerte des Teilspektrums $\underline{X}_2$

n_0	n_1	k_0	$4n_0 + 2n_1 + k_0$	$\underline{X}_2(4n_0 + 2n_1 + k_0) =$ $\underline{X}_1(4n_0 + k_0) + \underline{X}_1(4n_0 + 2 + k_0)\, e^{-j2\pi \frac{4n_1 + 2n_0}{8}}$
0	0	0	0	$\underline{X}_2(0) = \underline{X}_1(0) + \underline{X}_1(2)$
0	0	1	1	$\underline{X}_2(1) = \underline{X}_1(1) + \underline{X}_1(3)$
0	1	0	2	$\underline{X}_2(2) = \underline{X}_1(0) - \underline{X}_1(2)$
0	1	1	3	$\underline{X}_2(3) = \underline{X}_1(1) - \underline{X}_1(3)$
1	0	0	4	$\underline{X}_2(4) = \underline{X}_1(4) + \underline{X}_1(6)\, e^{-j\pi/2}$
1	0	1	5	$\underline{X}_2(5) = \underline{X}_1(5) + \underline{X}_1(7)\, e^{-j\pi/2}$
1	1	0	6	$\underline{X}_2(6) = \underline{X}_1(4) - \underline{X}_1(6)\, e^{-j\pi/2}$
1	1	1	7	$\underline{X}_2(7) = \underline{X}_1(5) - \underline{X}_1(7)\, e^{-j\pi/2}$

Tabelle 6.3c Berechnung der Zahlenwerte des endgültigen Spektrums

n_0	n_1	n_2	$4n_0 + 2n_1 + n_2$	$\underline{X}_3(4n_0 + 2n_1 + n_2) =$ $\underline{X}_2(4n_0 + 2n_1) + \underline{X}_2(4n_0 + 2n_1 + 1)\, e^{-j2\pi \frac{4n_2 + 2n_1 + n_0}{8}}$
0	0	0	0	$\underline{X}_3(0) = \underline{X}_2(0) + \underline{X}_2(1)$
0	0	1	1	$\underline{X}_3(1) = \underline{X}_2(0) - \underline{X}_2(1)$
0	1	0	2	$\underline{X}_3(2) = \underline{X}_2(2) + \underline{X}_2(3)\, e^{-j\pi/2}$
0	1	1	3	$\underline{X}_3(3) = \underline{X}_2(2) - \underline{X}_2(3)\, e^{-j\pi/2}$
1	0	0	4	$\underline{X}_3(4) = \underline{X}_2(4) + \underline{X}_2(5)\, e^{-j\pi/4}$
1	0	1	5	$\underline{X}_3(5) = \underline{X}_2(4) - \underline{X}_2(5)\, e^{-j\pi/4}$
1	1	0	6	$\underline{X}_3(6) = \underline{X}_2(6) + \underline{X}_2(7)\, e^{-j3\pi/4}$
1	1	1	7	$\underline{X}_3(7) = \underline{X}_2(6) - \underline{X}_2(7)\, e^{-j3\pi/4}$

Man erkennt in den Tabellen, dass alle Zahlenwerte paarweise auftreten, z. B.

in Tabelle 6.3a: $\underline{X}_1(0) = x(0) + x(4)$ $\quad\quad\underline{X}_1(4) = x(0) - x(4)$
in Tabelle 6.3b: $\underline{X}_2(1) = \underline{X}_1(1) + \underline{X}_1(3)$ $\quad\quad\underline{X}_2(3) = \underline{X}_1(1) - \underline{X}_1(3)$
in Tabelle 6.3c: $\underline{X}_3(4) = \underline{X}_2(4) + \underline{X}_2(5)\,e^{-j\pi/4}$ $\quad\quad\underline{X}_3(5) = \underline{X}_2(4) - \underline{X}_2(5)\,e^{-j\pi/4}$

Die grafische Darstellung einer 2-Punkte-DFT wird in der englischsprachigen Literatur kurz und prägnant *butterfly* genannt. Mit einiger Fantasie sieht man darin auch einen Schmetterling. Aus den Tabellen 6.3a, 6.3b und 6.3c erkennt man, dass in jedem „butterfly" eine komplexe Multiplikation doppelt vorkommt, einmal mit Pluszeichen vor dem Produkt, einmal mit Minuszeichen vor dem Produkt, z. B. $\pm\underline{X}_2(5)\,e^{-j\pi/4}$ in Tabelle 6.3c. Dieses Schema tritt bei sämtlichen Radix 2-FFTs auf. Doppelt auftretende Produkte brauchen natürlich nur einmal berechnet zu werden. Daraus ergibt sich ohne wesentlichen Zusatzaufwand bei der Programmierung eine weitere Halbierung der Anzahl der komplexen Multiplikationen auf.

$$K/2 \cdot \text{ld}(K) \tag{6.54}$$

Bild 6.28 zeigt den Signalflussgraphen des gesamten FFT-Algorithmus. Jeder Pfeil repräsentiert einen Signal- bzw. (Teil-)Spektralwert. Multiplikationen mit komplexen Faktoren, den sogenannten Drehfaktoren, werden durch dreieckförmige Koeffizientenglieder repräsentiert.

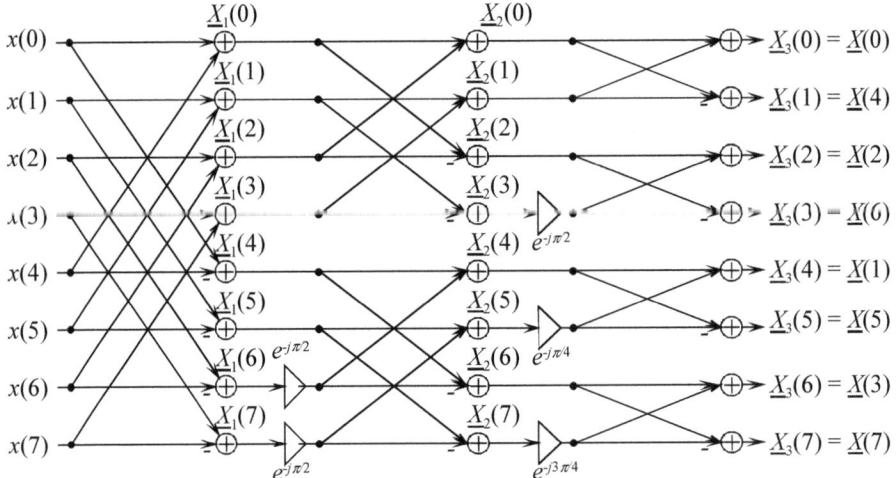

Bild 6.28 Signalflussgraph der 8-Punkte-FFT

Jeder *butterfly* im Signalflussgraphen enthält also eine komplexe Multiplikation und zwei komplexe Additionen. Geringfügige weitere Reduktionen der Anzahl der komplexen Multiplikationen sind möglich, indem man weitere Multiplikationen mit eins vermeidet und Multiplikationen mit j gesondert behandelt. Der zusätzliche Programmieraufwand lohnt sich im Allgemeinen jedoch nicht. Weitere Beiträge zur Rechenzeit, die sich gerade bei modernen Rechnern bemerkbar machen, liefern sonstige Programmbefehle wie z. B. Abfragen oder Speicheroperationen. Ein Hinweis für begeisterte Programmierer sei hier angebracht: Selbstprogrammierung einer FFT lohnt sich im Allgemeinen nicht.

In Tabelle 6.4 werden für verschiedene Werte von K die Anzahlen komplexer Multiplikationen der DFT und der FFT verglichen. Man erkennt, dass sich die höhere Effektivität der FFT bei größerem K immer stärker bemerkbar macht.

6.4 Spektraldarstellung von Signalen mittels diskreter Fourier-Transformation

Tabelle 6.4 Systematischer Vergleich von DFT und FFT

K	K^2	$\dfrac{K}{2} \cdot \mathrm{ld}(K)$	$\dfrac{K^2}{K/2 \cdot \mathrm{ld}(K)} = \dfrac{2K}{\mathrm{ld}(K)}$
8	64	12	$\approx 5{,}3$
16	256	16	8
32	1 024	80	$\approx 10{,}7$
64	4 096	192	$\approx 21{,}3$
128	16 384	448	$\approx 36{,}6$
256	65 536	1024	64
1 024	$1\,048\,576 = 2^{20}$	5120	≈ 205
$1\,048\,576 = 2^{20}$	$2^{40} \approx 10^{12}$	$\approx 10^7$	$\approx 10^5$

Beispiel 6.9 8-Punkte-FFT des bereits im Bild 6.26 (Rechenbeispiel zu DFT) dargestellten zeitdiskreten Signals

Sukzessives Einsetzen liefert die Teilspektren $\underline{X}_1$, $\underline{X}_2$ und $\underline{X}_3$. Die Additionen bzw. Subtraktionen werden nach den in den Tabellen 6.3a bis 6.3c aufgelisteten Beziehungen ausgeführt.

$\underline{X}_1(0) = 1+0 = 1 \quad \underline{X}_2(0) = 1+1 = 2 \quad \underline{X}_3(0) = 2+2$

$\underline{X}_1(1) = 1+0 = 1 \quad \underline{X}_2(1) = 1+1 = 2 \quad \underline{X}_3(1) = 2-2$

$\underline{X}_1(2) = 1+0 = 1 \quad \underline{X}_2(2) = 1-1 = 0 \quad \underline{X}_3(2) = 0+0\,\mathrm{e}^{-\mathrm{j}\pi/2}$

$\underline{X}_1(3) = 1+0 = 1 \quad \underline{X}_2(3) = 1-1 = 0 \quad \underline{X}_3(3) = 0-0\,\mathrm{e}^{-\mathrm{j}\pi/2}$

$\underline{X}_1(4) = 1-0 = 1 \quad \underline{X}_2(4) = 1+1\,\mathrm{e}^{-\mathrm{j}\pi/2} \quad \underline{X}_3(4) = 1+\mathrm{e}^{-\mathrm{j}\pi/2}+\left(1+\mathrm{e}^{-\mathrm{j}\pi/2}\right)\mathrm{e}^{-\mathrm{j}\pi/4}$

$\underline{X}_1(5) = 1-0 = 1 \quad \underline{X}_2(5) = 1+1\,\mathrm{e}^{-\mathrm{j}\pi/2} \quad \underline{X}_3(5) = 1+\mathrm{e}^{-\mathrm{j}\pi/2}-\left(1+\mathrm{e}^{-\mathrm{j}\pi/2}\right)\mathrm{e}^{-\mathrm{j}\pi/4}$

$\underline{X}_1(6) = 1-0 = 1 \quad \underline{X}_2(6) = 1-1\,\mathrm{e}^{-\mathrm{j}\pi/2} \quad \underline{X}_3(6) = 1-\mathrm{e}^{-\mathrm{j}\pi/2}+\left(1-\mathrm{e}^{-\mathrm{j}\pi/2}\right)\mathrm{e}^{-\mathrm{j}3\pi/4}$

$\underline{X}_1(7) = 1-0 = 1 \quad \underline{X}_2(7) = 1-1\,\mathrm{e}^{-\mathrm{j}\pi/2} \quad \underline{X}_3(7) = 1-\mathrm{e}^{-\mathrm{j}\pi/2}-\left(1-\mathrm{e}^{-\mathrm{j}\pi/2}\right)\mathrm{e}^{-\mathrm{j}3\pi/4}$

Die acht Spektralwerte von $\underline{X}_3$ lauten nach Zusammenfassung

$\underline{X}_3(0) = 4 \quad \underline{X}_3(2) = 0 \quad \underline{X}_3(4) = 1 - \mathrm{j}\left(1+\sqrt{2}\right) \quad \underline{X}_3(6) = 1 + \mathrm{j}\left(1-\sqrt{2}\right)$

$\underline{X}_3(1) = 0 \quad \underline{X}_3(3) = 0 \quad \underline{X}_3(5) = 1 - \mathrm{j}\left(1-\sqrt{2}\right) \quad \underline{X}_3(7) = 1 + \mathrm{j}\left(1+\sqrt{2}\right).$

Vor dem Vergleich mit dem Ergebnis des Rechenbeispiels für die DFT muss noch der bit reversal nach folgendem Schema durchgeführt werden:

$\underline{X}(000) = \underline{X}(0) = \underline{X}_3(000) = \underline{X}_3(0) = 4$

$\underline{X}(001) = \underline{X}(1) = \underline{X}_3(100) = \underline{X}_3(4) = 1 - \mathrm{j}\left(1+\sqrt{2}\right)$

$\underline{X}(010) = \underline{X}(2) = \underline{X}_3(010) = \underline{X}_3(2) = 0$

$\underline{X}(011) = \underline{X}(3) = \underline{X}_3(110) = \underline{X}_3(6) = 1 + \mathrm{j}\left(1-\sqrt{2}\right)$

$\underline{X}(100) = \underline{X}(4) = \underline{X}_3(001) = \underline{X}_3(1) = 0$

$\underline{X}(101) = \underline{X}(5) = \underline{X}_3(101) = \underline{X}_3(5) = 1 - \mathrm{j}\left(1-\sqrt{2}\right)$

$\underline{X}(110) = \underline{X}(6) = \underline{X}_3(011) = \underline{X}_3(3) = 0$

$\underline{X}(111) = \underline{X}(7) = \underline{X}_3(111) = \underline{X}_3(7) = 1 + \mathrm{j}\left(1+\sqrt{2}\right).$

Das Ergebnis der FFT stimmt exakt mit dem Ergebnis des Rechenbeispiels für die DFT überein. Das zeitdiskrete Signal und das diskrete Spektrum wurden bereits in den Bildern 6.26 und 6.27 dargestellt. ∎

Ein praktischer Unterschied zwischen der DFT und der FFT wird durch die Mehrstufigkeit der FFT verursacht. Infolge der Zahlendarstellung mit endlich vielen Stellen entstehen Rundungsfehler, die sich bei der FFT stufenweise akkumulieren können. Das Problem kann in vielen Anwendungen ignoriert werden. Vorsicht ist allerdings geboten, wenn der Wertebereich des zu transformierenden Signals sehr groß ist, d. h. wenn in der Wertefolge sowohl Werte nahe null als auch betragsmäßig sehr große Werte vorkommen.

■ 6.5 Energie- und Leistungsdichtespektren

In Anlehnung an die Berechnung der Energie eines kontinuierlichen (Energie-)Signals im Abschnitt 4.4 kann mit folgender Formel die Energie eines zeitdiskreten Signals berechnet werden:

$$W = T_A \sum_{k=-\infty}^{\infty} x^2(k). \tag{6.55}$$

Die Berechnung der mittleren Leistung eines zeitdiskreten Signals lehnt sich ebenfalls an die Berechnung der mittleren Leistung eines (Leistungs-)Signals im Abschnitt 4.4 an.

$$\overline{P} = \lim_{K \to \infty} \frac{1}{2K} \sum_{-K}^{K} x^2(k) \tag{6.56}$$

Die Berechnung der Energie bzw. der mittleren Leistung eines zeitdiskreten Signals im Frequenzbereich stützt sich auf die Verwendung der DFT bzw. FFT, die auf eine Periode eines periodischen bzw. periodisch fortgesetzten Signals angewendet wird. Daher werden Gl. (6.55) und Gl. (6.56) durch die folgenden Beziehungen ersetzt.

$$W = T_A \sum_{k=0}^{K-1} x^2(k) \tag{6.57a}$$

$$\overline{P} = \frac{1}{K} \sum_{k=0}^{K-1} x^2(k) \tag{6.57b}$$

Zur Bestimmung der Energie bzw. der Leistung im Frequenzbereich muss der Summenterm in beiden Gleichungen als Funktion des diskreten Spektrums $\underline{X}(n)$ des zeitdiskreten Signals $x(k)$ ausgedrückt werden. Im Abschnitt 6.4 wurden mit Gl. (6.44a) und Gl. (6.44b) zwei Versionen der IDFT angegeben.

Version 1: $\quad x(k) = \frac{1}{K} \sum_{n=0}^{K-1} \underline{X}(n) \, e^{j 2\pi \frac{nk}{K}}$

Version 2: $\quad x(k) = \sum_{n=0}^{K-1} \underline{X}(n) \, e^{j 2\pi \frac{nk}{K}}$

6.5 Energie- und Leistungsdichtespektren

Damit erhält man zwei Möglichkeiten für die Umformulierung des Summenterms $\sum_{k=0}^{K-1} x^2(k)$:

Version 1: $$\sum_{k=0}^{K-1} x^2(k) = \sum_{k=0}^{K-1} \left(\frac{1}{K} \sum_{n=0}^{K-1} \underline{X}(n) \, \mathrm{e}^{\mathrm{j} 2\pi \frac{nk}{K}} \right) \left(\frac{1}{K} \sum_{n'=0}^{K-1} \underline{X}(n') \, \mathrm{e}^{\mathrm{j} 2\pi \frac{n'k}{K}} \right) \quad (6.58a)$$

Version 2: $$\sum_{k=0}^{K-1} x^2(k) = \sum_{k=0}^{K-1} \left(\sum_{n=0}^{K-1} \underline{X}(n) \, \mathrm{e}^{\mathrm{j} 2\pi \frac{nk}{K}} \right) \left(\sum_{n'=0}^{K-1} \underline{X}(n') \, \mathrm{e}^{\mathrm{j} 2\pi \frac{n'k}{K}} \right). \quad (6.58b)$$

Die Verwendung zweier verschiedener Indizes n und n' anstelle des Index n soll Verwechslungen vermeiden.

Nach Umordnung der Reihenfolge der Summationen lautet Version 1

$$\sum_{k=0}^{K-1} x^2(k) = \frac{1}{K^2} \sum_{n=0}^{K-1} \sum_{n'=0}^{K-1} \underline{X}(n)\underline{X}(n') \sum_{k=0}^{K-1} \mathrm{e}^{\mathrm{j} 2\pi \frac{(n+n')k}{K}}. \quad (6.59)$$

Die innere Summe kann nur zwei verschiedene Ergebnisse liefern. Ist der Ausdruck $(n + n')/K$ ganzzahlig, so nimmt die Exponentialfunktion in der inneren Summe den Wert eins an und es wird über K Einsen summiert. Das Ergebnis der Summation ist somit gleich K. Anderenfalls wird, unabhängig von den jeweiligen Werten von n bzw. n', immer über eine ganzzahlige Anzahl von Perioden einer diskreten komplexen harmonischen Schwingung summiert und das Ergebnis der Summation ist gleich 0. Die innere Summe mit Summationsindex n' reduziert sich somit auf einen einzigen Summanden mit dem Index $n' = K - n$, was den Summenterm stark vereinfacht.

$$\sum_{k=0}^{K-1} x^2(k) = \frac{1}{K^2} \sum_{n=0}^{K-1} \underline{X}(n)\underline{X}(K-n) \, K = \frac{1}{K} \sum_{n=0}^{K-1} \underline{X}(n)\underline{X}(K-n) \quad (6.60)$$

Unter Berücksichtigung der Periodizität der Spektren zeitdiskreter Signale und der konjugiert komplexen Symmetrie der Spektren reeller Zeitsignale nach Gl. (6.38b) im Abschnitt 6.4.1 gilt

$$\underline{X}(K-n) = \underline{X}^*(n). \quad (6.61)$$

Damit lautet der Summenterm im Frequenzbereich

$$\sum_{k=0}^{K-1} x^2(k) = \frac{1}{K} \sum_{n=0}^{K-1} \underline{X}(n)\underline{X}^*(n) = \frac{1}{K} \sum_{n=0}^{K-1} |\underline{X}(n)|^2. \quad (6.62)$$

Eine ausführliche Herleitung nach Version 2 ist nicht erforderlich. Das Ergebnis unterscheidet sich lediglich durch den konstanten Faktor K^2 von Version 1.

$$\sum_{k=0}^{K-1} x^2(k) = K \sum_{n=0}^{K-1} \underline{X}(n)\underline{X}^*(n) = K \sum_{n=0}^{K-1} |\underline{X}(n)|^2 \quad (6.63)$$

Die mittlere Signalleistung lässt sich, je nach Definition der DFT, auf zwei Arten im Frequenzbereich ausdrücken:

$$\overline{P} = \sum_{n=0}^{K-1} \frac{|\underline{X}(n)|^2}{K^2} \quad \text{bzw.} \tag{6.64a}$$

$$\overline{P} = \sum_{n=0}^{K-1} |\underline{X}(n)|^2. \tag{6.64b}$$

$|\underline{X}(n)|^2/K^2$ bzw. $|\underline{X}(n)|^2$ wird auch als *diskretes Leistungsdichtespektrum* bezeichnet. Zur Sicherheit sei hier daran erinnert, dass es sich dabei um einheitenlose Leistung im systemtheoretischen Sinn handelt. Bezeichnet $x(k)$ beispielsweise abgetastete Spannungswerte in V, so erhält man die korrekte physikalische Leistung in W nach Division von $\overline{P}$ durch den Wert R des Widerstandes, an dem die Spannung abfällt.

Die in einer Signalperiode enthaltene Energie lässt sich ebenfalls auf zwei Arten im Frequenzbereich ausdrücken.

$$W = K T_A \sum_{n=0}^{K-1} \frac{|\underline{X}(n)|^2}{K^2} \quad \text{bzw.} \tag{6.65a}$$

$$W = K T_A \sum_{n=0}^{K-1} |\underline{X}(n)|^2 \tag{6.65b}$$

Man erkennt, dass Energie und Leistung nach dem einfachen Schema *Energie ist Leistung mal Zeitdauer* bzw. *Leistung ist Energie dividiert durch die Zeitdauer* zusammenhängen.

Zur Sicherheit sei hier daran erinnert, dass es sich dabei um Energie in s im systemtheoretischen Sinn handelt. Bezeichnet $x(k)$ beispielsweise abgetastete Spannungswerte in V, so erhält man die korrekte physikalische Energie in J nach Division von W durch den Wert R des Widerstandes, an dem die Spannung abfällt.

Beispiel 6.10 Zeitdiskretes Signal

Als Rechenbeispiel dient das im Bild 6.29 dargestellte Signal. Die Länge K der Zahlenfolge $\{\underline{1}; 2; 3; 4; -4; -3; -2; -1; 0; 1; 2; 3; 4; -4; -3; -2\}$ liegt somit bei 16.

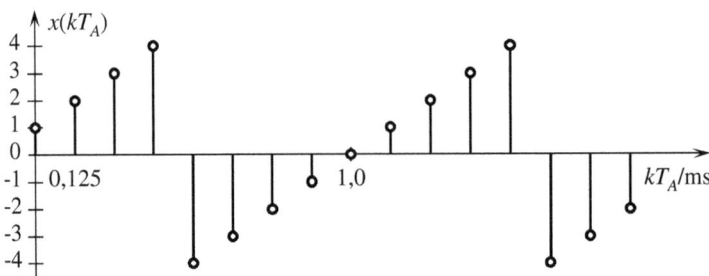

Bild 6.29 Zeitdiskretes Signal

Die mittlere Leistung des Signals beträgt

$$\overline{P} = \frac{1}{16}\left(1^2 + 2^2 + 3^2 + 4^2 + (-4)^2 + (-3)^2 + (-2)^2 + (-1)^2 \right.$$
$$\left. + 0^2 + 1^2 + 2^2 + 3^2 + 4^2 + (-4)^2 + (-3)^2 + (-2)^2\right) \approx 7{,}4.$$

Mit dem Abtastintervall $T_A = 125\,\mu s$ entsprechend $f_A = 8\,\text{kHz}$ beträgt die Signalenergie

$$W = \overline{P} \cdot T_A = 7{,}4 \cdot 125\,\mu s = 0{,}93\,\text{ms}. \tag{6.66}$$

Bild 6.30 zeigt das nach Version 2 der DFT (siehe Abschnitt 6.4) berechnete diskrete Leistungsdichtespektrum des Signals nach Bild 6.29.

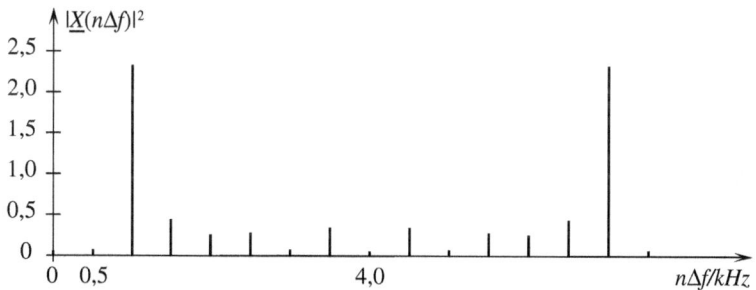

Bild 6.30 Leistungsdichtespektrum Version 2

■ 6.6 Zusammenhang zwischen den Spektren kontinuierlicher und zeitdiskreter Signale

In den Kapiteln 5 und 6 werden die kontinuierlichen und zeitdiskreten Signale mit ihren zugehörigen Frequenzfunktionen beschrieben. In diesem Abschnitt werden die Zusammenhänge der Spektren beider Signalarten dargestellt und auf die im Abschnitt 6.1 in Tabelle 6.1 erwähnte Dualität von periodischer Fortsetzung und Abtastung eingegangen. Die Eigenschaften der Frequenzfunktionen sind bei beiden Signalarten bis auf den Sachverhalt der Periodizität der Spektren bei Abtastung des Signals identisch.

1. Eigenschaft
Nichtperiodische kontinuierliche und zeitdiskrete Signale weisen kontinuierliche Spektren auf.

2. Eigenschaft
Periodische kontinuierliche und zeitdiskrete Signale mit einer Periode T_p weisen diskrete Spektren auf. Die Spektrallinien haben einen Abstand von $1/T_p$.

3. Eigenschaft
Zeitdiskrete Signale haben periodische Spektren mit der Periode $f_A = 1/T_A$.

Zuerst werden die ersten beiden Eigenschaften veranschaulicht, siehe Bild 6.31. Liegt im Zeitbereich ein nichtperiodisches Signal mit einem kontinuierlichen Spektrum vor, dann kann die periodische Fortsetzung des Signals als Faltungsprozess des nichtperiodischen Signals mit einer Dirac-Impulsfolge im Abstand von T_p aufgefasst werden. Das aus dem Faltungsprozess hervorgehende Signal ist periodisch mit der Periode T_p. Im Frequenzbereich ist dieser Vorgang als Multiplikation des kontinuierlichen Spektrums des nichtperiodischen Signals mit dem Spektrum einer unendlichen Summe von Dirac-Impulsen aufzufassen. Die Fourier-Transformierte einer unendlichen Summe von zeitabhängigen Dirac-Impulsen mit dem Abstand T_p ist eine unendliche Summe von frequenzabhängigen Dirac-Impulsen mit einem Abstand von $f_p = 1/T_p$. Siehe dazu Gl. (5.172) im Abschnitt 5.5. Die in Gl. (6.67) im Zeitbereich angegebene Faltung des Signals $x(t)$ mit einer Dirac-Impulsfolge lässt sich nach den Faltungsregeln im Abschnitt 3.3 in eine Summe verschobener Zeitfunktionen umformen. Das Signal wird zu einem periodischen Signal $x_p(t)$ mit der Periode T_p. Das diskrete Spektrum $\underline{X}(nf_p)$ des periodischen Signals entsteht durch die Multiplikation des kontinuierlichen Spektrums $\underline{X}(f)$ mit der frequenzabhängigen Summe von Dirac-Impulsen.

Zeitbereich   *Frequenzbereich*

Faltung   ∘—•   Multiplikation

$$x(t) * \sum_{i=-\infty}^{\infty} \delta(t - iT_p) \;\circ\!\!-\!\!\bullet\; \underline{X}(f) \cdot \frac{1}{T_p} \sum_{n=-\infty}^{\infty} \delta(f - n/T_p) \qquad (6.67)$$

$$x_p(t) = x(t - iT_p) \;\circ\!\!-\!\!\bullet\; \underline{X}(nf_p) \qquad (6.68)$$

Die periodische Fortsetzung eines Signals im Zeitbereich bedeutet im Frequenzbereich die Abtastung des Spektrums. Das Spektrum ist diskret.

Die 3. Eigenschaft beschreibt die Periodizität der Spektren zeitdiskreter Signale. Um diese Eigenschaft zu verdeutlichen, wird noch einmal auf den Prozess des Abtastens eines nichtperiodischen Signals eingegangen, siehe Bild 6.32a, Gl. (6.69) und (6.70). Beim Abtasten erfolgt im Zeitbereich eine Multiplikation des Signals $x(t)$ mit einer Dirac-Impulsfolge. Die Multiplikation im Zeitbereich wird im Frequenzbereich zur Faltung. Dem im Zeitbereich durch die Multiplikation entstehenden Abtastsignal wird das zeitdiskrete Signal $\{x(kT_A)\}$ zugeordnet. Die Fourier-Transformierte $\underline{X}(f)$ des Signals $x(t)$ wird mit der Fourier-Transformierten der unendlichen Summe der zeitlich verschobenen Dirac-Impulse gefaltet. Die Fourier-Transformierte der zeitabhängigen unendlichen Summe von Dirac-Impulsen mit dem Abstand T_A ist eine frequenzabhängige unendliche Summe von Dirac-Impulsen mit einem Abstand von $f_A = 1/T_A$. Die in Gl. (6.69) im Frequenzbereich angegebene Faltung mit einer Summe von Dirac-Impulsen lässt sich nach den Faltungsregeln in eine Summe verschobener Frequenzfunktionen umformen. Die Frequenzfunktion $\underline{X}(f)$ des kontinuierlichen nichtperiodischen Signals wird unendlich oft verschoben. Es entsteht die kontinuierliche periodische Frequenzfunktion $\underline{X}(f/f_A)$ mit einer Periode von $f_A = 1/T_A$. Diese Frequenzfunktion ist die des Abtastsignals und entspricht genau der Frequenzfunktion $X\left(e^{j2\pi f/f_A}\right)$ des zeitdiskreten Signals $\{x(kT_A)\}$.

6.6 Zusammenhang zwischen den Spektren kontinuierlicher und zeitdiskreter Signale

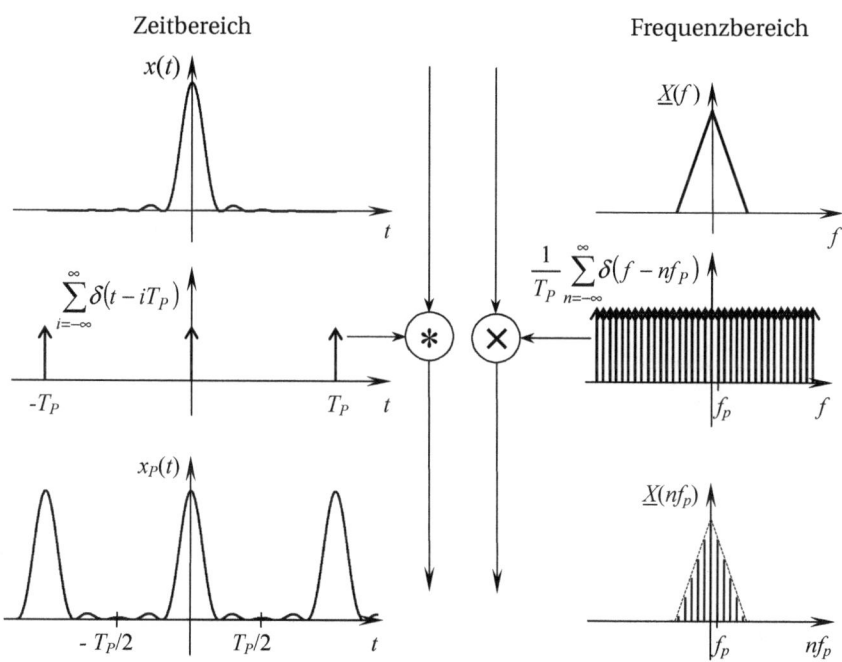

Bild 6.31 Periodische Fortsetzung eines zeitkontinuierlichen Signals aus Sicht des Zeit- und Frequenzbereiches

Zeitbereich   *Frequenzbereich*
Multiplikation   ⊶   Faltung

$$x(t) \cdot \sum_{k=-\infty}^{\infty} \delta(t - kT_A) \;\multimap\; \underline{X}(f/f_A) = \underline{X}(f) * \frac{1}{T_A} \sum_{m=-\infty}^{\infty} \underline{X}(f - m/T_A)$$

$$= \frac{1}{T_A} \sum_{m=-\infty}^{\infty} \underline{X}(f - m/T_A) \qquad (6.69)$$

$$\{x(kT_A)\} \;\multimap\; X\left(e^{j2\pi f/f_A}\right) = \frac{1}{T_A} \sum_{m=-\infty}^{\infty} \underline{X}(f - m/T_A) \qquad (6.70)$$

Die Abtastung eines nichtperiodischen Signals bedeutet eine periodische Fortsetzung des kontinuierlichen Spektrums.

Bild 6.32a zeigt die Abtastung eines nichtperiodischen Signals aus Sicht des Zeit- und Frequenzbereiches.

Liegt ein periodisches Signal $x_p(t)$ zur Abtastung vor, dann ergibt sich Entsprechendes, siehe Bild 6.32b. Dem im Zeitbereich entstehenden periodischen Abtastsignal wird das zeitdiskrete periodische Signal $\{x_p(kT_A)\}$ zugeordnet, siehe Gl. (6.71) und Gl. (6.72). Das diskrete Spektrum $\underline{X}(nf_p)$ des periodischen Signals $x_p(t)$ wird sich wegen der Abtastung im Zeitbereich periodisch mit der Periode $f_A = 1/T_A$ fortsetzen. Die periodische Fortsetzung entsteht im

170   6 Deterministische zeitdiskrete Signale im Frequenzbereich

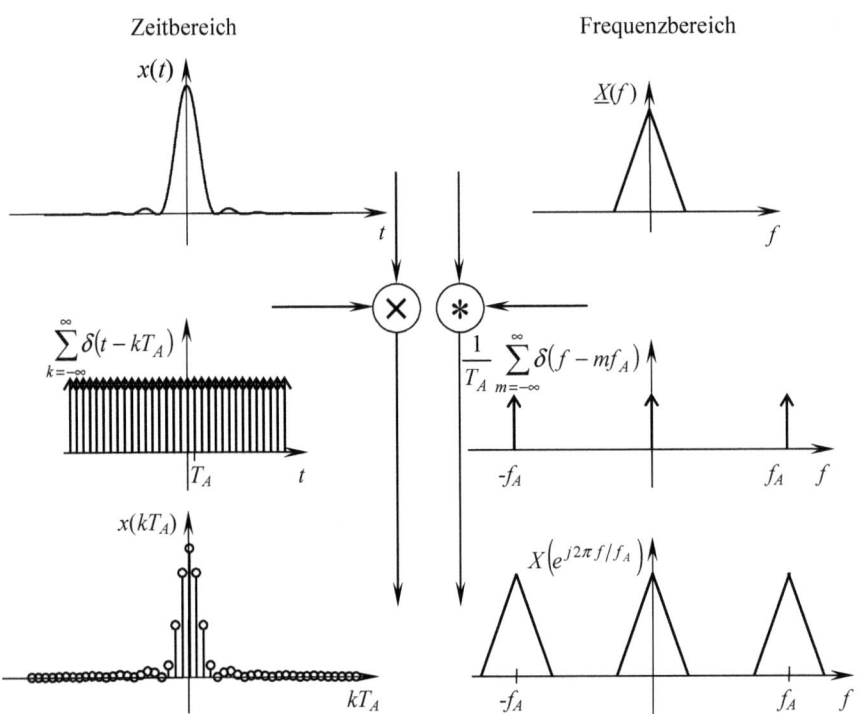

Bild 6.32a Prozess des Abtastens eines nichtperiodischen Signals aus Sicht des Zeit- und Frequenzbereiches

Frequenzbereich durch den Faltungsprozess des diskreten Spektrums $\underline{X}(nf_p^*)$ mit der frequenzabhängigen unendlichen Summe von Dirac-Impulsen. Das entstandene diskrete periodische Spektrum des periodischen Abtastsignals entspricht dem Spektrum $\underline{X}(n\Delta f)$ des zeitdiskreten periodischen Signals $\{x_p(kT_A)\}$.

Zeitbereich   *Frequenzbereich*
Multiplikation   ∘—•   Faltung

$$x_p(t) \cdot \sum_{k=-\infty}^{\infty} \delta(t - kT_A) \circ\!\!-\!\!\bullet \underline{X}(f/f_A) = \underline{X}(nf_p) * \frac{1}{T_A} \sum_{m=-\infty}^{\infty} \delta(f - m/T_A)$$

$$= \frac{1}{T_A} \sum_{m=-\infty}^{\infty} \underline{X}(nf_p - m/T_A) \qquad (6.71)$$

$$\{x_p(kT_A)\} \quad \circ\!\!-\!\!\bullet \quad \underline{X}(n\Delta f) = \frac{1}{T_A} \sum_{m=-\infty}^{\infty} \underline{X}(nf_p - m/T_A) \qquad (6.72)$$

Die Abtastung eines periodischen Signals bedeutet eine periodische Fortsetzung des diskreten Spektrums.

6.6 Zusammenhang zwischen den Spektren kontinuierlicher und zeitdiskreter Signale 171

Bild 6.32b zeigt die Abtastung eines periodischen Signals aus Sicht des Zeit- und Frequenzbereiches.

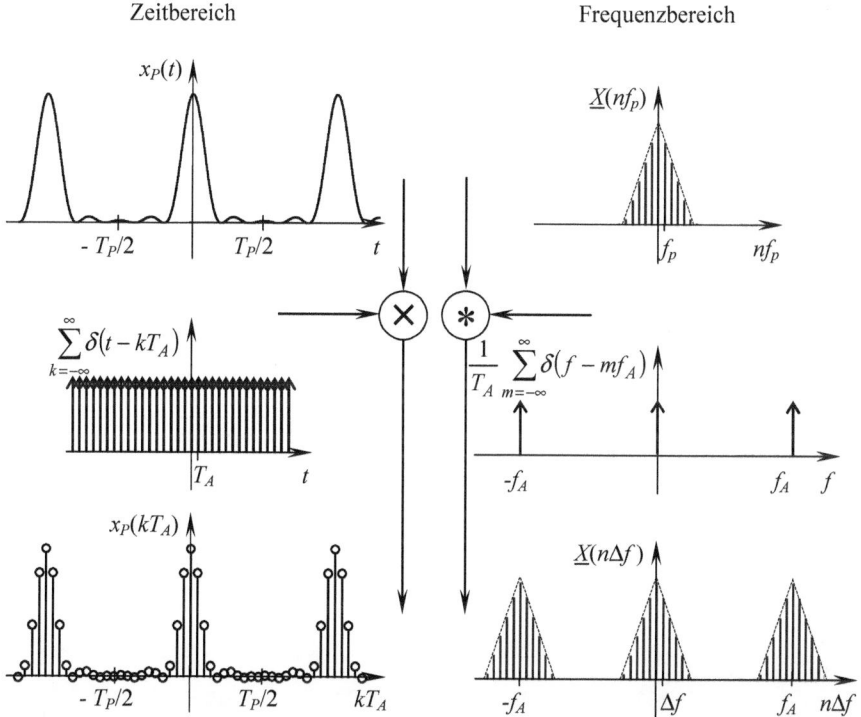

Bild 6.32b Prozess des Abtastens eines periodischen Signals aus Sicht des Zeit- und Frequenzbereiches

7 Übungsaufgaben

Aufgaben zum Kapitel 3

1. Stellen Sie folgende Signale grafisch dar.

   a) $u(t) = 2\,\text{mV} \cdot \varepsilon(t - 2\,\text{ms})$

   b) $u(t) = 2\,\text{mV} \cdot \varepsilon(t) - 1\,\text{mV} \cdot \varepsilon(t - 1\,\text{ms}) - 1\,\text{mV} \cdot \varepsilon(t - 2\,\text{ms})$

   c) $u(t) = -2\,\text{V} \cdot \varepsilon(t - 1\,\text{ms}) \sin\left(\dfrac{\pi}{1\,\text{ms}} t\right)$

   d) $x(t) = \dfrac{4}{\text{s}} r(t - 1\,\text{s}) - \dfrac{4}{\text{s}} r(t - 2\,\text{s}) - \dfrac{4}{\text{s}} r(t - 3\,\text{s}) + \dfrac{4}{\text{s}} r(t - 4\,\text{s})$

2. Skizzieren Sie die einzelnen Signale in den Integralen bevor Sie die Berechnungen durchführen.

   a) $\displaystyle\int_{-\infty}^{\infty} \delta(t - \tau)\, e^{-t/\tau}\, dt, \quad \tau > 0$

   b) $\displaystyle\int_{-\infty}^{\infty} \delta(t + 2\,\text{s})\, \varepsilon(t)\, dt$

3. Geben Sie für die Signale die Funktionsgleichungen bei Anwendung von Elementarsignalen an.

a)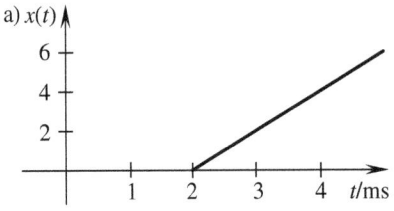

b)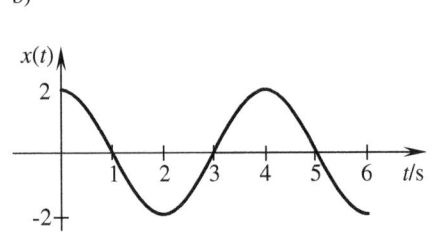

c)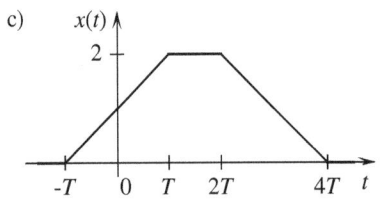

d)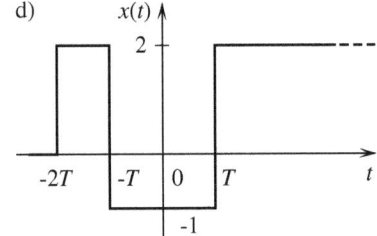

e)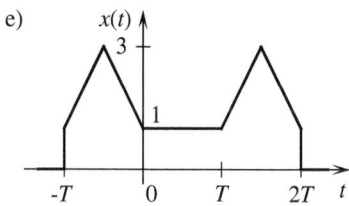

Bild 7.1 Aus Elementarsignalen zusammengesetzte Signale

4. Skizzieren Sie unter Angabe charakteristischer Werte die Kurvenverläufe folgender Signale.

   a) $x(t) = \text{rect}\left(\dfrac{T/2 - t}{T}\right)$

   b) $x(t) = \text{rect}\left(\dfrac{T/2 - t}{-T}\right)$

   c) $x(t) = \text{rect}\left(\dfrac{T/2 + t}{T}\right)$

   d) $x(t) = \text{rect}\left(\dfrac{T/2 + t}{-T}\right)$

5. Das im Bild 7.2 dargestellte Signal $x_1(t)$ wird mit verschiedenen Dirac-Impulsen gefaltet. Skizzieren Sie die Ergebnisse.

   a) $\delta(t) * x_1(t)$

   b) $\delta(t - 1\,\text{s}) * x_1(t)$

   c) $\delta(t - 1\,\text{s}) * x_1(t - 2\,\text{s})$

   d) $\left(\delta(t - 1\,\text{s}) + \delta(t - 2\,\text{s})\right) * x_1(t)$

6. Im Bild 7.2 sind zwei Signale dargestellt.

   a) Berechnen Sie die Autokorrelationsfunktionen $r_{x_1 x_1}(\tau)$ und $r_{x_2 x_2}(\tau)$ und skizzieren Sie die Ergebnisse.

   b) Berechnen Sie die Kreuzkorrelationsfunktionen $r_{x_1 x_2}(\tau)$ und $r_{x_2 x_1}(\tau)$ und skizzieren Sie die Ergebnisse.

   c) Berechnen Sie das Faltungsintegral $x_1(t) * x_2(t)$ und skizzieren Sie das Ergebnis.

   d) Berechnen Sie das Faltungsintegral $x_1(t) * x_2(-t)$ und vergleichen Sie das Ergebnis mit der unter b) ermittelten Kreuzkorrelationsfunktion $r_{x_1 x_2}(\tau)$.

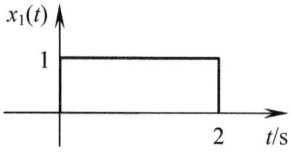 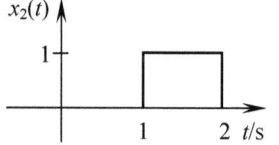

Bild 7.2 Rechteckfunktionen

7. Für die folgenden Signale ist die Faltung auszuführen. Die Signale und die Ergebnisse sind grafisch darzustellen.

   a) $\left(\varepsilon(t) \cdot e^{-t/T_1}\right) * \left(\varepsilon(t) \cdot e^{-t/T_2}\right);\quad T_1 \neq T_2$

   b) $\left(\varepsilon(t) \cdot e^{-t/T_1}\right) * \left(\varepsilon(t) \cdot e^{-t/T_1}\right)$

c) $\left(\varepsilon(t) \cdot e^{-t/T_1}\right) * \left(\varepsilon(t) \cdot \sin(2\pi f_0 t)\right)$

d) $\left(\delta(t+t_1) + \delta(t-t_1)\right) * \left(\delta(t+t_2) + \delta(t-t_2)\right); \quad t_1 \ll t_2$

8. Berechnen und skizzieren Sie unter Angabe charakteristischer Werte die Autokorrelationsfunktion (AKF) $r_{xx}(\tau)$ des im Bild 7.3 skizzierten Signals $x(t)$.

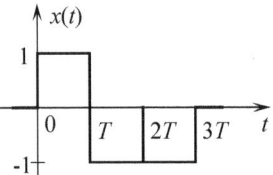

Bild 7.3 Dreistelliger Barkercode

9. Berechnen und skizzieren Sie die Autokorrelationsfunktion $r_{xx}(\tau)$ und das Energiedichtespektrum $R_{XX}(f)$ des Signals $x(t) = \varepsilon(t)\,e^{-at}$.

10. Gegeben ist das Signal $x(t) = \varepsilon(t)\,e^{-\frac{t}{4T}} \cos\left(2\pi \frac{t}{T}\right)$.

    a) Entscheiden Sie, ob es sich um ein Energiesignal oder um ein Leistungssignal handelt.

    b) Berechnen Sie, entsprechend Ihrer Entscheidung in a), die Energie bzw. die mittlere Leistung des Signals.

    c) Berechnen Sie die Energie des Signals $x(t) = \Lambda\left(\dfrac{t-T}{T}\right)$.

    d) Wie groß ist die mittlere Leistung des in c) angegebenen Signals?

11. Berechnen Sie die Energie und die mittlere Leistung des Signals
    $x(t) = \text{rect}\left(\dfrac{t-2T}{4T}\right) \cos\left(\dfrac{2\pi t}{T}\right)$. Um welche Art von Signal handelt es sich?

Aufgaben zum Kapitel 4

12. Stellen Sie folgende Signale grafisch dar und geben Sie jeweils $\{x(kT_A)\}$ als Folge und die Bildungsvorschrift der Folge an.

    a) $\{x(kT_A)\} = \{\varepsilon(kT_A)\} + \dfrac{1}{T_A}\{r(kT_A)\}$

    b) $\{x(kT_A)\} = 2\{\varepsilon(kT_A)\} - \{\varepsilon((k-2)T_A)\} - \{\varepsilon((k-4)T_A)\}$

    c) $\{x(kT_A)\} = \{\varepsilon(kT_A)\}\{2^k\}$

    d) $\{x(kT_A)\} = \{\delta((k-2)T_A)\}\{2^k\}$

    e) $\{x(kT_A)\} = \{\varepsilon(kT_A) - \varepsilon((k-10)T_A)\}\left\{\cos\left(\dfrac{\pi}{5}k\right)\right\}$

13. Gegeben sind die nichtperiodischen diskreten Signale $\{x_1(kT_A)\} = \{\underline{3}; -3; 2; -2; 1; -1\}$ und $\{x_2(kT_A)\} = \{\underline{-1}; 2; -1\}$.

    a) Aus wie vielen Abtastungen besteht die Faltungssumme $\{x_1(kT_A)\} * \{x_2(kT_A)\}$?

    b) Bestimmen Sie die Faltungssumme $\{x_1(kT_A)\} * \{x_2(kT_A)\}$.

    c) Welche Faltungssumme erhält man mit $\{x_1(kT_A)\} = \{\varepsilon(kT_A)\}$?

14. Die beiden Signale $\{x_1(kT_A)\} = \{\underline{0{,}5}; 1; 0{,}5\}$ und $\{x_2(kT_A)\} = \{\underline{0}; 1; 0; -2\}$ sind gegeben.

   a) Skizzieren Sie die Signale.

   b) Berechnen Sie die Autokorrelationsfolgen $\{r_{x_1 x_1}(iT_A)\}$ und $\{r_{x_2 x_2}(iT_A)\}$.

   c) Berechnen Sie die Kreuzkorrelationsfolgen $\{r_{x_1 x_2}(iT_A)\}$ und $\{r_{x_2 x_1}(iT_A)\}$.

   d) Berechnen Sie die Faltungssumme, wenn beide Signale nichtperiodisch sind.

   e) Berechnen Sie die Faltungssumme, wenn beide Signale periodisch sind.

   f) Berechnen Sie die Faltungssumme, wenn nur Signal $\{x_2(kT_A)\}$ periodisch ist.

   g) Berechnen Sie die Faltungssumme $\{x_1(kT_A)\} * \{x_2(-kT_A)\}$. Beide Signale sind nichtperiodisch. Vergleichen Sie das Ergebnis der Faltungssumme mit der unter c) berechneten Kreuzkorrelationsfolge $\{r_{x_1 x_2}(iT_A)\}$.

Aufgaben zum Kapitel 5

15. Die im Bild 7.4 dargestellten Signale $x_1(t)$ und $x_2(t)$ sind Ergebnisse einer Einweggleichrichtung.

   a) Berechnen Sie für beide Signale die Fourier-Reihe in reeller und komplexer Form. Beachten Sie dabei, dass Signal $x_2(t)$ dem zeitverschobenen Signal $x_1(t)$ entspricht, es gilt $x_2(t) = x_1(t + 0{,}25 \text{ ms})$.

   b) Stellen Sie für beide Signale aus der reellen Form und der komplexen Form die Amplituden- und Phasenspektren dar.

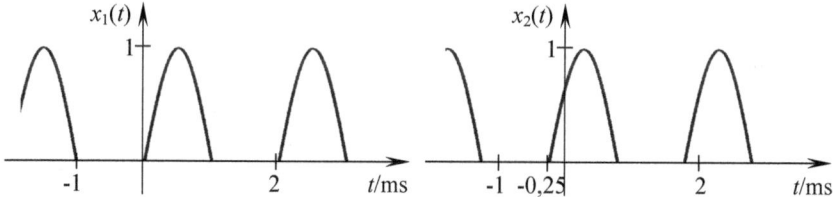

Bild 7.4 Einweggleichgerichtete Signale

16. Im Bild 7.5 sind zwei nichtperiodische Signale dargestellt, sie unterscheiden sich durch eine Zeitverschiebung.

   a) Berechnen Sie das Spektrum für die beiden dargestellten Signale.

   b) Skizzieren Sie die Amplituden- und Phasenspektren unter Angabe charakteristischer Werte wie z. B. Nullstellen.

   c) Geben Sie die Symmetrieeigenschaften für die Amplituden- und Phasenspektren (unsymmetrisch, symmetrisch gerade und symmetrisch ungerade) an.

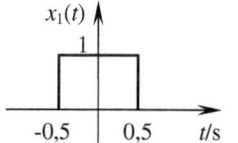 

Bild 7.5 Rechteckfunktionen

17. Im Bild 7.6 sind der Real- und Imaginärteil des Frequenzspektrums eines analogen Signals dargestellt.

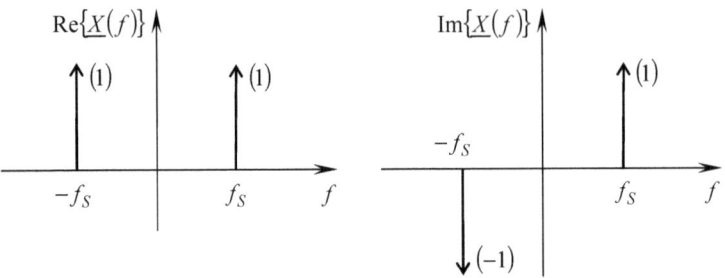

Bild 7.6 Frequenzspektrum

a) Geben Sie die Funktionsgleichung $\underline{X}(f) = \text{Re}\{\underline{X}(f)\} + j\,\text{Im}\{\underline{X}(f)\}$ für das dargestellte Spektrum an.

b) Für die Frequenzfunktion $\underline{X}(f)$ ist das Amplituden- und Phasenspektrum zu berechnen und darzustellen.

c) Berechnen Sie das zum Spektrum gehörende Signal $x(t)$ und stellen Sie das Signal grafisch dar.

18. Die Amplitudenmodulation dient dazu, ein niederfrequentes Nutzsignal $u_{NF}(t)$ in eine höhere Frequenzlage zu bringen. Dazu erfolgt die Multiplikation des niederfrequenten Nutzsignals mit einem hochfrequenten Träger $u_T(t)$, siehe Bild 7.7. Für das niederfrequente Signal wurde in der Aufgabe eine Kosinusfunktion, ein Eintonsignal, gewählt.

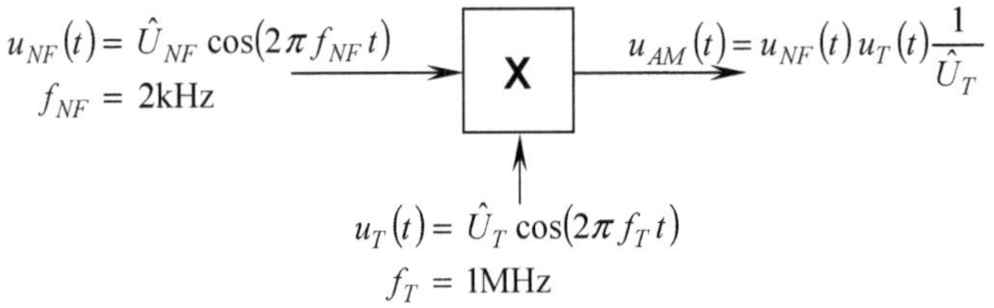

$$u_{NF}(t) = \hat{U}_{NF}\cos(2\pi f_{NF} t)$$
$$f_{NF} = 2\,\text{kHz}$$

$$u_{AM}(t) = u_{NF}(t)\,u_T(t)\frac{1}{\hat{U}_T}$$

$$u_T(t) = \hat{U}_T\cos(2\pi f_T t)$$
$$f_T = 1\,\text{MHz}$$

Bild 7.7 Amplitudenmodulation

a) Berechnen Sie das Signal $u_{AM}(t)$. Zerlegen Sie bei Anwendung von Additionstheoremen das Ergebnis in eine Summe harmonischer Funktionen.

b) Führen Sie eine Fourier-Transformation der drei Signale $u_{NF}(t)$, $u_T(t)$ und $u_{AM}(t)$ durch.

c) Skizzieren Sie die Spektren der drei Signale.

19. Gegeben ist der Kosinus-Quadrat-Impuls $x(t) = \text{rect}\left(\dfrac{t}{T}\right) \cdot \cos^2\left(2\pi\dfrac{t}{2T}\right)$.

a) Skizzieren Sie das Signal.

b) Berechnen Sie sein Spektrum und skizzieren Sie es.

20. Gegeben ist der Exponential-Impuls $x(t) = \varepsilon(t) \cdot e^{-t/T_1}$.

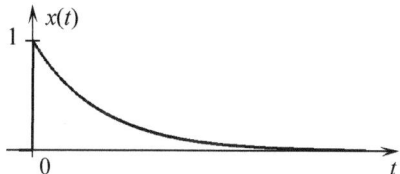

Bild 7.8 Exponential-Impuls

a) Berechnen Sie sein Spektrum und skizzieren Sie es.

b) Wie lautet das Spektrum im Grenzfall $T \to \infty$?

21. Gegeben ist das Spektrum $\underline{X}(f) = e^{-|f/f_g|}$.

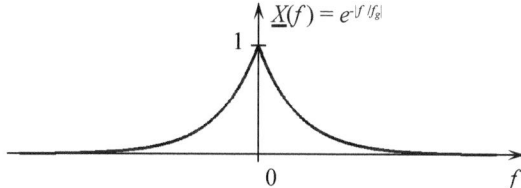

Bild 7.9 Signalspektrum mit Doppel-Exponential-Charakteristik

a) Welche Symmetrien (symmetrisch gerade bzw. symmetrisch ungerade Funktion) weist das zugehörige Zeitsignal $x(t)$ auf?

b) Berechnen Sie das Zeitsignal $x(t)$.

c) Berechnen Sie das zum integrierten Zeitsignal $x_I(t) = \int\limits_{-\infty}^{t} x(\tau)\,d\tau$ korrespondierende modifizierte Spektrum $\underline{X}_I(f)$.

d) Wie lauten das Signalspektrum $\underline{X}(f)$ und das Zeitsignal $x(t)$, wenn f_g gegen unendlich geht?

e) Skizzieren Sie das berechnete Zeitsignal $x(t)$ der Aufgabe b).

22. Berechnen und skizzieren Sie die Fourier-Transformierte des im Bild 7.10 skizzierten Dreiecksignals $\Lambda\left(t/T\right)$.

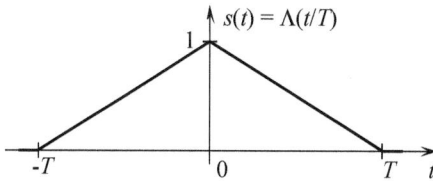

Bild 7.10 Dreiecksignal

23. Bestimmen Sie die Autokorrelationsfunktion $r_{xx}(\tau)$ und das Energiedichtespektrum $R_{XX}(f)$ des im Bild 7.11 dargestellten Signals $x(t) = \text{rect}\left(\dfrac{t}{4T}\right) \cdot \cos\left(2\pi\dfrac{t}{T}\right)$.

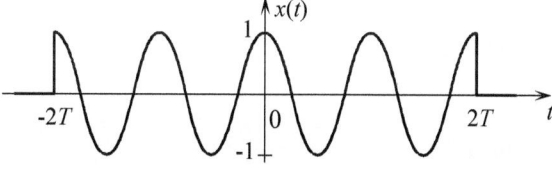

Bild 7.11 Schwingungspaket

Aufgaben zum Kapitel 6

24. Ein gegebenes Zeitsignal liegt im Frequenzbereich von $0\,\text{Hz} < f < 14\,\text{MHz}$.

    a) Mit welcher Abtastfrequenz muss das Signal mindestens abgetastet werden, damit es aus den Abtastwerten fehlerfrei rekonstruiert werden kann?

    b) Warum verwendet man in der Praxis eine höhere Abtastfrequenz als das theoretische Minimum?

25. Ein analoges Telefonsignal liegt im Frequenzbereich $300\,\text{Hz} < f < 3{,}4\,\text{kHz}$. Ermitteln Sie für dieses Bandpasssignal die Bereiche erlaubter Abtastfrequenzen.

26. Gegeben ist ein Bandpasssignal mit der unteren Grenzfrequenz $f_{gu} = 0{,}75\,\text{MHz}$ und der oberen Grenzfrequenz $f_{go} = 1{,}05\,\text{MHz}$.

    a) Wie viele Bereiche erlaubter Abtastfrequenzen gibt es?

    b) Geben sie die Grenzen der Bereiche erlaubter Abtastfrequenzen an.

    c) Ermitteln Sie die möglichen Abtastfrequenzen bei symmetrischem Abstand zwischen den Teilspektren.

27. Im Bild 7.12 sind das nichtperiodische Signal $\{x_1(kT_A)\}$ und das periodische Signal $\{x_2(kT_A)\}$ dargestellt.

    a) Berechnen Sie für beide Signale die Spektren.

    b) Stellen Sie die Amplituden- und Phasenspektren im Bereich von $-f_A$ bis f_A für beide Signale grafisch dar.

    c) Das Spektrum des Signals $\{x_1(kT_A)\}$ wird mit $\Delta f = 1/(4T_A)$ abgetastet. Stellen Sie dieses abgetastete Spektrum dar.

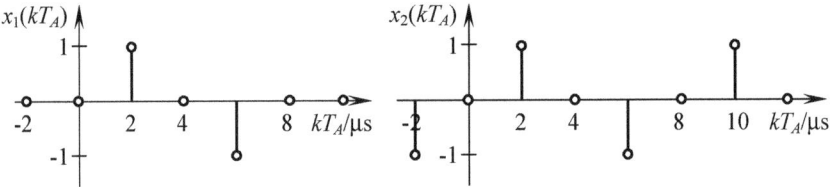

Bild 7.12 Nichtperiodisches und periodisches zeitdiskretes Signal

28. Zwei periodische Signale sind gegeben,
    $\{x_1(kT_A)\} = \{\underline{0{,}5}; 1; 0{,}5\}$ und $\{x_2(kT_A)\} = \{\underline{0}; 1; 0; -2\}$.

    Bestimmen Sie die Spektren beider Signale. Multiplizieren Sie die Spektren und vergleichen Sie das Ergebnis mit den Ergebnissen der Aufgabe 14 e. Es gilt
    $\{x_1(kT_A)\} * \{x_2(kT_A)\} \circ\!\!-\!\!\bullet \{X_1(n\Delta f)\} \cdot \{X_2(n\Delta f)\}$.

29. Im Bild 7.13 ist ein analoges Signal dargestellt! Die Funktionsgleichung lautet
    $x(t) = 0{,}5 + \sin(2\pi \cdot 1\,\text{kHz} \cdot t) + 0{,}5 \cos(2\pi \cdot 2\,\text{kHz} \cdot t)$.

    a) Berechnen Sie das Spektrum des Signals $x(t)$. Stellen Sie das Amplituden- und Phasenspektrum des Signals grafisch dar.

    b) Das Signal wird abgetastet. Für die Abtastfrequenz wird gewählt $f_A = 4 f_{\text{signal max}}$. Wie viele Abtastwerte gehören zu einer Periode des Signals $\{x(kT_A)\}$?

c) Das Spektrum $\underline{X}(n\Delta f)$ des Signals $\{x(kT_A)\}$ wurde berechnet. Es lautet $\{\underline{X}(n\Delta f)\} = \{\underline{4}; -4\,\mathrm{j}; 2; 0; 0; 2; 4\,\mathrm{j}\}_\mathrm{P}$. Skizzieren Sie das Amplituden- und Phasenspektrum des Signals $\{x(kT_A)\}$ im Bereich von $-f_A \ldots f_A$. In welchem Abstand liegen die Spektrallinien? Hätte man auch eine andere Abtastfrequenz wählen können?

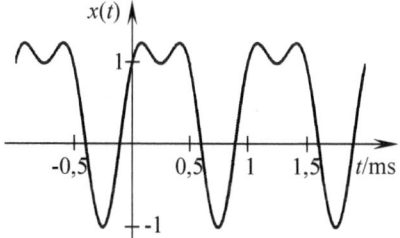

Bild 7.13 Analoges periodisches Signal

Die Lösungen zu den Übungsaufgaben finden Sie auf der Webseite zum Buch (www.hanser-fachbuch.de/buch/Signale+und+Systeme/9783446433274).

Teil II

Systeme

8 Systemdefinition

Im Teil I wurden ausführlich Signale bezüglich ihrer Eigenschaften im Zeit- und Frequenzbereich beschrieben. Oft ist neben der Signalbeschreibung die Verarbeitung und/oder Übertragung der Signale durch Systeme von großer Bedeutung. Im Kapitel 8 und Abschnitt 9.1 werden Systeme sowie ihre Eigenschaften im systemtheoretischen Sinn erklärt. Weiterhin erfolgt eine Eingrenzung der Systeme, die in den Kapiteln 9 bis 13 betrachtet werden. Um den Begriff *System* zu definieren, sollen die im Bild 8.1 dargestellten Beispiele dienen.

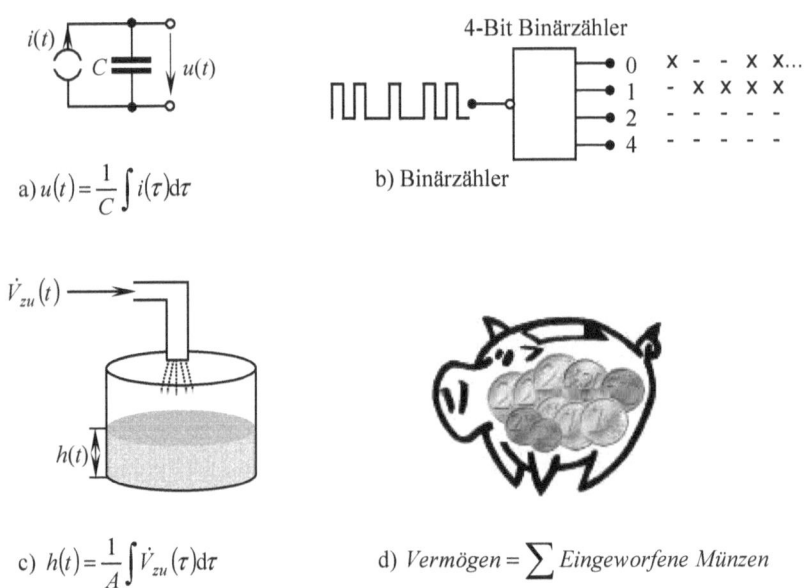

Bild 8.1 Anwendungen für integrierende und summierende Systeme

Welche Gemeinsamkeiten haben diese vier Beispiele aus völlig unterschiedlichen Bereichen? Bei allen ergeben sich die Ausgangssignale durch Verarbeitung der Eingangssignale nach der gleichen mathematischen Operation, nämlich der Integration bzw. Summation. Im Beispiel a ergibt sich durch *Integration* des Stromes die Spannung über dem Kondensator. Beim Beispiel b entstehen Binärzahlen durch *Summation* von Einzelimpulsen. Das Ausgangssignal im Beispiel c ist die Höhe des Volumens, durch *Integration* des zufließenden Volumenstroms messbar. Im Beispiel d ist das mühsam gesparte Geld die *Summe* der eingeworfenen Münzen.

Die Summation ist durch Grenzübergänge in die Integration überführbar. Zwei wesentliche Erkenntnisse sind aus diesen Beispielen zu ziehen:
- Durch das System wird einem Eingangssignal ein Ausgangssignal zugeordnet.
- Völlig unterschiedliche Realisierungen weisen gleiche Zuordnungsprinzipien zwischen Eingangs- und Ausgangssignal auf.

Genau diese beiden Erkenntnisse fließen in die Definition des Systems im systemtheoretischen Sinn ein.

Ein *System* ist das mathematische Modell eines Prozesses. Das mathematische Modell ordnet einem Eingangssignal ein Ausgangssignal zu.

$$S(x_e(t)) = x_a(t) \quad \text{bzw.} \quad S(x_e(kT_A)) = x_a(kT_A)$$

$x_e(t)$ bzw. $\{x_e(kT_A)\}$ Eingangssignal → $S(x_e(t)) = x_a(t)$ bzw. $S(x_e(kT_A)) = x_a(kT_A)$ System → $x_a(t)$ bzw. $\{x_a(kT_A)\}$ Ausgangssignal

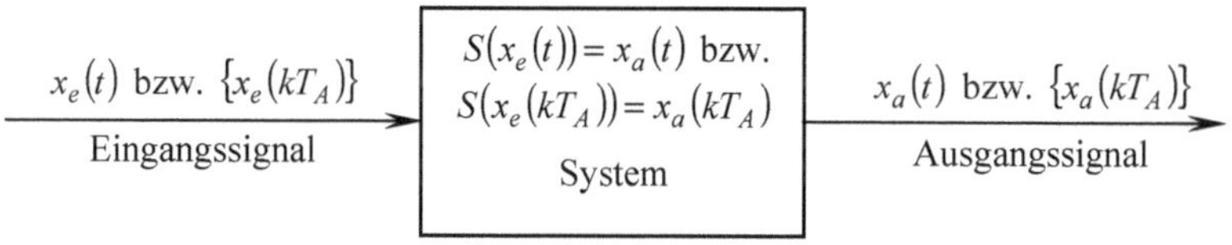

Bild 8.2 Eingangssignal, System, Ausgangssignal

Die gute Nachricht dieser Definition ist die Tatsache, dass man völlig unterschiedliche Realisierungen mit der gleichen Beschreibungsmethodik behandelt. Die etwas weniger gute Nachricht ist die Notwendigkeit der hohen Abstraktionsstufe, die manchmal die Anschaulichkeit mindert. Um trotzdem anschaulich zu bleiben, werden nachfolgend zahlreiche Beispiele aufgeführt, um den Bezug zwischen mathematischer Beschreibung und Realisierungen zu zeigen.

Bei den Signalen wird im Teil I unterschieden zwischen zeitkontinuierlichen und zeitdiskreten Signalen, weiterhin wird die Beschreibung im Zeit- und Frequenzbereich vorgestellt. Zur Verarbeitung zeitkontinuierlicher und zeitdiskreter Signale werden im Teil II zeitkontinuierliche und zeitdiskrete Systeme beschrieben. Die Beispiele im Bild 8.1 repräsentieren genau diese beiden Kategorien. Die Beispiele a und c arbeiten zeitkontinuierlich. Zu jedem Zeitpunkt werden Signale verarbeitet. Die Beispiele b und d zeigen eine zeitdiskrete Verarbeitung, nur zu bestimmten Zeiten gibt es ein Eingangssignal, das zur schon bestehenden Summe addiert wird. Die Beschreibung im Zeitbereich entspricht der Alltagserfahrung. Der Zeitbereich soll der Originalbereich sein. Um das Verhalten von Systemen besser zu erkennen, ist die Darstellung in weiteren Bereichen sehr hilfreich. Der schon aus Teil I bekannte Frequenzbereich liefert bei Systemen z. B. Aussagen über die Filterwirkung, d. h. durch das System werden nur hohe oder nur tiefe Frequenzanteile eines am System anliegenden Signals oder gar keine Frequenzanteile unterdrückt/gefiltert. Der Bildbereich wird neu eingeführt und ist u. a. nützlich beim Entwurf von Filtern und lässt Aussagen zur Stabilität zu.

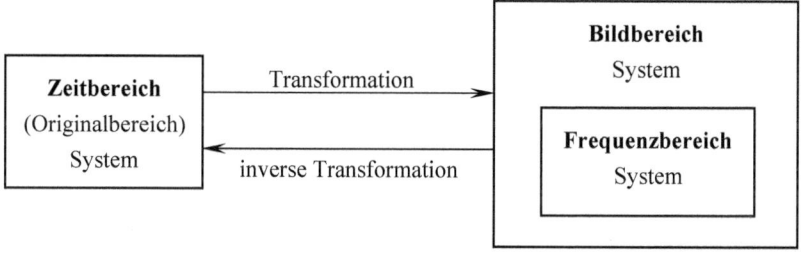

Bild 8.3 Bereiche der Systembeschreibung

8 Systemdefinition

Der Weg vom Zeit- in den Bild- und Frequenzbereich führt über Transformationen und der Weg zurück erfolgt über inverse Transformationen. Wie später noch gezeigt wird, besteht zwischen Bild- und Frequenzbereich ein unmittelbarer Zusammenhang.

9 Zeitkontinuierliche LTI-Systeme im Zeitbereich

■ 9.1 Systemeigenschaften

Die Definition des Begriffes *System* sagt, dass ein mathematisches Modell einem Eingangssignal ein Ausgangssignal zuordnet. Nun kann nicht jede beliebige Zuordnung hier betrachtet werden. Mit der Beschreibung der Systemeigenschaften soll eine Abgrenzung der Systeme erfolgen, die in den folgenden Abschnitten im Zeit-, Frequenz- und Bildbereich vorgestellt werden.

Grundsätzlich kann man ein System durch sein statisches und dynamisches Verhalten charakterisieren.

> **Statisches Verhalten**
> Es wird die Abhängigkeit zwischen einem konstanten Eingangssignal und dem Ausgangssignal nach dem Abklingen aller Übergangsvorgänge beschrieben. Die statische Kennlinie stellt das statische Verhalten oder das Beharrungsverhalten eines Systems grafisch dar.

Das statische Verhalten wird anhand zweier realer Systeme verdeutlicht.

Beispiel 9.1 Statisches Verhalten eines linearen und eines nichtlinearen Systems

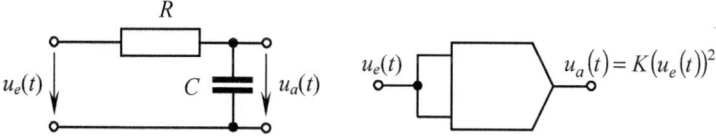

Bild 9.1 *RC*-Glied und Quadrierer

Beide Systeme werden mit konstanten Eingangsspannungen versorgt und die Ausgangssignale werden gemessen. Beim *RC*-Glied muss wegen des Kondensators der Ausgleichsvorgang abgeklungen sein. Die Wertepaare (U_e, U_a), bestehend aus konstantem Ein- und Ausgangssignal, werden in Diagramme eingetragen. Danach werden die Eingangssignale auf die nächsten konstanten Eingangswerte gestellt und man erhält für die Diagramme die nächsten Wertepaare usw. Die beiden entstandenen statischen Kennlinien unterscheiden sich sichtbar in ihrem Verlauf. Die statische Kennlinie des *RC*-Gliedes ist eine Gerade, eine lineare Funktion, die statische Kennlinie des Quadrierers ist nichtlinear. Das *RC*-Glied ist ein lineares System und der Quadrierer ist ein nichtlineares System.

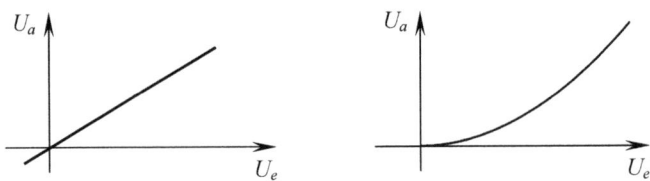

Bild 9.2 Statische Kennlinie des *RC*-Gliedes und statische Kennlinie des Quadrierers ∎

Dynamisches Verhalten

Es wird der zeitliche Verlauf des Ausgangssignals bei gegebenem Eingangssignal beschrieben.

Beispiel 9.2 Dynamisches Verhalten eines *RC*-Gliedes

An den Eingang des *RC*-Gliedes wird ein Spannungssprung gelegt.

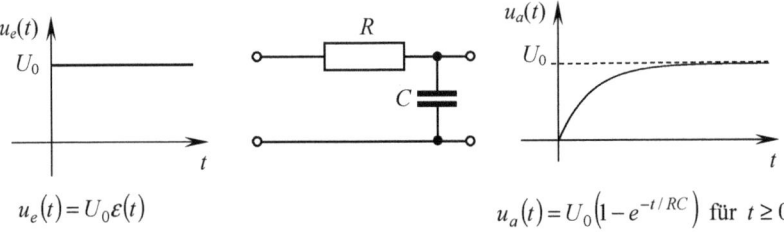

$u_e(t) = U_0 \varepsilon(t)$ $\qquad u_a(t) = U_0 \left(1 - e^{-t/RC}\right)$ für $t \geq 0$

Bild 9.3 Ein- und Ausgangssignal des *RC*-Gliedes

Im Bild 9.3 ist die zeitliche Änderung von Ein- und Ausgangssignal dargestellt. Bei einem sprungförmigen Eingangssignal steigt die Spannung über dem Kondensator allmählich an bis die am Eingang anliegende Spannung erreicht wird. Die über dem ohmschen Widerstand messbare Spannung geht exponentiell gegen null. ∎

Die zwei folgenden Systemeigenschaften Linearität und Zeitinvarianz wurden im Abschnitt 3.3 bei der Signaloperation Faltung schon erwähnt. Hier werden sie ausführlicher erläutert.

Lineare und nichtlineare Systeme

Ein System wird als *linear* bezeichnet, wenn auf jede Linearkombination der Eingangssignale, z. B.

$$x_e(t) = k_1 x_{e1}(t) + k_2 x_{e2}(t)$$

das System mit der entsprechenden Linearkombination der Ausgangssignale reagiert.

$$x_a(t) = S\left(k_1 x_{e1}(t) + k_2 x_{e2}(t)\right) = k_1 S\left(x_{e1}(t)\right) + k_2 S\left(x_{e2}(t)\right) \qquad (9.1)$$

Bei nichtlinearen Systemen gilt diese Beziehung nicht.

Die Erfüllung der Beziehung nach Gl. (9.1) soll am *RC*-Glied erklärt werden, da die statische Kennlinie des *RC*-Gliedes auf ein lineares System hinweist. Anhand des nichtlinearen

Systems, des Quadrierers, wird die Nichterfüllung der Beziehung nach Gl. (9.1) gezeigt. Für beide Beispiele werden je zwei Versuche durchgeführt.

Beispiel 9.3 Lineares System

1. Versuch: Auf das RC-Glied wirkt ein Eingangssprung, der sich aus zwei Teilsprüngen mit den Höhen U_{01} und U_{02} zusammensetzt.

$$u_e(t) = (U_{01} + U_{02})\,\varepsilon(t) \longrightarrow u_a(t) = (U_{01} + U_{02})\left(1 - e^{-t/RC}\right) \tag{9.2}$$

2. Versuch: Auf das RC-Glied werden nacheinander zwei Eingangssprünge gegeben. Die beiden Ausgangssignale werden addiert.

$$u_{e1}(t) = U_{01}\varepsilon(t) \quad \longrightarrow u_{a1}(t) = U_{01}\left(1 - e^{-t/RC}\right)$$
$$u_{e2}(t) = U_{02}\varepsilon(t) \quad \longrightarrow u_{a2}(t) = U_{02}\left(1 - e^{-t/RC}\right)$$
$$\overline{\qquad u_a(t) = (U_{01} + U_{02})\left(1 - e^{-t/RC}\right) \qquad} \tag{9.3}$$

Bei beiden Versuchen ergeben sich gleiche Systemreaktionen, die Gl. (9.1) wird erfüllt. Es handelt sich also, wie schon aus der statischen Kennlinie erkennbar, um ein lineares System. ■

Beispiel 9.4 Nichtlineares System $u_a(t) = K u_e^2(t)$

Mit dem Quadrierer werden ebenfalls zwei Versuche durchgeführt.

1. Versuch

$$u_e(t) = u_{e1}(t) + u_{e2}(t) \longrightarrow u_a(t) = K\left(u_{e1}(t) + u_{e2}(t)\right)^2$$
$$u_a(t) = K\left(u_{e1}^2(t) + 2u_{e1}(t)u_{e2}(t) + u_{e2}^2(t)\right) \tag{9.4}$$

2. Versuch:

$$u_{e1}(t) \quad\quad \longrightarrow u_{a1}(t) = K u_{e1}^2(t)$$
$$u_{e2}(t) \quad\quad \longrightarrow u_{a2}(t) = K u_{e2}^2(t)$$
$$\overline{\qquad u_a(t) = K\left(u_{e1}^2(t) + u_{e2}^2(t)\right) \qquad} \tag{9.5}$$

Es ist leicht einzusehen, dass bei diesem System beide Versuche zu unterschiedlichen Systemreaktionen führen. Das System ist nichtlinear.

Ein weiteres wichtiges Indiz für die Unterscheidung von linearen bzw. nichtlinearen Systemen ist die Reaktion des Systems auf ein harmonisches Signal. Im eingeschwungenen Zustand antwortet ein lineares System auf ein harmonisches Eingangssignal der Frequenz f_0 mit einem harmonischen Ausgangssignal der gleichen Frequenz f_0. Die Amplitude und Phase des Ausgangssignals können geändert sein, aber es ergeben sich keine neuen Frequenzen. Bei nichtlinearen Systemen entstehen neue Frequenzen.

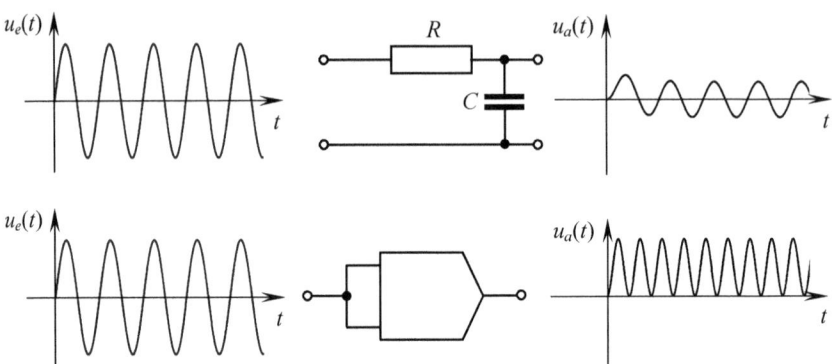

Bild 9.4 Reaktionen eines linearen und eines nichtlinearen Systems auf ein harmonisches Eingangssignal

Im Bild 9.4 ist gut zu erkennen, dass das RC-Glied nur die Amplitude und Phase des Eingangssignals ändert. Beim Quadrierer entsteht ein Signal mit der doppelten Eingangsfrequenz, die Frequenz des Eingangssignals ist im Ausgangssignal nicht mehr enthalten. ∎

Zeitinvariante und zeitvariante Systeme

Ein System ist zeitinvariant, wenn folgende Bedingung erfüllt ist: Wenn das System auf das Eingangssignal $x_e(t)$ mit dem Ausgangssignal $x_a(t)$ reagiert, so muss das um t_0 später einsetzende Eingangssignal $x_e(t - t_0)$ das entsprechende zeitverschobene Ausgangssignal $x_a(t - t_0)$ zur Folge haben.

$$x_a(t) = S(x_e(t)) \quad \text{und} \quad x_a(t - t_0) = S(x_e(t - t_0)) \tag{9.8}$$

Bei zeitvarianten Systemen gilt diese Beziehung nicht.

Beispiel 9.5 Zeitinvariantes und zeitvariantes System

Auch hier dient das RC-Glied als Beispiel. Geht man davon aus, dass die beiden Bauelemente, der ohmsche und der kapazitive Widerstand, konstant bleiben, dann ist dieses System ein zeitinvariantes System. Die Zeitkonstante RC ändert sich nicht. Variiert dagegen z. B. der ohmsche Widerstand in Abhängigkeit von der Zeit, dann handelt es sich um ein zeitvariantes System. Bild 9.5 veranschaulicht diese Aussage.

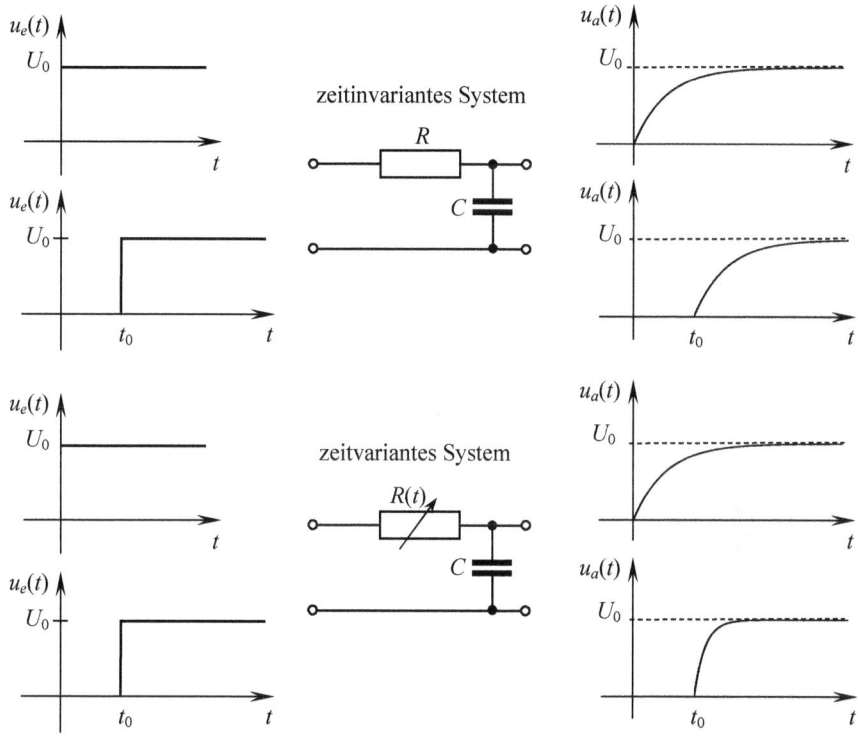

Bild 9.5 Zeitinvariantes und zeitvariantes System

Kausales und nichtkausales System

Bei einem kausalen System liegt nur dann ein Ausgangssignal vor, wenn ein Eingangssignal anliegt. Praktisch realisierbare Systeme besitzen diese Eigenschaft. Systeme, die vor der Systemerregung durch das Eingangssignal eine Systemreaktion zeigen, heißen nichtkausal.

Nichtkausale Systeme sind zwar nicht realisierbar, aber sie stellen eine gute Hilfe z. B. beim Filterentwurf dar. Der ideale Tiefpass ist ein gebräuchliches nichtkausales System und wird im Kapitel 12 thematisiert. Bild 9.6 zeigt die Systemantworten eines kausalen und eines nichtkausalen Systems. Das nichtkausale System liefert bereits vor dem Eintreffen des Eingangssignals am System ein Ausgangssignal.

Beispiel 9.6 Kausales und nichtkausales System

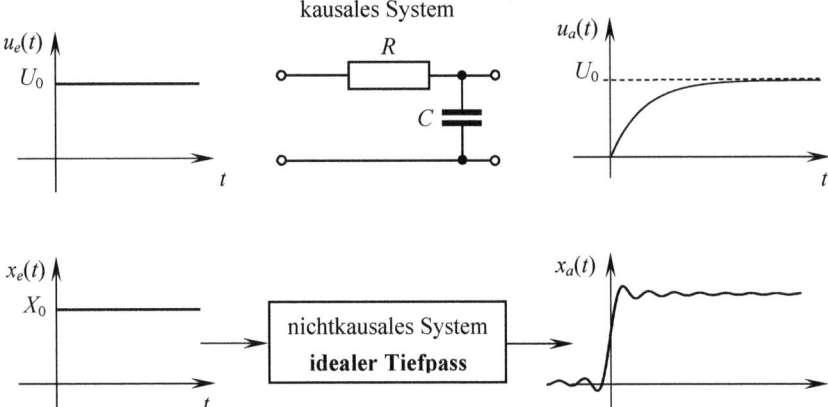

Bild 9.6 Kausales und nichtkausales System

Stabile und instabile Systeme

Ein System wird als stabil bezeichnet, wenn es auf jedes beschränkte Eingangssignal

$$|x_e(t)| \leq M_e < \infty \tag{9.7}$$

mit einem beschränkten Ausgangssignal

$$|x_a(t)| \leq M_a < \infty \tag{9.8}$$

reagiert. Dies wird als BIBO-stabil bezeichnet (**B**ounded-**I**nput-**B**ounded-**O**utput). Anderenfalls ist das System instabil.

Beispiel 9.7 Stabile und instabile Systeme

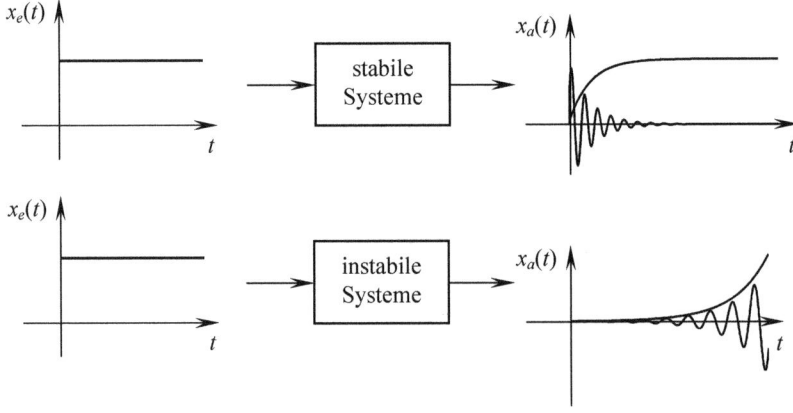

Bild 9.7 Stabile und instabile Systeme

Die Frage, wie man die Stabilität bzw. Instabilität eines Systems anhand seiner Systembeschreibung erkennt, wird im Abschnitt 10.6 ausführlich beantwortet.

Alle nachfolgenden Betrachtungen des Teils II beziehen sich auf Systeme, die linear und zeitinvariant sind. Üblich ist die Bezeichnung LTI-System (linear and time-invariant). Die Systembeschreibung nichtlinearer und zeitvarianter Systeme ist wesentlich aufwendiger und wird im Rahmen dieses Buches nicht besprochen.

9.2 Lineare Differenzialgleichung mit konstanten Koeffizienten

Im Abschnitt 9.1 wurde beschrieben, dass ein System im systemtheoretischen Sinn das mathematische Modell eines Prozesses ist und dass das mathematische Modell einem Eingangssignal ein Ausgangssignal zuordnet. In diesem Abschnitt werden solche mathematischen Modelle beschrieben, es handelt sich dabei um *Differenzialgleichungen*. Differenzialgleichungen und ihre Lösungsmethodik sind schon aus dem mathematischen Grundlagenstudium bekannt. An dieser Stelle dienen die Differenzialgleichungen zur Modellierung meist technischer Systeme und die Lösungen der Differenzialgleichungen sollen zeigen, wie die Systeme auf bestimmte Eingangssignale reagieren. Eine Differenzialgleichung beschreibt die innere Struktur eines Systems, diese wird auch veranschaulicht durch *Signalflussgraphen* und *Signalflusspläne*, siehe dazu Abschnitt 9.3. Aus dem großen Bereich der Differenzialgleichungen werden hier nur die betrachtet, die sogenannte „artige" Systeme modellieren. Das sind gerade die Systeme, die im Abschnitt 9.1 als LTI-Systeme, linear und zeitinvariant, bezeichnet werden. Nichtlineare und zeitvariante Systeme werden in diesem Buch nicht betrachtet, da die Differenzialgleichungen solcher Systeme sehr aufwendige Lösungsverfahren, wie Näherungsverfahren und/oder numerische Integration, erfordern.

Ein lineares zeitinvariantes System wird durch eine *lineare inhomogene Differenzialgleichung mit konstanten Koeffizienten* beschrieben

$$a_n \overset{(n)}{x}_a(t) + \ldots + a_1 \dot{x}_a(t) + a_0 x_a(t) = b_m \overset{(m)}{x}_e(t) + \ldots + b_1 \dot{x}_e(t) + b_0 x_e(t)$$

Die Eigenschaften linear und zeitinvariant sind daran zu erkennen, dass die Ableitungen sowohl des Eingangs- als auch des Ausgangssignals nur addiert und mit konstanten Faktoren, den Koeffizienten, verknüpft werden. Die Ordnung bzw. der Grad der Differenzialgleichung wird durch die höchste Ableitung des Ausgangssignals bestimmt. Für reale Systeme gilt $n \geq m$. Nachfolgend wird für die Differenzialgleichung die Abkürzung DGL verwendet.

Um mit dieser Systembeschreibung arbeiten zu können, sind die folgenden zwei Schritte auszuführen:

1. Aufstellen der DGL

Die physikalischen Zusammenhänge liefern die Grundlage für das Aufstellen der Differenzialgleichung Bei den hier meist betrachteten elektrischen Systemen finden die Kirchhoff'schen Sätze Anwendung. Dabei sind die aufgestellten Gleichungen so miteinander zu verknüpfen, dass eine DGL entsteht, die nur das Ein- und Ausgangssignal und deren Ableitungen sowie die elektrischen Impedanzen, die sich in den Konstanten wiederfinden, beinhaltet.

2. Lösen der Differenzialgleichung

Das Lösen von DGL kann im Originalbereich, dem Zeitbereich, oder über den Bildbereich mithilfe der Laplace-Transformation erfolgen. Bild 9.8 zeigt dazu eine Übersicht. In diesem Abschnitt wird das Lösen der DGL im Zeitbereich gezeigt, im Abschnitt 10.3 wird auf die Methoden über den Bildbereich eingegangen.

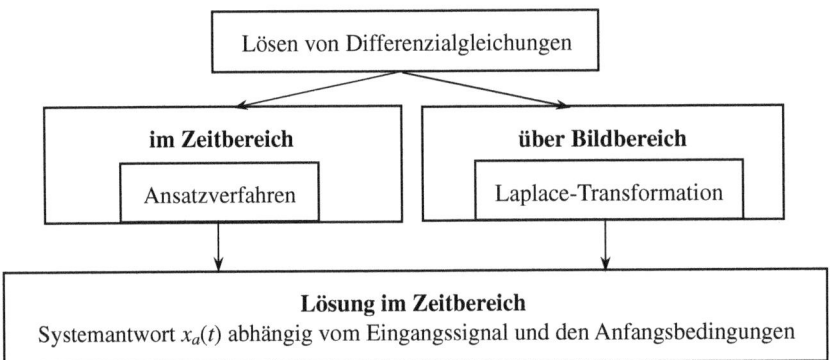

Bild 9.8 Übersicht der Lösungsmöglichkeiten von Differenzialgleichungen

Das Ziel beim Lösen einer DGL ist, die Systemreaktion für ein bestimmtes Eingangssignal unter Berücksichtigung der Koeffizienten und der Anfangsbedingungen zu erhalten. Es sind drei Lösungsschritte abzuarbeiten:

Lösungsschritte einer inhomogenen linearen DGL mit konstanten Koeffizienten
1) Allgemeine Lösung der homogenen DGL $x_{\mathrm{ah}}(t)$
2) Finden einer partikulären Lösung der inhomogenen DGL $x_{\mathrm{api}}(t)$
3) Ermittlung der vollständigen Lösung der inhomogenen DGL
   - vollständige allgemeine Lösung

   $$x_{\mathrm{a}}(t) = x_{\mathrm{ah}}(t) + x_{\mathrm{api}}(t)$$

   - vollständige spezielle Lösung $x_{\mathrm{as}}(t)$ unter Berücksichtigung der Anfangsbedingungen

Anhand des folgenden Beispiels wird die Vorgehensweise bei der Beschreibung eines Systems mit einer DGL 1. Ordnung und deren Lösung gezeigt.

Beispiel 9.8 Aufstellen und Lösen der DGL für ein *RC*-Glied

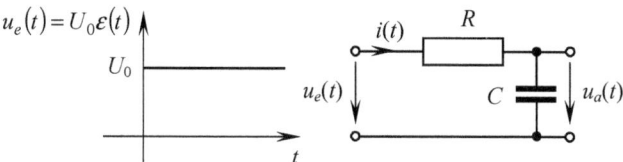

Bild 9.9 *RC*-Glied mit Eingangssignal

1. Aufstellen der DGL

Da das Aufstellen der DGL nicht in einem Schritt erfolgt, sondern durch schrittweise und gezielte Verknüpfung aufgestellter Einzelgleichungen, sollte man sich vorher überlegen, welches prinzipielle Aussehen die DGL haben muss. Das Ausgangssignal im Beispiel ist die Spannung über dem Kondensator. In der DGL werden nur die Eingangsspannung und Ausgangsspannung, nicht der Strom oder die Spannung über dem ohmschen Widerstand auftreten. Diese Größen müssen substituiert werden. Für den Grad der DGL, also der höchsten Ableitung der Ausgangsgröße, sind die vorhandenen Speicherelemente ein Indiz. Aber Vorsicht, es heißt nicht, dass bei N Speicherelementen der Grad der DGL N ist. Der Grad n der DGL kann auch kleiner als N niemals größer sein, das hängt konkret von der Schaltung ab. Im vorliegenden Beispiel wird sich ein Grad der DGL von eins ergeben, da ein Kondensator vorhanden ist. Kleiner als eins wird der Grad der DGL nicht sein, denn dann dürfte sich ja kein Speicherelement in der Schaltung befinden. Die konstanten Koeffizienten werden die ohmsche und kapazitive Impedanz beinhalten.

Mit den Kirchhoff'schen Sätzen ergeben sich vier unabhängige Gleichungen

$$u_e(t) = u_R(t) + u_C(t), \tag{9.9}$$

$$u_a(t) = u_C(t), \tag{9.10}$$

$$i(t) = C \frac{d u_C(t)}{d t} \quad \text{bzw.} \quad u_C(t) = \frac{1}{C} \int i(t) \, d t, \tag{9.11}$$

$$u_R(t) = i(t) R. \tag{9.12}$$

Alle vier Gleichungen müssen beim Aufstellen der DGL berücksichtigt werden, man muss sie also einmal „in der Hand" gehabt haben. Setzt man die Gl. (9.10) und (9.12) in Gl. (9.9) ein

$$u_e(t) = i(t) R + u_a(t) \tag{9.13}$$

und beachtet, dass der Strom $i(t)$ durch die ohmsche und die kapazitive Impedanz fließt, so kann in Gl. (9.13) der Strom $i(t)$ durch die Beziehung in Gl. (9.11) ersetzt werden. Es entsteht die gesuchte DGL.

$$RC \frac{d u_a(t)}{d t} + u_a(t) = u_e(t) \quad \text{bzw.} \quad RC \dot{u}_a(t) + u_a(t) = u_e(t) \tag{9.14}$$

Mit den Maßeinheiten für alle Elemente der DGL

$$[RC] = \frac{V}{A} \cdot \frac{As}{V}, \quad [\dot{u}_a(t)] = \frac{V}{s}, \quad [u_a(t)] = [u_e(t)] = V$$

lässt sich die Rechnung überprüfen. Falls beim Einsetzen der Maßeinheiten in die DGL Widersprüche auftreten, ist mit Sicherheit die Rechnung falsch, aber es gibt keine absolute Sicherheit für die Richtigkeit der Rechnung.

2. Lösen der DGL

1) Allgemeine Lösung der homogenen DGL $u_{\text{ah}}(t)$

Nimmt man in der inhomogenen DGL Gl. (9.14) das Eingangssignal als identisch null an, dann ergibt sich die homogene DGL.

$$RC\dot{u}_{\text{a}}(t) + u_{\text{a}}(t) = 0 \tag{9.15}$$

Die allgemeine Lösung der homogenen DGL erfolgt über einen exponentiellen oder trigonometrischen Ansatz. Warum werden gerade diese Funktionen für einen Ansatz gewählt? Das Einsetzen des Ansatzes in die DGL erfordert das Ableiten des Ansatzes, und da der Ansatz auch beim mehrfachen Ableiten nicht verschwinden soll, bieten sich exponentielle oder trigonometrische Funktionen an. Ein weiterer, genauso wichtiger Gesichtspunkt sind typische zu beobachtende bzw. zu messende Verläufe in Natur und Technik. Solche typischen Verläufe werden durch exponentielle und trigonometrische Funktionen beschrieben, z. B. Wachstumsprozesse, Auf- und Entladevorgänge, Schwingungen in der Akustik...

Für die allgemeine Lösung der homogenen DGL Gl. (9.15) wird folgender Ansatz gewählt

$$\text{Ansatz:} \quad u_{\text{ah}}(t) = K\, e^{\lambda t}. \tag{9.16}$$

Die Konstante K wird eingeführt, um der Eigenschaft allgemeine Lösung Rechnung zu tragen. Der Ansatz und seine 1. Ableitung werden in die homogene DGL eingesetzt

$$\begin{aligned} RC\dot{u}_{\text{ah}}(t) + u_{\text{ah}}(t) &= 0 \\ RCK\lambda\, e^{\lambda t} + K\, e^{\lambda t} &= 0 \end{aligned} \tag{9.17}$$

und der noch unbekannte Wert λ wird nachfolgend so bestimmt, dass der Ansatz allgemeine Lösung der homogenen DGL wird. Für die Bestimmung von λ werden die e-Funktion und die Konstante ausgeklammert, damit entsteht ein Produkt aus drei Faktoren.

$$e^{\lambda t} K\, (RC\lambda + 1) = 0 \tag{9.18}$$

Das Produkt ist dann null, wenn einer der Faktoren null wird. Die e-Funktion nähert sich zwar null an, aber wird nicht wirklich null. Die triviale Lösung $K = 0$ ist zwar auch möglich, soll aber nicht weiter berücksichtigt werden. Also wird der dritte Faktor null gesetzt. Die entstandene Gleichung wird auch als *charakteristische Gleichung* bezeichnet

$$RC\lambda + 1 = 0 \tag{9.19}$$

und liefert den gesuchten Wert für λ

$$\lambda = -\frac{1}{RC}. \tag{9.20}$$

Dieser gesuchte Wert für λ wird ausschließlich durch Parameter des Systems bestimmt und wird daher auch *Eigenwert* genannt. Die Lösung der homogenen DGL lautet

$$u_{\text{ah}}(t) = K\,e^{-t/RC} \tag{9.21}$$

und wird als *Eigenbewegung* des Systems bezeichnet, da sie nicht vom Eingangssignal abhängt. Die Konstante K wird mithilfe von Anfangsbedingungen im Schritt 3) bestimmt.

2) Finden einer partikulären Lösung der inhomogenen DGL $u_{\text{api}}(t)$

Für das Finden einer partikulären Lösung der inhomogenen DGL Gl. (9.14) wird die von *Joseph-Louis Lagrange* (1736–1813) entwickelte Methode der *Variation von Konstanten* angewendet. Dabei wird die Konstante in der schon ermittelten allgemeinen Lösung der homogenen DGL Gl. (9.21) nicht als Konstante, sondern als Funktion der Zeit aufgefasst. Bei DGL höherer Ordnung bieten mathematische Formelsammlungen auf Grundlage dieser Methode Ansätze für häufig auftretende Funktionen. Diese Ansätze orientieren sich an der Funktion des Eingangssignals bzw. einem verwandten Funktionstyp.

Im betrachteten Beispiel wird zum Finden einer partikulären Lösung der inhomogenen DGL Gl. (9.14) der Ansatz gewählt

$$\text{Ansatz:} \quad u_{\text{api}}(t) = K(t)\,e^{-t/RC} \tag{9.22}$$

Dieser Ansatz und die Ableitung des Ansatzes werden in die inhomogene DGL (9.14) eingesetzt und für $K(t)$ die Funktion gesucht, für die der gewählte Ansatz Gl. (9.22) eine partikuläre Lösung der inhomogenen DGL wird.

$$\begin{aligned} RC\,\dot{u}_{\text{api}}(t) \qquad\qquad\qquad &+ u_{\text{api}}(t) = u_{\text{e}}(t) \\ RC\left(\dot{K}(t)\,e^{-t/RC} - K(t)\frac{1}{RC}e^{-t/RC}\right) &+ K(t)\,e^{-t/RC} = u_{\text{e}}(t) \end{aligned} \tag{9.23}$$

Nach Auflösen der runden Klammern und Kürzen verbleibt die Gleichung

$$RC\,\dot{K}(t)\,e^{-t/RC} = u_{\text{e}}(t). \tag{9.24}$$

Zur Bestimmung von $K(t)$ wird das konkrete Eingangssignal eingesetzt, eine Trennung der Variablen vorgenommen, d. h. die Gleichung wird umgestellt, und es wird integriert.

$$RC\,\dot{K}(t)\,e^{-t/RC} = U_0\,\varepsilon(t)$$

$$\frac{dK(t)}{dt} = \frac{1}{RC}\,e^{t/RC}\,U_0\,\varepsilon(t) \tag{9.25}$$

$$\int dK(t) = \frac{U_0}{RC}\int e^{t/RC}\,dt \qquad \text{für } t \geq 0$$

Auf beiden Seiten der Gleichung liegen unbestimmte Integrale vor, sodass bei der Integration noch Integrationskonstanten auftreten. Da irgendeine partikuläre Lösung gesucht wird, wählt man für die Integrationskonstanten den Wert null.

$$K(t) = U_0\,e^{t/RC} \qquad \text{für } t \geq 0 \tag{9.26}$$

Damit steht die gesuchte Funktion für $K(t)$ fest, sie wird in den Ansatz Gl. (9.21) eingesetzt und eine partikuläre Lösung der inhomogenen DGL ist gefunden.

$$u_{\text{api}}(t) = U_0 \, e^{t/RC} \, e^{-t/RC} \Rightarrow u_{\text{api}}(t) = U_0 \quad \text{für } t \geq 0 \tag{9.27}$$

3) Ermittlung der vollständigen Lösung der inhomogenen DGL

Die Addition der allgemeinen Lösung der homogenen DGL $u_{\text{ah}}(t)$ nach Gl. (9.21) und einer partikulären Lösung der inhomogenen DGL $u_{\text{api}}(t)$ nach Gl. (9.27) ergibt die vollständige allgemeine Lösung $u_a(t)$ der inhomogenen DGL nach Gl. (9.14).

$$u_a(t) = u_{\text{ah}}(t) + u_{\text{api}}(t) \Rightarrow u_a(t) = K \, e^{-t/RC} + U_0 \quad \text{für } t \geq 0 \tag{9.28}$$

Die allgemeine Lösung der inhomogenen DGL stellt aufgrund der Konstante K eine Schar von Funktionen dar. Eine spezielle Lösung ist eine Funktion aus dieser Schar. Um eine spezielle Lösung der inhomogenen DGL zu ermitteln, muss der Konstante K ein konkreter Wert zugeordnet werden. Dies erfolgt aus der Kenntnis der Anfangsbedingungen. Dazu ist noch einmal das RC-Glied zu betrachten und zu überlegen, was zum Zeitpunkt $t = 0$ beim Anlegen eines Spannungssprunges am Ausgang des Systems passiert. Aufgrund der physikalischen Eigenschaften des RC-Gliedes wird zu diesem Zeitpunkt das Ausgangssignal $u_a(t)$ bei einem entladenen Kondensator null sein. Die Anfangsbedingung $u_a(0) = 0$ wird in die vollständige allgemeine Lösung der inhomogenen DGL Gl. (9.28) eingesetzt und die Konstante K ist bestimmbar.

$$u_a(0) = K \, e^{-0/RC} + U_0 \Rightarrow K = -U_0 \tag{9.29}$$

Damit lautet die vollständige spezielle Lösung

$$u_{\text{as}}(t) = U_0 \left(1 - e^{-t/RC}\right) \quad \text{für } t \geq 0 \tag{9.30}$$

Das Bild 9.10 zeigt den Verlauf der Ausgangsspannung des RC-Gliedes beim Anlegen eines Eingangssprunges.

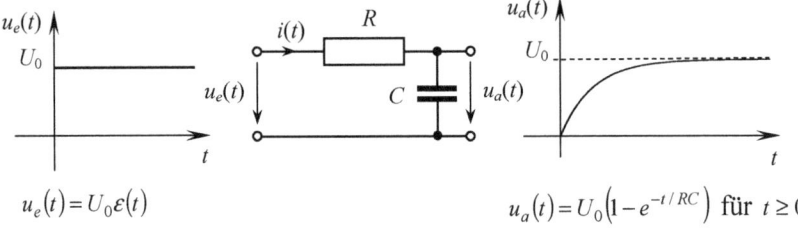

Bild 9.10 RC-Glied mit Eingangs- und Ausgangssignal

Die Zeitkonstante RC ist eine das System charakterisierende Größe. Man kann sich vorstellen, dass bei einer großen Zeitkonstante RC der stationäre Endwert U_0 später erreicht wird als bei einer kleineren Zeitkonstante RC. Aus dem Verlauf des Ausgangssignals ist die Zeitkonstante bei Systemen mit DGL 1. Ordnung einfach ablesbar. Es gibt zwei Methoden. Zum einen ist die Zeitkonstante ablesbar, wenn das Ausgangssignal 63 % des stationären Endwertes erreicht hat.

$$u_a(RC) = U_0 \left(1 - e^{-RC/RC}\right) \Rightarrow u_a(RC) = U_0 \cdot 0{,}63 \tag{9.31}$$

Zum anderen ist die Zeitkonstante der Abszissenwert des Schnittpunktes zwischen dem stationären Endwert des Ausgangssignals $u_a(t)$ und der Tangente $u_T(t)$, die an das Ausgangssignal $u_a(t)$ im Zeitpunkt $t = 0$ gelegt wird.
Die Tangente $u_T(t)$ ist eine Ursprungsgerade.

$$u_T(t) = m \cdot t; \quad m = \left.\frac{d\,u_a(t)}{dt}\right|_{t=0} = U_0 \left(-\frac{-1}{RC}\right) e^{-0/RC} \tag{9.32a}$$

$$u_T(t) = \frac{U_0}{RC} t \tag{9.32b}$$

Der Abszissenwert des Schnittpunktes zwischen Tangente $u_T(t)$ und stationärem Endwert U_0 ist

$$u_T(t) = \frac{U_0}{RC} t = U_0 \Rightarrow t = RC. \tag{9.33}$$

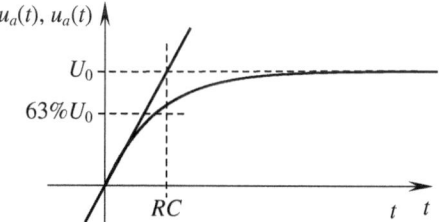

Bild 9.11 Ermittlung der Zeitkonstante RC aus dem Ausgangssignal

Der Verlauf des Ausgangssignals wird auch als Ausgleichsvorgang bezeichnet, das Bild 9.11 zeigt gut die exponentielle Annäherung an den stationären Endwert. Der stationäre Endwert wird nie erreicht, sondern es erfolgt eine Annäherung. Bei einer Zeitdauer von $5RC$ weist $u_a(t)$ ca. 99 % des stationären Endwertes auf und man sagt, der Ausgleichsvorgang gilt als abgeschlossen.

■ 9.3 Signalflusspläne und Signalflussgraphen

Für die anschauliche Darstellung der inneren Struktur eines Systems oder des Zusammenwirkens mehrerer Systeme eignen sich *Signalflusspläne* und *Signalflussgraphen*. Es werden anstelle des Begriffs *Signalflussplan* auch *Wirkungsplan* und *Blockdiagramm* verwendet. Signalflusspläne und Signalflussgraphen dienen dazu, ein besseres Verständnis der Funktion und der Zusammenhänge eines oder mehrerer Systeme zu erhalten, die Funktion und Zusammenhänge zu abstrahieren und möglicherweise für Simulationsuntersuchungen aufzubereiten. Für die simulationstechnische Umsetzung stehen in Simulationsumgebungen Bibliotheken mit notwendigen „Bausteinen" zur Verfügung. Mit unterschiedlichen Mitteln stellen Signalflusspläne und Signalflussgraphen die Verarbeitung von Signalen dar.

Signalflussplan

Ein Signalflussplan besteht aus *Blöcken*, *Summations-* und *Verzweigungsstellen*, siehe dazu Bild 9.12. Blöcke sind über gerichtete Signale verbunden. Ein *Block* hat ein Eingangs- und

Ausgangssignal und im Block wird der funktionale Zusammenhang zwischen Eingangs- und Ausgangssignal angegeben. Eingangs- und Ausgangssignal eines Blockes weisen einen rückwirkungsfreien Zusammenhang auf. Liegen Rückwirkungen vor, wird dies durch zusätzliche Blöcke dargestellt.

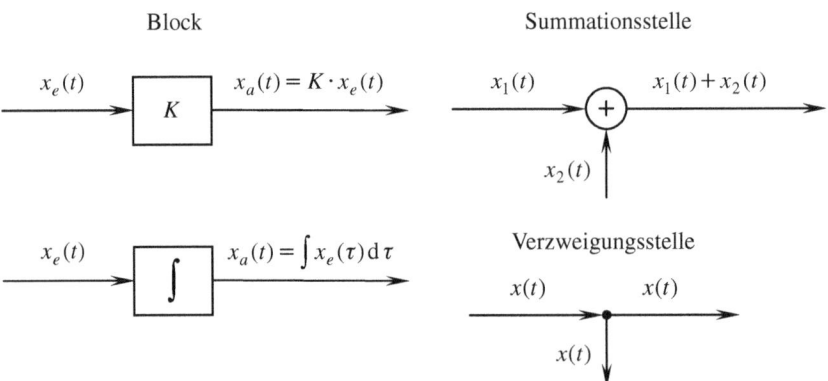

Bild 9.12 Elemente eines Signalflussplanes

Die Signale im Signalflussplan werden an *Summationsstellen* addiert. Soll eine Differenz gebildet werden, so erfolgt die Kennzeichnung durch ein Minuszeichen an dem Signal, welches subtrahiert werden soll. Um eine eindeutige Zuordnung bei mehreren Signalen zu haben, wird festgelegt, dass Minuszeichen rechts vom Pfeil in Pfeilrichtung stehen. An den Summationsstellen haben alle Signale, die zur Summationsstelle hingeführt und die von der Summationsstelle weggeführt werden, gleiche physikalische Einheiten.

Verzweigungsstellen dienen dazu, ein Signal auf verschiedenen Wegen weiterzuverarbeiten.

Signalflussgraph

Ein Signalflussgraph ist aufgebaut *aus Knoten, Kanten* und *Pfaden* und stellt die Signalverarbeitung durch gerichtete und mit Gewichten versehene Graphen dar, siehe dazu Bild 9.13. *Knoten* symbolisieren Signale und *Kanten* die Verbindung zwischen den Signalen. Als *Pfad* bezeichnet man eine gerichtete zusammenhängende Verbindung mehrerer Kanten zwischen Knoten. Ein- und Ausgangsknoten haben nur einen Pfad, den ausgehenden bzw. den eingehenden Pfad. Alle anderen Knoten im Signalflussgraph haben ausgehende und eingehende Pfade. Die Kanten beschreiben die Verarbeitung eines Signals durch ein Kantengewicht. Die Kante erzeugt ein neues Signal. Die Pfeilrichtung der Kanten gibt die Verarbeitungsrichtung der Signale an.

Um die Unterschiedlichkeit und gleichzeitig aber auch Gemeinsamkeit von Signalflussplan und Signalflussgraph zu zeigen, wird die DGL des RC-Gliedes, die im Abschnitt 9.2 beschrieben wird, in einen Signalflussplan und einen Signalflussgraphen umgesetzt. Beim Umsetzen von DGL in Signalflusspläne und Signalflussgraphen benutzt man nicht die Differenzialquotienten sondern geht von der Umkehroperation, der Integration, aus. Ein Grund dafür ist die Tatsache, dass es in der Praxis keine idealen Differentiatoren gibt. Ein weiterer Grund ist die schwierigere Approximation der mathematischen Operation Differenziation als der mathematischen Operation Integration. Und bekanntermaßen wird beim Lösen von DGL integriert. In Signalflussplänen und Signalflussgraphen werden dazu Integratoren bzw. die Operation Integration verwendet. Bei einer DGL der Ordnung n benötigt man n Integratoren.

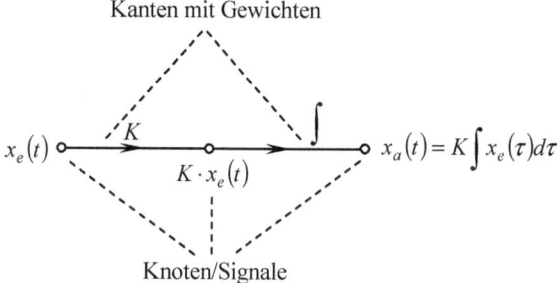

Pfad: $x_e(t) \rightarrow K \cdot x_e(t) \rightarrow x_a(t)$

Bild 9.13 Elemente eines Signalflussgraphen

Beispiel 9.9 Signalflussplan und Signalflussgraph des *RC*-Gliedes

Die DGL wird zuerst nach ihrer höchsten Ableitung umgestellt.

$$RC\dot{u}_a(t) + u_a(t) = u_e(t)$$
$$\dot{u}_a(t) = \frac{1}{RC}(u_e(t) - u_a(t)) \tag{9.34}$$

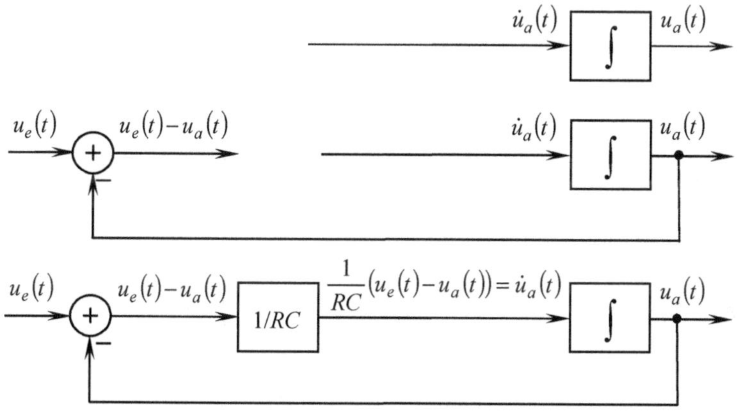

Bild 9.14 Entwicklung des Signalflussplans der DGL eines *RC*-Gliedes

Bei der DGL 1. Ordnung wird ein Integrator benötigt. Die Ableitung des Ausgangssignals $\dot{u}_a(t)$ ergibt sich aus der Differenz von Eingangssignal $u_e(t)$ und Ausgangssignal $u_a(t)$ sowie der Multiplikation dieser Differenz mit $1/RC$. Zuerst wird die Aufstellung des Signalflussplans mit den Einzelbildern des Bildes 9.14 erläutert. Man geht beim Aufstellen des Signalflussplans von der Ableitung des Ausgangssignals $\dot{u}_a(t)$ aus und führt dieses Signal auf den Block *Integrator*. Am Ausgang des Blockes *Integrator* erscheint das Signal $u_a(t)$. Das Signal $u_a(t)$ wird verzweigt. Das rückgeführte Signal $u_a(t)$ wird an der Summationsstelle mit -1 multipliziert und zum Eingangssignal $u_e(t)$ addiert. Die Multiplikation des Differenzsignals $u_e(t) - u_a(t)$ mit $1/RC$ erfolgt am Block $1/RC$. Das Ausgangssignal des Blockes $1/RC$ ist genau die Ableitung des Ausgangssignals $\dot{u}_a(t)$ nach Gl. (9.34).

Beim Signalflussgraphen ist die Vorgehensweise ähnlich, siehe dazu Bild 9.15. Es sind nun die Angaben für die Knoten und Kanten festzulegen. Nach Gl. (9.34) gibt es die Signale $u_e(t)$, $u_a(t)$, $\dot{u}_a(t)$ sowie das Differenzsignal $u_e(t) - u_a(t)$, also vier Knoten. Das gewichtete Differenzsignal $1/RC$ $(u_e(t) - u_a(t))$ entspricht genau dem Signal $\dot{u}_a(t)$. Kantengewichte sind -1 für die Multiplikation des Ausgangssignals $u_a(t)$, $1/RC$ für die Multiplikation des Differenzsignals $u_e(t) - u_a(t)$ und die Integration für die Ableitung des Ausgangssignals $\dot{u}_a(t)$.

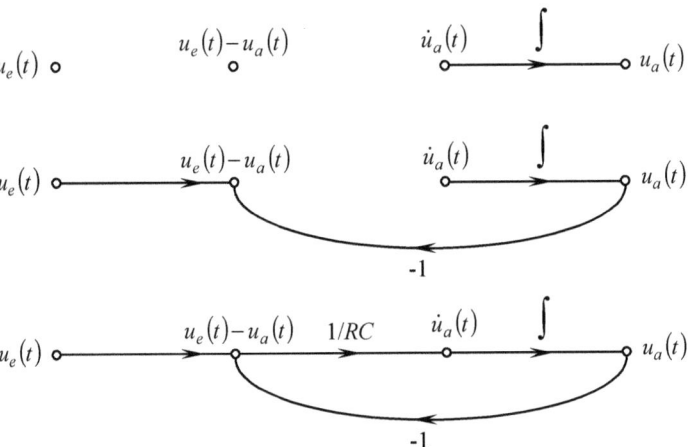

Bild 9.15 Entwicklung des Signalflussgraphen der DGL eines *RC*-Gliedes

10 Kontinuierliche LTI-Systeme im Zeitbereich und im Bildbereich

■ 10.1 Laplace-Transformation und Laplace-Rücktransformation

In den Abschnitten 5.3 und 6.4 wurden Transformationen vorgestellt. Wie die Fourier-Transformation ist auch die Laplace-Transformation eine Integraltransformation. Bei den Integraltransformationen liegen ein Originalbereich und ein Bildbereich vor. Vom Originalbereich in den Bildbereich gelangt man durch die Hintransformation oder kurz Transformation und beim umgekehrten Weg spricht man von *Rück-, Umkehr-* oder *inverser Transformation*. Nachfolgend wird die Bezeichnung *Rücktransformation* verwendet. Für die Notation wird das Korrespondenzzeichen ∘—• verwendet.

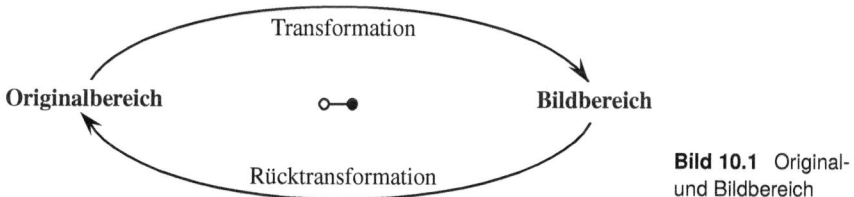

Bild 10.1 Original- und Bildbereich

Warum ist nun eine weitere Transformation, die Laplace-Transformation, sinnvoll? Mit der Fourier-Transformation werden die spektralen Eigenschaften von Signalen analysiert, allein der Originalbereich also der Zeitbereich lässt diese Eigenschaften meist nicht erkennen. Mit der Laplace-Transformation werden Probleme im Originalbereich umformuliert, sodass sich das Problem im Bildbereich hoffentlich vereinfacht darstellt. Diese Begründung hört sich vernünftig und sinnvoll an, und sie ist es auch, aber für einen Einsteiger in die Laplace-Transformation erschließt sich dies nicht sofort. Es gehört schon etwas Geduld und auch Übung dazu, um die Vorteile zu erleben. Ist dieser Schritt einmal erreicht, kann man ohne Laplace-Transformation in der Systemtheorie „kaum leben". Bild 10.2 zeigt den „Umweg" über den Bildbereich für die Problemlösung.

Ohne sich gleich der Laplace-Transformation zu bedienen, soll die Intention – Vereinfachung eines Problems durch „Transformation" vom Originalbereich in einen Bildbereich – gezeigt werden. Heute stellt die mathematische Operation Multiplikation aufgrund umfangreicher Hilfsmittel wie Taschenrechner usw. kein Problem dar. Das war vor der Ära der elektronischen Hilfsmittel nicht so. Die „schwierige" mathematische Operation Multiplikation wurde durch die einfachere Operation Addition ersetzt, nachdem das Problem Multiplikation durch

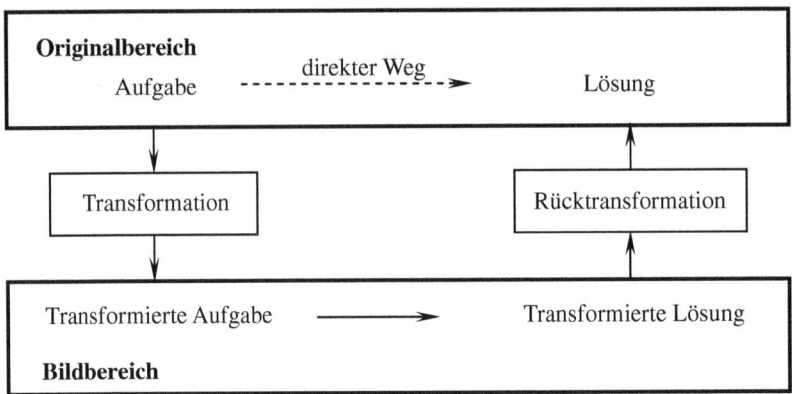

Bild 10.2 Idee der Laplace-Transformation

Logarithmieren und Nutzung von Logarithmengesetzen in einen anderen Bereich überführt wurde. Der Weg zurück in den Originalbereich erfolgte dann über die Umkehroperation des Logarithmierens, das Potenzieren, wie im Bild 10.3 dargestellt.

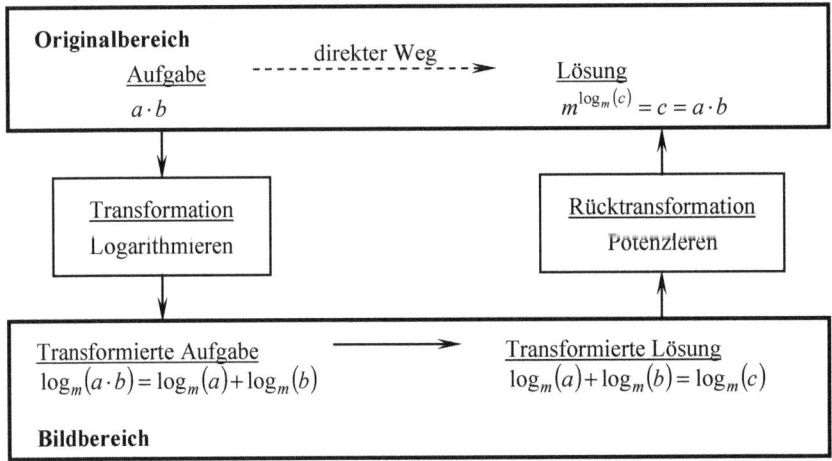

Bild 10.3 Vereinfachung des Problems Multiplikation

Nun kann man berechtigt sagen, dass das Problem Multiplizieren zwar vereinfacht wurde, aber das Logarithmieren und Potenzieren birgt ja auch etliche Probleme in sich. Man behalf sich mit umfangreichen Logarithmentafeln zum Nachschlagen. Beim Rechenstab wurde das Logarithmieren und Potenzieren dem Nutzer abgenommen, durch logarithmische Skalen erfolgte das Multiplizieren bzw. Dividieren einfach durch Längenaddition bzw. -subtraktion. Bild 10.4 veranschaulicht dies. Eltern und Großeltern kennen dieses Hilfsmittel bestimmt noch.

Multiplikation bzw. Division sind heute, abgesehen von gewünschten hohen Genauigkeiten, kein Problem mehr. Aber das Problem, das im Abschnitt 9.2 vorgestellt und gelöst wird, nämlich das Lösen von Differenzialgleichungen kann man nicht als trivial bezeichnen. Wie dort gezeigt, wird das Ausgangssignal eines Systems berechnet, indem die Differenzialgleichung des Systems beim Anlegen eines konkreten Eingangssignals und unter Berücksich-

10.1 Laplace-Transformation und Laplace-Rücktransformation

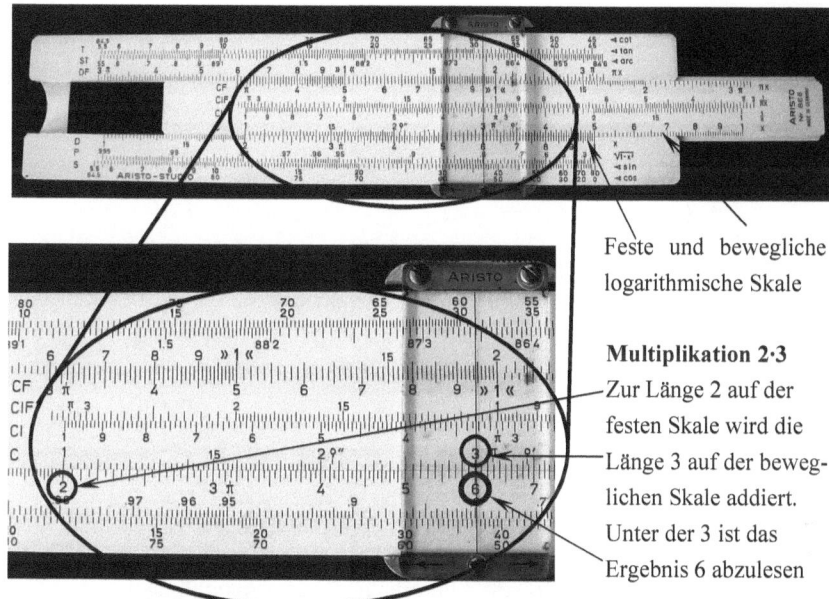

Feste und bewegliche logarithmische Skale

Multiplikation 2·3
Zur Länge 2 auf der festen Skale wird die Länge 3 auf der beweglichen Skale addiert. Unter der 3 ist das Ergebnis 6 abzulesen

Bild 10.4 Rechenstab

tigung von Anfangsbedingungen über mehrere Teilschritte gelöst wird. Diese Teilschritte, Lösung der homogenen Differenzialgleichung, Finden einer partikulären Lösung der inhomogenen Differenzialgleichung und Ermittlung der allgemeinen und speziellen Lösung der inhomogenen Differenzialgleichung, sind nacheinander abzuarbeiten. Diese umfangreiche Prozedur zu vereinfachen, ist wünschenswert. Die Idee, den Zusammenhang zwischen Systembeschreibung, Ursache (also Eingangssignal) und Wirkung (also Ausgangssignal) durch

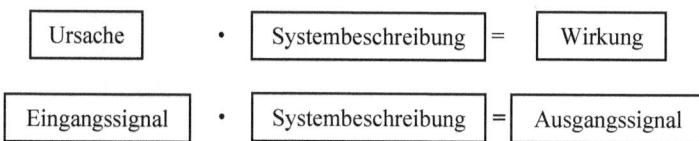

zu beschreiben, ist sehr hilfreich und effizient. Die Umsetzung dazu wird im Abschnitt 10.3 gezeigt.

Diese Idee verfolgte *Oliver Heaviside* (1850–1925) /51/ durch Anwendung von Operatoren. Diese Operatoren waren prinzipiell identisch mit den von *Karl August Rudolph Steinmetz* (1856–1923) in seiner symbolischen Methode verwendeten Widerstandsoperatoren, bekannt als kapazitive und induktive Widerstandsoperatoren $1/j\omega C$ und $j\omega L$ aus der Wechselstromlehre. Da Heaviside aber recht unbekümmert mit mathematischen Begriffen umging, nahm man die Idee zu seiner Zeit nicht ernst. Der Wissenschaftshistoriker Bell bezeichnete recht dramatisch Heavisides Kalkül als „Symbolische Methode in drei Akten".

1. Akt: Völliger Unsinn
2. Akt: Trivial
3. Akt: Lange vor Heaviside bekannt

Insbesondere *Gustav Heinrich Adolf Doetsch* (1892–1977) und *Jan Mikusinski* (1913–1987) gaben der Heaviside'schen Methode eine fundierte mathematische Grundlage und zeigten den Zusammenhang mit dem *Laplace-Integral* und der Operatorenrechnung, sodass die von Heaveside durch Intuition gefundene Methode zwar mit großer zeitlicher Verzögerung aber dennoch erfolgreich Einzug insbesondere in die Ingenieurwissenschaften hielt. Der 3. Akt mit dem Titel *Lange vor Heaviside bekannt* ist der Hinweis auf das Laplace-Integral, *Pierre-Simon de Laplace* lebte von 1749–1827.

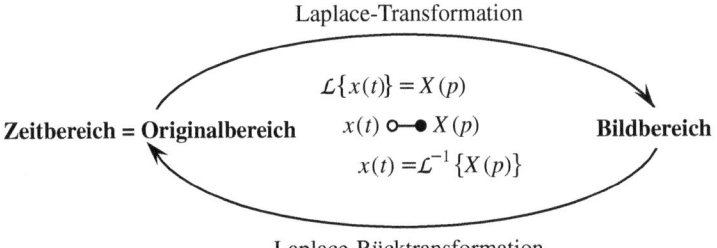

Bild 10.5 Original- und Bildbereich der Laplace-Transformation

Mithilfe des Laplace-Integrals wird die Verbindung zwischen den Bereichen hergestellt. Konkretisiert man das Bild 10.1 zu 10.5, dann ist $x(t)$ die Funktion im Zeitbereich mit der unabhängigen Variable t und $X(p)$ die Funktion im Bildbereich mit der unabhängigen Variable p. Eine schon übliche Regel wird hier erneut genutzt, Zeitfunktionen werden mit kleinen Buchstaben und Bildfunktionen mit großen Buchstaben bezeichnet. Mit der Transformation wird einer Zeitfunktion $x(t)$ eine Bildfunktion $X(p)$ zugeordnet. Durch die Schreibweise

$$x(t) \circ\!\!-\!\!\bullet X(p) \tag{10.1}$$

wird ausgedrückt, dass die Funktionen $x(t)$ und $X(p)$ miteinander korrespondieren. $\mathcal{L}\{x(t)\}$ ist die *Laplace-Transformierte* der Zeitfunktion $x(t)$ und $\mathcal{L}^{-1}\{X(p)\}$ ist die *Laplace-Rücktransformierte* der Bildfunktion $X(p)$. Man unterscheidet die ein- und zweiseitige Laplace-Transformation und die ein- und zweiseitige Laplace-Rücktransformation. Die einseitige Transformation verwendet man für linksseitig begrenzte Signale $x(t) = 0$ für $t < 0$, die zweiseitige Transformation für unbegrenzte Signale. Die Herleitung der Transformationsvorschriften ist in /14/ ausführlich dargestellt. Hier werden nur einige wesentliche Sachverhalte gezeigt.

Das Laplace-Integral liefert die Transformationsvorschrift, um vom Zeitbereich, der physikalischen Realität, in den Bildbereich zu gelangen. Die einseitige Laplace-Transformation wird genutzt, um z. B. Einschaltvorgänge zu behandeln.

Laplace-Integral für die einseitige Laplace-Transformation

$$\int_0^\infty x(t)\, e^{-pt} dt = X(p) = \mathcal{L}\{x(t)\}. \tag{10.2}$$

Integrationsvariable ist t und $p = \sigma + j\omega$ ist ein komplexer Parameter.

Es muss gelten:
1. $x(t) = 0$ für $t < 0$
2. Die Funktion $x(t)$ ist Laplace-transformierbar, wenn für mindestens ein p, $p \in \mathbb{C}$, das Laplace-Integral konvergiert.

Anhand einer zeitlich beschränkten Exponentialfunktion wird die Transformation gezeigt.

Beispiel 10.1 Ermittlung der Laplace-Transformierten des Signals $x(t) = e^{-at}\varepsilon(t)$ mit $a > 0$

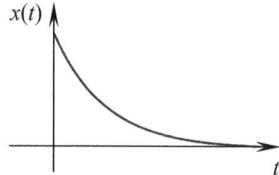

Bild 10.6 Verlauf der beschränkten Exponentialfunktion

$$X(p) = \mathcal{L}\left\{e^{-at}\varepsilon(t)\right\} = \int_0^\infty e^{-at} e^{-pt}\, dt = \int_0^\infty e^{(-a-p)t}\, dt \qquad (10.3)$$

$$X(p) = \left.\frac{-1}{a+p} e^{-(a+p)t}\right|_0^{t=\infty} \qquad (10.4)$$

Das Ergebnis für die untere Integrationsgrenze lässt sich schnell angeben, beim Einsetzen der oberen Integrationsgrenze ist der Grenzwert zu berechnen.

$$X(p) = \lim_{t\to\infty} \frac{-1}{a+p} e^{-(a+p)t} - \frac{-1}{a+p} e^{-(a+p)0} = \frac{-1}{a+p}\left(\lim_{t\to\infty} e^{-(a+p)t} - 1\right) \qquad (10.5a)$$

Das uneigentliche Integral existiert, wenn für mindestens ein p das Integral konvergiert. Bei der Berechnung des Grenzwertes ist zu beachten, dass p komplex ist und durch $p = \sigma + j\omega$ beschrieben wird. Setzt man dies in den Grenzwert ein und wendet die Euler'sche Formel an

$$\begin{aligned}\lim_{t\to\infty} e^{(-a-\sigma-j\omega)t} &= \lim_{t\to\infty} e^{-(a+\sigma)t} e^{-j\omega t} \\ &= \lim_{t\to\infty} e^{-(a+\sigma)t}\left(\cos(\omega t) - j\sin(\omega t)\right),\end{aligned} \qquad (10.5b)$$

dann ist eine komplexe Schwingung $e^{-j\omega t}$ erkennbar, die mit dem Term $e^{-(a+\sigma)t}$ multipliziert wird. Die Kreisfrequenz ω kann jeden beliebigen Wert annehmen, Real- und Imaginärteil der komplexen Schwingung $e^{-j\omega t}$ liefern für $t \to \infty$ endliche Werte. Vom Term $e^{-(a+\sigma)t}$ hängt ab, ob einer der drei folgenden Fälle eintritt.

$$a + \sigma \begin{cases} > 0 & \text{abklingende Schwingung} \\ = 0 & \text{Dauerschwingung} \\ < 0 & \text{aufklingende Schwingung} \end{cases} \qquad (10.6)$$

Unter der Bedingung $a+\sigma > 0$ bzw. $\sigma > -a$ ergibt sich eine abklingende Schwingung und das Integral konvergiert.

$$X(p) = \frac{-1}{a+p}\left(\lim_{t\to\infty} e^{-(a+p)t} - 1\right) = \frac{-1}{a+p}(0-1) = \frac{1}{a+p} \qquad \text{für} \quad \sigma > -a \qquad (10.7)$$

Der Konvergenzbereich des Integrals ist in der p-Ebene darstellbar. Auf der Abszisse wird der Realteil von p $\operatorname{Re}\{p\} = \sigma$ und auf der Ordinate die imaginäre Einheit mal dem Imaginärteil von p $j\operatorname{Im}\{p\} = j\omega$ abgetragen. Es muss für σ die Bedingung $\sigma > -a$ eingehalten werden, ω ist beliebig.

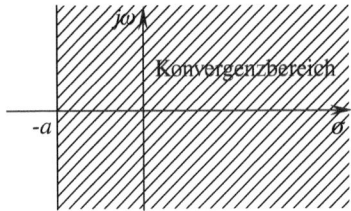

Bild 10.7 p-Ebene mit Konvergenzbereich

Wie man sieht, gibt es Werte für p, für die das Laplace-Integral konvergiert, damit ist die Funktion $x(t) = e^{-at}\varepsilon(t)$ Laplace-transformierbar.

$$e^{-at}\varepsilon(t) \circ\!\!-\!\!\bullet \frac{1}{a+p} \quad \text{für} \quad \sigma > -a \tag{10.8}$$

∎

Für die Rücktransformation vom Bild- in den Zeitbereich wird die komplexe Umkehrformel der einseitigen Laplace-Transformation genutzt. Der Ermittlung der Umkehrformel wird am Ende dieses Abschnittes gezeigt.

Laplace-Rücktransformation
Komplexe Umkehrformel der einseitigen Laplace-Transformation

$$\mathcal{L}^{-1}\{X(p)\} = x(t) = \frac{1}{2\pi j} \lim_{\omega_0 \to \infty} \int_{\delta_0 - j\omega_0}^{\delta_0 + j\omega_0} X(p) e^{pt}\, dp$$

$$\mathcal{L}^{-1}\{X(p)\} = \begin{cases} x(t) & \text{für } t > 0 \text{ und Stetigkeitsstellen} \\ \frac{1}{2}(x(t-0) + x(t+0)) & \text{für } t > 0 \text{ und Unstetigkeitsstellen} \\ \frac{1}{2}x(+0) & \text{für } t = 0 \\ 0 & \text{für } t < 0 \end{cases}$$

$$\tag{10.9}$$

Die Integration erfolgt längs einer Geraden, die parallel zur $j\omega$-Achse im Konvergenzbereich des Integrals liegt.

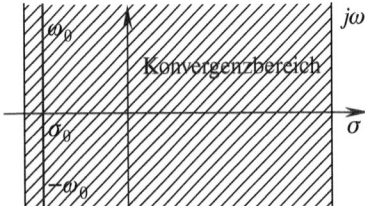

Bild 10.8 p-Ebene mit Konvergenzbereich

Die Hin- und insbesondere die Rücktransformation sind nicht so schnell und einfach mit den beiden uneigentlichen Integralen durchzuführen, wie man schon am Beispiel der Hintransformation gesehen hat. Um sich die Transformationsarbeit zu erleichtern, gibt es Rechenregeln, die im Abschnitt 10.2 vorgestellt werden. Und es gibt in der Literatur /36/ überaus zahlreiche korrespondierende Paare von Funktionen, die die Arbeit wesentlich vereinfachen. Im Anhang 2 sind einige häufig verwendete Korrespondenzen aufgeführt.

Neben der einseitigen Laplace-Transformation gibt es die zweiseitige Laplace-Transformation. Der Unterschied zeigt sich im Zeitsignal $x(t)$. Es existiert während der Zeit von $-\infty < t < +\infty$.

Laplace-Integral für die zweiseitige Laplace-Transformation

$$\int_{-\infty}^{\infty} x(t)\, e^{-pt}\, dt = X(p) = \mathcal{L}_{II}\{x(t)\} \qquad (10.10)$$

Integrationsvariable ist t und $p = \sigma + j\omega$ ist ein komplexer Parameter.

Die Funktion $x(t)$ ist Laplace-transformierbar, wenn mindestens für ein p, $p \in C$, das Laplace-Integral konvergiert.

Am Beispiel einer zweiseitigen Exponentialfunktion wird die Vorgehensweise bei der zweiseitigen Laplace-Transformation gezeigt.

Beispiel 10.2 Ermittlung der Laplace-Transformierten des Signals $x(t) = e^{-a|t|}$ mit $a > 0$

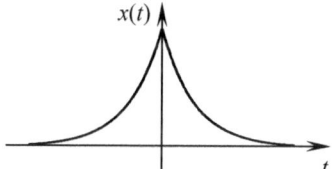

Bild 10.9 Verlauf der Exponentialfunktion $e^{-a|t|}$

Löst man die Betragszeichen im Exponenten der Funktion auf, dann wird $e^{-a|t|}$ stückweise beschrieben.

$$x(t) = \begin{cases} e^{-at} & \text{für } t \geq 0 \\ e^{at} & \text{für } t < 0 \end{cases} \qquad (10.11)$$

Damit ergeben sich für die Laplace-Transformation der Funktion $x(t)$ die zwei Integrale

$$X(p) = \mathcal{L}_{II}\{e^{-a|t|}\} = \int_{-\infty}^{0} e^{at}\, e^{-pt}\, dt + \int_{0}^{\infty} e^{-at}\, e^{-pt}\, dt. \qquad (10.12)$$

Die Lösung für das zweite Integral ist bereits bekannt.

$$\int_{0}^{\infty} e^{-at}\, e^{-pt}\, dt = \frac{1}{p+a} \qquad \text{für } \sigma > -a \qquad (10.13)$$

Das erste Integral ist nach dem gleichen Muster zu lösen.

$$\int_{-\infty}^{0} e^{at} e^{-pt} \, dt = \int_{-\infty}^{0} e^{(a-p)t} \, dt = \frac{1}{a-p} e^{(a-p)t} \bigg|_{t=-\infty}^{0} \qquad (10.14a)$$

$$= \frac{1}{a-p} \left(1 - \lim_{t \to -\infty} e^{(a-p)t} \right)$$

$$= \frac{1}{a-p} \left(1 - \lim_{t \to -\infty} e^{(a-\sigma-j\omega)t} \right) \qquad (10.14b)$$

$$= \frac{1}{a-p} \left(1 - \lim_{t \to -\infty} e^{(a-\sigma)t} e^{-j\omega t} \right)$$

Hier tritt wieder die schon besprochene komplexe Schwingung auf. Das uneigentliche Integral existiert, wenn für mindestens ein p das Integral konvergiert und das ist der Fall, wenn $a - \sigma > 0$ bzw. $\sigma < a$ gilt.

$$\int_{-\infty}^{0} e^{at} e^{-pt} \, dt = \frac{1}{a-p} \qquad \text{für} \quad \sigma < a \qquad (10.14c)$$

Die Zusammenfassung der beiden Teillösungen

$$X(p) = \int_{-\infty}^{0} e^{at} e^{-pt} \, dt + \int_{-\infty}^{0} e^{-at} e^{-pt} \, dt$$

$$X(p) = \frac{1}{a-p} + \frac{1}{a+p} \qquad (10.15)$$

$$\sigma < a \qquad \qquad \sigma > -a$$

und die beiden in der p-Ebene dargestellten Konvergenzbereiche zeigen, dass es Werte für p gibt, für die die Laplace-Integrale nach Gl. (10.12) konvergieren, damit ist die Funktion $x(t) = e^{-a|t|}$ Laplace-transformierbar.

$$e^{-a|t|} \varepsilon(t) \circ\!\!-\!\!\bullet \frac{2a}{p^2 - a^2} \qquad \text{für} \quad -a < \sigma < a \qquad (10.16)$$

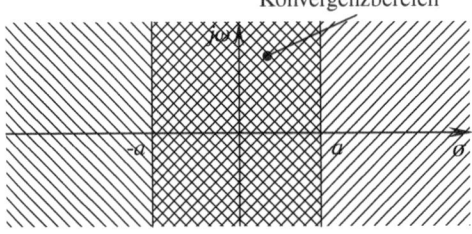

Bild 10.10 p-Ebene mit Konvergenzbereich

Die Rücktransformation erfolgt über die komplexe Umkehrformel der zweiseitigen Laplace-Transformation nach Gl. (10.17). Der Unterschied zur einseitigen Laplace-Transformation ist die Existenz der Zeitfunktion über den gesamten Zeitbereich von $-\infty < t < +\infty$. Ein Spezialfall der zweiseitigen Laplace-Transformation ist die im Teil I intensiv genutzte Fourier-Transformation.

Komplexe Umkehrformel der zweiseitigen Laplace-Transformation

$$\mathcal{L}_{\mathrm{II}}^{-1}\{X(p)\} = \frac{1}{2\pi j} \lim_{\omega_0 \to \infty} \int_{\delta_0 - j\omega_0}^{\delta_0 + j\omega_0} X(p)\,\mathrm{e}^{pt}\,\mathrm{d}p$$

$$\mathcal{L}_{\mathrm{II}}^{-1}\{X(p)\} = \begin{cases} x(t) & \text{für Stetigkeitsstellen} \\ \dfrac{1}{2}\left(x(t-0) + x(t+0)\right) & \text{für Unstetigkeitsstellen} \end{cases} \quad (10.17)$$

Die Ermittlung der Integrationsvorschrift für die Rücktransformation der einseitigen Laplace-Transformation wird nachfolgend dem interessierten Leser vorgestellt, siehe auch /14/. Für die Rücktransformation wird die Umkehrformel der einseitigen Laplace-Transformation benötigt. Dazu geht man vom Laplace-Integral nach Gl. (10.2) aus

$$X(p) = \int_0^\infty x(t)\,\mathrm{e}^{-pt}\,\mathrm{d}t. \quad (10.18)$$

Das Laplace-Integral ist nach $x(t)$ aufzulösen. Mit der Angabe von $x(t) = 0$ für $t < 0$ kann geschrieben werden

$$X(p) = \int_{-\infty}^\infty x(t)\,\mathrm{e}^{-pt}\,\mathrm{d}t. \quad (10.19)$$

Beide Gleichungsseiten werden mit $\mathrm{e}^{p\tau}$ multipliziert und auf beiden Gleichungsseiten wird entlang der Parallelen zur $j\omega$-Achse, die im Konvergenzgebiet liegt, nach p integriert. Siehe Bild 10.8.

$$\int_{\delta_0 - j\omega_0}^{\delta_0 + j\omega_0} X(p)\,\mathrm{e}^{p\tau}\,\mathrm{d}p = \int_{\delta_0 - j\omega_0}^{\delta_0 + j\omega_0} \left(\int_{-\infty}^\infty x(t)\,\mathrm{e}^{p(\tau - t)}\,\mathrm{d}t \right) \mathrm{d}p \quad (10.20)$$

Auf der rechten Seite werden die Integrale vertauscht

$$\int_{\delta_0 - j\omega_0}^{\delta_0 + j\omega_0} X(p)\,\mathrm{e}^{p\tau}\,\mathrm{d}p = \int_{-\infty}^\infty x(t) \left(\int_{\delta_0 - j\omega_0}^{\delta_0 + j\omega_0} \mathrm{e}^{p(\tau - t)}\,\mathrm{d}p \right) \mathrm{d}t, \quad (10.21)$$

und mit der Substitution

$$\tau - t = \frac{v}{\omega_0} \Rightarrow t = \tau - \frac{v}{\omega_0} \Rightarrow \mathrm{d}t = -\frac{\mathrm{d}v}{\omega_0} \quad (10.22)$$

ergibt sich auf der rechten Seite

$$\int_\infty^{-\infty} x\left(\tau - \frac{v}{\omega_0}\right) \left(\int_{\delta_0 - j\omega_0}^{\delta_0 + j\omega_0} \mathrm{e}^{p\frac{v}{\omega_0}}\,\mathrm{d}p \right) \frac{\mathrm{d}v}{-\omega_0} = \frac{1}{\omega_0} \int_{-\infty}^\infty x\left(\tau - \frac{v}{\omega_0}\right) \left(\int_{\delta_0 - j\omega_0}^{\delta_0 + j\omega_0} \mathrm{e}^{p\frac{v}{\omega_0}}\,\mathrm{d}p \right) \mathrm{d}v \quad (10.23)$$

Das innere Integral wird berechnet

$$\int_{\delta_0-j\omega_0}^{\delta_0+j\omega_0} e^{p\frac{v}{\omega_0}} \, dp = \frac{\omega_0}{v}\left(e^{\frac{(\delta_0+j\omega_0)v}{\omega_0}} - e^{\frac{(\delta_0-j\omega_0)v}{\omega_0}}\right) = \omega_0 \, e^{\frac{\delta_0 v}{\omega_0}} \cdot \frac{2j\sin v}{v} \quad (10.24)$$

und die Lösung in Gl. (10.23) eingesetzt.

$$\frac{1}{\omega_0}\int_{-\infty}^{\infty} x\left(\tau - \frac{v}{\omega_0}\right) \omega_0 \, e^{\frac{\delta_0 v}{\omega_0}} \cdot \frac{2j\sin v}{v} \, dv = \int_{-\infty}^{\infty} x\left(\tau - \frac{v}{\omega_0}\right) e^{\frac{\delta_0 v}{\omega_0}} \cdot \frac{2j\sin v}{v} \, dv \quad (10.25)$$

Mit $\omega_0 \to \infty$ ist die Funktion $x(\tau - v/\omega_0)$ nicht von v abhängig und die Exponentialfunktion strebt gegen 1, sodass sich für Gl. (10.20) Folgendes ergibt.

$$\int_{\delta_0-j\infty}^{\delta_0+j\infty} X(p) \, e^{p\tau} \, dp = 2j\, x(\tau) \int_{-\infty}^{\infty} \frac{\sin v}{v} \, dv \quad (10.26)$$

Das uneigentliche Integral der Spaltfunktion ergibt π, dies kann in Integraltafeln /3/ nachgeschlagen werden. Ersetzt man τ durch t und löst die Gl. (10.26) nach $x(t)$ auf, ist die gesuchte Rücktransformation gefunden.

$$x(t) = \frac{1}{2\pi j} \int_{\delta_0-j\infty}^{\delta_0+j\infty} X(p) \, e^{pt} \, dp \quad (10.27)$$

Diese Umkehrformel gilt, wenn die Funktion $x(t)$ stetig ist. Ist die Funktion $x(t)$ unstetig, muss dies durch Grenzwertbetrachtung berücksichtigt werden. Ohne auf weitere Details der Herleitung einzugehen, sei auf die komplexe Umkehrformel der einseitigen Laplace-Transformation in Gl. (10.9) verwiesen.

■ 10.2 Rechenregeln und Korrespondenzen der Laplace-Transformation

Im Abschnitt 5.3.2 werden eine Reihe von Eigenschaften und Rechenregeln der Fourier-Transformation erläutert, durch deren geschickte Nutzung man in vielen Fällen die mühsame Berechnung des Fourier-Integrals vermeiden und stattdessen auf bekannte Transformationspaare zurückgreifen kann. Eine äquivalente Vorgehensweise ist auch bei der Laplace-Transformation möglich. Außerdem lassen sich aus den Rechenregeln und Korrespondenzen Methoden zur systemtheoretischen Beschreibung linearer Systeme gewinnen.

Ausgangspunkt aller folgenden Betrachtungen ist ein Transformationspaar in allgemeiner Form.

$$x(t) \circ\!\!-\!\bullet X(p) \quad (10.28)$$

Fourier-Transformation als Spezialfall der Laplace-Transformation

Die *zweiseitige Laplace-Transformation* des Zeitsignals $x(t)$ lautet

$$X(p) = \int_{-\infty}^{\infty} x(t)\,e^{-pt}\,dt = \int_{-\infty}^{\infty} x(t)\,e^{-(\sigma+j\omega)t}\,dt = \int_{-\infty}^{\infty} x(t)\,e^{-(\sigma+j2\pi f)t}\,dt. \quad (10.29)$$

Setzt man die reelle Variable σ gleich null, so erhält man als Spezialfall der zweiseitigen Laplace-Transformation die Fourier-Transformation nach Gl. (5.62). Beginnt das Signal $x(t)$ bei $t = 0$, so gilt der gleiche Zusammenhang auch für die *einseitige* bzw. *rechtsseitige* Laplace-Transformation.

Einseitige bzw. *rechtsseitige* Laplace-Transformation

$$X(p) = \int_{0}^{\infty} x(t)\,e^{-pt}\,dt = \int_{0}^{\infty} x(t)\,e^{-(\sigma+j2\pi f)t}\,dt. \quad (10.30)$$

Im Folgenden wird grundsätzlich von der rechtsseitigen Laplace-Transformation und solchen Zeitsignalen, für die $x(t) = 0$ für $t < 0$ gilt, ausgegangen.

Anmerkung: Für viele technisch relevante Signale und Systeme ist der einfache Zusammenhang $p \to j2\pi f$ zwischen der Fourier-Transformation und der Laplace-Transformation korrekt. Vorsicht ist jedoch geboten, bei *Laplace-Transformierten* bzw. *Bildfunktionen*, die Polstellen (Werte $\to \infty$) bei $p = 0$ bzw. $p \pm j\omega$ besitzen. Das einfachste Beispiel hierzu ist der Einheitssprung $\varepsilon(t)$. Seine Bildfunktion lautet:

Laplace-Transformation des Einheitsimpulses

$$\varepsilon(t) \circ\!\!-\!\!\bullet \int_{0}^{\infty} e^{-pt}\,dt = \left.\frac{e^{-pt}}{-p}\right|_{0}^{\infty} = \frac{1}{p} \quad (10.31)$$

Mit σ gleich null wäre somit als Bildfunktion $1/j2\pi f$ zu erwarten. Siehe Gl. (5.140) im Abschnitt 5.3.3.

Fourier-Transformation des Einheitsimpulses

$$\varepsilon(t) \circ\!\!-\!\!\bullet \frac{1}{2}\delta(f) + \frac{1}{j2\pi f}, \quad (10.32)$$

Man enthält jedoch zusätzlich noch einen Dirac-Impuls, der die Fourier-Transformierte des Gleichanteils des Signals darstellt.

Weitere Beispiele für Signale, bei denen der einfache Zusammenhang $p \to j2\pi f$ nicht gültig ist, sind die zum Zeitpunkt $t = 0$ eingeschalteten harmonischen Schwingungen $\varepsilon(t)\cos(2\pi f_0 t)$ bzw. $\varepsilon(t)\sin(2\pi f_0 t)$.

Linearität

Setzt sich das Signal $x(t)$ additiv aus mehreren Teilsignalen $x_i(t)$ zusammen, so kann die Laplace-Transformation jeweils auf die Teilsignale angewendet werden; anschließend werden die einzelnen Bildfunktionen $X_i(p)$ zur gesamten Bildfunktion $X(p)$ des Signals $x(t)$ überlagert.

Linearität der Laplace-Transformation

$$x(t) = a_1 x_1(t) + a_2 x_2(t) + \ldots \,\circ\!\!-\!\!\bullet\, a_1 X_1(p) + a_2 X_2(p) + \ldots = X(p) \qquad (10.33)$$

Diese Eigenschaft entspricht der Linearitätseigenschaft der Fourier-Transformation nach Gl. (5.73).

Zeitverschiebung eines Signals

Im Gegensatz zur entsprechenden Rechenregel der Fourier-Transformation nach Gl. (5.85) muss zwischen der *Rechtsverschiebung*, d. h. $x(t) \to x(t - t_0)$ und der *Linksverschiebung*, d. h. $x(t) \to x(t + t_0)$ unterschieden werden. In beiden im Bild 10.11 dargestellten Fällen gilt $t_0 > 0$.

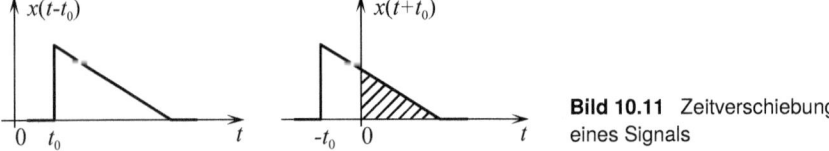

Bild 10.11 Zeitverschiebung eines Signals

Um die Laplace-Transformation eines nach rechts verschobenen Zeitsignals $x(t - t_0)$,

$$x(t - t_0) \,\circ\!\!-\!\!\bullet\, \int_0^\infty x(t - t_0)\, e^{-pt}\, dt, \qquad (10.34a)$$

auf das Transformationspaar nach Gl. (10.28) zurückzuführen, wird folgende Substitution durchgeführt:

$$t - t_0 = \tau \Rightarrow t = \tau + t_0 \Rightarrow dt = d\tau \Rightarrow x(t - t_0) \,\circ\!\!-\!\!\bullet\, \int_{-t_0}^{\infty(-t_0)} x(\tau)\, e^{-p(\tau + t_0)}\, d\tau \qquad (10.34b)$$

Da das Signal $x(\tau)$ erst bei $t = 0$ beginnt, kann bei *Rechtsverschiebung* nach Bild 10.11 die untere Integrationsgrenze $-t_0 < 0$ durch 0 ersetzt werden. Man integriert trotzdem über das ganze Signal und erhält ein allgemeingültiges Transformationspaar für die Rechtsverschiebung.

$$x(t - t_0) \,\circ\!\!-\!\!\bullet\, \int_0^\infty x(\tau)\, e^{-p\tau} e^{-pt_0}\, d\tau = e^{-pt_0} \underbrace{\int_0^\infty x(\tau)\, e^{-p\tau}\, d\tau}_{X(p)} \qquad (10.34c)$$

Rechtsverschiebung

$$x(t - t_0) \circ\!\!-\!\!\bullet\ X(p)\, e^{-pt_0} \tag{10.35}$$

Um die Laplace-Transformation eines nach links verschobenen Zeitsignals $x(t + t_0)$,

$$x(t + t_0) \circ\!\!-\!\!\bullet \int_0^\infty x(t + t_0)\, e^{-pt}\, dt, \tag{10.36a}$$

auf das Transformationspaar nach Gl. (10.28) zurückzuführen, wird folgende Substitution durchgeführt:

$$t + t_0 = \tau \Rightarrow t = \tau - t_0 \Rightarrow dt = d\tau \Rightarrow x(t + t_0) \circ\!\!-\!\!\bullet \int_{t_0}^{\infty(+t_0)} x(\tau)\, e^{-p(\tau - t_0)}\, d\tau \tag{10.36b}$$

Bei der Laplace-Transformation beginnt die Integration über die Zeit, wie im Bild 10.11 verdeutlicht wird, erst zum Zeitpunkt 0, der „nach" dem Zeitpunkt $-t_0 < 0$ liegt. Von dem zu transformierenden Signal wird bei der Integration daher nur der schraffierte Bereich erfasst. Es gilt

$$\int_{t_0}^\infty x(\tau)\, e^{-p(\tau - t_0)}\, d\tau = \int_0^{t_0} x(\tau)\, e^{-p(\tau - t_0)}\, d\tau + \int_{t_0}^\infty x(\tau)\, e^{-p(\tau - t_0)}\, d\tau$$
$$- \int_0^{t_0} x(\tau)\, e^{-p(\tau - t_0)}\, d\tau \tag{10.36c}$$

und somit

$$x(t + t_0) \circ\!\!-\!\!\bullet\ = e^{pt_0} \underbrace{\int_0^\infty x(\tau)\, e^{-p\tau}\, d\tau}_{X(p)} - e^{pt_0} \int_0^{t_0} x(\tau)\, e^{-p\tau}\, d\tau. \tag{10.36d}$$

Der Abschnitt $0 \ldots t_0$ entspricht dem im Bild 10.11 nicht schraffierten Bereich, der bei der ursprünglichen Integration von 0 bis ∞ nicht erfasst wird und daher in Gl. (10.36d) in Form des Integrals von 0 bis t_0 wieder subtrahiert werden muss. Damit lautet das Transformationspaar

Linksverschiebung

$$x(t + t_0) \circ\!\!-\!\!\bullet \left(X(p) - \int_0^{t_0} x(\tau)\, e^{-p\tau}\, d\tau \right) e^{pt_0}. \tag{10.37}$$

Da das Integral von 0 bis t_0 explizit zu berechnen ist, bringt die Zurückführung auf das bekannte Transformationspaar nach Gl. (10.28) hier keinen großen Vorteil.

Beispiel 10.3 Laplace-Transformation verschobener Rechtecksignale

$$x(t) = \text{rect}\left(\frac{t - T/2}{T}\right), \quad x(t - T) = \text{rect}\left(\frac{t - T - T/2}{T}\right)$$

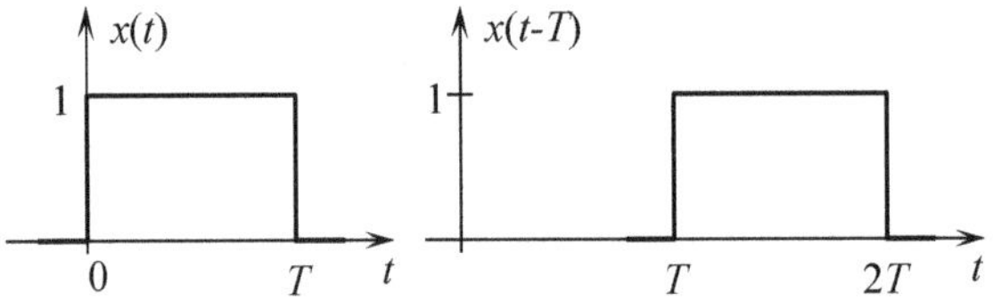

Bild 10.12 Rechtecksignal und verschobenes Rechtecksignal

Die Laplace-Transformierte des nicht verschobenen Signals lautet

$$x(t) = \text{rect}\left(\frac{t - T/2}{T}\right) \circ\!\!-\!\!\bullet \int_0^T e^{-pt}\, dt = \left.\frac{e^{-pt}}{-p}\right|_0^T = \frac{1 - e^{-pT}}{p}. \tag{10.38a}$$

Die Laplace-Transformierte des verschobenen Signals lautet

$$x(t - T) = \text{rect}\left(\frac{t - T - T/2}{T}\right) \circ\!\!-\!\!\bullet \int_T^{2T} e^{-pt}\, dt = \left.\frac{e^{-pt}}{-p}\right|_T^{2T}$$

$$= \frac{e^{-pT} - e^{-p2T}}{p}. \tag{10.38b}$$

Mit der Rechenregel nach Gl. (10.35) und $t_0 = T$ in Gl. (10.35) lautet die Laplace-Transformierte des verschobenen Signals natürlich ebenfalls

$$x(t - T) = \text{rect}\left(\frac{t - T - T/2}{T}\right) \circ\!\!-\!\!\bullet \frac{1 - e^{-pT}}{p} e^{-pT} = \frac{e^{-pT} - e^{-p2T}}{p}. \tag{10.38c}$$

■

Differenziation im Zeitbereich

Eine sehr wichtige Anwendung der Laplace-Transformation ist die Lösung von Differenzialgleichungen. Dazu wird jetzt die Laplace-Transformation der ersten Ableitung eines Zeitsignals hergeleitet.

$$\frac{dx(t)}{dt} \circ\!\!-\!\!\bullet \int_0^\infty \frac{dx(t)}{dt} e^{-pt}\, dt \tag{10.39a}$$

Das Integral wird mittels partieller Integration berechnet. Mit der Produktregel der Differenziation gilt

$$\frac{d}{dt} x(t) e^{-pt} = \frac{dx(t)}{dt} e^{-pt} + x(t) \frac{d e^{-pt}}{dt} \quad \Rightarrow$$

$$\frac{dx(t)}{dt} e^{-pt} = \frac{d}{dt} x(t) e^{-pt} - x(t) \underbrace{\frac{d e^{-pt}}{dt}}_{-p \cdot e^{-pt}}. \tag{10.39b}$$

Durch Integration wird diese Beziehung in die Laplace-Transformation der ersten Ableitung des Zeitsignals $x(t)$ überführt.

$$\int_0^\infty \frac{\mathrm{d}x(t)}{\mathrm{d}t} \mathrm{e}^{-pt}\, \mathrm{d}t = x(t)\, \mathrm{e}^{-pt}\Big|_0^\infty + p \underbrace{\int_0^\infty x(t)\, \mathrm{e}^{-pt}\, \mathrm{d}t}_{X(p)}$$

$$= x(\infty)\, \mathrm{e}^{-p\infty} - x(0) \underbrace{\mathrm{e}^{-p0}}_{1} + pX(p)$$

(10.39c)

Besonders zu betrachten ist der Term $x(\infty)\, \mathrm{e}^{-p\infty}$. Da $\mathrm{e}^{-p\infty}$ im Konvergenzbereich gleich null gesetzt werden kann, liegt der Gedanke nahe, den Produktterm allgemeingültig auf null zu setzen. Da $x(\infty)$ jedoch unendlich groß werden kann, z. B. bei der Rampenfunktion, ist eine genauere Untersuchung erforderlich. Das Produkt kann als Grenzwert der Division zweier Größen geschrieben werden, bei der sowohl der Zähler als auch der Nenner gegen unendlich gehen.

$$x(\infty)\, \mathrm{e}^{-p\infty} = \lim_{t\to\infty} \frac{x(t)}{\mathrm{e}^{pt}}$$

(10.39d)

Der Term darf nur auf null gesetzt werden, wenn der Nenner für $t \to \infty$ schneller gegen unendlich geht als der Zähler, was für die meisten Signale erfüllt ist, auch für Potenzfunktionen und ansteigende Exponentialfunktionen mit Exponenten wie $a \cdot t$.

Das Transformationspaar lautet in diesem Fall

Erste Ableitung des Zeitsignals

$$\frac{\mathrm{d}x(t)}{\mathrm{d}t} \circ\!\!-\!\bullet pX(p) - x(0).$$

(10.40)

Im Unterschied zur Fourier-Transformation der ersten Ableitung des Signals geht jetzt auch der Anfangswert $x(0)$ ein, dessen Einfluss bei der Lösung einer Differenzialgleichung berücksichtigt werden muss.

Durch erneutes Anwenden der hergeleiteten Beziehung auf das differenzierte Signal lässt sich die Laplace-Transformierte der zweiten Ableitung eines Zeitsignals ermitteln.

$$\frac{\mathrm{d}^2 x(t)}{\mathrm{d}t^2} = \frac{\mathrm{d}}{\mathrm{d}t}\frac{\mathrm{d}x(t)}{\mathrm{d}t} \circ\!\!-\!\bullet p\left(pX(p) - x(0)\right) - \frac{\mathrm{d}x(t)}{\mathrm{d}t}\bigg|_{t=0}.$$

(10.41)

Zweite Ableitung des Zeitsignals

$$\frac{\mathrm{d}^2 x(t)}{\mathrm{d}t^2} \circ\!\!-\!\bullet p^2 X(p) - px(0) - \dot{x}(0).$$

(10.42)

Durch mehrfache Anwendung der Rechenvorschrift nach Gl. (10.40) können auch Ableitungen höherer Ordnung transformiert werden.

N-te Ableitung des Zeitsignals

$$\frac{d^N x(t)}{dt^N} \circ\!\!-\!\!\bullet\ p^N X(p) - \sum_{n=0}^{N-1} p^{N-n-1} x^{(n)}(0) \tag{10.43}$$

Faltung im Zeitbereich

Die Faltung wird auf zwei Signale $x_1(t)$ und $x_2(t)$ mit $x_1(t), x_2(t) = 0$ für $t < 0$ angewendet.

$$x_1(t) * x_2(t) = \int_{-\infty}^{\infty} \underbrace{x_1(\tau)}_{=0\ \text{für}\ \tau<0} \cdot \underbrace{x_2(t-\tau)}_{=0\ \text{für}\ \tau>t}\ d\tau = \int_0^t x_1(\tau) x_2(t-\tau)\ d\tau \tag{10.44}$$

Zu beachten ist, dass die Faltung ein Signal erzeugt, das für $t < 0$ null ist.

Die Laplace-Transformation wird jetzt auf Gl. (10.44) angewendet. Das Ersetzen der oberen Integrationsgrenze des inneren Integrals ($t \to \infty$) in Gl. (10.45a) verfälscht das Ergebnis nicht, da dadurch lediglich über ein zusätzliches Intervall ($t \ldots \infty$) integriert wird, in dem $x_2(t - \tau)$ gleich null ist.

$$x_1(t) * x_2(t) \circ\!\!-\!\!\bullet \int_0^{\infty} \int_0^{\infty} x_1(\tau) x_2(t-\tau)\ d\tau\, e^{-pt}\ dt \tag{10.45a}$$

Zur Ermittlung der Laplace-Transformierten wird nach Vertauschen der Integrationsreihenfolge folgende Substitution durchgeführt:

$$t - \tau = z \to t = z + \tau \to dt = dz \tag{10.45b}$$

$$x_1(t) * x_2(t) \circ\!\!-\!\!\bullet \int_0^{\infty} x_1(\tau) \int_{-\tau}^{\infty - \tau} x_2(z)\, e^{-p(z+\tau)}\ dz\, d\tau \tag{10.45c}$$

Die untere Integrationsgrenze des inneren Integrals kann durch 0 ersetzt werden, da das Signal $x_2(z)$ erst bei $z = 0$ beginnt. Die obere Integrationsgrenze des inneren Integrals kann durch ∞ ersetzt werden und man erhält

$$x_1(t) * x_2(t) \circ\!\!-\!\!\bullet \int_0^{\infty} x_1(\tau)\, e^{-p\tau}\ d\tau \int_0^{\infty} x_2(z)\, e^{-pz}\ dz. \tag{10.45d}$$

Das Transformationspaar lautet dann

Faltung im Zeitbereich

$$x_1(t) * x_2(t) \circ\!\!-\!\!\bullet\ X_1(p) \cdot X_2(p). \tag{10.46}$$

Die Berechnung des Faltungsintegrals kann also durch die Multiplikation der Laplace-Transformierten der beiden Signale und anschließende Rücktransformation ersetzt werden.

Beispiel 10.4 $x_1(t) = \varepsilon(t)$, $x_2(t) = \text{rect}\left(\dfrac{t - T/2}{T}\right)$ entsprechend dem Rechenbeispiel 3.10 im Abschnitt 3.3.3

Beide Signale werden in den Bildbereich transformiert und man erhält die Bildfunktionen $X_1(p)$ und $X_2(p)$.

$$x_1(t) = \varepsilon(t) \circ\!\!-\!\bullet \; \frac{1}{p} = X_1(p) \tag{10.47a}$$

$$x_2(t) = \text{rect}\left(\frac{t - T/2}{T}\right) = \varepsilon(t) - \varepsilon(t - T) \circ\!\!-\!\bullet \; \frac{1}{p} - \frac{1}{p}e^{-pT} = X_2(p) \tag{10.47b}$$

Zur Bestimmung des Zeitsignals muss das Produkt der beiden Bildfunktionen in den Zeitbereich zurücktransformiert werden. Aufgrund der oben erläuterten Linearitätseigenschaft der Laplace-Transformation können die beiden Summanden einzeln zurücktransformiert und danach im Zeitbereich addiert werden.

$$X_1(p) \cdot X_2(p) = \frac{1}{p^2} - \frac{1}{p^2}e^{-pT} \tag{10.47c}$$

Die Transformationstabelle im Anhang 2 liefert als inverse Transformierte der Bildfunktion $1/p^2$ die Rampenfunktion $r(t)$ nach Gln. (3.12a), (3.12b).

Die Multiplikation von $1/p^2$ mit e^{-pT} entspricht, wie oben hergeleitet, der Rechtsverschiebung der Rampenfunktion um T nach Gl. (10.35). Die Subtraktion der gegeneinander verschobenen Rampenfunktionen $r(t)$ und $r(t-T)$ erzeugt das im Bild 10.13 grafisch dargestellte Ergebnis der Faltungsoperation.

$$r(t) - r(t - T) = \begin{cases} 0 & \text{für} \quad t < 0 \\ t & \text{für} \quad 0 \leq t < T \\ T & \text{für} \quad T \leq t \end{cases} \tag{10.47d}$$

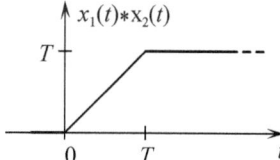

Bild 10.13 Rechtecksignal gefaltet mit Einheitssprung ∎

10.3 Lösung von Differenzialgleichungen mittels Laplace-Transformation

Im Abschnitt 9.2 wird die Lösung von Differenzialgleichungen im Zeitbereich behandelt. Ein alternativer Lösungsansatz, der insbesondere bei Differenzialgleichungen höherer Ordnung vorteilhaft ist, besteht darin, die Differenzialgleichung mittels der Laplace-Transformation in eine wesentlich leichter zu lösende algebraische Gleichung im Bildbereich zu überführen. Diese lässt sich nach der Laplace-Transformierten $X_a(p)$ des Ausgangssignals $x_a(t)$ umstellen. Die anschließende inverse Laplace-Transformation, z. B. unter Verwendung einer Transformationstabelle, liefert das Ausgangssignal. Bild 10.14 verdeutlicht diese Vorgehensweise.

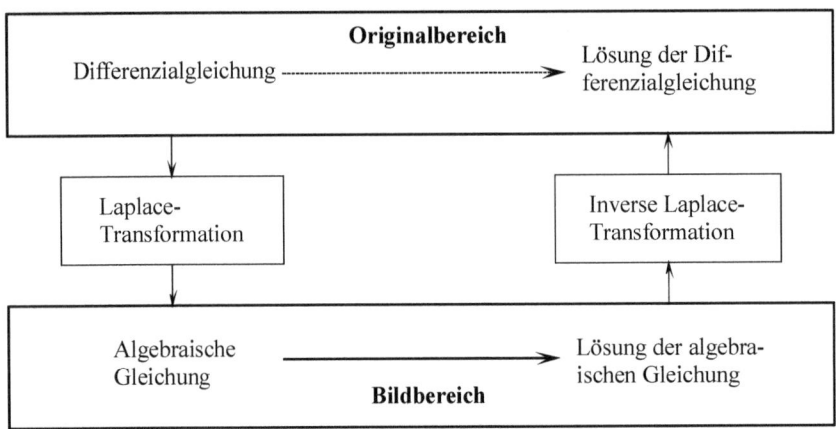

Bild 10.14 Lösung einer Differenzialgleichung mittels Laplace-Transformation, schematisch

Beispiel 10.5 Lösung der Differenzialgleichung des *RC*-Tiefpasses über den Bildbereich

Als erstes Beispiel wird die Differenzialgleichung, die ein einfaches System erster Ordnung nach Bild 10.15 beschreibt, mithilfe der Laplace-Transformation gelöst.

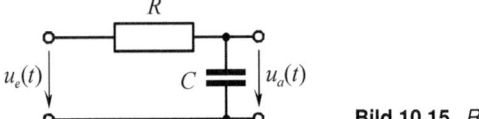

Bild 10.15 *RC*-Tiefpass erster Ordnung

Die bereits im Abschnitt 9.2 hergeleitete gewöhnliche lineare Differenzialgleichung erster Ordnung mit konstanten Koeffizienten, die dieses System beschreibt, lautet

$$RC \frac{d u_a(t)}{d t} + u_a(t) = u_e(t). \tag{10.48}$$

Aufgrund der Linearitätseigenschaft der Laplace-Transformation kann die Differenzialgleichung Term für Term in den Bildbereich transformiert werden.

$$RC\left(pU_a(p) - u_a(0)\right) + U_a(p) = U_e(p). \tag{10.49}$$

Diese Gleichung wird nach $U_a(p)$ umgestellt.

$$U_a(p) = \underbrace{\frac{1}{1 + pRC} U_e(p)}_{\text{Anteil des Eingangssignals}} + \underbrace{\frac{RC}{1 + pRC} u_a(0)}_{\text{Anteil der Anfangswerte}} \tag{10.50}$$

Die Lösung besteht aus zwei charakteristischen Anteilen. Der erste Term auf der rechten Seite ist proportional zur Laplace-Transformierten $U_e(p)$ des Eingangssignals $u_e(t)$. Er wird nur durch das Eingangssignal, nicht durch den Anfangswert $u_a(0)$ des Ausgangssignals bestimmt.

Der zweite Term auf der rechten Seite stellt die Laplace-Transformierte des Anteils des Ausgangssignals dar, der durch einen Anfangswert ungleich null verursacht wird, z. B. infolge einer Anfangsladung der Kapazität *C*. Dieser Anteil des Ausgangssignals tritt auch dann auf, wenn kein Eingangssignal vorhanden ist ($u_\mathrm{e}(t) = 0$). Üblicherweise klingt er exponentiell ab, sodass nach einiger Zeit praktisch nur noch der Einfluss des Eingangssignals wirksam ist.

Um das Ausgangssignal $u_\mathrm{a}(t)$ explizit berechnen zu können, muss ein konkretes Eingangssignal verwendet werden. Exemplarisch wird hier das Signal

$$u_\mathrm{e}(t) = U_0 \varepsilon(t) \circ\!\!-\!\!\bullet\ U_\mathrm{e}(p) = \frac{U_0}{p} \tag{10.51}$$

eingesetzt.

Die Differenzialgleichung ist nun komplett in den Bildbereich überführt.

$$U_\mathrm{a}(p) = \frac{1}{1+pRC}\frac{U_0}{p} + \frac{RC}{1+pRC} u_\mathrm{a}(0) \tag{10.52}$$

Deren Lösung wird mittels inverser Laplace-Transformation in den Zeitbereich transformiert.

$$u_\mathrm{a}(t) = \mathcal{L}^{-1}\{U_\mathrm{a}(p)\} = \mathcal{L}^{-1}\left\{\frac{1}{1+pRC}\frac{U_0}{p} + \frac{RC}{1+pRC} u_\mathrm{a}(0)\right\} \tag{10.53}$$

Zunächst wird der Anteil des Ausgangssignals bestimmt, der vom Eingangssignal abhängt. Dazu muss der Term

$$\frac{1}{1+pRC}\frac{U_0}{p}$$

in den Zeitbereich transformiert werden. In ingenieurwissenschaftlichen Anwendungen wird die inverse Laplace-Transformation üblicherweise nicht durch Integration nach Gl. (10.9) bestimmt, sondern mittels Transformationstabellen. Siehe dazu Anhang 2. Dazu muss der invers zu transformierende Ausdruck gegebenenfalls in einfachere Grundterme zerlegt werden. Hier wird ein solches Verfahren, die Partialbruchzerlegung, exemplarisch demonstriert.

$$\frac{1}{1+pRC} \cdot \frac{U_0}{p} = \frac{K_1}{1+pRC} + \frac{K_2}{p} \tag{10.54}$$

Um die Konstanten K_1 und K_2 zu bestimmen, bringt man die beiden Summanden auf einen gemeinsamen Nenner und führt im Zähler einen Koeffizientenvergleich durch.

$$\frac{K_1}{1+pRC} + \frac{K_2}{p} = \frac{p(K_1 + K_2 RC) + K_2}{(1+pRC)p} = \frac{U_0}{(1+pRC)p} \tag{10.55}$$

Der Zähler besteht nur aus der Konstanten U_0. Da im Zähler kein Term proportional zu p vorkommt, müssen folgende Zusammenhänge gelten, aus denen die Werte der Konstanten K_1 und K_2 ermittelt werden:

$$K_2 = U_0 \qquad K_1 + K_2 RC = 0 \Rightarrow K_1 = -RC \cdot U_0 \tag{10.56}$$

Die inverse Transformation kann nun mithilfe der Korrespondenzen 2 und 5 der Transformationstabelle im Anhang 2 durchgeführt werden.

$$U_0 \frac{1}{p} - U_0 \frac{RC}{1+pRC} \bullet\!\!-\!\!\circ\ U_0 \varepsilon(t) - U_0 \varepsilon(t)\,\mathrm{e}^{-\frac{t}{RC}} = U_0 \varepsilon(t)\left(1 - \mathrm{e}^{-\frac{t}{RC}}\right) \tag{10.57}$$

Der Anteil des Anfangswertes am Ausgangssignal nach Gl. (10.53) wird ebenfalls mittels Korrespondenz 5 der Transformationstabelle im Anhang 2 bestimmt.

$$\frac{RC}{1+pRC} u_a(0) \circ\!\!-\!\!\bullet\ u_a(0)\varepsilon(t)\, e^{-\frac{t}{RC}} \tag{10.58}$$

Das gesamte Ausgangssignal ergibt sich damit zu

$$\begin{aligned} u_a(t) &= U_0 \varepsilon(t) \left(1 - e^{-\frac{t}{RC}}\right) + u_a(0)\varepsilon(t)\, e^{-\frac{t}{RC}} \\ &= \varepsilon(t) \left(U_0 - (U_0 - u_a(0))\, e^{-\frac{t}{RC}}\right) \end{aligned} \tag{10.59}$$

Bild 10.16 zeigt exemplarisch für den Fall $u_a(0) = U_0/2$ die beiden Anteile des Ausgangssignals, die vom Eingangssignal bzw. vom Anfangswert abhängen, und $u_a(t)$ als Summe dieser beiden Anteile. Der exponentielle Abfall des Anteils des Anfangswertes am Ausgangssignal ist gut zu erkennen. Für $t \to \infty$ geht das Ausgangssignal asymptotisch gegen U_0.

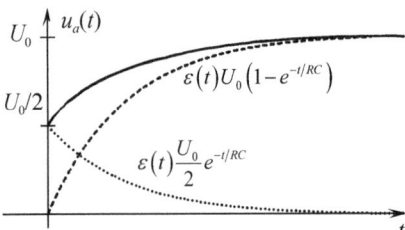

Bild 10.16 Ausgangssignal des RC-Tiefpasses erster Ordnung bei Sprunganregung

Die systematische Vorgehensweise bei der Lösung einer Differenzialgleichung höherer Ordnung wird zunächst an einem System zweiter Ordnung exemplarisch gezeigt. Verglichen mit dem System erster Ordnung steigt der Schreibaufwand erheblich an. Dies gilt erst recht für Systeme mit Ordnungen > 2. Derartige Systeme lassen sich jedoch sehr gut mit Computeralgebraprogrammen behandeln.

Beispiel 10.6 Spannungsteiler mit Parallelschwingkreis als System zweiter Ordnung

Bild 10.17 zeigt ein LTI-System zweiter Ordnung. Die Schaltung ist als Spannungsteiler bestehend aus einem ohmschen Widerstand und einem Parallelschwingkreis aufgebaut. Da der Parallelschwingkreis bei seiner Resonanzfrequenz die größte Impedanz aufweist, wirkt das System als Bandpass.

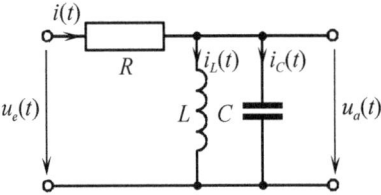

Bild 10.17 LTI-System zweiter Ordnung

Nach den Kirchhoff'schen Sätzen gilt

$$u_a(t) + R \cdot i(t) = u_e(t). \tag{10.60}$$

Der Strom $i(t)$ setzt sich aus den Strömen $i_L(t)$ durch die Induktivität L und $i_C(t)$ durch die Kapazität C zusammen. Es gilt

$$i(t) = i_L(t) + i_C(t) \tag{10.61}$$

mit $\quad i_L(t) = \dfrac{1}{L} \displaystyle\int_0^t u_a(\tau)\,d\tau \quad$ und $\quad i_C(t) = C\dfrac{d u_a(t)}{d t}.$ \hfill (10.62)

Nach Differenziation sowohl der Terme in Gl. (10.60) als auch der Ausdrücke für die beiden Teilströme erhält man die Differenzialgleichung zweiter Ordnung

$$\frac{d u_a(t)}{d t} + R\left(\frac{1}{L}u_a(t) + C\frac{d^2 u_a(t)}{d t^2}\right) = \frac{d u_e(t)}{d t} \tag{10.63}$$

bzw. nach Umstellen

$$RC\frac{d^2 u_a(t)}{d t^2} + \frac{d u_a(t)}{d t} + \frac{R}{L}u_a(t) = \frac{d u_e(t)}{d t}. \tag{10.64}$$

Aufgrund der Linearitätseigenschaft der Laplace-Transformation kann auch diese Differenzialgleichung Term für Term in den Bildbereich transformiert werden und man erhält eine Gleichung, die nach der Laplace-Transformierten $U_a(p)$ des Signals $u_a(t)$ umgestellt werden kann.

$$RC\left(p^2 U_a(p) - p u_a(0) - \dot{u}_a(0)\right) + p U_a(p) - u_a(0) + \frac{R}{L}U_a(p) = p U_e(p) - u_e(0) \tag{10.65}$$

Wie beim RC-Tiefpass erster Ordnung können der Anteil des Eingangssignals und der Anteil der Anfangswerte am Ausgangssignal unterschieden werden.

$$U_a(p) = \underbrace{\frac{p}{RCp^2 + p + \frac{R}{L}} U_e(p)}_{\text{Anteil des Eingangssignals}} + \underbrace{\frac{RC\left(p u_a(0) + \dot{u}_a(0)\right) + u_a(0) - u_e(0)}{RCp^2 + p + \frac{R}{L}}}_{\text{Anteil der Anfangswerte}} \tag{10.66}$$

Man erkennt, dass bereits beim aktuellen Beispiel eines Systems zweiter Ordnung der Schreibaufwand recht umfangreich wird. Daher wird das Ausgangssignal $u_a(t)$ unter Vernachlässigung, d. h. Nullsetzen des Anteils der Anfangswerte bestimmt. Die Laplace-Transformierte der Ausgangsspannung vereinfacht sich damit erheblich.

$$U_a(p) = \frac{p}{RCp^2 + p + \frac{R}{L}} U_e(p) \tag{10.67}$$

Um das Ausgangssignal $u_a(t)$ explizit berechnen zu können, wird wieder exemplarisch das sprungförmige Eingangssignal

$$u_e(t) = U_0 \varepsilon(t) \circ\!\!-\!\!\bullet\ U_e(p) = \frac{U_0}{p}$$

verwendet.

Nach Einsetzen von $U_e(p)$ in Gl. (10.67) ist nun die inverse Laplace-Transformierte $u_a(t)$ des folgenden Ausdrucks zu bestimmen:

$$U_a(p) = U_0 \frac{1}{RCp^2 + p + \frac{R}{L}} = U_0 \frac{L/R}{1 + \frac{L}{R}p + LCp^2}. \tag{10.68}$$

Zur Vereinheitlichung der Formulierung der Bildfunktion werden die Parameter bzw. Abkürzungen

$$T = \sqrt{LC} = 1/\omega_0 \quad \text{und} \tag{10.69a}$$

$$D = \frac{1}{2R}\sqrt{\frac{L}{C}} \tag{10.69b}$$

eingeführt.
Daraus lassen sich zwei Beziehungen für die Terme L/R und RC ableiten.

$$DT = \frac{1}{2R}\sqrt{\frac{L}{C}}\sqrt{LC} \Rightarrow \frac{L}{R} = 2DT \tag{10.70a}$$

$$\frac{D}{T} = \frac{1}{2R}\sqrt{\frac{L}{C}} \cdot \frac{1}{\sqrt{LC}} \Rightarrow RC = \frac{1}{2}\frac{T}{D} \tag{10.70b}$$

Die *Zeitkonstante T* ist reziprok zur *Resonanzkreisfrequenz* ω_0. Der Parameter D wird als *Dämpfungsfaktor* oder *Dämpfungskonstante* bezeichnet. Die Laplace-Transformierte des Ausgangssignals ergibt sich damit zu

$$U_\mathrm{a}(p) = U_0 \frac{2DT}{1 + 2DTp + T^2 p^2}. \tag{10.71}$$

Zur Berechnung von $u_\mathrm{a}(t)$ unter Verwendung einer Partialbruchzerlegung werden die Nullstellen $p_{\infty 1}$ und $p_{\infty 2}$ des Nenners von $U_\mathrm{a}(p)$ benötigt. Bei diesen Werten für p geht $U_\mathrm{a}(p)$ gegen unendlich. Man spricht daher auch von den Polstellen der gebrochen rationalen Funktion. Berechnet werden diese durch Nullsetzen des Nenners und Lösen der entstehenden quadratischen Gleichung.

$$p_\infty^2 + 2\frac{D}{T}p_\infty + \frac{1}{T^2} = 0 \Rightarrow p_{\infty 1,2} = -\frac{D}{T} \pm \sqrt{\frac{D^2}{T^2} - \frac{1}{T^2}} = \frac{-D \pm \sqrt{D^2 - 1}}{T} \tag{10.72}$$

Abhängig vom Zahlenwert des Ausdrucks unter der Wurzel, der sogenannten Diskriminante, unterscheidet man drei verschiedenartige Lösungen der quadratischen Gleichung.

Fall 1: $D > 1$ Es liegen zwei verschiedene negative reelle Lösungen

$$p_{\infty 1} = \frac{-D + \sqrt{D^2 - 1}}{T}, \quad p_{\infty 2} = \frac{-D - \sqrt{D^2 - 1}}{T} \tag{10.73a}$$

vor.

Fall 2: $D < 1$ Es liegen zwei konjugiert komplexe Lösungen

$$p_{\infty 1} = \frac{-D + \mathrm{j}\sqrt{1 - D^2}}{T}, \quad p_{\infty 2} = \frac{-D - \mathrm{j}\sqrt{1 - D^2}}{T} \tag{10.73b}$$

mit negativen Realteilen vor.

Fall 3: $D = 1$ Es liegt eine doppelte negative reelle Lösung

$$p_{\infty 1} = p_{\infty 2} = -\frac{1}{T} \tag{10.73c}$$

vor.

10.3 Lösung von Differenzialgleichungen mittels Laplace-Transformation

Wie beim System erster Ordnung kann $U_a(p)$ nach Partialbruchzerlegung als **Summe** einfacherer Terme ausgedrückt werden, deren inverse Laplace-Transformierte mithilfe der Transformationstabelle im Anhang 2 bestimmt werden.

Alternativ zu diesem in Lehrbüchern der Systemtheorie vorzugsweise behandelten Lösungsweg kann $U_a(p)$ in allen drei Fällen auch als **Produkt** zweier Funktionen erster Ordnung von p ausgedrückt werden.

$$U_a(p) = \frac{U_0}{RC} \frac{1}{p - p_{\infty 1}} \cdot \frac{1}{p - p_{\infty 2}} \tag{10.74}$$

Die Polstellen $p_{\infty 1}$ und $p_{\infty 2}$ können als Abkürzungen für die unter 1., 2. und 3. angegebenen reellen bzw. komplexen Terme aufgefasst werden.

Im Abschnitt 10.2 wird gezeigt, dass die Faltung zweier Zeitfunktionen der Multiplikation ihrer Laplace-Transformierten entspricht. Siehe dazu Gl. (10.46). Die korrespondierenden Zeitfunktionen der beiden Funktionen erster Ordnung von p in Gl. (10.74) entsprechen der Korrespondenz 5 in der Transformationstabelle im Anhang 2. Mittels Faltung lässt sich das Ausgangssignal $u_a(t)$ folgendermaßen angeben:

$$U_a(p) = \frac{U_0}{RC} \frac{1}{p - p_{\infty 1}} \cdot \frac{1}{p - p_{\infty 2}} \quad \circ\!\!-\!\!\bullet \quad u_a(t) = \frac{U_0}{RC} \varepsilon(t) \, e^{p_{\infty 1} t} * \varepsilon(t) \, e^{p_{\infty 2} t} \tag{10.75}$$

Bei der expliziten Berechnung der Faltung sind hier die Fälle $p_{\infty 1} \neq p_{\infty 2}$ und $p_{\infty 1} = p_{\infty 2}$ zu unterscheiden. Für ungleiche Polstellen, die komplex oder reell sein können, berechnet sich die Faltung zu

$$\varepsilon(t) \, e^{p_{\infty 1} t} * \varepsilon(t) \, e^{p_{\infty 2} t} = \int_{-\infty}^{\infty} \underbrace{\varepsilon(\tau)}_{= 1 \text{ für } \tau \geq 0} e^{p_{\infty 1} \tau} \underbrace{\varepsilon(t - \tau)}_{= 1 \text{ für } \tau \leq t} e^{p_{\infty 2}(t - \tau)} \, d\tau. \tag{10.76a}$$

Beschränkt man die Integration auf den Bereich, in dem beide Einheitssprünge gleich eins sind, so ändern sich die Integrationsgrenzen. Nach Zusammenfassen der Exponentialfunktionen und Herausziehen des nicht von τ abhängigen Terms aus dem Integral erhält man ein Integral über eine Exponentialfunktion.

$$\varepsilon(t) \, e^{p_{\infty 1} t} * \varepsilon(t) \, e^{p_{\infty 2} t} = \varepsilon(t) \int_0^t e^{p_{\infty 1} \tau} e^{p_{\infty 2}(t - \tau)} \, d\tau$$

$$= \varepsilon(t) \, e^{p_{\infty 2} t} \int_0^t e^{(p_{\infty 1} - p_{\infty 2}) \tau} \, d\tau \tag{10.76b}$$

Unter Verwendung der Stammfunktion der Exponentialfunktion lautet das Ergebnis der Faltung der beiden Exponentialfunktionen

$$\varepsilon(t) \, e^{p_{\infty 1} t} * \varepsilon(t) \, e^{p_{\infty 2} t} = \varepsilon(t) \left. \frac{e^{p_{\infty 2} t}}{p_{\infty 1} - p_{\infty 2}} e^{(p_{\infty 1} - p_{\infty 2}) \tau} \right|_0^t$$

$$= \varepsilon(t) \frac{e^{p_{\infty 2} t} \left(e^{(p_{\infty 1} - p_{\infty 2}) t} - 1 \right)}{p_{\infty 1} - p_{\infty 2}}. \tag{10.76c}$$

Nach Ausmultiplizieren und Kürzen erhält man für $u_a(t)$ nach Gl. (10.75) den allgemeingültigen Ausdruck

$$u_a(t) = \varepsilon(t) \frac{U_0}{RC} \frac{1}{p_{\infty 1} - p_{\infty 2}} \left(e^{p_{\infty 1} t} - e^{p_{\infty 2} t} \right). \tag{10.77a}$$

Im Fall 1 tritt die Differenz zweier Exponentialfunktionen mit reellen Argumenten auf. Man spricht auch von einem aperiodischen Signal. Sind die Polstellen $p_{\infty 1}$ und $p_{\infty 2}$ negativ, was für das aktuelle Beispiel zutrifft, so handelt es sich um abfallende Exponentialfunktionen. Bei positiven Polstellen würden ansteigende Exponentialfunktionen auftreten. Näheres dazu folgt im Abschnitt 10.6, in dem die Stabilität von Systemen behandelt wird. Die Differenz $p_{\infty 1} - p_{\infty 2}$ lautet im Fall 1

$$p_{\infty 1} - p_{\infty 2} = 2\sqrt{\frac{1}{4R^2C^2} - \frac{1}{LC}} \quad \text{bzw. nach Gl. (10.72)} \quad p_{\infty 1} - p_{\infty 2} = 2\frac{\sqrt{D^2-1}}{T}.$$

Nach Ersetzen der Zeitkonstanten RC entsprechend Gl. (10.70b) ergibt sich das Ausgangssignal damit zu

$$u_a(t) = \varepsilon(t) U_0 \frac{D}{\sqrt{D^2-1}} \left(e^{p_{\infty 1} t} - e^{p_{\infty 2} t} \right). \tag{10.77b}$$

Im Fall 2 tritt die Differenz zweier Exponentialfunktionen mit konjugiert komplexen Argumenten auf.

Die Differenz $p_{\infty 1} - p_{\infty 2}$ lautet in diesem Fall

$$p_{\infty 1} - p_{\infty 2} = j2\sqrt{\frac{1}{LC} - \frac{1}{4R^2C^2}} \quad \text{bzw. nach Gl. (10.73b)} \quad p_{\infty 1} - p_{\infty 2} = 2j\frac{\sqrt{1-D^2}}{T}$$

und das Zeitsignal lautet nach Ersetzen der Zeitkonstanten RC entsprechend Gl. (10.70b)

$$u_a(t) = \varepsilon(t) U_0 \frac{D}{j2\sqrt{1-D^2}} \left(e^{(\text{Re}\{p_{\infty 1}\} + j\,\text{Im}\{p_{\infty 1}\})t} - e^{(\text{Re}\{p_{\infty 1}\} - j\,\text{Im}\{p_{\infty 1}\})t} \right). \tag{10.78a}$$

Nach Ausklammern des reellen Anteils der Exponentialfunktion lässt sich dieser Ausdruck in das Produkt aus einer Exponentialfunktion und einer Sinusschwingung überführen.

$$u_a(t) = \varepsilon(t) U_0 \frac{D}{j2\sqrt{1-D^2}} e^{\text{Re}\{p_{\infty 1}\}t} \underbrace{\left(e^{j\,\text{Im}\{p_{\infty 1}\}t} - e^{-j\,\text{Im}\{p_{\infty 1}\}t} \right)}_{j2\sin(\text{Im}\{p_{\infty 1}\}t)} \tag{10.78b}$$

Sind die Realteile der konjugiert komplexen Polstellen $\text{Re}\{p_{\infty 1}\} = \text{Re}\{p_{\infty 2}\}$ wie im aktuellen Rechenbeispiel negativ, so stellt das Ausgangssignal eine exponentiell gedämpfte Schwingung dar. Bei positiven Realteilen würde eine Schwingung mit exponentiell ansteigender Amplitude auftreten. Näheres auch dazu folgt im Abschnitt 10.6, in dem die Stabilität von Systemen behandelt wird.

Das Ausgangssignal ergibt sich damit zu

$$u_a(t) = \varepsilon(t) U_0 \frac{D}{\sqrt{1-D^2}} e^{-D\frac{t}{T}} \sin\left(\sqrt{1-D^2} \cdot \frac{t}{T} \right). \tag{10.78c}$$

Im Fall 3 mit einer doppelten negativen Polstelle tritt im Zeitbereich die Faltung zweier identischer Exponentialfunktionen auf, die sich nicht mit Gl. (10.77a) ausdrücken lässt.

$$\varepsilon(t) e^{p_{\infty 1} t} * \varepsilon(t) e^{p_{\infty 1} t} = \varepsilon(t) \int_0^t e^{p_{\infty 1} \tau} e^{p_{\infty 1}(t-\tau)}\, d\tau \tag{10.79a}$$

Nach Zusammenfassen der Exponentialfunktionen, Kürzen und Herausziehen des nicht von τ abhängigen Terms aus dem Integral erhält man ein Integral über die Konstante 1.

$$\varepsilon(t)\,e^{p_{\infty 1}t} * \varepsilon(t)\,e^{p_{\infty 1}t} = \varepsilon(t)\,e^{p_{\infty 1}t} \int_0^t \mathrm{d}\tau = \varepsilon(t)t \cdot e^{p_{\infty 1}t} \tag{10.79b}$$

Ist die doppelte Polstelle $p_{\infty 1} = p_{\infty 2}$ wie im aktuellen Rechenbeispiel negativ, so ergibt sich das Produkt einer abfallenden Exponentialfunktion mit einer Rampenfunktion. Eine positive Polstelle würde zu einer ansteigenden Exponentialfunktion führen. Siehe auch hierzu Abschnitt 10.6, in dem die Stabilität von Systemen behandelt wird.

Die doppelte Polstelle liegt im Fall 3 bei $p_{\infty 1} = p_{\infty 2} = -1/2\,RC$ und daraus resultiert das Ausgangssignal

$$u_a(t) = \varepsilon(t) U_0 \frac{t}{RC}\, e^{-\frac{t}{2RC}}. \tag{10.80a}$$

Der Dämpfungsfaktor nach Gl. (10.69b) ist in diesem Fall gleich eins und $u_a(t)$ kann nach Ersetzen der Zeitkonstanten RC entsprechend Gl. (10.70b) in der Form

$$u_a(t) = \varepsilon(t) 2U_0 \frac{t}{T}\, e^{-\frac{t}{T}} \tag{10.80b}$$

angegeben werden.

Im Fall 3 mit $D = 1$ erfolgt gerade der Übergang der Diskriminante in Gl. (10.72) von positiven zu negativen Werten und somit auch der Übergang von reellen zu komplexen Polstellen. Aus diesem Grund wird der Fall 3 auch aperiodischer Grenzfall genannt.

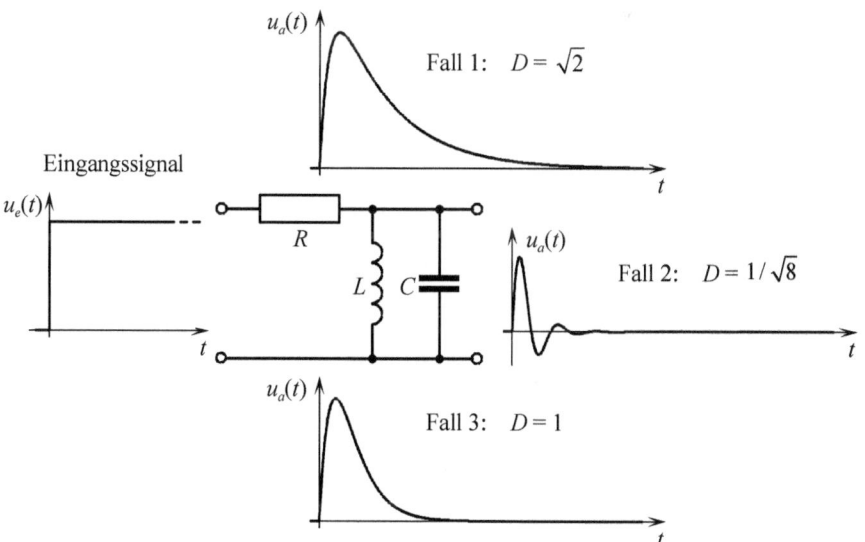

Bild 10.18 Ausgangssignale des Bandpasses zweiter Ordnung bei Sprunganregung

Bild 10.18 zeigt exemplarisch das Eingangssignal und einige Ausgangssignale des Systems. Die mit identischer Zeit- und Wertskalierung dargestellten Kurven stellen in den Fällen 1 und 2 jeweils nur einen von unendlich vielen möglichen Signalverläufen dar. Im Fall 3 gibt es definitionsgemäß nur eine mögliche Kurvenform.

Auch der Term im Bildbereich, der die Anfangswerte enthält, ist eine gebrochen rationale Funktion. Die skizzierten Lösungsverfahren können daher auch zur Bestimmung seiner inversen Laplace-Transformierten verwendet werden. ∎

Ein LTI-System der Ordnung n mit dem Eingangssignal $x_e(t)$ und dem Ausgangssignal $x_a(t)$ nach Bild 10.19 lässt sich in allgemeiner Form durch eine gewöhnliche lineare Differenzialgleichung der Ordnung n mit konstanten Koeffizienten beschreiben.

$$a_n \frac{d^n x_a(t)}{dt^n} + a_{n-1} \frac{d^{n-1} x_a(t)}{dt^{n-1}} + a_{n-2} \frac{d^{n-2} x_a(t)}{dt^{n-2}} + \ldots + a_1 \frac{dx_a(t)}{dt} + a_0 x_a(t)$$
$$= b_m \frac{d^m x_e(t)}{dt^m} + b_{m-1} \frac{d^{m-1} x_e(t)}{dt^{m-1}} + b_{m-2} \frac{d^{m-2} x_e(t)}{dt^{m-2}} + \ldots + b_1 \frac{dx_e(t)}{dt} + b_0 x_e(t)$$
(10.81a)

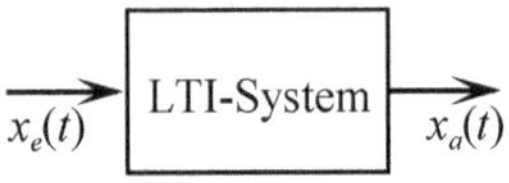

Bild 10.19 LTI-System

Unter Verwendung von Summen erhält man die kompaktere Formulierung

$$\sum_{i=0}^{n} a_i \frac{d^i x_a(t)}{dt^i} = \sum_{j=0}^{m} b_j \frac{d^j x_e(t)}{dt^j}.$$
(10.81b)

Aufgrund der Linearitätseigenschaft der Laplace-Transformation kann die Differenzialgleichung auch im allgemeinen Fall Term für Term in den Bildbereich transformiert werden.

$$\sum_{i=0}^{n} a_i \left(p^i X_a(p) - \sum_{k=0}^{i-1} p^{i-k-1} x_a^{(k)}(0) \right) = \sum_{j=0}^{m} b_j \left(p^j X_e(p) - \sum_{l=0}^{j-1} p^{j-l-1} x_e^{(l)}(0) \right)$$
(10.82)

Diese Gleichung lässt sich nach $X_a(p)$ umstellen, wobei wieder der Anteil des Eingangssignals und der Anteil der Anfangswerte unterschieden werden.

$$X_a(p) = \underbrace{\frac{\sum_{j=0}^{m} b_j p^j}{\sum_{i=0}^{n} a_i p^i} X_e(p)}_{\text{Anteil des Eingangssignals}} + \underbrace{\frac{\sum_{i=0}^{n} a_i \sum_{k=0}^{i-1} p^{i-k-1} x_a^{(k)}(0) - \sum_{j=0}^{m} b_j \sum_{l=0}^{j-1} p^{j-l-1} x_e^{(l)}(0)}{\sum_{i=0}^{n} a_i p^i}}_{\text{Anteil der Anfangswerte}}$$
(10.83)

Aufgrund des umfangreichen Schreibaufwands wird, wie beim konkreten Beispiel des Bandpasses zweiter Ordnung, das Ausgangssignal unter Vernachlässigung, d. h. Nullsetzen des

Anteils der Anfangswerte bestimmt. Die Laplace-Transformierte des Ausgangssignals vereinfacht sich damit zu

$$X_a(p) = \frac{\sum_{j=0}^{m} b_j p^j}{\sum_{i=0}^{n} a_i p^i} X_e(p). \tag{10.84}$$

Der Einfachheit halber wird $X_e(p) = 1$, die Laplace-Transformierte des Dirac-Impulses $\delta(t)$, gewählt. Dies entspricht Korrespondenz 1 der Transformationstabelle im Anhang 2. Auch aus vielen anderen technisch relevanten Eingangssignalen wie dem Einheitssprung, Exponentialfunktionen oder harmonischen Schwingungen entstehen gebrochen rationale Funktionen für $X_a(p)$.

Durch Nullsetzen des Zählers und Lösen der resultierenden Gleichung der Ordnung m erhält man die Nullstellen p_{0j} von $X_a(p)$. Nullsetzen des Nenners und Lösen der resultierenden Gleichung der Ordnung n liefert die Polstellen $p_{\infty i}$. Bei Systemen höherer Ordnung ($n > 4$) müssen gegebenenfalls numerische Lösungsverfahren zur Bestimmung der Pol- und Nullstellen verwendet werden. Bei Kenntnis der Pol- und Nullstellen können der Zähler und der Nenner der gebrochen rationalen Funktion als mehrfache Produkte geschrieben werden.

$$X_a(p) = A_0 \frac{(p - p_{01}) \cdot (p - p_{02}) \cdot \ldots \cdot (p - p_{0m})}{(p - p_{\infty 1}) \cdot (p - p_{\infty 2}) \cdot \ldots \cdot (p - p_{\infty n})} \tag{10.85}$$

Außer der wenig gebräuchlichen Berechnung der inversen Laplace-Transformation nach Gl. (10.9) kommen hier wieder die Summenzerlegung mittels Partialbruchzerlegung und die Produktzerlegung unter Verwendung einer Transformationstabelle infrage.

Die Produkt- und die Summenzerlegung sollen nun gegenübergestellt werden. Eine allgemeingültige Aussage, welche Variante günstiger ist, kann nicht getroffen werden. Die Auswahl muss sich nach dem jeweils zu bearbeitenden Problem sowie den Kenntnissen und Vorlieben des Bearbeiters, insbesondere hinsichtlich der Faltung, richten.

Variante 1: Produktzerlegung

Die gebrochen rationale Funktion kann als ein mehrfaches Produkt von Termen erster Ordnung geschrieben werden. Die ersten m dieser Terme werden auch als bilineare Funktionen von p bezeichnet, da sowohl in ihren Zählern als auch in ihren Nennern lineare Funktionen von p auftreten. Im speziellen Fall $m = n$ kommen nur bilineare Funktionen vor.

$$X_a(p) = A_0 \frac{p - p_{01}}{p - p_{\infty 1}} \cdot \frac{p - p_{02}}{p - p_{\infty 2}} \cdot \ldots \cdot \frac{p - p_{0m}}{p - p_{\infty m}} \cdot \frac{1}{p - p_{\infty m+1}} \cdot \frac{1}{p - p_{\infty m+2}} \cdot \ldots \cdot \frac{1}{p - p_{\infty n}} \tag{10.86}$$

Zu beachten ist, dass auch mehrfache Polstellen auftreten können, etwa in der Form

$$X_a(p) = \cdots \frac{1}{p - p_{\infty i}} \cdot \frac{1}{p - p_{\infty i}} \cdots \frac{1}{p - p_{\infty i}} \cdots = \cdots \frac{1}{(p - p_{\infty i})^k} \cdots .$$

Die inverse Laplace-Transformierte einer solchen Bildfunktion kann der Korrespondenz 7 der Transformationstabelle in Anhang 2 entnommen werden.

$$\frac{1}{(p - p_{\infty i})^k} \;\laplace\; \varepsilon(t) \frac{t^{k-1}}{(k-1)!} e^{p_{\infty i} t} \tag{10.87}$$

Die inverse Laplace-Transformierte der gebrochen rationalen Funktion lässt sich mittels mehrfacher Faltung der inversen Laplace-Transformierten der Terme erster Ordnung im Zeitbereich angeben. Neben der bereits in den Rechenbeispielen verwendeten Korrespondenz

$$\frac{1}{p - p_{\infty i}} \;\multimap\; \varepsilon(t)\, e^{p_{\infty i} t} \tag{10.88}$$

wird die inverse Laplace-Transformierte einer bilinearen Funktion von p benötigt. Diese lässt sich nach Abspaltung der Konstanten 1 auf eine Kombination der Korrespondenzen 1 und 5 der Transformationstabelle im Anhang 2 zurückführen.

$$\frac{p - p_{01}}{p - p_{\infty 1}} = \frac{p - p_{\infty 1} + p_{\infty 1} - p_{01}}{p - p_{\infty 1}} = \frac{p - p_{\infty 1}}{p - p_{\infty 1}} + \frac{p_{\infty 1} - p_{01}}{p - p_{\infty 1}}$$
$$= 1 + (p_{\infty 1} - p_{01}) \frac{1}{p - p_{\infty 1}}$$

$$\frac{p - p_{01}}{p - p_{\infty 1}} \;\multimap\; \delta(t) + \varepsilon(t)\,(p_{\infty 1} - p_{01})\, e^{p_{\infty 1} t} \tag{10.89}$$

Mit der symbolischen Schreibweise der Faltung kann ein allgemeingültiger Ausdruck für die zur Bildfunktion (10.86) korrespondierende Zeitfunktion $x_a(t)$ angegeben werden.

$$x_a(t) = A_0 \cdot \left(\delta(t) + \varepsilon(t)\,(p_{\infty 1} - p_{01})\, e^{p_{\infty 1} t}\right) * \left(\delta(t) + \varepsilon(t)\,(p_{\infty 2} - p_{02})\, e^{p_{\infty 2} t}\right) * \ldots$$
$$* \left(\delta(t) + \varepsilon(t)\,(p_{\infty m} - p_{0m})\, e^{p_{\infty m} t}\right) * \varepsilon(t)\, e^{p_{\infty m+1} t} * \varepsilon(t)\, e^{p_{\infty m+2} t} * \ldots \tag{10.90}$$
$$* \varepsilon(t)\, e^{p_{\infty n} t}$$

Der entstehende Formelausdruck wirkt auf den ersten Blick nicht gerade übersichtlich. Es treten jedoch nur die Faltung des Dirac-Impulses mit sich selber, die problemlose Faltung von Exponentialfunktionen mit Dirac-Impulsen und die bereits im zweiten Rechenbeispiel verwendete Faltung von Exponentialfunktionen mit Exponentialfunktionen auf. Durch mehrfache Anwendung dieser Operationen kann $x_a(t)$ sowohl im Fall einfacher als auch im Fall mehrfacher Polstellen schrittweise ermittelt werden.

Die auftretenden Varianten der Faltung werden am Beispiel der Faltung der inversen Laplace-Transformierten zweier bilinearer Funktionen von p noch einmal zusammengestellt.

$$\left(\delta(t) + \varepsilon(t)\,(p_{\infty 1} - p_{01})\, e^{p_{\infty 1} t}\right) * \left(\delta(t) + \varepsilon(t)\,(p_{\infty 2} - p_{02})\, e^{p_{\infty 2} t}\right)$$
$$= \underbrace{\delta(t) * \delta(t)}_{a} + \underbrace{\delta(t) * \varepsilon(t)\,(p_{\infty 2} - p_{02})\, e^{p_{\infty 2} t}}_{b} + \underbrace{\varepsilon(t)\,(p_{\infty 1} - p_{01})\, e^{p_{\infty 1} t} * \delta(t)}_{c} \tag{10.91}$$
$$+ \underbrace{\varepsilon(t)\,(p_{\infty 1} - p_{01})\, e^{p_{\infty 1} t} * \varepsilon(t)\,(p_{\infty 2} - p_{02})\, e^{p_{\infty 2} t}}_{d}$$

Die einzelnen Faltungsoperationen liefern:

a: $\delta(t) * \delta(t) = \delta(t)$, (10.92a)

b: $\delta(t) * \varepsilon(t)\,(p_{\infty 2} - p_{02})\, e^{p_{\infty 2} t} = \varepsilon(t)\,(p_{\infty 2} - p_{02})\, e^{p_{\infty 2} t}$, (10.92b)

c: $\varepsilon(t)\,(p_{\infty 1} - p_{01})\, e^{p_{\infty 1} t} * \delta(t) = \varepsilon(t)\,(p_{\infty 1} - p_{01})\, e^{p_{\infty 1} t}$, (10.92c)

d: $\varepsilon(t)\,(p_{\infty 1} - p_{01})\, e^{p_{\infty 1} t} * \varepsilon(t)\,(p_{\infty 2} - p_{02})\, e^{p_{\infty 2} t}$ (10.92d)

$$= \begin{cases} \varepsilon(t)\,(p_{\infty 1} - p_{01})(p_{\infty 2} - p_{02}) \dfrac{e^{p_{\infty 1} t} - e^{p_{\infty 2} t}}{(p_{\infty 1} - p_{01}) - (p_{\infty 2} - p_{02})} & \text{für } p_{\infty 1} \neq p_{\infty 2} \\ \varepsilon(t)\,(p_{\infty 1} - p_{01})(p_{\infty 2} - p_{02})\, t \cdot e^{p_{\infty 1} t} & \text{für } p_{\infty 1} = p_{\infty 2} \end{cases}$$

Aufgrund der Kommutativeigenschaft der Faltung nach Gl. (3.56) sind die Fälle b und c äquivalent.

Variante 2: Summenzerlegung

Aufgrund des umfangreichen Schreibaufwandes wird die Lösung mittels Partialbruchzerlegung nur für einfache Polstellen angegeben. Interessierte Leser seien auf allgemeingültigere Formeln in /12/ verwiesen.

$$X_a(p) = K_0 + \frac{K_1}{p - p_{\infty 1}} + \frac{K_2}{p - p_{\infty 2}} + \ldots + \frac{K_n}{p - p_{\infty n}} = K_0 + \sum_{i=1}^{n} \frac{K_i}{p - p_{\infty i}} \qquad (10.93)$$

Die inverse Transformation der einzelnen Summanden erfolgt mittels der bereits benutzten Transformationspaare

$$K_0 \;\bullet\!\!-\!\!\circ\; K_0 \delta(t) \quad \text{bzw.} \quad \frac{K_i}{p - p_{\infty i}} \;\bullet\!\!-\!\!\circ\; K_i \varepsilon(t)\, e^{p_{\infty i} t}. \qquad (10.94)$$

Der Dirac-Impuls tritt nur im speziellen Fall $m = n$ auf. Die im Zeitbereich entstehende Summe von Exponentialtermen lässt sich sowohl für reelle als auch für komplexe Polstellen zu einem reellen Formelausdruck zusammenfassen.

$$x_a(t) = K_0 \delta(t) + \varepsilon(t) \sum_{i=1}^{n} K_i\, e^{p_{\infty i} t} \qquad (10.95)$$

Die Koeffizienten der Partialbruchzerlegung können, alternativ zum beim System erster Ordnung verwendeten Koeffizientenvergleich, auch nach folgendem Schema (/6/ bzw. /12/) ermittelt werden:

$$K_0 = X_a(\infty) = A_0, \qquad K_i = (p - p_{\infty i})\, X_a(p)\big|_{p = p_{\infty i}} \qquad (10.96)$$

Beispiel 10.7 System dritter Ordnung mit einer Nullstelle bei $p_0 = 0$ und drei verschiedenen Polstellen $p_{\infty 1}, p_{\infty 1}^*$ und $p_{\infty 2}$, von denen zwei konjugiert komplex zueinander sind

Es kommen die inversen Laplace-Transformierten einer bilinearen Funktion von p und zweier einfacher Polstellen vor.

$$x_a(t) = A_0 \varepsilon(t)\, e^{p_{\infty 1} t} * \varepsilon(t)\, e^{p_{\infty 1}^* t} * \left(\delta(t) + \varepsilon(t) p_{\infty 2}\, e^{p_{\infty 2} t} \right) \qquad (10.97\text{a})$$

Zunächst wird die Faltung der inversen Laplace-Transformierten der zueinander konjugiert komplexen Polstellen durchgeführt.

$$x_a(t) = A_0 \varepsilon(t) \frac{e^{p_{\infty 1} t} - e^{p_{\infty 1}^* t}}{p_{\infty 1} - p_{\infty 1}^*} * \left(\delta(t) + \varepsilon(t) p_{\infty 2}\, e^{p_{\infty 2} t} \right) \qquad (10.97\text{b})$$

Anschließend wird zweimal die Distributiveigenschaft der Faltung nach Gl. (3.58) im Abschnitt 3.3.3 angewendet und einmal die Faltung mit dem Dirac-Impuls nach Gl. (3.61) durchgeführt.

$$x_a(t) = A_0 \varepsilon(t) \frac{e^{p_{\infty 1} t} - e^{p_{\infty 1}^* t}}{p_{\infty 1} - p_{\infty 1}^*} + A_0 \varepsilon(t) \frac{e^{p_{\infty 1} t} - e^{p_{\infty 1}^* t}}{p_{\infty 1} - p_{\infty 1}^*} * \varepsilon(t) p_{\infty 2}\, e^{p_{\infty 2} t} \qquad (10.97\text{c})$$

$$x_\mathrm{a}(t) = A_0 \varepsilon(t) \frac{\mathrm{e}^{p_{\infty 1} t} - \mathrm{e}^{p_{\infty 1}^* t}}{p_{\infty 1} - p_{\infty 1}^*} + \frac{A_0 p_{\infty 2}}{p_{\infty 1} - p_{\infty 1}^*} \varepsilon(t)\, \mathrm{e}^{p_{\infty 1} t} * \varepsilon(t)\, \mathrm{e}^{p_{\infty 2} t}$$
$$- \frac{A_0 p_{\infty 2}}{p_{\infty 1} - p_{\infty 1}^*} \varepsilon(t)\, \mathrm{e}^{p_{\infty 1}^* t} * \varepsilon(t)\, \mathrm{e}^{p_{\infty 2} t} \tag{10.97d}$$

Die beiden Faltungen mit den zum Zeitpunkt 0 eingeschalteten Exponentialfunktionen erfolgen analog zu Gl. (10.97a).

$$x_\mathrm{a}(t) = A_0 \varepsilon(t) \frac{\mathrm{e}^{p_{\infty 1} t} - \mathrm{e}^{p_{\infty 1}^* t}}{p_{\infty 1} - p_{\infty 1}^*} + \frac{A_0 p_{\infty 2}}{p_{\infty 1} - p_{\infty 1}^*} \varepsilon(t) \frac{\mathrm{e}^{p_{\infty 1} t} - \mathrm{e}^{p_{\infty 2} t}}{p_{\infty 1} - p_{\infty 2}}$$
$$- \frac{A_0 p_{\infty 2}}{p_{\infty 1} - p_{\infty 1}^*} \varepsilon(t) \frac{\mathrm{e}^{p_{\infty 1}^* t} - \mathrm{e}^{p_{\infty 2} t}}{p_{\infty 1}^* - p_{\infty 2}} \tag{10.97e}$$

Nach Sortieren erkennt man, dass das Signal $x_\mathrm{a}(t)$ aus drei gewichteten Exponentialfunktionen besteht. Die Zeitverläufe der Exponentialfunktionen werden jeweils durch eine der drei Polstellen bestimmt.

$$x_\mathrm{a}(t) = \frac{1}{p_{\infty 1} - p_{\infty 1}^*} \left(1 + \frac{p_{\infty 2}}{p_{\infty 1} - p_{\infty 2}}\right) A_0 \varepsilon(t)\, \mathrm{e}^{p_{\infty 1} t}$$
$$- \frac{1}{p_{\infty 1} - p_{\infty 1}^*} \left(1 + \frac{p_{\infty 2}}{p_{\infty 1}^* - p_{\infty 2}}\right) A_0 \varepsilon(t)\, \mathrm{e}^{p_{\infty 1}^* t} \tag{10.97f}$$
$$+ \frac{p_{\infty 2}}{p_{\infty 1} - p_{\infty 1}^*} \left(\frac{1}{p_{\infty 1}^* - p_{\infty 2}} - \frac{1}{p_{\infty 1} - p_{\infty 2}}\right) A_0 \varepsilon(t)\, \mathrm{e}^{p_{\infty 2} t}$$

Die Faktoren vor den Exponentialfunktionen können noch vereinfacht werden.

$$x_\mathrm{a}(t) = A_0 \varepsilon(t) \frac{p_{\infty 1}}{(p_{\infty 1} - p_{\infty 1}^*)(p_{\infty 1} - p_{\infty 2})}\, \mathrm{e}^{p_{\infty 1} t}$$
$$+ A_0 \varepsilon(t) \frac{p_{\infty 1}^*}{(p_{\infty 1}^* - p_{\infty 1})(p_{\infty 1}^* - p_{\infty 2})}\, \mathrm{e}^{p_{\infty 1}^* t} \tag{10.97g}$$
$$+ A_0 \varepsilon(t) \frac{p_{\infty 2}}{(p_{\infty 2} - p_{\infty 1})(p_{\infty 2} - p_{\infty 1}^*)}\, \mathrm{e}^{p_{\infty 2} t}$$

Aus dieser Gleichung lässt sich der Verlauf des Signals $x_\mathrm{a}(t)$ noch nicht unmittelbar erschließen. Nach einer Reihe von Umformungen und Zusammenfassungen, die hier nicht ausführlich dargestellt werden sollen, ergibt sich die Summe aus einer *exponentiell gedämpften Schwingung* und einer *Exponentialfunktion*.

$$x_\mathrm{a}(t) = K_1 \varepsilon(t)\, \mathrm{e}^{\mathrm{Re}\{p_{\infty 1}\} t} \cos\left(\mathrm{Im}\{p_{\infty 1}\} t + \varphi_\mathrm{a}\right) + K_2 \varepsilon(t)\, \mathrm{e}^{p_{\infty 2} t} \tag{10.98}$$

Die Parameter K_1, K_2 und φ_a stellen jeweils Funktionen von $p_{\infty 2}$ bzw. der Real- und Imaginärteile von $p_{\infty 1}$ und $p_{\infty 1}^*$ dar. ∎

10.4 Übertragungsfunktion

Die DGL wurde im Abschnitt 9.2 vorgestellt als mathematisches Modell eines Systems im Zeitbereich. Die Übertragungsfunktion stellt die entsprechende Beschreibung des Systems im Bildbereich dar. Beide Beschreibungen charakterisieren ausschließlich das System ohne Betrachtung eines konkreten Eingangssignals. Erst durch Lösen der DGL unter Berücksichtigung eines konkreten Eingangssignals kann das Ausgangssignal eines Systems bestimmt werden. Bei der Verwendung der Übertragungsfunktion ist das ähnlich. Im Abschnitt 10.3 wurde das Lösen der DGL mittels Laplace-Transformation gezeigt, als Zwischenprodukt entsteht z. B. in Gl. (10.84) eine gebrochen rationale Funktion, die als *Übertragungsfunktion* des untersuchten Systems bezeichnet wird. In diesem Abschnitt werden die Ermittlung der Übertragungsfunktion, ihre Darstellungsformen und das Ablesen konkreten *Systemverhaltens* vorgestellt. Im nächsten Abschnitt wird gezeigt, wie man die *Antworten von Systemen*, die durch ihre Übertragungsfunktion beschrieben sind, auf spezielle Eingangssignale erhält.

Die schon bekannte DGL und die noch zu erläuternde Übertragungsfunktion sind über die Laplace-Transformation ineinander überführbar (siehe Bild 10.20).

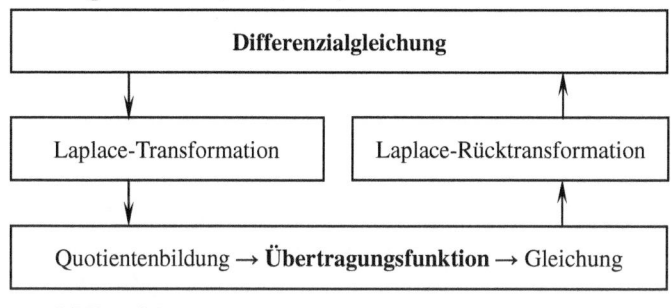

Bild 10.20 DGL und Übertragungsfunktion

Man geht von einer linearen inhomogenen DGL mit konstanten Koeffizienten aus

$$a_n \overset{(n)}{x_a}(t) + \ldots + a_1 \dot{x}_a(t) + a_0 x_a(t) = b_m \overset{(m)}{x_e}(t) + \ldots + b_1 \dot{x}_e(t) + b_0 x_e(t) \qquad (10.99)$$

und führt eine Laplace-Transformation unter Anwendung des Linearitäts- und Differenziationssatzes auf beiden Seiten der DGL durch. Bei der Transformation der Ableitungen treten neben den Laplace-transformierten Ein- und Ausgangssignalen $X_e(p)$, $X_a(p)$ auch die Anfangswerte $x_e(0)$, $x_a(0)$ sowie die Werte der Ableitungen zum Zeitpunkt $t=0$ auf. In Gl. (10.100) werden wegen der Übersichtlichkeit die Anfangswerte unter die Laplace-transformierten Ein- und Ausgangssignale geschrieben. Alle Anfangswerte zusammengefasst, stellen das Anfangswertpolynom dar.

$$\mathcal{L}\left\{a_n \overset{(n)}{x_a}(t) + \ldots + a_0 x_a(t)\right\} = \mathcal{L}\left\{b_m \overset{(m)}{x_e}(t) + \ldots + b_0 x_e(t)\right\}$$

$$\downarrow \quad \vdots \quad \downarrow \quad \downarrow \quad \vdots \quad \downarrow$$

$$a_n p^n X_a(p) + \ldots + a_0 X_a(p) = b_m p^m X_e(p) + \ldots + b_0 X_e(p)$$

$$\left| -a_n p^{n-1} x_a(0) - \qquad\qquad -b_m p^{m-1} x_e(0) \quad\vdots\qquad\qquad \right| \quad (10.100)$$

$$\left| \quad \vdots \qquad \vdots \qquad\qquad\qquad \vdots \qquad \vdots \qquad\qquad \right|$$

$$\left| -a_n p \overset{(n-2)}{x_a}(0) \qquad\qquad\qquad\qquad\qquad\qquad\qquad\qquad\quad \right|$$

$$\left| -a_n \overset{(n-1)}{x_a}(0) \qquad\qquad -b_m \overset{(m-1)}{x_e}(0) \qquad\qquad\qquad \right|$$

Anfangswertpolynom

Bei der Übertragungsfunktion geht man davon aus, dass das Anfangswertpolynom insgesamt null ist. Das kann bedeuten, dass sich die Elemente im Polynom gegenseitig aufheben oder alle Anfangswerte null sind. Unter dieser Voraussetzung ergibt sich die Gleichung

$$a_n p^n X_a(p) + \ldots + a_1 p X_a(p) + a_0 X_a(p) = b_m p^m X_e(p) + \ldots + b_0 X_e(p). \quad (10.101)$$

Klammert man auf der linken Seite $X_a(p)$ aus und auf der rechten Seite $X_e(p)$

$$X_a(p)\left(a_n p^n + \ldots + a_1 p + a_0\right) = X_e(p)\left(b_m p^m + \ldots + b_0\right) \quad (10.102)$$

und dividiert anschließend durch das Polynom der linken Seite und durch $X_e(p)$, dann ergibt sich eine gebrochen rationale Funktion, die die gesuchte Übertragungsfunktion darstellt und mit $G(p)$ bezeichnet wird.

Die *Übertragungsfunktion* ist der Quotient aus der Laplace-Transformierten des Ausgangssignals und der Laplace-Transformierten des Eingangssignals und beschreibt im Bildbereich ein System „ohne Vergangenheit".

$$G(p) = \frac{X_a(p)}{X_e(p)} = \frac{\text{Laplace-Transformierte des Ausgangssignals}}{\text{Laplace-Transformierte des Eingangssignals}}$$

$$G(p) = \frac{X_a(p)}{X_e(p)} = \frac{b_m p^m + \ldots + b_1 p + b_0}{a_n p^n + \ldots + a_1 p + a_0} \quad (10.103)$$

Wie bei den DGL gilt auch hier, bei realen Systemen muss $n \geqq m$ erfüllt sein.

Ein einfaches Beispiel soll die Ermittlung der Übertragungsfunktion zeigen.

Beispiel 10.8 Ermittlung der Übertragungsfunktion des *RC*-Gliedes aus der DGL

Das *RC*-Glied wird durch die angegebene DGL beschrieben.

$$RC \dot{u}_a(t) + u_a(t) = u_e(t) \quad (10.104)$$

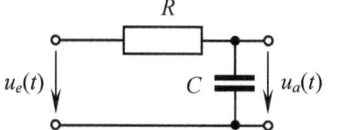

Bild 10.21 RC-Glied

Die gegebene DGL wird mittels Linearitäts- und Differenziationssatz Laplace-transformiert.

$$\mathcal{L}(RC\dot{u}_a(t) + u_a(t)) = \mathcal{L}\{u_e(t)\}$$
$$RC(pU_a(p) - u_a(0)) + U_a(p) = U_e(p) \tag{10.105}$$

Der Kondensator ist zum Zeitpunkt $t = 0$ nicht geladen, der Anfangswert ist also null.

$$RCpU_a(p) + U_a(p) = U_e(p) \tag{10.106}$$

Nach Ausklammern von $U_a(p)$ auf der linken Seite

$$U_a(p) \cdot (RCp + 1) = U_e(p) \tag{10.107}$$

und der Division durch das Polynom der linken Seite und durch $U_e(p)$ erhält man die Übertragungsfunktion.

$$G(p) = \frac{U_a(p)}{U_e(p)} = \frac{1}{RCp + 1} \tag{10.108}$$

Eine Maßeinheitenrechnung ist gerade bei komplizierten Netzwerken zur Prüfung sinnvoll. Im vorliegenden Beispiel wird die Übertragungsfunktion aus dem Quotienten zweier Laplace-transformierter Spannungen gebildet, also muss die Übertragungsfunktion einheitenlos sein. Da der Zähler einheitenlos ist, muss es der Nenner auch sein. Mit

$$[RC] = \frac{V}{A} \cdot \frac{A \cdot s}{V}, \quad [p] = \frac{1}{s} \tag{10.109}$$

trifft dies zu. Eine Garantie für die Richtigkeit sind korrekte Maßeinheiten zwar noch nicht, aber die Rechnung ist auf jeden Fall falsch, wenn die Maßeinheitenrechnung zu Widersprüchen führt. ∎

Liegt von einem System keine Differenzialgleichung vor, dann kann man z. B. bei elektrischen Systemen von den Kirchhoff'schen Sätzen ausgehen, wobei alle Signale als Bildfunktionen aufgefasst und die Widerstände durch die ohmschen, kapazitiven bzw. induktiven Widerstandsoperatoren beschrieben werden.

$$u(t) = R\,i(t) \quad \circ\!\!-\!\!\bullet \quad U(p) = R\,I(p) \rightarrow Z_R(p) = R \tag{10.110a}$$

$$u(t) = \frac{1}{C}\int_0^t i(\tau)\,d\tau \quad \circ\!\!-\!\!\bullet \quad U(p) = \frac{1}{pC}I(p) \rightarrow Z_C(p) = \frac{1}{pC} \tag{10.110b}$$

$$u(t) = L\frac{d\,i(t)}{d\,t} \quad \circ\!\!-\!\!\bullet \quad U(p) = pLI(p) \rightarrow Z_L(p) = pL \tag{10.110c}$$

Am Beispiel des RC-Gliedes soll dies gezeigt werden.

Beispiel 10.9 Ermittlung der Übertragungsfunktion des *RC*-Gliedes anhand der Widerstandsoperatoren und Kirchhoff'schen Sätze

Das *RC*-Glied ist gegeben mit den Signalen als Bildfunktionen und den Widerstandsoperatoren.

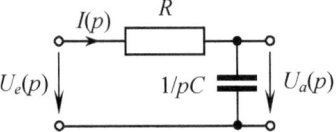

Bild 10.22 *RC*-Glied

Die folgenden Zusammenhänge ergeben sich in Analogie zur Differenzialgleichung aus den Kirchhoff'schen Sätzen

$$U_e(p) = U_R(p) + U_a(p), \tag{10.111}$$

$$U_a(p) = \frac{1}{pC}I(p), \tag{10.112}$$

$$U_R(p) = I(p)R. \tag{10.113}$$

$U_R(p)$ in Gl. (10.111) wird durch Gl. (10.113) substituiert, dabei wird $I(p)$ durch Gl. (10.112) ersetzt.

$$U_e(p) = pRC U_a(p) + U_a(p) \tag{10.114}$$

Nach Ausklammern von $U_a(p)$ auf der rechten Seite sowie Division durch $U_e(p)$ und das entstandene Polynom der rechten Seite ergibt sich die schon bekannte Übertragungsfunktion.

$$G(p) = \frac{U_a(p)}{U_e(p)} = \frac{1}{RCp+1} \tag{10.115}$$

∎

Diese Vorgehensweise funktioniert bei jedem elektrischen LTI-System. Für das vorliegende Beispiel ist auch noch ein sehr einfacher Weg möglich. Das ist das Ansetzen der Spannungsteilerregel, diese führt hier schnell zum Ergebnis.

Eine Frage liegt nahe, was bringt die Übertragungsfunktion? Um dies zu zeigen, sind zuerst die Darstellungsformen von Übertragungsfunktionen zu nennen. Das sind die *Polynomform*, die *Pol-Nullstellen-Form* und die *Zeitkonstantenform*.

Polynomdarstellung

$$G(p) = \frac{X_a(p)}{X_e(p)} = \frac{b_m p^m + \ldots + b_1 p + b_0}{a_n p^n + \ldots + a_1 p + a_0} \tag{10.116}$$

Pol-Nullstellen-Form

$$G(p) = \frac{X_a(p)}{X_e(p)} = \frac{b_m}{a_n} \frac{(p - p_{01})(p - p_{02})\ldots}{(p - p_{\infty 1})(p - p_{\infty 2})\ldots} \tag{10.117}$$

Zeitkonstantenform

$$G(p) = \frac{X_a(p)}{X_e(p)} = \frac{b_0}{a_0} \frac{(1 + pT_{D1})(1 + pT_{D2})\ldots}{(1 + pT_1)(1 + pT_2)\ldots} \tag{10.118}$$

Die Polynomform entsteht nach dem Aufstellen der Übertragungsfunktion und weist im Zähler und im Nenner Polynome der Ordnung m bzw. n auf. Polynome können in Linearfaktoren zerlegt werden. Zähler- bzw. Nennergrad bestimmen die Anzahl der Pol- bzw. *Nullstellen*. Vor der Bestimmung der Pol- und Nullstellen sind die Koeffizienten b_m und a_n auszuklammern. In den Linearfaktoren des Zählers sind die Nullstellen und in den Linearfaktoren des Nenners sind die Polstellen der Übertragungsfunktion abzulesen. Die Zeitkonstantenform ist ähnlich wie die Pol-Nullstellenform aufgebaut, wobei der Zusammenhang zwischen Zeitkonstanten und Pol- und Nullstellen durch

$$T_{Dj} = -\frac{1}{p_{0j}}, \qquad T_i = -\frac{1}{p_{\infty i}} \tag{10.119}$$

festgelegt ist. Aus den Zeitkonstanten im Nenner kann man schnell etwas zur Reaktionsgeschwindigkeit eines Systems sagen. Sind die Zeitkonstanten groß, ist die Reaktionszeit lang, sind die Zeitkonstanten klein, reagiert das System schnell. Man kann dies gut an dem einfachen Beispiel des RC-Gliedes sehen. Die Zeitkonstante RC kann z. B. im Minuten- oder im Millisekundenbereich liegen, die Reaktion auf ein anliegendes Eingangssignal kann also langsamer oder schneller erfolgen.

Die Pol-Nullstellenform soll noch einmal genauer betrachtet werden. Sie wird genutzt, um im *Pol-Nullstellen-Plan* die Pol- und Nullstellen des Systems abzutragen. Der Pol-Nullstellen-Plan wird in der komplexen p-Ebene dargestellt, dabei wird auf der Abszisse der Realteil von p, $\mathrm{Re}\{p\} = \sigma$, und auf der Ordinate $j\,\mathrm{Im}\{p\} = j\omega$ abgetragen. Bild 10.23 zeigt einen Pol-Nullstellen-Plan. Für das Eintragen der Pol- und Nullstellen wird folgende Festlegung getroffen. Die Polstellen erhalten ein Kreuz und die Nullstellen einen Kreis oder eine Null. Es können einfache, mehrfache oder konjugiert komplexe Pol- und Nullstellen auftreten. Konjugiert komplexe Pol- bzw. Nullstellen liegen immer symmetrisch zur Abszisse. Die Abszisse ist die Symmetrieachse des Planes.

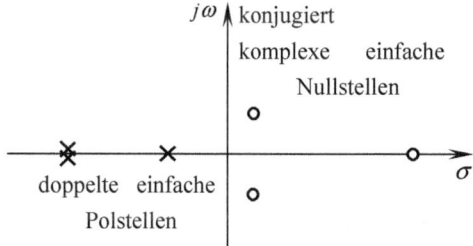

Bild 10.23 Pol-Nullstellen-Plan

Insbesondere aus der Lage der Polstellen können Schlussfolgerungen über das zeitliche Verhalten eines Systems und seine Stabilität gezogen werden. Die Lage der Pol- und Nullstellen gibt Rückschlüsse auf das Frequenzverhalten. Durch gezielte Festlegung von Pol- und Nullstellen kann man ein gewünschtes Zeit- und Frequenzverhalten erzwingen, natürlich im Rahmen der Realisierungsmöglichkeiten.

Für die beispielhafte Darstellung des Pol-Nullstellen-Planes wird noch einmal auf den Bandpass, dessen Differenzialgleichung im Abschnitt 10.3 gelöst wird, eingegangen.

Beispiel 10.10 Pol-Nullstellen-Plan eines Bandpasses (System zweiter Ordnung)

Für den Bandpass mit seiner Übertragungsfunktion werden die Pol- und Nullstellen berechnet und in den PN-Plan eingezeichnet.

$$G(p) = \frac{U_a(p)}{U_e(p)} = \frac{\frac{1}{RC}p}{p^2 + \frac{1}{RC}p + \frac{1}{LC}} \tag{10.120a}$$

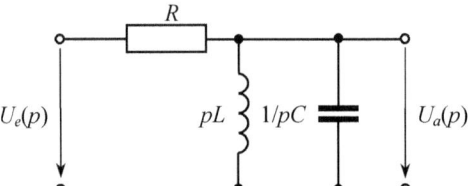

Bild 10.24 Bandpass

Im Abschnitt 10.3 wird die DGL dieses Systems gelöst, dazu werden der Dämpfungsfaktor D und die zur Resonanzkreisfrequenz ω_0 reziproke Zeitkonstante T nach Gleichungen (10.69a) und (10.69b) eingeführt. Die Übertragungsfunktion nach Gl. (10.120a) hat bei Verwendung dieser eingeführten Größen die Form

$$G(p) = \frac{U_a(p)}{U_e(p)} = \frac{2DTp}{p^2 T^2 + 2DTp + 1}. \tag{10.120b}$$

Die Nullstelle bei $p_0 = 0$ ist sofort ersichtlich, für die Polstellen sind Fallunterscheidungen notwendig, da es sich um ein Polynom zweiten Grades handelt. Im Abschnitt 10.3 werden die möglichen drei verschiedenen Lösungen in den Gl. (10.73a) bis (10.73c) vorgestellt, sie lauten:

1. Fall: Es liegen zwei verschiedene negative reelle Pole vor.

$$p_{\infty 1,2} = -\frac{D}{T} \pm \frac{1}{T}\sqrt{D^2 - 1} \quad \text{für} \quad D^2 - 1 > 0 \tag{10.121}$$

2. Fall: Es liegt ein konjugiert komplexes Polpaar mit negativem Realteil vor.

$$p_{\infty 1,2} = -\frac{D}{T} \pm j\frac{1}{T}\sqrt{1 - D^2} \quad \text{für} \quad D^2 - 1 < 0 \tag{10.122}$$

3. Fall: Es liegt ein negativer reeller Doppelpol vor.

$$p_{\infty 1,2} = -\frac{1}{T} \quad \text{für} \quad D^2 - 1 = 0 \Rightarrow D = 1 \tag{10.123}$$

Die drei Fälle sind im Pol-Nullstellen-Plan eingezeichnet.

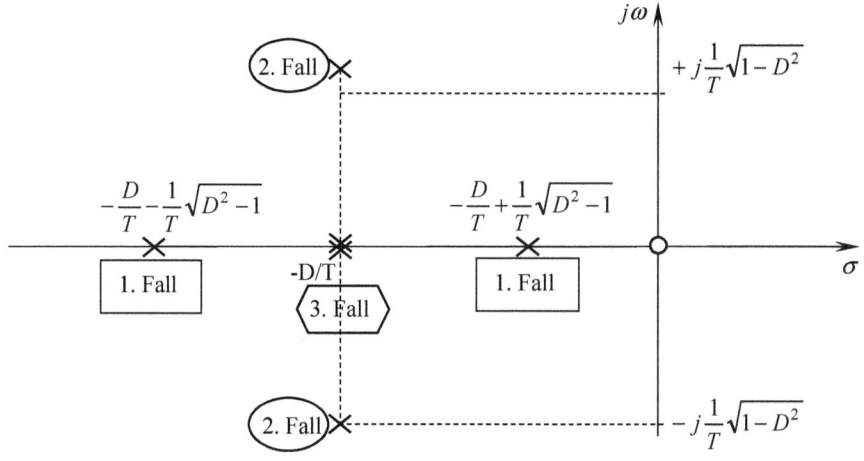

Bild 10.25 PN-Plan des Bandpasses

Wie im Abschnitt 10.3 ersichtlich, ergeben sich in den Fällen eins und drei aufgrund der reellen Polstellen bei Anregung durch ein konstantes Eingangssignal *aperiodische Vorgänge* am Ausgang des Systems. Der Fall drei wird als *aperiodischer Grenzfall* bezeichnet, er liegt genau zwischen den Fällen eins und zwei. Im Fall zwei mit konjugiert komplexen Polstellen tritt ein *gedämpfter periodischer Vorgang* auf. Aus dem Pol-Nullstellen-Plan kann man die Kreisfrequenz ω der gedämpften periodischen Schwingung ablesen. Die im Abschnitt 10.3 anscheinend willkürliche Einführung des Dämpfungsfaktors D und der Zeitkonstante T stellt sich jetzt als sehr sinnvoll heraus. Ist der Dämpfungsfaktor $D \geqq 1$, ergeben sich stets nichtperiodische gedämpfte Vorgänge. Wird die Dämpfung des Systems verringert $0 < D < 1$, dann geht der nichtperiodische Vorgang in einen periodisch gedämpften Vorgang über. Ist der Dämpfungsfaktor negativ, spricht man nicht mehr von Dämpfung sondern es kommt zu einer verstärkenden Wirkung. Die Vorgänge sind ungedämpft. Dieser Fall wird für das Beispiel des Bandpasses nicht eintreten.

Betrachtet man nur die einfachen und konjugiert komplexen Polstellen eines Systems und stellt die verschiedenen *Eigenbewegungen* dar, dann zeigt Bild 10.26 die zu erwartenden Vorgänge. Als *Eigenbewegung* ist die Reaktion eines Systems zu verstehen, die entweder beim Anlegen eines Dirac-Impulses entsteht oder die unabhängig vom Eingangssignal beim Vorhandensein von Anfangswerten erzeugt wird.

Bei Kenntnis der Polstellen kann man schon gut abschätzen, welchen prinzipiellen Verlauf, nichtperiodisch gedämpft oder ungedämpft, periodisch gedämpft oder ungedämpft, der Eigenvorgang des Systems haben wird.

Eigenbewegungen eines Systems sind
bei reellen Polstellen nichtperiodische Vorgänge

        positive Polstellen   →   nichtperiodisch wachsender Vorgang
        negative Polstellen   →   nichtperiodisch gedämpfter Vorgang
        Polstelle gleich null   →   konstanter Vorgang

und bei konjugiert komplexen Polstellen periodische Vorgänge

    positiver Realteil   → periodisch wachsender Vorgang
    negativer Realteil   → periodisch gedämpfter Vorgang
    Realteil gleich null → periodischer Vorgang

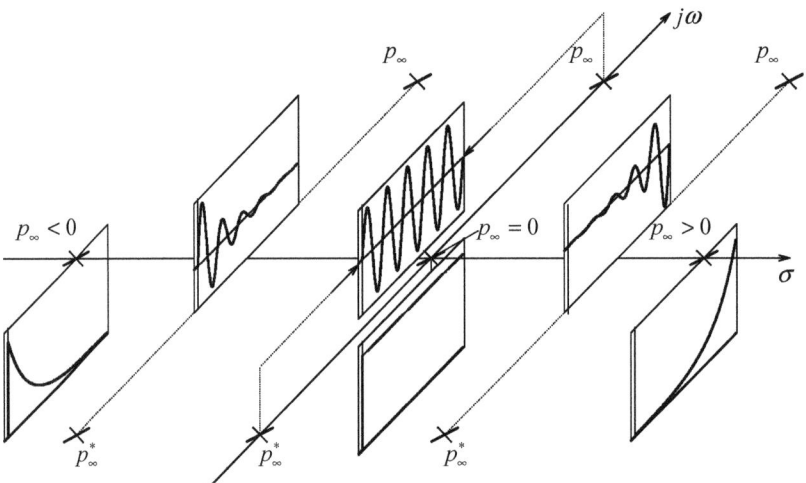

Bild 10.26 PN-Plan und Eigenbewegungen bei reellen und konjugiert komplexen Polstellen der Übertragungsfunktionen

Weiterhin ist die Lage der Polstellen ein wesentliches Indiz für die Aussagen zur Stabilität, dies wird im Abschnitt 10.6. beschrieben.

■ 10.5 Systemantworten

In den Abschnitten 10.2, 10.3 und 10.4 werden Systeme bezüglich ihrer Beschreibung im Zeitbereich durch Differenzialgleichungen und im Bildbereich durch ihre Übertragungsfunktio-

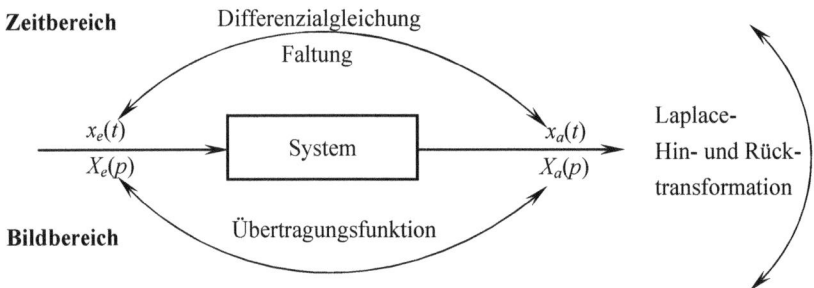

Bild 10.27 Zusammenhang zwischen Ein-, Ausgangssignal und System sowie den Beschreibungen im Zeit- und Bildbereich

nen vorgestellt. Konkrete Systemreaktionen werden durch Lösung von Differenzialgleichungen im Zeitbereich und über den Bildbereich berechnet. Den Zusammenhang zwischen Zeit- und Bildbereich sowie Differenzialgleichung, Übertragungsfunktion und Faltung stellt Bild 10.27 dar.

Neben dem Lösen von Differenzialgleichungen gibt es weitere Möglichkeiten zur Ermittlung von Systemreaktionen. Bei bekannter Übertragungsfunktion $G(p)$ ist der „Umweg" über den Bildbereich möglich und ein direkter Weg im Zeitbereich geht über die Faltung. Zuerst wird auf den vermeintlichen Umweg eingegangen. Ein plausibles Motiv für die Einführung der Laplace-Transformation ist der im Abschnitt 10.1 dargestellte Zusammenhang:

$$\boxed{\text{Ursache}} \cdot \boxed{\text{Systembeschreibung}} = \boxed{\text{Wirkung}}$$

Dieser Zusammenhang zwischen Systembeschreibung, Ursache und Wirkung liefert die im Abschnitt 10.4 definierte Übertragungsfunktion.

$$G(p) = \frac{X_a(p)}{X_e(p)} \tag{10.124}$$

Löst man die Übertragungsfunktion nach der Laplace-transformierten Ausgangsgröße $X_a(p)$ auf, dann entsteht genau der oben gewünschte Zusammenhang.

Das Ergebnis der Multiplikation von Übertragungsfunktion $G(p)$ und Laplace-transformiertem Eingangssignal $X_e(p)$ ist das Laplace-transformierte Ausgangssignal $X_a(p)$

$$\begin{array}{ccc} X_e(p) & \cdot & G(p) & = & X_a(p) \\ \mathcal{L}\{\text{Eingangssignal}\} & \cdot & \text{Systembeschreibung} & = & \mathcal{L}\{\text{Ausgangssignal}\} \end{array} \tag{10.125}$$

Das Ausgangssignal $x_a(t)$ erhält man nach der Laplace-Rücktransformation.

$$x_a(t) = \mathcal{L}^{-1}\{X_a(p)\} = \mathcal{L}^{-1}\{G(p)X_e(p)\} \tag{10.126}$$

Der direkte Weg im Zeitbereich zur Ermittlung der Systemreaktion $x_a(t)$ ist über die Faltung möglich. Die Multiplikation von Bildfunktionen wird zur Faltung von Zeitfunktionen.

$$X_a(p) = G(p) \cdot X_e(p) \;\multimap\; \mathcal{L}^{-1}\{G(p)\} * \mathcal{L}^{-1}\{X_e(p)\} = \mathcal{L}^{-1}\{X_a(p)\} \tag{10.127}$$

Die Laplace-Rücktransformierte der Übertragungsfunktion $G(p)$ ist die Impulsantwort $g(t)$.

Das Ausgangssignal $x_a(t)$ ist das Ergebnis der Faltung von Impulsantwort $g(t)$ und Eingangssignal $x_e(t)$.

$$x_a(t) = g(t) * x_e(t) \tag{10.128}$$

Für die Beurteilung von Systemen oder auch für deren Identifikation werden als Eingangssignale bestimmte Testsignale verwendet. Die Testsignale gestatten einen Vergleich der Reaktionen verschiedener Systeme. Bei der Systemidentifikation ist aus der Kenntnis von Ein- und Ausgangssignal die Übertragungsfunktion bzw. der Frequenzgang, der im Abschnitt 11.1

vorgestellt wird, bestimmbar. Als Testsignale werden oftmals der Dirac-Impuls, der Einheitssprung und die harmonische Funktion verwendet.

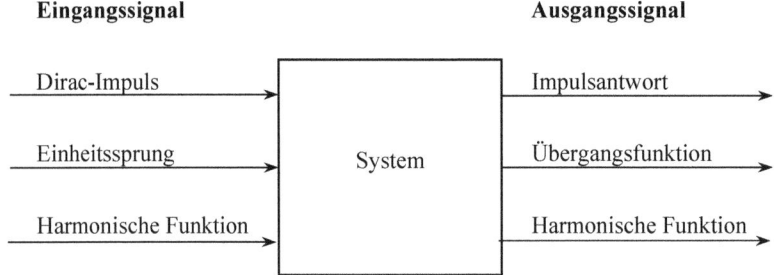

Die mit dem Dirac-Impuls erzeugte Systemantwort wird als *Impulsantwort, Gewichtsfunktion* oder *Stoßantwort* bezeichnet. Eine einheitliche Bezeichnung wird der Leser in verschiedenen Bereichen nicht finden. Hier wird die Bezeichnung *Impulsantwort* verwendet. Aus der Impulsantwort lassen sich Eigenschaften des Systems erkennen. Zum Beispiel wird in der Raumakustik die Raumimpulsantwort verwendet, um die Laufzeiten des Signals und auftretende Echos zu analysieren, in der Nachrichtentechnik ist die Kenntnis der Impulsantworten von Übertragungskanälen wichtig für die Einschätzung ihrer Übertragungseigenschaften.

Zur Berechnung der *Impulsantwort* $g(t)$ nach Gl. (10.126) wird das Eingangssignal $x_e(t) = \delta(t)$ Laplace-transformiert. Da die Laplace-Transformierte des Dirac-Impulses $\delta(t)$ die Bildfunktion 1 ist, wird die Impulsantwort aus der Rücktransformation der Übertragungsfunktion gewonnen.

Die Impulsantwort $g(t)$ ist die Reaktion eines Systems auf den Dirac-Impuls $\delta(t)$.

$$g(t) = \mathcal{L}^{-1}\left\{G(p) \cdot \mathcal{L}\{\delta(t)\}\right\} = \mathcal{L}^{-1}\{G(p)\} \qquad (10.129)$$

In der Praxis kann nur mit einer an den Dirac-Impuls angenäherten Funktion gearbeitet werden. Ein im Vergleich zu den Zeitkonstanten des Systems sehr kurzer Rechteckimpuls liefert in guter Näherung die Antwort. Dividiert man diese Antwort durch die Fläche des kurzen Rechteckimpulses, dann erhält man die Impulsantwort.

Die *Übergangsfunktion* $h(t)$ kann mittels Übertragungsfunktion über den Bildbereich oder direkt im Zeitbereich über die Faltung gewonnen werden.

Die *Übergangsfunktion* $h(t)$ ist die Reaktion eines Systems auf den Einheitssprung $\varepsilon(t)$, sie wird berechnet aus

$$h(t) = \mathcal{L}^{-1}\left\{G(p) \cdot \mathcal{L}\{\varepsilon(t)\}\right\} = \mathcal{L}^{-1}\left\{\frac{G(p)}{p}\right\} \qquad (10.130)$$

$$h(t) = g(t) * \varepsilon(t) \qquad (10.131)$$

Bei der praktischen Umsetzung ist noch zu berücksichtigen, dass auf ein System eine Sprungfunktion gegeben werden kann, aber kein Einheitssprung. Die Sprungfunktion ist mindestens mit einer Maßeinheit behaftet und muss auch nicht die Höhe eins haben. Zur

Übergangsfunktion gelangt man, indem die Sprungantwort des Systems durch die Höhe des Eingangssprungs dividiert wird.

Die *Systemreaktion $x_a(t)$ auf ein geschaltetes harmonisches Signal* ist wieder über die oben genannten Wege berechenbar. Bei nicht geschalteten harmonischen Funktionen wird die zweiseitige Laplace-Transformation verwendet. Wirkt eine geschaltete harmonische Funktion, dann verwendet man die einseitige Laplace-Transformation. Dieser Fall wird nachfolgend betrachtet. Das zum Zeitpunkt $t = 0$ an das System gelegte harmonische Eingangssignal sei eine Sinusfunktion. Sie wird beschrieben durch

$$x_e(t) = X_{e0}\varepsilon(t)\sin(\omega_0 t) = X_{e0}\frac{1}{2j}\varepsilon(t)\left(e^{j\omega_0 t} - e^{-j\omega_0 t}\right). \tag{10.132}$$

Mit dem bekannten korrespondierenden Paar

$$\varepsilon(t)\,e^{p_\infty t} \circ\!\!-\!\!\bullet \frac{1}{p - p_\infty} \tag{10.133}$$

ergibt sich für die Laplace-Transformierten der beiden Exponentialfunktionen

$$\frac{X_{e0}}{2j}\varepsilon(t)\left(e^{j\omega_0 t} - e^{-j\omega_0 t}\right) \circ\!\!-\!\!\bullet \frac{X_{e0}}{2j}\left[\frac{1}{p - j\omega_0} - \frac{1}{p + j\omega_0}\right]. \tag{10.134}$$

Die Laplace-Transformierte der Sinusfunktion lautet

$$X_{e0}\varepsilon(t)\sin(\omega_0 t) \circ\!\!-\!\!\bullet X_{e0}\frac{\omega_0}{p^2 + \omega_0^2} \tag{10.135}$$

Beim Anlegen einer geschalteten Sinus-Funktion $x_e(t) = X_{e0}\varepsilon(t)\sin(\omega_0 t)$ berechnet sich das Ausgangssignal nach

$$x_a(t) = \mathcal{L}^{-1}\left\{G(p)\cdot\mathcal{L}\left\{X_{e0}\varepsilon(t)\sin(\omega_0 t)\right\}\right\} = \mathcal{L}^{-1}\left\{G(p)X_{e0}\frac{\omega_0}{p^2 + \omega_0^2}\right\} \quad \text{oder}$$

$$x_a(t) = g(t) * X_{e0}\varepsilon(t)\sin(\omega_0 t)$$

Im eingeschwungenen Zustand, also nach dem Abklingen aller Übergangsvorgänge, wird am Ausgang des Systems wieder eine harmonische Schwingung mit der Kreisfrequenz ω_0 entstehen, die im Vergleich zum Eingangssignal eine andere Amplitude und Phasenlage aufweisen kann.

$$x_a(t)_{t\to\infty} = X_{a0}\sin(\omega_0 t + \varphi_a) \tag{10.136}$$

Zur Demonstration der Berechnung der drei oben vorgestellten Systemantworten soll das *RC*-Glied dienen.

Beispiel 10.11 Systemreaktionen des *RC*-Gliedes auf verschiedene Eingangssignale

An das System werden nacheinander die drei im Bild 10.28 angegebenen Eingangssignale gelegt und die drei zugehörigen Ausgangssignale ermittelt.

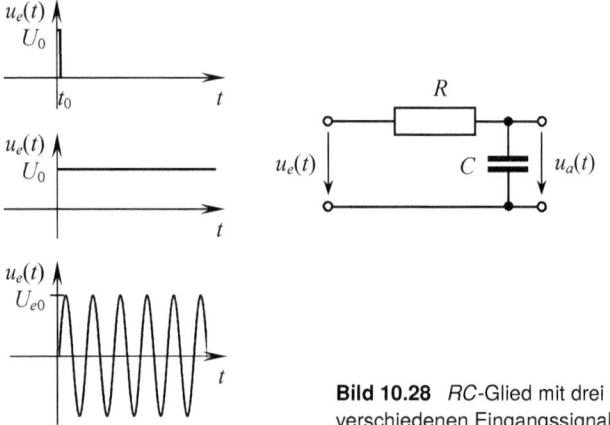

Bild 10.28 *RC*-Glied mit drei verschiedenen Eingangssignalen

Impulsantwort g(t)

Das Eingangssignal ist ein schmaler Impuls mit der Fläche $U_0 t_0$. Die Zeitkonstante RC des Systems ist sehr viel größer als die Breite des Impulses $RC \gg t_0$. Unter dieser Voraussetzung kann das Eingangssignal durch einen Dirac-Impuls, der mit der Fläche $U_0 t_0$ gewichtet wird, ersetzt werden.

$$u_e(t) = U_0 t_0 \delta(t) \tag{10.137}$$

Das Ausgangssignal des *RC*-Gliedes lässt sich mit der nun schon bekannten Übertragungsfunktion nach Gl. (10.108) berechnen.

$$u_a(t) = \mathcal{L}^{-1}\{G(p)U_e(p)\} = \mathcal{L}^{-1}\left\{\frac{1}{1+RCp}U_0 t_0\right\} = U_0 t_0 \mathcal{L}^{-1}\left\{\frac{1}{1+RCp}\right\} \tag{10.138}$$

Da der Faktor $U_0 t_0$ konstant ist, hat er keinen Einfluss auf die Laplace-Rücktransformation. Der verbleibende Ausdruck wird im ersten Beispiel des Abschnittes 10.3 rücktransformiert und lautet

$$u_a(t) = \varepsilon(t) U_0 t_0 \frac{1}{RC} e^{-t/RC}. \tag{10.139}$$

Um die *Impulsantwort* zu erhalten, ist noch auf die Fläche des Eingangsimpulses zu normieren.

$$g(t) = \varepsilon(t) \frac{1}{RC} e^{-t/RC}. \tag{10.140}$$

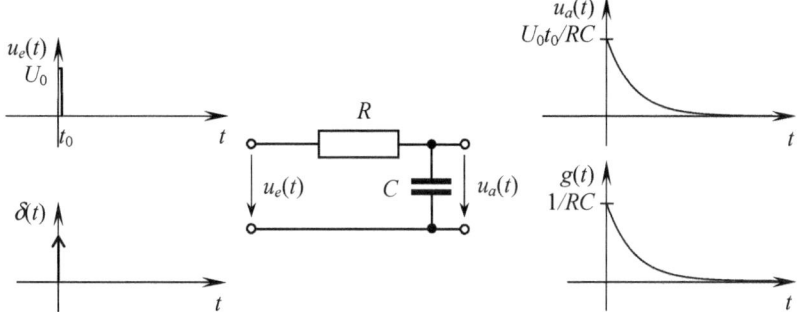

Bild 10.29 Systemreaktion auf einen schmalen Rechteckimpuls und Impulsantwort eines *RC*-Gliedes

Übergangsfunktion h(t)

Die Berechnung der Übergangsfunktion $h(t)$ ist mit der Übertragungsfunktion $G(p)$ über den Bildbereich oder mit der oben berechneten Impulsantwort $g(t)$ über die Faltung möglich. Hier wird noch einmal der erste Weg gewählt.

Das Eingangssignal $u_\mathrm{e}(t)$ ist ein Spannungssprung mit der Höhe U_0 und er wird beschrieben mit

$$u_\mathrm{e}(t) = U_0 \varepsilon(t). \tag{10.141}$$

Das Ausgangssignal $u_\mathrm{a}(t)$ des *RC*-Gliedes als Reaktion auf diesen Spannungssprung wird berechnet.

$$u_\mathrm{a}(t) = \mathcal{L}^{-1}\{G(p)U_\mathrm{e}(p)\} = \mathcal{L}^{-1}\left\{\frac{1}{1+RCp}\frac{U_0}{p}\right\} = U_0 \mathcal{L}^{-1}\left\{\frac{1}{(1+RCp)\,p}\right\} \tag{10.142}$$

Die Sprunghöhe U_0 des Eingangssignals hat keinen Einfluss auf die Laplace-Rücktransformation. Im Abschnitt 10.3 wird die Rücktransformation für diesen Fall gezeigt. Es ergibt sich

$$u_\mathrm{a}(t) = \varepsilon(t) U_0 \left(1 - \mathrm{e}^{-t/RC}\right). \tag{10.143}$$

Um die *Übergangsfunktion* zu erhalten, wird auf die Höhe U_0 des Eingangssprunges normiert.

$$h(t) = \varepsilon(t) \left(1 - \mathrm{e}^{-t/RC}\right) \tag{10.144}$$

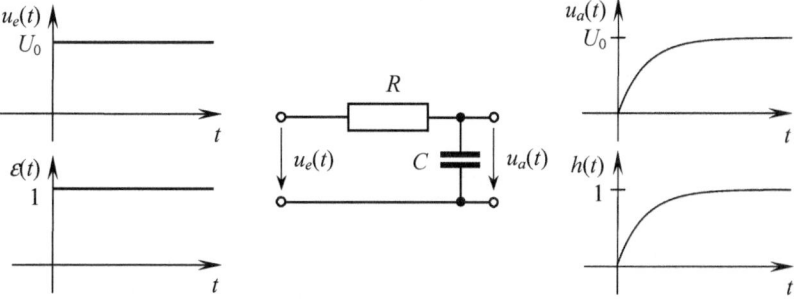

Bild 10.30 Sprungantwort und Übergangsfunktion eines *RC*-Gliedes

Systemreaktion auf eine geschaltete harmonische Funktion $u_e(t) = \varepsilon(t)\,U_{e0}\sin(\omega_0 t)$

Für die Berechnung des Ausgangssignals wird die Faltung verwendet. Das harmonische Eingangssignal

$$u_e(t) = \varepsilon(t)\,U_{e0}\sin(\omega_0 t) \tag{10.145}$$

mit der Amplitude U_{e0} und der Kreisfrequenz ω_0 wird zum Zeitpunkt $t = 0$ an den Eingang des RC-Gliedes gelegt. Das Ausgangssignal berechnet sich aus

$$u_a(t) = \left(\varepsilon(t)\frac{1}{RC}\,e^{-t/RC}\right) * \left(\varepsilon(t)\,U_{e0}\sin(\omega_0 t)\right). \tag{10.146}$$

Für die Berechnung des Faltungsintegrals ist die Verarbeitung von Exponentialfunktionen einfacher, aus diesem Grund wird die Sinusfunktion mittels Euler'scher Formel durch zwei Exponentialfunktionen ersetzt.

$$u_a(t) = \frac{U_{e0}}{2\mathrm{j}RC}\left(\varepsilon(t)\,e^{-t/RC}\right) * \left(\varepsilon(t)\left(e^{\mathrm{j}\omega_0 t} - e^{-\mathrm{j}\omega_0 t}\right)\right)$$

$$u_a(t) = \int_{-\infty}^{\infty} \frac{U_{e0}}{2\mathrm{j}RC}\varepsilon(t-\tau)\,e^{-(t-\tau)/RC}\cdot\varepsilon(\tau)\left(e^{\mathrm{j}\omega_0 \tau} - e^{-\mathrm{j}\omega_0 \tau}\right)\,\mathrm{d}\tau \tag{10.147}$$

Da der konstante Faktor $U_{e0}/2\mathrm{j}RC$ auf die Faltung keinen Einfluss hat, wird er erst wieder am Ende der Rechnung berücksichtigt. Aus dem Integral wird der Term, der nicht von τ abhängt, ausgeklammert und die Integrationsgrenzen werden anhand der Einheitssprünge $\varepsilon(\tau)$ und $\varepsilon(t-\tau)$ festgelegt. Da bei der Faltung das Distributivgesetz gilt, wird erst gefaltet und dann die Differenz gebildet.

$$\varepsilon(t)\,e^{-t/RC} * \varepsilon(t)\left(e^{\mathrm{j}\omega_0 t} - e^{-\mathrm{j}\omega_0 t}\right)$$
$$= \varepsilon(t)\,e^{-t/RC} * \varepsilon(t)\,e^{\mathrm{j}\omega_0 t} - \varepsilon(t)\,e^{-t/RC} * \varepsilon(t)\,e^{-\mathrm{j}\omega_0 t} \tag{10.148}$$
$$= \varepsilon(t)\,e^{-t/RC} \int_0^t \left(e^{(1/RC+\mathrm{j}\omega_0)\tau} - e^{(1/RC-\mathrm{j}\omega_0)\tau}\right)\,\mathrm{d}\tau$$

Die Integration und das Einsetzen der Grenzen liefern die Ausdrücke

$$\varepsilon(t)\,e^{-t/RC} * \varepsilon(t)\left(e^{\mathrm{j}\omega_0 t} - e^{-\mathrm{j}\omega_0 t}\right)$$
$$= \varepsilon(t)\,e^{-t/RC}\left(\frac{e^{(1/RC+\mathrm{j}\omega_0)t}-1}{1/RC+\mathrm{j}\omega_0} - \frac{e^{(1/RC-\mathrm{j}\omega_0)t}-1}{1/RC-\mathrm{j}\omega_0}\right) \tag{10.149}$$
$$= \varepsilon(t)\left(\frac{e^{\mathrm{j}\omega_0 t}-e^{-t/RC}}{1/RC+\mathrm{j}\omega_0} - \frac{e^{-\mathrm{j}\omega_0 t}-e^{-t/RC}}{1/RC-\mathrm{j}\omega_0}\right).$$

Für eine handliche Darstellung des Ergebnisses sind noch einige Umformungen erforderlich, zuerst wird der Hauptnenner gebildet.

$$\varepsilon(t)\,e^{-t/RC} * \varepsilon(t)\left(e^{\mathrm{j}\omega_0 t} - e^{-\mathrm{j}\omega_0 t}\right)$$
$$= \varepsilon(t)\frac{(1/RC-\mathrm{j}\omega_0)\,e^{\mathrm{j}\omega_0 t} - (1/RC+\mathrm{j}\omega_0)\,e^{-\mathrm{j}\omega_0 t} + 2\mathrm{j}\omega_0\,e^{-t/RC}}{(1/RC)^2 + \omega_0^2} \tag{10.150}$$

Anschließend werden die beiden komplexen Terme vor den komplexen Exponentialfunktionen von der arithmetischen in die Exponentialfunktion überführt, wobei der Winkel in den Exponenten der Exponentialfunktionen zur übersichtlichen Schreibweise durch φ_a ersetzt wird.

$$1/RC + j\omega_0 = \sqrt{(1/RC)^2 + \omega_0^2} \cdot e^{j \arctan(\omega_0 RC)} = \sqrt{(1/RC)^2 + \omega_0^2} \cdot e^{j\varphi_a} \quad (10.151a)$$

$$1/RC - j\omega_0 = \sqrt{(1/RC)^2 + \omega_0^2} \cdot e^{-j \arctan(\omega_0 RC)} = \sqrt{(1/RC)^2 + \omega_0^2} \cdot e^{-j\varphi_a} \quad (10.151b)$$

Die Gl. (10.151a) und (10.151b) werden in Gl. (10.150) eingesetzt.

$$\varepsilon(t) e^{-t/RC} * \varepsilon(t) \left(e^{j\omega_0 t} - e^{-j\omega_0 t} \right)$$
$$= \varepsilon(t) \left(\frac{e^{j(\omega_0 t - \varphi_a)} - e^{-(j\omega_0 t - \varphi_a)}}{\sqrt{(1/RC)^2 + \omega_0^2}} + \frac{2j\omega_0 e^{-t/RC}}{(1/RC)^2 + \omega_0^2} \right) \quad (10.152)$$

Mithilfe der Euler'schen Formel und der Berücksichtigung des konstanten Faktors $U_{e0}/2jRC$ lässt sich das Ausgangssignal $u_a(t)$ angeben.

$$u_a(t) = \frac{U_{e0}}{2jRC} \left(\varepsilon(t) e^{-t/RC} \right) * \left(\varepsilon(t) \left(e^{j\omega_0 t} - e^{-j\omega_0 t} \right) \right)$$

$$u_a(t) = \varepsilon(t) \cdot U_{e0} \left(\frac{1}{\sqrt{1 + (\omega_0 RC)^2}} \sin(\omega_0 t - \varphi_a) + \frac{\omega_0 RC}{1 + (\omega_0 RC)^2} e^{-t/RC} \right) \quad (10.153)$$

Bild 10.31 zeigt den Übergangsvorgang. Im eingeschwungenen Zustand verbleibt eine Sinusfunktion mit der Kreisfrequenz ω_0, deren Amplitude und Phasenverschiebung von den Parametern des Systems abhängig sind.

$$u_a(t)_{t \to \infty} = U_{a0} \sin(\omega_0 t - \varphi_a)$$
$$u_a(t)_{t \to \infty} = U_{e0} \frac{1}{\sqrt{1+(\omega_0 RC)^2}} \sin(\omega_0 t - \arctan(\omega_0 RC)) \quad (10.154)$$

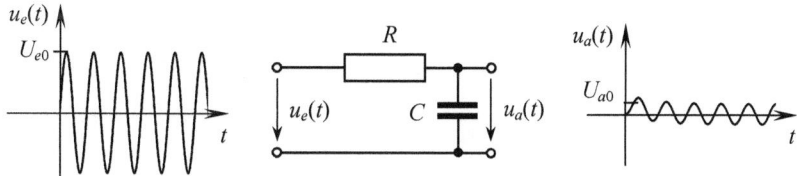

Bild 10.31 Antwort eines RC-Gliedes auf eine geschaltete harmonische Funktion

10.6 Stabilität

Die Stabilität bzw. Instabilität von Systemen spielt in der Technik eine herausragende Rolle, wobei vor allem die manchmal katastrophalen Auswirkungen von Instabilität große Aufmerksamkeit finden und besonders gut in Erinnerung bleiben. Ein extremes Beispiel war die Reaktorkatastrophe von Tschernobyl am 26. April 1986, bei der ein Kernreaktor in einen instabilen Zustand geriet, der letztendlich zum Super-GAU mit durchgehender Kettenreaktion und Kernschmelze führte. Insbesondere bei technischen Anlagen, die mit hohen Temperaturen und Drücken arbeiten, ist die Forderung nach Stabilität von größter Wichtigkeit.

Begriffe wie „zu groß" oder „zu hoch" geben erste Hinweise auf die systemtheoretische Behandlung des Themas Stabilität. Die Forderung nach Vermeidung – betragsmäßig – zu großer Signalwerte wird vereinfacht und abstrahiert zur Forderung, dass keine unendlichen Signalwerte auftreten dürfen. Bild 10.32 zeigt einige Beispiele für die Verarbeitung von Signalen über stabile und instabile Systeme.

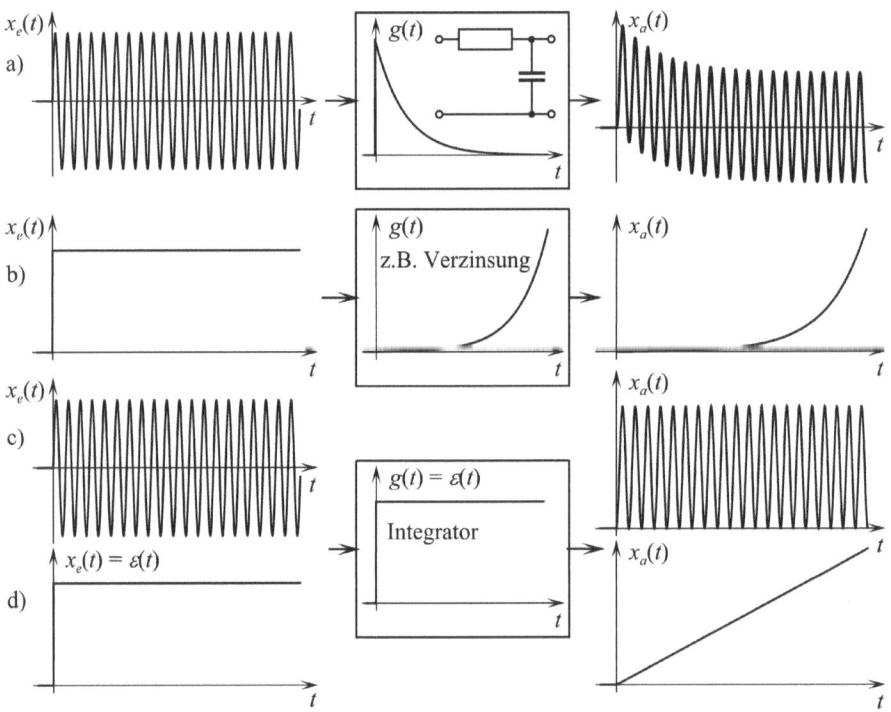

Bild 10.32 Verarbeitung von Signalen durch stabile und instabile Systeme

Im Fall a) führt die Verarbeitung des Signals $x_e(t) = \varepsilon(t)\sin(2\pi f_0 t)$ durch ein System mit der Impulsantwort $g(t) = \varepsilon(t)\,e^{at}$ mit $a < 0$ für $t \to \infty$ zu einer harmonischen Schwingung am Ausgang des Systems.

Im Fall b) gilt $a > 0$, d. h. die Impulsantwort steigt exponentiell an. Das Ausgangssignal geht für $t \to \infty$ gegen ∞. Bei der Verzinsung angelegten Geldes ist dieser unendlich anwachsende Ausgangswert natürlich ein rein (system-)theoretischer Verlauf. Abweichungen von der idealen Situation wie Wirtschaftskrisen und Staatsbankrotte werden hier nicht berücksichtigt.

In den Fällen c) und d) ist a gleich 0, d. h. die Impulsantwort hat die Form eines Einheitssprungs. Es handelt sich um einen Integrator. Das im Fall c) zum Zeitpunkt $t = 0$ eingeschaltete sinusförmige Eingangssignal führt zu einem Ausgangssignal, das zwischen 0 und einer konstanten Obergrenze oszilliert, also nicht gegen $\pm\infty$ geht. Im Fall d) wird als Eingangssignal des gleichen Systems ein Einheitssprung verwendet. Das Ausgangssignal geht für $t \to \infty$ gegen ∞.

Die Beispiele aus Bild 10.32 lassen sich zu einem Stabilitätskriterium verallgemeinern. Bei einem stabilen System muss das Ausgangssignal für jedes beliebige beschränkte Eingangssignal ebenfalls beschränkt sein. Im Englischen spricht man kurz und prägnant vom BIBO-Kriterium (Bounded Input Bounded Output). Das Eingangssignal ist *beschränkt*, wenn die folgende Beziehung gültig ist.

$$|x_e(t)| < A < \infty, \forall t \quad \text{mit} \quad A > 0 \tag{10.155}$$

Aus der Ungleichung

$$|x_a(t)| = \left| \int_{-\infty}^{\infty} x_e(t-\tau)g(\tau)\,\mathrm{d}\tau \right| \leq \int_{-\infty}^{\infty} |x_e(t-\tau)|\,|g(\tau)|\,\mathrm{d}\tau \tag{10.156}$$

gewinnt man eine hinreichende Bedingung für die Stabilität eines LTI-Systems /12/. Mit der angegebenen Formulierung für die Beschränktheit des Eingangssignals gilt

$$\int_{-\infty}^{\infty} |x_e(t-\tau)|\,|g(\tau)|\,\mathrm{d}\tau < \int_{-\infty}^{\infty} A|g(\tau)|\,\mathrm{d}\tau = A \int_{-\infty}^{\infty} |g(\tau)|\,\mathrm{d}\tau. \tag{10.157}$$

Damit das Ausgangssignal bei einem endlichem Wert für A endlich bleibt, darf das Integral nicht unendlich groß werden. Dies ist erfüllt, wenn die Impulsantwort *absolut integrierbar* ist.

Ein *stabiles* System hat eine *absolut integrierbare* Impulsantwort.

$$\int_{-\infty}^{\infty} |g(t)|\,\mathrm{d}t < B < \infty \quad \text{mit} \quad B > 0. \tag{10.158}$$

Für das Ausgangssignal gilt damit $|x_a(t)| < A \cdot B < \infty, \forall t$. Da A und B endlich sind, gilt dies auch für das Produkt $A \cdot B$ und das Ausgangssignal ist wie gefordert beschränkt.

Beispiel 10.12 Überprüfung der Stabilität der Systeme im Bild 10.32

a) $\quad g(t) = \varepsilon(t)\dfrac{1}{T}\,\mathrm{e}^{-t/T}$

$$\int_{-\infty}^{\infty} |g(t)|\,\mathrm{d}t = \frac{1}{T}\int_{-\infty}^{\infty} \left|\varepsilon(t)\,\mathrm{e}^{-t/T}\right|\,\mathrm{d}t = \frac{1}{T}\int_{0}^{\infty} \mathrm{e}^{-t/T}\,\mathrm{d}t$$
$$= \frac{-T}{T}\,\mathrm{e}^{-t/T}\Big|_0^{\infty} = 1 < \infty \tag{10.159a}$$

Das System ist stabil.

b) $g(t) = \varepsilon(t)\dfrac{1}{T}\,\mathrm{e}^{t/T}$

$$\int_{-\infty}^{\infty} |g(t)|\,\mathrm{d}t = \dfrac{1}{T}\int_{-\infty}^{\infty}\left|\varepsilon(t)\,\mathrm{e}^{t/T}\right|\,\mathrm{d}t = \dfrac{1}{T}\int_{0}^{\infty}\mathrm{e}^{t/T}\,\mathrm{d}t$$
$$= \dfrac{T}{T}\,\mathrm{e}^{t/T}\Big|_{0}^{\infty} = \infty \qquad (10.159\mathrm{b})$$

Das System ist instabil.

c, d) $g(t) = \varepsilon(t)$

$$\int_{-\infty}^{\infty} |g(t)|\,\mathrm{d}t = \int_{-\infty}^{\infty}\varepsilon(t)\,\mathrm{d}t = \int_{0}^{\infty}\mathrm{d}t = \infty \qquad (10.159\mathrm{c})$$

Das System ist instabil. ∎

Die Stabilität eines Systems kann auch anhand der Lage der Polstellen seiner Übertragungsfunktion überprüft werden. Sind die Pol- und Nullstellen bekannt, so lautet die Übertragungsfunktion wie bereits im Abschnitt 10.4 für ein System der Ordnung n angegeben

$$G(p) = A_0\,\dfrac{(p - p_{01})\cdot(p - p_{02})\cdots(p - p_{0m})}{(p - p_{\infty 1})\cdot(p - p_{\infty 2})\cdots(p - p_{\infty n})} \quad \text{mit}\quad m \leqq n. \qquad (10.160)$$

Im Abschnitt 10.3 wird die Zerlegung dieses Ausdrucks in eine Summe einfacherer Terme mittels Partialbruchzerlegung erläutert. Wenn keine mehrfachen Polstellen vorkommen, lautet diese

$$G(p) = K_0 + \dfrac{K_1}{p - p_{\infty 1}} + \dfrac{K_2}{p - p_{\infty 2}} + \ldots + \dfrac{K_n}{p - p_{\infty n}} = K_0 + \sum_{i=1}^{n}\dfrac{K_i}{p - p_{\infty i}} \qquad (10.161)$$

und die Impulsantwort des Systems ergibt sich zu

$$g(t) = K_0\delta(t) + \sum_{i=1}^{n}\varepsilon(t)K_i\,\mathrm{e}^{p_{\infty i}t}. \qquad (10.162)$$

Bei einer reellen Polstelle $p_{\infty i}$ ist auch der zugehörige Koeffizient K_i reell. Der Beitrag einer solchen Polstelle zur Impulsantwort lautet

$$g_i(t) = \varepsilon(t)K_i\,\mathrm{e}^{p_{\infty i}t}. \qquad (10.163)$$

Ist $p_{\infty i}$ kleiner null, so erhält man wie im Fall a) im Bild 10.32 eine abfallende Exponentialfunktion. Ist $p_{\infty i}$ größer null, so erhält man wie im Fall b) eine ansteigende Exponentialfunktion. Ist $p_{\infty i}$ gleich null, so erhält man wie in den Fällen c) und d) einen sprungförmigen Verlauf. Stabilität ist also nur gegeben für $p_{\infty i}$ kleiner null.

Bei einer komplexen Polstelle $p_{\infty i} = \sigma_i + \mathrm{j}\omega_i$ muss grundsätzlich auch die dazu konjugiert komplexe Polstelle $p_{\infty\,i+1} = \sigma_i - \mathrm{j}\omega_i$ vorkommen. Bei einer reellen Impulsantwort sind außerdem die zugehörigen Koeffizienten K_i und $K_{i+1} = K_i^*$ zueinander konjugiert komplex. Der Beitrag eines solchen komplexen Polstellenpaares zur Impulsantwort lautet

$$g_i(t) = \varepsilon(t)K_i\,\mathrm{e}^{p_{\infty i}t} + \varepsilon(t)K_i^*\,\mathrm{e}^{p_{\infty i}^*t} = \varepsilon(t)\,\mathrm{e}^{\sigma_i t}\left(K_i\,\mathrm{e}^{\mathrm{j}\omega_i t} + K_i^*\,\mathrm{e}^{-\mathrm{j}\omega_i t}\right). \qquad (10.164\mathrm{a})$$

Mit $K_i = \text{Re}\{K_i\} + j\,\text{Im}\{K_i\}$ und $K_i^* = \text{Re}\{K_i\} - j\,\text{Im}\{K_i\}$ lautet die reelle Funktion $g_i(t)$

$$g_i(t) = \varepsilon(t)\,e^{\sigma_i t}\left(\text{Re}\{K_i\}\underbrace{\left(e^{j\omega_i t} + e^{-j\omega_i t}\right)}_{2\cos(\omega_i t)} + j\,\text{Im}\{K_i\}\underbrace{\left(e^{j\omega_i t} - e^{-j\omega_i t}\right)}_{j2\sin(\omega_i t)}\right) \quad (10.164b)$$

bzw.

$$g_i(t) = 2\varepsilon(t)\,e^{\sigma_i t}\left(\text{Re}\{K_i\}\cos(\omega_i t) - \text{Im}\{K_i\}\sin(\omega_i t)\right). \quad (10.164c)$$

Der betrachtete Teil der Impulsantwort stellt eine durch eine Exponentialfunktion gewichtete harmonische Schwingung dar, deren Betrag und Phase bei Bedarf mittels Additionstheoremen aus dem Realteil und dem Imaginärteil von K_i bestimmt werden können.

Die Stabilität wird durch $\text{Re}\{p_{\infty i}\} = \sigma_i$ im Argument der Exponentialfunktion bestimmt. Stabilität ist nur für $\sigma_i < 0$ gegeben. Gilt $\sigma_i = 0$, so ist $g_i(t)$ nicht absolut integrierbar. Wie im Bild 10.33 verdeutlicht, wird in diesem Fall, infolge der Integration bis $t = \infty$, die Fläche unter der Funktion $|g_i(t)|$ unendlich groß.

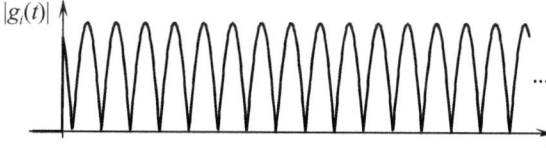

Bild 10.33 Betrag einer Partialschwingung für $\text{Re}\{p_{\infty i}\} = 0$

Sowohl exponentiell gedämpfte harmonische Schwingungen als auch abfallende Exponentialfunktionen, aus denen eine Impulsantwort bestehen kann, werden *Partialschwingungen* genannt. Damit ein System *stabil* ist, müssen *alle* Partialschwingungen abfallende Verläufe haben. Im Grenzfall $p_{\infty i} = 0$ bzw. $\text{Re}\{p_{\infty i}\} = 0$ liegen die Polstellen daher an der *Stabilitätsgrenze* und das System ist *instabil*.

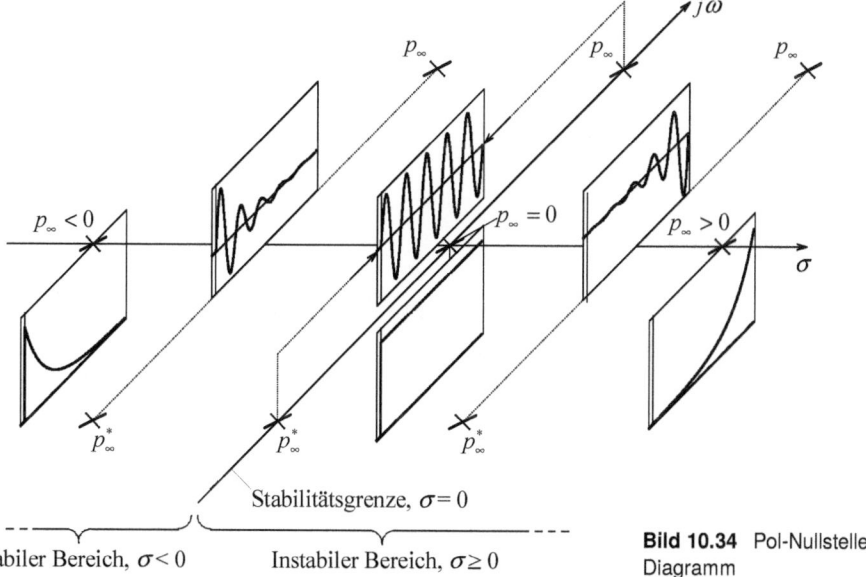

Bild 10.34 Pol-Nullstellen-Diagramm

Auch bei mehrfachen Polstellen, die sowohl reell als auch komplex sein können, sind die Partialschwingungen immer proportional zu Termen der Form $e^{p_{\infty i}t}$ bzw. $e^{\text{Re}\{p_{\infty i}\}t}$. Die Voraussetzungen für die Stabilität eines Systems $p_{\infty i} < 0$ bzw. $\text{Re}\{p_{\infty i}\} < 0$ sind universell gültig. Die Polstellen und gegebenenfalls auch die Nullstellen der Übertragungsfunktion können in einem Pol-Nullstellen-Diagramm grafisch dargestellt werden. Bild 10.34 zeigt ein solches Diagramm einschließlich einer Übersicht über typische Verläufe von Partialschwingungen je nach Lage der zugehörigen Polstellen bzw. Polstellenpaare.

*Mit den Stabilitätsbedingungen $p_{\infty i} < 0$ für reelle Polstellen bzw. $\text{Re}\{p_{\infty i}\} < 0$ für komplexe Polstellen müssen **alle** Polstellen der Übertragungsfunktion eines stabilen Systems in der linken Halbebene des Pol-Nullstellen-Diagramms liegen. Liegt auch nur eine Polstelle in der rechten Halbebene, so ist das System instabil.*

Beispiel 10.13 System dritter Ordnung mit drei Polstellen und einer Nullstelle

Hier wird noch einmal das abschließende Rechenbeispiel aus Abschnitt 10.3 aufgegriffen. Die Impulsantwort des Systems lautet

$$g(t) = \varepsilon(t) A_0 \left(\frac{p_{\infty 1} e^{p_{\infty 1} t}}{(p_{\infty 1} - p_{\infty 2})(p_{\infty 1} - p_{\infty 1}^*)} + \frac{p_{\infty 1}^* e^{p_{\infty 1}^* t}}{(p_{\infty 1}^* - p_{\infty 1})(p_{\infty 1}^* - p_{\infty 2})} + \frac{p_{\infty 2} e^{p_{\infty 2} t}}{(p_{\infty 2} - p_{\infty 1})(p_{\infty 2} - p_{\infty 1}^*)} \right).$$ (10.165)

Zur Veranschaulichung des Stabilitätsverhaltens wird die reelle Polstellen $p_{\infty 2}$ einmal mit negativem (a) und einmal mit positivem (b) Vorzeichen eingesetzt. Bild 10.35 verdeutlicht den Vorzeichenwechsel im Pol-Nullstellen-Diagramm.

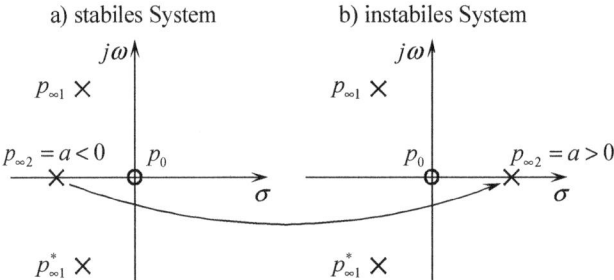

Bild 10.35 Vorzeichenwechsel der reellen Polstelle im Pol-Nullstellen-Diagramm

Im Bild 10.36a ist zu erkennen, dass sowohl die Partialschwingungen als auch die gesamte Impulsantwort betragsmäßig abfallen. Dies ist charakteristisch für ein stabiles System. Im Bild 10.36b ist zu erkennen, dass nach dem Wechsel des Vorzeichens der Polstelle $p_{\infty 2}$ sowohl die Partialschwingung 2 als auch die gesamte Impulsantwort betragsmäßig ansteigen, klassische Kennzeichen instabiler Systeme. Die Partialschwingung 2 stellt in diesem Fall eine ansteigende Exponentialfunktion dar, die die Impulsantwort schon nach kurzer Zeit vollständig dominiert.

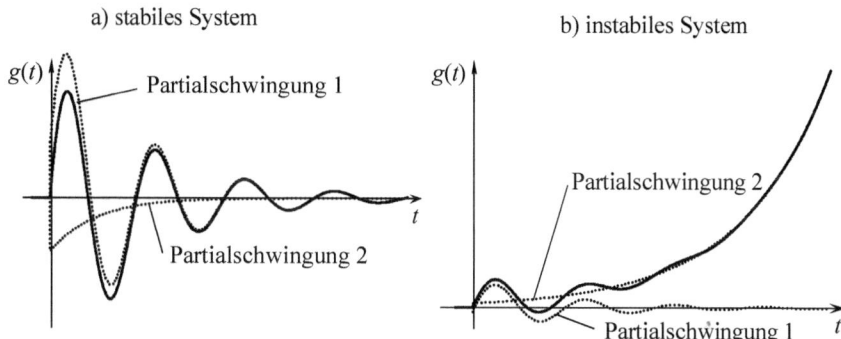

Bild 10.36 Impulsantworten von Systemen dritter Ordnung

11 Kontinuierliche LTI-Systeme im Frequenzbereich

■ 11.1 Frequenzgang

Im Kapitel 8 wurde zwischen linearen und nichtlinearen Systemen unterschieden. Ein Charakteristikum linearer Systeme besteht darin, dass sie auf harmonische Eingangssignale beliebiger Frequenz mit harmonischen Ausgangssignalen der gleichen Frequenz reagieren. Die Amplituden und Phasen der Ausgangssignale weichen im Allgemeinen von den Amplituden und Phasen der Eingangssignale ab. Bild 11.1 illustriert dies am Beispiel eines RC-Tiefpasses erster Ordnung.

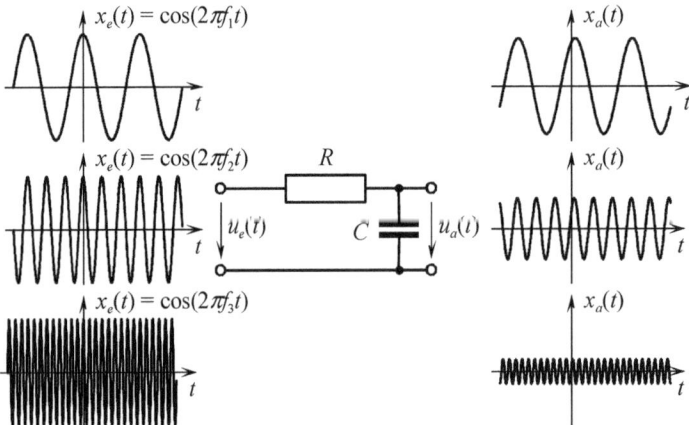

Bild 11.1 RC-Tiefpass erster Ordnung mit harmonischen Eingangssignalen

Ein ähnliches Beispiel, allerdings mit einer zum Zeitpunkt $t = 0$ eingeschalteten harmonischen Schwingung als Eingangssignal zeigt Bild 10.32a im Abschnitt 10.6. Im Gegensatz dazu verwendet man bei der Betrachtung von Frequenzgängen stationäre harmonische Schwingungen als Eingangssignale. Im Unterschied zu Bild 10.32 treten dann keine Einschwingvorgänge am Systemausgang auf.

Wie bei einem Tiefpass nicht anders zu erwarten, wird das Signal umso stärker gedämpft, je höher seine Frequenz ist. Außerdem tritt mit steigender Frequenz auch eine immer stärkere Phasenverschiebung auf, die zwischen 0 bei der Frequenz $f = 0$ und $-\pi/2$ bei der Frequenz $f \to \infty$ liegt. Nachfolgend werden diese Eigenschaften des Tiefpasses auch quantitativ beschrieben.

Um die Dämpfung und die Phasenverschiebung zu berechnen, wird das Kosinussignal mittels der Euler'schen Beziehung nach Gl. (3.19a) in zwei zueinander konjugiert komplexe harmonische Schwingungen unterteilt.

$$\cos(2\pi f_S t) = \frac{e^{j2\pi f_S t}}{2} + \frac{e^{-j2\pi f_S t}}{2} \tag{11.1}$$

Mithilfe der Faltung lässt sich die Reaktion eines Systems mit der Impulsantwort $g(t)$ auf eine komplexe harmonische Schwingung als Eingangssignal in allgemeiner Form angeben.

$$g(t) * e^{j2\pi f_S t} = \int_{-\infty}^{\infty} g(\tau) e^{j2\pi f_S(t-\tau)} \, d\tau = e^{j2\pi f_S t} \underbrace{\int_{-\infty}^{\infty} g(\tau) e^{-j2\pi f_S \tau} \, d\tau}_{\underline{G}(f_S)} \tag{11.2}$$

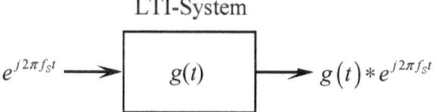

Bild 11.2 Komplexe harmonische Schwingung als Eingangssignal eines LTI-Systems

Bei einer konstanten Frequenz f_S ist das Ergebnis der Integration über τ nach Herausziehen des von τ unabhängigen Terms aus dem Integral eine komplexe Zahl, deren Amplitude und Phase bei der Frequenz f_S gelten. Am Ausgang des Systems tritt wieder das Eingangssignal auf, das allerdings mit dieser komplexen Zahl $\underline{G}(f_S)$ multipliziert wird. Man bezeichnet komplexe harmonische Schwingungen daher auch als *Eigenfunktionen* /37/ von LTI-Systemen. Vergleicht man das Integral in Gl. (11.2) mit Gl. (5.62) im Abschnitt 5.3.1, so stellt man fest, dass es die Fourier-Transformierte der Impulsantwort des Systems bei der Frequenz f_S darstellt.

Die Fourier-Transformierte $\underline{G}(f)$ der Impulsantwort wird als *Frequenzgang* bezeichnet.

$$g(t) \circ\!\!-\!\!\bullet \underline{G}(f) \tag{11.3}$$

Die Reaktion des Systems auf die komplexe harmonische Schwingung als Eingangssignal lautet somit

$$g(t) * e^{j2\pi f_S t} = \underline{G}(f_S) \cdot e^{j2\pi f_S t}. \tag{11.4}$$

Schreibt man die komplexe Zahl $\underline{G}(f_S)$ mit Betrag und Phase, so wird die Ursache der Betrags- und Phasenänderungen im Bild 11.1 klar.

$$g(t) * e^{j2\pi f_S t} = |\underline{G}(f_S)| e^{j\varphi_G(f_S)} \cdot e^{j2\pi f_S t} = |\underline{G}(f_S)| \cdot e^{j(2\pi f_S t + \varphi_G(f_S))} \tag{11.5a}$$

Der Betrag und die Phase des Frequenzgangs $\underline{G}(f)$ bei der Frequenz $f = f_S$ können aus dessen Real- und Imaginärteil berechnet werden.

$$|\underline{G}(f_S)| = \sqrt{\text{Re}^2\{\underline{G}(f_S)\} + \text{Im}^2\{\underline{G}(f_S)\}} \tag{11.5b}$$

$$\tan(\varphi_G(f_S)) = \frac{\text{Im}\{\underline{G}(f_S)\}}{\text{Re}\{\underline{G}(f_S)\}} \tag{11.5c}$$

Die Amplitudenänderung des Ausgangssignals wird durch die Multiplikation der Amplitude des harmonischen Eingangssignals mit dem Betrag des Frequenzgangs und die Phasenänderung des Ausgangssignals durch die Addition der Phase des harmonischen Eingangssignals und der Phase des Frequenzgangs bewirkt.

Um die Übertragung eines reellen Kosinussignals beschreiben zu können, ist noch die Übertragung der konjugiert komplexen harmonischen Schwingung zu untersuchen.

$$g(t) * e^{-j2\pi f_S t} = \int_{-\infty}^{\infty} g(\tau) e^{-j2\pi f_S(t-\tau)} \, d\tau = e^{-j2\pi f_S t} \int_{-\infty}^{\infty} g(\tau) e^{j2\pi f_S \tau} \, d\tau \qquad (11.6)$$

Das Integral, das mit dem Eingangssignal multipliziert wird, stellt den Wert $\underline{G}(-f_S)$ des Frequenzgangs bei der Frequenz $-f_S$ dar. Die bereits im Abschnitt 5.3.2 erläuterte konjugiert komplexe Symmetrie der Spektren reeller Zeitsignale (Gl. (5.81)) gilt auch für Frequenzgänge als Fourier-Transformierte reeller Impulsantworten.

$$\begin{aligned} g(t) * e^{-j2\pi f_S t} &= \underline{G}(-f_S) \cdot e^{-j2\pi f_S t} = \underline{G}^*(f_S) \cdot e^{-j2\pi f_S t} \\ &= |\underline{G}(f_S)| \cdot e^{-j(2\pi f_S t + \varphi_G(f_S))} \end{aligned} \qquad (11.7)$$

Die Reaktion des Systems auf ein kosinusförmiges Eingangssignal erhält man durch Addition der komplexen Anteile.

$$\begin{aligned} g(t) * \cos(2\pi f_S t) &= \frac{1}{2} g(t) * e^{j2\pi f_S t} + \frac{1}{2} g(t) * e^{-j2\pi f_S t} \\ &= |\underline{G}(f_S)| \cdot \frac{1}{2} \left(e^{j(2\pi f_S t + \varphi_G(f_S))} + e^{-j(2\pi f_S t + \varphi_G(f_S))} \right) \\ &= |\underline{G}(f_S)| \cdot \cos(2\pi f_S t + \varphi_G(f_S)) \end{aligned} \qquad (11.8)$$

Eine gleichartige Rechnung für eine Sinusschwingung als Eingangssignal ergibt

$$g(t) * \sin(2\pi f_S t) = |\underline{G}(f_S)| \cdot \sin(2\pi f_S t + \varphi_G(f_S)). \qquad (11.9)$$

Nachdem jetzt die Modifikation der Amplitude und Phase einer harmonischen Schwingung, die als spezielles Eingangssignal eines LTI-Systems dient, durch die Amplitude und die Phase des Frequenzgangs des Systems geklärt ist, wird im Folgenden die Modifikation eines *beliebigen* Eingangssignals durch ein LTI-System untersucht.

Ausgehend von der inversen Fourier-Transformation nach Gl. (5.64) im Abschnitt 5.3.1 stellt ein Zeitsignal eine additive Überlagerung (Integral) komplexer harmonischer Schwingungen dar. Dies gilt natürlich auch für ein beliebiges nichtharmonisches Eingangssignal $x_e(t)$ eines LTI-Systems.

$$x_e(t) = \int_{-\infty}^{\infty} \underline{X}_e(f) e^{j2\pi f t} \, df \qquad (11.10)$$

Da hier nur lineare Systeme behandelt werden, kann Gl. (11.4) auf alle in $x_e(t)$ enthaltenen komplexen harmonischen Schwingungen angewendet werden und man erhält das Ausgangssignal $x_a(t)$ des Systems durch Integration über die Produkte. Dabei wird die Distributiveigenschaft der Faltung nach Gl. (3.58) im Abschnitt 3.3.3 angewendet, d. h. die Faltung mit $g(t)$ und die Integration über die Frequenz können vertauscht werden.

$$\begin{aligned} x_a(t) = g(t) * x_e(t) &= g(t) * \int_{-\infty}^{\infty} \underline{X}_e(f) e^{j2\pi f t} \, df = \int_{-\infty}^{\infty} \underline{X}_e(f) \underbrace{e^{j2\pi f t} * g(t)}_{\underline{G}(f) e^{j2\pi f t}} \, df \\ &= \int_{-\infty}^{\infty} \underline{X}_e(f) \underline{G}(f) e^{j2\pi f t} \, df \;\; \circ\!\!-\!\!\bullet \;\; \underline{X}_e(f) \cdot \underline{G}(f) = \underline{X}_a(f) \end{aligned} \qquad (11.11)$$

Das Ausgangssignal stellt also die inverse Fourier-Transformierte des Produktes der Fourier-Transformierten des Eingangssignals und des Frequenzgangs des Systems dar.

$$x_a(t) = F^{-1}\{\underline{X}_e(f) \cdot \underline{G}(f)\} = \int_{-\infty}^{\infty} \underline{X}_e(f) \cdot \underline{G}(f)\, e^{j2\pi ft}\, df \qquad (11.12)$$

Die Bedeutung des Frequenzgangs kann folgendermaßen zusammengefasst werden:

1. Das Eingangssignal des Systems wird als additive Überlagerung (Integration) komplexer harmonischer Schwingungen mit unterschiedlichen Frequenzen, Amplituden und Phasen aufgefasst.
2. Jede dieser Schwingungen wird durch Multiplikation mit dem Betrag und Addition der Phase des Frequenzgangs bei ihrer Frequenz modifiziert.
3. Die so modifizierten komplexen harmonischen Schwingungen werden durch additive Überlagerung (Integration) zum Ausgangssignal zusammengefasst.

Der Frequenzgang eines LTI-Systems kann auf verschiedene Arten ermittelt werden:
- Fourier-Transformation der Impulsantwort
- Lösung einer Differenzialgleichung (DGL) mittels Fourier-Transformation
- Komplexe Impedanzen

Er kann wie eine komplexe Zahl mit Real- und Imaginärteil

$$\underline{G}(f) = \text{Re}\{\underline{G}(f)\} + j\,\text{Im}\{\underline{G}(f)\} \qquad (11.13)$$

oder mit Betrag und Phase angegeben werden.

$$\underline{G}(f) = |\underline{G}(f)|\, e^{j\varphi_G(f)} \qquad (11.14a)$$

mit $\quad |\underline{G}(f)| = \sqrt{\text{Re}^2\{\underline{G}(f)\} + \text{Im}^2\{\underline{G}(f)\}} \qquad (11.14b)$

und $\quad \varphi_G(f) = \begin{cases} \arctan\left(\dfrac{\text{Im}\{\underline{G}(f)\}}{\text{Re}\{\underline{G}(f)\}}\right) & \text{für } \text{Re}\{\underline{G}(f)\} > 0 \\ \arctan\left(\dfrac{\text{Im}\{\underline{G}(f)\}}{\text{Re}\{\underline{G}(f)\}}\right) \pm \pi & \text{für } \text{Re}\{\underline{G}(f)\} < 0 \end{cases} \qquad (11.14c)$

Beispiel 11.1 Ermittlung des Frequenzgangs eines *RC*-Tiefpasses erster Ordnung nach den angegebenen Arten

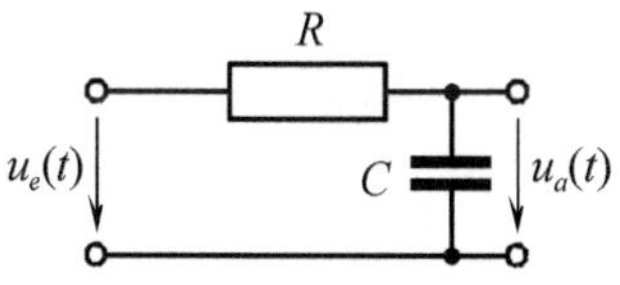

Bild 11.3 *RC*-Tiefpass erster Ordnung

Fourier-Transformation der Impulsantwort
Im Abschnitt 10.5 wird die Impulsantwort dieses Systems ermittelt.

$$g(t) = \varepsilon(t)\frac{1}{RC}\,e^{-t/RC} \qquad (11.15)$$

Ihre Fourier-Transformierte lautet

$$\underline{G}(f) = \frac{1}{RC} \int_0^\infty e^{-t/RC} e^{-j2\pi ft} \, dt = \frac{-1}{1/RC + j2\pi f} \frac{1}{RC} e^{-(1/RC+j2\pi f)t} \Big|_0^\infty. \quad (11.16a)$$

Aufgrund des negativen Realteils des Exponenten liefert die Stammfunktion an der oberen Integrationsgrenze keinen Beitrag und der Frequenzgang ergibt sich zu

$$\underline{G}(f) = \frac{1}{1 + j2\pi f RC}. \quad (11.16b)$$

Lösung einer Differenzialgleichung (DGL) mittels Fourier-Transformation
Die DGL des RC-Tiefpasses erster Ordnung nach Bild 11.3 wird im Abschnitt 9.2 hergeleitet. Siehe Gl. (9.14).

$$RC \frac{d u_a(t)}{dt} + u_a(t) = u_e(t) \quad (11.17)$$

Die Fourier-Transformation eines differenzierten Zeitsignals wird im Abschnitt 5.3.2 hergeleitet (Gl. (5.100)). Die DGL wird Term für Term in den Frequenzbereich transformiert.

$$RC \cdot j2\pi f \cdot \underline{U}_a(f) + \underline{U}_a(f) = \underline{U}_e(f) \quad (11.18)$$

Im Gegensatz zur rechtsseitigen Laplace-Transformation ist die untere Integrationsgrenze bei der Fourier-Transformation gleich $-\infty$, sodass keine Anfangswerte zu berücksichtigen sind. Nach Umstellung von Gl. (11.18) ergibt sich der Frequenzgang als Verhältnis der Fourier-Transfomierten des Ausgangs- und des Eingangssignals.

$$(1 + j2\pi f RC)\, \underline{U}_a(f) = \underline{U}_e(f) \Rightarrow \frac{\underline{U}_a(f)}{\underline{U}_e(f)} = \underline{G}(f) = \frac{1}{1 + j2\pi f RC} \quad (11.19)$$

Den Real- und Imaginärteil des Frequenzgangs erhält man nach Erweitern mit dem konjugiert komplexen Nenner.

$$\underline{G}(f) = \frac{1}{1 + j2\pi f RC} \cdot \frac{1 - j2\pi f RC}{1 - j2\pi f RC} = \frac{1 - j2\pi f RC}{1 + (2\pi f RC)^2} \quad (11.20a)$$

$$\text{Re}\{\underline{G}(f)\} = \frac{1}{1 + (2\pi f RC)^2} \quad (11.20b)$$

$$\text{Im}\{\underline{G}(f)\} = -\frac{2\pi f RC}{1 + (2\pi f RC)^2} \quad (11.20c)$$

Für grafische Darstellungen werden üblicherweise eher der Betrag und die Phase verwendet. Der Betrag des Frequenzgangs bzw. der Amplitudengang lässt sich auch als Quotient der Beträge des Zählers und des Nenners ausdrücken. Die Phase des Frequenzgangs bzw. der Phasengang lässt sich auch als Differenz der Phasen des Zählers und des Nenners ausdrücken.

Amplitudengang:

$$|\underline{G}(f)| = \frac{|\underline{Z}(f)|}{|\underline{N}(f)|} = \frac{1}{\sqrt{1 + (2\pi f RC)^2}} \quad (11.21a)$$

Phasengang:

$$\varphi_G(f) = \varphi_Z(f) - \varphi_N(f) = 0 - \arctan\left(\frac{2\pi f RC}{1}\right) = -\arctan(2\pi f RC) \quad (11.21b)$$

Bild 11.4 veranschaulicht den Betrag und die Phase des Frequenzgangs des RC-Tiefpasses erster Ordnung nach Bild 11.3. Für $f \to \infty$ geht der Betrag asymptotisch gegen 0 und die Phase gegen $-\pi/2$. Für $f \to -\infty$ geht der Betrag ebenfalls asymptotisch gegen 0, die Phase allerdings gegen $+\pi/2$.

Man findet hier wieder die Symmetrien, die im Abschnitt 5.3.2 im Zusammenhang mit Spektren reeller Zeitsignale erläutert werden. Der Amplitudengang ist eine symmetrisch gerade Funktion der Frequenz und der Phasengang eine symmetrisch ungerade Funktion.

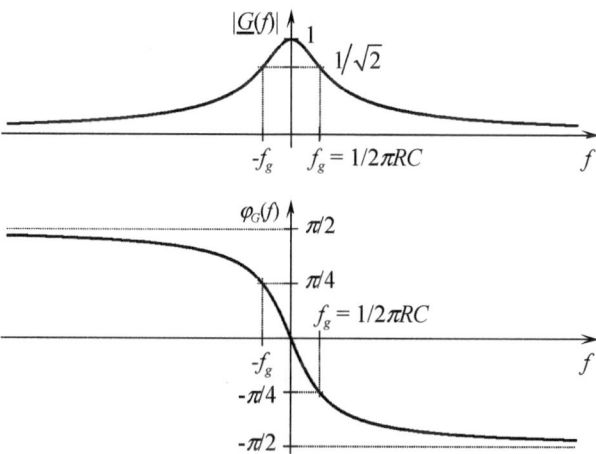

Bild 11.4 Amplituden- und Phasengang des RC-Tiefpasses erster Ordnung

Die *Zeitkonstante* RC charakterisiert das System vollständig. Alternativ wird die *3 dB-Grenzfrequenz* $f_g = 1/2\pi RC$ verwendet. Näheres dazu folgt im Abschnitt 11.2. Bei dieser Frequenz ist der Betrag des Frequenzgangs im Vergleich zum Maximalwert um 3 dB abgefallen, d. h. auf $\max(|\underline{G}(f)|)/\sqrt{2}$ mit der Umrechnung

$$20 \cdot \log_{10}\left(1/\sqrt{2}\right) = -10 \cdot \log_{10}(2) \simeq -3\,\text{dB}. \quad (11.22)$$

Als Funktion der 3-dB-Grenzfrequenz f_g gilt

$$\underline{G}(f) = \frac{1}{1 + \mathrm{j}f/f_g} \quad (11.23a)$$

mit

$$|\underline{G}(f)| = \frac{1}{\sqrt{1 + (f/f_g)^2}} \quad \text{und} \quad (11.23b)$$

$$\varphi_G(f) = -\arctan(f/f_g). \quad (11.23c)$$

Setzt man für die Frequenz f die 3-dB-Grenzfrequenz f_g ein, so erhält man

$$|\underline{G}(f_g)| = \frac{1}{\sqrt{1+(f_g/f_g)^2}} = \frac{1}{\sqrt{2}} \quad \text{und} \tag{11.24a}$$

$$\varphi_G(f_g) = -\arctan(f_g/f_g) = -\frac{\pi}{4}. \tag{11.24b}$$

Komplexe Impedanzen

Aus der Wechselstromlehre ist das Rechnen mit komplexen Phasoren bzw. komplexen Impedanzen bekannt /46/. Mit der komplexen Impedanz $\underline{Z}_C(f) = 1/\mathrm{j}2\pi f C$ einer Kapazität C und der komplexen Impedanz $\underline{Z}_L(f) = \mathrm{j}2\pi f L$ einer Induktivität L können bei analogen Schaltungen, die aus Widerständen, Induktivitäten, Kapazitäten, Übertragern und Verstärkern bestehen, sämtliche aus den Grundlagen der Elektrotechnik bekannten Verfahren zur Schaltungsanalyse, wie z. B. Strom- und Spannungsteiler, Reihen- und Parallelschaltungen, Knotenspannungsanalyse und Maschenstromanalyse, zur Ermittlung von Frequenzgängen verwendet werden.

Im aktuellen Beispiel lässt sich der Frequenzgang als komplexes Spannungsteilerverhältnis $\underline{U}_a(f)/\underline{U}_e(f)$ angeben.

$$\underline{G}(f) = \frac{\underline{Z}_C(f)}{R+\underline{Z}_C(f)} = \frac{1}{1+R/\underline{Z}_C(f)} = \frac{1}{1+\mathrm{j}2\pi f RC}. \tag{11.25}$$

Das Ergebnis ist natürlich identisch mit der Fourier-Transformierten der Impulsantwort und der Lösung der DGL im Frequenzbereich. ∎

Analog zu Übertragungsfunktionen $G(p)$ von LTI-Systemen höherer Ordnung stellen auch die Frequenzgänge derartiger Systeme gebrochen rationale Funktionen dar. Zur Verdeutlichung wird hier noch einmal das Rechenbeispiel „Spannungsteiler mit Parallelschwingkreis als System zweiter Ordnung" aus Abschnitt 10.3 aufgegriffen.

Beispiel 11.2 Frequenzgang des *RLC*-Bandpasses zweiter Ordnung nach Bild 11.5

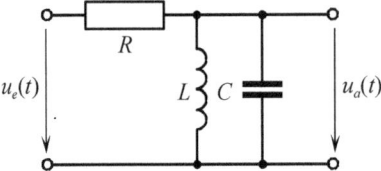

Bild 11.5 Bandpass zweiter Ordnung

Weist man der Parallelschaltung der Induktivität und der Kapazität die komplexe Impedanz $\underline{Z}_{LC}(f)$ zu, so lässt sich der Frequenzgang als komplexes Spannungsteilerverhältnis $\underline{U}_a(f)/\underline{U}_e(f)$ angeben.

$$\underline{G}(f) = \frac{\underline{Z}_{LC}(f)}{R+\underline{Z}_{LC}(f)} = \frac{1}{1+R/\underline{Z}_{LC}(f)} \tag{11.26}$$

Die Verwendung des komplexen Leitwertes $1/\underline{Z}_{LC}(f)$ vereinfacht die Berechnungen.

$$\frac{1}{\underline{Z}_{LC}(f)} = \frac{1}{\mathrm{j}2\pi f L} + \mathrm{j}2\pi f C \tag{11.27}$$

Der Frequenzgang lautet somit

$$\underline{G}(f) = \cfrac{1}{1 + R\left(\cfrac{1}{j2\pi fL} + j2\pi fC\right)} = \cfrac{j2\pi fL}{j2\pi fL + R + R \cdot j2\pi fL \cdot j2\pi fC}$$

bzw.

$$\underline{G}(f) = \frac{j2\pi fL/R}{1 + j2\pi fL/R - (2\pi f)^2 LC}. \tag{11.28}$$

Unter Verwendung der Gleichungen (10.69a), (10.69b) und (10.70a), (10.70b) aus Abschnitt 10.3 wird Gl. (11.28) in die allgemeine Form

$$\underline{G}(f) = \frac{j2\pi f 2D/\omega_0}{1 + j2\pi f 2D/\omega_0 - (2\pi f/\omega_0)^2}. \tag{11.29}$$

überführt. Wenn man die *Resonanzkreisfrequenz* ω_0 durch die *Resonanzfrequenz* $f_0 = \omega_0/2\pi$ ersetzt, wird Gl. (11.29) noch einfacher und kompakter.

$$\underline{G}(f) = \frac{j2Df/f_0}{1 + j2Df/f_0 - (f/f_0)^2} \tag{11.30}$$

Zur Ermittlung des Real- und Imaginärteils des Frequenzgangs wird mit dem konjugiert komplexen Nenner erweitert.

$$\underline{G}(f) = \frac{j2Df/f_0 \cdot \left(1 - (f/f_0)^2\right) - j2Df/f_0 \cdot j2Df/f_0}{\left(1 - (f/f_0)^2\right)^2 + (2Df/f_0)^2} \tag{11.31a}$$

Der Frequenzgang separiert in Realteil und Imaginärteil lautet somit

$$\underline{G}(f) = \frac{(2Df/f_0)^2}{\left(1 - (f/f_0)^2\right)^2 + (2Df/f_0)^2} + j\frac{2Df/f_0 \cdot \left(1 - (f/f_0)^2\right)}{\left(1 - (f/f_0)^2\right)^2 + (2Df/f_0)^2}. \tag{11.31b}$$

Bild 11.6 zeigt den Realteil und den Imaginärteil für verschiedene Werte von D. Man findet hier wieder die Symmetrien, die im Abschnitt 5.3.2 im Zusammenhang mit Spektren reeller Zeitsignale erläutert werden. Der Realteil ist eine symmetrisch gerade Funktion der Frequenz und der Imaginärteil eine symmetrisch ungerade Funktion.

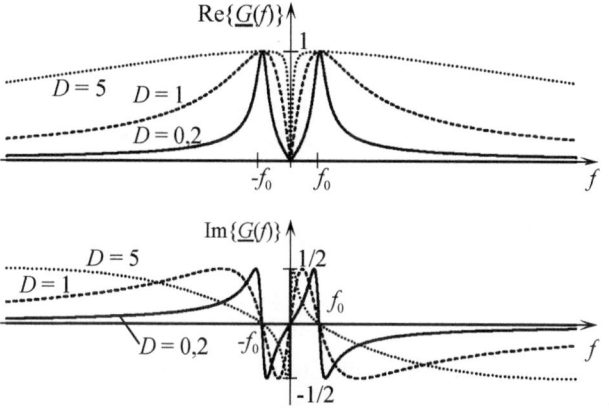

Bild 11.6 Real- und Imaginärteile verschiedener Frequenzgänge von Bandpässen zweiter Ordnung

Der Amplitudengang als Quotient der Beträge des Zählers und des Nenners von Gl. (11.30) lautet

$$|\underline{G}(f)| = \frac{2D|f/f_0|}{\sqrt{\left(1-(f/f_0)^2\right)^2 + (2Df/f_0)^2}}.\qquad(11.32\text{a})$$

Gl. (11.31b) bzw. Bild 11.6 entnimmt man, dass der Realteil von $\underline{G}(f)$ nicht negativ wird. Die Berechnung des Phasengangs mit der Arcustangens-Funktion ist also eindeutig.

$$\varphi_\text{G}(f) = \arctan\left(\frac{\text{Im}\{\underline{G}(f)\}}{\text{Re}\{\underline{G}(f)\}}\right) = \arctan\left(\frac{2Df/f_0 \cdot \left(1-(f/f_0)^2\right)}{(2Df/f_0)^2}\right)\qquad(11.32\text{b})$$

Bild 11.7 zeigt den Betrag und die Phase für verschiedene Werte von D. Kleine Werte von D führen zu schmalbandigen und große Werte zu breitbandigen Frequenzgängen. Bei der Mittenfrequenz tritt außer dem Maximum des Betrages grundsätzlich ein Nulldurchgang der Phase auf.

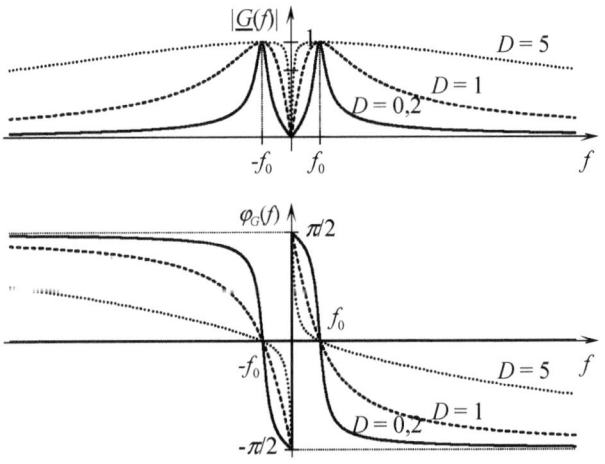

Bild 11.7 Amplituden- und Phasengänge von Bandpässen zweiter Ordnung

Man findet auch hier wieder die Symmetrien der Spektren reeller Zeitsignale, die im Abschnitt 5.3.2 erläutert werden. Der Amplitudengang ist eine symmetrisch gerade Funktion der Frequenz und der Phasengang eine symmetrisch ungerade Funktion.

Man unterscheidet den *Frequenzgang* $\underline{G}(f)$ und die *Übertragungsfunktion* $G(p)$. Mit dem bekannten Zusammenhang $p = \sigma + \text{j}\omega = \sigma + \text{j}2\pi f$ wird klar, dass die Übertragungsfunktion $G(\sigma + \text{j}2\pi f)$ eine Funktion zweier Variablen darstellt.

Bild 11.8 illustriert außer dem Pol-Nullstellen-Diagramm auch die Relation zwischen dem Frequenzgang und der Übertragungsfunktion mit Dämpfungsfaktor $D = 0{,}2$. Der Frequenzgang stellt einen Schnitt durch die Übertragungsfunktion entlang der imaginären Achse des Bildbereiches dar. Bei einer Vermessung des Übertragungsverhaltens eines Systems, z. B. mit einem Netzwerkanalysator, wird immer nur sein Frequenzgang ermittelt.

Man erkennt die konjugiert komplexen Polstellen und die Nullstelle im Ursprung. Das bereits im Abschnitt 10.2 erläuterte einfache Schema $p \to \text{j}2\pi f$ wird zu $\text{j}f \to p/2\pi$ umgestellt.

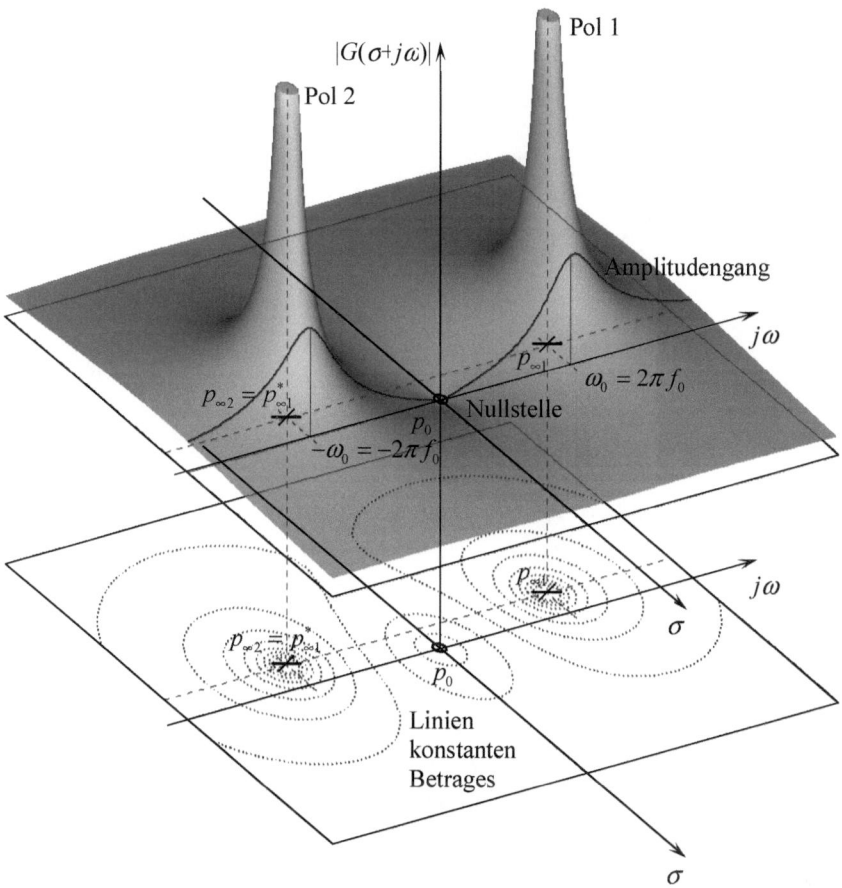

Bild 11.8 Pol-Nullstellen-Diagramm und Beträge des Frequenzgangs bzw. der Übertragungsfunktion

Damit gelten die Zusammenhänge

$$j2Df/f_0 \to 2pD/2\pi f_0 = pD/\pi f_0,$$
$$-(f/f_0)^2 = jf/f_0 \cdot jf/f_0 \to p^2/4\pi^2 f_0^2 \tag{11.33}$$

und die Übertragungsfunktion lautet

$$\underline{G}(p) = \frac{pD/\pi f_0}{1 + pD/\pi f_0 + p^2/4\pi^2 f_0^2}. \tag{11.34}$$

Wie bereits im Abschnitt 10.2 erläutert, ist der verwendete einfache Zusammenhang $p \to j2\pi f$ nur gültig, wenn die Übertragungsfunktion keine Polstellen auf der imaginären Achse besitzt. Im dargestellten Beispiel liegen die komplexen Polstellen mit $0 < D < 1$

$$p_{\infty 1} = -2\pi f_0 D + j2\pi f_0 \sqrt{1-D^2} \quad \text{bzw.}$$
$$p_{\infty 2} = p_{\infty 1}^* = -2\pi f_0 D - j2\pi f_0 \sqrt{1-D^2}, \tag{11.35}$$

also nicht auf der imaginären Achse. Der Realteil der Polstellen ist kleiner null, die Stabilität des Systems daher für jedes $D > 0$ gegeben.

Um die im Bild 11.8 dargestellte zweidimensionale Funktion von σ und ω explizit zu formulieren, wird $p = \sigma + j\omega$ gesetzt.

$$\underline{G}(\sigma + j\omega) = \frac{D}{\pi f_0} \frac{\sigma + j\omega}{1 + \frac{D}{\pi f_0}(\sigma + j\omega) + \frac{(\sigma + j\omega)^2}{4\pi^2 f_0^2}} \tag{11.36a}$$

Erweitern mit $4\pi^2 f_0^2$ überführt den Doppelbruch in einen einfachen Bruch.

$$\underline{G}(\sigma + j\omega) = 4\pi f_0 D \frac{\sigma + j\omega}{4\pi^2 f_0^2 + 4\pi f_0 D(\sigma + j\omega) + (\sigma + j\omega)^2} \tag{11.36b}$$

Nach Ausmultiplizieren im Nenner wird dieser nach Realteil und Imaginärteil sortiert.

$$\underline{G}(\sigma + j\omega) = 4\pi f_0 D \frac{\sigma + j\omega}{4\pi^2 f_0^2 + 4\pi f_0 D\sigma + \sigma^2 - \omega^2 + j2\omega(2\pi f_0 D + \sigma)} \tag{11.36c}$$

Der Betrag der Übertragungsfunktion lässt sich schnell und einfach als Quotient der Beträge des Zählers und des Nenners ermitteln.

$$|\underline{G}(\sigma + j\omega)| = 4\pi f_0 D \sqrt{\frac{\sigma^2 + \omega^2}{(4\pi f_0(\pi f_0 + D\sigma) + \sigma^2 - \omega^2)^2 + 4\omega^2(2\pi f_0 D + \sigma)^2}} \tag{11.37}$$

Bei Variation von σ und ω jeweils zwischen $-\infty$ und ∞ ergibt sich die im Bild 11.8 grafisch dargestellte Funktion zweier Unbekannter. Die Formel nach Gl. (11.37) wirkt nicht sehr anschaulich. Die grafische Darstellung ist dagegen sehr viel instruktiver. Man erkennt den Amplitudengang als Schnitt entlang der imaginären Achse ($\sigma = 0$) durch die zweidimensionale Funktion.

■ 11.2 Darstellung des Frequenzgangs

Im vorangegangenen Abschnitt 11.1 wurde der Frequenzgang definiert und es wurde gezeigt, wie der Frequenzgang aus der Impulsantwort, aus der Übertragungsfunktion und aus der Differenzialgleichung berechnet wird. Weiterhin wurden Formen der grafischen Darstellung des Frequenzgangs anhand von Beispielen demonstriert. In diesem Abschnitt wird noch einmal konkret auf verschiedene grafische Darstellungen eingegangen.

Der Frequenzgang ist wie die Übertragungsfunktion eine Funktion mit einer komplexen Variable.

$$\underline{G}(f) = \frac{\underline{X}_a(f)}{\underline{X}_e(f)} \tag{11.38}$$

Mithilfe der komplexen Rechnung wird der Frequenzgang in geeigneten Koordinatensystemen anschaulich dargestellt. Neben der arithmetischen Form der Frequenzganggleichung

$$\underline{G}(f) = \text{Re}\{\underline{G}(f)\} + j\,\text{Im}\{\underline{G}(f)\} \tag{11.39}$$

11.2 Darstellung des Frequenzgangs

wird insbesondere die Exponentialform

$$\underline{G}(f) = \sqrt{\operatorname{Re}^2\{\underline{G}(f)\} + \operatorname{Im}^2\{\underline{G}(f)\}}\, e^{j\varphi_G(f)} \quad (11.40a)$$

$$\underline{G}(f) = |\underline{G}(f)|\, e^{j\varphi_G(f)}; \quad \tan(\varphi_G(f)) = \frac{\operatorname{Im}\{\underline{G}(f)\}}{\operatorname{Re}\{\underline{G}(f)\}} \quad (11.40b)$$

für die grafische Darstellung verwendet. Folgende grafische Darstellungen sind üblich:
- *Ortskurve*
- *Frequenzkennlinie*
- *PN-Plan* mit einer zusätzlichen Achse

Die *Ortskurve* stellt die Frequenzganggleichung in der Gauß'schen Zahlenebene mit der Frequenz f als Parameter dar. An der Abszisse wird der Realteil des Frequenzgangs $\operatorname{Re}\{\underline{G}(f)\}$ und an der Ordinate der Imaginärteil des Frequenzgangs $\operatorname{Im}\{\underline{G}(f)\}$ abgetragen. Die Frequenz f durchläuft einen Bereich von $0\ldots\infty$ und für jeden Wert von f ergibt sich ein komplexer Wert des Frequenzgangs, der durch einen Zeiger in der Gauß'schen Zahlenebene beschrieben wird. Die Länge des Zeigers gibt dabei den Betrag und die Auslenkung des Zeigers die Phase des Frequenzgangs an. Die Zeigerspitzen werden zur Ortskurve verbunden.

Beispiel 11.3 Darstellung des Frequenzgangs des *RC*-Gliedes als Ortskurve

$$\underline{G}(f) = \frac{1}{1 + j2\pi fRC} \quad (11.41)$$

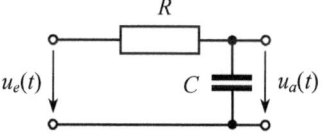

Bild 11.9 *RC*-Glied und seine Frequenzganggleichung

Die Frequenzganggleichung wird nach Erweiterung mit dem konjugiert komplexen Nenner in die arithmetische oder Exponentialform umgeformt.

$$\underline{G}(f) = \frac{1}{1 + (2\pi fRC)^2} - j\frac{2\pi fRC}{1 + (2\pi fRC)^2} \quad \text{oder} \quad (11.42)$$

$$\underline{G}(f) = \sqrt{\frac{1}{1 + (2\pi fRC)^2}}\, e^{-j\arctan(2\pi fRC)} \quad (11.43)$$

Die Frequenz f ist die unabhängige Variable und wird im Bereich $0 \leq f < \infty$ variiert. Tendenzen für den Verlauf sind aus beiden Formen gut ablesbar. Aus der arithmetischen Form ist erkennbar, dass der Realteil stets positiv und der Imaginärteil stets negativ sein werden. Für $f = 0$ ist der Imaginärteil null und für $f \to \infty$ streben sowohl Real- als auch Imaginärteil gegen null, d. h. die Ortskurve beginnt auf der reellen Achse, verläuft im IV. Quadranten der Gauß'schen Zahlenebene und endet im Ursprung. Anhand der Exponentialform ist erkennbar, dass mit Zunahme von f der Betrag des Frequenzgangs bzw. die Länge des Zeigers kleiner bzw. kürzer wird und die Phase sich von 0° auf −90° ändert. Ein ausgezeichneter Wert liegt bei $f = 1/2\pi RC$. Siehe dazu auch Abschnitt 11.1.

$$\underline{G}(1/2\pi RC) = \frac{1}{1 + j\frac{1}{2\pi RC}2\pi RC} = \frac{1}{2} - j\frac{1}{2} = \frac{1}{\sqrt{2}} e^{-j45°}. \tag{11.44}$$

Die für $0 \leq f < \infty$ berechnete Ortskurve zeigt Bild 11.10.

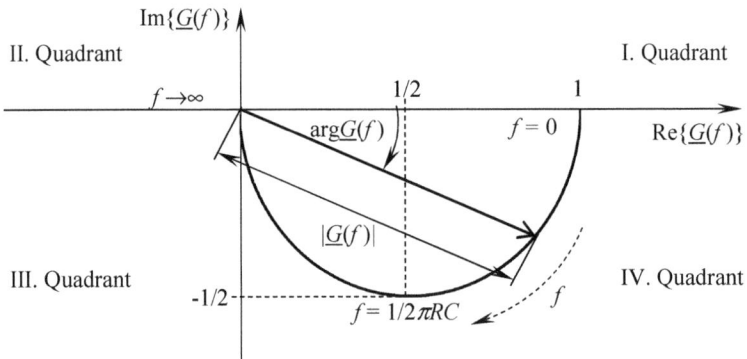

Bild 11.10 Ortskurve des *RC*-Gliedes

Die Information über *Betrag* und *Phase* des Frequenzgangs ist bei der Ortskurvendarstellung aus *einer* Kurve ablesbar. Eine Achse für die unabhängige Variable f gibt es nicht.

Möchte man die Frequenzabhängigkeit von Betrag und Phase des Frequenzgangs mit einer separaten Frequenzachse zeigen, dann verwendet man die *Frequenzkennlinie*.

Der Frequenzgang wird mit der *Frequenzkennlinie* dargestellt. Die Frequenzkennlinie setzt sich aus *zwei* Funktionen zusammen, der *Amplitudenkennlinie* und der *Phasenkennlinie*. Der Betrag des Frequenzgangs, auch als *Amplitudengang* bezeichnet, wird mit der Amplitudenkennlinie und die Phasenverschiebung, auch als *Phasengang* bezeichnet, wird mit der Phasenkennlinie dargestellt.

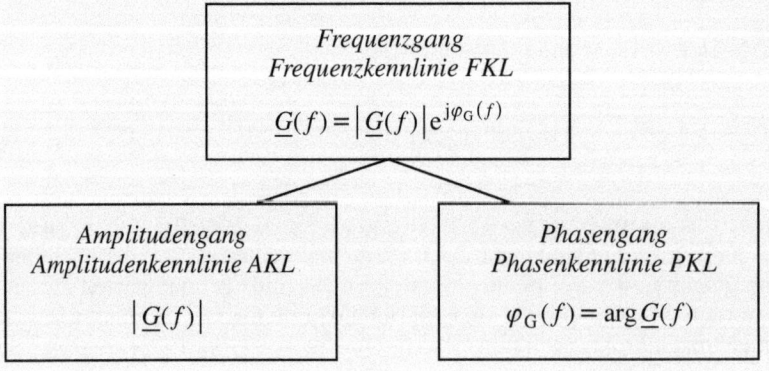

Bei der Darstellung von Amplituden- und Phasengang wird für die unabhängige Frequenzachse sowohl die lineare als auch die logarithmische Achseneinteilung verwendet. Beim Amplitudengang wird zusätzlich noch die abhängige Variable bei linearer oder logarithmischer Angabe dargestellt. Jede Darstellungsvariante hat bestimmte Eigenschaften, nachfolgend werden die verschiedenen Darstellungen anhand eines Beispiels erläutert. Als Beispiel soll wieder das *RC*-Glied dienen, wobei die Zeitkonstante *RC* mit zwei unterschiedlichen Werten angenommen wird, um die Effekte der Darstellungen besser sehen zu können.

Lineare Einteilung der Abszisse und Ordinate

Die unabhängige Variable wird von $-\infty < f < \infty$ angenommen, der Frequenzgang bei $f = 0$ ist ablesbar. Weiterhin sind bei dieser Darstellung die Symmetrieeigenschaften von Amplituden- und Phasengang gut erkennbar. Die Funktionen für Amplituden- und Phasengang werden bei der Parameteränderung, hier ist es die Zeitkonstante RC, eines Systems gestreckt oder gestaucht, die Funktionen verformen sich.

Beispiel 11.4 Darstellung des Frequenzgangs eines *RC*-Gliedes mit unterschiedlichen Zeitkonstanten bei linearer Achseneinteilung

$$\underline{G}(f) = \frac{1}{1 + j2\pi fRC} \quad \text{mit} \quad RC = 0{,}1\,\text{ms} \quad \text{und} \quad RC = 0{,}2\,\text{ms} \tag{11.45}$$

$$RC = 0{,}1\,\text{ms} \Rightarrow f_g = \frac{1}{2\pi \cdot 0{,}1}\,\text{kHz} = 1{,}59\,\text{kHz} \tag{11.46a}$$

$$RC = 0{,}2\,\text{ms} \Rightarrow f_g = \frac{1}{2\pi \cdot 0{,}2}\,\text{kHz} = 0{,}80\,\text{kHz} \tag{11.46b}$$

Die Grenzfrequenzen werden abgelesen bei

$$|\underline{G}_{\max}(f)|/\sqrt{2} \cong 0{,}707 \cdot |\underline{G}_{\max}(f)|. \tag{11.47}$$

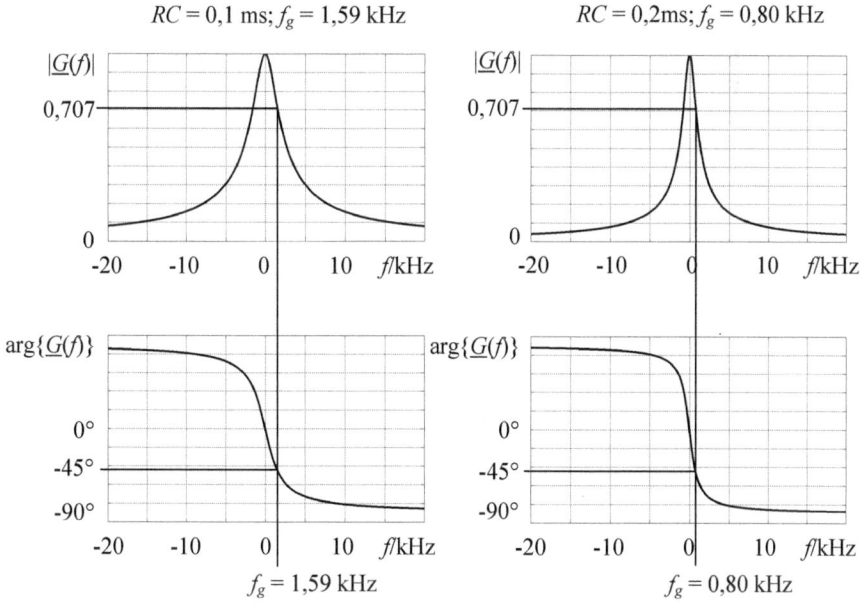

Bild 11.11 Amplituden- und Phasengang (lineare Achseneinteilung) des *RC*-Gliedes bei unterschiedlichen Zeitkonstanten

Logarithmische Einteilung der Frequenzachse

Die unabhängige Variable wird von $0 < f < \infty$ angenommen, an der Stelle $f = 0$ ist der Frequenzgang nicht konkret ablesbar, nur die Tendenz für $f \to 0$. Die logarithmische Einteilung der Frequenzachse gestattet einen großen Frequenzbereich zu erfassen. Die Funktionen für Amplituden- und Phasengang werden bei der Parameteränderung eines Systems nicht verformt, sie werden bei Zeitkonstantenänderung auf der Frequenzachse verschoben. Ändert sich der Übertragungsfaktor erfolgt eine Verschiebung der Amplitudenkennlinie in Richtung Ordinate. Auch hier werden die Grenzfrequenzen bei $|\underline{G}_{max}(f)|/\sqrt{2} \cong 0{,}707 \cdot |\underline{G}_{max}(f)|$ abgelesen.

Beispiel 11.5 Darstellung des Frequenzgangs eines *RC*-Gliedes mit unterschiedlichen Zeitkonstanten bei logarithmischer Einteilung der Frequenzachse

$$\underline{G}(f) = \frac{1}{1 + j2\pi f RC} \quad \text{mit} \quad RC = 0{,}1\,\text{ms} \quad \text{und} \quad RC = 0{,}2\,\text{ms}$$

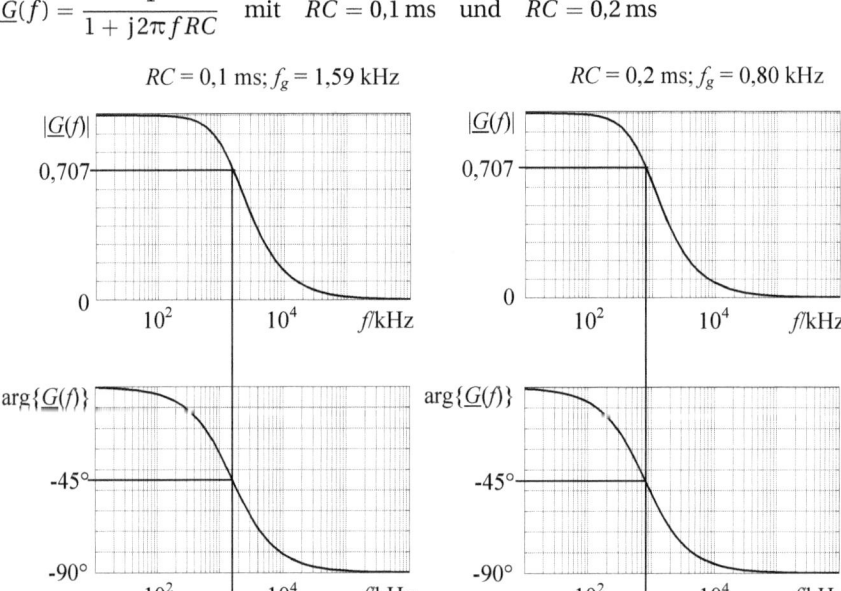

Bild 11.12 Amplituden- und Phasengang (logarithmische Frequenzachse und lineare Ordinate) des *RC*-Gliedes bei unterschiedlichen Zeitkonstanten

Logarithmische Einteilung der Frequenzachse und logarithmische Angabe des Betrages

Wie bei der vorangegangenen logarithmischen Einteilung der Frequenzachse gilt Folgendes auch hier. Die unabhängige Variable wird von $0 < f < \infty$ angenommen, an der Stelle $f = 0$ ist der Frequenzgang nicht konkret ablesbar. Es ist ein großer Frequenzbereich erfassbar. Die Funktionen für Amplituden- und Phasengang werden bei der Parameteränderung eines Systems nur verschoben, nicht verformt.

Der Amplitudengang wird zusätzlich noch logarithmiert und in dB (deziBel) angegeben. Tabelle 11.1 zeigt wichtige Werte in dB.

$$20\,\text{dB}\,\lg|\underline{G}(f)| \tag{11.48}$$

Tabelle 11.1 Wichtige Werte in dB

$|\underline{G}(f)|$	$1/\sqrt{2}$	0,5	0,1	0,01
$20\,\text{dB}\lg|\underline{G}(f)|$	$-3{,}01\,\text{dB}$	$-6{,}02\,\text{dB}$	$-20\,\text{dB}$	$-40\,\text{dB}$

Durch das Logarithmieren ergeben sich zwei Vorteile. Zum einen sind kleine Beträge besser erkennbar. Zum anderen setzt sich die Amplitudenkennlinie des Systems aus der Addition von Einzelkennlinien zusammen, da beim Logarithmieren aus dem Produkt von Teilsystemen eine Summe von Teilsystemen wird. Diese Darstellung wird auch als Bode-Diagramm bezeichnet. Liegt ein System nur mit reellen Pol- und Nullstellen vor, dann ist die Amplitudenkennlinie des Systems mit Approximationsgeraden mit sehr guter Näherung darstellbar. Die Geraden haben Anstiege mit einem Vielfachen von 20 dB/Dekade.

Die Grenzfrequenz wird hier bei $20\,\text{dB}\lg\left(|\underline{G}(f_g)|/|\underline{G}_{\max}(f)|\right) = -3\,\text{dB}$ abgelesen. Man spricht auch von der 3-dB-Grenzfrequenz. Bild 11.13 zeigt nur die Amplitudengänge im Vergleich bei linearer und logarithmischer Angabe des Betrages.

Beispiel 11.6 Darstellung des Amplitudengangs eines *RC*-Gliedes mit unterschiedlichen Zeitkonstanten bei logarithmischer Einteilung der Frequenzachse und Logarithmierung des Betrages

$$\underline{G}(f) = \frac{1}{1 + j2\pi f RC} \quad \text{mit} \quad RC = 0{,}1\,\text{ms} \quad \text{und} \quad RC = 0{,}2\,\text{ms}$$

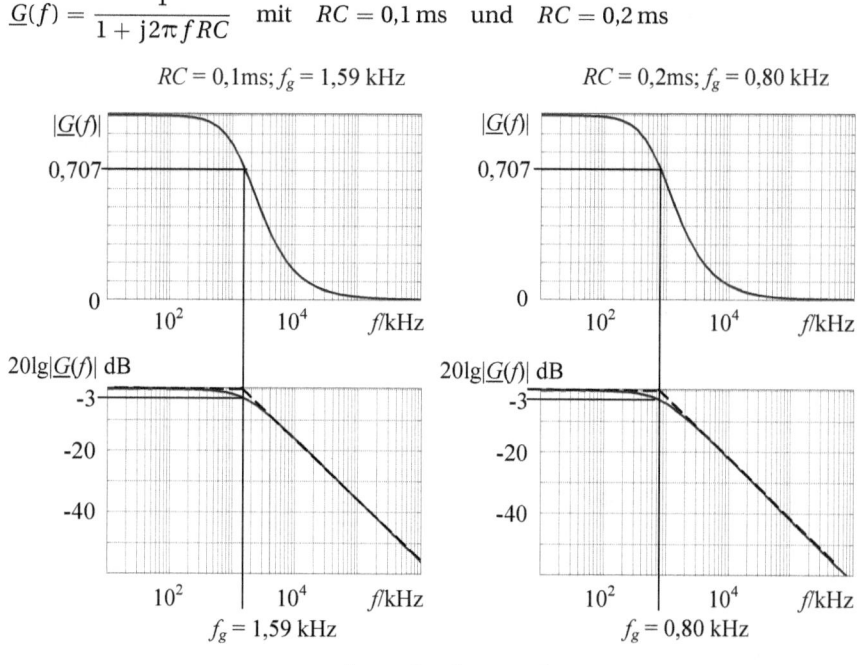

Bild 11.13 Amplitudengang (logarithmische Frequenzachse) des *RC*-Gliedes bei unterschiedlichen Zeitkonstanten (Bilder oben: lineare Darstellung des Betrages, Bilder unten: lineare Darstellung des logarithmierten Betrages)

Im vorliegenden Beispiel, siehe Bild 11.13, sind es genau zwei Approximationsgeraden, wobei die Gerade für $f < f_g$ einen Anstieg von 0 dB/Dekade und für $f > f_g$

einen Anstieg von $-20\,\mathrm{dB/Dekade}$ aufweist. Die beiden Geraden schneiden sich genau bei der Grenzfrequenz, an dieser Stelle tritt auch der größte Fehler der Näherung auf. ∎

Eine weitere Möglichkeit, den Frequenzgang grafisch darzustellen, bietet der PN-Plan. Bekanntermaßen werden in den PN-Plan die Pol- und Nullstellen eingetragen. Dazu wird ein zweidimensionales Koordinatensystem mit σ, Realteil von p, für die Abszisse und mit $\mathrm{j}2\pi f, 2\pi f$ der Imaginärteil von p, für die Ordinate verwendet. Nimmt man noch eine dritte Dimension dazu und trägt auf dieser dritten Achse den Betrag der Übertragungsfunktion $|G(p)| = |G(\sigma + \mathrm{j}2\pi f)|$ ab, dann ergibt sich bei Änderung von σ und f über den Bereich $-\infty < \sigma, f < \infty$ aufgrund der Pol- und Nullstellen eine Art „Gebirge". Diese Darstellung wird im Abschnitt 11.1 im Bild 11.8 gezeigt.

Weitere wichtige Funktionen für die Charakterisierung insbesondere des Phasengangs sind die *Phasenlaufzeit* $t_\mathrm{p}(f)$ und die *Gruppenlaufzeit* $t_\mathrm{g}(f)$. Mit dem Phasengang wird ausgedrückt, wie ein System die Phase der einzelnen Spektralanteile eines Eingangssignals verschiebt. Liegen ein linearer Phasengang und ein konstanter Amplitudengang vor, dann wird ein am System anliegendes Eingangssignal durch das System nur zeitlich verschoben werden, das Signal ist keinen Verformungen unterworfen. Insbesondere in der Akustik sind im hörbaren Bereich naturgetreue Wiedergaben gewünscht, dies setzt lineare Phasengänge voraus. Bei einem nichtlinearen Phasengang treten Verzerrungen des Eingangssignals auf. Mit der *Phasenlaufzeit* t_p und der *Gruppenlaufzeit* t_g werden die Eigenschaften des Phasengangs ausgedrückt. Sie sind wie folgt definiert.

Die *Phasenlaufzeit* t_p ist der Quotient aus Phasengang und Kreisfrequenz.

$$t_\mathrm{p}(f) = -\frac{\varphi_\mathrm{G}(f)}{2\pi f} \tag{11.49}$$

Die *Gruppenlaufzeit* ist proportional zur Ableitung des Phasengangs nach der Frequenz.

$$t_\mathrm{g}(f) = -\frac{1}{2\pi}\frac{\mathrm{d}\varphi_\mathrm{G}(f)}{\mathrm{d}f} \tag{11.50}$$

Erklärbar sind die beiden Begriffe über den aus Abschnitt 11.1 bekannten Zusammenhang. An einem System liegt ein harmonisches Eingangssignal mit der Frequenz f_S. Das harmonische Ausgangssignal wird die gleiche Frequenz aufweisen und kann eine durch das System zusätzlich hervorgerufene Phasenverschiebung $\varphi_a(f_\mathrm{S}) = \arg(\underline{G}(f_\mathrm{S}))$ haben. Diese Phasenverschiebung hängt von der Frequenz f_S ab.

$x_e(t) = X_{e0}\cos(2\pi f_\mathrm{S} t)$ → System $\underline{G}(f) = |\underline{G}(f)|e^{\mathrm{j}\varphi_\mathrm{G}(f)}$ → $x_a(t) = X_{a0}\cos(2\pi f_\mathrm{S} t + \varphi_a(f_\mathrm{S}))$ mit $X_{a0} = X_{e0}|\underline{G}(f_\mathrm{S})|, \varphi_a(f_\mathrm{S}) = \arg(\underline{G}(f_\mathrm{S}))$

Die durch das System hervorgerufene Phasenverschiebung $\varphi_a(f_\mathrm{S})$ kann in eine Zeitverschiebung umgerechnet werden, die der negativen Phasenlaufzeit $t_\mathrm{p}(f_\mathrm{S})$ entspricht.

$$x_a(t) = X_{e0}|\underline{G}(f_\mathrm{S})|\cos\left(2\pi f_\mathrm{S}\left(t + \frac{\varphi_a(f_\mathrm{S})}{2\pi f_\mathrm{S}}\right)\right) \tag{11.51a}$$

$$x_a(t) = X_{e0} |\underline{G}(f_S)| \cos\left(2\pi f_S \left(t - t_p(f_S)\right)\right) \tag{11.51b}$$

Ausgehend vom Phasengang $\varphi_G(f)$ kann nach Gl. (11.49) die Phasenlaufzeit $t_p(f)$ für alle Frequenzen berechnet werden. Aussagen zum linearen oder nichtlinearen Verlauf des Phasengangs sind aus der Ableitung des Phasengangs schnell ersichtlich. Dies beschreibt dann die Gruppenlaufzeit $t_g(f)$ nach Gl. (11.50).

Nachfolgend werden für das bekannte RC-Glied die Phasen- und Gruppenlaufzeit gezeigt.

Beispiel 11.7 Phasen- und Gruppenlaufzeit des *RC*-Gliedes

$$\underline{G}(f) = \frac{1}{1 + j2\pi f RC}$$

Aus dem Phasengang des RC-Gliedes

$$\varphi_G(f) = -\arctan(2\pi f RC) \tag{11.52}$$

lassen sich nach Gl (11.49) und (11.50) die Phasen- und Gruppenlaufzeit berechnen.

$$t_p(f) = \frac{\arctan(2\pi f RC)}{2\pi f} \tag{11.53}$$

$$t_g(f) = RC \frac{1}{1 + (2\pi f RC)^2} \tag{11.54}$$

Bild 11.14 zeigt den Phasengang, die Phasen- und Gruppenlaufzeit diese Systems.

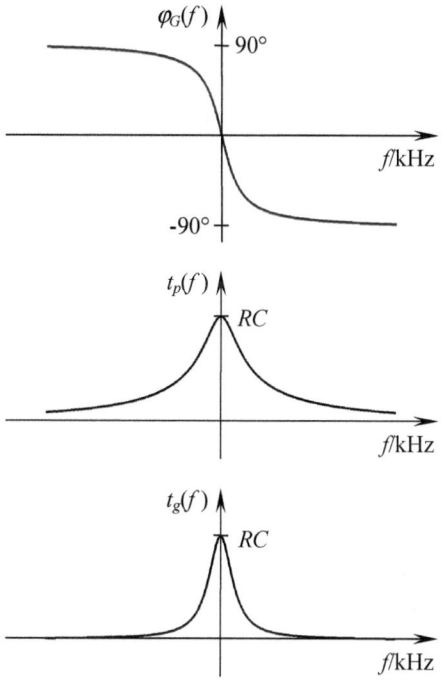

Bild 11.14 Phasengang, Phasenlaufzeit und Gruppenlaufzeit des *RC*-Gliedes

Die Bedeutung und Verwendung der Gruppen- und Phasenlaufzeit wird insbesondere bei solchen Signalen deutlich, die *moduliert* sind und deren Signalverlauf durch eine niederfrequente, schmalbandige *Hüllkurve* beschrieben werden kann. Gl. (11.55) beschreibt ein moduliertes Signal. Dieses Signal enthält ein harmonisches Trägersignal mit der Frequenz f_T, das mit einem niederfrequenten Nutzsignal multipliziert bzw. moduliert wird. Um die nachfolgenden Betrachtungen einfach nachvollziehbar zu machen, wird für das niederfrequente Nutzsignal eine harmonische Schwingung mit der Frequenz f_{NF} gewählt.

$$x_e(t) = \underbrace{\cos(2\pi \cdot f_{NF} \cdot t)}_{\text{Nutzsignal}} \cdot \underbrace{\cos(2\pi \cdot f_T \cdot t)}_{\text{Träger}}, \qquad f_{NF} \ll f_T \qquad (11.55)$$

Geht man davon aus, dass das modulierte Signal übertragen wird, dann ist es den Eigenschaften von Übertragungssystemen ausgesetzt. Es wird angenommen, dass das modulierte Signal durch ein RC-System nach Gl (11.43) mit einer Zeitkonstante von $RC = 0{,}2$ ms beeinflusst wird. Bild 11.15 zeigt das modulierte Signal $x_e(t)$ nach Gl. (11.55) und das Signal $x_a(t)$ nach der Verarbeitung durch das RC-System. In die Funktionsverläufe des Ein- und Ausgangssignals wurden gestrichelte Hüllkurven gezeichnet, deren Verlauf durch das niederfrequente Nutzsignal bestimmt wird. Die dämpfende Wirkung durch das System, die im Bild 11.15 gut erkennbar ist, wird nicht in die weiteren Betrachtungen einbezogen.

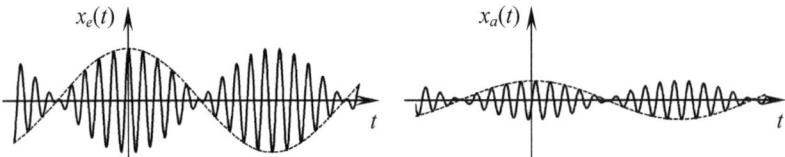

Bild 11.15 Moduliertes Eingangs- und Ausgangssignal mit $f_T = 2$ kHz und $f_{NF} = 0{,}1$ kHz nach der Verarbeitung durch ein RC-System mit $RC = 0{,}2$ ms

Die Zeitverschiebungen durch das System sind hier von besonderem Interesse. Liegt am System ein Eingangssignal an, dann wird dieses Signal bezüglich der Phase beeinflusst, damit kommt es zu einer Zeitverschiebung, wie dies Bild 11.15 zeigt. Separat betrachtet werden nun die Zeitverschiebungen zwischen den Hüllkurven und zwischen den eigentlichen Signalen. Eine Zeitverschiebung zwischen den Hüllkurven von Ein- und Ausgangssignal ist nach einem Zoom um die Nullstellen der Zeitverläufe im Bild 11.16 ablesbar, sie beträgt $t_{v1} \approx 3 \cdot 10^{-5}$ s.

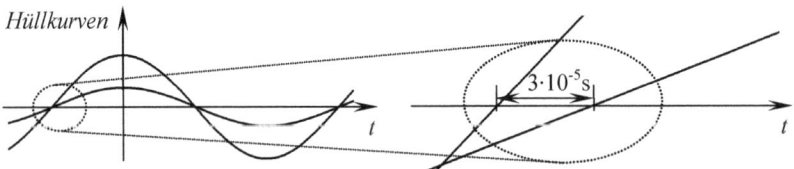

Bild 11.16 Hüllkurven von Ein- und Ausgangssignal

Die Zeitverschiebung zwischen Ein- und Ausgangssignal zeigt Bild 11.17. Das Ablesen einer Zeitverschiebung von $t_{v2} \approx 9 \cdot 10^{-5}$ s gelingt ebenfalls nur an den gezoomten Funktionsverläufen.

11.2 Darstellung des Frequenzgangs

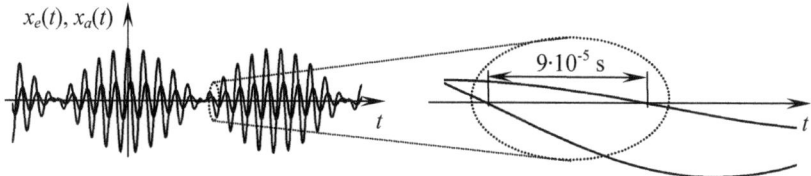

Bild 11.17 Ein- und Ausgangssignal

Es ergeben sich zwei unterschiedliche Zeitverschiebungen t_{v1} und t_{v2}. Das Ausgangssignal ist durch folgende Gleichung beschreibbar

$$x_a(t) = K \cos\left(2\pi \cdot f_{NF} \cdot (t - t_{v1})\right) \cdot \cos\left(2\pi \cdot f_T \cdot (t - t_{v2})\right). \tag{11.56}$$

Um zu klären, wie diese beiden Zeitverschiebungen mit der Gruppen- und Phasenlaufzeit des Systems zusammenhängen, wird zuerst das Spektrum des modulierten Eingangssignals berechnet. Die Multiplikation der beiden Zeitfunktionen wird im Frequenzbereich zur Faltung, siehe dazu Gl. (5.111) im Abschnitt 5.3.

$$\begin{aligned} x_e(t) &= \cos(2\pi \cdot f_{NF} \cdot t) \cdot \cos(2\pi \cdot f_T \cdot t) \\ \underline{X}_e(f) &= \tfrac{1}{2}\left(\delta\left(f + f_{NF}\right) + \delta\left(f - f_{NF}\right)\right) * \tfrac{1}{2}\left(\delta\left(f + f_T\right) + \delta\left(f - f_T\right)\right) \end{aligned} \tag{11.57a}$$

Im Frequenzbereich erfolgt eine Faltung von Dirac-Impulsen nach Gl. (3.61) im Abschnitt 3.3.

$$\underline{X}_e(f) = \frac{1}{4}\Big(\delta\left(f + f_T + f_{NF}\right) + \delta\left(f - f_T - f_{NF}\right) + \delta\left(f + f_T - f_{NF}\right) \\ + \delta\left(f - f_T + f_{NF}\right)\Big) \tag{11.57b}$$

Im Bild 11.18, das die Gruppen- und Phasenlaufzeit des Systems zeigt, sind die Frequenzanteile des Spektrums des Eingangssignals gekennzeichnet. Es ist festzustellen, dass für die Gruppen- und Phasenlaufzeit bei der Frequenz f_T, die genau zwischen den Frequenzen $f_T - f_{NF}$ und $f_T + f_{NF}$ liegt, Werte abzulesen sind, die anscheinend den Zeitverschiebungen t_{v1} und t_{v2} entsprechen.

$$t_g\left(f_T\right) \to t_{v1} \quad \text{und} \quad t_p\left(f_T\right) \to t_{v2} \tag{11.58}$$

Dass im Ausgangssignal nach Gl. (11.56) der Trägeranteil mit der Frequenz f_T eine Zeitverschiebung aufweist, die der Phasenlaufzeit des Systems bei f_T entspricht, war zu erwarten. Aber dass die Hüllkurve mit der Frequenz $f_{NF} = 0{,}1$ kHz eine Zeitverschiebung aufweist, die der Gruppenlaufzeit des Systems bei $f_T = 2$ kHz entspricht, ist nicht sofort einsehbar. Mit Hinweis auf Gl. (11.11) und einem Vorgriff auf Kapitel 13, in dem der Zusammenhang von Frequenzfunktionen von Signalen und Systemen beschrieben wird, sei hier die Gleichung

$$\underline{X}_a(f) = \underline{G}(f) \cdot \underline{X}_e(f) \tag{11.59}$$

angegeben. Da in den Betrachtungen nur die durch den Phasengang des Systems resultierende Zeitverschiebung zwischen Ein- und Ausgangssignal interessiert, nicht die frequenzabhängige Dämpfung durch das System, wird für die Dämpfung ein konstanter Wert K angesetzt. Die Frequenzganggleichung des Systems wird angenommen mit

$$\underline{G}(f) = K\, e^{j\varphi_G(f)}. \tag{11.60}$$

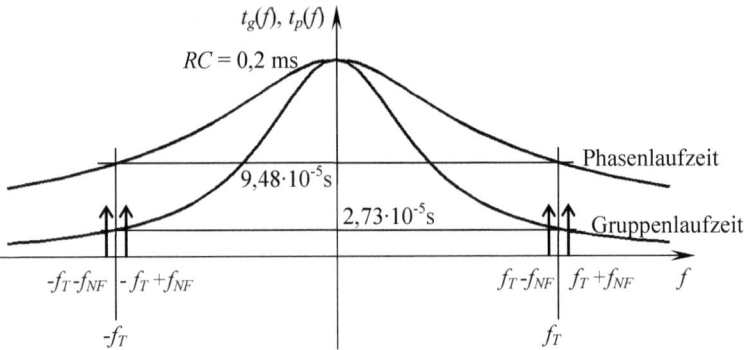

Bild 11.18 Gruppen- und Phasenlaufzeit des RC-Systems mit $RC = 0{,}2$ ms

Das Spektrum des Ausgangssignals wird berechnet nach der Gleichung

$$\underline{X}_a(f) = K \, e^{j\varphi_G(f)} \cdot \underline{X}_e(f). \tag{11.61}$$

Das Produkt des Spektrums des Eingangssignals $\underline{X}_e(f)$ nach Gl. (11.57b) und der Frequenzganggleichung des Systems nach Gl. (11.60) wird mit dem Verschiebungssatz der Fourier-Transformation nach Gl. (5.85) im Abschnitt 5.3 Fourier-rücktransformiert. Das Ergebnis, also das Ausgangssignal $x_a(t)$, ist das in der Phase verschobene Eingangssignal. Die Phasenverschiebungen hängen von den Spektralanteilen des Eingangssignals nach Gl. (11.57b) ab.

$$\underline{X}_a(f) = \frac{1}{4}\Big(\delta\left(f + f_T + f_{NF}\right) + \delta\left(f - (f_T + f_{NF})\right) \\ + \delta\left(f + f_T - f_{NF}\right) + \delta\left(f - (f_T - f_{NF})\right)\Big) \cdot K \, e^{j\varphi_G(f)} \tag{11.62a}$$

$$x_a(t) = \frac{K}{2}\cos\left(2\pi\left(f_T + f_{NF}\right)\cdot t + \varphi_G\left(f_T + f_{NF}\right)\right) \\ + \frac{K}{2}\cos\left(2\pi\left(f_T - f_{NF}\right)\cdot t + \varphi_G\left(f_T - f_{NF}\right)\right) \tag{11.62b}$$

Um den Zusammenhang zwischen Gl. (11.56), den Zeitverschiebungen in Gl. (11.58) und $x_a(t)$ in Gl. (11.62b) herzustellen, sind im Bild 11.19 im Verlauf des Phasengangs Phasenwerte bei $f = f_T$ und $f = f_T \pm f_{NF}$ eingezeichnet.

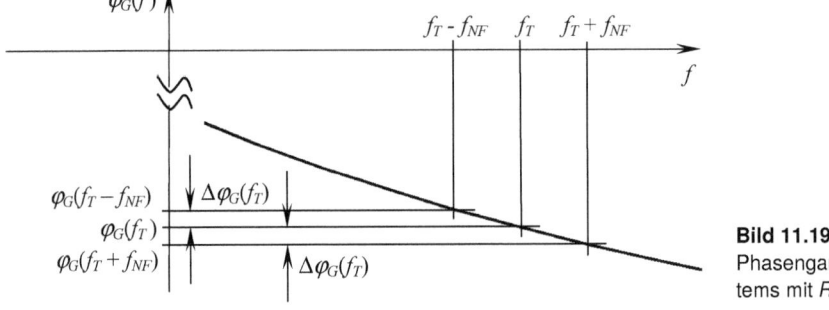

Bild 11.19 Phasengang des Systems mit $RC = 0{,}2$ ms

Mit den Näherungen für den Phasengang bei $f = f_T \pm f_{NF}$

$$\varphi_G\left(f_T + f_{NF}\right) = \varphi_G\left(f_T\right) + \Delta\varphi_G\left(f_T\right) \tag{11.63a}$$
$$\varphi_G\left(f_T - f_{NF}\right) = \varphi_G\left(f_T\right) - \Delta\varphi_G\left(f_T\right) \tag{11.63b}$$

ist für das Ausgangssignal $x_a(t)$ nach Gl. (11.62b) die folgende Gleichung anzugeben.

$$\begin{aligned}x_a(t) =& \frac{K}{2}\cos\left(2\pi\left(f_T + f_{NF}\right)\cdot t + \varphi_G\left(f_T\right) + \Delta\varphi_G\left(f_T\right)\right)\\ &+ \frac{K}{2}\cos\left(2\pi\left(f_T - f_{NF}\right)\cdot t + \varphi_G\left(f_T\right) - \Delta\varphi_G\left(f_T\right)\right)\end{aligned} \tag{11.64}$$

Sortiert man die Terme in den Kosinusfunktionen um

$$\begin{aligned}x_a(t) =& \frac{K}{2}\cos\left(2\pi f_T t + \varphi_G\left(f_T\right) + 2\pi f_{NF} t + \Delta\varphi_G\left(f_T\right)\right)\\ &+ \frac{K}{2}\cos\left(2\pi f_T t + \varphi_G\left(f_T\right) - 2\pi f_{NF} t - \Delta\varphi_G\left(f_T\right)\right)\end{aligned} \tag{11.65}$$

und wendet das Additionstheorem

$$\cos(\alpha + \beta) + \cos(\alpha - \beta) = 2\cos(\alpha)\cos(\beta) \tag{11.66}$$

an, dann entsteht im Ausgangssignal $x_a(t)$ zwischen niederfrequentem Signal und Träger der multiplikative Zusammenhang wie dies in Gl. (11.55) für das Eingangssignal $x_e(t)$ gilt.

$$x_a(t) = K\cos\left(2\pi f_{NF} t + \Delta\varphi_G\left(f_T\right)\right)\cdot\cos\left(2\pi f_T t + \varphi_G\left(f_T\right)\right) \tag{11.67}$$

Klammert man in den Termen der Kosinusfunktionen die Kreisfrequenzen aus, um aus den Phasenverschiebungen Zeitverschiebungen zu erhalten

$$x_a(t) = K\cos\left(2\pi f_{NF}\left(t + \frac{\Delta\varphi_G\left(f_T\right)}{2\pi f_{NF}}\right)\right)\cdot\cos\left(2\pi f_T\left(t + \frac{\varphi_G\left(f_T\right)}{2\pi f_T}\right)\right), \tag{11.68}$$

und geht davon aus, dass der Quotient $\frac{1}{2\pi}\cdot\frac{\Delta\varphi_G\left(f_T\right)}{f_{NF}}$ wegen $f_{NF} \ll f_T$ übergeht in

$$\frac{1}{2\pi}\cdot\frac{\Delta\varphi_G\left(f_T\right)}{f_{NF}} \rightarrow \frac{1}{2\pi}\cdot\left.\frac{d\varphi_G(f)}{df}\right|_{f=f_T}, \tag{11.69}$$

dann ist der gesuchte Zusammenhang zwischen den Zeitverschiebungen t_{v1} und t_{v2} sowie der Gruppenlaufzeit $t_g(f)$, Gl. (11.50), und Phasenlaufzeit $t_p(f)$, Gl. (11.49), gefunden.

$$t_{v1} = -\frac{1}{2\pi}\cdot\left.\frac{d\varphi_G(f)}{df}\right|_{f=f_T} = t_g\left(f_T\right) \tag{11.70a}$$

$$t_{v2} = -\frac{\varphi_G\left(f_T\right)}{2\pi f_T} = t_p\left(f_T\right) \tag{11.70b}$$

Das Ausgangssignal lautet

$$x_a(t) = K\underbrace{\cos\left(2\pi f_{NF}\left(t - t_g\left(f_T\right)\right)\right)}_{\text{Hüllkurve}}\cdot\underbrace{\cos\left(2\pi f_T\left(t - t_p\left(f_T\right)\right)\right)}_{\text{Träger}}. \tag{11.71}$$

Die Hüllkurve wird um den Wert der Gruppenlaufzeit des Systems $t_g(f_T)$ und das eingehüllte Trägersignal um die Phasenlaufzeit des Systems $t_p(f_T)$ verschoben.

Liegt ein System mit einem linearen Phasengang

$$\varphi_G(f) = m \cdot f \tag{11.72}$$

vor, dann sind Gruppen- und Phasenlaufzeit identisch.

$$t_p(f) = t_g(f) = -\frac{m}{2\pi} \tag{11.73}$$

Zusammengefasst lassen sich folgende Erkenntnisse formulieren.

Die zeitliche Verschiebung eines Signals $x_e(t)$, das als Modulation eines Trägers $\cos(2\pi f_T t)$ mit einem beliebigen niederfrequenten, schmalbandigen Nutzsignal bzw. einer Hüllkurve $x_{NF}(t)$ beschrieben wird,

$$x_e(t) = K \cdot x_{NF}(t) \cdot \cos(2\pi f_T t) \tag{11.74}$$

erfolgt durch ein System mit einem nichtlinearen Phasengang nach

$$x_a(t) = K \cdot x_{NF}\left(t - t_g\left(f_T\right)\right) \cdot \cos\left(2\pi f_T \left(t - t_p\left(f_T\right)\right)\right). \tag{11.75}$$

Liegt ein System mit einem linearen Phasengang vor, sind Gruppen- und Phasenlaufzeit identisch.

$$x_a(t) = K \cdot x_{NF}\left(t - t_g\left(f_T\right)\right) \cdot \cos\left(2\pi f_T \left(t - t_g\left(f_T\right)\right)\right). \tag{11.76}$$

12 Ideale kontinuierliche Übertragungssysteme

Ideale Übertragungssysteme werden ohne Rücksicht auf schaltungstechnische Realisierung definiert. Ihre einfache mathematische Handhabung ist z. B. bei der Planung und überschlägigen Analyse komplexer Systeme, etwa in Mobilfunknetzen, sehr nützlich. Detaillierte Analysen erfolgen dann üblicherweise mithilfe von Simulationsprogrammen.

Verzerrungsfreies Übertragungssystem
Bild 12.1 illustriert die verzerrungsfreie Übertragung eines Signals. Da die Signalform dabei nicht verändert werden darf, sind nur zwei Signalmodifikationen möglich, Multiplikation mit einem konstanten Faktor a, z. B. um eine Signaldämpfung zu beschreiben, und Zeitverschiebung um das Intervall t_0.

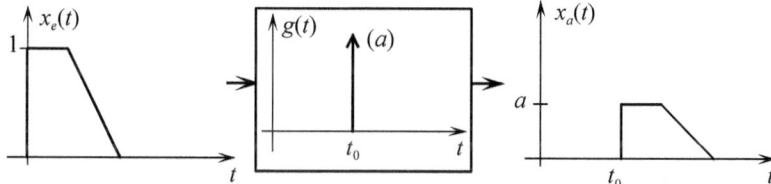

Bild 12.1 Verzerrungsfreie Signalübertragung

Die Impulsantwort dieses Übertragungssystems lautet

$$g(t) = a \cdot \delta(t - t_0). \tag{12.1}$$

Durch Faltung eines Eingangssignals $x_e(t)$ mit dieser Impulsantwort lässt sich die Funktion des Systems nachweisen.

$$x_a(t) = x_e(t) * g(t) = \int_{-\infty}^{\infty} x_e(t-\tau) a \delta(\tau - t_0) \, d\tau = a \int_{-\infty}^{\infty} x_e(t-\tau) \delta(\tau - t_0) \, d\tau \tag{12.2}$$

Mit der Ausblendeigenschaft des Dirac-Impulses nach Gl. (3.9) ergibt sich

$$x_a(t) = x_e(t) * g(t) = a x_e(t - t_0). \tag{12.3}$$

Die Ausblendeigenschaft ermöglicht auch die einfache Bestimmung des Frequenzgangs.

$$\underline{G}(f) = \int_{-\infty}^{\infty} a \delta(t - t_0) e^{-j 2\pi f t} \, dt = a e^{-j 2\pi f t_0} \tag{12.4}$$

Der konstante Faktor a bestimmt den Betrag des Frequenzgangs, die Zeitverschiebung t_0 seine Phase. Bild 12.2 zeigt den Frequenzgang für positive und negative Werte von a. Der

Phasengang fällt linear ab. Bei negativen Werten von a wird bei der Frequenz 0 ein Phasensprung um 2π eingefügt, der das Phasenverhalten des Systems nicht ändert. Damit stellt der Phasengang, wie in den Abschnitten 11.1 und 11.2 gezeigt wird, eine symmetrisch ungerade Funktion der Frequenz dar. Diese Eigenschaft zeigen die Phasengänge beliebiger Systeme mit reellen Impulsantworten.

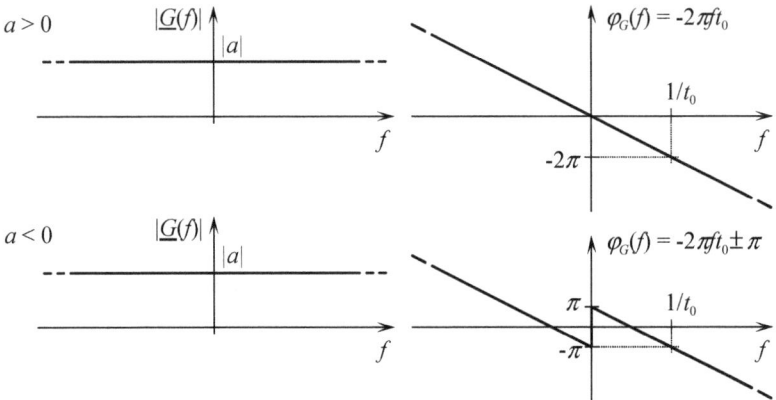

Bild 12.2 Frequenzgang des verzerrungsfreien Übertragungssystems

Am Betragsverlauf erkennt man, dass die Bandbreite dieses idealen Systems für $f \to \infty$ konstant, also frequenzunabhängig ist. Aus physikalischen Gründen ist dieser Wunsch nicht realisierbar. Ein verzerrungsfreies Übertragungssystem ist daher nicht praktisch realisierbar. Dies gilt auch für die nachfolgenden Beispiele idealer Filter mit reellen und symmetrisch geraden Frequenzgängen. Nach den im Abschnitt 5.3.2 erläuterten Symmetrieeigenschaften stellen die zugehörigen Impulsantworten reelle und symmetrisch gerade Funktionen der Zeit dar, die vor dem Zeitpunkt $t = 0$ beginnen. Die Systeme sind somit nichtkausal.

Idealer Tiefpass

Ein idealer Tiefpass lässt alle Signalanteile unterhalb seiner Grenzfrequenz f_g unverändert passieren, während Signalanteile oberhalb der Grenzfrequenz vollständig unterdrückt werden. Bild 12.3 zeigt den Frequenzgang dieses idealen Systems.

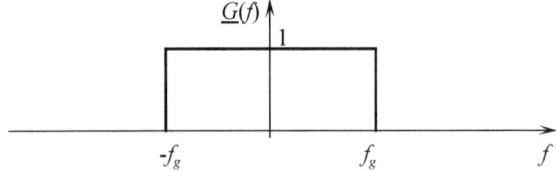

Bild 12.3 Frequenzgang eines idealen Tiefpasses

Er lautet

$$\underline{G}(f) = \text{rect}\left(\frac{f}{2f_g}\right). \tag{12.5}$$

Mittels inverser Fourier-Transformation wird die Impulsantwort berechnet.

$$g(t) = \int_{-\infty}^{\infty} \text{rect}\left(\frac{f}{2f_g}\right) e^{j2\pi ft}\,df = \int_{-f_g}^{f_g} e^{j2\pi ft}\,df = \frac{1}{j2\pi t} e^{j2\pi ft}\Big|_{-f_g}^{f_g}$$

$$g(t) = \frac{e^{j2\pi f_g t} - e^{-j2\pi f_g t}}{j 2\pi t} = \frac{\sin(2\pi f_g t)}{\pi t} = 2 f_g \frac{\sin(2\pi f_g t)}{2\pi f_g t} = 2 f_g \operatorname{si}(2\pi f_g t) \quad (12.6)$$

Bild 12.4 zeigt die Impulsantwort, deren Verlauf der im Abschnitt 3.2 erläuterten si-Funktion als Zeitsignal entspricht.

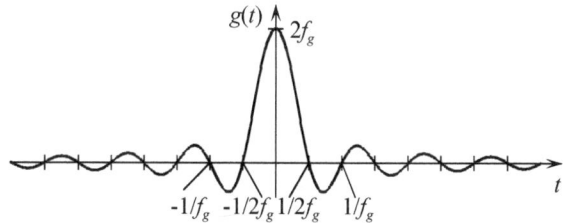

Bild 12.4 Impulsantwort eines idealen Tiefpasses

Idealer Hochpass

Ein idealer Hochpass lässt alle Signalanteile oberhalb seiner Grenzfrequenz f_g unverändert passieren, während Signalanteile unterhalb der Grenzfrequenz vollständig unterdrückt werden. Bild 12.5 zeigt den Frequenzgang dieses idealen Systems.

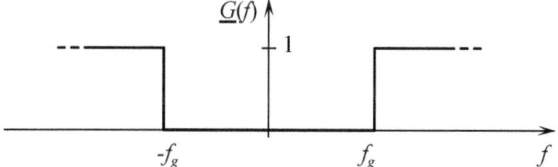

Bild 12.5 Frequenzgang eines idealen Hochpasses

Der Frequenzgang des idealen Hochpasses ist komplementär zum Frequenzgang des idealen Tiefpasses.

$$\underline{G}(f) = 1 - \operatorname{rect}\left(\frac{f}{2 f_g}\right) \quad (12.7)$$

Die inverse Fourier-Transformierte der Rechteckfunktion wird aus Gl. (12.6) übernommen. Zusammen mit der inversen Fourier-Transformierten der Konstanten 1 nach Gl. (5.123) lautet die Impulsantwort des idealen Hochpasses

$$g(t) = \delta(t) - 2 f_g \operatorname{si}(2\pi f_g t). \quad (12.8)$$

Bild 12.6 zeigt die Impulsantwort.

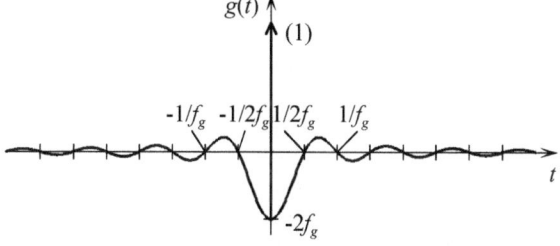

Bild 12.6 Impulsantwort eines idealen Hochpasses

Idealer Bandpass

Ein idealer Bandpass lässt alle Signalanteile innerhalb eines Frequenzbandes der Bandbreite B um seine Mittenfrequenz f_m unverändert passieren, während Signalanteile außerhalb dieses Frequenzbandes vollständig unterdrückt werden (siehe Bild 12.7).

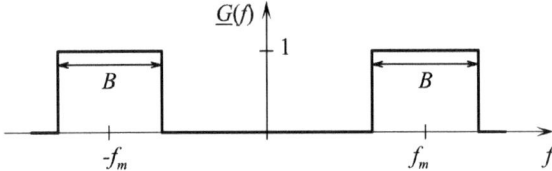

Bild 12.7 Frequenzgang eines idealen Bandpasses

Er lautet

$$\underline{G}(f) = \text{rect}\left(\frac{f + f_m}{B}\right) + \text{rect}\left(\frac{f - f_m}{B}\right). \tag{12.9}$$

Ersetzt man in Gl. (12.6) das Frequenzintervall $2f_g$ durch B so gilt

$$\text{rect}\left(\frac{f}{B}\right) \circ\!\!-\!\!\bullet\; B\,\text{si}(\pi B t). \tag{12.10}$$

In Gl. (12.9) wird die Rechteckfunktion in der Frequenz um f_m bzw. $-f_m$ verschoben. Mit der Verschiebungseigenschaft des Dirac-Impulses im Frequenzbereich nach Gl. (5.90) entspricht dies einer Multiplikation der Impulsantwort eines idealen Tiefpasses mit einer Kosinusschwingung der Frequenz f_m.

$$g(t) = B\,\text{si}(\pi B t)\,e^{-j2\pi f_m t} + B\,\text{si}(\pi B t)\,e^{j2\pi f_m t} = 2B\,\text{si}(\pi B t)\cos(2\pi f_m t) \tag{12.11}$$

Bild 12.8 zeigt diese Impulsantwort.

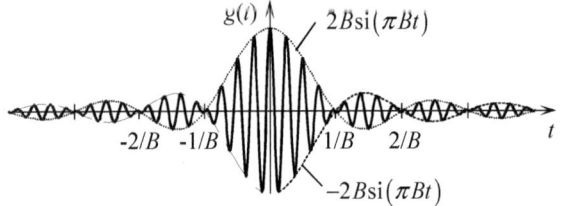

Bild 12.8 Impulsantwort eines idealen Bandpasses

Ideale Bandsperre

Der Frequenzgang der idealen Bandsperre ist komplementär zum Frequenzgang des idealen Bandpasses.

$$\underline{G}(f) = 1 - \text{rect}\left(\frac{f + f_m}{B}\right) - \text{rect}\left(\frac{f - f_m}{B}\right) \tag{12.12}$$

Bild 12.9 zeigt den Frequenzgang dieses idealen Systems.

In der gleichen Art, wie die Impulsantwort des idealen Hochpasses durch Subtraktion der Impulsantwort des idealen Tiefpasses vom Dirac-Impuls $\delta(t)$ entsteht, entsteht die Impulsantwort der idealen Bandsperre durch Subtraktion der Impulsantwort des idealen Bandpasses vom Dirac-Impuls.

$$g(t) = \delta(t) - 2B\,\text{si}(\pi B t)\cos(2\pi f_m t) \tag{12.13}$$

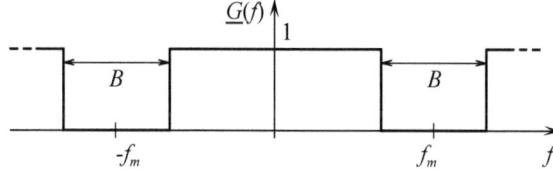

Bild 12.9 Frequenzgang einer idealen Bandsperre

Bild 12.10 zeigt diese Impulsantwort.

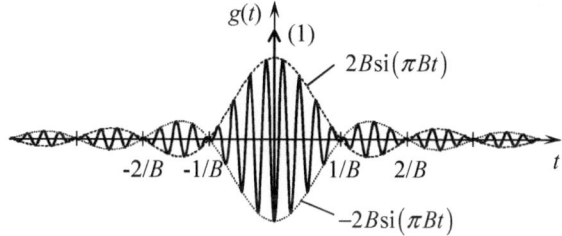

Bild 12.10 Impulsantwort einer idealen Bandsperre

Die Bilder 12.4 bis 12.10 veranschaulichen die Akausalität der erläuterten idealen Filter. Naheliegend ist die Frage nach dem Nutzen derartiger nicht praktisch realisierbarer Systeme. Einleitend wurde bereits auf ihre einfache mathematische Handhabung im Rahmen überschlägiger Berechnungen hingewiesen. Ideale Systeme finden auch als anzustrebende aber nicht exakt erreichbare Entwurfsziele Verwendung, etwa beim Entwurf realisierbarer analoger bzw. digitaler Filter. So werden manche Filterkategorien, wie z. B. Butterworth- oder Tschebyscheff-Filter, dahin gehend entworfen, dass ihr Amplitudengang einen rechteckförmigen Verlauf möglichst gut approximiert /42/.

13 Zusammenhang der Frequenzfunktionen kontinuierlicher Signale und Systeme

Die Frequenzabhängigkeit der Signale und Systeme wurde bis zu diesem Kapitel separat voneinander betrachtet. Die spektrale Analyse zeitkontinuierlicher Signale, dargestellt im Frequenzspektrum $\underline{X}(f)$ bzw. $\underline{X}(nf_p)$, wurde im Kapitel 5 beschrieben. Das Frequenzverhalten zeitkontinuierlicher Systeme, dargestellt durch den Frequenzgang $\underline{G}(f)$, wurde im Kapitel 11 erläutert. In diesem Kapitel erfolgt nun eine Zusammenführung der Frequenzspektren der Signale und des Frequenzgangs des Systems, um die spektrale Beeinflussung von Signalen durch Systeme zu zeigen.

Liegt ein nichtperiodisches Signal an, so wird die Systemantwort bei einem stabilen System nichtperiodisch sein. Aus- und Eingangssignal haben kontinuierliche Frequenzspektren. Wird an ein System ein periodisches Signal gelegt, so wird die Systemantwort im eingeschwungenen Zustand in diesem Fall ein periodisches Signal sein. Ein- und Ausgangssignal haben diskrete Frequenzspektren.

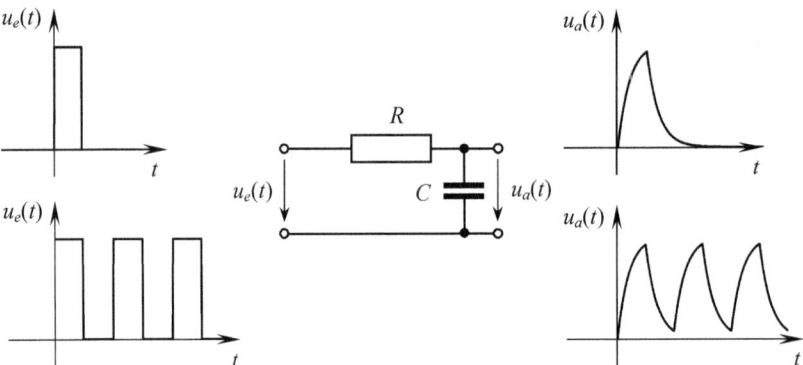

Bild 13.1 *RC*-Glied mit nichtperiodischen und periodischen Eingangs- und Ausgangssignalen

Im Kapitel 5 wurde gezeigt, dass sich die Frequenzspektren periodischer und nichtperiodischer Signale dadurch unterscheiden, dass periodische Signale diskrete Frequenzspektren $\underline{X}(nf_p)$ und nichtperiodische Signale kontinuierliche Frequenzspektren $\underline{X}(f)$ haben.

$$\underline{X}_e(nf_P) \text{ bzw.} \quad \underline{X}_e(f) \longrightarrow \boxed{\underline{G}(f)} \longrightarrow \underline{X}_a(nf_P) \text{ bzw.} \quad \underline{X}_a(f)$$

Unabhängig von der Unterscheidung in periodische und nichtperiodische Signale gilt im Frequenzbereich folgende Betrachtungsweise:

13 Zusammenhang der Frequenzfunktionen kontinuierlicher Signale und Systeme

Das Frequenzspektrum des Eingangssignals $\underline{X}_e(nf_p)$ bzw. $\underline{X}_e(f)$ wird mit dem Frequenzgang $\underline{G}(f)$ des Systems multipliziert. Das Ergebnis ist das Frequenzspektrum des Ausgangssignals $\underline{X}_a(nf_p)$ bzw. $\underline{X}_a(f)$.

$$\underline{X}_e(nf_p) \cdot \underline{G}(f) = \underline{X}_a(nf_p)$$
$$\underline{X}_e(f) \cdot \underline{G}(f) = \underline{X}_a(f) \tag{13.1}$$

Der Unterschied zwischen periodischen und nichtperiodischen Signalen besteht darin, dass bei den periodischen Signalen aufgrund des diskreten Spektrums das System nur bestimmte Spektralanteile beeinflusst, nämlich die Spektralanteile bei den diskreten Frequenzen nf_p. Die Frequenzfunktionen werden bei Anwendung der komplexen Rechnung meist durch ihre Exponentialform oder auch durch ihre arithmetische Form dargestellt. Nachfolgend wird die Exponentialform verwendet und da die Betrachtungsweise für periodische und nichtperiodische Signale prinzipiell gleich ist, wird wegen des etwas geringeren Schreibaufwandes nur auf die nichtperiodischen Signale Bezug genommen.

Die Exponentialform lautet:

$$\underline{X}_e(f) \cdot \underline{G}(f) = \underline{X}_a(f)$$
$$|\underline{X}_e(f)| e^{j\varphi_e(f)} \cdot |\underline{G}(f)| e^{j\varphi_G(f)} = |\underline{X}_a(f)| e^{j\varphi_a(f)} \tag{13.2a}$$

Die Beträge und die Phasen werden unterschiedlich mathematisch verknüpft, es gilt

$$|\underline{X}_e(f)| \quad \cdot \quad |\underline{G}(f)| \quad = \quad |\underline{X}_a(f)| \tag{13.2b}$$

| Amplitudenspektrum des Eingangssignals | · | Amplitudengang des Systems | = | Amplitudenspektrum des Ausgangssignals |

$$\varphi_e(f) \quad + \quad \varphi_G(f) \quad = \quad \varphi_a(f) \tag{13.2c}$$

| Phasenspektrum des Eingangssignals | + | Phasengang des Systems | = | Phasenspektrum des Ausgangssignals |

Zur Veranschaulichung der oben angegebenen Sachverhalte wird anhand eines Beispiels die spektrale Beeinflussung eines Eingangssignals durch ein System gezeigt, auf die damit verbundenen Berechnungen wird anschließend eingegangen.

Beispiel 13.1 Ermittlung des Spektrums des Ausgangssignals des *RC*-Gliedes bei einem rechteckförmigen Eingangsimpuls

An den Eingang eines RC-Gliedes wird ein rechteckförmiges Spannungssignal gelegt. Aufgrund der Auf- und Entladevorgänge im Kondensator weist die Ausgangsspannung des Systems erst einen steigenden und dann einen fallenden Spannungsverlauf auf.

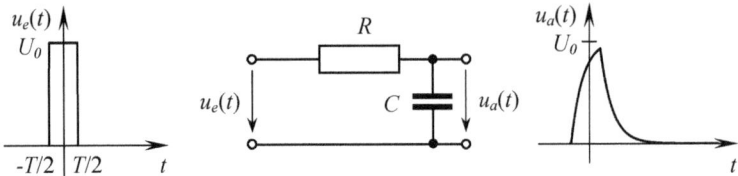

Bild 13.2 *RC*-Glied mit Eingangsrechteckfunktion und Systemantwort

Die aus den Abschnitten 5.3.3 und 11.1 bekannten Frequenzfunktionen von Eingangssignal und System sind mit dem Amplituden- und Phasenspektrum des Eingangssignals sowie dem Amplituden- und Phasengang des Systems im Bild 13.3 dargestellt. Das Phasenspektrum des Eingangssignals nimmt nur Werte von 0° und ±180° an. Die Phasenverschiebung +180° drückt den gleichen Sachverhalt aus wie die Phasenverschiebung −180°. Die Festlegung für das Phasenspektrum ist in diesem Fall beliebig wählbar. Um die generelle Eigenschaft der Punktsymmetrie von Phasenspektren auch bei diesem Eingangssignal deutlich zu zeigen, wird die im Bild 13.3 dargestellte Festlegung getroffen.

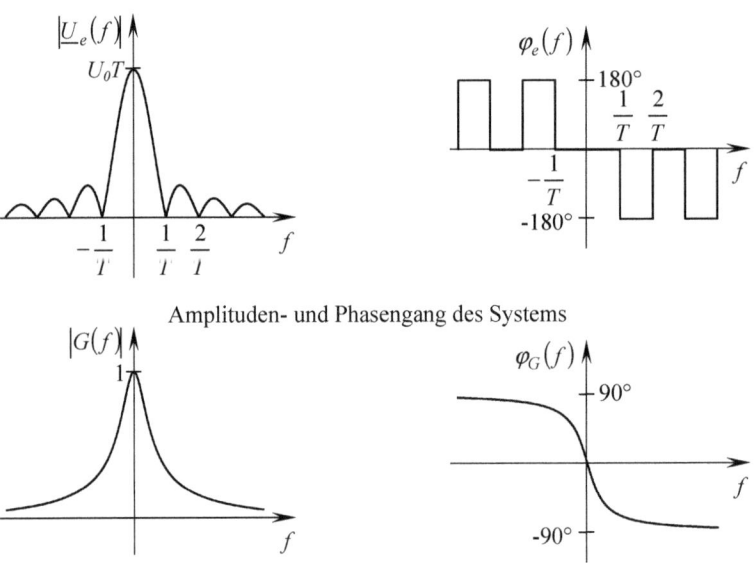

Bild 13.3 Frequenzfunktionen des Eingangssignals und des Systems

Das Frequenzspektrum des Ausgangssignals lässt sich aus den Teilbildern des Bildes 13.3 und den Zusammenhängen nach Gl. (13.2a) bis (13.2c) plausibel erklären. Die Beträge der Frequenzfunktionen werden multipliziert und die Phasen der Frequenzfunktionen werden addiert. Das Amplituden- und Phasenspektrum des Ausgangssignals zeigt Bild 13.4.

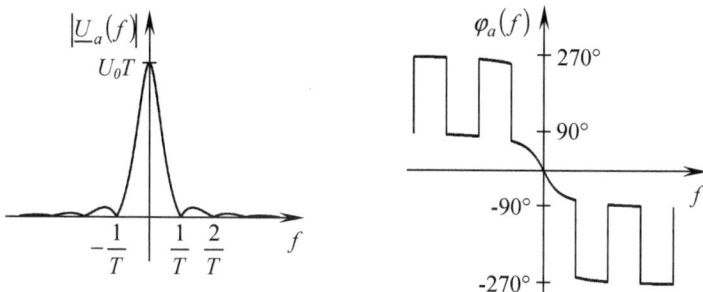

Bild 13.4 Amplituden- und Phasenspektrum des Ausgangssignals

Das RC-System hat Tiefpassverhalten, d. h. Spektralanteile des Eingangssignals im tiefen Frequenzbereich werden durch das System bezüglich der Amplitude nicht bzw. kaum beeinflusst. In den höheren Frequenzbereichen werden Spektralanteile des Eingangssignals durch das System stark gedämpft. Vergleicht man die Amplitudenspektren von Ein- und Ausgangssignal, so ist diese Filterwirkung gut erkennbar. Weiterhin ist zu beobachten, dass die Bandbreite des Ausgangssignals sich im Vergleich zur Bandbreite des Eingangssignals verringert hat. Im Zeitbereich ist bezüglich der Signalbreite genau der entgegengesetzte Effekt zu beobachten. Das Ausgangssignal hat sich im Vergleich zum Eingangsimpuls verbreitert.

Nachfolgend werden die grafischen Darstellungen durch die entsprechenden Berechnungen untermauert. Zuerst sind die Frequenzfunktionen des Eingangssignals und des Systems angegeben. Für den Rechteckimpuls gilt nach Gl. (5.119) im Abschnitt 5.3.3

$$u_e(t) = U_0 \operatorname{rect}\left(\frac{t}{T}\right) \circ\!\!-\!\bullet\; U_0 \frac{e^{j\pi fT} - e^{-j\pi fT}}{j2\pi f} = \underline{U}_e(f). \tag{13.3}$$

Das System wird beschrieben mit der Frequenzganggleichung nach Gl. (11.16b) im Abschnitt 11.1

$$\underline{G}(f) = \frac{1}{1 + j2\pi fRC}. \tag{13.4}$$

Das Frequenzspektrum des Ausgangssignals wird berechnet aus

$$\begin{aligned}\underline{U}_a(f) &= \quad \underline{G}(f) \quad \cdot \quad \underline{U}_e(f) \\ \underline{U}_a(f) &= \frac{1}{1 + j2\pi fRC} \cdot U_0 \frac{e^{j\pi fT} - e^{-j\pi fT}}{j2\pi f}\end{aligned} \tag{13.5}$$

Um den Einfluss des Systems auf das Eingangssignal deutlicher darzustellen, werden Frequenzspektrum und Frequenzgang in der Exponentialform angegeben.

$$\underline{G}(f) = \sqrt{\frac{1}{1 + (2\pi fRC)^2}} \cdot e^{-j\arctan(2\pi fRC)} \tag{13.6a}$$

$$\underline{U}_e(f) = U_0 T |\operatorname{si}(\pi fT)| \cdot e^{j\varphi_e(f)} \quad \text{mit} \quad \varphi_e(f) = \begin{cases} 0° & \text{für } \operatorname{si}(\pi fT) \geqq 0 \\ \pm 180° & \text{für } \operatorname{si}(\pi fT) < 0 \end{cases} \tag{13.6b}$$

Das Frequenzspektrum des Ausgangssignals wird ermittelt aus

$$\underline{U}_a(f) = |\underline{U}_a(f)| \cdot e^{j\varphi_a(f)} = \underline{G}(f) \cdot \underline{U}_e(f). \tag{13.7a}$$

Das Amplitudenspektrum des Ausgangssignals berechnet sich aus

$$|\underline{U}_a(f)| = \sqrt{\frac{1}{1+(2\pi f RC)^2}} \cdot U_0 T \, |\operatorname{si}(\pi f T)| \tag{13.7b}$$

und das Phasenspektrum des Ausgangssignals aus

$$\varphi_a(f) = \begin{cases} -\arctan(2\pi f RC) & \text{für } \operatorname{si}(\pi f T) \geq 0 \\ -\arctan(2\pi f RC) \pm 180° & \text{für } \operatorname{si}(\pi f T) < 0. \end{cases} \tag{13.7c}$$

Da $+180°$ und $-180°$ bezüglich der Phasenverschiebung den gleichen Sachverhalt ausdrücken, ist man frei in der Festlegung. Um die Verarbeitung mit dem Phasengang des Systems anschaulich zu zeigen, wird beim Phasenspektrum des Eingangssignals für $f < 0$ die Phase von $+180°$ und für $f > 0$ die Phase von $-180°$ gewählt. Sehr gut erkennbar ist im Bild 13.3 auch die Eigenschaft der ungeraden Symmetrie des Phasengangs. Die Bilder 13.3 und 13.4 veranschaulichen die Berechnung des Amplituden- und Phasenspektrums des Ausgangssignals. Die Beträge werden multipliziert und die Phasen werden addiert. ∎

14 Zeitdiskrete LTI-Systeme im Zeitbereich

14.1 Systemeigenschaften

Systemeigenschaften für zeitkontinuierliche Systeme sind dem Leser aus dem Abschnitt 9.1 bekannt. In diesem Abschnitt werden die Systemeigenschaften für zeitdiskrete Systeme beschrieben, wobei Parallelen zu den zeitkontinuierlichen Systemen gewollt sind, da Systeme unabhängig davon, ob eine zeitkontinuierliche oder zeitdiskrete Signalverarbeitung stattfindet, durch die Systemeigenschaften beschrieben und eingeteilt werden. Weiterhin haben ihre Eigenschaften Konsequenzen hinsichtlich ihrer Beschreibungen.

Unter einem System ist das mathematische Modell zu verstehen, das einem Eingangssignal, einer Eingangsfolge von Zahlenwerten, in Abhängigkeit einer Vorschrift S ein Ausgangssignal, eine Ausgangsfolge von Zahlenwerten, zuordnet.

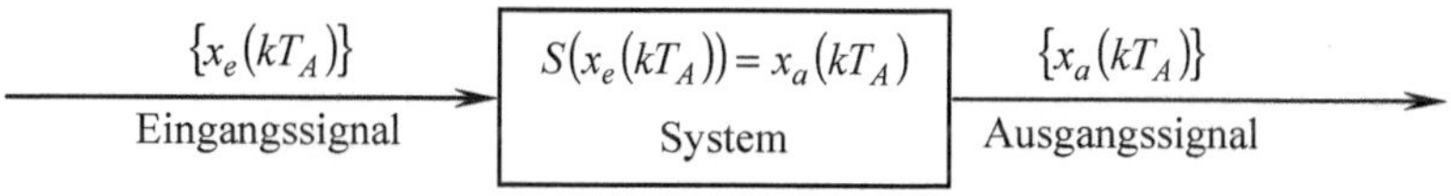

$$\{x_e(kT_A)\} \longrightarrow \boxed{\begin{array}{c} S(x_e(kT_A)) = x_a(kT_A) \\ \text{System} \end{array}} \longrightarrow \{x_a(kT_A)\}$$

Eingangssignal — System — Ausgangssignal

Bild 14.1 Eingangssignal, System, Ausgangssignal

Systeme mit und ohne Speicherelemente

Bei *Systemen ohne Speicherelemente* ist das Ausgangssignal $\{x_a(kT_A)\}$ zum Zeitpunkt kT_A nur abhängig vom Eingangssignal $\{x_e(kT_A)\}$ zum Zeitpunkt kT_A.

Bei *Systemen mit Speicherelementen* hängt das Ausgangssignal $\{x_a(kT_A)\}$ zum Zeitpunkt kT_A vom Eingangssignal $\{x_e(kT_A)\}$ zum Zeitpunkt kT_A und zurückliegenden Zeitpunkten und/oder zurückliegenden Zeitpunkten des Ausgangssignals ab.

Beispiel 14.1 Systeme mit und ohne Speicherwirkung

Bei einem System ohne Speicherelement wird das Eingangssignal entweder verstärkt oder gedämpft, die prinzipielle Form des Eingangssignals wird durch das System nicht geändert.

Bei Systemen mit Speicherelementen ist, in Anlehnung an das Sparschwein im Bild 8.1 des Kapitels 8, die Speicherwirkung sofort einleuchtend. Solange das Sparschwein vom Hammer verschont bleibt und in mehr oder weniger regelmäßigen Zeitabständen Münzen in das Sparschwein fallen, speichert das Schwein. Es hat eine integrierende Wirkung.

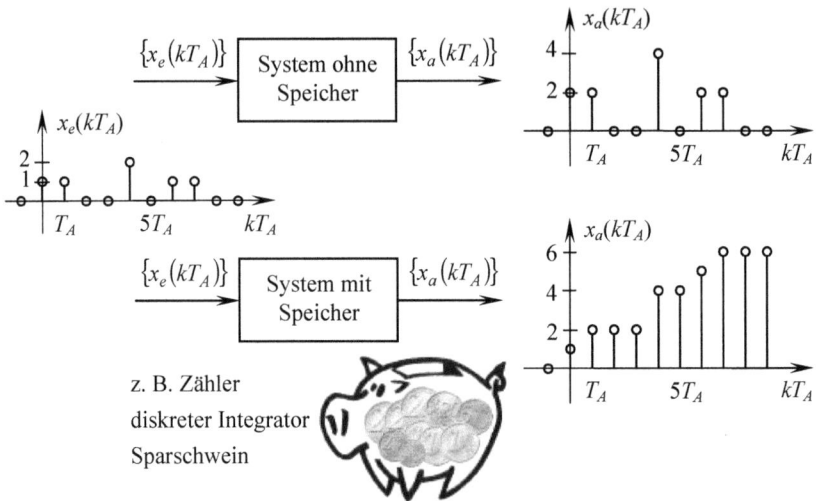

Bild 14.2 Systeme ohne und mit Speicherwirkung

Lineare und nichtlineare Systeme

Ein System wird als linear bezeichnet, wenn auf jede Linearkombination von Eingangssignalen, z. B.

$\{x_e(kT_A)\}$ mit
$x_e(kT_A) = k_1 x_{e1}(kT_A) + k_2 x_{e2}(kT_A)$

das System mit der entsprechenden Linearkombination der Ausgangssignale reagiert.

$\{x_a(kT_A)\}$ mit
$$x_a(kT_A) = S\left(k_1 x_{e1}(kT_A) + k_2 x_{e2}(kT_A)\right) = k_1 S\left(x_{e1}(kT_A)\right) + k_2 S\left(x_{e2}(kT_A)\right) \quad (14.1)$$

Bei nichtlinearen Systemen gilt diese Beziehung nicht.

Nachfolgend wird der diskrete Integrator als Beispiel für das lineare System und der Quadrierer als Beispiel für das nichtlineare System besprochen. Für beide Beispiele werden je zwei Versuche durchgeführt.

14.1 Systemeigenschaften

Beispiel 14.2 Lineares System

1. Versuch: Auf den diskreten Integrator wird einmalig ein Eingangssignal $\{x_e(kT_A)\}$ gegeben, das sich aus zwei Teilsignalen $\{x_{e1}(kT_A)\}$ und $\{x_{e2}(kT_A)\}$ zusammensetzt.

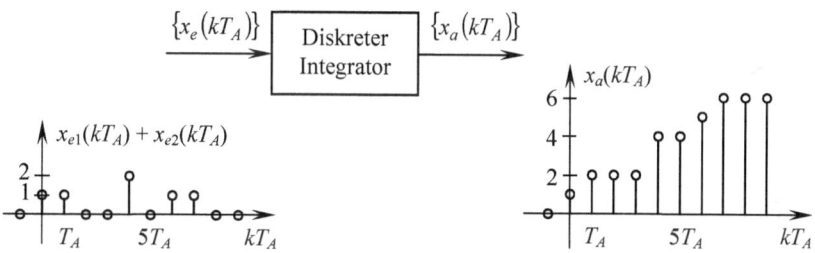

Bild 14.3 1. Versuch mit linearem System

2. Versuch: Auf den diskreten Integrator werden nacheinander zwei Eingangssignale gegeben, deren Summe dem Eingangssignal des 1. Versuches entspricht. Die beiden Ausgangssignale werden addiert.

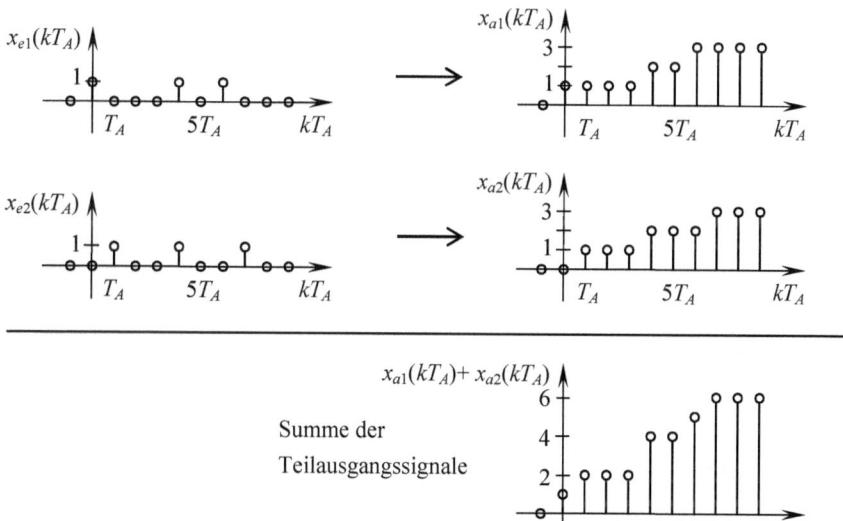

Bild 14.4 2. Versuch mit linearem System

Beide Versuche ergeben gleiche Systemreaktionen. Es wirkt das Überlagerungsprinzip, somit ist Gl. (14.1) erfüllt. Der zeitdiskrete Integrator ist ein lineares System. ∎

Beispiel 14.3 Nichtlineares System

Für den Quadrierer werden ebenfalls zwei Versuche durchgeführt.

1. Versuch: Das Eingangssignal $\{x_e(kT_A)\} = \{x_{e1}(kT_A)\} + \{x_{e2}(kT_A)\}$ wird auf den diskreten Quadrierer gegeben.

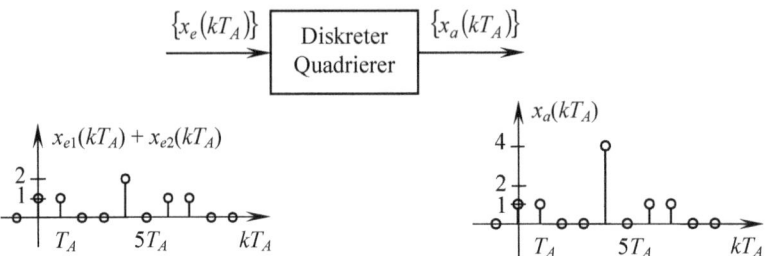

Bild 14.5 1. Versuch mit nichtlinearem System

2. Versuch: Nacheinander werden die zwei Eingangssignale, deren Summe dem Eingangssignal des 1. Versuches entspricht, auf den Quadrierer gegeben. Die beiden in diesem Versuch resultierenden Ausgangssignale werden addiert.

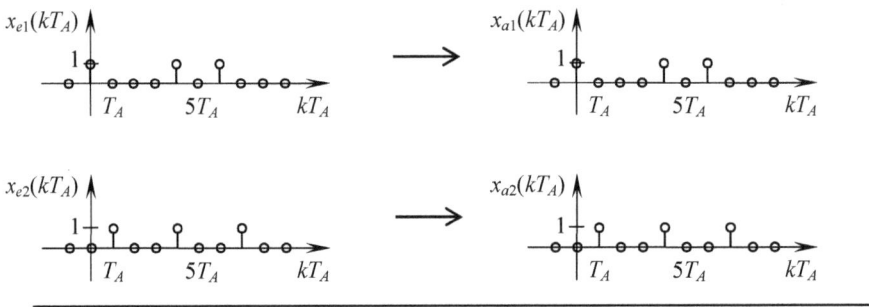

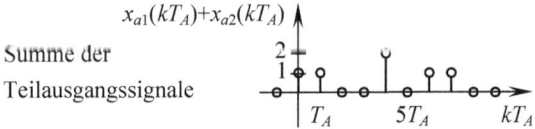

Bild 14.6 2. Versuch mit nichtlinearem System

Der Vergleich der Bilder 14.5 und 14.6 zeigt, dass es zu unterschiedlichen Systemreaktionen kommt. Die Gl. (14.1) ist nicht erfüllt. Das System ist nichtlinear.

Wie bei den kontinuierlichen Systemen ist ein weiteres wichtiges Indiz für die Unterscheidung von linearen bzw. nichtlinearen Systemen die Reaktion des Systems auf ein harmonisches Signal. Ein lineares System antwortet auf ein harmonisches Eingangssignal der Frequenz f_0 im eingeschwungenen Zustand mit einem harmonischen Ausgangssignal der gleichen Frequenz f_0. Die Amplitude und Phase des Ausgangssignals können durch das Systemverhalten geändert sein. Bei nichtlinearen Systemen entstehen neue Frequenzen.

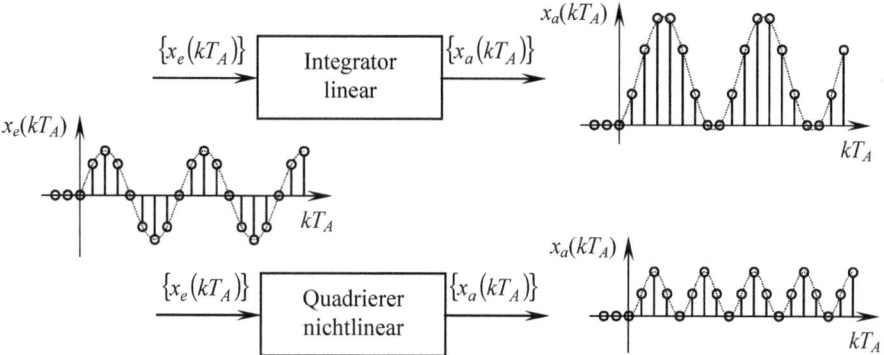

Bild 14.7 Reaktionen eines linearen und eines nichtlinearen Systems auf ein harmonisches Eingangssignal

Der Integrator, das lineare System, verschiebt das Eingangssignal nur um die Phase $-90°$ und erzeugt einen Gleichanteil. Der Quadrierer, das nichtlineare System, liefert am Systemausgang eine andere Frequenz. Die Frequenz des Ausgangssignals ist doppelt so hoch wie die Frequenz des Eingangssignals. ∎

Zeitinvariante und zeitvariante Systeme

Ein System ist zeitinvariant, wenn folgende Bedingung erfüllt ist: Wenn das System auf das Eingangssignal $\{x_e(kT_A)\}$ mit dem Ausgangssignal $\{x_a(kT_A)\}$ reagiert, so muss das um iT_A später einsetzende Eingangssignal $\{x_e(kT_A - iT_A)\}$ das entsprechende zeitverschobene Ausgangssignal $\{x_a(kT_A - iT_A)\}$ zur Folge haben.

$$\begin{aligned} &\{x_a(kT_A)\} &&\text{mit}\quad x_a(kT_A) = S\left(x_e(kT_A)\right) \\ &\{x_a(kT_A - iT_A)\} &&\text{mit}\quad x_a(kT_A - iT_A) = S\left(x_e(kT_A - iT_A)\right) \end{aligned} \qquad (14.2)$$

Bei zeitvarianten Systemen gilt diese Beziehung nicht.

Beispiel 14.4 Zeitinvariantes und zeitvariantes System

Der Integrator dient auch hier als anschauliches Beispiel. Bei einem Eingangssignal, das in äquidistanten Zeitabständen einen Impuls liefert, steigt das Ausgangssignal stetig an. Verschiebt sich das Eingangssignal, dann verschiebt sich auch die integrierende Wirkung. Der Systemparameter *Anstieg* bleibt bei einem zeitinvarianten System gleich. Im Gegensatz dazu ändert sich bei einem zeitvarianten System der Anstieg.

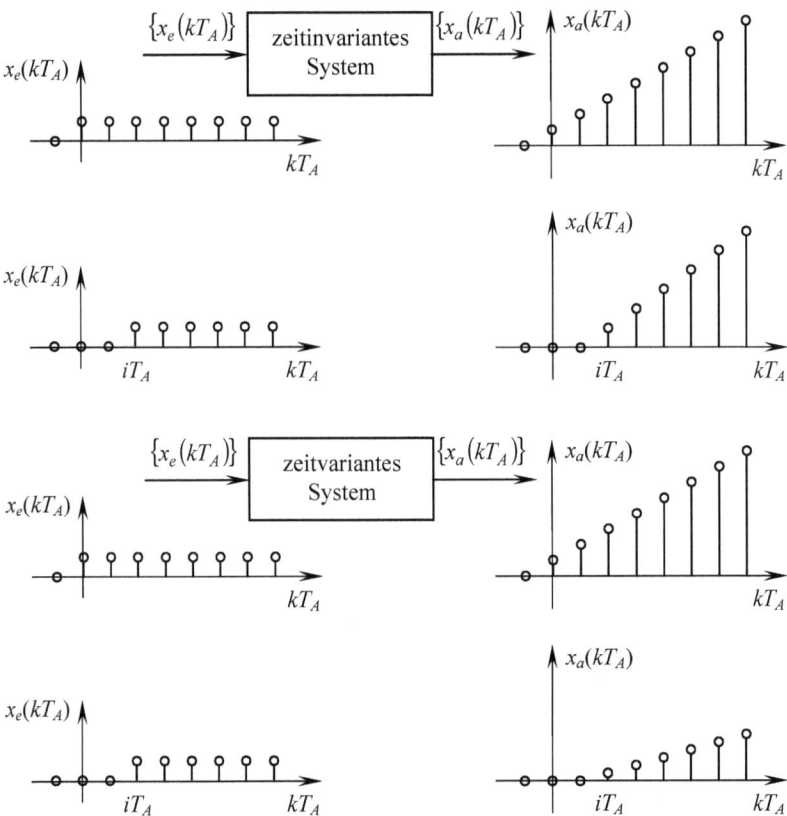

Bild 14.8 Zeitinvariantes und zeitvariantes System

Kausales und nichtkausales System

Bei einem kausalen System liegt nur dann ein Ausgangssignal vor, wenn ein Eingangssignal anliegt. Praktisch realisierbare Systeme besitzen diese Eigenschaft. Systeme, die vor der Systemerregung durch das Eingangssignal eine Systemreaktion zeigen, heißen nichtkausal.

Wie im Kapitel 12 beschrieben wurde, sind nichtkausale kontinuierliche Systeme hilfreich bei der Planung komplexer Systeme und beim Entwurf von Systemen. Dies gilt auch für die zeitdiskreten Systeme, auch bei diesen Systemen greift man auf nichtkausale Systeme zurück. Im Gegensatz zu den zeitkontinuierlichen Systemen werden zeitdiskrete Systeme auch durch Software realisiert. Bei dieser Realisierung und bei einer Verarbeitung ohne Echtzeitanforderung ist eine ausreichend gute Annäherung an die nichtkausalen Systeme möglich, da man auf abgespeicherte Werte des Systems vor Einsetzen eines Signals zurückgreifen kann. Im Bild 14.9 sind das Eingangs- und Ausgangssignal des Integrators als Beispiel für ein kausales System und des idealen Tiefpasses als Beispiel für ein nichtkausales System dargestellt.

Beispiel 14.5 Kausales und nichtkausales System

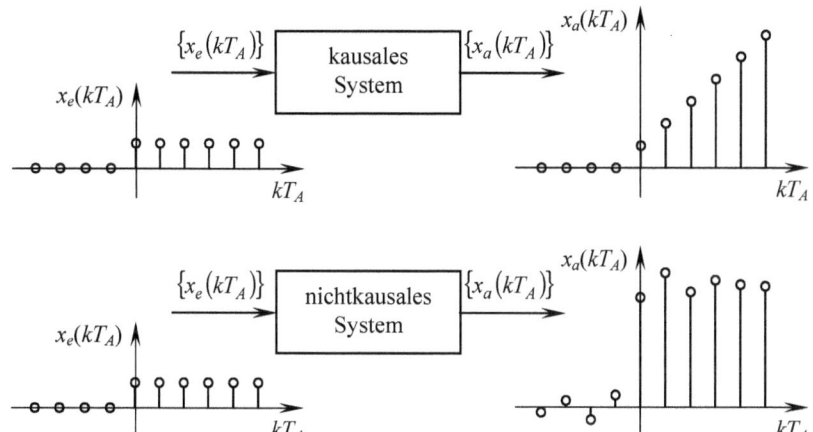

Bild 14.9 Kausales und nichtkausales System

Stabile und instabile Systeme

Ein System wird als stabil bezeichnet, wenn auf jedes beschränkte Eingangssignal

$$|\{x_e(kT_A)\}| \leq M_e < \infty \tag{14.3a}$$

mit einem beschränkten Ausgangssignal

$$|\{x_a(kT_A)\}| \leq M_a < \infty \tag{14.3b}$$

reagiert wird. Dies wird als BIBO-stabil bezeichnet (**B**ounded-**I**nput-**B**ounded-**O**utput). Anderenfalls ist das System instabil.

Beispiel 14.6 Stabile und instabile Systeme

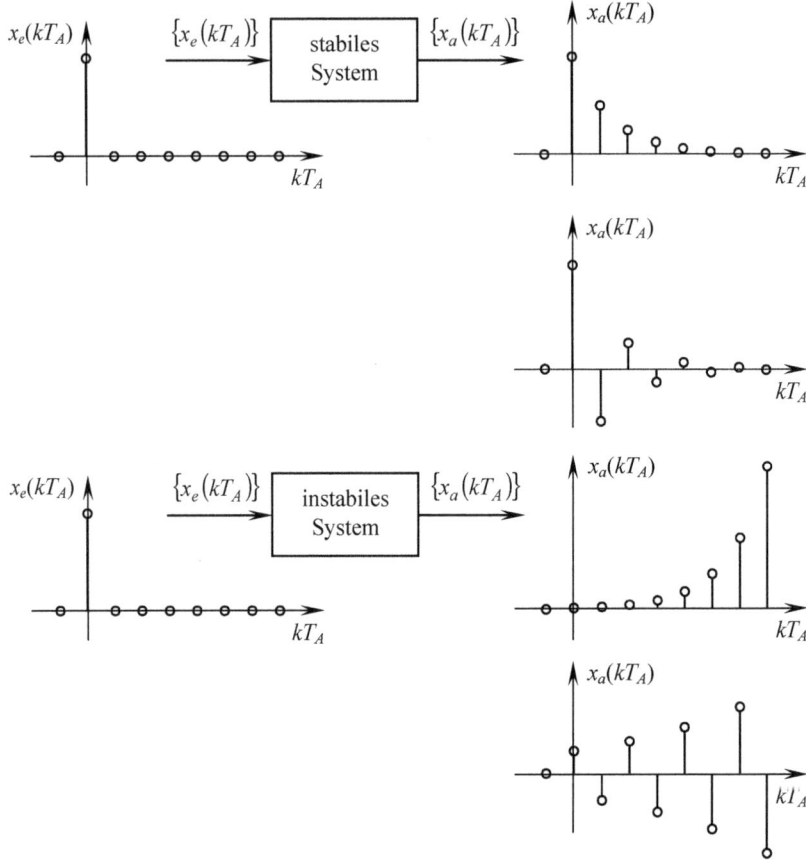

Bild 14.10 Stabile und instabile Systeme

Da nicht jedes beliebige System in diesem Buch betrachtet werden kann, erfolgt eine Abgrenzung der Systeme, die in den Abschnitten zur Beschreibung der Systeme im Zeit-, Bild- und Frequenzbereich verwendet wird. Im Teil II werden Systeme mit Speicherelementen betrachtet, die linear und zeitinvariant sind. Üblich ist die Bezeichnung LTI-System (linear and time-invariant). Die Systembeschreibung nichtlinearer und zeitvarianter Systeme ist wesentlich aufwendiger und in diesem Rahmen nicht möglich. Die Frage, wie man die Stabilität bzw. Instabilität eines Systems anhand seiner Systembeschreibung erkennt, wird im Abschnitt 15.6 beantwortet.

14.2 Lineare Differenzengleichung mit konstanten Koeffizienten

Im Abschnitt 9.2 wurden lineare Differenzialgleichungen mit konstanten Koeffizienten zur mathematischen Modellierung zeitkontinuierlicher LTI-Systeme beschrieben und die Lösungsmethodik, die aus dem Grundlagenstudium der Mathematik bekannt ist, aufgefrischt. Für zeitdiskrete Systeme gibt es entsprechende Gleichungen, sie heißen *Differenzengleichungen*. In diesem Abschnitt werden zeitdiskrete LTI-Systeme durch lineare Differenzengleichungen mit konstanten Koeffizienten beschrieben. Weiterhin werden in diesem Abschnitt das Aufstellen und Lösen dieser Differenzengleichungen gezeigt. Im Folgenden wird für die Differenzengleichung die Abkürzung DZGL verwendet.

Ein lineares und zeitinvariantes System wird durch eine lineare inhomogene DZGL mit konstanten Koeffizienten beschrieben

$$a_n x_a\left((k-n)T_A\right) + \ldots + a_1 x_a\left((k-1)T_A\right) + a_0 x_a(kT_A)$$
$$= b_m x_e\left((k-m)T_A\right) + \ldots + b_0 x_e(kT_A) \qquad (14.4)$$

Auf der einen Seite der DZGL steht das Ausgangssignal zum aktuellen Zeitpunkt kT_A und zurückliegenden Zeitpunkten, auf der anderen Seite steht das Eingangssignal ebenfalls zum Zeitpunkt kT_A und zurückliegenden Zeitpunkten. Die Ausgangs- und Eingangssignale zu den angegebenen Zeitpunkten werden mit konstanten Koeffizienten multipliziert, wobei die Indizierung der Koeffizienten der zeitlichen Verschiebung der Signale entspricht. Die DZGL eines kausalen Systems ist dadurch gekennzeichnet, dass bezogen auf das Ausgangssignal nicht auf Eingangssignale in der Zukunft zugegriffen wird, sondern nur auf aktuelle und zurückliegende Eingangssignale.

Ein zeitdiskretes System wird mathematisch durch die DZGL nach Gl. (14.4) beschrieben, die Frage ist nun, wie stellt man die DZGL für ein konkretes System auf? Prinzipiell gibt es zwei Möglichkeiten:

1. Ein vorliegendes analoges System mit seiner Differenzialgleichung wird durch ein zeitdiskretes System modelliert.
2. Zusammenhänge von zeitdiskreten Ein- und Ausgangssignalen eines Vorganges oder Prozesses sind bekannt und können durch entsprechende Gleichungen beschrieben werden.

Zwei Beispiele veranschaulichen die beiden Möglichkeiten:

Beispiel 14.7 Differenzengleichung DZGL aus Differenzialgleichung DGL

Das analoge System, ein Integrator, ist gegeben durch seine Differenzial- und Integralgleichung.

Integralgleichung

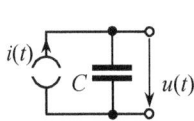

$$u(t) = \frac{1}{C} \int i(\tau)\, d\tau \quad \text{bzw.} \quad x_a(t) = b_0 \int x_e(\tau)\, d\tau \qquad (14.5a)$$

Differenzialgleichung

$$\dot{u}(t) = \frac{1}{C} i(t) \quad \text{bzw.} \quad \dot{x}_a(t) = b_0 x_e(t) \qquad (14.5b)$$

Bild 14.11 Integrator mit Eingangsstrom und Ausgangsspannung

Die Bezeichnung Integrator für dieses System ist dadurch zu erklären, dass das Eingangssignal $x_e(t) = i(t)$ integriert wird und nach Multiplikation mit dem konstanten Faktor $b_0 = 1/C$ das Ausgangssignal $x_a(t) = u(t)$ ergibt. Dies beschreibt die Integralgleichung. Nach Differenziation der Integralgleichung ergibt sich die Differenzialgleichung, die ebenso den Zusammenhang zwischen Eingangs- und Ausgangssignal darstellt. Dieser analoge Integrator soll durch ein zeitdiskretes System beschrieben werden, weil z. B. die bisherige analoge Verarbeitung durch eine diskrete bzw. auch digitale ersetzt werden soll. Um aus der Integral- bzw. Differenzialgleichung die DZGL zu entwickeln, gibt es verschiedene Methoden. Eine sehr einfache ist das Ersetzen des Differenzialquotienten in der Differenzialgleichung durch einen Differenzenquotienten sowie das Ersetzen der analogen Zeit t durch die diskrete Zeit kT_A.

Differenzialgleichung $\longrightarrow$ Differenzengleichung

$$\frac{d x(t)}{dt} \to \frac{\Delta x(kT_A)}{\Delta T_A} = \frac{x(kT_A) - x((k-1)T_A)}{T_A}$$

$$t \to kT_A$$

Für den Integrator gilt dann

$$\frac{du(t)}{dt} = \frac{1}{C} i(t) \to \frac{u(kT_A) - u((k-1)T_A)}{T_A} = \frac{1}{C} i(kT_A) \qquad (14.6)$$

Definiert man $x_a(kT_A) = u(kT_A)$ und $x_e(kT_A) = i(kT_A)$ und fasst die Konstanten T_A und $1/C$ zu $b_0 = T_A/C$ zusammen, so erhält man die DZGL

$$x_a(kT_A) - x_a((k-1)T_A) = b_0 x_e(kT_A). \qquad (14.7a)$$

Wegen $\max(n, m) = 1$ ergibt sich eine DZGL erster Ordnung. Wird die DZGL nach $x_a(kT_A)$ umgestellt, dann kann man gut die integrierende Wirkung erkennen.

$$x_a(kT_A) = b_0 x_e(kT_A) + x_a((k-1)T_A) \qquad (14.7b)$$

Das Ausgangssignal $x_a(kT_A)$ hängt von der Summe aus dem Eingangssignal zum gleichen Zeitpunkt und dem Ausgangssignal zum Zeitpunkt davor ab. ∎

Beispiel 14.8 DZGL aus Zusammenhang zwischen zeitdiskretem Ein- und Ausgangsignal

Für diese Möglichkeit der Entwicklung der DZGL dient das Beispiel des Zählers bzw. des Sparschweins.

Bild 14.12 Sparschwein als diskreter Integrator

Das Eingangssignal $x_e(kT_A)$ stellen die einzelnen Münzen dar, die in das Sparschwein geworfen werden. Das Ausgangssignal $x_a(kT_A)$ soll die im Schwein angesammelte Menge der Münzen sein. Das Ausgangssignal $x_a(kT_A)$ hängt davon ab, was sich schon bis zum Zeitpunkt $(k-1)T_A$ im Sparschwein angesammelt hat. Also ist $x_a(kT_A)$ abhängig von den in der Vergangenheit angesammelten Münzen $x_a\left((k-1)T_A\right)$. Weiterhin ist das Ausgangssignal $x_a(kT_A)$ auch abhängig davon, was gerade zum Zeitpunkt kT_A in das Schwein eingeworfen wird, also vom Eingangssignal $x_e(kT_A)$. Die DZGL lautet

$$x_a(kT_A) = x_e(kT_A) + x_a\left((k-1)T_A\right) \quad \text{bzw.} \quad x_a(kT_A) - x_a\left((k-1)T_A\right) = x_e(kT_A). \tag{14.8}$$

Die Differenzengleichung entspricht mit $b_0 = 1$ für den Koeffizienten der Gleichungen (14.7a), (14.7b). Diese Differenzengleichung beschreibt einen diskreten Integrator. ∎

Anhand dieser beiden einfachen Beispiele ist zu sehen, wie Differenzengleichungen aufgestellt werden können. Anders als bei den zeitkontinuierlichen Systemen wird bei den zeitdiskreten Systemen unterschieden in rekursive und nichtrekursive Systeme. Diese Bezeichnungen lassen sich an der DZGL, hier auch in der kompakten Form aufgeschrieben, erklären

$$a_n x_a\left((k-n)T_A\right) + \ldots + a_0 x_a(kT_A) = b_m x_e\left((k-m)T_A\right) + \ldots + b_0 x_e(kT_A)$$

$$\sum_{i=0}^{n} a_i x_a\left((k-i)T_A\right) = \sum_{j=0}^{m} b_j x_e\left((k-j)T_A\right) \tag{14.9}$$

$$x_a(kT_A) = \frac{1}{a_0}\left(\sum_{j=0}^{m} b_j x_e((k-j)T_A) - \sum_{i=1}^{n} a_i x_a((k-j)T_A)\right)$$

$a_i \neq 0, i \in [1,n]$ $a_i = 0 \,\forall\, i \in [1,n]$

rekursive Systeme   nichtrekursive Systeme

$$x_a(kT_A) = \frac{1}{a_0}\sum_{j=0}^{m} b_j x_e((k-j)T_A)$$

Bild 14.13 DZGL von rekursiven und nichtrekursiven Systemen

Man stellt die DZGL nach $x_a(kT_A)$ um. Wird das Ausgangssignal $x_a(kT_A)$ auch von zurückliegenden Ausgangswerten $x_a((k-i)T_A)$ bestimmt, dann spricht man von einem *rekursiven System*. Ein *nichtrekursives System* ist dadurch gekennzeichnet, dass das Ausgangssignal $x_a(kT_A)$ ausschließlich vom Eingangssignal $x_e(kT_A)$ zum Zeitpunkt kT_A und zurückliegenden Zeitpunkten bestimmt wird.

Ordnet man die beiden Beispiele zum Aufstellen der DZGL in eine dieser Kategorien ein, dann handelt es sich bei beiden Beispielen um rekursive Systeme. Ein einfaches Beispiel für ein nichtrekursives System ist die Mittelwertbildung.

Beispiel 14.9 DZGL für das System zur Mittelwertbildung zweier benachbarter Werte

Aus dem aktuellen Wert des Eingangssignals und dem um einen Takt zurückliegenden Wert soll der Mittelwert gebildet werden.

$$x_a(kT_A) = \frac{1}{2}\left(x_e(kT_A) + x_e\left((k-1)T_A\right)\right) \tag{14.10}$$

Die DZGL ist die eines nichtrekursiven Systems erster Ordnung. ∎

Sollen DZGL für beliebige Eingangssignale gelöst werden, dann können verschiedene Lösungsmethoden benutzt werden. Wie bei den zeitkontinuierlichen Systemen ist die Lösung ausschließlich im Zeitbereich oder über den Bildbereich möglich. Im Unterschied zu den DGL kann die Darstellung der Lösung der DZGL in Abhängigkeit von der gewählten Lösungsmethode unterschiedlich sein. Die Lösung, also das Ausgangssignal, kann als Folge mit den einzelnen Elementen $\{x_a(kT_A)\} = \{\ldots; x_a(0); x_a(T_A); x_a(2T_A)\ldots\}$ oder als Bildungsvorschrift der Folge $\{x_a(kT_A)\} : x_a(kT_A) = f_a(kT_A)$ vorliegen. Bild 14.14 zeigt eine Übersicht der verschiedenen Lösungsmethoden. In diesem Abschnitt werden nur die beiden Methoden *Rekursion* und *Ansatz- bzw. Einsetzverfahren* vorgestellt. Im Abschnitt 15.3 wird auf die Methoden über den Bildbereich eingegangen.

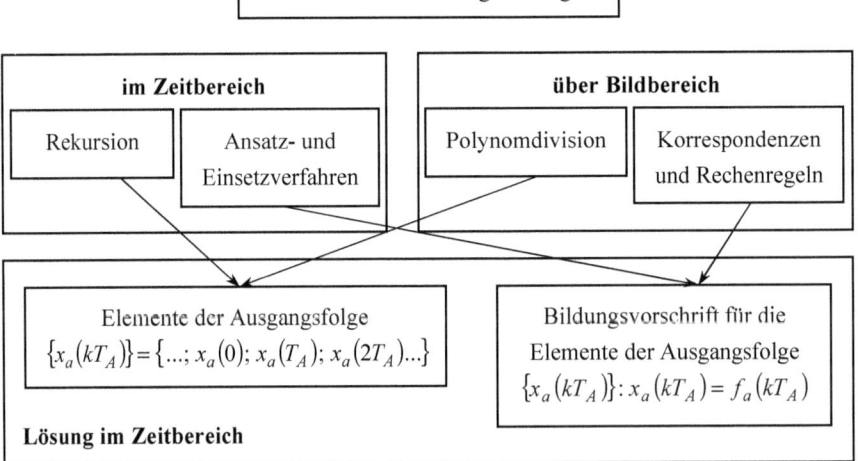

Bild 14.14 Übersicht der Lösungsmethoden von Differenzengleichungen

Da die Rekursion sehr einfach ist, wird zuerst diese Methode erläutert.

Bei der *Rekursion* werden die Elemente der Ausgangsfolge $\{x_a(kT_A)\}$ schrittweise aus den zurückliegenden Elementen der Ein- und Ausgangsfolge gebildet. Ist das Element $x_a(iT_A)$ gesucht, dann müssen alle vorangegangenen Elemente der Ausgangsfolge $\ldots, x_a((i-3)T_A), x_a((i-2)T_A), x_a((i-1)T_A)$ berechnet worden sein. Die Lösung der DZGL bei der Methode *Rekursion* sind die Elemente der Folge des Ausgangssignals $\{x_a(kT_A)\} = \{\ldots; x_a(0); x_a(T_A); x_a(2T_A)\ldots\}$.

Die Lösungsmethode *Rekursion* wird an den zwei Beispielen diskreter Integrator und Mittelwertbildung demonstriert. Für beide Beispiele wird das gleiche Eingangssignal verwendet.

Beispiel 14.10 Lösung der DZGL des diskreten Integrators über Rekursion

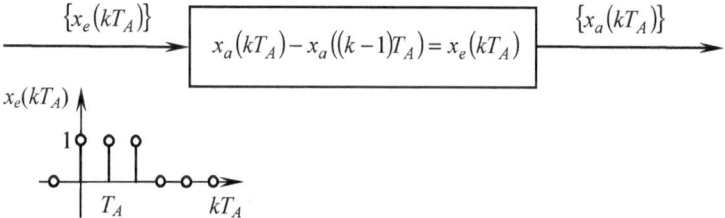

Bild 14.15 Diskreter Integrator mit Eingangssignal

Die DZGL des diskreten Integrators wird nach $x_a(kT_A)$ aufgelöst.

$$x_a(kT_A) = x_e(kT_A) + x_a((k-1)T_A). \tag{14.11}$$

Für die Berechnung des Ausgangssignals nach der Rekursionsmethode bietet sich eine Tabelle an, in die alle Komponenten der DZGL einschließlich der Laufvariable k eingetragen werden. Mit dem konkreten Eingangssignal und der Annahme, dass ein kausales System vorhanden ist, d. h. dass vor dem Anlegen des Eingangssignals kein Ausgangssignal wirkt, wird schrittweise das Ausgangssignal nach Gl. (14.11) berechnet.

Tabelle 14.1 Berechnung der Ausgangsfolge des diskreten Integrators

k	$x_e(kT_A)$	$x_a(kT_A)$	$x_a((k-1)T_A)$
-1	0	0	0
0	1	1	0
1	1	2	1
2	1	3	2
3	0	3	3
4	0	3	3

Das Ausgangssignal ergibt sich durch seine Folgenelemente.

$\{x_a(kT_A)\} = \{\underline{1}; 2; 3; 3; 3; 3\ldots\}$

14 Zeitdiskrete LTI-Systeme im Zeitbereich

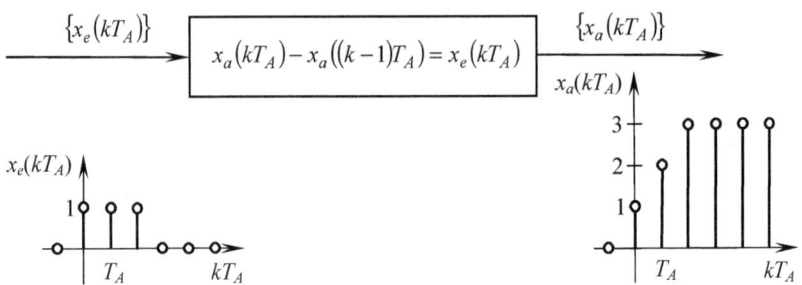

Bild 14.16 Diskreter Integrator mit Eingangs- und Ausgangssignal

Die gleiche Vorgehensweise wird für das System zur Mittelwertbildung angewendet.

Beispiel 14.11 Lösung der DZGL für das System Mittelwertbildung über Rekursion

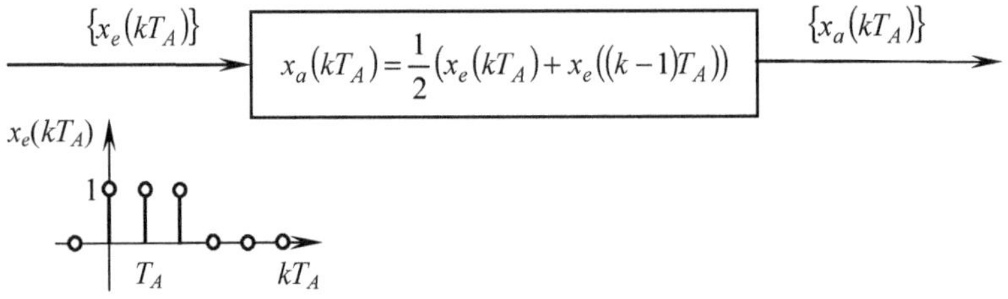

$$x_a(kT_A) = \frac{1}{2}\left(x_e(kT_A) + x_e((k-1)T_A)\right)$$

Bild 14.17 Mittelwertbildung zweier benachbarter Werte des Eingangssignals

Die DZGL des nichtrekursiven Systems ist schon nach $x_a(kT_A)$ aufgelöst. Wie im obigen Beispiel wird wieder eine Tabelle angesetzt, das Eingangssignal eingesetzt und es wird von einem kausalen System ausgegangen. Das Ausgangssignal berechnet sich nach Gl. (14.10) bzw. Bild 14.17.

Tabelle 14.2 Berechnung der Ausgangsfolge der Mittelwertbildung

k	$x_e(kT_A)$	$x_e((k-1)T_A)$	$x_a(kT_A)$
-1	0	0	0
0	1	0	1/2
1	1	1	1
2	1	1	1
3	0	1	1/2
4	0	0	0

Das Ausgangssignal ergibt sich durch eine endliche Folge.

$$\{x_a(kT_A)\} = \left\{\underline{1/2};\ 1;\ 1;\ 1/2\right\} \tag{14.12}$$

14.2 Lineare Differenzengleichung mit konstanten Koeffizienten

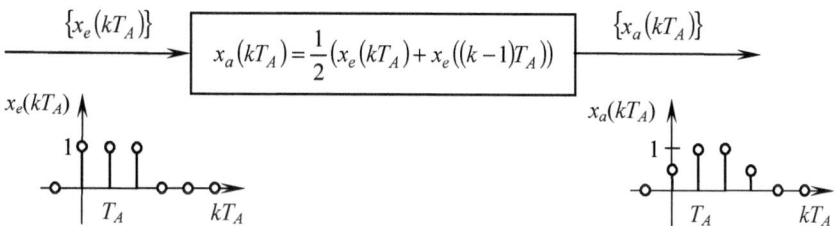

Bild 14.18 Mittelwertbildung zweier benachbarter Werte des Eingangssignals und das resultierende Ausgangssignal

Sollen nicht nur die einzelnen Elemente der Folge, sondern die Bildungsvorschrift als Lösung der DZGL gefunden werden, dann ist das Einsetz- bzw. Ansatzverfahren anzuwenden. Für die nichtrekursiven Systeme wird das Einsetzverfahren und für die rekursiven Systeme das Ansatzverfahren ähnlich dem Verfahren beim Lösen von Differenzialgleichungen angewendet.

Beim *Einsetzverfahren* wird in die DZGL des nichtrekursiven Systems

$$x_a(kT_A) = \frac{1}{a_0} \sum_{j=0}^{m} b_j x_e\left((k-j)T_A\right) \tag{14.13}$$

die Bildungsvorschrift für die Eingangsfolge $\{x_e(kT_A)\} : x_e(kT_A) = f_e(kT_A)$ eingesetzt. Die Bildungsvorschrift für die Elemente der Ausgangssignalfolge lautet

$$\{x_a(kT_A)\} : x_a(kT_A) = \frac{1}{a_0} \sum_{j=0}^{m} b_j f_e\left((k-j)T_A\right) \tag{14.14}$$

Das Beispiel für die Mittelwertbildung soll die Anwendung dieses Verfahrens zeigen.

Beispiel 14.12 Lösung der DZGL des Systems zur Mittelwertbildung über Einsetzverfahren

Mit der DZGL für dieses System

$$x_a(kT_A) = \frac{1}{2}\left(x_e(kT_A) + x_e\left((k-1)T_A\right)\right) \tag{14.15}$$

und der Bildungsvorschrift für die Eingangssignalfolge

$$\{x_e(kT_A)\} : x_e(kT_A) = \text{rect}_3(kT_A) \tag{14.16}$$

lautet die Bildungsvorschrift für die Ausgangssignalfolge

$$\{x_a(kT_A)\} : x_a(kT_A) = \frac{1}{2}\left(\text{rect}_3(kT_A) + \text{rect}_3\left((k-1)T_A\right)\right). \tag{14.17}$$

Im Bild 14.19 wird die Lösung veranschaulicht, sie entspricht natürlich dem Ergebnis über die Rekursion.

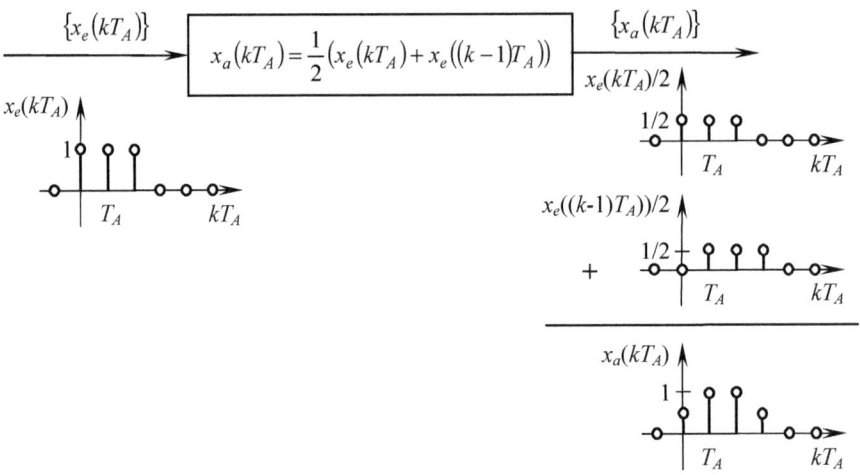

Bild 14.19 Mittelwertbildung zweier benachbarter Werte des Eingangssignals und das resultierende Ausgangssignal

Für die rekursiven Systeme wird das Ansatzverfahren verwendet, es ist ähnlich der Vorgehensweise, die beim Lösen von Differenzialgleichungen angewendet wird.

Das *Ansatzverfahren* zum Lösen inhomogener DZGL mit konstanten Koeffizienten umfasst die folgenden drei Lösungsschritte:
1. Allgemeine Lösung der homogenen DZGL $x_{\text{ah}}(kT_A)$
2. Finden einer partikulären Lösung der inhomogenen DZGL $x_{\text{api}}(kT_A)$
3. Ermittlung der vollständigen Lösung der inhomogenen DZGL
   - vollständige allgemeine Lösung

$$x_a(kT_A) = x_{\text{ah}}(kT_A) + x_{\text{api}}(kT_A) \tag{14.18}$$

   - vollständige spezielle Lösung $x_{\text{as}}(kT_A)$ unter Berücksichtigung der Anfangsbedingungen

Die *allgemeine Lösung der homogenen DZGL* $x_{\text{ah}}(kT_A)$

$$a_n x_a((k-n)T_A) + \ldots + a_1 x_a((k-1)T_A) + a_0 x_a(kT_A) = 0 \tag{14.19}$$

wird durch den folgenden Ansatz

$$x_{\text{ah}}(kT_A) = A\lambda^k \tag{14.20}$$

gefunden. Man geht davon aus, dass zu beobachtende bzw. zu messende Vorgänge und Prozesse sich nach allgemeinen Exponentialfolgen entwickeln. Nach Einsetzen des Ansatzes in die homogene DZGL

$$a_n A\lambda^{k-n} + \ldots + a_1 A\lambda^{k-1} + a_0 A\lambda^k = 0 \tag{14.21a}$$

und Ausklammern von $A\lambda^{k-n}$ ergibt sich ein Produkt

$$A\lambda^{k-n}\left(a_n + \ldots + a_1\lambda^{n-1} + a_0\lambda^n\right) = 0, \tag{14.21b}$$

das null wird, wenn einer der beiden Faktoren null wird. Der erste Faktor wird nur null, wenn $A = 0$ ist, d. h. der Ansatz ist null. Dieser triviale Fall soll nicht betrachtet werden. Der zweite Term des Produktes wird als charakteristische Gleichung bezeichnet und liefert genau n Lösungen. Hat die homogene DZGL die Ordnung n, ergeben sich n Lösungen der charakteristischen Gleichung. Die Lösungen können reell und konjugiert komplex sein, sie können einfach und mehrfach auftreten. Alle Lösungen der charakteristischen Gleichung werden in den Ansatz Gl. (14.20) eingesetzt, sodass sich die Lösung der homogenen DZGL aus einer Summe zusammensetzt. Für eine homogene DZGL zweiter Ordnung

$$a_2 x_\mathrm{a}\left((k-2)T_\mathrm{A}\right) + a_1 x_\mathrm{a}\left((k-1)T_\mathrm{A}\right) + a_0 x_\mathrm{a}(kT_\mathrm{A}) = 0 \tag{14.22}$$

können sich die im Bild 14.20 dargestellten Lösungen ergeben.

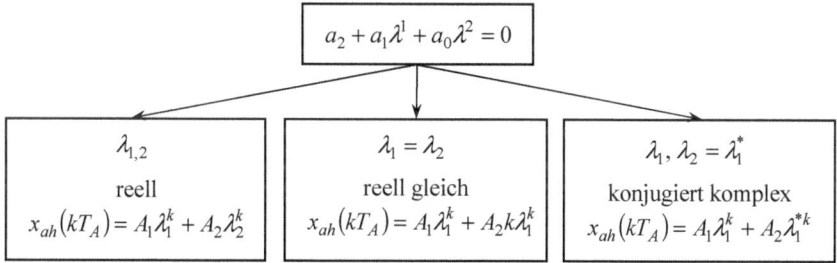

Bild 14.20 Lösungen einer DZGL zweiter Ordnung

Die allgemeine Lösung der homogenen DZGL der Ordnung n lässt sich als Kombination der obigen Lösungen angeben.

Für das Finden einer *partikulären Lösung der inhomogenen DZGL* gibt es verschiedene Methoden /1/, /10/, /23/, /28/. Eine Methode, die nachfolgend an einem Beispiel gezeigt wird, ist in der Literatur als *Methode der unbestimmten Koeffizienten* bekannt. Bei dieser Methode wird ein Lösungsansatz gewählt, der eine Folge darstellt, die zur selben Art wie das Eingangssignal gehört. Diese Folge wird mit einem Polynom multipliziert, das der Ordnung der DZGL entspricht.

$$x_\mathrm{api}(kT_\mathrm{A}) = P_{\max(n,m)}(kT_\mathrm{A}) \cdot x_\mathrm{e}(kT_\mathrm{A}) \tag{14.23}$$

Am Beispiel des diskreten Integrators, für den die Lösung seiner DZGL als Folge des Ausgangssignals über die Rekursion schon gefunden wurde, soll die Lösung seiner DZGL als Bildungsvorschrift der Ausgangsfolge mit dem Ansatzverfahren gezeigt werden. Vorangestellt sei der Hinweis, dass das Ansatzverfahren aufwendiger und etwas „anstrengender" als das gezeigte Rekursionsverfahren ist.

Beispiel 14.13 Lösung der DZGL diskreter Integrator über Ansatzverfahren

Die DZGL und das konkrete Eingangssignal sind gegeben.

$$x_\mathrm{a}(kT_\mathrm{A}) - x_\mathrm{a}\left((k-1)T_\mathrm{A}\right) = x_\mathrm{e}(kT_\mathrm{A}) \quad \text{und} \tag{14.24a}$$

$$\{x_\mathrm{e}(kT_\mathrm{A})\}: x_\mathrm{e}(kT_\mathrm{A}) = \mathrm{rect}_3(kT_\mathrm{A}) = \varepsilon(kT_\mathrm{A}) - \varepsilon\left((k-3)T_\mathrm{A}\right) \tag{14.24b}$$

1. Allgemeine Lösung der homogenen DZGL

$$x_\mathrm{a}(kT_\mathrm{A}) - x_\mathrm{a}\left((k-1)T_\mathrm{A}\right) = 0 \tag{14.25}$$

Der Ansatz $x_{\text{ah}}(kT_A) = A\lambda^k$ wird in die homogene DZGL Gl. (14.25) eingesetzt. Mit

$$A\lambda^k - A\lambda^{k-1} = 0; \quad A\lambda^{k-1}(\lambda - 1) = 0 \tag{14.26}$$

ergibt sich die charakteristische Gleichung mit der Lösung für λ.

$$\lambda - 1 = 0; \quad \lambda = 1 \tag{14.27}$$

Die allgemeine Lösung der homogenen DZGL des diskreten Integrators lautet

$$x_{\text{ah}}(kT_A) = A1^k = A \tag{14.28}$$

2. Finden einer partikulären Lösung der inhomogenen DZGL $x_{\text{api}}(kT_A)$

Da das Eingangssignal eine Differenz zweier Einheitssprungfolgen ist und die DZGL die Ordnung eins hat, lautet der Ansatz für die partikuläre Lösung des zeitdiskreten Integrators

$$x_{\text{api}}(kT_A) = (\alpha_0 + \alpha_1 k)\,\varepsilon(kT_A) + (\beta_0 + \beta_1 k)\,\varepsilon\left((k-3)T_A\right) \tag{14.29a}$$
$$x_{\text{api}}\left((k-1)T_A\right) = (\alpha_0 + \alpha_1(k-1))\,\varepsilon\left((k-1)T_A\right) + (\beta_0 + \beta_1(k-1))\,\varepsilon\left((k-4)T_A\right) \tag{14.29b}$$

Dieser Ansatz wird in die inhomogene DZGL nach Gl. (14.24a) eingesetzt und die Koeffizienten α_0, α_1, β_0 und β_1 so bestimmt, dass der Ansatz der inhomogenen DZGL genügt. Schrittweise lassen sich die Koeffizienten berechnen.

$$\begin{array}{llll}
& x_{\text{api}}(kT_A) & -\,x_{\text{api}}\left((k-1)T_A\right) & = \text{rect}_3(kT_A) \\
k=0: & \alpha_0 & -\,0 & = 1 \quad \rightarrow \quad \alpha_0 = 1 \\
k=1: & \alpha_0 + \alpha_1 & -\,\alpha_0 & = 1 \quad \rightarrow \quad \alpha_1 = 1 \\
k=2: & \alpha_0 + 2\alpha_1 & -\,(\alpha_0 + \alpha_1) & = 1 \\
k=3: & \alpha_0 + 3\alpha_1 + \beta_0 + 3\beta_1 & -\,(\alpha_0 + 2\alpha_1) & = 0 \quad \rightarrow \quad \beta_0 + 3\beta_1 = -1 \\
k=4: & \alpha_0 + 4\alpha_1 + \beta_0 + 4\beta_1 & -\,(\alpha_0 + 3\alpha_1 + \beta_0 + 3\beta_1) & = 0 \quad \rightarrow \quad \beta_1 = -1;\ \beta_0 = 2 \\
k=5: & \alpha_0 + 5\alpha_1 + \beta_0 + 5\beta_1 & -\,(\alpha_0 + 4\alpha_1 + \beta_0 + 4\beta_1) & = 0
\end{array}$$

Die berechneten Koeffizienten α_0, α_1, β_0 und β_1 in den Ansatz Gl. (14.29a) eingesetzt, liefert eine partikuläre Lösung der inhomogenen DZGL.

$$x_{\text{api}}(kT_A) = (1+k)\,\varepsilon(kT_A) + (2-k)\,\varepsilon\left((k-3)T_A\right) \tag{14.30}$$

3. Ermittlung der vollständigen Lösung der inhomogenen DZGL

Sie ergibt sich aus der Addition der allgemeinen Lösung der homogenen DZGL nach Gl. (14.28) und einer partikulären Lösung der inhomogenen DZGL nach Gl. (14.30).

$$\begin{aligned}
x_{\text{a}}(kT_A) &= x_{\text{ah}}(kT_A) + x_{\text{api}}(kT_A) \\
x_{\text{a}}(kT_A) &= A + (1+k)\,\varepsilon(kT_A) + (2-k)\,\varepsilon\left((k-3)T_A\right)
\end{aligned} \tag{14.31}$$

Diese vollständige allgemeine Lösung der inhomogenen DZGL stellt eine Menge von Lösungen in Abhängigkeit der Konstante A dar. Wird nur eine Lösung gesucht, sind Anfangsbedingungen in die vollständige allgemeine Lösung einzusetzen und damit die Konstante A zu bestimmen. Für dieses Beispiel ist als Anfangsbedingung plausibel, dass für $kT_A = 0$ gilt $x_a(kT_A) = 1$.

$$x_a(0) = A + 1 = 1 \quad \Rightarrow \quad A = 0 \tag{14.32}$$

Mit dem Wert für A lautet die vollständige spezielle Lösung der inhomogenen DZGL und damit die Bildungsvorschrift der Ausgangsfolge

$$\{x_{as}(kT_A)\} : x_{as}(kT_A) = (1 + k)\,\varepsilon(kT_A) + (2 - k)\,\varepsilon((k - 3)\,T_A)\,. \tag{14.33}$$

Zum Vergleich mit der über die Rekursion gefundenen Lösung werden die Elemente der Folge nach Gleichung (14.33) berechnet.

$$\begin{array}{lcccc}
& (1+k)\,\varepsilon(kT_A) & + & (2-k)\,\varepsilon((k-3)\,T_A) & = x_{as}(kT_A) \\
k=0: & 1 & + & 0 & = 1 \\
k=1: & 2 & + & 0 & = 2 \\
k=2: & 3 & + & 0 & = 3 \\
k=3: & 4 & - & 1 & = 3 \\
k=4: & 5 & - & 2 & = 3 \\
\vdots & & & \vdots &
\end{array}$$

Die Elemente der Folge entsprechen natürlich den über die Rekursion gefundenen Elementen

$$\{x_{as}(kT_A)\} = \{\underline{1};\, 2;\, 3;\, 3;\, 3;\, \ldots\}\,. \tag{14.34}$$

■

■ 14.3 Signalflusspläne und Signalflussgraphen

Im Abschnitt 9.3 wurden *Signalflusspläne* und *Signalflussgraphen* für zeitkontinuierliche Systeme vorgestellt, um anschaulich die innere Struktur eines Systems oder das Zusammenwirken mehrerer Systeme darzustellen und Systeme für Simulationsuntersuchungen aufzubereiten. Für zeitdiskrete Systeme werden Signalflusspläne und Signalflussgraphen ebenfalls mit dieser Intention genutzt. Die bei den zeitkontinuierlichen Systemen beschriebenen grundsätzlichen Komponenten der Signalflusspläne und Signalflussgraphen werden in diesem Abschnitt noch einmal aufgegriffen und an die zeitdiskreten Systeme angepasst.

Signalflussplan

Im Bild 14.21 sind die Elemente des Signalflussplanes dargestellt. Die schon bekannte *Verzweigungsstelle* dient dazu, ein Signal auf verschiedenen Wegen weiterzuverarbeiten. Statt einer Summationsstelle wie bei den zeitkontinuierlichen Signalen, die Signale sowohl addiert als auch subtrahiert, werden bei den zeitdiskreten Systemen ausschließlich *Addierer* verwendet. Sollen Signale subtrahiert werden, müssen die entsprechenden Signale über einen *Koeffizientenmultiplizierer* mit dem Wert -1 geführt werden. Der Koeffizientenmultiplizierer dient dazu, ein Signal mit einem konstanten Wert zu multiplizieren. *Blöcke zur Speicherung der Signale um einen oder mehrere Takte* dienen der taktweisen Signalspeicherung, die bei der Beschreibung von Systemen mit Differenzengleichungen schon erläutert wurde. Für die Speicherung sind zwei verschiedene Darstellungen üblich. Auf die Bezeichnung z^{-1} wird im Abschnitt 15.1 bei der Beschreibung von Systemen im Bildbereich eingegangen. Die Elemente im Signalflussplan sind über gerichtete Pfade verbunden. Die Pfade symbolisieren Signalwege.

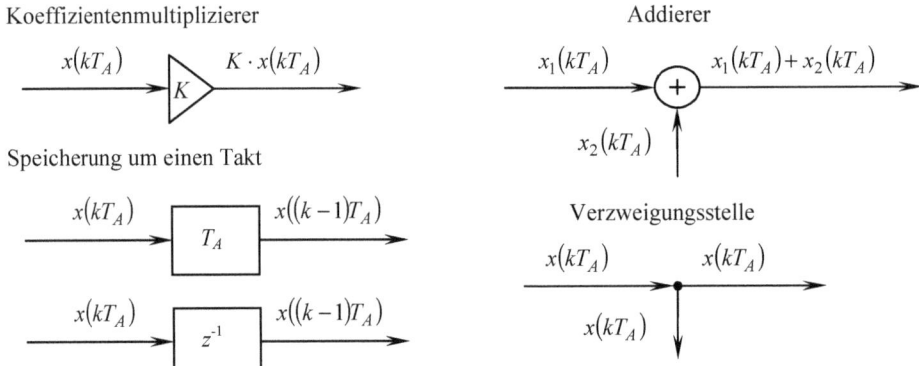

Bild 14.21 Elemente eines Signalflussplanes

Signalflussgraph

Beim Signalflussgraphen werden *Knoten*, *Kanten* und *Pfade* verwendet. Hier gibt es zwischen zeitkontinuierlichen und zeitdiskreten Systemen keine Unterschiede. *Knoten* symbolisieren Signale und *Kanten* die Verbindung zwischen den Signalen. Als *Pfad* bezeichnet man eine gerichtete zusammenhängende Verbindung mehrerer Kanten zwischen Knoten. Ein- und Ausgangsknoten haben nur einen Pfad, den ausgehenden bzw. den eingehenden Pfad. Alle anderen Knoten im Signalflussgraphen haben ausgehende und eingehende Pfade. Die Kanten beschreiben die Verarbeitung eines Signals durch ein Kantengewicht. Die Kante erzeugt ein neues Signal. Die Pfeilrichtung der Kanten gibt die Verarbeitungsrichtung der Signale an.

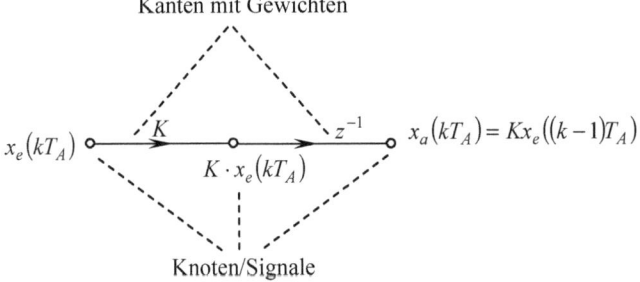

Bild 14.22 Elemente eines Signalflussgraphen

Am Beispiel des in den vorangegangenen Abschnitten vorgestellten Integrators bzw. anhand seiner Differenzengleichung

$$x_a(kT_A) - x_a((k-1)T_A) = x_e(kT_A) \qquad (14.35)$$

wird die Entwicklung des Signalflussplanes und des Signalflussgraphen gezeigt.

Beispiel 14.14 Signalflussplan und Signalflussgraph für $x_a(kT_A) - x_a((k-1)T_A) = x_e(kT_A)$

Signalflussplan

Für die Entwicklung des Signalflussplanes wird zuerst die Differenzengleichung nach ihrer Ausgangsgröße $x_a(kT_A)$ umgestellt.

$$x_e(kT_A) + x_a((k-1)T_A) = x_a(kT_A) \tag{14.36}$$

Und dann wird das Pferd von hinten aufgezäumt. Bild 14.23 veranschaulicht schrittweise die Entwicklung des Signalflussplanes.

1. Auf der linken Seite steht das Eingangssignal $x_e(kT_A)$ und auf der rechten Seite das Ausgangssignal $x_a(kT_A)$. Dazwischen erfolgt die Verarbeitung des Eingangssignals zum Ausgangssignal.

2. Das Ausgangssignal $x_a(kT_A)$ setzt sich, wie Gl. (14.36) zeigt, aus einer Summe aus dem Eingangssignal $x_e(kT_A)$ und dem um einen Takt verschobenen Ausgangssignal $x_a((k-1)T_A)$ zusammen. Es werden eine Additionsstelle und ein Block zur Speicherung des Ausgangssignals benötigt. Das um einen Takt verschobene Ausgangssignal $x_a((k-1)T_A)$ gewinnt man durch Rückführung des Ausgangssignals $x_a(kT_A)$ auf den Block zur Speicherung um einen Takt. Am Ausgang dieses Speicherblocks steht $x_a((k-1)T_A)$ zur Verfügung und wird auf die Additionsstelle geführt, ebenso auch das Eingangssignal $x_e(kT_A)$.

3. Die Summe beider Signale ist genau das gesuchte Ausgangssignal $x_a(kT_A)$.

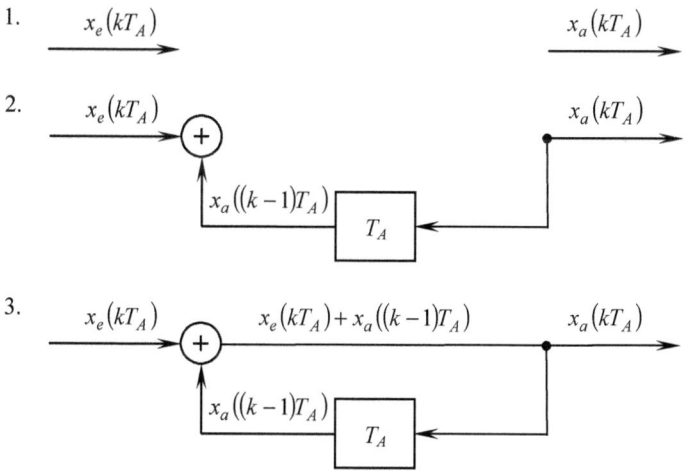

Bild 14.23 Entwicklung des Signalflussplanes der DZGL des diskreten Integrators

Signalflussgraph

Bild 14.24 veranschaulicht die schrittweise Entwicklung des Signalflussgraphen. Ausgangspunkt für die Entwicklung des Signalflussgraphen ist wieder die Differenzengleichung des diskreten Integrators nach Gl. (14.36). Für die Knoten sind die Signale und für die Kanten die Gewichte festzulegen.

1. Der Eingangsknoten ist das Signal $x_e(kT_A)$ und der Ausgangsknoten das Signal $x_a(kT_A)$. Weiterhin gibt es noch den Knoten $x_e(kT_A) + x_a((k-1)T_A)$, der das Summensignal darstellt.

2. Da der Eingangsknoten $x_\text{e}(kT_\text{A})$ direkt in den Knoten $x_\text{e}(kT_\text{A}) + x_\text{a}\left((k-1)T_\text{A}\right)$ eingeht, liegt zwischen Eingangsknoten $x_\text{e}(kT_\text{A})$ und Knoten $x_\text{e}(kT_\text{A}) + x_\text{a}\left((k-1)T_\text{A}\right)$ ein Kantengewicht von 1. Auf die Angabe des Gewichtes von eins wird verzichtet. Der Ausgangsknoten $x_\text{a}(kT_\text{A})$ wird durch ein Kantengewicht von z^{-1} auf den Knoten $x_\text{e}(kT_\text{A}) + x_\text{a}\left((k-1)T_\text{A}\right)$ geführt. Das Kantengewicht z^{-1} symbolisiert die Speicherung von $x_\text{a}(kT_\text{A})$ um einen Takt. Die Bezeichnung z^{-1} für die Speicherung des Signals um einen Takt wird im Abschnitt 15.2 noch näher erläutert.

3. Zwischen Knoten $x_\text{e}(kT_\text{A}) + x_\text{a}\left((k-1)T_\text{A}\right)$ und Ausgangsknoten $x_\text{a}(kT_\text{A})$ liegt ein Kantengewicht von 1, da laut Gl. (14.36) Knoten $x_\text{e}(kT_\text{A}) + x_\text{a}\left((k-1)T_\text{A}\right)$ und Ausgangsknoten $x_\text{a}(kT_\text{A})$ identisch sind.

1.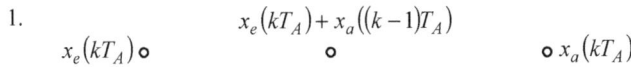

2.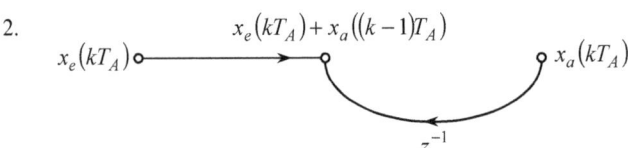

3.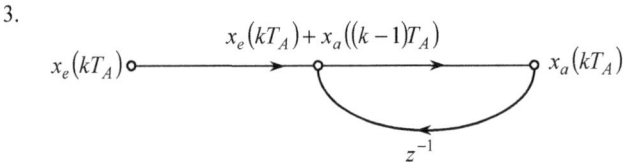

Bild 14.24 Entwicklung des Signalflussgraphen des diskreten Integrators

15 Zeitdiskrete LTI-Systeme im Zeit- und Bildbereich

■ 15.1 z-Transformation und inverse z-Transformation

15.1.1 Laplace-Transformation eines ideal abgetasteten Signals

In Anlehnung an die Beschreibung des Übertragungsverhaltens kontinuierlicher Systeme im Bildbereich mittels der Laplace-Transformation liegt die Frage nahe, ob eine derartige Beschreibung auch für diskrete Systeme möglich ist. Der Ausgangspunkt für die weiteren Ausführungen ist die ideale Abtastung kontinuierlicher Signale. Das abgetastete Signal kann, wie im Abschnitt 6.1 erläutert, als Zahlenfolge oder als Summe gewichteter Dirac-Impulse mit den Abtastwerten als Gewichte der Dirac-Impulse aufgefasst werden. Siehe dazu auch die Darstellung im Bild 6.3.

Für die Anwendung der Laplace-Transformation auf abgetastete Signale kommt nur die Formulierung als Summe gewichteter Dirac-Impulse infrage. Auf eine Zahlenfolge lässt sich die Laplace-Transformation als Integration nicht direkt anwenden. Das Abtastsignal wird nach Gl. (10.2) (siehe Abschnitt 10.1) in den Bildbereich transformiert.

$$\tilde{X}(p) = \int_0^\infty \tilde{x}(t) e^{-pt} \, dt = \int_0^\infty x(t) \sum_{k=-\infty}^\infty \delta(t - kT_A) e^{-pt} \, dt \tag{15.1}$$

Es handelt sich um die einseitige Laplace-Transformation für Signale, die bei $t = 0$ beginnen. Die *periodische* Dirac-Impulsfolge, mit der die ideale Abtastung realisiert wird, beginnt hingegen bei $kT_A = -\infty$. Die Dirac-Impulse, die zu Zeitpunkten kT_A mit $k < 0$ auftreten, werden allerdings mit Signalwerten $x(t < 0) = 0$ multipliziert, sodass kein Widerspruch zur einseitigen Laplace-Transformation auftritt. Bild 15.1 verdeutlicht diesen Zusammenhang.

Mit $p = \sigma + j\omega$ kann die Laplace-Transformation auch als Fourier-Transformation des modifizierten Signals $\tilde{x}(t) e^{-\sigma t}$ formuliert werden.

$$\begin{aligned}\tilde{X}(\sigma + j\omega) &= \int_{-\infty}^\infty \underbrace{\tilde{x}(t) e^{-\sigma t}}_{\tilde{x}_\sigma(t)} e^{-j\omega t} \, dt \\ &= \int_{-\infty}^\infty \underbrace{x(t) e^{-\sigma t}}_{x_\sigma(t)} \sum_{k=-\infty}^\infty \delta(t - kT_A) e^{-j\omega t} \, dt\end{aligned} \tag{15.2}$$

Die Fourier-Transformierte des Produktes des modifizierten Signals und der Dirac-Impulsfolge wird nach Anhang 1, Rechenregel 18, mittels Faltung der beiden Fourier-Transformier-

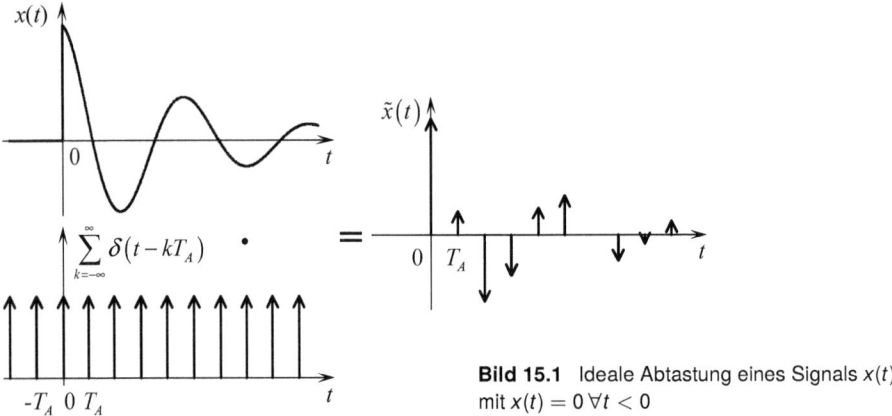

Bild 15.1 Ideale Abtastung eines Signals x(t) mit $x(t) = 0 \, \forall t < 0$

ten bestimmt. Da im Unterschied zu Gl. (5.111) die Kreisfrequenz ω verwendet wird, muss der Faktor $1/(2\pi)$ hinzugefügt werden.

$$x_\sigma(t) \cdot \sum_{k=-\infty}^{\infty} \delta(t - kT_A) \circ\!\!-\!\!\bullet \frac{1}{2\pi} \underline{X}_\sigma(\omega) * F\left\{\sum_{k=-\infty}^{\infty} \delta(t - kT_A)\right\} \quad (15.3)$$

Die Fourier-Transformierte der Dirac-Impulsfolge wird im Abschnitt 5.5 als Funktion der Frequenz f hergeleitet. Siehe dazu Gl. (5.172). Beim Übergang zur Kreisfrequenz ω ändern sich die Gewichte der Dirac-Impulse im Frequenzbereich von $1/T_A$ zu $2\pi/T_A$.

$$\sum_{k=-\infty}^{\infty} \delta(t - kT_A) \circ\!\!-\!\!\bullet \frac{2\pi}{T_A} \sum_{n=-\infty}^{\infty} \delta\left(\omega - n\frac{2\pi}{T_A}\right) \quad (15.4)$$

Damit erhält man für die Fourier-Transformierte des modifizierten Signals $x(t) \, e^{-\sigma t}$

$$x_\sigma(t) \cdot \sum_{k=-\infty}^{\infty} \delta(t - kT_A) \circ\!\!-\!\!\bullet \frac{1}{2\pi} \underline{X}_\sigma(\omega) * \frac{2\pi}{T_A} \sum_{n=-\infty}^{\infty} \delta\left(\omega - n\frac{2\pi}{T_A}\right)$$

$$= \frac{1}{T_A} \sum_{n=-\infty}^{\infty} \underline{X}_\sigma\left(\omega - n\frac{2\pi}{T_A}\right) \quad (15.5)$$

Mit $\underline{X}_\sigma(\omega) = X(\sigma + j\omega)$ kann die Laplace-Transformierte eines ideal abgetasteten Signals als periodische Fortsetzung der Laplace-Transformierten des kontinuierlichen Signals in $j\omega$-Richtung formuliert werden.

$$\int_0^\infty x(t) \sum_{k=-\infty}^{\infty} \delta(t - kT_A) \, e^{-pt} \, dt \circ\!\!-\!\!\bullet \frac{1}{T_A} \sum_{n=-\infty}^{\infty} X\left(\sigma + j\left(\omega - n\frac{2\pi}{T_A}\right)\right) = \tilde{X}(p) \quad (15.6)$$

Beispiel 15.1 Laplace-Transformation des kontinuierlichen Signals a) und des abgetasteten Signals b)

a) $\quad x(t) = \varepsilon(t) \, e^{-\frac{t}{\tau}} \cos(2\pi f_0 t)$

b) $\quad \tilde{x}(t) = \varepsilon(t) \, e^{-\frac{t}{\tau}} \cos(2\pi f_0 t) \cdot \sum_{k=-\infty}^{\infty} \delta(t - kT_A)$

Mit der Laplace-Transformation nach Gl. (10.2) lauten die Bildfunktionen dieser Signale

a) $$X(p) = \frac{p + 1/\tau}{(p + 1/\tau)^2 + (2\pi f_0)^2}. \quad (15.7)$$

Skeptische Leserinnen und Leser haben die Gelegenheit, diese Transformation durch Lösen von Übungsaufgabe 12 im Kapitel 19 nachzuvollziehen. Mit Gleichung (15.6) ergibt sich die Bildfunktion des abgetasteten Signals zu

b) $$\tilde{X}(p) = \frac{1}{T_A} \sum_{n=-\infty}^{\infty} \frac{p - jn\frac{2\pi}{T_A} + 1/\tau}{\left(p - jn\frac{2\pi}{T_A} + 1/\tau\right)^2 + (2\pi f_0)^2}. \quad (15.8)$$

Bild 15.2 zeigt die Beträge der Laplace-Transformierten des kontinuierlichen Signals (a), und des ideal abgetasteten Signals (b).

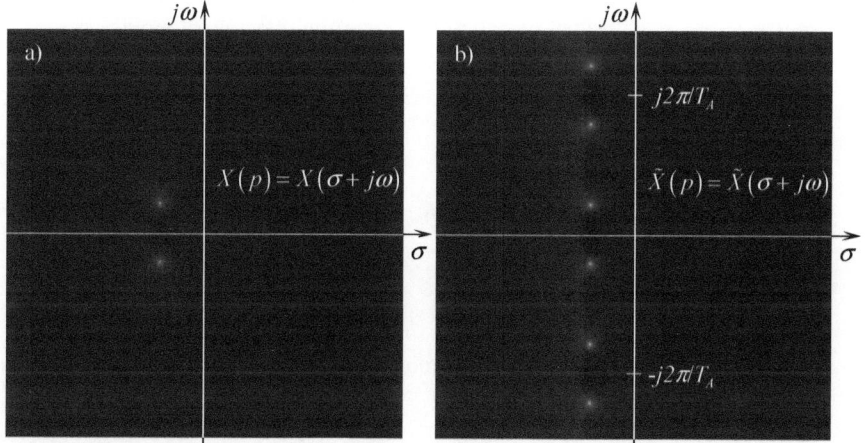

Bild 15.2 Laplace-Transformierte des kontinuierlichen und des abgetasteten Signals
Die Helligkeitscodierung der Beträge zeigt Polstellen der Bildfunktion in Weiß. ■

15.1.2 z-Transformation

Unter Verwendung der Multiplikationseigenschaft des Dirac-Impulses nach Gl. (3.10) kann Gl. (15.1) so umformuliert werden, dass die Abtastwerte explizit als Gewichte in der Dirac-Impulsfolge auftreten.

$$\tilde{X}(p) = \int_0^\infty x(t) \sum_{k=-\infty}^{\infty} \delta(t - kT_A) e^{-pt} dt = \int_0^\infty \sum_{k=-\infty}^{\infty} x(kT_A) \delta(t - kT_A) e^{-pt} dt \quad (15.9)$$

Nach Vertauschen der Summation und der Integration kann der Term $x(kT_A)$ aus dem Integral herausgezogen werden.

$$\tilde{X}(p) = \sum_{k=0}^{\infty} x(kT_A) \int_0^\infty \delta(t - kT_A) e^{-pt} dt \quad (15.10a)$$

Die Laplace-Transformierte erhält man durch Anwendung der Definitionsgleichung des Dirac-Impulses nach Gl. (3.9).

$$\tilde{X}(p) = \sum_{k=0}^{\infty} x(kT_A) e^{-pkT_A} = \sum_{k=0}^{\infty} x(kT_A) \left(e^{pT_A} \right)^{-k} \tag{15.10b}$$

Die komplexe Funktion e^{pT_A} wird mit dem Buchstaben z abgekürzt. Dies gibt der z-Transformation ihren Namen. Die Hintransformation lautet dann

z-Transformation

$$X(z) = Z\{x(kT_A)\} = \sum_{k=0}^{\infty} x(kT_A) z^{-k} \tag{15.11}$$

Um den Übergang von der Laplace-Transformation zur z-Transformation zu untersuchen, wird $p = \sigma + j\omega$ ausgeschrieben und in die Exponentialfunktion eingesetzt.

$$z = e^{pT_A} = e^{(\sigma+j\omega)T_A} = e^{\sigma T_A} e^{j\omega T_A} \tag{15.12}$$

Die Exponentialfunktion $e^{\sigma T_A}$ beschreibt den Betrag von z. Drei Fälle sind zu unterscheiden:

Fall 1: $\quad \sigma < 0 \Rightarrow |z| < 1$

Fall 2: $\quad \sigma = 0 \Rightarrow |z| = 1$

Fall 3: $\quad \sigma > 0 \Rightarrow |z| > 1$

Die Exponentialfunktion $e^{j\omega T_A}$ ist komplex und periodisch mit $\omega_p = 2\pi/T_A$. Bild 15.3 zeigt den Zusammenhang zwischen dem Bildbereich der Laplace-Transformation und dem Bildbereich der z-Transformation.

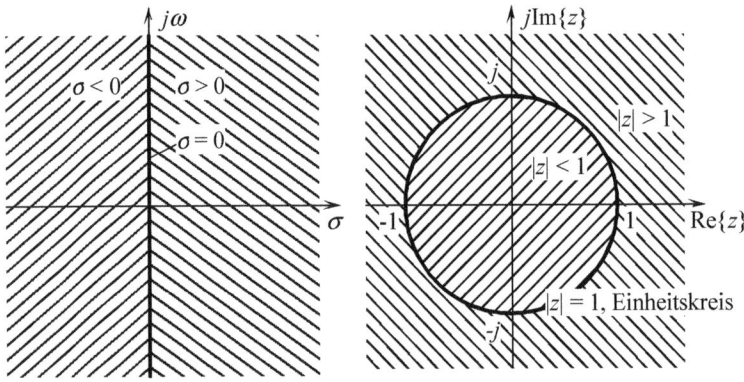

Bild 15.3 Bildbereiche der Laplace-Transformation und der z-Transformation

Die imaginäre Achse ($\sigma = 0$) des Bildbereiches der Laplace-Transformation wird auf einen Kreis um den Ursprung mit Radius 1, den sogenannten Einheitskreis, im Bildbereich der z-Transformation abgebildet. Für die Punkte auf diesem Kreis gilt $|z| = 1$. Die linke Halbebene ($\sigma < 0$) des Bildbereiches der Laplace-Transformation wird in den Bereich $|z| < 1$ und

somit in das Innere des Einheitskreises abgebildet. Die rechte Halbebene ($\sigma > 0$) des Bildbereiches der Laplace-Transformation wird in den Bereich $|z| > 1$ abgebildet, der außerhalb des Einheitskreises liegt. Die Punkte $p = \pm j N\omega_A = \pm j N 2\pi/T_A$ mit ganzzahligem N werden wegen der Periodizität der komplexen Exponentialfunktion auf den Punkt $z = 1$ abgebildet.
Am Beispiel einer kausalen Potenzfolge wird die Berechnung der z-Transformierten gezeigt.

Beispiel 15.2 z-Transformation einer begrenzten Potenzfolge

$$\{x(kT_A)\} = \left\{\varepsilon(kT_A)c^k\right\}$$

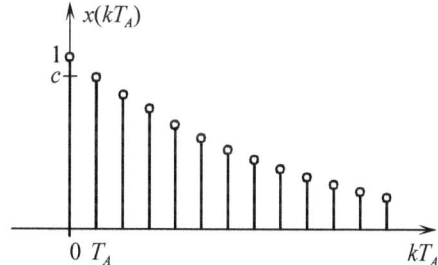

Bild 15.4 Begrenzte Potenzfolge

Mit Gl. (15.11) wird die z-Transformierte berechnet.

$$X(z) = Z\{x(kT_A)\} = \sum_{k=0}^{\infty} c^k z^{-k} = \sum_{i=0}^{\infty} \left(\frac{c}{z}\right)^k \quad (15.13a)$$

Diese Summe stellt eine unendliche geometrische Reihe dar, mit der Summenformel

$$X(z) = \sum_{k=0}^{\infty} \left(\frac{c}{z}\right)^k = \frac{1}{1 - c/z}. \quad (15.13b)$$

Die Reihe konvergiert unter der Voraussetzung $|c/z| < 1$ zu dieser Lösung. Ähnlich wie bei der Laplace-Transformation ist also auch bei der z-Transformation der Konvergenzbereich zu beachten. Das Transformationspaar lautet nach Erweiterung mit z

$$\left\{\varepsilon(kT_A)c^k\right\} \circ\!\!-\!\!\bullet \frac{z}{z-c}. \quad (15.13c)$$

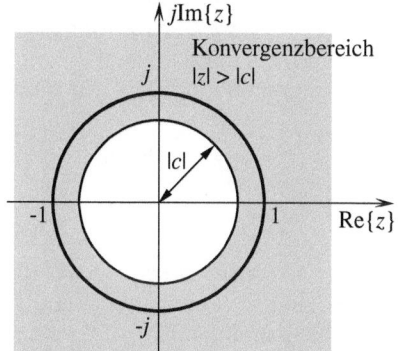

Bild 15.5 Konvergenzbereich der z-Transformation einer Potenzfolge

Bild 15.5 zeigt den Konvergenzbereich $|z| > |c|$ für einen willkürlich gewählten Wert im Bereich $|c| < 1$, d. h. für abfallende Potenzfolgen. Für betragsmäßig ansteigende Potenzfolgen liegt der Konvergenzbereich komplett außerhalb des Einheitskreises. ∎

15.1.3 Inverse z-Transformation

Bei der Herleitung der inversen z-Transformation geht man von der inversen Laplace-Transformation nach Gl. (10.9) aus.

$$x(t) = \frac{1}{2\pi j} \int_{\delta_0 - j\infty}^{\delta_0 + j\infty} X(p) \, e^{pt} \, dp \qquad (15.14)$$

Dieser Ansatz stammt aus /48/. Mit der in Gl. (15.6) angegebenen Laplace-Transformierten eines ideal abgetasteten Signals lässt sich damit die in allen einschlägigen Lehrbüchern zu findende Formel für die inverse z-Transformation herleiten, ohne Kenntnisse der Funktionentheorie vorauszusetzen.

Die in Gl. (15.12) verwendete Beziehung $z = e^{pT_A}$ wird nach p umgestellt, um p in Gl. (15.14) zu substituieren.

$$z = e^{pT_A} \quad \Rightarrow \qquad (15.15a)$$

$$p = \frac{\ln(z)}{T_A} \qquad (15.15b)$$

Das differenzielle Element dp erhält man nach Ableitung von p nach z.

$$\frac{dp}{dz} = \frac{1}{T_A} \frac{d\ln(z)}{dz} = \frac{1}{zT_A} \quad \Rightarrow \quad dp = \frac{1}{zT_A} \, dz \qquad (15.16)$$

In Gl. (15.14) werden p und dp substituiert.

$$x(t) = \frac{1}{2\pi j} \int_{e^{(\delta_0 - j\infty)T_A}}^{e^{(\delta_0 + j\infty)T_A}} X\left(\frac{\ln(z)}{T_A}\right) e^{\frac{\ln(z)}{T_A} t} \frac{1}{zT_A} \, dz \qquad (15.17)$$

Bei der inversen Laplace-Transformation verläuft der Integrationsweg, wie im Abschnitt 10.1 erläutert, entlang einer Geraden im Konvergenzbereich parallel zur imaginären Achse des Bildbereichs. Eine derartige Gerade mit der Gleichung $\sigma = \delta_0$ wird beim Übergang von der Laplace-Transformation zur z-Transformation in einen Kreis mit Radius $e^{\delta_0 T_A}$ um den Ursprung ($z = 0$) abgebildet. Bild 15.6 illustriert diesen Zusammenhang und die Bedeutung der differenziellen Wegelemente dp bzw. dz.

Die Integrationsgrenzen werden entsprechend Gl. (15.15a) ersetzt. Nach den Umformungen

$$e^{(\delta_0 - j\infty)T_A} = e^{\delta_0 T_A} e^{-j\infty} \quad \text{und} \quad e^{(\delta_0 + j\infty)T_A} = e^{\delta_0 T_A} e^{j\infty} \qquad (15.18)$$

erkennt man ebenfalls, dass die Integration entlang eines Kreises um den Ursprung ($z = 0$) mit dem Radius $e^{\delta_0 T_A}$ erfolgt. Da e-Funktionen mit imaginären Argumenten mehrdeutig mit Periode 2π im Exponenten sind, wird der Kreis unendlich oft umlaufen.

15.1 z-Transformation und inverse z-Transformation

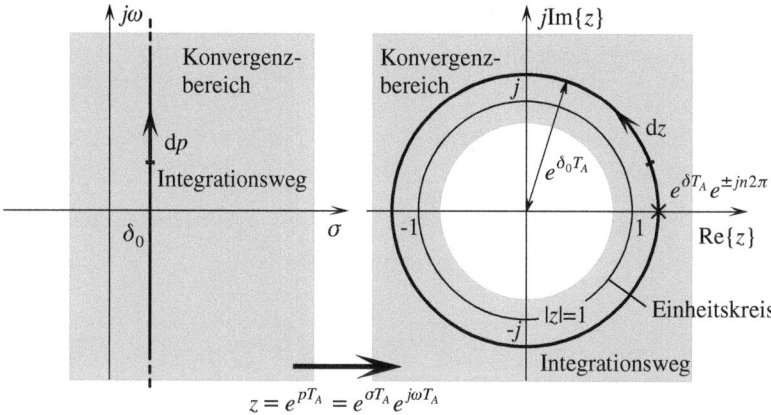

Bild 15.6 Integrationswege in den Bildbereichen der Laplace-Transformation und der z-Transformation

Die inverse z-Transformation soll die Abtastwerte $x(kT_A)$ liefern. In Gl. (15.17) sind daher nur die Abtastzeitpunkte $t = kT_A$ von Interesse. Infolge der Periodizität kann man das einzelne Integral auch durch eine unendliche Summe von Integralen mit den Grenzen $e^{\delta_0 T_A} e^{j0}$ und $e^{\delta_0 T_A} e^{j2\pi}$ ersetzen.

$$x(kT_A) = \frac{1}{2\pi j} \frac{1}{T_A} \sum_{n=-\infty}^{\infty} \int_{e^{\delta_0 T_A} e^{j0}}^{e^{\delta_0 T_A} e^{j2\pi}} X\left(\frac{\ln(z)}{T_A}\right) e^{\frac{\ln(z)}{T_A} kT_A} \frac{1}{z} \, dz \qquad (15.19a)$$

In der e-Funktion wird T_A gekürzt. Mit $e^{\ln(z)k} = \left(e^{\ln(z)}\right)^k = z^k$ erhält man dann

$$x(kT_A) = \frac{1}{2\pi j} \frac{1}{T_A} \sum_{n=-\infty}^{\infty} \int_{e^{\delta_0 T_A} e^{j0}}^{e^{\delta_0 T_A} e^{j2\pi}} X\left(\frac{\ln(z)}{T_A}\right) z^{k-1} \, dz \qquad (15.19b)$$

bzw. nach Vertauschen der Summation und der Integration

$$x(kT_A) = \frac{1}{2\pi j} \int_{e^{\delta_0 T_A} e^{j0}}^{e^{\delta_0 T_A} e^{j2\pi}} z^{k-1} \frac{1}{T_A} \sum_{n=-\infty}^{\infty} X\left(\frac{\ln(z)}{T_A}\right) \, dz. \qquad (15.19c)$$

Hier ist zu beachten, dass $X(p)$ bzw. $X\left(\ln(z)/T_A\right)$ die Laplace-Transformierte des *kontinuierlichen* Signals $x(t)$ darstellt. Bei der Herleitung der z-Transformation wird die Laplace-Transformation jedoch auf $\tilde{x}(t)$, das *ideal abgetastete* Signal nach Gl. (6.3) angewendet. Mit Gl. (15.6) lautet die Laplace-Transformierte des ideal abgetasteten Signals nach Substitution von p entsprechend Gl. (15.15b)

$$\tilde{X}\left(\frac{\ln(z)}{T_A}\right) = \frac{1}{T_A} \sum_{n=-\infty}^{\infty} X\left(\frac{\ln(z)}{T_A} - jn\frac{2\pi}{T_A}\right) = \frac{1}{T_A} \sum_{n=-\infty}^{\infty} X\left(\frac{\ln(z)}{T_A} - \frac{\ln\left(e^{jn2\pi}\right)}{T_A}\right)$$

$$\tilde{X}\left(\frac{\ln(z)}{T_A}\right) = \frac{1}{T_A} \sum_{n=-\infty}^{\infty} X\left(\frac{\ln\left(z \cdot e^{-jn2\pi}\right)}{T_A}\right) = \frac{1}{T_A} \sum_{n=-\infty}^{\infty} X\left(\frac{\ln(z)}{T_A}\right). \qquad (15.20)$$

Der Faktor $e^{-j n 2\pi}$ ist gleich eins für beliebige ganzzahlige Werte von n. Somit kann die Summe im Integral in Gl. (15.19c) ersetzt werden.

$$x(kT_A) = \frac{1}{2\pi j} \int_{e^{\delta_0 T_A} e^{j0}}^{e^{\delta_0 T_A} e^{j2\pi}} \tilde{X}\left(\frac{\ln(z)}{T_A}\right) z^{k-1} \, dz. \tag{15.21}$$

Da die z-Transformation der Laplace-Transformation des ideal abgetasteten Signals entspricht, gilt

$$\tilde{X}\left(\frac{\ln(z)}{T_A}\right) = X(z) \tag{15.22}$$

mit $X(z)$ nach Gl. (15.11) und somit

$$x(kT_A) = \frac{1}{2\pi j} \int_{e^{\delta_0 T_A} e^{j0}}^{e^{\delta_0 T_A} e^{j2\pi}} X(z) z^{k-1} \, dz. \tag{15.23}$$

Die Integration entlang eines Kreises um den Ursprung im Bildbereich lässt sich verallgemeinern zu einem Umlaufintegral entlang eines geschlossenen Weges um den Ursprung. Bild 15.7 zeigt exemplarisch einige mögliche Integrationswege. Auf die genaue Form kommt es nicht an. Kreisförmige Integrationswege stellen Spezialfälle dar. Der Integrationsweg muss geschlossen und kreuzungsfrei sein und komplett im Konvergenzbereich von $X(z)$ liegen. Tiefer gehende Begründungen mittels Methoden der Funktionentheorie sollen hier nicht gegeben werden. Interessierte Leser seien z. B. auf /22/ verwiesen.

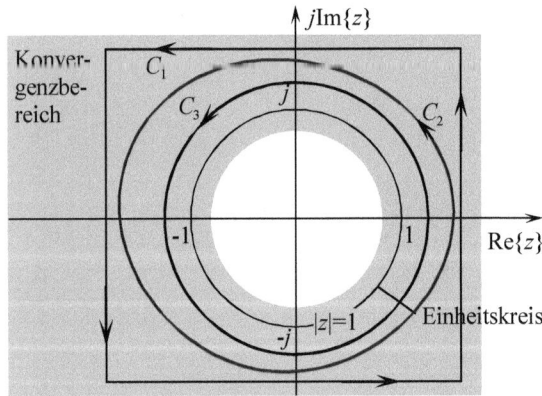

Bild 15.7 Mögliche Integrationswege bei der inversen z-Transformation

Die Rechenvorschrift für die inverse z-Transformation lautet

Inverse z-Transformation

$$x(kT_A) = \frac{1}{2\pi j} \oint_C X(z) z^{k-1} \, dz. \tag{15.24}$$

C symbolisiert den geschlossenen Integrationsweg um den Ursprung.

Die Berechnung der inversen z-Transformation nach Gl. (15.24) erfordert einige Kenntnisse der Funktionentheorie, die im vorliegenden Buch nicht vorausgesetzt werden. In den meisten praktischen Anwendungen, z. B. beim Entwurf digitaler Filter, wird nicht die mitunter aufwendige Umkehrformel benutzt, sondern auf in Transformationstabellen schon berechnete Transformationspaare zurückgegriffen. Eine derartige Tabelle enthält der Anhang 3.

15.2 Rechenregeln und Korrespondenzen der z-Transformation

Im Abschnitt 10.2 wurden eine Reihe von Eigenschaften und Rechenregeln der Laplace-Transformation erläutert, durch deren geschickte Nutzung man in vielen Fällen die mühsame Bestimmung einer Laplace-Transformierten vermeiden und stattdessen auf bekannte Transformationspaare zurückgreifen kann. Eine äquivalente Vorgehensweise ist auch bei der z-Transformation möglich.

Ausgangspunkt aller folgenden Betrachtungen ist ein Transformationspaar in allgemeiner Form.

$$\{x(kT_A)\} \circ\!\!-\!\!\bullet X(z) \tag{15.25}$$

Linearität

Setzt sich das diskrete Signal $\{x(kT_A)\}$ additiv aus mehreren Teilsignalen $\{x_n(kT_A)\}$ zusammen, so kann die z-Transformation jeweils auf die Teilsignale angewendet werden; anschließend werden die einzelnen Bildfunktionen $X_n(z)$ zur gesamten Bildfunktion $X(z)$ des Signals $\{x(kT_A)\}$ überlagert.

> **Linearität der z-Transformation**
>
> $$\{x(kT_A)\} = a_1\{x_1(kT_A)\} + a_2\{x_2(kT_A)\} + \ldots \circ\!\!-\!\!\bullet a_1 X_1(z) + a_2 X_2(z) + \ldots = X(z)$$
> $$\tag{15.26}$$

Diese Eigenschaft entspricht der Linearitätseigenschaft der Laplace-Transformation.

Zeitverschiebung eines Signals

Wie bei der Laplace-Transformation nach Gl. (10.2) muss auch bei der z-Transformation zwischen der *Rechtsverschiebung*, d. h. $\{x(kT_A)\} \to \{x((k-k_0)T_A)\}$, und der *Linksverschiebung*, d. h. $\{x(kT_A)\} \to \{x((k+k_0)T_A)\}$, unterschieden werden. In beiden im Bild 15.8 dargestellten Fällen gilt $k_0 > 0$.

Um die z-Transformation eines nach rechts verschobenen Zeitsignals $\{x((k-k_0)T_A)\}$,

$$\{x((k-k_0)T_A)\} \circ\!\!-\!\!\bullet \sum_{k=0}^{\infty} x((k-k_0)T_A) z^{-k}, \tag{15.27a}$$

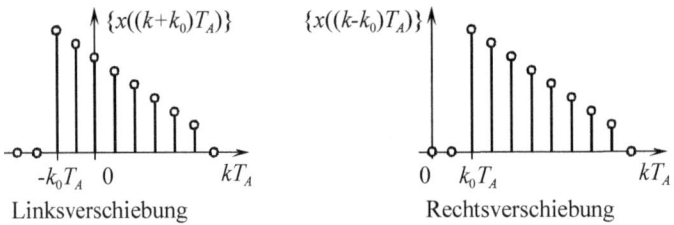

Bild 15.8 Zeitverschiebungen eines diskreten Signals

auf das Transformationspaar nach Gl. (15.25) zurückzuführen, wird folgende Substitution durchgeführt:

$$k - k_0 = n \quad \Rightarrow \quad k = n + k_0 \quad \Rightarrow$$

$$\{x((k-k_0)T_A)\} \circ\!\!-\!\!\bullet \sum_{n=-k_0}^{\infty-k_0} x(nT_A)\, z^{-(n+k_0)} = z^{-k_0} \sum_{n=0}^{\infty} x(nT_A)\, z^{-n} \qquad (15.27b)$$

Da das Signal $\{x(kT_A)\}$ erst bei $k = 0$ beginnt, kann bei *Rechtsverschiebung* nach Bild 15.8 die untere Summationsgrenze $-k_0 < 0$ durch 0 ersetzt werden. Man summiert trotzdem über das ganze Signal und erhält ein allgemeingültiges Transformationspaar für die Rechtsverschiebung.

Rechtsverschiebung

$$\{x((k-k_0)T_A)\} \circ\!\!-\!\!\bullet X(z)z^{-k_0} \qquad (15.27c)$$

Um die z-Transformation eines nach links verschobenen Zeitsignals $\{x((k+k_0)T_A)\}$,

$$\{x((k+k_0)T_A)\} \circ\!\!-\!\!\bullet \sum_{k=0}^{\infty} x((k+k_0)T_A)\, z^{-k}, \qquad (15.28a)$$

auf das Transformationspaar nach Gl. (15.25) zurückzuführen, wird folgende Substitution durchgeführt:

$$k + k_0 = n \quad \Rightarrow \quad k = n - k_0 \quad \Rightarrow$$

$$\{x((k+k_0)T_A)\} \circ\!\!-\!\!\bullet \sum_{n=k_0}^{\infty+k_0} x(nT_A)\, z^{-(n-k_0)} = z^{k_0} \sum_{n=k_0}^{\infty} x(nT_A)\, z^{-n} \qquad (15.28b)$$

Bei der z-Transformation beginnt die Summation, wie im Bild 15.8 verdeutlicht wird, erst beim Index 0, der „nach" dem Index $-k_0 < 0$ liegt. Von dem zu transformierenden Signal wird bei der Summation daher nur der Bereich ab $k = 0$ erfasst. Es gilt

$$\sum_{n=k_0}^{\infty} x(nT_A)\, z^{-(n-k_0)} = \sum_{n=0}^{k_0} x(nT_A)\, z^{-(n-k_0)} + \sum_{n=k_0}^{\infty} x(nT_A)\, z^{-(n-k_0)}$$
$$- \sum_{n=0}^{k_0} x(nT_A)\, z^{-(n-k_0)} \qquad (15.28c)$$

und somit

$$\{x((k+k_0)T_A)\} \circ\!\!-\!\!\bullet z^{k_0} \underbrace{\sum_{n=0}^{\infty} x(nT_A)z^{-n}}_{X(z)} - z^{k_0} \sum_{n=0}^{k_0-1} x(nT_A)z^{-n}.$$

Der Abschnitt $0\ldots k_0$ entspricht dem Bereich links von der Ordinate im Bild 15.8, der bei der ursprünglichen Summation von 0 bis ∞ nicht erfasst wird und daher in Gl. (15.28c) in Form der Summe von $n=0$ bis $n=k_0-1$ wieder subtrahiert werden muss. Damit lautet das Transformationspaar

Linksverschiebung

$$\{x((k+k_0)T_A)\} \circ\!\!-\!\!\bullet \left(X(z) - \sum_{n=0}^{k_0-1} x(nT_A)z^{-n}\right) z^{k_0}. \qquad (15.28d)$$

Beispiel 15.3 *z*-Transformierte verschobener Rechteckfolgen

$$\{x(kT_A)\} = \{\mathrm{rect}_4(kT_A)\} = \{\underline{1};1;1;1\}$$
$$\{x((k-2)T_A)\} = \{\mathrm{rect}_4((k-2)T_A)\} = \{\underline{0};0;1;1;1;1\}$$
$$\{x((k+2)T_A)\} = \{\mathrm{rect}_4((k+2)T_A)\} = \{1;1;\underline{1};1\}$$

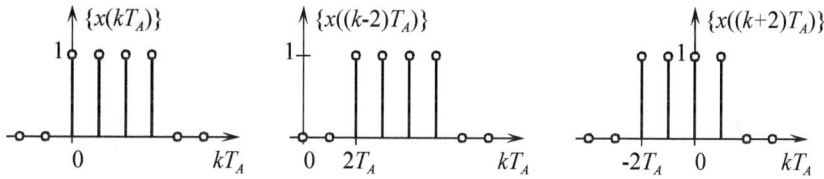

Bild 15.9 Rechteckfolge und verschobene Rechteckfolgen

Die *z*-Transformierte des nicht verschobenen Signals lautet

$$\{x(kT_A)\} = \{\mathrm{rect}_4(kT_A)\} \circ\!\!-\!\!\bullet \sum_{k=0}^{3} z^{-k} = 1 + z^{-1} + z^{-2} + z^{-3}. \qquad (15.29)$$

Die *z*-Transformierte des nach rechts verschobenen Signals lautet

$$\{x((k-2)T_A)\} = \{\mathrm{rect}_4((k-2)T_A)\} \circ\!\!-\!\!\bullet \sum_{k=2}^{5} z^{-k} = z^{-2} + z^{-3} + z^{-4} + z^{-5}. \qquad (15.30a)$$

Mit der Rechenregel nach Gl. (15.27c) und $k_0=2$ lautet die *z*-Transformierte des nach rechts verschobenen Signals natürlich ebenfalls

$$\{x((k-2)T_A)\} = \{\mathrm{rect}_4((k-2)T_A)\} \circ\!\!-\!\!\bullet \left(1 + z^{-1} + z^{-2} + z^{-3}\right) z^{-2}$$
$$= z^{-2} + z^{-3} + z^{-4} + z^{-5}. \qquad (15.30b)$$

Die z-Transformierte des nach links verschobenen Signals lautet

$$\{x((k+2)T_A)\} = \{\text{rect}_4((k+2)T_A)\} \circ\!\!-\!\!\bullet \sum_{k=0}^{1} z^{-k} = 1 + z^{-1}. \tag{15.31a}$$

Mit der Rechenregel nach Gl. (15.28d) und $k_0 = 2$ erhält man das gleiche Ergebnis.

$$\{x((k+2)T_A)\} = \{\text{rect}_4((k+2)T_A)\} \circ\!\!-\!\!\bullet \left(1 + z^{-1} + z^{-2} + z^{-3}\right) z^2 - z^2 - z$$
$$= 1 + z^{-1} \tag{15.31b}$$

∎

Diskrete Faltung im Zeitbereich

Die diskrete Faltung wird auf zwei Signale $\{x_1(kT_A)\}$ und $\{x_2(kT_A)\}$ mit $x_1(kT_A), x_2(kT_A) = 0$ für $k < 0$ angewendet.

$$\{x_1(kT_A)\} * \{x_2(kT_A)\} = \left\{ \sum_{i=-\infty}^{\infty} \underbrace{x_1(iT_A)}_{=0 \text{ für } i<0} \underbrace{x_2((k-i)T_A)}_{=0 \text{ für } i>k} \right\}$$
$$= \left\{ \sum_{i=0}^{k} x_1(iT_A) x_2((k-i)T_A) \right\} \tag{15.32}$$

Zu beachten ist, dass die Faltung ein Signal erzeugt, das für $k < 0$ null ist.

Die z-Transformation wird auf diese Summe angewendet. Das Ersetzen der oberen Summationsgrenze der inneren Summe ($kT_A \to \infty$) verfälscht das Ergebnis nicht, da dadurch lediglich über ein zusätzliches Intervall $((k+1)T_A \ldots \infty)$ summiert wird, in dem $x_2((k-i)T_A)$ gleich null ist.

$$\{x_1(kT_A)\} * \{x_2(kT_A)\} \circ\!\!-\!\!\bullet \sum_{k=0}^{\infty} \sum_{i=0}^{\infty} x_1(iT_A) x_2((k-i)T_A) z^{-k} \tag{15.33a}$$

Zur Ermittlung der z-Transformierten wird nach Vertauschen der Summationsreihenfolge folgende Substitution durchgeführt:
$$k - i = n \quad \Rightarrow \quad k = n + i$$

$$\{x_1(kT_A)\} * \{x_2(kT_A)\} \circ\!\!-\!\!\bullet \sum_{i=0}^{\infty} x_1(iT_A) \sum_{n=-i}^{\infty-i} x_2(nT_A) z^{-(n+i)} \tag{15.33b}$$

Die untere Grenze der inneren Summe kann durch 0 ersetzt werden, da das Signal $\{x_2(nT_A)\}$ erst bei $n = 0$ beginnt. Die obere Grenze der inneren Summe kann durch ∞ ersetzt werden und man erhält

$$\{x_1(kT_A)\} * \{x_2(kT_A)\} \circ\!\!-\!\!\bullet \sum_{i=0}^{\infty} x_1(iT_A) z^{-i} \sum_{n=0}^{\infty} x_2(nT_A) z^{-n}. \tag{15.33c}$$

Das Transformationspaar lautet dann:

Diskrete Faltung im Zeitbereich

$$\{x_1(kT_A)\} * \{x_2(kT_A)\} \circ\!\!-\!\!\bullet X_1(z) \cdot X_2(z). \tag{15.33d}$$

Die Berechnung der Faltungssumme kann also durch die Multiplikation der z-Transformierten der beiden Signale und anschließende Rücktransformation ersetzt werden.

Beispiel 15.4 Faltung der Folgen $\{x_1(kT_A)\} = \{\varepsilon(kT_A)\}$, $\{x_2(kT_A)\} = \{\text{rect}_4(kT_A)\}$

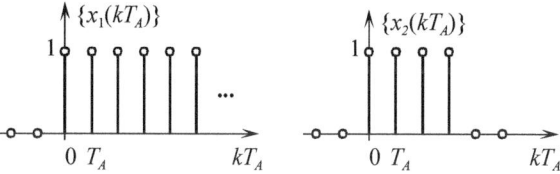

Bild 15.10 Einheitssprungfolge und Rechteckfolge

Beide Signale werden mithilfe der Transformationstabelle im Anhang 3 z-transformiert und man erhält die Bildfunktionen $X_1(z)$ und $X_2(z)$.

$$\{x_1(kT_A)\} = \{\varepsilon(kT_A)\} \circ\!\!-\!\!\bullet \frac{z}{z-1} = X_1(z) \tag{15.34a}$$

$$\begin{aligned}\{x_2(kT_A)\} &= \{\text{rect}_4(kT_A)\} \\ &= \{\varepsilon(kT_A)\} - \{\varepsilon(k-4)T_A\} \circ\!\!-\!\!\bullet \frac{z}{z-1} - \frac{z}{z-1}z^{-4} = X_2(z)\end{aligned} \tag{15.34b}$$

Zur Bestimmung des diskreten Zeitsignals muss das Produkt der beiden Bildfunktionen in den Zeitbereich zurücktransformiert werden. Aufgrund der oben erläuterten Linearitätseigenschaft der z-Transformation können die beiden Summanden einzeln zurücktransformiert und danach im Zeitbereich addiert werden.

$$X_1(z) \cdot X_2(z) = \frac{z}{(z-1)^2}z - \frac{z}{(z-1)^2}z^{-3} \tag{15.35}$$

Die Transformationstabelle im Anhang 3 liefert als inverse Transformierte der Bildfunktion $z/(z-1)^2$ die diskrete Rampenfolge $\{k \cdot \varepsilon(kT_A)\}$ nach Bild 15.11.

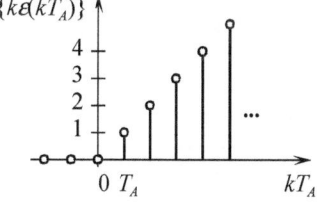

Bild 15.11 Rampenfolge

Die Multiplikation von $z/(z-1)^2$ mit z entspricht, wie oben hergeleitet, der Linksverschiebung der Rampenfolge um eine Abtastung nach Gl. (15.28d). Die Multiplikation mit z^{-3} entspricht, wie oben hergeleitet, der Rechtsverschiebung der Rampenfolge um 3 Abtastungen. Die Subtraktion der gegeneinander verschobenen Rampenfolgen liefert das im Bild 15.12 grafisch dargestellte Ergebnis der Faltungsoperation.

$$\{x_1(kT_A)\} * \{x_2(kT_A)\} = \{(k+1)\varepsilon((k+1)T_A)\} - \{(k-3)\varepsilon((k-3)T_A)\}$$
$$\{x_1(kT_A)\} * \{x_2(kT_A)\} = \{\underline{1}; 2; 3; 4; 5; 6; 7; 8; 9; \ldots\} - \{\underline{0}; 0; 0; 0; 1; 2; 3; 4; 5; \ldots\}$$
$$\{x_1(kT_A)\} * \{x_2(kT_A)\} = \{\underline{1}; 2; 3; 4; 4; 4; 4; 4; 4; \ldots\} \tag{15.36}$$

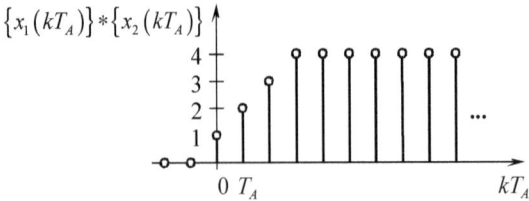

Bild 15.12 Rechteckfolge gefaltet mit Einheitssprungfolge

15.3 Lösung von Differenzengleichungen mittels z-Transformation

Die Lösung von Differenzengleichungen mittels z-Transformation erfolgt prinzipiell nach dem gleichen Schema wie die Lösung von Differenzialgleichungen mittels der Laplace-Transformation. Man überführt die Differenzengleichung in eine wesentlich leichter zu lösende algebraische Gleichung im Bildbereich und stellt diese nach der z-Transformierten des gesuchten zeitdiskreten Signals um. Die anschließende inverse z-Transformation, z. B. unter Verwendung einer Transformationstabelle, liefert das gesuchte zeitdiskrete Signal. Bild 15.13 verdeutlicht diese Vorgehensweise.

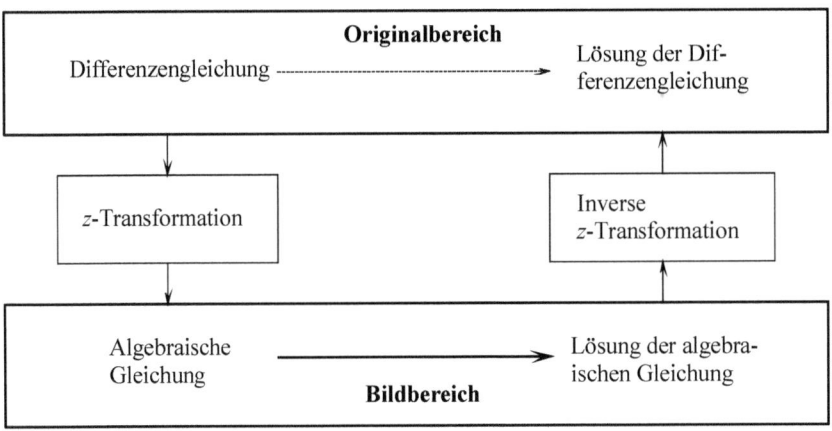

Bild 15.13 Lösung einer Differenzengleichung mittels z-Transformation, schematisch

Beispiel 15.5 Lösung einer DZLG erster Ordnung

Exemplarisch wird eine Differenzengleichung, die ein LTI-System erster Ordnung nach Bild 15.14 beschreibt, mithilfe der z-Transformation gelöst.

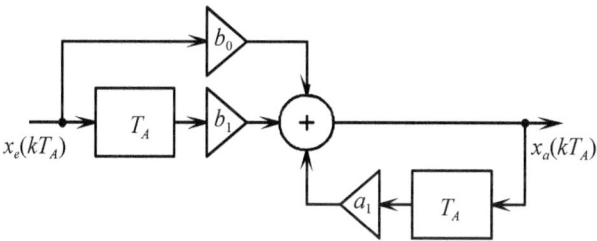

Bild 15.14 Diskretes System erster Ordnung

Man kann zwei verschiedene Differenzengleichung erster Ordnung mit konstanten Koeffizienten aufstellen.

Version 1: $\quad x_a(kT_A) + a_1 x_a\left((k-1)T_A\right) = b_0 x_e(kT_A) + b_1 x_e\left((k-1)T_A\right) \quad$ (15.37a)

Diese Version wird üblicherweise zur Beschreibung und zum Entwurf digitaler Filter verwendet.

Version 2: $\quad x_a\left((k+1)T_A\right) + a_1 x_a(kT_A) = b_0 x_e\left((k+1)T_A\right) + b_1 x_e(kT_A) \quad$ (15.37b)

Diese Version wird üblicherweise zur Berechnung expliziter Zahlenfolgen verwendet.

Die Wahl der Koeffizienten a_1, b_0 und b_1 bestimmt das dynamische Verhalten des Systems. Aufgrund der Linearitätseigenschaft der z-Transformation können beide Versionen der Differenzengleichung Term für Term in den Bildbereich transformiert werden und man erhält eine algebraische Gleichung für die z-Transformierte $X_a(z)$ des diskreten Ausgangssignals $\{x_a(kT_A)\}$. Die z-Transformation des nach rechts verschobenen Signals $\{x_a(k-1)T_A)\}$ erfolgt unter Verwendung von Gl. (15.27c), die des nach links verschobenen Signals $\{x_a(k+1)T_A)\}$ unter Verwendung von Gl. (15.28d).

Version 1: $\quad X_a(z) + a_1 z^{-1} X_a(z) = b_0 X_e(z) + b_1 z^{-1} X_e(z) \quad$ (15.38a)

Diese Gleichung wird nach $X_a(z)$ umgestellt. In dieser Version treten keine Anfangswerte auf.

$$X_a(z) = \frac{b_0 + b_1 z^{-1}}{1 + a_1 z^{-1}} X_e(z) = \frac{b_0 z + b_1}{z + a_1} X_e(z) \quad (15.38b)$$

Version 2: $\quad z X_a(z) - z x_a(0) + a_1 X_a(z) = b_0 \left(z X_e(z) - z x_e(0)\right) + b_1 X_e(z) \quad$ (15.39a)

Auch diese Gleichung wird nach $X_a(z)$ umgestellt. In dieser Version treten die Anfangswerte $x_a(0)$ und $x_e(0)$ auf.

$$X_a(z) = \frac{b_0 z + b_1}{z + a_1} X_e(z) + \left(x_a(0) - b_0 x_e(0)\right) \frac{z}{z + a_1} \quad (15.39b)$$

Die Lösung $X_a(z)$ von Version 1 ist in derjenigen von Version 2 enthalten, sodass im Folgenden nur noch Version 2 betrachtet wird. Man erkennt zwei charakteristische Anteile. Der erste Term auf der rechten Seite ist proportional zur z-Transformierten $X_e(z)$ des Eingangssignals $\{x_e(kT_A)\}$. Er wird nur durch das Eingangssignal, nicht durch die Anfangswerte $x_a(0)$ und $x_e(0)$ bestimmt. Der zweite Term auf der rechten Seite stellt die z-Transformierte des Anteils des Ausgangssignals dar, der durch Anfangswerte ungleich null verursacht wird. Dieser Anteil des Ausgangssignals tritt auch dann auf, wenn kein Eingangssignal vorhanden ist, d. h. $x_e(kT_A) = 0 \,\forall k$. Bei einem stabilen System klingt er exponentiell ab, sodass nach einiger Zeit praktisch nur noch der Einfluss des Eingangssignals wirksam ist. In Version 1 treten die Anfangswerte nicht auf.

Um das Ausgangssignal $\{x_a(kT_A)\}$ explizit berechnen zu können, muss ein konkretes Eingangssignal eingesetzt werden. Exemplarisch wird hier die Einheitssprungfolge bzw. ihre z-Transformierte nach Korrespondenz 2 der Transformationstabelle im Anhang 3 eingesetzt.

$$\{x_e(kT_A)\} = \{\varepsilon(kT_A)\} \circ\!\!-\!\!\bullet\ X_e(z) = \frac{z}{z-1} \tag{15.40}$$

Die Differenzengleichung ist nun komplett in den Bildbereich überführt und es ist eine algebraische Gleichung entstanden.

$$X_a(z) = \frac{b_0 z + b_1}{z + a_1} \frac{z}{z-1} + \left(x_a(0) - b_0 x_e(0)\right) \frac{z}{z + a_1} \tag{15.41}$$

Die Lösung der DZGL erhält man durch die inverse z-Transformation von Gl. (15.41).

$$\mathcal{Z}^{-1}\{X_a(z)\} = \mathcal{Z}^{-1}\left\{\frac{b_0 z + b_1}{z + a_1} \frac{z}{z-1} + \left(x_a(0) - b_0 x_e(0)\right) \frac{z}{z + a_1}\right\} \tag{15.42}$$

In ingenieurtechnischen Anwendungen wird die inverse z-Transformation üblicherweise nicht durch Integration nach Gl. (15.24) bestimmt, sondern mittels Transformationstabellen. Siehe dazu den Anhang 3. Dazu muss der invers zu transformierende Ausdruck ggf. in einfachere Grundterme zerlegt werden. Dies wird, ausgehend von der Annahme einfacher Polstellen, d. h. $a_1 \neq -1$, mit der folgenden Partialbruchzerlegung realisiert

$$\frac{b_0 z + b_1}{z + a_1} \frac{z}{z-1} = \frac{K_1 z}{z + a_1} + \frac{K_2 z}{z - 1} \tag{15.43}$$

Um die Konstanten K_1 und K_2 zu bestimmen, bringt man die beiden Summanden auf einen gemeinsamen Bruchstrich und führt im Zähler einen Koeffizientenvergleich durch.

$$\frac{K_1 z}{z + a_1} + \frac{K_2 z}{z - 1} = \frac{K_2 z(z + a_1) + K_1 z(z-1)}{(z + a_1)(z - 1)} \tag{15.44a}$$

$$\frac{b_0 z + b_1}{z + a_1} \frac{z}{z-1} = \frac{(K_2 + K_1)z + K_2 a_1 - K_1}{z + a_1} \frac{z}{z-1} \tag{15.44b}$$

Diese Gleichung ist unter Einhaltung der folgenden Bedingungen für beliebige Werte von z erfüllt.

$$K_2 + K_1 = b_0, \qquad K_2 a_1 - K_1 = b_1 \tag{15.45}$$

Aus diesen beiden linearen Gleichungen sind K_1 und K_2 zu bestimmen. Es ergibt sich

$$K_1 = -\frac{b_1 - a_1 b_0}{1 + a_1}, \qquad K_2 = \frac{b_0 + b_1}{1 + a_1}. \tag{15.46}$$

15.3 Lösung von Differenzengleichungen mittels z-Transformation

Die inverse Transformation kann nun mithilfe der Transformationstabelle im Anhang 3 durchgeführt werden. Neben der oben (Gl. (15.40)) bereits angegebenen z-Transformierten der Einheitssprungfolge wird auch die z-Transformierte der Potenzfolge

$$\{\varepsilon(kT_A)a^k\} \circ\!\!-\!\!\bullet \frac{z}{z-a} \tag{15.47}$$

verwendet. Die allgemeine Konstante a muss durch $-a_1$ ersetzt werden.

$$X_a(z) = K_1 \frac{z}{z+a_1} + K_2 \frac{z}{z-1} + (x_a(0) - b_0 x_e(0)) \frac{z}{z+a_1} \tag{15.48a}$$

Für K_1 und K_2 werden die Ausdrücke nach Gl. (15.46) eingesetzt.

$$X_a(z) = \underbrace{\frac{b_0 + b_1}{1 + a_1} \frac{z}{z-1} - \frac{b_1 - a_1 b_0}{1 + a_1} \frac{z}{z+a_1}}_{\text{Anteil des Eingangssignals}} + \underbrace{(x_a(0) - b_0 x_e(0)) \frac{z}{z+a_1}}_{\text{Anteil der Anfangswerte}} \tag{15.48b}$$

Gl. (15.48b) wird invers transformiert in

$$\{x_a(kT_A)\} = \underbrace{\left\{\varepsilon(kT_A)\left(\frac{b_0 + b_1}{1 + a_1} - \frac{b_1 - a_1 b_0}{1 + a_1}(-a_1)^k\right)\right\}}_{\text{Anteil des Eingangssignals}}$$
$$+ \underbrace{\left\{\varepsilon(kT_A)(x_a(0) - b_0 x_e(0))(-a_1)^k\right\}}_{\text{Anteil der Anfangswerte}}. \tag{15.49}$$

Bild 15.15 zeigt exemplarisch für $a_1 = -0{,}8$, $b_0 = 0{,}2$, $b_1 = 0$, $x_e(0) = 1$ und $x_a(0) = 0{,}5$ die beiden Anteile des Ausgangssignals, die vom Eingangssignal bzw. von den Anfangswerten abhängen, und das Ausgangssignal $\{x_a(kT_A)\}$ als Summe der beiden Anteile. Der exponentielle Abfall des Anteils der Anfangswerte ist gut zu erkennen. Für $k \to \infty$ geht das Ausgangssignal asymptotisch gegen $(b_0 + b_1)/(1 + a_1) = 1$. Der Anteil des Ausgangssignals, der nur vom Eingangssignal abhängt, entspricht der Lösung von Version 1 der DZGL.

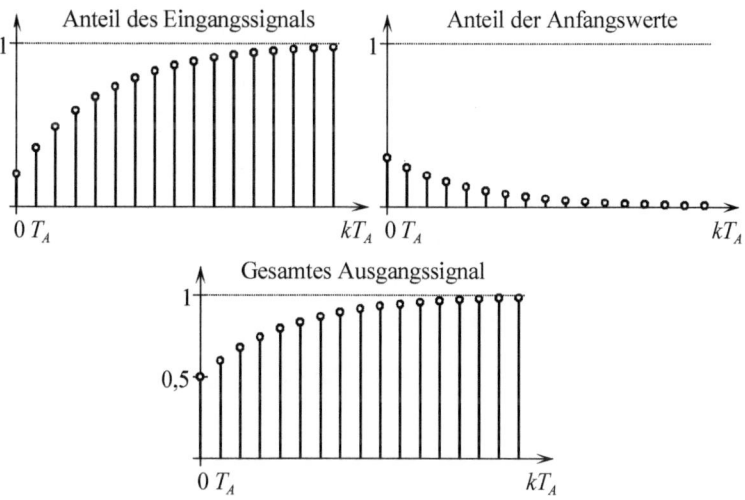

Bild 15.15 Ausgangssignal des diskreten LTI-Systems erster Ordnung bei Sprunganregung

15 Zeitdiskrete LTI-Systeme im Zeit- und Bildbereich

Ein zeitdiskretes LTI-System der Ordnung $\max(m, n)$ mit dem zeitdiskreten Eingangssignal $\{x_e(kT_A)\}$ und dem zeitdiskreten Ausgangssignal $\{x_a(kT_A)\}$ lässt sich in allgemeiner Form durch eine gewöhnliche lineare Differenzengleichung der Ordnung $\max(m, n)$ mit konstanten Koeffizienten beschreiben.

$$a_0 x_a(kT_A) + a_1 x_a((k-1)T_A) + \ldots + a_{n-1} x_a((k-n+1)T_A) + a_n x_a((k-n)T_A)$$
$$= b_0 x_e(kT_A) + b_1 x_e((k-1)T_A) + \ldots + b_{m-1} x_e((k-m+1)T_A) + b_m x_e((k-m)T_A)$$
(15.50a)

In Summenschreibweise erhält man die kompaktere Formulierung

$$\sum_{i=0}^{n} a_i x_a((k-i)T_A) = \sum_{j=0}^{m} b_j x_e((k-j)T_A). \tag{15.50b}$$

Diese DZGL entspricht Version 1 der DZGL erster Ordnung im obigen Beispiel. Die Entsprechung zu Version 2 der DZGL erster Ordnung im obigen Beispiel lautet

$$a_0 x_a((k+n)T_A) + a_1 x_a((k+n-1)T_A) + \ldots + a_{n-1} x_a((k+1)T_A) + a_n x_a(kT_A)$$
$$= b_0 x_e((k+m)T_A) + b_1 x_e((k+m-1)T_A) + \ldots + b_{m-1} x_e((k+1)T_A) + b_m x_e(kT_A)$$
(15.51a)

bzw.

$$\sum_{i=0}^{n} a_i x_a((k+n-i)T_A) = \sum_{j=0}^{m} b_j x_e((k+m+j)T_A). \tag{15.51b}$$

Diese Version soll hier nicht weiter betrachtet werden.

Aufgrund der Linearitätseigenschaft der z-Transformation kann die Differenzengleichung auch im allgemeinen Fall Term für Term in den Bildbereich transformiert werden. Dabei findet die z-Transformation eines nach rechts verschobenen Signals nach Gl. (15.27c) Verwendung. Man erhält für die z-Transformierte $X_a(z)$ des Ausgangssignals

$$a_0 X_a(z) + a_1 z^{-1} X_a(z) + \ldots + a_{n-1} z^{-n+1} X_a(z) + a_n z^{-n} X_a(z)$$
$$= b_0 X_e(z) + b_1 z^{-1} X_e(z) + \ldots + b_{m-1} z^{-m+1} X_e(z) + b_m z^{-m} X_e(z). \tag{15.52}$$

Diese Gleichung lässt sich nach $X_a(z)$ umstellen.

$$X_a(z) = \frac{b_0 + b_1 z^{-1} + \ldots + b_{m-1} z^{-m+1} + b_m z^{-m}}{a_0 + a_1 z^{-1} + \ldots + a_{n-1} z^{-n+1} + a_n z^{-n}} X_e(z) \tag{15.53}$$

Der Ausdruck wird nun so erweitert, dass nur noch Potenzen von z, nicht von z^{-1}, auftreten.

$$X_a(z) = \frac{z^{\max(m,n)}}{z^{\max(m,n)}} \frac{b_0 + b_1 z^{-1} + \ldots + b_{m-1} z^{-m+1} + b_m z^{-m}}{a_0 + a_1 z^{-1} + \ldots + a_{n-1} z^{-n+1} + a_n z^{-n}} X_e(z) \tag{15.54}$$

In Abhängigkeit von m und n sind zwei Fälle zu unterscheiden.

Fall 1: $n \geq m$

$$X_a(z) = \frac{b_0 z^n + b_1 z^{n-1} + \ldots + b_{m-1} z^{n-m+1} + b_m z^{n-m}}{a_0 z^n + a_1 z^{n-1} + \ldots + a_{n-1} z + a_n} X_e(z) \tag{15.55a}$$

15.3 Lösung von Differenzengleichungen mittels z-Transformation

Fall 2: $n < m$

$$X_a(z) = \frac{b_0 z^m + b_1 z^{m-1} + \ldots + b_{m-1} z + b_m}{a_0 z^m + a_1 z^{m-1} + \ldots + a_{n-1} z^{m-n+1} + a_n z^{m-n}} X_e(z) \tag{15.55b}$$

Beide Quotienten stellen gebrochen rationale Funktionen von z dar. Die z-Transformierten $X_e(z)$ vieler technisch relevanter Eingangssignale, wie Einheitsimpulsfolge, Einheitssprungfolge, Potenzfolgen oder abgetasteter harmonischer Schwingungen stellen ebenfalls gebrochen rationale Funktionen von z dar. In solchen Fällen ist auch $X_a(z)$ eine gebrochen rationale Funktion von z. Exemplarisch wird jetzt $X_e(z) = 1$, die z-Transformierte der Einheitsimpulsfolge $\{\delta(kT_A)\}$, eingesetzt. Dies ist der Transformationstabelle im Anhang 3 zu entnehmen.

$$\{\delta(kT_A)\} \circ\!\!-\!\!\bullet\ 1 \tag{15.56}$$

Mit den Polstellen $z_{\infty 1}, z_{\infty 2}, \ldots, z_{\infty n}$ und den Nullstellen $z_{01}, z_{02}, \ldots, z_{0m}$ können sowohl die Nenner als auch die Zähler der Formelausdrücke für $X_a(z)$ als Produkte formuliert werden. Die Gleichungen (15.55a) und (15.55b) sind in der angegebenen Form nur gültig, wenn sowohl a_0 als auch b_0 ungleich null sind.

Fall 1: $n \geq m$

$$X_a(z) = \frac{b_0 (z - z_{01})(z - z_{02}) \cdots (z - z_{0m}) \cdot z^{n-m}}{a_0 (z - z_{\infty 1})(z - z_{\infty 2}) \cdots (z - z_{\infty n})} \tag{15.57a}$$

Fall 2: $n < m$

$$X_a(z) = \frac{b_0 (z - z_{01})(z - z_{02}) \cdots (z - z_{0m})}{a_0 (z - z_{\infty 1})(z - z_{\infty 2}) \cdots (z - z_{\infty n}) \cdot z^{m-n}} \tag{15.57b}$$

Ist b_0 gleich null, so lauten die Ausdrücke in den Zählern $b_1 (z - z_{02})(z - z_{03}) \cdots$. Ist auch b_1 gleich null, so lauten sie $b_2 (z - z_{03})(z - z_{04}) \cdots$ usw.

Außer der wenig gebräuchlichen Berechnung der inversen z-Transformation nach Gl. (15.24) kommen hier wieder die Summenzerlegung mittels Partialbruchzerlegung und die Produktzerlegung unter Verwendung einer Transformationstabelle infrage.

Beide Lösungsvarianten sollen nun gegenübergestellt werden. Eine allgemeingültige Aussage, welche Variante günstiger ist, kann nicht getroffen werden. Die Auswahl muss sich nach dem jeweils zu bearbeitenden Problem sowie den Kenntnissen und Vorlieben des Bearbeiters, insbesondere hinsichtlich der diskreten Faltung, richten.

Variante 1: Produktzerlegung

Die gebrochen rationalen Funktionen der Fälle 1 und 2 stellen jeweils mehrfache Produkte von Termen erster Ordnung dar.

Fall 1: $n \geq m$

$$X_a(z) = \frac{b_0}{a_0} \frac{z - z_{01}}{z - z_{\infty 1}} \cdot \frac{z - z_{02}}{z - z_{\infty 2}} \cdots \frac{z - z_{0m}}{z - z_{\infty m}} \cdot \frac{z}{z - z_{\infty m+1}} \cdot \frac{z}{z - z_{\infty m+2}} \cdots \frac{z}{z - z_{\infty n}} \tag{15.58a}$$

Fall 2: $n < m$

$$X_a(z) = \frac{b_0}{a_0} \frac{z - z_{01}}{z - z_{\infty 1}} \cdot \frac{z - z_{02}}{z - z_{\infty 2}} \cdots \frac{z - z_{0n}}{z - z_{\infty n}} \cdot \frac{z - z_{0n+1}}{z} \cdot \frac{z - z_{0n+2}}{z} \cdots \frac{z - z_{0m}}{z} \tag{15.58b}$$

Es treten drei Kategorien von Termen auf:

1. $\dfrac{z - z_{0j}}{z - z_{\infty i}}$, 2. $\dfrac{z}{z - z_{\infty i}}$, 3. $\dfrac{z - z_{0j}}{z}$.

Terme der Kategorie 1 lassen sich nach Abspaltung der Konstanten 1 auf eine Kombination der Korrespondenzen 1 und 6 zurückführen, siehe dazu die Transformationstabelle im Anhang 3.

$$\frac{z - z_{0j}}{z - z_{\infty i}} = \frac{z - z_{\infty i} + z_{\infty i} - z_{0j}}{z - z_{\infty i}} = \frac{z - z_{\infty i}}{z - z_{\infty i}} + \frac{z_{\infty i} - z_{0j}}{z - z_{\infty i}}$$
$$= 1 + (z_{\infty i} - z_{0j}) \frac{1}{z - z_{\infty i}} \qquad (15.59)$$

$$\frac{z - z_{0j}}{z - z_{\infty i}} \;\multimap\; \{\delta(kT_A)\} + \left\{ \varepsilon\left((k-1)T_A\right)(z_{\infty i} - z_{0j}) z_{\infty i}^{k-1}\right\} \qquad (15.60)$$

Terme der Kategorie 2 lassen sich mithilfe der Korrespondenz 2 der Transformationstabelle im Anhang 3 in den Zeitbereich transformieren.

$$\frac{z}{z - z_{\infty i}} \;\multimap\; \left\{ \varepsilon(kT_A) z_{\infty i}^k \right\} \qquad (15.61)$$

Terme der Kategorie 3 lassen sich nach Ausmultiplizieren mithilfe der Korrespondenz für den Einheitsimpuls, siehe Transformationstabelle im Anhang 3, und der Rechtsverschiebung eines Zeitsignals in den Zeitbereich transformieren.

$$\frac{z - z_{0j}}{z} = 1 - z_{0j} z^{-1} \;\multimap\; \{\delta(kT_A)\} - \{z_{0j}\delta\left((k-1)T_A\right)\} \qquad (15.62)$$

Mithilfe der symbolischen Schreibweise der Faltung können allgemeingültige Ausdrücke für das zeitdiskrete Signal $\{x_a(kT_A)\}$ angegeben werden.

Fall 1: $n \geq m$

$$\{x_a(kT_A)\} = \frac{b_0}{a_0} \underbrace{\left(\{\delta(kT_A)\} + \left\{\varepsilon\left((k-1)T_A\right)(z_{\infty 1} - z_{01}) z_{\infty 1}^{k-1}\right\}\right)}_{\text{Kategorie 1}}$$
$$* \underbrace{\left(\{\delta(kT_A)\} + \left\{\varepsilon\left((k-1)T_A\right)(z_{\infty 2} - z_{02}) z_{\infty 2}^{k-1}\right\}\right)}_{\text{Kategorie 1}} * \ldots$$
$$* \underbrace{\left(\{\delta(kT_A)\} + \left\{\varepsilon\left((k-1)T_A\right)(z_{\infty m} - z_{0m}) z_{\infty m}^{k-1}\right\}\right)}_{\text{Kategorie 1}}$$
$$* \underbrace{\left\{\varepsilon(kT_A) z_{\infty m+1}^k\right\}}_{\text{Kategorie 2}} * \underbrace{\left\{\varepsilon(kT_A) z_{\infty m+2}^k\right\}}_{\text{Kategorie 2}} * \ldots * \underbrace{\left\{\varepsilon(kT_A) z_{\infty n}^k\right\}}_{\text{Kategorie 2}} \qquad (15.63a)$$

Fall 2: $n < m$

$$\{x_a(kT_A)\} = \frac{b_0}{a_0} \underbrace{\left(\{\delta(kT_A)\} + \left\{\varepsilon\left((k-1)T_A\right)(z_{\infty 1} - z_{01})z_{\infty 1}^{k-1}\right\}\right)}_{\text{Kategorie 1}}$$

$$* \underbrace{\left(\{\delta(kT_A)\} + \left\{\varepsilon\left((k-1)T_A\right)(z_{\infty 2} - z_{02})z_{\infty 2}^{k-1}\right\}\right)}_{\text{Kategorie 1}} * \ldots$$

$$* \underbrace{\left(\{\delta(kT_A)\} + \left\{\varepsilon\left((k-1)T_A\right)(z_{\infty n} - z_{0n})z_{\infty n}^{k-1}\right\}\right)}_{\text{Kategorie 1}} \qquad (15.63b)$$

$$* \underbrace{\left(\{\delta(kT_A)\} - \left\{z_{0n+1}\delta\left((k-1)T_A\right)\right\}\right)}_{\text{Kategorie 3}}$$

$$* \underbrace{\left(\{\delta(kT_A)\} - \left\{z_{0n+2}\delta\left((k-1)T_A\right)\right\}\right)}_{\text{Kategorie 3}} * \ldots$$

$$* \underbrace{\left(\{\delta(kT_A)\} - \left\{z_{0m}\delta\left((k-1)T_A\right)\right\}\right)}_{\text{Kategorie 3}}$$

Die entstehenden Formelausdrücke wirken auf den ersten Blick nicht gerade übersichtlich. Es treten jedoch nur Faltungen von, ggf. zeitverzögerten, Einheitsimpulsfolgen mit Einheitsimpulsfolgen, Faltungen von Potenzfolgen mit Einheitsimpulsfolgen und Faltungen von Potenzfolgen mit Potenzfolgen auf, wobei mehrfache Polstellen durch mehrfache Faltung von Potenzfolgen mit sich selbst erfasst werden.

Bei den als eine Art von Grundbausteinen dienenden Faltungen von Potenzfolgen werden zwei Fälle unterschieden.

Verschiedene Polstellen

$$\frac{z}{z - z_{\infty 1}} \cdot \frac{z}{z - z_{\infty 2}} \; \circ\!\!-\!\!\bullet \; \left\{\varepsilon(kT_A)z_{\infty 1}^k\right\} * \left\{\varepsilon(kT_A)z_{\infty 2}^k\right\} \qquad (15.64)$$

$$\left\{\varepsilon(kT_A)z_{\infty 1}^k\right\} * \left\{\varepsilon(kT_A)z_{\infty 2}^k\right\} = \varepsilon(kT_A)\sum_{i=0}^{k} z_{\infty 1}^{k-i} z_{\infty 2}^i = \varepsilon(kT_A)z_{\infty 1}^k \sum_{i=0}^{k}\left(\frac{z_{\infty 2}}{z_{\infty 1}}\right)^i \qquad (15.65a)$$

Auf die entstehende endliche geometrische Reihe wird die Summenformel angewendet, die z. B. /6/ entnommen werden kann.

$$\left\{\varepsilon(kT_A)z_{\infty 1}^k\right\} * \left\{\varepsilon(kT_A)z_{\infty 2}^k\right\} = \left\{\varepsilon(kT_A)z_{\infty 1}^k \frac{1 - \left(\frac{z_{\infty 2}}{z_{\infty 1}}\right)^{k+1}}{1 - \frac{z_{\infty 2}}{z_{\infty 1}}}\right\} \qquad (15.65b)$$

$$= \left\{\varepsilon(kT_A)\frac{z_{\infty 1}^{k+1} - z_{\infty 2}^{k+1}}{z_{\infty 1} - z_{\infty 2}}\right\}$$

Ist eine der beiden miteinander gefalteten Potenzfolgen um eine Abtastung nach rechts verschoben, so muss im Ergebnis k durch $k-1$ ersetzt werden. Sind beide miteinander gefalteten Potenzfolgen jeweils um eine Abtastung nach rechts verschoben, so muss im Ergebnis k durch $k-2$ ersetzt werden.

Gleiche Polstellen

$$\frac{z}{z-z_{\infty 1}} \cdot \frac{z}{z-z_{\infty 1}} \hspace{2pt}\circ\!\!-\!\!\bullet\hspace{2pt} \left\{\varepsilon(kT_\mathrm{A})z_{\infty 1}^k\right\} * \left\{\varepsilon(kT_\mathrm{A})z_{\infty 1}^k\right\} \tag{15.66}$$

$$\left\{\varepsilon(kT_\mathrm{A})z_{\infty 1}^k\right\} * \left\{\varepsilon(kT_\mathrm{A})z_{\infty 1}^k\right\} = \left\{\varepsilon(kT_\mathrm{A}) \sum_{i=0}^{k} z_{\infty 1}^{k-i} z_{\infty 1}^i\right\} = \left\{\varepsilon(kT_\mathrm{A}) z_{\infty 1}^k \sum_{i=0}^{k} 1\right\}$$

$$\left\{\varepsilon(kT_\mathrm{A})z_{\infty 1}^k\right\} * \left\{\varepsilon(kT_\mathrm{A})z_{\infty 1}^k\right\} = \left\{\varepsilon(kT_\mathrm{A})(k+1)z_{\infty 1}^k\right\} \tag{15.67}$$

Ggf. muss auch hier im Ergebnis k durch $k-1$ bzw. $k-2$ ersetzt werden.

Beispiel 15.6 Faltung zweier Exponentialfolgen

Bild 15.16 zeigt exemplarisch die Verläufe von $\left\{\varepsilon(kT_\mathrm{A})0{,}75^k\right\} * \left\{\varepsilon(kT_\mathrm{A})0{,}5^k\right\}$ bzw. $\left\{\varepsilon(kT_\mathrm{A})0{,}75^k\right\} * \left\{\varepsilon(kT_\mathrm{A})0{,}75^k\right\}$.

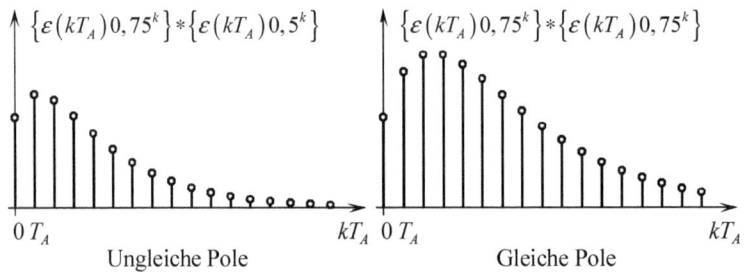

Bild 15.16 Ergebnisse der Faltung zweier verschiedener Potenzfolgen (links) bzw. zweier identischer Potenzfolgen (rechts) ∎

Variante 2: Summenzerlegung

Die Lösung mittels Partialbruchzerlegung wird hier nur für einfache Polstellen $z_{\infty\,i}$ angegeben. Für den Fall mehrfacher Polstellen findet man z. B. in /12/ allgemeingültige Formeln. Wenn keine mehrfachen Polstellen auftreten, lautet die Partialbruchzerlegung im Fall 1, $n \geq m$, nach Gl. (15.58a)

$$X_\mathrm{a}(z) = K_0 + \frac{K_1}{z-z_{\infty 1}} + \frac{K_2}{z-z_{\infty 2}} + \ldots + \frac{K_n}{z-z_{\infty n}}. \tag{15.68}$$

Alternativ zu dem bei der Lösung der Differenzengleichung erster Ordnung verwendeten Koeffizientenvergleich können in diesem Fall die Koeffizienten der Partialbruchzerlegung auch nach dem folgenden Schema /6/, /12/ ermittelt werden:

$$K_0 = X_\mathrm{a}(\infty) = \frac{b_0}{a_0} \tag{15.69a}$$

$$K_i = \left.(z - z_{\infty\,i}) X_\mathrm{a}(z)\right|_{z=z_{\infty\,i}}. \tag{15.69b}$$

Das Ausgangssignal $\{x_\mathrm{a}(kT_\mathrm{A})\}$ des zeitdiskreten Systems ergibt sich damit zu

$$\{x_\mathrm{a}(kT_\mathrm{A})\} = K_0 \{\delta(kT_\mathrm{A})\} + \sum_{i=1}^{n} \left\{K_i \varepsilon\left((k-1)T_\mathrm{A}\right) z_{\infty\,i}^{k-1}\right\}. \tag{15.70}$$

Wenn $b_0 = 0$ gilt, dann tritt der Koeffizient K_0 nicht auf.

Im Fall 2, $n < m$, nach Gl. (15.58b) tritt, entsprechend der kleinsten Potenz von z im Nenner, eine $(m-n)$-fache Polstelle bei $z = 0$ auf. Wenn alle anderen Polstellen nur einfach auftreten, lautet die Partialbruchzerlegung von $X_a(z)$

$$X_a(z) = K_0 + \frac{K_1}{z} + \ldots + \frac{K_{m-n}}{z^{m-n}} + \frac{K_{m-n+1}}{z - z_{\infty 1}} + \frac{K_{m-n+2}}{z - z_{\infty 2}} + \ldots + \frac{K_m}{z - z_{\infty n}}. \quad (15.71)$$

Das Ausgangssignal $\{x_a(kT_A)\}$ des zeitdiskreten Systems ergibt sich damit zu

$$\{x_a(kT_A)\} = \sum_{j=0}^{m-n} \{K_j \delta((k-j)T_A)\} + \sum_{i=1}^{n} \left\{ K_{m-n+i}\, \varepsilon((k-1)T_A)\, z_{\infty i}^{k-1} \right\}. \quad (15.72)$$

Beispiel 15.7 Fibonacci-Folge

Die Fibonacci-Folge /52/ ist eine der berühmtesten Zahlenfolgen der Mathematik. Der Anfang der Folge lautet

$$\{x_a(kT_A)\} = \{\underline{0}; 1; 1; 2; 3; 5; 8; 13; 21; \ldots\}.$$

Die Entstehung dieser Zahlenfolge lässt sich durch eine DZGL zweiter Ordnung bzw. ein rekursives Bildungsgesetz beschreiben.

Version 1:

$$x_a(kT_A) - x_a((k-1)T_A) - x_a((k-2)T_A) = x_e((k-1)T_A) \quad \text{mit} \quad (15.73a)$$
$$x_e(kT_A) = \delta(kT_A)$$

Version 2:

$$x_a((k+2)T_A) = x_a((k+1)T_A) + x_a(kT_A) \quad \text{mit} \quad x_a(0) = 0, \quad x_a(T_A) = 1 \quad (15.73b)$$

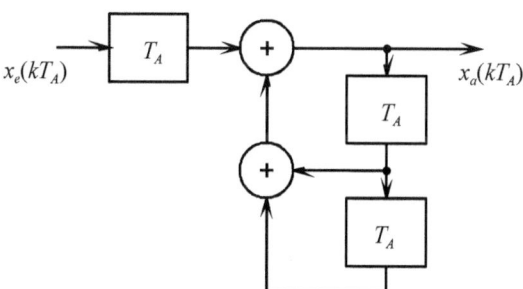

Bild 15.17 Zeitdiskretes System zweiter Ordnung nach Version 1 zur Erzeugung der Fibonacci-Folge

Version 1 beschreibt ein System zweiter Ordnung mit einer Einheitsimpulsfolge als Eingangssignal. Version 2 beschreibt ein System zweiter Ordnung ohne Eingangssignal bzw. mit einer Nullfolge als Eingangssignal. Das Ausgangssignal resultiert in diesem Fall aus den Anfangswerten.

Um Elemente der Fibonacci-Folge für sehr große Werte von k zu bestimmen, muss die Rekursion ggf. sehr lange durchlaufen werden. Die Lösungen der Differenzengleichungen unter Verwendung der z-Transformation liefern eine explizite Formel für $x_a(kT_A)$.

Wie im ersten Beispiel dieses Abschnitts mit einer DZGL erster Ordnung wird die z-Transformation der nach rechts verschobenen Signale $\{x_a((k-1)T_A)\}$ bzw. $\{x_a((k-2)T_A)\}$ unter Verwendung von Gl. (15.27c) bestimmt, die der nach links verschobenen Signale $\{x_a((k+1)T_A)\}$ bzw. $\{x_a((k+2)T_A)\}$ unter Verwendung von Gl. (15.28d).

Version 1:

$$X_a(z) - z^{-1} X_a(z) - z^{-2} X_a(z) = z^{-1} X_e(z) \quad \text{mit} \tag{15.74a}$$
$$x_e(kT_A) = \delta(kT_A) \circ\!\!-\!\bullet\; X_e(z) = 1$$

Diese Gleichung wird nach $X_a(z)$ umgestellt.

$$X_a(z) = \frac{z^{-1}}{1 - z^{-1} - z^{-2}} = \frac{z}{z^2 - z - 1} \tag{15.74b}$$

Version 2:

$$z^2 X_a(z) - z^2 \underbrace{x_a(0)}_{0} - z \underbrace{x_a(T_A)}_{1} = z X_a(z) - z \underbrace{x_a(0)}_{0} + X_a(z) \tag{15.75a}$$

Auch diese Gleichung wird nach $X_a(z)$ umgestellt.

$$X_a(z) = \frac{z}{z^2 - z - 1} \tag{15.75b}$$

Die Polstellen dieser Bildfunktion lauten

$$z_\infty = \frac{1}{2} \pm \sqrt{\frac{1}{4} + 1} \Rightarrow z_{\infty 1} = \frac{1+\sqrt{5}}{2}; \quad z_{\infty 2} = \frac{1-\sqrt{5}}{2}$$

Der Wert $z_{\infty 1} \approx 1{,}618$ ist als *Goldener Schnitt* wohlberühmt. Er tritt in vielfältiger Weise in der Kunst, der Architektur und vielen anderen Bereichen auf. Der Wert von $z_{\infty 2}$ liegt in etwa bei $-0{,}618$. Unter Verwendung der Polstellen lässt sich die Bildfunktion als Produkt zweier Terme erster Ordnung schreiben.

$$X_a(z) = \frac{z}{(z - z_{\infty 1})(z - z_{\infty 2})} \tag{15.76}$$

An diesem Beispiel lassen sich die beiden Lösungswege, Produktzerlegung bzw. Summenzerlegung, erproben und vergleichen.

Variante 1: Produktzerlegung

Durch Erweitern dieses Ausdrucks mit z lässt sich ein Ausdruck nach Gl. (15.77) erzeugen.

$$X_a(z) = z^{-1} \frac{z}{z - z_{\infty 1}} \cdot \frac{z}{z - z_{\infty 2}} \tag{15.77}$$

Zunächst wird nur das Produkt der beiden Quotienten in den Zeitbereich transformiert. Die zusätzliche Multiplikation mit z^{-1} im Bildbereich wird anschließend durch Rechtsverschiebung um ein Abtastintervall berücksichtigt. Wie bereits in Gl. (15.33d) angegeben, entspricht die Multiplikation im Bildbereich einer Faltung im Zeitbereich.

$$\frac{z}{z - z_{\infty 1}} \cdot \frac{z}{z - z_{\infty 2}} \;\bullet\!\!-\!\circ\; \left\{\varepsilon(k) z_{\infty 1}^k\right\} * \left\{\varepsilon(k) z_{\infty 2}^k\right\} \tag{15.78}$$

Mit Gl. (15.65b) lautet das Ergebnis dieser diskreten Faltung

$$\left\{\varepsilon(kT_\mathrm{A})z_{\infty 1}^k\right\} * \left\{\varepsilon(kT_\mathrm{A})z_{\infty 2}^k\right\} = \left\{\varepsilon(kT_\mathrm{A})\frac{z_{\infty 1}^{k+1} - z_{\infty 2}^{k+1}}{z_{\infty 1} - z_{\infty 2}}\right\}. \tag{15.79}$$

Nach Einsetzen der Polstellen und Rechtsverschiebung des Ergebnisses um eine Abtastung erhält man eine explizite Formulierung der einzelnen Werte der Fibonacci-Folge.

$$\{x_\mathrm{a}(kT_\mathrm{A})\} = \left\{\varepsilon\left((k-1)T_\mathrm{A}\right)\frac{\left(\frac{1+\sqrt{5}}{2}\right)^k - \left(\frac{1-\sqrt{5}}{2}\right)^k}{\frac{1+\sqrt{5}}{2} - \frac{1-\sqrt{5}}{2}}\right\} \tag{15.80}$$

$$= \left\{\varepsilon\left((k-1)T_\mathrm{A}\right)\frac{(1+\sqrt{5})^k - (1-\sqrt{5})^k}{2^k\sqrt{5}}\right\}$$

Auf den ersten Blick wirkt es erstaunlich, dass dieser Formelausdruck, der immerhin irrationale Zahlen und deren Potenzen enthält, die ganzzahligen Werte der Fibonacci-Folge liefert. Skeptische Leserinnen und Leser können die Korrektheit des Ergebnisses leicht nachprüfen.

Variante 2: Summenzerlegung

Die Partialbruchzerlegung von $X_\mathrm{a}(z)$ lautet

$$X_\mathrm{a}(z) = \frac{z}{(z - z_{\infty 1})(z - z_{\infty 2})} = \frac{K_1}{z - z_{\infty 1}} + \frac{K_2}{z - z_{\infty 2}}. \tag{15.81}$$

Zur Ermittlung der Koeffizienten bringt man beide Summanden auf einen Bruchstrich und führt im Zähler des so entstehenden Ausdrucks einen Koeffizientenvergleich durch.

$$X_\mathrm{a}(z) = \frac{z}{(z - z_{\infty 1})(z - z_{\infty 2})} = \frac{(K_1 + K_2)z - (z_{\infty 2}K_1 + z_{\infty 1}K_2)}{(z - z_{\infty 1})(z - z_{\infty 2})} \tag{15.82}$$

Daraus ergeben sich folgende Gleichungen für K_1 und K_2

$$K_1 + K_2 = 1, \qquad z_{\infty 2}K_1 + z_{\infty 1}K_2 = 0$$

mit den Lösungen

$$K_1 = \frac{z_{\infty 1}}{z_{\infty 1} - z_{\infty 2}} \tag{15.83a}$$

$$K_2 = -\frac{z_{\infty 2}}{z_{\infty 1} - z_{\infty 2}}. \tag{15.83b}$$

Mittels der Korrespondenz 6 der Transformationstabelle im Anhang 3 lassen sich die Zahlenwerte $\{x_\mathrm{a}(kT_\mathrm{A})\}$ der Fibonacci-Folge bestimmen.

$$\{x_\mathrm{a}(kT_\mathrm{A})\} = \left\{\frac{z_{\infty 1}}{z_{\infty 1} - z_{\infty 2}}\varepsilon\left((k-1)T_\mathrm{A}\right)z_{\infty 1}^{k-1}\right\} - \left\{\frac{z_{\infty 2}}{z_{\infty 1} - z_{\infty 2}}\varepsilon\left((k-1)T_\mathrm{A}\right)z_{\infty 2}^{k-1}\right\}$$

$$\tag{15.84a}$$

Nach Zusammenfassen kann damit das über Produktzerlegung der Bildfunktion erhaltene Ergebnis nach Gl. (15.80) bestätigt werden.

$$\{x_\mathrm{a}(kT_\mathrm{A})\} = \left\{ \varepsilon\left((k-1)T_\mathrm{A}\right) \frac{1}{\sqrt{5}} \left(\left(\frac{1+\sqrt{5}}{2}\right)^k - \left(\frac{1-\sqrt{5}}{2}\right)^k \right) \right\} \qquad (15.84\mathrm{b})$$

∎

■ 15.4 Übertragungsfunktion

Das mathematische Modell eines zeitdiskreten Systems im Zeitbereich ist die Differenzengleichung (DZGL), die im Abschnitt 14.2 für lineare zeitinvariante Systeme beschrieben wurde. Für solche Systeme wird im Bildbereich die *Übertragungsfunktion* als mathematisches Modell verwendet. Der Begriff *Übertragungsfunktion* wurde im Abschnitt 10.4 für die Beschreibung linearer und zeitinvarianter zeitkontinuierlicher Systeme erläutert und hat die gleiche Bedeutung wie für zeitdiskrete Systeme, sodass im aktuellen Abschnitt an Bekanntes angeknüpft werden kann.

Die DZGL und die Übertragungsfunktion sind mathematische Modelle und beschreiben ein System. Aus beiden Beschreibungen können Eigenschaften des Systems abgelesen werden. Beim Anlegen eines konkreten Eingangssignals nutzt man die DZGL oder die Übertragungsfunktion, um das Ausgangssignal zu bestimmen. Das Lösen der DZGL, also die Ermittlung des Ausgangssignals, wurde im Abschnitt 14.2 im Zeitbereich beschrieben. Im Abschnitt 15.3 wurde die DZGL über die z-Transformation gelöst, dabei entsteht als Zwischenprodukt, siehe dazu beispielsweise Gl. (15.53), eine gebrochen rationale Funktion, die man als Übertragungsfunktion bezeichnet. Im aktuellen Abschnitt werden die Ermittlung der Übertragungsfunktion, ihre Darstellungsformen und das Ablesen konkreter Systemeigenschaften erläutert. Im Abschnitt 15.5 wird gezeigt, wie man mit der Übertragungsfunktion die Antworten von Systemen auf spezielle Eingangssignale erhält.

Die DZGL und die Übertragungsfunktion sind über die z-*Transformation* ineinander überführbar, wie Bild 15.18 zeigt und nachfolgend erläutert wird.

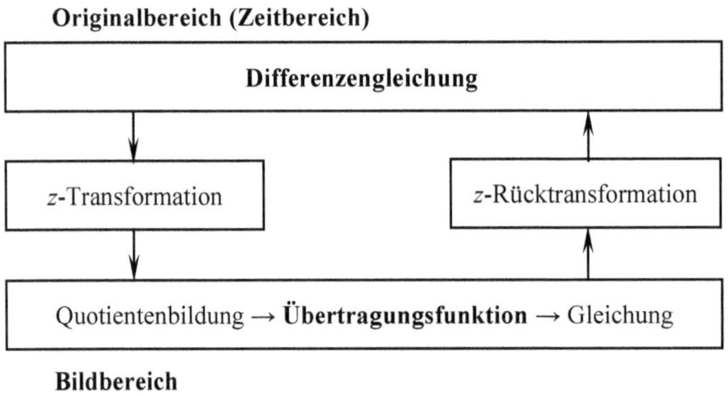

Originalbereich (Zeitbereich)

| Differenzengleichung |

z-Transformation ↓   ↑ z-Rücktransformation

Quotientenbildung → **Übertragungsfunktion** → Gleichung

Bildbereich

Bild 15.18 DZGL und Übertragungsfunktion

15.4 Übertragungsfunktion

Ausgangspunkt für die Übertragungsfunktion ist die aus Abschnitt 14.2 bekannte lineare DZGL mit konstanten Koeffizienten.

$$a_n x_a\left((k-n)T_A\right) + \ldots + a_1 x_a\left((k-1)T_A\right) + a_0 x_a(kT_A)$$
$$= b_m x_e\left((k-m)T_A\right) + \ldots + b_0 x_e(kT_A) \tag{15.85}$$

Man führt eine z-Transformation der DZGL unter Anwendung des Linearitätssatzes und des Verschiebungssatzes für die Rechtsverschiebung durch, siehe dazu Abschnitt 15.2.

$$Z\left\{a_n x_a\left((k-n)T_A\right) + \ldots + a_0 x_a(kT_A)\right\} = Z\left\{b_m x_e\left((k-m)T_A\right) + \ldots + b_0 x_e(kT_A)\right\}$$
$$\downarrow \qquad \ldots \qquad \downarrow \qquad \qquad \downarrow \qquad \ldots \qquad \downarrow$$
$$a_n z^{-n} X_a(z) + \ldots + a_0 X_a(z) = b_m z^{-m} X_e(z) + \ldots + b_0 X_e(z) \tag{15.86}$$

Auf der linken Seite wird $X_a(z)$ und auf der rechten Seite $X_e(z)$ ausgeklammert

$$X_a(z)\left(a_n z^{-n} + \ldots + a_1 z^{-1} + a_0\right) = X_e(z)\left(b_m z^{-m} + \ldots + b_1 z^{-1} + b_0\right), \tag{15.87}$$

anschließend wird durch das Polynom der linken Seite und durch $X_e(z)$ dividiert.

Die *Übertragungsfunktion* ist der Quotient aus der z-Transformierten des Ausgangssignals zur z-Transformierten des Eingangssignals und beschreibt im Bildbereich ein System ohne Berücksichtigung von Anfangsbedingungen.

$$G(z) = \frac{X_a(z)}{X_e(z)} = \frac{z\text{-Transformierte des Ausgangssignals}}{z\text{-Transformierte des Eingangssignals}}$$
$$G(z) = \frac{X_a(z)}{X_e(z)} = \frac{b_m z^{-m} + \ldots + b_1 z^{-1} + b_0}{a_n z^{-n} + \ldots + a_1 z^{-1} + a_0} \tag{15.88}$$

Ungewöhnlich sind die negativen Exponenten der Variable z. Der Grund dafür ist, dass man bei der DZGL Gl. (15.85) den Zeitpunkt kT_A als aktuellen Zeitpunkt auffasst und $(k-i)T_A$ mit $i > 0$ die zurückliegenden Zeitpunkte beschreibt.

Für den diskreten Integrator und die Mittelwertbildung werden die Übertragungsfunktionen aus den DZGL berechnet.

Beispiel 15.8 Übertragungsfunktionen des diskreten Integrators und des Systems zur Mittelwertbildung

DZGL des diskreten Integrators

$$x_a(kT_A) - x_a\left((k-1)T_A\right) = x_e(kT_A) \tag{15.89}$$

DZGL des Systems zur Mittelwertbildung

$$x_a(kT_A) = 0{,}5\left(x_e(kT_A) + x_e\left((k-1)T_A\right)\right) \tag{15.90}$$

Zuerst wird die DZGL des diskreten Integrators z-transformiert.

$$Z\left\{x_a(kT_A) - x_a\left((k-1)T_A\right)\right\} = Z\left\{x_e(kT_A)\right\}$$
$$X_a(z) - z^{-1} X_a(z) = X_e(z) \tag{15.91}$$

Auf der linken Seite wird $X_a(z)$ ausgeklammert

$$X_a(z)\left(1 - z^{-1}\right) = X_e(z) \tag{15.92}$$

und im nächsten Schritt auf beiden Seiten der Gl. (15.92) durch $X_e(z)$ und durch das ausgeklammerte Polynom der linken Seite dividiert. Die Übertragungsfunktion des diskreten Integrators lautet

$$G(z) = \frac{X_a(z)}{X_e(z)} = \frac{1}{1 - z^{-1}}. \tag{15.93}$$

Für die DZGL der Mittelwertbildung gilt die gleiche Vorgehensweise. Die DZGL wird z-transformiert

$$\begin{aligned} Z\{x_a(kT_A)\} &= 0{,}5 \cdot Z\{x_e(kT_A) + x_e((k-1)T_A)\} \\ X_a(z) &= 0{,}5 \cdot (X_e(z) + z^{-1}X_e(z)) \end{aligned} \tag{15.94}$$

Die Übertragungsfunktion für die Mittelwertbildung zweier benachbarter Werte ergibt sich nach Division durch $X_e(z)$, sie lautet

$$G(z) = \frac{X_a(z)}{X_e(z)} = 0{,}5\left(1 + z^{-1}\right). \tag{15.95}$$

■

Ist die innere Struktur des Systems unbekannt, liegt also über das System keine Information in Form einer DZGL vor, dann ist die Übertragungsfunktion auch zu finden aus der Kenntnis über die anliegende Eingangsfolge $\{x_e(kT_A)\}$ und die daraus resultierende Ausgangsfolge $\{x_a(kT_A)\}$. Beide Folgen werden z-transformiert und der Quotient aus $X_a(z)$ und $X_e(z)$ liefert die Übertragungsfunktion. Über Polynomdivision lässt sich der Ausdruck für die Übertragungsfunktion oftmals noch handlicher darstellen.

Beispiel 15.9 Ermittlung der Übertragungsfunktionen zweier Systeme aus ihren Eingangs- und Ausgangsfolgen

Von einem unbekannten System sind sein Ein- und Ausgangssignal bekannt. Diese Signale werden z-transformiert.

System 1:

$$\begin{aligned} \{x_e(kT_A)\} &= \{\underline{1};\, 1;\, 1\} \quad \circ\!\!-\!\!\bullet \quad X_e(z) = 1 + z^{-1} + z^{-2} \\ \{x_a(kT_A)\} &= \{\underline{0{,}5};\, 1;\, 1;\, 0{,}5\} \quad \circ\!\!-\!\!\bullet \quad X_a(z) = 0{,}5 + z^{-1} + z^{-2} + 0{,}5 \cdot z^{-3} \end{aligned} \tag{15.96}$$

Die Übertragungsfunktion ist der Quotient der z-transformierten Signale

$$G(z) = \frac{X_a(z)}{X_e(z)} = \frac{1/2 + z^{-1} + z^{-2} + 1/2 z^{-3}}{1 + z^{-1} + z^{-2}}. \tag{15.97a}$$

Die Polynomdivision wird schrittweise ausgeführt

$$\begin{array}{r} (0{,}5 + \quad z^{-1} + \quad z^{-2} + 0{,}5 \cdot z^{-3}) : (1 + z^{-1} + z^{-2}) = 0{,}5 + 0{,}5 \cdot z^{-1} \\ \underline{-(0{,}5 + 0{,}5 \cdot z^{-1} + 0{,}5 \cdot z^{-2})} \\ (0{,}5 \cdot z^{-1} + 0{,}5 \cdot z^{-2} + 0{,}5 \cdot z^{-3}) \\ \underline{-(0{,}5 \cdot z^{-1} + 0{,}5 \cdot z^{-2} + 0{,}5 \cdot z^{-3})} \\ 0 \end{array}$$

und liefert die schon bekannte Übertragungsfunktion des Systems zur Mittelwertbildung zweier benachbarter Werte

$$G(z) = \frac{X_a(z)}{X_e(z)} = 0{,}5\left(1 + z^{-1}\right). \tag{15.97b}$$

Von einem weiteren unbekannten System sind ebenfalls sein Ein- und Ausgangssignal bekannt. Diese Signale werden z-transformiert.

System 2:

$\{x_e(kT_A)\} = \{\underline{1}; 1; 1\}$ ⟜• $X_e(z) = 1 + z^{-1} + z^{-2}$

$\{x_a(kT_A)\} = \{\underline{1}; 2; 3; 3; 3; 3\ldots\}$ ⟜• $X_a(z) = 1 + 2z^{-1} + 3z^{-2} + 3z^{-3} + 3z^{-4} + \ldots$

$$\tag{15.98}$$

Die Übertragungsfunktion ist der Quotient der z-transformierten Signale

$$G(z) = \frac{X_a(z)}{X_e(z)} = \frac{1 + 2z^{-1} + 3z^{-2} + 3z^{-3} + 3z^{-4} + \ldots}{1 + z^{-1} + z^{-2}}. \tag{15.99a}$$

Die Polynomdivision liefert nach gleichem Schema wie oben

$$G(z) = \frac{X_a(z)}{X_e(z)} = 1 + z^{-1} + z^{-2} + z^{-3} + z^{-4} + \ldots \tag{15.99b}$$

eine unendliche Reihe, die zu den geometrischen Reihen gehört, und durch die Funktion

$$G(z) = \frac{X_a(z)}{X_e(z)} = 1 + z^{-1} + z^{-2} + z^{-3} + z^{-4} + \ldots = \frac{1}{1 - z^{-1}} \tag{15.99c}$$

ausgedrückt wird. Diese Funktion ist die Übertragungsfunktion des diskreten Integrators. ∎

Die beiden Übertragungsfunktionen in Gl. (15.97b) und Gl. (15.99c) unterscheiden sich dadurch, dass die Übertragungsfunktion in Gl. (15.99c) eine gebrochen rationale Funktion und die Übertragungsfunktion in Gl. (15.97b) eine Potenzfunktion ist. Mit diesen beiden unterschiedlichen Funktionstypen werden die typischen Kategorien der zeitdiskreten Systeme repräsentiert, nämlich die rekursiven und nichtrekursiven Systeme.

$$G(z) = \frac{X_a(z)}{X_e(z)} = \frac{b_m z^{-m} + \ldots + b_1 z^{-1} + b_0}{a_n z^{-n} + \ldots + a_1 z^{-1} + a_0} = \frac{\sum_{j=0}^{m} b_j z^{-j}}{\sum_{i=0}^{n} a_i z^{-i}}$$

$a_i \neq 0, i \in [1, n]$ → **rekursive Systeme**

$a_i = 0 \;\forall\; i \in [1, n]$ → **nichtrekursive Systeme**

$$G(z) = \frac{X_a(z)}{X_e(z)} = \frac{\sum_{j=0}^{m} b_j z^{-j}}{\sum_{i=0}^{n} a_i z^{-i}}$$

$$G(z) = \frac{X_a(z)}{X_e(z)} = \frac{1}{a_0} \sum_{j=0}^{m} b_j z^{-j}$$

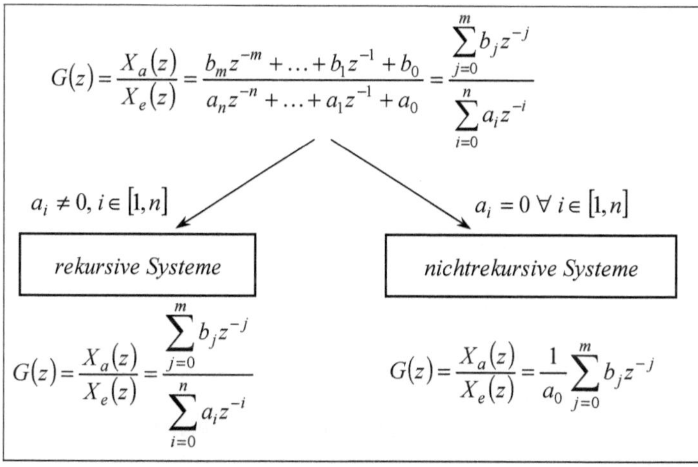

Bild 15.19 Übertragungsfunktion von rekursiven und nichtrekursiven Systemen

Zusätzlich zur Unterscheidung von rekursiven und nichtrekursiven Systemen sind noch Eigenschaften aus den Pol- und Nullstellen des Systems ablesbar. Die *Pol-Nullstellenform* erhält man aus der *Polynomform* der Übertragungsfunktion

Polynomform

$$G(z) = \frac{X_a(z)}{X_e(z)} = \frac{b_m z^{-m} + \ldots + b_1 z^{-1} + b_0}{a_n z^{-n} + \ldots + a_1 z^{-1} + a_0} \tag{15.100}$$

indem man die Polynomform der Übertragungsfunktion mit $z^{\max(m,\,n)}$ erweitert und die Wurzeln des Zählers und Nenners als Produkt von Linearfaktoren angibt.

Pol-Nullstellen-Form

$$G(z) = \frac{X_a(z)}{X_e(z)} = A_0 \frac{(z - z_{01})(z - z_{02}) \ldots}{(z - z_{\infty 1})(z - z_{\infty 2}) \ldots} \tag{15.101}$$

Die Pol- und Nullstellen der Übertragungsfunktion geben Auskunft über das zeitliche Verhalten des Systems, über das Frequenzverhalten des Systems, darauf wird im Kapitel 16 eingegangen, und über das durch die Polstellen bestimmte Stabilitätsverhalten, das im Abschnitt 15.6 beschrieben wird. Um die Werte von Pol- und Nullstellen anschaulich darzustellen, werden sie im Pol-Nullstellen-Plan eingetragen. Der Pol-Nullstellen-Plan wird in der komplexen z-Ebene dargestellt, dabei wird auf der Abszisse der Realteil von z, Re $\{z\}$, und auf der Ordinate die imaginäre Einheit multipliziert mit dem Imaginärteil von z, j Im $\{z\}$, abgetragen. Bild 15.20 zeigt einen Pol-Nullstellen-Plan. Die Polstellen werden mit einem Kreuz und die Nullstellen mit einem Kreis symbolisiert. Es können einfache, mehrfache oder konjugiert komplexe Pol- und Nullstellen auftreten. Konjugiert komplexe Pol- bzw. Nullstellen treten immer symmetrisch zur Abszisse auf. Die Abszisse ist die Symmetrieachse des PN-Planes bei reellen Systemen.

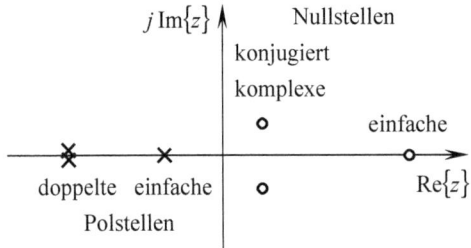

Bild 15.20 Pol-Nullstellen-Plan

Die Polstellen der Übertragungsfunktion und die Eigenwerte des Systems, die beim Lösen von DZGL auftraten, sind im Prinzip identisch. Man betrachte dazu den Nenner der Übertragungsfunktion der Gl. (15.100) und die charakteristische Gleichung (14.21a), (14.21b) im Abschnitt 14.2. Im Prinzip bedeutet das, dass bei Systemen mit $m \leq n$ nach der Erweiterung mit z^n genau n Polstellen berechnet werden können, die den Eigenwerten entsprechen. Auch bei Systemen mit $m > n$ wird die Übertragungsfunktion für die Ermittlung der Polstellen erweitert, in diesem Fall mit z^m. Es ergeben sich m Polstellen. Genau n Polstellen stimmen mit den n Eigenwerten überein und weitere $m - n$ Polstellen liegen im Ursprung des PN-

Planes. Siehe dazu auch die Erläuterungen im Abschnitt 15.3. Folgendes Beispiel soll diesen Sachverhalt veranschaulichen.

Beispiel 15.10 Eigenwerte und Polstellen eines Systems mit der DZGL und Übertragungsfunktion

$$a_1 x_a \left((k-1)T_A\right) + a_0 x_a(kT_A) = x_e\left((k-2)T_A\right) \tag{15.102}$$

$$G(z) = \frac{z^{-2}}{a_1 z^{-1} + a_0} \tag{15.103}$$

Für die DZGL in Gl. (15.102) lässt sich die charakteristische Gleichung nach Gl. (15.104) angeben.

$$a_1 A \lambda^{k-1} + a_0 A \lambda^k = \lambda^{k-1} A \left(a_1 + a_0 \lambda\right) = 0 \tag{15.104}$$

Es ergibt sich ein Eigenwert mit $\lambda_1 = -a_1/a_0$. Nach Erweiterung der Übertragungsfunktion in Gl. (15.103) mit z^2 lassen sich die Polstellen bestimmen.

$$G(z) = \frac{1}{a_1 z + a_0 z^2} = \frac{1}{z(a_1 + a_0 z)} \tag{15.105}$$

Es ergeben sich zwei Polstellen $z_{\infty 1} = 0$ und $z_{\infty 2} = -a_1/a_0$. Der Eigenwert stimmt mit einer Polstelle überein und eine weitere Polstelle liegt im Ursprung des PN-Planes. ∎

Für die beiden Beispiele diskreter Integrator und Mittelwertbildung werden die Pol- und Nullstellen berechnet und in den PN-Plan eingetragen.

Beispiel 15.11 PN-Plan des diskreten Integrators und des Systems zur Mittelwertbildung

Aus der Übertragungsfunktion des diskreten Integrators lassen sich nach Erweiterung mit z^1 eine Pol- und eine Nullstelle ablesen. Im Bild 15.21 links ist der PN-Plan dargestellt.

$$G(z) = \frac{1}{1 - z^{-1}} = \frac{z}{z - 1} \tag{15.106}$$

Auch die Übertragungsfunktion des Systems zur Mittelwertbildung ist mit z^1 zu erweitern, um die Pol- und Nullstellen zu bestimmen. Die Lösung zeigt Bild 15.21 rechts. Der konstante Wert 0,5 ist aus dem PN-Plan nicht ablesbar. Soll aus einem gegebenen PN-Plan die Übertragungsfunktion aufgestellt werden, gehen solche Konstanten verloren.

$$G(z) = 0{,}5\left(1 + z^{-1}\right) = 0{,}5\frac{z+1}{z} \tag{15.107}$$

Bild 15.21 PN-Pläne diskreter Integrator (links) und Mittelwertbildung (rechts) ∎

338 15 Zeitdiskrete LTI-Systeme im Zeit- und Bildbereich

Auch aus dem PN-Plan ist die Unterscheidung zwischen rekursivem und nichtrekursivem System möglich. Liegen alle Polstellen des Systems im Ursprung des PN-Planes, dann ist das System nichtrekursiv.

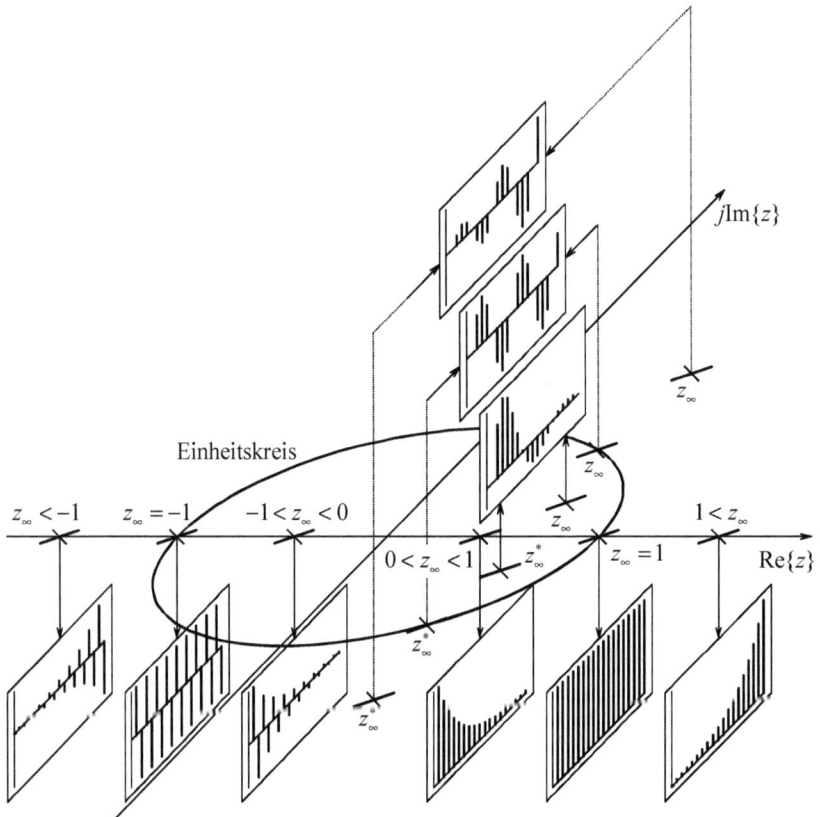

Bild 15.22 PN-Plan ausgewählter Polstellen und die zugehörigen Eigenbewegungen

Bei Kenntnis der Polstellen kann man schon gut abschätzen, welchen prinzipiellen Verlauf, nichtperiodisch wachsend oder fallend, periodisch gedämpft oder ungedämpft, der Eigenvorgang des Systems haben wird. Unter Eigenvorgang wird die Systemantwort verstanden, die beim Lösen der homogenen DGL entsteht. Da sie nur von den Eigenwerten des Systems abhängt und nicht von einem Eingangssignal, wird vom Eigenvorgang oder auch von der Eigenbewegung gesprochen.

Eigenbewegungen eines Systems sind

bei reellen Polstellen z_∞ nichtperiodische Vorgänge

$z_\infty > 1$ nichtperiodisch wachsender Vorgang
$z_\infty < -1$ nichtperiodisch alternierend wachsender Vorgang
$z_\infty = \pm 1$ konstanter bzw. konstant alternierender Vorgang
$0 < z_\infty < 1$ nichtperiodisch fallender Vorgang
$-1 < z_\infty < 0$ nichtperiodisch alternierend fallender Vorgang

und bei konjugiert komplexen Polstellen z_∞, z_∞^* periodische Vorgänge

$\|z_\infty\| < 1$	periodisch gedämpfter Vorgang
$\|z_\infty\| > 1$	periodisch wachsender Vorgang
$\|z_\infty\| = 1$	periodischer Vorgang

Im Bild 15.22 sind verschiedene Polstellen eingetragen mit den zugehörigen Zeitverläufen. Der diskrete Integrator z. B. mit der Polstelle $z_\infty = 1$ liefert als Eigenbewegung einen konstanten Vorgang. Diese Tatsache ist auch aus der allgemeinen Lösung der homogenen DZGL Gl. (14.28) im Abschnitt 14.2 ablesbar.

Die Lage der Polstellen ist ein wesentliches Indiz für die Aussagen zur Stabilität (siehe Abschnitt 15.6).

■ 15.5 Systemantworten

Systemantworten sind in den vorangegangenen Abschnitten beim Lösen von Differenzengleichungen DZGL auch über den Bildbereich berechnet worden. Die Systembeschreibung mittels DZGL im Zeitbereich entspricht der Systembeschreibung mittels Übertragungsfunktion im Bildbereich. Um Systemantworten zu ermitteln, kann daher die Übertragungsfunktion ebenso genutzt werden. Den Zusammenhang zwischen Zeit- und Bildbereich sowie Differenzengleichung, Übertragungsfunktion und Faltung illustriert Bild 15.23. In diesem Abschnitt wird die Ermittlung von Systemantworten mittels Übertragungsfunktion und Faltung gezeigt, und es werden spezielle Systemantworten vorgestellt.

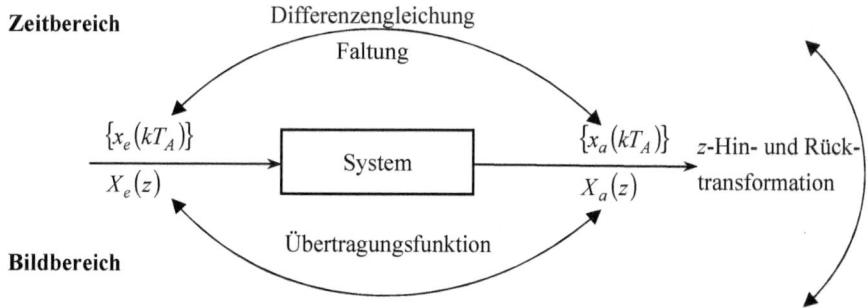

Bild 15.23 Zusammenhang zwischen Ein-, Ausgangssignal und System sowie den Beschreibungen im Zeit- und Bildbereich

Das Motiv für die Beschreibung im Bildbereich ist der einfache Zusammenhang zwischen Ursache, Wirkung und Systembeschreibung. Der in dieser Form nicht für den Zeitbereich gilt.

$$\boxed{\text{Ursache}} \cdot \boxed{\text{Systembeschreibung}} = \boxed{\text{Wirkung}}$$

Löst man die im Abschnitt 15.4 definierte Übertragungsfunktion

$$G(z) = \frac{X_a(z)}{X_e(z)} \qquad (15.108)$$

nach der z-transformierten Ausgangsgröße $X_a(z)$ auf, dann entsteht der oben angegebene einfache Zusammenhang.

Das Ergebnis der Multiplikation von Übertragungsfunktion $G(z)$ und z-transformiertem Eingangssignal $X_e(z)$ ist das z-transformierte Ausgangssignal $X_a(z)$.

$$X_e(z) \quad \cdot \quad G(z) \quad = X_a(z)$$
$$Z\{x_e(kT_A)\} \cdot \text{Systembeschreibung} = Z\{x_a(kT_A)\}$$

Das Ausgangssignal $\{x_a(kT_A)\}$ erhält man aus der z-Rücktransformation.

$$x_a(kT_A) = Z^{-1}\{X_a(z)\} = Z^{-1}\{G(z)X_e(z)\} \qquad (15.109)$$

Laut Rechenregeln der z-Transformation korrespondiert die Multiplikation von Bildfunktionen mit einer Faltung der Zeitfolgen.

$$X_a(z) = G(z) \cdot X_e(z) \;\multimap\; Z^{-1}\{G(z)\} * Z^{-1}\{X_e(z)\} = Z^{-1}\{X_a(z)\} \qquad (15.110)$$

Die z-Rücktransformierte der Übertragungsfunktion $G(z)$ ist die Impulsantwort $\{g(kT_A)\}$.

Das Ausgangssignal $\{x_a(kT_A)\}$ ist das Ergebnis der Faltung von Impulsantwort $\{g(kT_A)\}$ und Eingangssignal $\{x_e(kT_A)\}$.

$$\{x_a(kT_A)\} = \{g(kT_A)\} * \{x_e(kT_A)\} \qquad (15.111)$$

Man verwendet Testeingangssignale, um z. B. ein unbekanntes System bezüglich seiner Systemantwort zu identifizieren oder um verschiedene Systeme bezüglich bestimmter Systemeigenschaften zu beurteilen. Die Kenntnis von Ein- und Ausgangssignal gestattet die Beschreibung des Systems mittels Übertragungsfunktion bzw. Frequenzgang, der im Abschnitt 16.1 vorgestellt wird. Übliche Testsignale sind die Einheitsimpulsfolge, die Einheitssprungfolge und die harmonische Folge.

Eingangssignal   **Ausgangssignal**

Eingangssignal	System	Ausgangssignal
Einheitsimpulsfolge →		→ Impulsantwortfolge
Einheitssprungfolge →	System	→ Sprungantwortfolge
Harmonische Folge →		→ Harmonische Folge

Ein System antwortet mit einer *Impulsantwortfolge* oder auch kurz *Impulsantwort* auf eine am Eingang des Systems anliegende Einheitsimpulsfolge. Die Impulsantwortfolge ist eine häufig verwendete Beschreibung des Systems im Zeitbereich und ist das Pendant zur Impulsantwort $g(t)$ zeitkontinuierlicher Systeme. Zur Berechnung der *Impulsantwort* $\{g(kT_A)\}$ wird nach Gl. (15.109) das Eingangssignal, die Einheitsimpulsfolge $\{x_e(kT_A)\} = \{\delta(kT_A)\}$ z-transformiert. Da die z-Transformierte der Einheitsimpulsfolge $\{\delta(kT_A)\}$ die Bildfunktion 1 ist, wird die Impulsantwort $\{g(kT_A)\}$ aus der z-Rücktransformation der Übertragungsfunktion gewonnen.

Die Impulsantwort $\{g(kT_A)\}$ ist die Reaktion eines Systems auf die Einheitsimpulsfolge $\{\delta(kT_A)\}$.

$$\{g(kT_A)\} = Z^{-1}\{G(z) \cdot 1\} = Z^{-1}\{G(z)\} \tag{15.112}$$

Im Gegensatz zum zeitkontinuierlichen Dirac-Impuls $\delta(t)$ muss die Einheitsimpulsfolge $\{\delta(kT_A)\}$ in der Praxis nicht angenähert werden.

Die Impulsantwort wird bei der Faltung für die Berechnung der Systemreaktion auf beliebige Eingangssignale benutzt. Weiterhin ermöglicht die Impulsantwort eine Klassifizierung der Systeme in solche mit einer endlichen Impulsantwort, den *FIR-Systemen (finite impulse response)*, und solche mit einer unendlichen Impulsantwort, den *IIR-Systemen (infinite impulse response)*. Zeitkontinuierliche Systeme mit einer endlichen Impulsantwort sind eher ungewöhnlich, bei den zeitdiskreten Systemen sind endliche Impulsantworten üblich. Die schon bekannte Unterteilung in rekursive und nichtrekursive Systeme kann in Verbindung gebracht werden mit FIR- und IIR-Systemen.

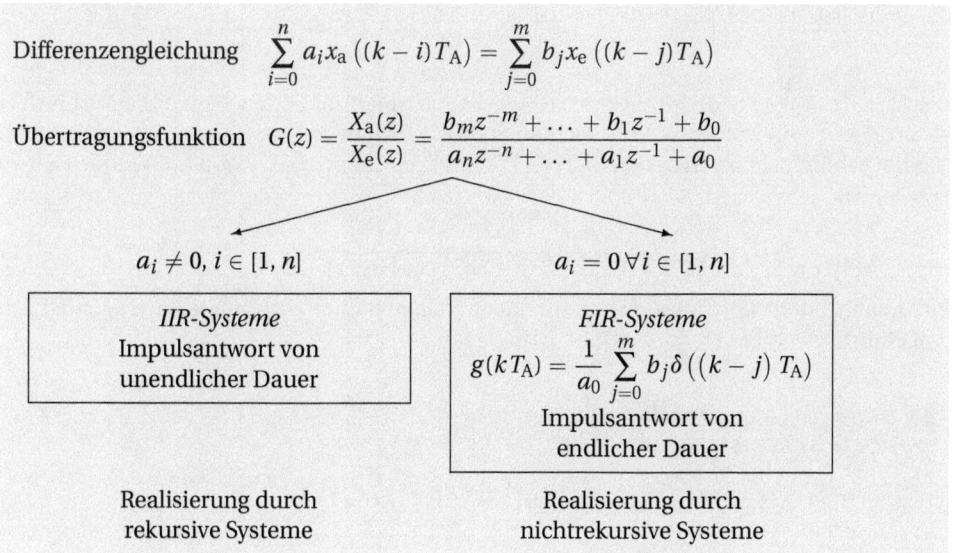

Eine weitere aber bei den zeitdiskreten Systemen nicht so wie bei den zeitkontinuierlichen Systemen verbreitete Systemreaktion ist die *Sprungantwortfolge* $\{h(kT_A)\}$, sie kann mittels

Übertragungsfunktion über den Bildbereich oder direkt im Zeitbereich über die Faltung gewonnen werden.

Die *Sprungantwortfolge* $\{h(kT_A)\}$ ist die Reaktion eines Systems auf die Einheitssprungfolge $\{\varepsilon(kT_A)\}$, sie wird berechnet aus

$$\{h(kT_A)\} = Z^{-1}\{G(z) \cdot Z\{\varepsilon(kT_A)\}\} = Z^{-1}\left\{G(z)\frac{1}{1-z^{-1}}\right\} \quad (15.113)$$

$$\{h(kT_A)\} = \{g(kT_A)\} * \{\varepsilon(kT_A)\} \quad (15.114)$$

Für die Definition des Frequenzganges im Kapitel 16 ist die Betrachtung von harmonischen Signalen als Eingangssignale notwendig. Die *Systemreaktion* $\{x_a(kT_A)\}$ *auf ein harmonisches Signal* ist über den Zeitbereich mittels Faltung und über den Bildbereich nach folgenden Schritten berechenbar. Das zum Zeitpunkt $kT_A = 0$ an das System gelegte harmonische Eingangssignal sei eine Kosinusfunktion. Sie wird beschrieben durch

$$\{x_e(kT_A)\} = \{X_{e0}\varepsilon(kT_A)\cos(\omega_0 kT_A)\} = \left\{X_{e0}\frac{1}{2}\varepsilon(kT_A)\left(e^{j\omega_0 kT_A} + e^{-j\omega_0 kT_A}\right)\right\}. \quad (15.115)$$

Mit dem bekannten korrespondierenden Paar

$$\varepsilon(kT_A)a^{bkT_A} \circ\!\!-\!\!\bullet \frac{1}{1-a^{bT_A}z^{-1}} \quad (15.116)$$

ergibt sich für die z-Transformierten der beiden Exponentialfunktionen

$$\left\{X_{e0}\frac{1}{2}\varepsilon(kT_A)\left(e^{j\omega_0 kT_A} + e^{-j\omega_0 kT_A}\right)\right\} \circ\!\!-\!\!\bullet X_{e0}\frac{1}{2}\left(\frac{1}{1-e^{j\omega_0 T_A}z^{-1}} + \frac{1}{1-e^{-j\omega_0 T_A}z^{-1}}\right). \quad (15.117a)$$

Wird auf der linken Seite für die Summe der Exponentialfunktionen wieder die Kosinusfolge eingesetzt und werden auf der rechten Seite die beiden Brüche auf einen gemeinsamen Nenner gebracht, dann ist neben Gl. (15.117a) auch das folgende korrespondierende Paar zu verwenden

$$\{X_{e0}\varepsilon(kT_A)\cos(\omega_0 kT_A)\} \circ\!\!-\!\!\bullet X_{e0}\frac{1-z^{-1}\cos(\omega_0 T_A)}{1-2z^{-1}\cos(\omega_0 T_A)+z^{-2}}. \quad (15.117b)$$

Im Anhang 3 sind neben dieser Korrespondenz weitere häufig verwendete Korrespondenzen aufgeführt.

Beim Anlegen einer geschalteten Kosinusfolge $\{x_e(kT_A)\} = \{X_{e0}\varepsilon(kT_A)\cos(\omega_0 kT_A)\}$ berechnet sich das Ausgangssignal nach

$$\begin{aligned}\{x_a(kT_A)\} &= Z^{-1}\{G(z) \cdot Z\{X_{e0}\varepsilon(kT_A)\cos(\omega_0 kT_A)\}\} \\ &= Z^{-1}\left\{G(z) \cdot X_{e0}\frac{1}{2}\left(\frac{1}{1-e^{j\omega_0 T_A}z^{-1}} + \frac{1}{1-e^{-j\omega_0 T_A}z^{-1}}\right)\right\} \\ &= Z^{-1}\left\{G(z) \cdot X_{e0}\frac{1-z^{-1}\cos(\omega_0 T_A)}{1-2z^{-1}\cos(\omega_0 T_A)+z^{-2}}\right\}\end{aligned} \quad (15.118)$$

oder

$$\{x_a(kT_A)\} = \{g(kT_A)\} * \{X_{e0}\varepsilon(kT_A)\cos(\omega_0 kT_A)\} \tag{15.119}$$

Im eingeschwungenen Zustand, also nach dem Abklingen aller Übergangsvorgänge, wird am Ausgang eines linearen Systems wieder eine harmonische Schwingung mit der Kreisfrequenz ω_0 entstehen, die im Vergleich zum Eingangssignal eine andere Amplitude und Phasenverschiebung aufweisen kann.

$$\{x_a(kT_A)\}_{k\to\infty} = \{X_{a0}\cos(\omega_0 kT_A + \varphi_a)\} \tag{15.120}$$

Zur Veranschaulichung der in diesem Abschnitt angegebenen Begriffe sollen die beiden Systeme diskreter Integrator und Mittelwertbildung dienen. Zuerst wird auf die Unterscheidung IIR- und FIR-Systeme eingegangen.

Beispiel 15.12 Signalflussplan und Impulsantwort des diskreten Integrators

Der diskrete Integrator wird in den vorangegangenen Abschnitten mit seiner DZGL

$$x_a(kT_A) = x_e(kT_A) + x_a((k-1)T_A) \tag{15.121}$$

und Übertragungsfunktion beschrieben

$$G(z) = \frac{1}{1-z^{-1}}. \tag{15.122}$$

Die DZGL wird genutzt für das Entwerfen des Blockdiagramms, das Bild 15.24 zeigt.

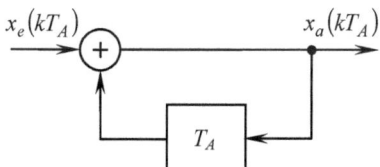

Bild 15.24 Signalflussplan des diskreten Integrators

Das Ausgangssignal wird zurückgeführt, der diskrete Integrator ist ein rekursives System. Erkennbar ist dies auch aus der DZGL und der Übertragungsfunktion, da der Koeffizient a_1 ungleich null ist. Die zu diesem rekursiven System gehörende Impulsantwort ist nach Gl. (15.112) über die z-Rücktransformation der Übertragungsfunktion zu berechnen.

$$\{g(kT_A)\} = Z^{-1}\{G(z)\} = Z^{-1}\left\{\frac{1}{1-z^{-1}}\right\} \tag{15.123a}$$

Die zu dieser Bildfunktion gehörende Korrespondenz ist die bereits bekannte Einheitssprungfolge, also eine unendliche Folge, siehe Bild 15.25. Der diskrete Integrator ist ein IIR-System.

$$\{g(kT_A)\} = \{\varepsilon(kT_A)\} \tag{15.123b}$$

Die Impulsantwort dieses Systems ist auch ohne Rechnung aus dem Signalflussplan gut sichtbar. Der einmalige Einheitsimpuls am Eingang wird durch die Rückführung um einen Abtastwert gehalten und wieder auf die Additionsstelle gegeben und dieser Vorgang wiederholt sich immer fort.

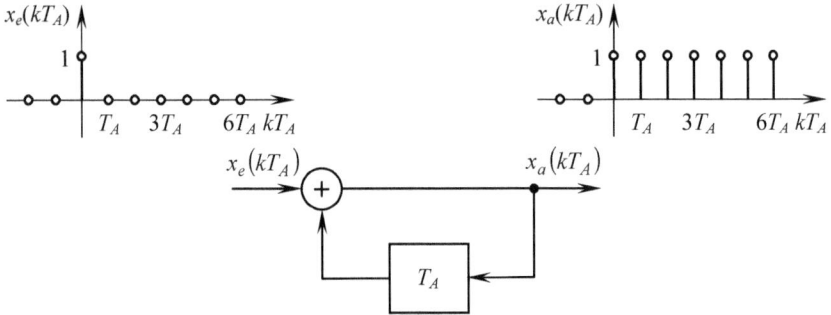

Bild 15.25 Impulsantwort des diskreten Integrators (IIR-System)

Die gleiche Vorgehensweise wird beim System zur Mittelwertbildung gewählt.

Beispiel 15.13 Signalflussplan und Impulsantwort des Systems zur Mittelwertbildung

Die DZGL der Mittelwertbildung

$$x_\mathrm{a}(kT_\mathrm{A}) = \frac{1}{2}\left(x_\mathrm{e}(kT_\mathrm{A}) + x_\mathrm{e}\left((k-1)T_\mathrm{A}\right)\right) \tag{15.124}$$

und die Übertragungsfunktion

$$G(z) = 0{,}5\left(1 + z^{-1}\right) \tag{15.125}$$

sind aus den vorangegangenen Abschnitten bekannt. Mit der DZGL ist der Signalflussplan zu entwickeln, dabei wird der nichtrekursive Charakter des Systems sichtbar, es existieren keine Rückführungen des Ausgangssignals, dies zeigt Bild 15.26.

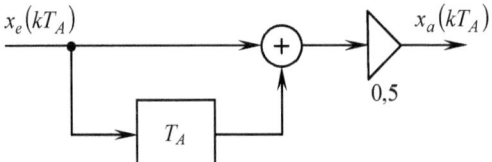

Bild 15.26 Signalflussplan des Systems zur Mittelwertbildung

Die z-Rücktransformation der Übertragungsfunktion liefert

$$\{g(kT_\mathrm{A})\} = Z^{-1}\{G(z)\} = Z^{-1}\left\{0{,}5\left(1 + z^{-1}\right)\right\} \tag{15.126a}$$

die endliche Impulsantwort

$$\{g(kT_\mathrm{A})\} = 0{,}5\left\{\delta(kT_\mathrm{A}) + \delta\left((k-1)T_\mathrm{A}\right)\right\}. \tag{15.126b}$$

Das System zur Mittelwertbildung ist ein FIR-System. Auch bei diesem System ist die Impulsantwort aus dem Signalflussplan sofort einsehbar. Der Einheitsimpuls gelangt einmal direkt zum Ausgang und wird mit 0,5 gewichtet. Und über einen zweiten Weg gelangt der Einheitsimpuls um einen Takt später mit 0,5 gewichtet zum Ausgang.

15.5 Systemantworten

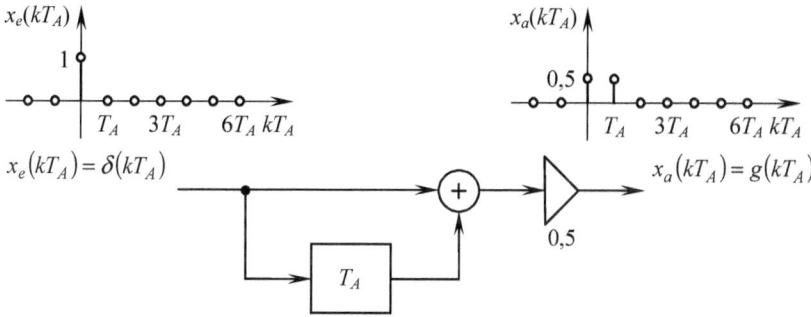

Bild 15.27 Impulsantwort des Systems zur Mittelwertbildung (FIR-System)

Die Sprungantwortfolge und die Systemantwort auf eine harmonische Folge werden hier nur am Beispiel des Systems zur Mittelwertbildung vorgestellt. Da ja generell der Weg über den Bildbereich und der Weg über den Zeitbereich z. B. mit der Faltung möglich ist, wird zur Berechnung der Sprungantwortfolge die erste Variante und zur Berechnung der Antwort auf die harmonische Folge die zweite Variante gewählt.

Beispiel 15.14 Antworten des Systems zur Mittelwertbildung auf Einheitssprungfolge und harmonische Folge

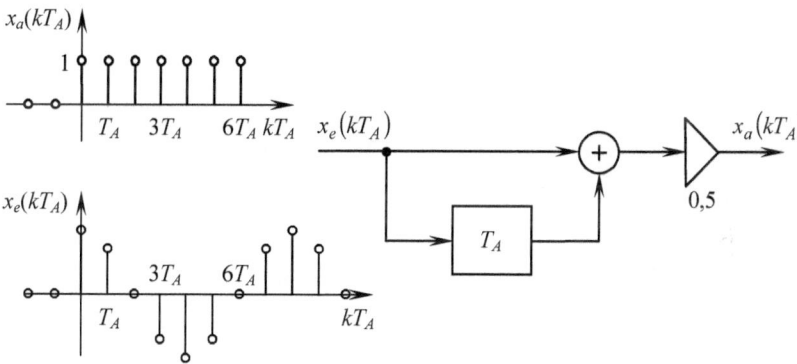

Bild 15.28 System zur Mittelwertbildung mit Einheitssprung- und Kosinusfolge als Eingangssignale

Sprungantwort $\{h(kT_A)\}$

Mit der Übertragungsfunktion und der z-Transformierten der Einheitssprungfolge ergibt sich nach Gl. (15.113) für das Ausgangssignal, also die Sprungantwort

$$\{h(kT_A)\} = Z^{-1}\{G(z) \cdot Z\{\varepsilon(kT_A)\}\} = Z^{-1}\left\{0{,}5\left(1 + z^{-1}\right) \cdot \frac{1}{1 - z^{-1}}\right\}. \quad (15.127a)$$

Nach Auflösen der Klammern ergeben sich zwei Summanden, die laut Linearitätssatz separat rücktransformierbar sind.

$$\{h(kT_A)\} = 0{,}5 \cdot Z^{-1}\left\{\frac{1}{1 - z^{-1}} + \frac{1}{1 - z^{-1}}z^{-1}\right\} \quad (15.127b)$$

Die Rücktransformation des ersten Summanden liefert die bekannte Einheitssprungfolge. Für die Rücktransformation des zweiten Summanden ist neben der Korrespondenz noch der Verschiebungssatz anzusetzen.

$$\{h(kT_A)\} = 0{,}5\left\{\varepsilon(kT_A) + \varepsilon\left((k-1)T_A\right)\right\} \tag{15.127c}$$

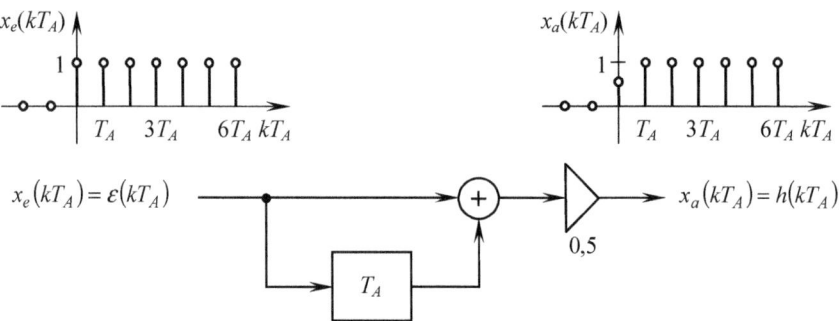

Bild 15.29 Sprungantwort des Systems zur Mittelwertbildung

Systemreaktion auf geschaltete harmonische Folgen

Mit der Berechnung der Systemreaktion auf geschaltete harmonische Folgen nach Gl. (15.119) und der Impulsantwort für das System zur Mittelwertbildung nach Gl. (15.126b) wird das Ausgangssignal mit

$$\{x_a(kT_A)\} = 0{,}5\left\{\delta(kT_A) + \delta\left((k-1)T_A\right)\right\} * \left\{X_{e0}\varepsilon(kT_A)\cos\left(\omega_0 kT_A\right)\right\} \tag{15.128a}$$

berechnet. Bei Anwendung des Distributivgesetzes, Gl. (4.44)

$$\{x_a(kT_A)\} = 0{,}5 X_{e0}\left(\{\delta(kT_A)\} * \{\varepsilon(kT_A)\cos\left(\omega_0 kT_A\right)\}\right.$$
$$\left. + \{\delta\left((k-1)T_A\right)\} * \{\varepsilon(kT_A)\cos\left(\omega_0 kT_A\right)\}\right) \tag{15.128b}$$

und der Eigenschaften der Faltung mit Einheitsimpulsen nach Gl. (4.47) setzt sich das Ausgangssignal aus zwei Kosinusfolgen zusammen.

$$\{x_a(kT_A)\} = 0{,}5 X_{e0}\left(\{\varepsilon(kT_A)\cos\left(\omega_0 kT_A\right)\}\right.$$
$$\left. + \{\varepsilon\left((k-1)T_A\right)\cos\left(\omega_0(k-1)T_A\right)\}\right) \tag{15.128c}$$

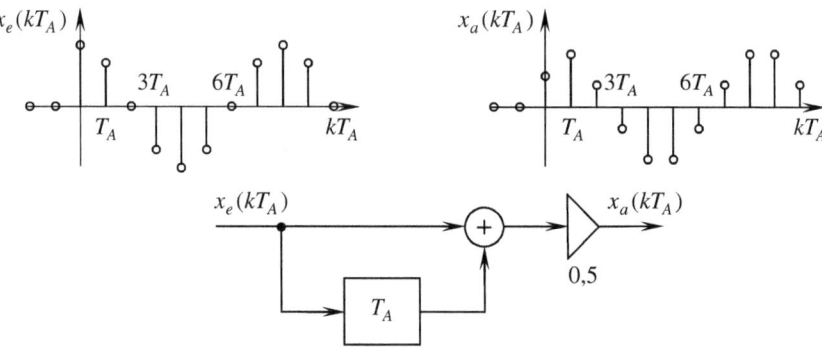

Bild 15.30 Antwort des Systems zur Mittelwertbildung auf harmonische Eingangsfolge

Im Bild 15.30 werden das Eingangssignal und das resultierende Ausgangssignal dargestellt. Da es sich bei der Mittelwertbildung um ein lineares System handelt, ergibt sich am Ausgang des Systems im eingeschwungenen Zustand wieder eine harmonische Folge mit der gleichen Frequenz wie die Eingangsfolge. Es ist zwischen beiden Folgen eine Phasenverschiebung und geringfügige Amplitudenänderung zu verzeichnen. ∎

▪ 15.6 Stabilität

Auch auf zeitdiskrete Systeme lässt sich das im Abschnitt 10.6 erläuterte BIBO-Kriterium (Bounded Input Bounded Output) anwenden. Bei einem stabilen diskreten System muss das zeitdiskrete Ausgangssignal für jedes beschränkte zeitdiskrete Eingangssignal ebenfalls beschränkt sein. Das Eingangssignal ist *beschränkt*, wenn die folgende Beziehung gültig ist.

$$|x_e(kT_A)| < A < \infty, \forall k \quad \text{mit} \quad A > 0 \tag{15.129}$$

Aus der Ungleichung

$$|x_a(kT_A)| = \left|\sum_{i=-\infty}^{\infty} x_e((k-i)T_A) g(iT_A)\right| \leq \sum_{i=-\infty}^{\infty} |x_e((k-i)T_A)| |g(iT_A)| \tag{15.130a}$$

gewinnt man eine hinreichende Bedingung für die Stabilität eines LTI-Systems /12/. Mit der angegebenen Formulierung für die Beschränktheit des Eingangssignals gilt

$$\sum_{i=-\infty}^{\infty} |x_e((k-i)T_A)| |g(iT_A)| < \sum_{i=-\infty}^{\infty} A |g(iT_A)|. \tag{15.130b}$$

Damit das Ausgangssignal bei einem endlichen Wert für A endlich bleibt, darf die Summe nicht unendlich groß werden. Dies ist erfüllt, wenn die Impulsantwort *absolut summierbar* ist.

> Ein *stabiles* zeitdiskretes System hat eine *absolut summierbare* Impulsantwort.
>
> $$\sum_{k=-\infty}^{\infty} |g(kT_A)| < B < \infty \quad \text{mit} \quad B > 0. \tag{15.131}$$

Für das Ausgangssignal gilt damit $|x_a(kT_A)| < A \cdot B < \infty, \forall k$. Da A und B endlich sind, gilt dies auch für das Produkt $A \cdot B$ und das Ausgangssignal ist wie gefordert beschränkt.

Beispiel 15.15 Überprüfung der Stabilität eines Systems mit der Impulsantwort

$$g(kT_A) = \varepsilon(kT_A)a^k \Rightarrow \sum_{k=-\infty}^{\infty} |g(kT_A)| = \sum_{k=-\infty}^{\infty} \left|\varepsilon(kT_A)a^k\right| = \sum_{k=0}^{\infty} |a|^k \tag{15.132a}$$

Dieser Formelausdruck ist ein Beispiel für eine unendliche geometrische Reihe, die gegen $(1 - |a|)^{-1} < \infty$ konvergiert, wenn $|a| < 1$ gilt. In diesem Fall ist die Stabilität des Systems gegeben.

Setzt man a auf eins, so stellt das System einen diskreten Integrator dar, wie er im Abschnitt 15.5 erläutert wurde.

$$g(kT_A) = \varepsilon(kT_A) \Rightarrow \sum_{k=-\infty}^{\infty} |g(kT_A)| = \sum_{k=-\infty}^{\infty} |\varepsilon(kT_A)| = \sum_{k=0}^{\infty} 1 = \infty \qquad (15.132b)$$

Das System ist instabil. ∎

Die Stabilität eines zeitdiskreten Systems kann auch anhand der Lage der Polstellen seiner Übertragungsfunktion überprüft werden. Die Übertragungsfunktion stellt, wie bereits im Abschnitt 15.3 für die z-Transformierte des Ausgangssignals eines zeitdiskreten Systems erläutert, eine gebrochen rationale Funktion von z bzw. z^{-1} dar.

$$G(z) = \frac{b_0 + b_1 z^{-1} + b_2 z^{-2} + \ldots + b_m z^{-m}}{a_0 + a_1 z^{-1} + a_2 z^{-2} + \ldots + a_n z^{-n}} \qquad (15.133a)$$

Der Ausdruck wird so erweitert, dass nur noch Potenzen von z, nicht von z^{-1}, auftreten.

$$G(z) = \frac{z^{\max(m,n)}}{z^{\max(m,n)}} \cdot \frac{b_0 + b_1 z^{-1} + b_2 z^{-2} + \ldots + b_m z^{-m}}{a_0 + a_1 z^{-1} + a_2 z^{-2} + \ldots + a_n z^{-n}} \qquad (15.133b)$$

In Abhängigkeit von m und n sind zwei Fälle zu unterscheiden.

Fall 1: $n \geq m$

$$G(z) = \frac{b_0 z^n + b_1 z^{n-1} + b_2 z^{n-2} + \ldots + b_m z^{n-m}}{a_0 z^n + a_1 z^{n-1} + a_2 z^{n-2} + \ldots + a_n} \qquad (15.134a)$$

Wenn keine mehrfachen Polstellen auftreten, lautet die Partialbruchzerlegung dieses Ausdrucks

$$G(z) = K_0 + \frac{K_1}{z - z_{\infty 1}} + \frac{K_2}{z - z_{\infty 2}} + \ldots + \frac{K_n}{z - z_{\infty n}}. \qquad (15.134b)$$

Die Impulsantwort des diskreten Systems ergibt sich zu

$$\{g(kT_A)\} = K_0 \{\delta(kT_A)\} + \sum_{i=1}^{n} \left\{ K_i \varepsilon\left((k-1)T_A\right) z_{\infty i}^{k-1} \right\}. \qquad (15.134c)$$

Fall 2: $n < m$

$$G(z) = \frac{b_0 z^m + b_1 z^{m-1} + b_2 z^{m-2} + \ldots + b_m}{a_0 z^m + a_1 z^{m-1} + a_2 z^{m-2} + \ldots + a_n z^{m-n}} \qquad (15.135a)$$

In diesem Fall tritt, entsprechend der kleinsten Potenz von z im Nenner, eine $(m-n)$-fache Polstelle bei $z = 0$ auf. Wenn alle anderen Polstellen nur einfach auftreten, lautet die Partialbruchzerlegung dieses Ausdrucks

$$G(z) = K_0 + \frac{K_1}{z} + \frac{K_2}{z^2} + \ldots + \frac{K_{m-n}}{z^{m-n}} + \frac{K_{m-n+1}}{z - z_{\infty 1}} + \frac{K_{m-n+2}}{z - z_{\infty 2}} + \ldots + \frac{K_m}{z - z_{\infty n}}. \qquad (15.135b)$$

Die Impulsantwort des zeitdiskreten Systems ergibt sich zu

$$\{g(kT_A)\} = \sum_{j=0}^{m-n} \left\{ K_j \delta\left((k-j)T_A\right) \right\} + \sum_{i=1}^{n} \left\{ K_{m-n+i} \varepsilon\left((k-1)T_A\right) z_{\infty i}^{k-1} \right\}. \qquad (15.135c)$$

Im Fall 2 enthält die Impulsantwort, zusätzlich zu der auch im Fall 1 auftretenden Summe von Exponentialfolgen noch zeitverschobene Einheitsimpulsfolgen. Die Stabilität des Systems ist gegeben, wenn sämtliche Exponentialfolgen einen abfallenden Verlauf zeigen. Die Beträge aller Polstellen, reell oder komplex, müssen dazu kleiner eins sein, sämtliche Polstellen müssen also im Inneren des Einheitskreises liegen. Dann gilt

$$|z_{\infty i}| < 1 \ \forall \ i. \tag{15.136}$$

Komplexe Exponentialfolgen treten immer paarweise konjugiert komplex auf. Aus der Addition zweier zueinander konjugiert komplexen Folgen resultiert jeweils eine reelle alternierende Exponentialfolge. Sowohl reelle als auch komplexe Exponentialfolgen werden im Bild 15.22 im Abschnitt 15.4 als auch im folgenden Bild 15.31 grafisch dargestellt.

Sowohl reelle als auch komplexe Potenzfolgen, die zu einer diskreten Impulsantwort gehören, werden *Partialschwingungen* genannt. Damit ein System *stabil* ist, müssen *alle* Partialschwingungen abfallende Verläufe haben.

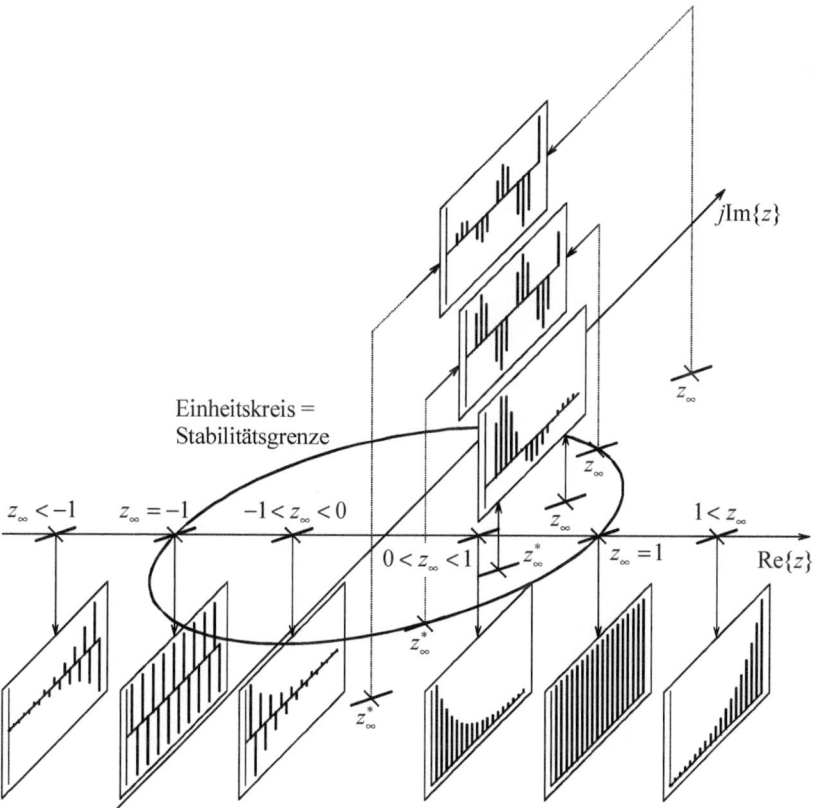

Bild 15.31 Pol-Nullstellen-Diagramm

Auch bei mehrfachen Polstellen, die sowohl reell als auch komplex sein können, sind die zeitdiskreten Partialschwingungen proportional zu Termen der Form $|z_{\infty i}|^k$, sodass die Voraussetzung für die Stabilität eines Systems $|z_{\infty i}| < 1$ auch in diesem Fall gilt. Die Pol- und Nullstellen der Übertragungsfunktion können in einem Pol-Nullstellen-Diagramm grafisch

350 15 Zeitdiskrete LTI-Systeme im Zeit- und Bildbereich

dargestellt werden. Bild 15.31 zeigt ein solches Diagramm einschließlich einer Übersicht über typische Verläufe von Partialschwingungen je nach Lage der zugehörigen Polstellen bzw. konjugiert komplexen Polpaare.

Mit der Stabilitätsbedingung $|z_{\infty i}| < 1$ für reelle bzw. komplexe Polstellen müssen **alle** Polstellen der Übertragungsfunktion eines stabilen Systems im Inneren des Einheitskreises liegen. Liegt nur eine Polstelle außerhalb des Einheitskreises, so ist das System instabil.

Beispiel 15.16 Stabilitätsbetrachtung eines Systems mit drei Polstellen

$$G(z) = \frac{1}{(z - z_{\infty 1})\left(z - z_{\infty 1}^*\right)(z - z_{\infty 2})} = \frac{K_1}{z - z_{\infty 1}} + \frac{K_1^*}{z - z_{\infty 1}^*} + \frac{K_2}{z - z_{\infty 2}} \quad (15.137\text{a})$$

$$\Rightarrow g(kT_A) = \underbrace{\varepsilon\left((k-1)T_A\right)\left(K_1 z_{\infty 1}^{k-1} + K_1^* z_{\infty 1}^{*k-1}\right)}_{\text{Partialschwingung 1}} + \underbrace{\varepsilon\left((k-1)T_A\right) K_2 z_{\infty 2}^{k-1}}_{\text{Partialschwingung 2}} \quad (15.137\text{b})$$

$$K_1 = (z - z_{\infty 1})\,G(z)\bigg|_{z=z_{\infty 1}} = \frac{1}{\left(z_{\infty 1} - z_{\infty 1}^*\right)(z_{\infty 1} - z_{\infty 2})} \quad (15.137\text{c})$$

$$K_2 = (z - z_{\infty 2})\,G(z)\bigg|_{z=z_{\infty 2}} = \frac{1}{(z_{\infty 2} - z_{\infty 1})\left(z_{\infty 2} - z_{\infty 1}^*\right)} \quad (15.137\text{d})$$

Die Formeln für die Berechnung der Koeffizienten der Partialbruchzerlegung sind dem Abschnitt 10.3 entnommen (Gl. (10.96)).

Die im Bild 15.32a exemplarisch für $z_{\infty 1} = 0{,}25 + \text{j}0{,}75$ und $z_{\infty 2} = 0{,}9$ dargestellten abfallenden Partialschwingungen sind charakteristisch für ein stabiles System. Die Impulsantwort verläuft somit betragsmäßig abfallend.

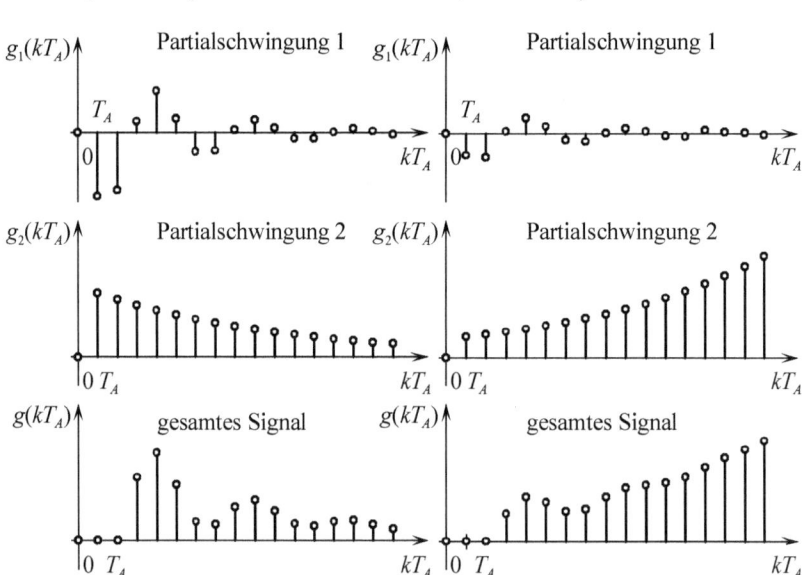

Bild 15.32 Impulsantworten zweier diskreter Systeme dritter Ordnung

Verwendet man für die reelle Polstelle den Wert $z_{\infty 2} = 1/0{,}9 = 1{,}111\ldots$, so erkennt man im Bild 15.32b sofort das instabile Verhalten des resultierenden Systems. Die Partialschwingung 2 ist in diesem Fall eine betragsmäßig ansteigende Potenzfolge, die schon nach kurzer Zeit die Impulsantwort vollkommen dominiert. ∎

16 Zeitdiskrete LTI-Systeme im Frequenzbereich

■ 16.1 Frequenzgang

Im Abschnitt 11.1 wurden Frequenzgänge kontinuierlicher LTI-Systeme anhand der Reaktionen derartiger Systeme auf harmonische Eingangssignale erläutert. Äquivalent dazu lassen sich Frequenzgänge zeitdiskreter LTI-Systeme anhand von Reaktionen auf abgetastete harmonische Eingangssignale verdeutlichen. Wie bei kontinuierlichen Systemen sind die Frequenzen der harmonischen Ein- und Ausgangssignale identisch, während die Amplituden und Phasen der Ausgangssignale im Allgemeinen von den Amplituden und Phasen der Eingangssignale abweichen. Bild 16.1 illustriert dies am Beispiel eines rekursiven Systems erster Ordnung mit den Koeffizienten a und $1-a$. Für Werte von a zwischen 0 und 1 lässt sich damit ein analoger RC-Tiefpass erster Ordnung, wie er z. B. im Bild 11.1 dargestellt ist, mit guter Genauigkeit nachbilden.

Wie bei einem Tiefpass nicht anders zu erwarten, wird das Signal umso stärker gedämpft, je höher seine Frequenz ist. Außerdem tritt jeweils eine Phasenverschiebung auf, die von der Frequenz des Eingangssignals abhängt. Nachfolgend werden diese Eigenschaften des Systems auch quantitativ beschrieben.

Um die Dämpfung und die Phasenverschiebung zu berechnen, wird das abgetastete Kosinussignal mittels der Euler'schen Beziehung nach Gl. (3.19a) in zwei zueinander konjugiert komplexe harmonische Schwingungen zerlegt.

$$A_S \cos\left(2\pi f_S k T_A\right) = 0{,}5\, A_S\, e^{j2\pi f_S k T_A} + 0{,}5 A_S\, e^{-j2\pi f_S k T_A} \tag{16.1}$$

Mithilfe der diskreten Faltung, wie in Bild 16.2 illustriert, lässt sich die Reaktion eines Systems mit der Impulsantwort $\{g(kT_A)\}$ auf eine komplexe harmonische Schwingung als Eingangssignal in allgemeiner Form angeben.

$$\begin{aligned}\{g(kT_A)\} * \left\{A_S\, e^{j2\pi f_S k T_A}\right\} &= \left\{\sum_{i=-\infty}^{\infty} g(iT_A) A_S\, e^{j2\pi f_S (k-i) T_A}\right\} \\ &= \left\{A_S\, e^{j2\pi f_S k T_A} \sum_{i=-\infty}^{\infty} g(iT_A)\, e^{-j2\pi f_S i T_A}\right\}\end{aligned} \tag{16.2}$$

Bei einer konstanten Frequenz f_S ist das Ergebnis der Summation über i nach Herausziehen des von i unabhängigen Terms aus der Summe eine komplexe Zahl, deren Amplitude und Phase bei der Frequenz f_S gelten. Am Ausgang des Systems tritt wieder das Eingangssignal auf, das allerdings mit dieser komplexen Zahl multipliziert wird. Wie bereits im Abschnitt 11.1 erwähnt, bezeichnet man komplexe harmonische Schwingungen als *Eigenfunktionen* /37/ von LTI-Systemen, hier in der diskreten Version. Vergleicht man die Summe mit

16.1 Frequenzgang 353

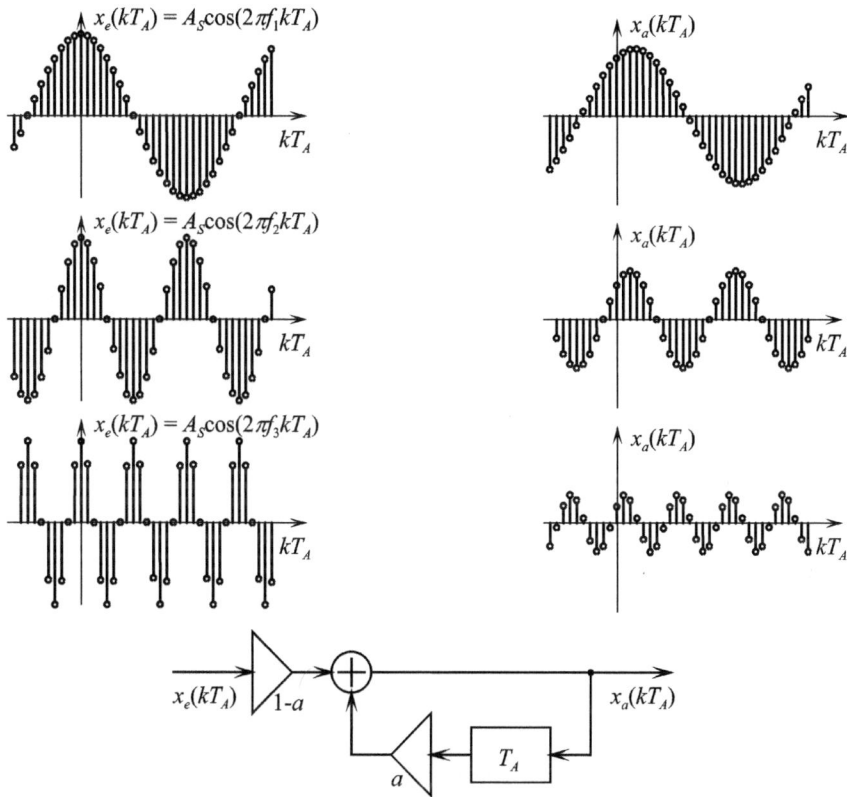

Bild 16.1 Zeitdiskretes System erster Ordnung mit harmonischen Ein- und Ausgangssignalen

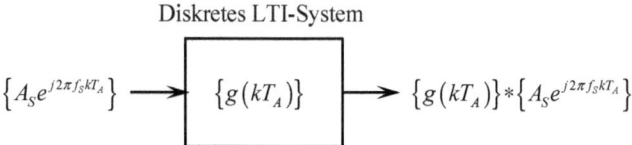

Bild 16.2 Komplexe harmonische Schwingung als Eingangssignal eines zeitdiskreten LTI-Systems

Gl. (6.11) im Abschnitt 6.3, so stellt man fest, dass sie gerade die zeitdiskrete Fourier-Transformation DTFT der Impulsantwort des Systems bei der Frequenz f_S darstellt. Bei kausalen Systemen, wie sie im Zusammenhang mit der rechtsseitigen z-Transformation verwendet werden, wird die untere Summationsgrenze durch 0 ersetzt.

Die aus der DTFT resultierende kontinuierliche Fourier-Transformierte
$G\left(e^{j2\pi f T_A}\right) = \sum_{i=-\infty}^{\infty} g(iT_A)\, e^{-j2\pi f i T_A}$ der diskreten Impulsantwort wird als *Frequenzgang*
des zeitdiskreten Systems bezeichnet.

$$\{g(kT_A)\} \circ\!\!-\!\!\bullet\; G\left(e^{j2\pi f T_A}\right) \tag{16.3}$$

Die Reaktion des Systems auf eine komplexe harmonische Schwingung als Eingangssignal lautet somit

$$\{g(kT_A)\} * \left\{A_S\, e^{j2\pi f_S k T_A}\right\} = \left\{G\left(e^{j2\pi f_S T_A}\right) A_S\, e^{j2\pi f_S k T_A}\right\}. \tag{16.4a}$$

Wenn man die komplexe Zahl $G\left(e^{j2\pi f_S T_A}\right)$ mit Betrag und Phase schreibt, wird die Ursache der Betrags- und Phasenänderungen im Bild 16.1 klar.

$$\begin{aligned}\{g(kT_A)\} * \left\{A_S\, e^{j2\pi f_S k T_A}\right\} &= \left\{G\left(e^{j2\pi f_S T_A}\right) A_S\, e^{j2\pi f_S k T_A}\right\} \\ &= \left\{\left|G\left(e^{j2\pi f_S T_A}\right)\right| A_S\, e^{j(2\pi f_S k T_A + \varphi_G(e^{j2\pi f_S T_A}))}\right\}\end{aligned} \tag{16.4b}$$

Der Betrag und die Phase des Frequenzgangs bei der Frequenz f_S können aus dessen Real- und Imaginärteil berechnet werden.

$$\left|G\left(e^{j2\pi f_S T_A}\right)\right| = \sqrt{\text{Re}^2\left\{G\left(e^{j2\pi f_S T_A}\right)\right\} + \text{Im}^2\left\{G\left(e^{j2\pi f_S T_A}\right)\right\}} \tag{16.5a}$$

$$\varphi_G\left(e^{j2\pi f_S T_A}\right) = \begin{cases} \arctan\left(\dfrac{\text{Im}\left\{G\left(e^{j2\pi f_S T_A}\right)\right\}}{\text{Re}\left\{G\left(e^{j2\pi f_S T_A}\right)\right\}}\right) & \text{für } \text{Re}\left\{G\left(e^{j2\pi f_S T_A}\right)\right\} > 0 \\ \arctan\left(\dfrac{\text{Im}\left\{G\left(e^{j2\pi f_S T_A}\right)\right\}}{\text{Re}\left\{G\left(e^{j2\pi f_S T_A}\right)\right\}}\right) \pm \pi & \text{für } \text{Re}\left\{G\left(e^{j2\pi f_S T_A}\right)\right\} < 0 \end{cases}$$

$$\tag{16.5b}$$

Die Amplitudenänderung des Ausgangssignals wird durch die Multiplikation der Amplitude A_S des harmonischen Eingangssignals mit dem Betrag des Frequenzgangs und die Phasenänderung des Ausgangssignals durch die Addition der Phase des harmonischen Eingangssignals und der Phase des Frequenzgangs bewirkt. Der Betrag des Frequenzgangs wird auch als Amplitudengang bezeichnet, seine Phase als Phasengang.

Um die Übertragung eines reellen Kosinussignals beschreiben zu können, ist noch die Übertragung der konjugiert komplexen harmonischen Schwingung zu untersuchen.

$$\begin{aligned}\{g(kT_A)\} * \left\{A_S\, e^{-j2\pi f_S k T_A}\right\} &= \left\{\sum_{i=-\infty}^{\infty} g(iT_A) A_S\, e^{-j2\pi f_S (k-i) T_A}\right\} \\ &= \left\{A_S\, e^{-j2\pi f_S k T_A} \sum_{i=-\infty}^{\infty} g(iT_A)\, e^{j2\pi f_S i T_A}\right\}\end{aligned} \tag{16.6}$$

Die Summe, die mit dem Eingangssignal multipliziert wird, stellt den Wert $G\left(e^{-j2\pi f T_A}\right)$ des Frequenzgangs bei der Frequenz $f = -f_S$ dar. Die bereits im Abschnitt 6.3 erläuterte konjugiert komplexe Symmetrie der Spektren zeitdiskreter Signale (Gl. (6.15)) gilt auch für Frequenzgänge zeitdiskreter Systeme.

$$\begin{aligned}\{g(kT_A)\} * \left\{A_S\, e^{-j2\pi f_S k T_A}\right\} &= \left\{G\left(e^{-j2\pi f_S T_A}\right) A_S\, e^{-j2\pi f_S k T_A}\right\} \\ &= \left\{G^*\left(e^{j2\pi f_S T_A}\right) A_S\, e^{-j2\pi f_S k T_A}\right\} \\ &= \left\{\left|G\left(e^{j2\pi f_S T_A}\right)\right| A_S\, e^{-j(2\pi f_S k T_A + \varphi_G(e^{j2\pi f_S T_A}))}\right\}\end{aligned} \tag{16.7}$$

Die Reaktion des Systems auf ein kosinusförmiges Eingangssignal erhält man durch Addition der komplexen Anteile nach Gl. (16.4b) und Gl. (16.7).

$$\{g(kT_A)\} * \{A_S \cos(2\pi f_S k T_A)\}$$
$$= \{g(kT_A)\} * 0{,}5 A_S \left\{ e^{j 2\pi f_S k T_A} \right\} + \{g(kT_A)\} * 0{,}5 A_S \left\{ e^{-j 2\pi f_S k T_A} \right\}$$
$$= \left\{ \left| G\left(e^{j 2\pi f_S T_A}\right) \right| 0{,}5 A_S \left(e^{j(2\pi f_S k T_A + \varphi_G(e^{j 2\pi f_S T_A}))} + e^{-j(2\pi f_S k T_A + \varphi_G(e^{j 2\pi f_S T_A}))} \right) \right\}$$
$$= \left\{ \left| G\left(e^{j 2\pi f_S T_A}\right) \right| A_S \cos\left(2\pi f_S k T_A + \varphi_G\left(e^{j 2\pi f_S T_A}\right)\right) \right\} \qquad (16.8)$$

Eine gleichartige Rechnung für ein Sinussignal als Eingangssignal ergibt

$$\{g(kT_A)\} * \{A_S \sin(2\pi f_S k T_A)\}$$
$$= \left\{ \left| G\left(e^{j 2\pi f_S T_A}\right) \right| A_S \sin\left(2\pi f_S k T_A + \varphi_G\left(e^{j 2\pi f_S T_A}\right)\right) \right\}. \qquad (16.9)$$

Ausgehend von der *inversen zeitdiskreten Fourier-Transformation* IDTFT nach Gl. (6.28) im Abschnitt 6.3 stellt ein zeitdiskretes Signal eine additive Überlagerung (Integral) komplexer harmonischer Schwingungen dar. Dies gilt natürlich auch für ein beliebiges nichtharmonisches Eingangssignal $\{x_e(kT_A)\}$ eines zeitdiskreten LTI-Systems.

$$x_e(kT_A) = \frac{1}{f_A} \int_{-f_A/2}^{f_A/2} X_e\left(e^{j 2\pi f T_A}\right) e^{j 2\pi k f T_A} \, df \qquad (16.10)$$

Da hier nur lineare Systeme behandelt werden, kann Gl. (16.4b) auf alle in $\{x_e(kT_A)\}$ enthaltenen komplexen harmonischen Schwingungen angewendet werden und man erhält das Ausgangssignal $\{x_a(kT_A)\}$ des Systems durch Integration über die Produkte.

$$\{x_a(kT_A)\} = \{g(kT_A)\} * \{x_e(kT_A)\}$$
$$= \{g(kT_A)\} * \left\{ \frac{1}{f_A} \int_{-f_A/2}^{f_A/2} X_e\left(e^{j 2\pi f T_A}\right) e^{j 2\pi k f T_A} \, df \right\} \qquad (16.11)$$

Die Distributiveigenschaft der Faltung nach Gl. (4.44) im Abschnitt 4.3 erlaubt die Vertauschung der Faltung mit $\{g(kT_A)\}$ und der Integration über die Frequenz.

$$\{x_a(kT_A)\} = \frac{1}{f_A} \int_{-f_A/2}^{f_A/2} X_e\left(e^{j 2\pi f T_A}\right) \underbrace{\left\{ e^{j 2\pi k f T_A} \right\} * \{g(kT_A)\}}_{\{G(e^{j 2\pi f T_A}) e^{j 2\pi f k T_A}\}} \, df$$
$$= \left\{ \frac{1}{f_A} \int_{-f_A/2}^{f_A/2} X_e\left(e^{j 2\pi f T_A}\right) G\left(e^{j 2\pi f T_A}\right) e^{j 2\pi f k T_A} \, df \right\} \qquad (16.12)$$

Das Integral stellt die IDTFT des Produktes der Fourier-Transformierten des Eingangssignals und des Frequenzgangs des Systems dar. Das Produkt im Integral entspricht somit der Fourier-Transformierten des Ausgangssignals.

$$\{x_a(kT_A)\} = \{x_e(kT_A)\} * \{g(kT_A)\} \;\circ\!\!-\!\!\bullet\; X_e\left(e^{j 2\pi f T_A}\right) \cdot G\left(e^{j 2\pi f T_A}\right)$$
$$= X_a\left(e^{j 2\pi f T_A}\right) \qquad (16.13)$$

Die Bedeutung des Frequenzgangs kann in der gleichen Weise wie beim kontinuierlichen System zusammengefasst werden:

1. Das Eingangssignal des Systems wird als additive Überlagerung (Integration) abgetasteter komplexer harmonischer Schwingungen mit unterschiedlichen Frequenzen, Amplituden und Phasen aufgefasst.
2. Jede dieser Schwingungen wird durch Multiplikation mit dem Betrag und Addition der Phase des Frequenzgangs des Systems bei ihrer Frequenz modifiziert.
3. Die so modifizierten komplexen harmonischen Schwingungen werden durch additive Überlagerung (Integration) zum Ausgangssignal zusammengefasst.

Beispiel 16.1 Rekursives System erster Ordnung nach Bild 16.1

Die folgende Differenzengleichung beschreibt die Entstehung des aktuellen Wertes der Ausgangsfolge.

$$x_a(kT_A) = (1-a) \cdot x_e(kT_A) + a \cdot x_a((k-1)T_A). \tag{16.14}$$

Die Ermittlung der Übertragungsfunktion eines zeitdiskreten Systems aus seiner Differenzengleichung wird im Abschnitt 15.4 ausführlich erläutert. Siehe Gl. (15.85) ... (15.88). Die z-Transformation der DZGL liefert

$$\frac{X_a(z)}{X_e(z)} = G(z) = \frac{1-a}{1-az^{-1}}. \tag{16.15a}$$

Zur Ermittlung der Polstellen der Übertragungsfunktion wird dieser Term mit z erweitert.

$$G(z) = (1-a)\frac{z}{z-a} \tag{16.15b}$$

Die Polstelle der Übertragungsfunktion $z_\infty = a$ liegt für $|a| < 1$ im Inneren des Einheitskreises und das System ist stabil. Im Folgenden wird grundsätzlich von einem stabilen System ausgegangen. Setzt man für z die Werte $e^{j2\pi fT_A}$ auf dem Einheitskreis in Gl. (16.15a) oder (16.15b) ein, hier wird Gl. (16.15a) gewählt, so erhält man den Frequenzgang des Systems.

$$G\left(e^{j2\pi fT_A}\right) = \frac{1-a}{1-a \cdot e^{-j2\pi fT_A}} = \frac{1-a}{1-a \cdot \cos(2\pi fT_A) + ja \cdot \sin(2\pi fT_A)} \tag{16.16}$$

Für grafische Darstellungen verwendet man üblicherweise den Amplituden- und Phasengang. Der Amplitudengang wird als Quotient der Beträge des Zählers und des Nenners des Frequenzgangs formuliert. Für $|a| < 1$ ist der Zähler bei allen Frequenzen größer null.

$$\left|G\left(e^{j2\pi fT_A}\right)\right| = \frac{1-a}{\sqrt{(1-a\cos(2\pi fT_A))^2 + a^2 \sin^2(2\pi fT_A)}}$$

$$= \frac{1-a}{\sqrt{1+a^2 - 2a\cos(2\pi fT_A)}} \tag{16.17a}$$

Der Phasengang wird als Differenz der Phasen des Zählers und des Nenners des Frequenzgangs formuliert. Da der Zähler des Frequenzgangs nach Gl. (16.16) mit $1 - a$ reell und positiv ist, ist seine Phase gleich null. Da der Realteil des Nenners des Frequenzgangs nicht negativ werden kann, entfällt bei der Berechnung des Arcustangens die Fallunterscheidung zwischen positivem und negativem Realteil.

$$\varphi_G\left(e^{j2\pi f T_A}\right) = -\arctan\left(\frac{a \sin(2\pi f T_A)}{1 - a \cos(2\pi f T_A)}\right) \quad (16.17\mathrm{b})$$

Bild 16.3 zeigt den Amplitudengang und den Phasengang des rekursiven Systems nach Bild 16.1 für den Wert $a = 0{,}75$.

Der Verlauf des Amplitudengangs ist charakteristisch für einen Tiefpass. Für $f \to \pm f_A/2$ sinkt er kontinuierlich ab. Hier treten wieder die Symmetrien auf, die im Abschnitt 6.3 im Zusammenhang mit Spektren zeitdiskreter Signale erläutert werden. Der Amplitudengang eines zeitdiskreten Systems mit reeller Impulsantwortfolge ist eine symmetrisch gerade Funktion der Frequenz und der Phasengang eine symmetrisch ungerade Funktion. Das Bild zeigt auch die periodischen Fortsetzungen des Amplitudengangs und des Phasengangs bei Frequenzen außerhalb des Bereiches $-f_A/2 \leqq f \leqq f_A/2$.

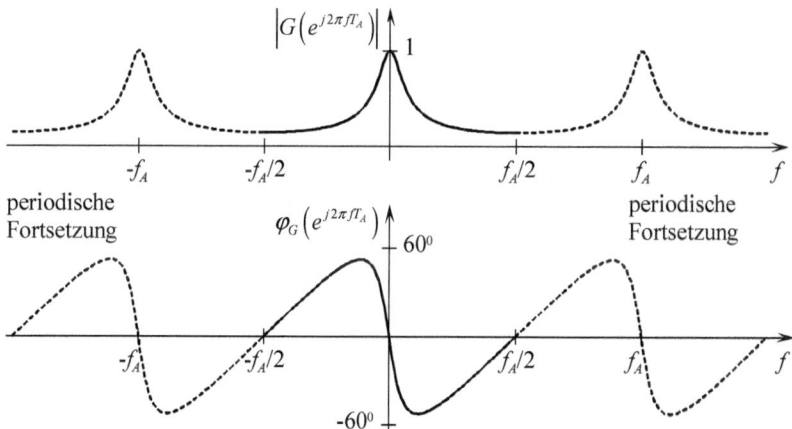

Bild 16.3 Amplituden- und Phasengang des diskreten Systems erster Ordnung

Bild 16.4 illustriert neben dem PN-Plan auch die Relation zwischen dem Frequenzgang und der Übertragungsfunktion. Der Frequenzgang entspricht einem Profil der Übertragungsfunktion entlang des Einheitskreises. Der im Bild 16.3 dargestellte Amplitudengang kann als „Abwicklung" der dargestellten Raumkurve aufgefasst werden. Bei der Vermessung des Übertragungsverhaltens eines zeitdiskreten Systems, z. B. mit einem Netzwerkanalysator, wird immer sein Frequenzgang ermittelt und nicht die gesamte Übertragungsfunktion.

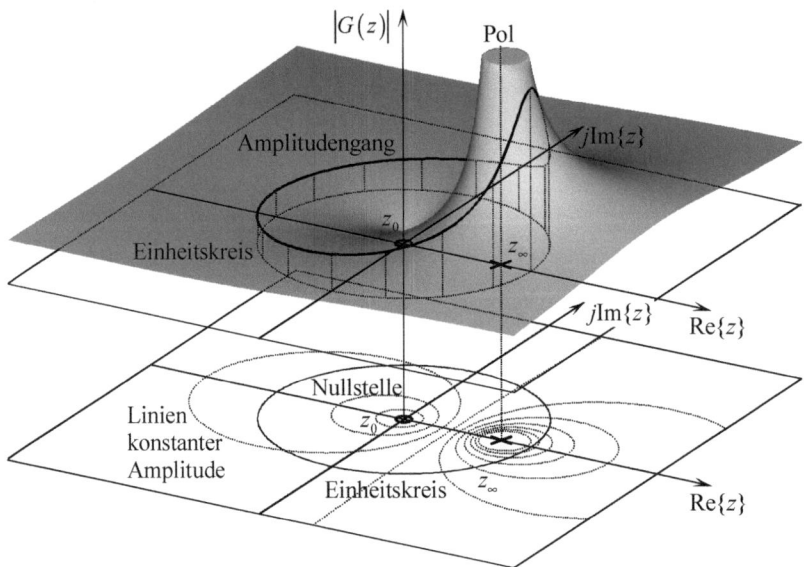

Bild 16.4 PN-Plan und Beträge des Frequenzgangs bzw. der Übertragungsfunktion

Man erkennt die Polstelle $z_\infty = a = 0{,}75$ und die Nullstelle $z_0 = 0$.

Um die im Bild 16.4 dargestellte zweidimensionale Funktion von $\operatorname{Re}\{z\}$ und $\operatorname{Im}\{z\}$ explizit zu formulieren, wird $z = \operatorname{Re}\{z\} + \mathrm{j}\operatorname{Im}\{z\}$ in die Übertragungsfunktion eingesetzt.

$$G\left(\operatorname{Re}\{z\} + \mathrm{j}\operatorname{Im}\{z\}\right) = (1-a)\frac{\operatorname{Re}\{z\} + \mathrm{j}\operatorname{Im}\{z\}}{\operatorname{Re}\{z\} + \mathrm{j}\operatorname{Im}\{z\} - a}$$
$$= (1-a)\frac{\operatorname{Re}\{z\} + \mathrm{j}\operatorname{Im}\{z\}}{\operatorname{Re}\{z\} - a + \mathrm{j}\operatorname{Im}\{z\}} \tag{16.18}$$

$$\left|G\left(\operatorname{Re}\{z\} + \mathrm{j}\operatorname{Im}\{z\}\right)\right| = (1-a)\sqrt{\frac{\operatorname{Re}^2\{z\} + \operatorname{Im}^2\{z\}}{\left(\operatorname{Re}\{z\} - a\right)^2 + \operatorname{Im}^2\{z\}}} \tag{16.19}$$

Die grafische Darstellung im Bild 16.4 ist wesentlich instruktiver als die formelmäßige. ∎

■ 16.2 Darstellung des Frequenzgangs

Aufbauend auf den Erläuterungen im Abschnitt 16.1 zur Ermittlung des Frequenzgangs aus der Impulsantwort und der Übertragungsfunktion wird in diesem Abschnitt noch einmal konkret auf die grafischen Darstellungen des Frequenzgangs und die Unterschiede zu Frequenzgängen zeitkontinuierlicher Systeme eingegangen.

Der Frequenzgang ist wie die Übertragungsfunktion eine komplexe Funktion mit der unabhängigen Variable f. Die Funktion des Frequenzgangs zeitdiskreter Systeme ist eine kontinuierliche Funktion, d. h. die Variable f kann jeden beliebigen Wert annehmen.

$$G\left(e^{j2\pi f T_A}\right) = \frac{X_a\left(e^{j2\pi f T_A}\right)}{X_e\left(e^{j2\pi f T_A}\right)} \tag{16.20}$$

In den Abschnitten 6.3 und 16.1 wird darauf hingewiesen, dass Frequenzfunktionen zeitdiskreter Signale und Systeme im Bereich $-\infty < f < \infty$ definiert sind. Da im Unterschied zu den Frequenzfunktionen zeitkontinuierlicher Systeme die Frequenzfunktionen zeitdiskreter Systeme aber periodisch sind, genügt die Betrachtung innerhalb einer Periode $-f_A/2 < f < f_A/2$ bzw. $0 < f < f_A$. Im Abschnitt 6.3 werden neben der Variable f auch die Variablen F, ω oder Ω aufgeführt. In Abhängigkeit der verwendeten Variablen ändert sich natürlich auch die Angabe der Periode. An dieser Stelle sei auf die Tabelle 6.2 verwiesen. Nachfolgende Erläuterungen beziehen sich auf die Variable f.

Für eine anschauliche Darstellung des Frequenzgangs wird die Frequenzkennlinie verwendet. Die bei den zeitkontinuierlichen Systemen verwendete Ortskurve findet man bei den zeitdiskreten Systemen nicht.

Der Frequenzgang wird mit der *Frequenzkennlinie* dargestellt. Die Frequenzkennlinie setzt sich aus *zwei* Funktionen zusammen, der *Amplitudenkennlinie* und der *Phasenkennlinie*. Der Betrag des Frequenzgangs, auch als *Amplitudengang* bezeichnet, wird mit der Amplitudenkennlinie und die Phasenverschiebung, auch als *Phasengang* bezeichnet, wird mit der Phasenkennlinie dargestellt.

Frequenzgang Frequenzkennlinie FKL

$$G\left(e^{j2\pi f T_A}\right) = \left|G\left(e^{j2\pi f T_A}\right)\right| e^{j\,\arg(G(e^{j2\pi f T_A}))}$$

Amplitudengang
Amplitudenkennlinie AKL

$$\left|G\left(e^{j2\pi f T_A}\right)\right| \text{ oder } 20\,\text{dB}\lg\left|G\left(e^{j2\pi f T_A}\right)\right|$$

Phasengang
Phasenkennlinie PKL

$$\varphi_G\left(e^{j2\pi f T_A}\right) = \arg\left(G\left(e^{j2\pi f T_A}\right)\right)$$

Die bei den Spektren im Abschnitt 6.3 erwähnten Symmetrieeigenschaften haben hier ebenso Gültigkeit. Da in diesem Buch ausschließlich reelle Systeme betrachtet werden, hat der Frequenzgang eine komplexe Symmetrie.

$$G\left(e^{j2\pi f T_A}\right) = G^*\left(e^{-j2\pi f T_A}\right). \tag{16.21}$$

Der Realteil des Frequenzgangs ist symmetrisch gerade und der Imaginärteil ist symmetrisch ungerade. Die komplexe Symmetrie tritt wegen der Periodizität des Frequenzgangs auch bezüglich aller ganzzahligen Periodendauern $K f_A$ auf. Mit f als Variable beträgt die Periodendauer des Frequenzgangs f_A.

$$G\left(e^{j2\pi f T_A}\right) = G^*\left(e^{j2\pi(K f_A - f) T_A}\right) \tag{16.22}$$

Die Symmetriepunkte der komplexen Symmetrie liegen bei $K f_A$ und innerhalb einer Periode bei $f_A/2 + K f_A$.

Anders als bei den zeitkontinuierlichen Systemen wird bei der Darstellung des Amplituden- und Phasengangs zeitdiskreter Systeme die unabhängige Frequenzachse stets linear eingeteilt, da aufgrund der Periodizität des Amplituden- und Phasengangs der grundsätzliche Verlauf in einem begrenzten Bereich ablesbar ist. Beim Amplitudengang wird mitunter die abhängige Variable, also der Betrag des Frequenzgangs, zusätzlich noch logarithmiert, um Dämpfungswerte z. B. für Güteeinschätzungen von Filtern zu erhalten. Zuerst werden am Beispiel der Mittelwertbildung Amplituden- und Phasengang berechnet und dargestellt. In einem weiteren Beispiel wird auf die Logarithmierung des Betrages des Frequenzgangs eingegangen.

Beispiel 16.2 Frequenzgang des Systems zur Mittelwertbildung

Die bekannte Übertragungsfunktion

$$G(z) = 0{,}5 \left(1 + z^{-1}\right) \tag{16.23}$$

wird in die Frequenzganggleichung überführt

$$G\left(e^{j2\pi f T_A}\right) = 0{,}5 \left(1 + e^{-j2\pi f T_A}\right). \tag{16.24}$$

Die Ermittlung von Betrag und Phase kann natürlich wie üblich über die Euler'sche Formel laufen, in diesem Fall ist ein anderer Weg schneller. Es wird geschickt eine Exponentialfunktion ausgeklammert. Die Exponentialfunktion $e^{-j2\pi f T_A/2}$ liegt genau zwischen den Exponentialfunktionen $1 = e^{j0}$ und $e^{-j2\pi f T_A}$.

$$\begin{aligned} G\left(e^{j2\pi f T_A}\right) &= 0{,}5 \left(e^{j0} + e^{-j2\pi f T_A}\right) \\ &= 0{,}5\, e^{-j2\pi f T_A/2} \left(e^{j2\pi f T_A/2} + e^{-j2\pi f T_A/2}\right) \end{aligned} \tag{16.25}$$

Die beiden Exponentialfunktionen in der runden Klammer lassen sich nach Euler zur Kosinusfunktion zusammenfassen, siehe Gl. (3.19a).

$$G\left(e^{j2\pi f T_A}\right) = \cos\left(\pi f T_A\right) \cdot e^{-j2\pi f T_A/2} \tag{16.26}$$

Die entstandene Gleichung entspricht schon fast der gesuchten Form des Frequenzgangs, aber eben nur fast.

$$G\left(e^{j2\pi f T_A}\right) = \left|G\left(e^{j2\pi f T_A}\right)\right| e^{j\varphi_G(e^{j2\pi f T_A})}. \tag{16.27}$$

Die Kosinusfunktion aus Gl. (16.26) bestimmt den Betrag des Frequenzgangs, also den *Amplitudengang*,

$$\left|G\left(e^{j2\pi f T_A}\right)\right| = \left|\cos\left(\pi f T_A\right)\right| \tag{16.28}$$

und der Exponent in der Exponentialfunktion der Gl. (16.27) bestimmt den *Phasengang*, wobei unbedingt berücksichtigt werden muss, dass wegen der Betragsbildung der Kosinusfunktion zur Phase $\pm\pi$ dazugerechnet werden muss, wenn die Kosinusfunktion negativ ist.

$$\varphi_G\left(e^{j2\pi f T_A}\right) = \begin{cases} -\pi f T_A & \text{für } \cos(\pi f T_A) \geq 0 \\ -\pi f T_A \pm \pi & \text{für } \cos(\pi f T_A) < 0 \end{cases} \quad (16.29)$$

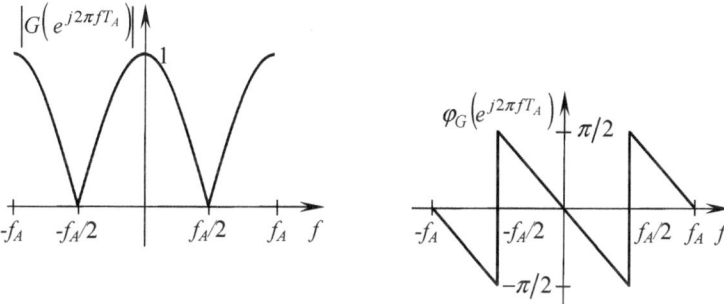

Bild 16.5 Zwei Perioden des Amplitudengangs (links) und Phasengangs (rechts) des Systems zur Mittelwertbildung

Für Amplituden- und Phasengang werden zwei Perioden dargestellt. Im Phasengang sind Phasensprünge von π bei $\pm f_A/2$ zu sehen. Diese Phasensprünge sind in Verbindung mit der Betragsbildung der Kosinusfunktion zu sehen. Zwischen $f_A/2 \ldots 3f_A/2$ und $-3f_A/2 \ldots -f_A/2$ ist die Kosinusfunktion Gl. (16.28) negativ, also muss zur Phase noch π addiert oder subtrahiert werden. Die Eigenschaft der Symmetrie ist aus Amplituden- und Phasengang im Bild 16.5 erkennbar. Der Amplitudengang ist symmetrisch gerade und der Phasengang ist symmetrisch ungerade. Da diese Symmetrieeigenschaften bekannt sind, werden üblicherweise der Amplituden- und Phasengang zeitdiskreter Systeme im Bereich von null bis zur halben Periodendauer dargestellt. Bei der Variable f ist das der Bereich $0 \ldots f_A/2$. Das ist gegenüber der Darstellung der Frequenzfunktionen zeitkontinuierlicher Systeme ein gravierender Unterschied.

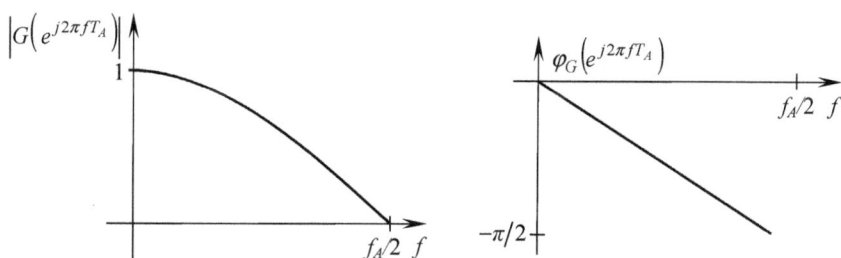

Bild 16.6 Eine halbe Periode des Amplitudengangs (links) und Phasengangs (rechts) des Systems zur Mittelwertbildung

Im obigen Beispiel wird der Betrag des Frequenzgangs nicht logarithmiert, da sich für dieses Beispiel durch den Logarithmus keine weiteren wesentlichen Erkenntnisse ergeben. Betrachtet man dagegen typische Filter mit Tiefpass-, Hochpass-, Bandpass- oder Bandsperrverhalten, dann ist das Logarithmieren des Betrages aufschlussreicher als die Verwendung des Betrages ohne Logarithmieren.

Beispiel 16.3 Frequenzgang eines FIR-Tiefpasses 32. Ordnung

Ohne beigefügte Rechnung ist im Bild 16.7 einmal der Amplitudengang dieses Tiefpassfilters ohne und einmal mit Logarithmieren des Betrages dargestellt. Im rechten Bild ist die Dämpfung im Sperrbereich ablesbar, daraus können dann Rückschlüsse über die Filtergüte gezogen werden. Mit mindestens $-40\,\text{dB}$ werden die Spektralanteile des Signals, die im Sperrbereich des Filters liegen, mindestens um den Faktor 0,01 gedämpft.

$$-40\,\text{dB} = 20\,\text{dB}\lg K \quad \Rightarrow \quad K = 10^{-2} \tag{16.30}$$

Diese Eigenschaft ist aus der Darstellung des Amplitudengangs im linken Bild nicht ablesbar.

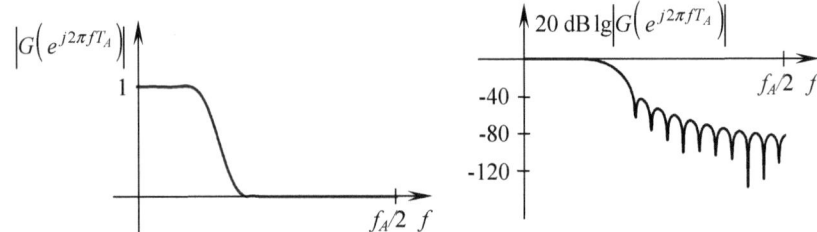

Bild 16.7 Amplitudengang eines FIR-Tiefpasses ohne (links) und mit (rechts) Logarithmieren des Betrages ∎

Wie bei den zeitkontinuierlichen Systemen, siehe dazu Abschnitt 11.2, gibt es für die Charakterisierung insbesondere des Phasengangs eine weitere wichtige Funktion, die *Gruppenlaufzeit* $t_\text{g}\left(\text{e}^{\text{j}2\pi f T_\text{A}}\right)$.

Die *Gruppenlaufzeit* ist proportional zur Ableitung des Phasengangs nach der Frequenz.

$$t_\text{g}\left(\text{e}^{\text{j}2\pi f T_\text{A}}\right) = -\frac{1}{2\pi}\frac{\text{d}\varphi_\text{G}\left(\text{e}^{\text{j}2\pi f T_\text{A}}\right)}{\text{d}f} \tag{16.31}$$

Systeme mit einem konstanten Amplitudengang und einem linearen Phasengang, aus dem laut Definition (16.31) eine konstante Gruppenlaufzeit resultiert, sind von besonderem Interesse für die verzerrungsfreie Übertragung von Signalen. Bei einem nichtlinearen Phasengang treten Verzerrungen des Eingangssignals auf. Die Gruppenlaufzeit zeigt aussagekräftiger als die Phase solche Übertragungseigenschaften eines Systems bezüglich der Phasenverschiebung. Die Gruppenlaufzeit ist eine periodische Funktion, da sie aus der periodischen Funktion des Phasengangs abgeleitet wird. Es wird auch für die Gruppenlaufzeit nur die halbe Periode dargestellt, da laut Symmetrieeigenschaften die andere Hälfte der Periode definiert ist. Für das System zur Mittelwertbildung wird anschließend die Gruppenlaufzeit berechnet.

Beispiel 16.4 Gruppenlaufzeit des Systems zur Mittelwertbildung

Berechnet wird oben für dieses System der Phasengang. Da dieser nach Gl. (16.29) mit stückweise linearen Funktionen beschrieben wird, ergibt sich zwangsläufig eine konstante Gruppenlaufzeit.

$$t_g\left(e^{j2\pi f T_A}\right) = \frac{\pi T_A}{2\pi} = \frac{T_A}{2} \qquad (16.32)$$

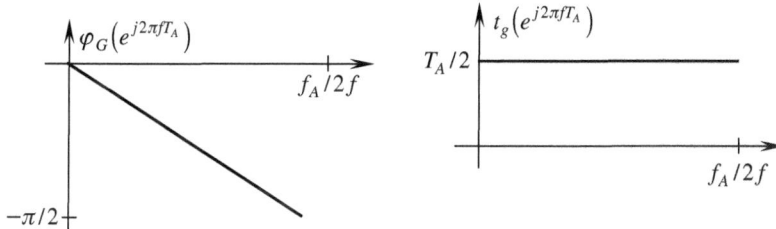

Bild 16.8 Phasengang (links) und Gruppenlaufzeit (rechts) des Systems zur Mittelwertbildung

17 Ideale zeitdiskrete Übertragungssysteme

Ideale zeitdiskrete Übertragungssysteme sind angelehnt an ideale kontinuierliche Systeme, mit denen sie eine Reihe von Gemeinsamkeiten haben. Ihre Frequenzgänge sind allerdings grundsätzlich periodisch. Die Periode ist gleich der Abtastfrequenz f_A. Die maximale Betriebsfrequenz der nachstehend erläuterten Systeme liegt daher bei der halben Abtastfrequenz $f_A/2$, d. h. der Filtertyp (Tiefpass, Hochpass, ...) muss im Bereich von $0 \leq f \leq f_A/2$ erkennbar sein.

Verzerrungsfreies Übertragungssystem

Bild 17.1 illustriert die verzerrungsfreie Übertragung eines zeitdiskreten Signals. Da die Signalform dabei nicht verändert werden darf, sind nur zwei Signalmodifikationen möglich, Multiplikation mit einem konstanten Faktor a, z. B. um eine Signaldämpfung zu beschreiben, und Zeitverschiebung um eine gewisse Anzahl von Abtastintervallen.

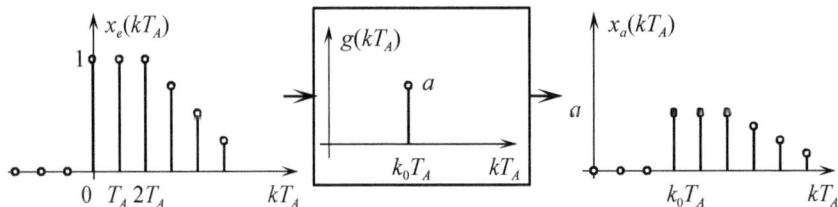

Bild 17.1 Verzerrungsfreie Übertragung eines zeitdiskreten Signals

Die Impulsantwort dieses Übertragungssystems lautet

$$\{g(kT_A)\} = a \cdot \{\delta\left((k - k_0)T_A\right)\}. \tag{17.1}$$

Durch diskrete Faltung eines Eingangssignals $\{x_e(kT_A)\}$ mit dieser Impulsantwort lässt sich die Wirkung des Systems nachweisen.

$$\{x_a(kT_A)\} = \{x_e(kT_A)\} * \{g(kT_A)\} = a \cdot \left\{ \sum_{i=-\infty}^{\infty} x_e\left((k-i)T_A\right) \delta\left((i-k_0)T_A\right) \right\} \tag{17.2a}$$

Mit der Ausblendeigenschaft der Einheitsimpulsfolge ergibt sich

$$\{x_a(kT_A)\} = a \cdot \{x_e\left((k - k_0)T_A\right)\}. \tag{17.2b}$$

Die Ausblendeigenschaft der Einheitsimpulsfolge ermöglicht auch die einfache Bestimmung des Frequenzgangs mittels DTFT.

$$G\left(e^{j\pi f T_A}\right) = \sum_{i=-\infty}^{\infty} a \cdot \underbrace{\delta\left((i-k_0)\,T_A\right)}_{= \begin{cases} 1 & \text{für } i=k_0 \\ 0 & \text{für } i \neq k_0 \end{cases}} e^{-j2\pi f i T_A} = a \cdot e^{-j2\pi f k_0 T_A} \qquad (17.3)$$

Der konstante Faktor a bestimmt den Betrag des Frequenzgangs, die Zeitverschiebung $k_0\,T_A$ seine Phase. Bild 17.2 zeigt den Frequenzgang für positive und negative Werte von a. Der Phasengang fällt linear ab. Bei negativen Werten von a tritt bei der Frequenz 0 ein Phasensprung um 2π auf. Somit ist der Phasengang, wie im Kapitel 12 für Frequenzgänge kontinuierlicher Systeme gezeigt wurde, auf jeden Fall eine symmetrisch ungerade Funktion der Frequenz.

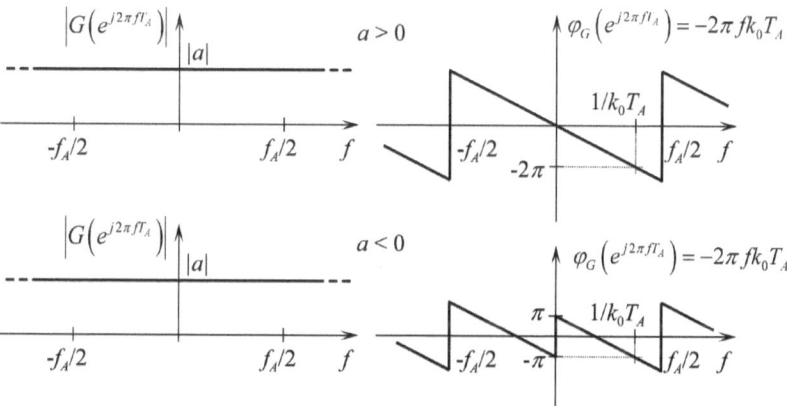

Bild 17.2 Frequenzgang des verzerrungsfreien zeitdiskreten Übertragungssystems

Die Phasengänge verdeutlichen auch die Periodizität des Frequenzgangs mit der Abtastfrequenz f_A.

Idealer Tiefpass

Ein idealer Tiefpass lässt alle Signalanteile unterhalb seiner Grenzfrequenz f_g unverändert passieren, während Signalanteile oberhalb der Grenzfrequenz und unterhalb der halben Abtastfrequenz $f_A/2$ vollständig unterdrückt werden. Bild 17.3 zeigt den Frequenzgang dieses idealen Systems.

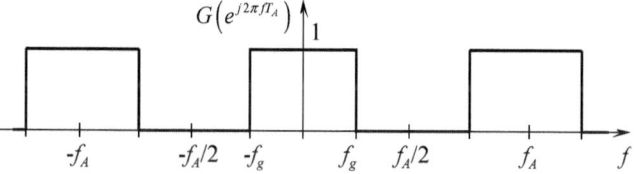

Bild 17.3 Frequenzgang eines zeitdiskreten idealen Tiefpasses

Er lautet

$$G\left(e^{j2\pi f T_A}\right) = \sum_{n=-\infty}^{\infty} \text{rect}\left(\frac{f - n f_A}{2 f_g}\right). \tag{17.4}$$

Ausgehend von den im Abschnitt 5.3.2 diskutierten Symmetrieeigenschaften stellen die Impulsantworten des *idealen Tiefpasses* und der 3 anschließend erläuterten diskreten Systeme reelle und symmetrisch gerade Zeitfolgen dar, die, wie z. B. im Bild 17.4 dargestellt, zwangsläufig vor dem Zeitpunkt $kT_A = 0$ beginnen. Es handelt sich also um sogenannte nichtkausale Systeme.

Anwendung der *inversen zeitdiskreten Fourier-Transformation* IDTFT nach Gl. (6.28) im Abschnitt 6.3 liefert die Impulsantwort $\{g(kT_A)\}$ des diskreten idealen Tiefpasses.

$$g(kT_A) = \frac{1}{f_A} \int_{-f_A/2}^{f_A/2} G\left(e^{j2\pi f T_A}\right) e^{j2\pi k f T_A} \, df = \frac{1}{f_A} \int_{-f_g}^{f_g} e^{j2\pi k f T_A} \, df$$

$$= \frac{1}{j2\pi k \underbrace{T_A f_A}_{1}} e^{j2\pi k f T_A} \Big|_{-f_g}^{f_g} \tag{17.5a}$$

Die Anwendung der Euler'schen Beziehung nach Gl. (3.19b) führt zu einem reellen Ergebnis.

$$g(kT_A) = \frac{e^{j2\pi k f_g T_A} - e^{-j2\pi k f_g T_A}}{j2\pi k} = \frac{\sin(2\pi k f_g T_A)}{\pi k} = 2 f_g T_A \frac{\sin(2\pi k f_g T_A)}{2\pi k f_g T_A} \tag{17.5b}$$

In ähnlicher Weise wie bei der Berechnung der Impulsantwort des kontinuierlichen idealen Tiefpasses tritt in der Impulsantwort die si-Funktion auf.

$$\{g(kT_A)\} = \{2 f_g T_A \, \text{si}\left(2\pi k f_g T_A\right)\} \tag{17.5c}$$

Bild 17.4 zeigt die Impulsantwort, deren Verlauf einer abgetasteten si-Funktion entspricht.

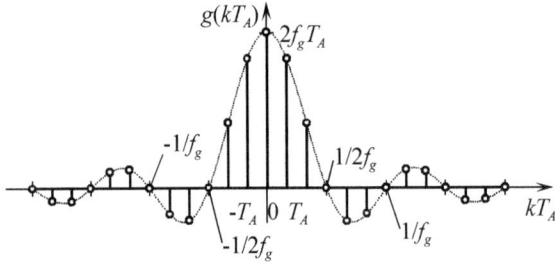

Bild 17.4 Impulsantwort eines zeitdiskreten idealen Tiefpasses

Idealer Hochpass

Ein idealer Hochpass lässt alle Signalanteile zwischen seiner Grenzfrequenz f_g und der halben Abtastfrequenz $f_A/2$ unverändert passieren, während Signalanteile unterhalb der Grenzfrequenz vollständig unterdrückt werden. Bild 17.5 zeigt den Frequenzgang dieses idealen Systems.

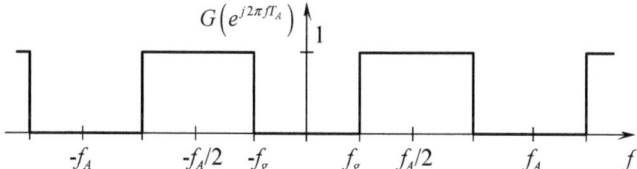

Bild 17.5 Frequenzgang eines zeitdiskreten idealen Hochpasses

Der Frequenzgang des diskreten idealen Hochpasses ist komplementär zum Frequenzgang des zeitdiskreten idealen Tiefpasses.

$$G\left(e^{j2\pi f T_A}\right) = 1 - \sum_{n=-\infty}^{\infty} \text{rect}\left(\frac{f - nf_A}{2f_g}\right) \tag{17.6}$$

Die *inverse zeitdiskrete Fourier-Transformierte* IDTFT des Frequenzgangs des Tiefpasses wird bereits in Gl. (17.5c) angegeben. Zusammen mit der Einheitsimpulsfolge als *inverse zeitdiskrete Fourier-Transformierte* IDTFT der Konstanten 1 nach Gl. (6.28) lautet die Impulsantwort des idealen Hochpasses

$$\{g(kT_A)\} = \{\delta(kT_A)\} - \{2f_g T_A \,\text{si}\,(2\pi k f_g T_A)\}. \tag{17.7}$$

Bild 17.6 zeigt die Impulsantwort.

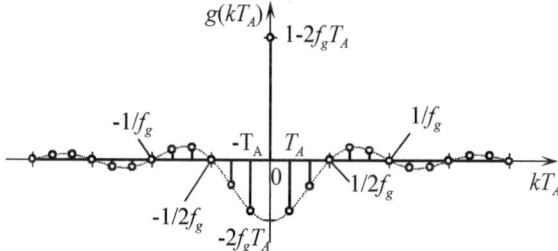

Bild 17.6 Impulsantwort eines diskreten idealen Hochpasses

Idealer Bandpass

Ein idealer Bandpass lässt alle Signalanteile innerhalb eines Frequenzbandes der Bandbreite B um seine Mittenfrequenz f_m unverändert passieren, während Signalanteile außerhalb dieses Frequenzbandes vollständig unterdrückt werden. Bild 17.7 zeigt den Frequenzgang dieses idealen Systems.

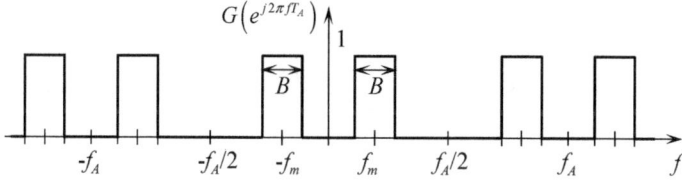

Bild 17.7 Frequenzgang eines zeitdiskreten idealen Bandpasses

Er lautet

$$G\left(e^{j2\pi f T_A}\right) = \sum_{n=-\infty}^{\infty} \left(\text{rect}\left(\frac{f - nf_A + f_m}{B}\right) + \text{rect}\left(\frac{f - nf_A - f_m}{B}\right)\right). \quad (17.8)$$

Anwendung der *inversen zeitdiskreten Fourier-Transformation* IDTFT liefert die Impulsantwort $\{g(kT_A)\}$ des zeitdiskreten idealen Bandpasses.

$$g(kT_A) = \frac{1}{f_A} \int_{-f_A/2}^{f_A/2} G\left(e^{j2\pi f T_A}\right) e^{j2\pi k f T_A} \, df$$

$$= \frac{1}{f_A} \int_{-f_m-B/2}^{-f_m+B/2} e^{j2\pi k f T_A} \, df + \frac{1}{f_A} \int_{f_m-B/2}^{f_m+B/2} e^{j2\pi k f T_A} \, df$$

$$g(kT_A) = \frac{1}{j2\pi k \underbrace{T_A f_A}_{1}} e^{j2\pi k f T_A} \Bigg|_{-f_m-B/2}^{-f_m+B/2} + \frac{1}{j2\pi k \underbrace{T_A f_A}_{1}} e^{j2\pi k f T_A} \Bigg|_{f_m-B/2}^{f_m+B/2}$$

$$g(kT_A) = e^{-j2\pi k f_m T_A} \frac{e^{j\pi k B T_A} - e^{-j\pi k B T_A}}{j2\pi k} + e^{j2\pi k f_m T_A} \frac{e^{j\pi k B T_A} - e^{-j\pi k B T_A}}{j2\pi k}$$

$$g(kT_A) = \frac{e^{j\pi k B T_A} - e^{-j\pi k B T_A}}{j2\pi k} \left(e^{j2\pi k f_m T_A} + e^{-j2\pi k f_m T_A}\right) \quad (17.9a)$$

Der Quotient entspricht der Impulsantwort des zeitdiskreten Tiefpasses nach Gl. (17.5b), wobei die Grenzfrequenz f_g des Tiefpasses durch die halbe Bandbreite $B/2$ des Bandpasses ersetzt werden muss. Der Klammerterm kann mittels der Euler'schen Beziehung nach Gl. (3.19a) durch eine mit dem Faktor 2 multiplizierte Kosinusfunktion ausgedrückt werden.

$$\{g(kT_A)\} = \left\{2BT_A \, \text{si}\left(\pi k B T_A\right) \cos\left(2\pi k f_m T_A\right)\right\} \quad (17.9b)$$

Bild 17.8 zeigt die Impulsantwort.

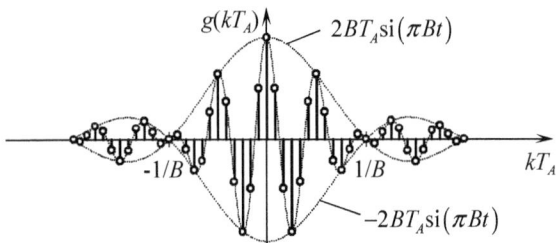

Bild 17.8 Impulsantwort eines zeitdiskreten idealen Bandpasses

Ideale Bandsperre

Der Frequenzgang der zeitdiskreten idealen Bandsperre ist komplementär zum Frequenzgang des zeitdiskreten idealen Bandpasses.

$$G\left(e^{j2\pi f T_A}\right) = 1 - \sum_{n=-\infty}^{\infty} \left(\text{rect}\left(\frac{f - nf_A + f_m}{B}\right) + \text{rect}\left(\frac{f - nf_A - f_m}{B}\right)\right) \quad (17.10)$$

Bild 17.9 zeigt den Frequenzgang dieses idealen Systems.

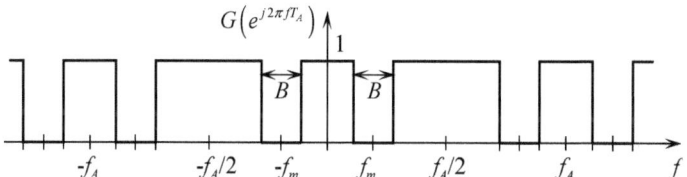

Bild 17.9 Frequenzgang einer zeitdiskreten idealen Bandsperre

Die *inverse zeitdiskrete Fourier-Transformierte* IDTFT des Frequenzgangs des idealen Bandpasses wird bereits in Gl. (17.9b) angegeben. Zusammen mit der Einheitsimpulsfolge als *inverse zeitdiskrete Fourier-Transformierte*, IDTFT der Konstanten 1 nach Gl. (6.28), lautet die Impulsantwort der idealen Bandsperre

$$\{g(kT_A)\} = \{\delta(kT_A)\} - \{2BT_A \operatorname{si}(\pi k B T_A) \cos(2\pi k f_m T_A)\}. \tag{17.11}$$

Bild 17.10 zeigt die Impulsantwort.

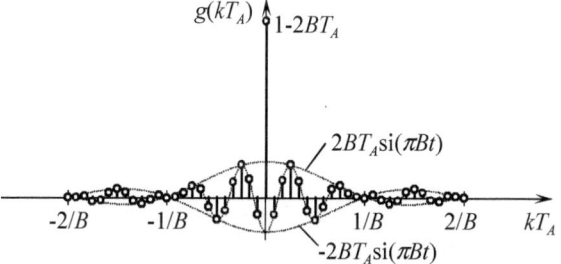

Bild 17.10 Impulsantwort einer zeitdiskreten idealen Bandsperre

Die Bilder 17.4 bis 17.10 veranschaulichen die Akausalität der erläuterten idealen Filter.

Naheliegend ist natürlich die Frage nach dem Nutzen derartiger praktisch nicht realisierbarer Systeme. Idealisierte zeitdiskrete Systeme finden z. B. als anzustrebende, aber nicht exakt erreichbare Entwurfsziele Verwendung, etwa beim Entwurf realisierbarer digitaler Filter /42/. Außerdem lassen sie sich gut für die schnelle Abschätzung des Frequenzverhaltens komplexerer Systeme einsetzen.

18 Zusammenhang der Frequenzfunktionen zeitdiskreter Signale und Systeme

Im Kapitel 13 wurde der Zusammenhang der Frequenzfunktionen zeitkontinuierlicher Signale und Systeme gezeigt. Im aktuellen Kapitel wird dieser Zusammenhang auf den zeitdiskreten Fall angewendet. Prinzipiell ist es die gleiche Vorgehensweise. Die aus den Abschnitten 6.3 und 6.4 bekannte spektrale Analyse zeitdiskreter Signale, dargestellt im Frequenzspektrum nichtperiodischer Signale $X(e^{j2\pi f T_A})$ bzw. periodischer Signale $\underline{X}(n\Delta f)$, und das Frequenzverhalten zeitdiskreter Systeme, dargestellt durch den Frequenzgang $G(e^{j2\pi f T_A})$, werden in diesem Kapitel zusammengeführt, um die spektrale Beeinflussung von Signalen durch Systeme zu zeigen.

Zu unterscheiden sind zwei Fälle, einmal die Verarbeitung von nichtperiodischen und zum anderen die Verarbeitung von periodischen Signalen durch das System. Da stabile Systeme vorausgesetzt werden, wird ein System auf ein nichtperiodisches Eingangssignal auch mit einem nichtperiodischen Ausgangssignal reagieren. Ein periodisches Eingangssignal ruft eine periodische Systemreaktion hervor. Dies zeigt Bild 18.1 anhand des Systems zur Mittelwertbildung.

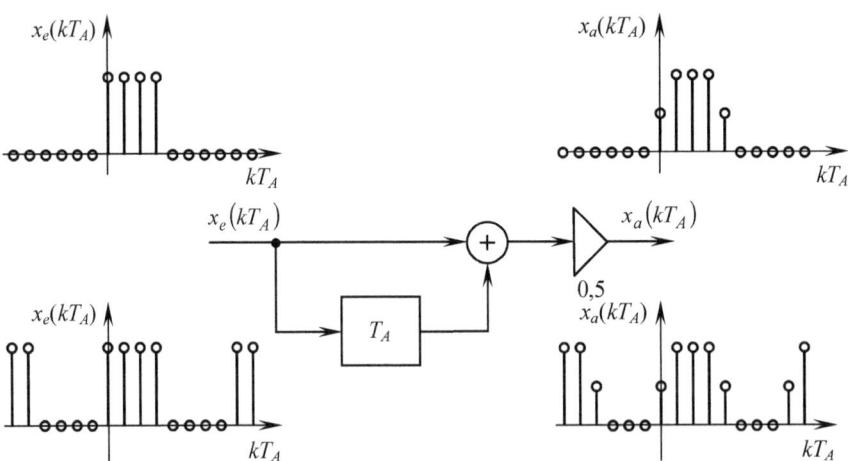

Bild 18.1 System zur Mittelwertbildung mit nichtperiodischem und periodischem Eingangs- und Ausgangssignal

Wie im Kapitel 6 gezeigt wurde, unterscheiden sich die Frequenzspektren periodischer und nichtperiodischer Signale dadurch, dass periodische Signale diskrete Frequenzspek-

18 Zusammenhang der Frequenzfunktionen zeitdiskreter Signale und Systeme

tren $\underline{X}(n\Delta f)$ und nichtperiodische Signale kontinuierliche Frequenzspektren $X(e^{j2\pi fT_A})$ haben.

$$\begin{array}{c} X_e\left(e^{j2\pi fT_A}\right) \text{ bzw.} \\ \underline{X}_e(n\Delta f) \end{array} \longrightarrow \boxed{G\left(e^{j2\pi f/f_A}\right)} \longrightarrow \begin{array}{c} X_a\left(e^{j2\pi fT_A}\right) \text{ bzw.} \\ \underline{X}_a(n\Delta f) \end{array}$$

Unabhängig von der Unterscheidung in periodische und nichtperiodische Signale gilt im Frequenzbereich folgende Betrachtungsweise:

Der Frequenzgang $G(e^{j2\pi fT_A})$ des Systems wird mit dem Frequenzspektrum des Eingangssignals $X_e(e^{j2\pi fT_A})$ bzw. $\underline{X}_e(n\Delta f)$ multipliziert. Das Ergebnis ist das Spektrum des Ausgangssignals $X_a(e^{j2\pi fT_A})$ bzw. $\underline{X}_a(n\Delta f)$.

$$X_e\left(e^{j2\pi fT_A}\right) \cdot G\left(e^{j2\pi fT_A}\right) = X_a\left(e^{j2\pi fT_A}\right) \tag{18.1a}$$

$$\underline{X}_e(n\Delta f) \cdot G\left(e^{j2\pi n\Delta fT_A}\right) = \underline{X}_a(n\Delta f) \tag{18.1b}$$

Der Frequenzgang des Systems ist eine kontinuierliche Funktion. Der Unterschied der Spektralbeeinflussung durch das System zwischen periodischem und nichtperiodischem Signal besteht darin, dass bei den periodischen Signalen aufgrund des diskreten Spektrums das System nur Spektralanteile bei den diskreten Frequenzen $n\Delta f$ beeinflusst. Bei den nichtperiodischen Signalen werden durch das System alle Spektralanteile beeinflusst.

Aus den Abschnitten zur Beschreibung der Frequenzgänge und Frequenzspektren ist bekannt, dass die Frequenzfunktionen komplexe Größen aufweisen und für die anschauliche Darstellung dieser Funktionen unter Anwendung der komplexen Rechnung entweder die Exponentialform oder die arithmetische Form benutzt wird. Nachfolgend wird die Exponentialform für die periodischen Signale verwendet. Die Betrachtungsweise für nichtperiodische Signale ist prinzipiell gleich.

$$\underline{X}_e(n\Delta f) \quad \cdot \quad G\left(e^{j2\pi n\Delta fT_A}\right) \quad = \quad \underline{X}_a(n\Delta f)$$

$$\left|\underline{X}_e(n\Delta f)\right| e^{j\varphi_e(n\Delta f)} \cdot \left|G\left(e^{j2\pi n\Delta fT_A}\right)\right| e^{j\varphi_G(e^{j2\pi n\Delta fT_A})} = \left|\underline{X}_a(n\Delta f)\right| e^{j\varphi_a(n\Delta f)} \tag{18.2a}$$

Die Beträge und die Phasen werden unterschiedlich mathematisch verknüpft, es gilt:

$$\left|\underline{X}_e(n\Delta f)\right| \quad \cdot \quad \left|G\left(e^{j2\pi n\Delta fT_A}\right)\right| \quad = \quad \left|\underline{X}_a(n\Delta f)\right| \tag{18.2b}$$

Amplitudenspektrum des Eingangssignals	$\cdot$	Amplitudengang des Systems	$=$	Amplitudenspektrum des Ausgangssignals

$$\varphi_e(n\Delta f) \quad + \quad \varphi_G\left(e^{j2\pi n\Delta fT_A}\right) \quad = \quad \varphi_a(n\Delta f) \tag{18.2c}$$

Phasenspektrum des Eingangssignals	$+$	Phasengang des Systems	$=$	Phasenspektrum des Ausgangssignals

18 Zusammenhang der Frequenzfunktionen zeitdiskreter Signale und Systeme

Am Beispiel des Systems zur Mittelwertbildung, auf welches eine periodische Rechteckfolge gegeben wird, sollen die oben angegebenen Sachverhalte veranschaulicht werden. Bei periodischen Signalen werden die Spektren mit der DFT oder der FFT berechnet. Die Spektren sind aufgrund der Periodizität der Signale diskret. Das System beeinflusst dann nur die Spektralanteile des Eingangssignals bei den diskreten Frequenzen $n\Delta f$.

Beispiel 18.1 Spektrale Beeinflussung der periodischen Rechteckfolge durch das System zur Mittelwertbildung

Bild 18.2 zeigt die Zeitverläufe der periodischen Ein- und Ausgangssignale am System zur Mittelwertbildung.

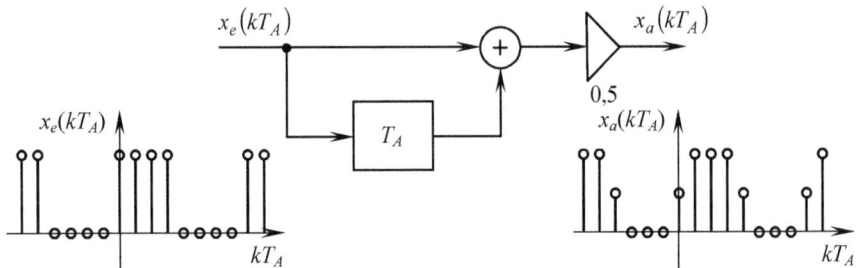

Bild 18.2 System zur Mittelwertbildung mit periodischer Eingangsrechteckfolge und Systemantwort

Im Abschnitt 6.4 wurde die Berechnung des Frequenzspektrums dieser am Eingang anliegenden Rechteckfolge demonstriert. Für die Darstellung des Spektrums wird daraus das Amplituden- und Phasenspektrum berechnet.

$$\{\underline{X}_e(n\Delta f)\} = \{4;\ 1-j(1+\sqrt{2}), 0,\ 1+j(1-\sqrt{2}); 0;\ 1-j(1-\sqrt{2}); 0;\ 1+j(1+\sqrt{2})\} \quad (18.3a)$$

$$|\underline{X}_e(n\Delta f)| = \{4;\ 2{,}6131;\quad 0;\ 1{,}0824;\quad 0;\ 1{,}0824;\quad 0;\ 2{,}6131\} \quad (18.3b)$$

$$\varphi_e(n\Delta f) = \{0°;\ -67{,}5°;\quad 0°;\ -22{,}5°;\quad 0°;\ 22{,}5°\quad 0°;\ 67{,}5°\} \quad (18.3c)$$

Aus Abschnitt 16.2 ist der Frequenzgang des Systems sowie die Zerlegung in Amplituden- und Phasengang bekannt.

$$G\left(e^{j2\pi f T_A}\right) = 0{,}5\left(1 + e^{-j2\pi f T_A}\right) \quad (18.4a)$$

$$\left|G\left(e^{j2\pi f T_A}\right)\right| = |\cos(\pi f T_A)| \quad (18.4b)$$

$$\varphi_G\left(e^{j2\pi f T_A}\right) = \begin{cases} -\pi f T_A & \text{für } \cos(\pi f T_A) \geq 0 \\ -\pi f T_A \pm \pi & \text{für } \cos(\pi f T_A) < 0 \end{cases} \quad (18.4c)$$

Das Amplitudenspektrum des Ausgangssignals ergibt sich aus der Multiplikation der Beträge der Frequenzfunktionen des Systems und des Eingangssignals bei den diskreten Frequenzen $n\Delta f = n f_A/8$.

$$|\underline{X}_e(nf_A/8)| = \{4; 2{,}6131; 0;\quad 1{,}0824; 0; 1{,}0824; 0;\quad 2{,}6131\} \quad (18.5a)$$

$$\left|G\left(e^{jnf_A/8}\right)\right| = \{1; 0{,}9239; 0{,}7071; 0{,}3827; 0; 0{,}3827; 0{,}7071; 0{,}9239\} \quad (18.5b)$$

$$|\underline{X}_a(nf_A/8)| = \{4; 2{,}4142; 0;\quad 0{,}4142; 0; 0{,}4142; 0;\quad 2{,}4142\} \quad (18.5c)$$

Das Phasenspektrum des Ausgangssignals ergibt sich aus der Summe der Argumente der Frequenzfunktionen des Systems und des Eingangssignals bei den diskreten Frequenzen $n\Delta f = nf_A/8$.

$$\varphi_e\left(nf_A/8\right) = \{0°;\, -67{,}5°;\, 0°;\quad -22{,}5°;\, 0°;\quad 22{,}5°;\, 0°;\quad 67{,}5°\} \qquad (18.6a)$$

$$\varphi_G\left(e^{jnf_A/8}\right) = \{0°;\, -22{,}5°;\, -45°;\, -67{,}5°;\, -90°;\, 67{,}5°;\, 45°;\, 22{,}5°\} \qquad (18.6b)$$

$$\varphi_a\left(nf_A/8\right) = \{0°;\, -90°;\quad 0°;\quad -90°;\quad 0°;\quad 90°;\quad 0°;\quad 90°\} \qquad (18.6c)$$

Da an den Stellen $f_A/4$, $f_A/2$ und $3f_A/4$ das Amplitudenspektrum des Ausgangssignals den Wert null hat, wird an diesen diskreten Frequenzen für das Phasenspektrum der Wert 0° festgelegt. Bild 18.3 zeigt die Frequenzfunktionen der Signale und des Systems.

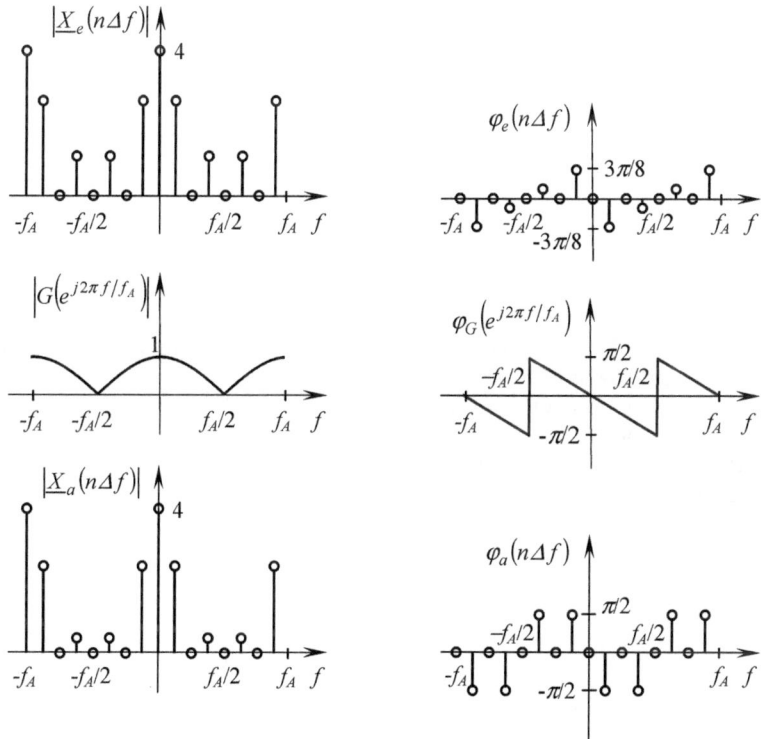

Bild 18.3 Frequenzfunktionen des Systems sowie der periodischen Ein- und Ausgangssignale

Für den Fall, dass ein nichtperiodisches Eingangssignal anliegt, sei auf die Aufgabe 23 im Kapitel 19 verwiesen.

19 Übungsaufgaben

Aufgaben zu den Kapiteln 9 bis 13

1. Gegeben ist ein elektrisches Netzwerk, an dem ein sprungförmiges Eingangssignal liegt.

   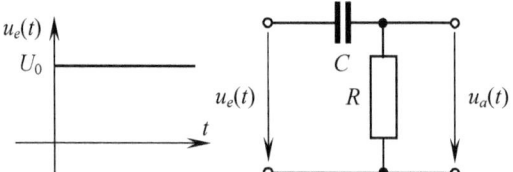

   Bild 19.1 Elektrisches Netzwerk mit Eingangssignal

   Die Anfangsbedingung beim Anlegen eines Spannungssprunges lautet $u_a(0) = U_0$.

   a) Ermitteln Sie die DGL.
   b) Lösen Sie die DGL.
   c) Ermitteln Sie die Übertragungsfunktion.
   d) Berechnen Sie die Systemreaktion beim Anlegen eines Spannungssprunges über die Laplace-Transformation.
   e) Stellen Sie die Systemreaktion grafisch dar.

2. Am System im Bild 19.1 (Aufgabe 1) liegt eine Rechteckfunktion.

   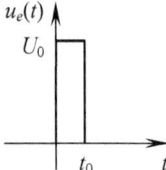

   Bild 19.2 Eingangssignal

   Ermitteln Sie das Ausgangssignal über die Faltung.

3. Das im Bild 19.3 dargestellte elektrische Netzwerk ist gegeben.

   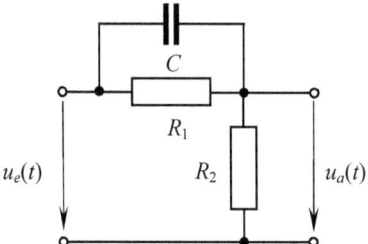

   Bild 19.3 Elektrisches Netzwerk

a) Ermitteln Sie die Übertragungsfunktion des elektrischen Netzwerks.
b) Berechnen Sie die Systemreaktion auf einen Spannungssprung am Systemeingang. Stellen Sie die Systemreaktion dar.
c) Berechnen Sie Pol- und Nullstellen und prüfen Sie die Stabilität.

4. Für ein integrierendes System mit der Impulsantwort

$$g(t) = K\varepsilon(t), K = \text{konst.}$$

ist die Systemreaktion über die Laplace-Transformation mithilfe von Korrespondenztabelle und Rechenregeln zu ermitteln, wenn am System ein Eingangssignal nach Bild 19.4 liegt.

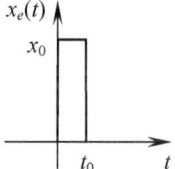

Bild 19.4 Eingangssignal

a) Berechnen Sie die Übertragungsfunktion des Systems.
b) Zerlegen Sie das Eingangssignal in zwei Sprungsignale und überführen diese in den Bildbereich.
c) Ermitteln Sie das Ausgangssignal des Systems über die Laplace-Transformation, indem Sie die Reaktionen des Systems auf die beiden Sprungsignale berechnen. Da es sich um ein lineares System handelt, gilt das Superpositionsprinzip und die Teilreaktionen können zur Systemreaktion auf das im Bild 19.4 dargestellte Eingangssignal addiert werden.
d) Skizzieren Sie das Ausgangssignal.

5. Das Bild 19.5 zeigt einen beschalteten Operationsverstärker.

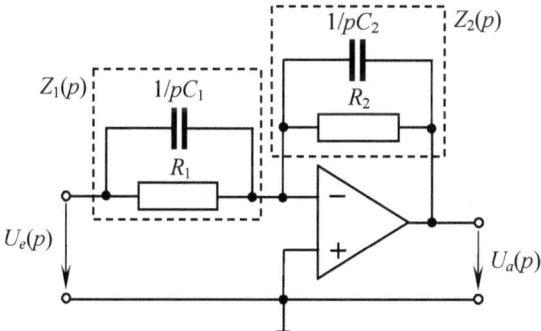

Bild 19.5 Invertierend beschalteter Operationsverstärker

Die Übertragungsfunktion lässt sich für einen idealen invertierend beschalteten Operationsverstärker wie folgt berechnen:

$$G(p) = \frac{U_a(p)}{U_e(p)} = -\frac{Z_2(p)}{Z_1(p)}.$$

a) Ermitteln Sie die Übertragungsfunktion für den invertierend beschalteten Operationsverstärker. Stellen Sie den PN-Plan dar. Für die Bauelemente gelten folgende Beziehungen: $R_1 = R_2$, $R_1 C_1 = 1$ ms, $R_2 C_2 = 2$ ms. Welche Aussage kann zur Stabilität des Systems getroffen werden?

b) Berechnen Sie die Ausgangsspannung des Operationsverstärkers über die Laplace-Transformation, wenn an den Eingang folgendes Signal $u_e(t) = U_0 \varepsilon(t)$ gelegt wird.

c) Stellen Sie das Ausgangssignal grafisch dar.

6. Gegeben sind die Übertragungsfunktionen der beiden Systeme

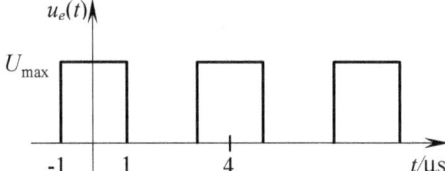

$$G(p) = \frac{pT}{1+pT} \quad \text{und} \quad G(p) = \frac{1-pT}{1+pT}.$$

a) Ermitteln Sie die Frequenzganggleichungen der beiden Systeme.

b) Stellen Sie die Ortskurven sowie die Amplituden- und Phasengänge bei linearer Achseneinteilung grafisch dar.

c) Welche Symmetrien stellen Sie bei den Darstellungen der Amplituden- und Phasengänge fest?

7. Am Eingang eines Übertragungssystems mit der Impulsantwort

$$g(t) = \delta(t - 1\,\mu\text{s})$$

liegt das periodische Signal $u_e(t)$ an.

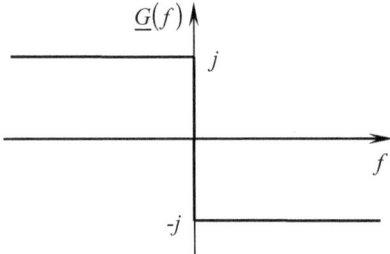

Bild 19.6 Periodisches Eingangssignal

a) Ermitteln Sie die Frequenzganggleichung des Systems.

b) Für das Eingangssignal ist die Fourier-Reihe in komplexer Form bis zur dritten Harmonischen zu berechnen.

c) Wie lautet die Fourier-Reihe des Ausgangssignals in komplexer Form?

d) Welchen Einfluss hat das System auf das Eingangssignal? Skizzieren Sie das Ausgangssignal.

8. Von einem System ist der Frequenzgang bekannt, angegeben im Bild 19.7.

Bild 19.7 Frequenzgang des Systems

Auf das System wirkt das im Bild 19.8 dargestellte periodische Eingangssignal.

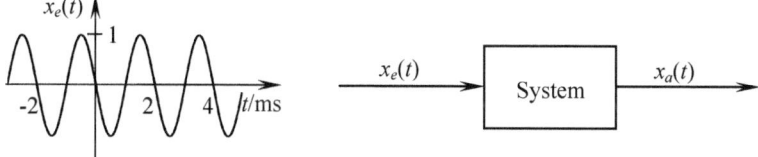

Bild 19.8 System mit Eingangssignal

a) Wie groß sind die Periodendauer T_S, die Frequenz f_S und die Kreisfrequenz ω_S des Eingangssignals? Geben Sie die Zeitfunktion des Eingangssignals an.
b) Wie lautet die Frequenzfunktion des Eingangssignals. Stellen Sie das Amplituden- und Phasenspektrum grafisch dar.
c) Stellen Sie grafisch den Amplituden- und Phasengang des Systems dar.
d) Ermitteln Sie grafisch das Amplituden- und Phasenspektrum des Ausgangssignals.
e) Durch welche Zeitfunktion wird das Ausgangssignal beschrieben?

9. Gegeben ist die im Bild 19.9 skizzierte RLC-Schaltung. Für das System wird die folgende Bauelementekonfiguration $R = 30\,\Omega$, $L = 1\,\text{mH}$, $C = 1\,\mu\text{F}$ angenommen.

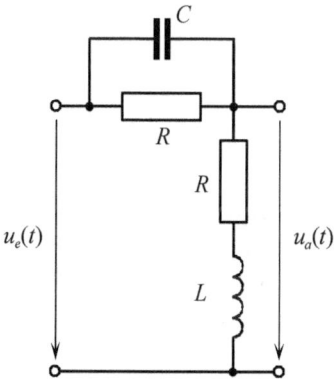

Bild 19.9 Komplexer Spannungsteiler

a) Geben Sie die Ordnung des Systems an.
b) Wie lautet die Übertragungsfunktion $G(p)$ des Systems und wo liegen ihre Pol- und Nullstellen?
c) Ist das System stabil? Begründen Sie Ihre Aussage.
d) Berechnen Sie $U_a(p)$ bei Sprunganregung mit $u_e(t) = 1\,\text{V} \cdot \varepsilon(t)$. Nehmen Sie die Anfangswerte zu null an.
e) Berechnen und skizzieren Sie den Zeitverlauf der Ausgangsspannung $u_a(t)$.
f) Wie lautet der Frequenzgang $\underline{G}(f)$ des Systems?
g) Bestimmen und skizzieren Sie den Amplituden- und Phasengang des Systems.
h) Bestimmen Sie die Gruppen- und Phasenlaufzeit des Systems.
i) Bestimmen und skizzieren Sie die Impulsantwort $g(t)$ des Systems.
j) Berechnen Sie $\underline{U}_a(f)$ bei Sprunganregung mit $u_e(t) = 1\,\text{V} \cdot \varepsilon(t)$.

10. Gegeben ist ein LTI-System mit der Impulsantwort $g(t) = \delta(t) - \dfrac{1}{T} \cdot \text{rect}\left(\dfrac{t}{T}\right)$.

a) Ist das System kausal? Begründen Sie Ihre Aussage.
b) Ist das System stabil? Begründen Sie Ihre Aussage.

c) Wie lautet der Frequenzgang $\underline{G}(f)$ des Systems?
d) Bestimmen und skizzieren Sie das Ausgangssignal $x_a(t)$ des Systems bei Ansteuerung mit dem Eingangssignal $x_e(t) = \varepsilon(t)$.
e) Bestimmen und skizzieren Sie das Ausgangssignal $x_a(t)$ des Systems bei Ansteuerung mit dem Eingangssignal $x_e(t) = \text{rect}\left(\dfrac{t - T/2}{T}\right)$.

11. Gegeben ist der im Bild 19.10 skizzierte Frequenzgang $\underline{G}(f)$.

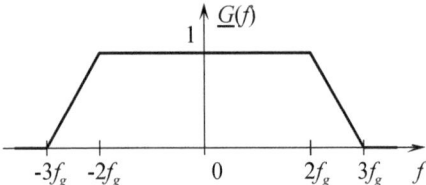

Bild 19.10 Trapezförmiger Frequenzgang

a) Handelt es sich um einen Hochpass, einen Tiefpass oder einen Bandpass? Begründen Sie Ihre Aussage.
b) Ist das System technisch realisierbar? Begründen Sie Ihre Aussage.
c) Geben Sie einen möglichst einfachen Formelausdruck für den Frequenzgang an.
d) Wie lautet die zum Frequenzgang $\underline{G}(f)$ korrespondierende Impulsantwort $g(t)$?
e) Bestimmen Sie den neuen, zur zeitskalierten Impulsantwort $g_2(t) = g(2t)$ korrespondierenden Frequenzgang $\underline{G}_2(f)$.

12. Gegeben ist das Signal $x(t) = \varepsilon(t)\, e^{-\frac{t}{\tau}} \cos(2\pi f_0 t)$.

a) Ermitteln Sie die Laplace-Transformierte $X(p)$ dieses Signals.
b) Wie lautet die Laplace-Transformierte der zweiten Ableitung $\ddot{x}(t)$ des Signals?
c) Wie lauten die Fourier-Transformierten des Signals und seiner zweiten Ableitung.

Aufgaben zu den Kapiteln 14 bis 18

13. Sind die Systeme linear oder nichtlinear?

a) $x_a(kT_A) = e^{x_e(kT_A)}$
b) $x_a(kT_A) = c x_e\left((k-1)T_A\right)$

14. Sind die Systeme zeitinvariant oder zeitvariant?

a) $x_a(kT_A) = x_e(kT_A) - x_e\left((k-1)T_A\right)$
b) $x_a(kT_A) = x_e(-kT_A)$

15. Stellen Sie die Systemreaktionen für folgende Systeme grafisch dar, für $\{x_e(kT_A)\}$ ist der Einheitsimpuls $\{\delta(kT_A)\}$ anzusetzen. Handelt es sich um kausale Systeme?

a) $x_a(kT_A) = x_e(kT_A) - x_e\left((k-1)T_A\right)$
b) $x_a(kT_A) = x_e\left((k+1)T_A\right)$

16. Gegeben sind die Differenzengleichungen der beiden Systeme

System 1: $x_a(kT_A) + x_a\left((k-1)T_A\right) + x_a\left((k-2)T_A\right) = x_e(kT_A)$

System 2: $x_a(kT_A) = x_e(kT_A) - x_e\left((k-1)T_A\right) + 2x_e(k-2)T_A$

a) Lösen Sie die Differenzengleichungen für einen Einheitsimpuls am Systemeingang. Stellen Sie die Lösung grafisch dar.
b) Geben Sie die Signalflusspläne und Signalflussgraphen für beide Systeme an.
c) Ermitteln Sie die Übertragungsfunktionen und berechnen Sie die Pol- und Nullstellen. Sind die Systeme stabil? Begründen Sie Ihre Aussage?

17. Bild 19.11 zeigt den Signalflussplan eines zeitdiskreten Systems.

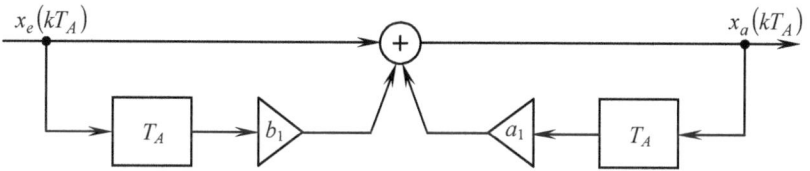

Bild 19.11 Blockdiagramm eines zeitdiskreten Systems

a) Ermitteln Sie die Differenzengleichung und die Übertragungsfunktion.
b) Wie müssen die Koeffizienten a_1 und b_1 festgelegt werden, um ein stabiles System zu erhalten?
c) Berechnen Sie für $b_1 = 0$ und $a_1 = 1$ die Impulsantwort des Systems.

18. Im Bild 19.12 sind das nichtperiodische zeitdiskrete Eingangssignal und Ausgangssignal gegeben.

a) Beschreiben Sie $\{x_e(kT_A)\}$ und $\{x_a(kT_A)\}$ als Folgen im Zeitbereich und als z-Transformierte.
b) Durch welche Übertragungsfunktion wird das System beschrieben, das sich zwischen Ein- und Ausgangssignal befindet?
c) Geben Sie die Differenzengleichung des Systems an.

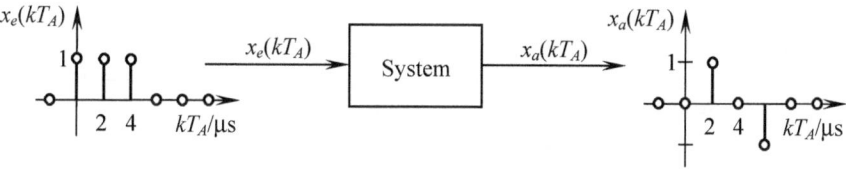

Bild 19.12 Zeitdiskretes System mit Ein- und Ausgangssignal

19. Gegeben ist der nachfolgende Signalflussplan eines zeitdiskreten Systems. Gesucht sind

a) die Differenzengleichung,
b) die Impulsantwort,
c) die Übertragungsfunktion und Aussagen zur Stabilität.

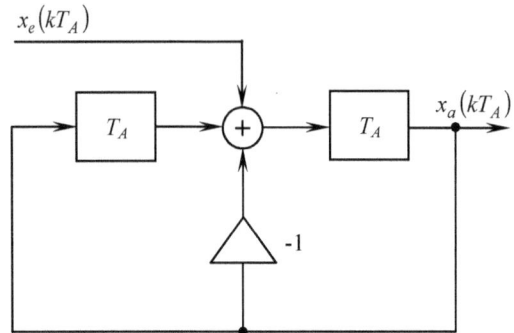

Bild 19.13 Signalflussplan eines zeitdiskreten rekursiven Systems

20. Gegeben ist ein zeitdiskretes System mit der Impulsantwortfolge
    $\{g(kT_A)\} = \{\underline{-1}; 3; -1\}$.

    a) Geben Sie die DZGL des Systems an und skizzieren Sie den Signalflussplan.
    b) Bestimmen Sie das Ausgangssignal des Systems bei Anregung mit der Einheitssprungfolge $\{\varepsilon(kT_A)\} = \{\underline{1}; 1; 1; 1; 1; \ldots\}$.
    c) Wie lautet das Ausgangssignal bei Anregung mit der Eingangsfolge
    $\{x_e(kT_A)\} = \{\text{rect}_5(kT_A)\} = \{\underline{1}; 1; 1; 1; 1; 0; 0; \ldots\}$?
    d) Wie lautet das Ausgangssignal bei Anregung mit der Eingangsfolge
    $\{x_e(kT_A)\} = \{\varepsilon(kT_A)\, 0{,}5^k\}$?
    e) Ermitteln Sie die Lösungen der Unterpunkte b), c) und d) unter Verwendung der z-Transformation.

21. Das Übertragungsverhalten eines zeitdiskreten, linearen und verschiebungsinvarianten Systems wird durch die Differenzengleichung

    $$x_a((k)T_A) - 1{,}0\,x_a((k-1)T_A) + 0{,}9\,x_a((k-2)T_A) = x_e((k-1)T_A)$$

    beschrieben.

    a) Skizzieren Sie den Signalflussplan und den Signalflussgraphen.
    b) Bestimmen Sie in allgemeiner Form die z-Transformierte $X_a(z)$ des Ausgangssignals des Systems für eine beliebige Eingangsfolge $\{x_e(kT_A)\}$.
    c) Bestimmen Sie die Übertragungsfunktion $G(z)$.
    d) Bestimmen Sie die Pol- und Nullstellen von $G(z)$. Ist das System stabil?
    e) Ermitteln und skizzieren Sie die Impulsantwortfolge $\{g(kT_A)\}$ des Systems.
    f) Wie reagiert das System auf die zeitlich begrenzte Eingangsfolge
    $\{x_e(kT_A)\} = -\{\delta(kT_A)\} + 2\{\delta((k-1)T_A)\} - \{\delta((k-2)T_A)\}$?

22. Die Übertragungsfunktion eines zeitdiskreten Systems lautet $G(z) = 0{,}5\left(1 - z^{-4}\right)$.

    a) Ermitteln Sie den Amplituden- und Phasengang sowie den Real- und Imaginärteil des Frequenzgangs. Stellen Sie diese Funktionen im Bereich von $-f_A < f < f_A$ grafisch dar.
    b) Welche Aussagen können Sie zu den Symmetrieeigenschaften Ihrer Darstellungen machen?

23. Am Eingang des Systems zur Mittelwertbildung mit der Frequenzganggleichung

    $$G\left(e^{j2\pi f/f_A}\right) = 0{,}5\left(1 + e^{-j2\pi f/f_A}\right)$$

liegt das im Bild 19.14 dargestellte Eingangssignal an. Das System reagiert wie im Bild 19.14 gezeigt.

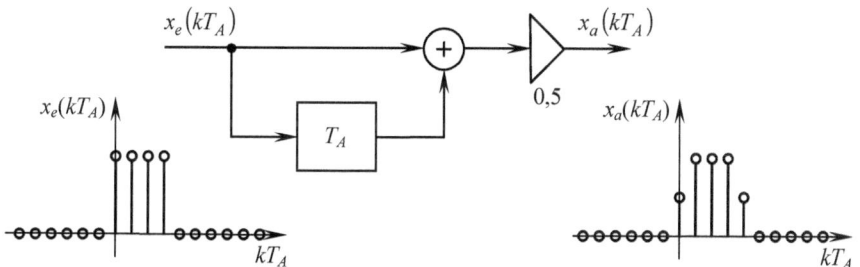

Bild 19.14 Zeitdiskretes System mit Ein- und Ausgangssignal

a) Berechnen Sie das Frequenzspektrum des Eingangssignals $X_e\left(e^{j2\pi f/f_A}\right)$ mittels DTFT.

b) Ermitteln Sie aus dem Frequenzgang des Systems $G\left(e^{j2\pi f/f_A}\right)$ und dem Frequenzspektrum des Eingangssignals $X_e\left(e^{j2\pi f/f_A}\right)$ das Frequenzspektrum des Ausgangssignals $X_a\left(e^{j2\pi f/f_A}\right)$.

c) Stellen Sie Amplituden- und Phasenspektrum von $X_a\left(e^{j2\pi f/f_A}\right)$ grafisch dar.

d) Wenden Sie auf das Frequenzspektrum des Ausgangssignals $X_a\left(e^{j2\pi f/f_A}\right)$ die inverse diskrete Fourier-Transformation IDTFT an. Vergleichen Sie Ihr Ergebnis mit dem Ausgangssignal im Bild 19.14.

Die Lösungen zu den Übungsaufgaben finden Sie auf der Webseite zum Buch (www.hanser-fachbuch.de/buch/Signale+und+Systeme/9783446433274).

Anhang

Anhang 1 Transformationstabelle zur Fourier-Transformation

Rechenregeln

		Zeitbereich	Frequenzbereich
1	Hintransformation	$x(t)$	$\underline{X}(f) = \int_{-\infty}^{\infty} x(t)\,e^{-j2\pi ft}\,dt$
2	Rücktransformation	$x(t) = \int_{-\infty}^{\infty} \underline{X}(f)\,e^{j2\pi ft}\,df$	$\underline{X}(f)$
3	reelle Zeitfunktion	$x(t) = \mathrm{Re}\{x(t)\}$	$\underline{X}(-f) = \underline{X}^*(f)$
4	symmetrisch gerade reelle Zeitfunktion	$x(-t) = x(t)$	$\mathrm{Im}\{\underline{X}(f)\} = 0$
5	symmetrisch ungerade reelle Zeitfunktion	$x(-t) = -x(t)$	$\mathrm{Re}\{\underline{X}(f)\} = 0$
6	Zeitumkehr	$x(-t)$	$\underline{X}(-f)$ bzw. $\underline{X}^*(f)$, $x(t)$ reell
7	Symmetrie	$\underline{X}(t)$	$x(-f)$
8	Zeitverschiebung	$x(t - t_0)$	$\underline{X}(f)\,e^{-j2\pi f t_0}$
9	Frequenzverschiebung	$x(t)\,e^{j2\pi f_0 t}$	$\underline{X}(f - f_0)$
10	Zeitskalierung	$x(at)$	$\dfrac{1}{|a|}\underline{X}\left(\dfrac{f}{a}\right)$
11	Frequenzskalierung	$\dfrac{1}{|b|}x\left(\dfrac{t}{b}\right)$	$\underline{X}(bf)$
12	Superposition	$x(t) = \sum_{n=1}^{N} c_n x_n(t)$	$\underline{X}(f) = \sum_{n=1}^{N} c_n \underline{X}_n(f)$
13	Differenziation 1	$\dfrac{d^n}{dt^n} x(t)$	$(j2\pi f)^n\,\underline{X}(f)$

		Zeitbereich	Frequenzbereich
14	Differenziation 2a	$(-j2\pi t)^n x(t)$	$\dfrac{d^n}{df^n}\underline{X}(f)$
15	Differenziation 2b	$t^n x(t)$	$\dfrac{1}{(-j2\pi)^n}\dfrac{d^n}{df^n}\underline{X}(f)$
16	Integration	$\int_{-\infty}^{t} x(\tau)\,d\tau$	$\dfrac{1}{j2\pi f}\underline{X}(f) + \underline{X}(0)\dfrac{1}{2}\delta(f)$
17	Faltung im Zeitbereich	$\int_{-\infty}^{\infty} x(\tau)g(t-\tau)\,d\tau$	$\underline{X}(f)\cdot \underline{G}(f)$
18	Faltung im Frequenzbereich	$x_1(t)\cdot x_2(t)$	$\int_{-\infty}^{\infty} \underline{X}_1(\nu)\underline{X}_2(f-\nu)\,d\nu$
19	Korrelation	$\int_{-\infty}^{\infty} x_1(t)x_2(t-\tau)\,dt$	$\underline{X}_1(f)\cdot \underline{X}_2^*(f)$

Korrespondenzen

		Zeitbereich	Frequenzbereich
1	Dirac-Impuls	$\delta(t)$	1
2	differenzierter Dirac-Impuls	$\dfrac{d}{dt}\delta(t) = \dot{\delta}(t)$	$j2\pi f$
3	Konstante	1	$\delta(f)$
4	Vorzeichenfunktion	$\text{sgn}(t)$	$\dfrac{1}{j\pi f}$
5	Einheitssprung	$\varepsilon(t)$	$\dfrac{1}{j2\pi f} + \dfrac{1}{2}\delta(f)$
6	Rechteckfunktion	$\text{rect}\left(\dfrac{t}{T}\right)$	$T\dfrac{\sin(\pi fT)}{\pi fT} = T\cdot \text{si}(\pi fT)$
7	Dreieckfunktion	$\Lambda\left(\dfrac{t}{T}\right)$	$T\left(\dfrac{\sin(\pi fT)}{\pi fT}\right)^2 = T\cdot \text{si}^2(\pi fT)$
8	Exponentialimpuls 1	$\varepsilon(t)\dfrac{1}{T}e^{-\frac{t}{T}}$	$\dfrac{1}{1+j2\pi fT},\quad T>0$
9	Exponentialimpuls 2	$\varepsilon(t)e^{-at}$	$\dfrac{1}{a+j2\pi f},\quad a>0$

		Zeitbereich	Frequenzbereich
10	Rampenfunktion · Exponentialimpuls	$\varepsilon(t)\, t\, e^{-at}$	$\dfrac{1}{(a + j2\pi f)^2}$, $\quad a > 0$
11	Potenzfunktion · Exponentialimpuls	$\varepsilon(t)\, t^n\, e^{-at}$	$\dfrac{n!}{(a + j2\pi f)^{n+1}}$, $\quad a > 0$
12	Hyperbel	$\dfrac{1}{\pi t}$	$-j\,\text{sgn}(f)$ Vorzeichenfunktion
13	Kosinus	$\cos\left(2\pi \dfrac{t}{T}\right)$	$\dfrac{1}{2}\delta\left(f + \dfrac{1}{T}\right) + \dfrac{1}{2}\delta\left(f - \dfrac{1}{T}\right)$
14	geschalteter Kosinus	$\varepsilon(t)\cos\left(2\pi \dfrac{t}{T}\right)$	$\dfrac{1}{4}\delta\left(f + \dfrac{1}{T}\right) + \dfrac{1}{4}\delta\left(f - \dfrac{1}{T}\right)$ $+ \dfrac{j2\pi f}{(2\pi/T)^2 + (j2\pi f)^2}$
15	geschalteter exponentiell gedämpfter Kosinus	$\varepsilon(t)\, e^{-at}\cos\left(2\pi \dfrac{t}{T}\right)$	$\dfrac{a + j2\pi f}{(2\pi/T)^2 + (a + j2\pi f)^2}$
16	Sinus	$\sin\left(2\pi \dfrac{t}{T}\right)$	$-\dfrac{1}{2j}\delta\left(f + \dfrac{1}{T}\right) + \dfrac{1}{2j}\delta\left(f - \dfrac{1}{T}\right)$
17	geschalteter Sinus	$\varepsilon(t)\sin\left(2\pi \dfrac{t}{T}\right)$	$-\dfrac{1}{4j}\delta\left(f + \dfrac{1}{T}\right) + \dfrac{1}{4j}\delta\left(f - \dfrac{1}{T}\right)$ $+ \dfrac{2\pi/T}{(2\pi/T)^2 + (j2\pi f)^2}$
18	geschalteter exponentiell gedämpfter Sinus	$\varepsilon(t)\, e^{-at}\sin\left(2\pi \dfrac{t}{T}\right)$	$\dfrac{2\pi/T}{(2\pi/T)^2 + (a + j2\pi f)^2}$
19	Kosinusimpuls	$\text{rect}\left(\dfrac{t}{T}\right)\cos\left(\pi \dfrac{t}{T}\right)$	$\dfrac{T}{2}\text{si}\left(\pi\left(f - \dfrac{1}{T}\right)T\right)$ $+ \dfrac{T}{2}\text{si}\left(\pi\left(f + \dfrac{1}{T}\right)T\right)$
20	Kosinusquadratimpuls	$\text{rect}\left(\dfrac{t}{T}\right)\cos^2\left(\pi \dfrac{t}{T}\right)$	$\dfrac{T}{4}\text{si}\left(\pi\left(f - \dfrac{1}{T}\right)T\right)$ $+ \dfrac{T}{2}\text{si}(\pi f T) + \dfrac{T}{4}\text{si}\left(\pi\left(f + \dfrac{1}{T}\right)T\right)$
21	Gaußfunktion	$e^{-\frac{t^2}{2\sigma^2}}$	$\sigma\sqrt{2\pi} \cdot e^{-\frac{(2\pi f \sigma)^2}{2}}$
22	si-Funktion	$f_0 \cdot \text{si}(\pi f_0 t)$	$\text{rect}\left(\dfrac{f}{f_0}\right)$
23	si²-Funktion	$f_0 \cdot \text{si}^2(\pi f_0 t)$	$\Lambda\left(\dfrac{f}{f_0}\right)$

		Zeitbereich	Frequenzbereich
24	Dirac-Impulsfolge	$\sum_{k=-\infty}^{\infty} \delta(t-kT)$	$\dfrac{1}{T} \sum_{n=-\infty}^{\infty} \delta\left(f - \dfrac{n}{T}\right)$
25	Rampenfunktion	$r(t) = t \cdot \varepsilon(t)$	$\dfrac{1}{(j2\pi f)^2} + \dfrac{j}{4\pi} \dot{\delta}(f)$
26	Potenzfunktion	$t^n \varepsilon(t)$	$\dfrac{1}{(-j2\pi)^n} \cdot \dfrac{d^n}{df^n}\left(\dfrac{1}{j2\pi f} + \dfrac{1}{2}\delta(f)\right)$
27	hyperbolischer Kosinusimpuls	$\dfrac{1}{\cosh(\pi t/T)}$	$\dfrac{1}{\cosh(\pi fT)}$

Anhang 2 Transformationstabelle zur Laplace-Transformation

Rechenregeln

		Zeitbereich	Bildbereich
1	Hintransformation	$x(t)$	$X(p) = \int\limits_0^\infty x(t)\, e^{-pt}\, dt$
2	Rücktransformation	$x(t) = \dfrac{1}{j2\pi} \int\limits_{\sigma_0-j\infty}^{\sigma_0+j\infty} X(p)\, e^{pt}\, dp$	$X(p)$
3	Rechtsverschiebung	$x(t-t_0)\, t_0 > 0$	$X(p)\, e^{-pt_0}$
4	Linksverschiebung	$x(t+t_0)\, t_0 > 0$	$X(p)\, e^{pt_0} - \int\limits_0^{t_0} x(t)\, e^{-pt}\, dt$
5	Dämpfung	$x(t)\, e^{\mp p_0 t}$	$X(p \pm p_0)$
6	Zeitskalierung	$x(at),\ a>0$	$\dfrac{1}{a} X\left(\dfrac{p}{a}\right)$
7	Skalierung im Bildbereich	$\dfrac{1}{b} x\left(\dfrac{t}{b}\right)$	$X(bp),\ b>0$
8	Superposition	$x(t) = \sum\limits_{n=1}^N c_n x_n(t)$	$X(p) = \sum\limits_{n=1}^N c_n X_n(p)$
9	Differenziation im Zeitbereich	$\dfrac{d^n}{dt^n} x(t)$	$p^n X(p) - \sum\limits_{i=0}^{n-1} p^{n-i-1} x^{(i)}(0)$
10	Differenziation im Bildbereich	$(-t)^n x(t)$	$\dfrac{d^n}{dp^n} X(p)$
11	Integration	$\int\limits_0^t x(\tau)\, d\tau$	$\dfrac{1}{p} X(p)$
12	Faltung im Zeitbereich	$\int\limits_0^t x(\tau) g(t-\tau)\, d\tau$	$X(p) \cdot G(p)$
13	Faltung im Bildbereich	$x_1(t) \cdot x_2(t)$	$\dfrac{1}{j2\pi} \int\limits_{\sigma_0-j\infty}^{\sigma_0+j\infty} X_1(q) X_2(p-q)\, dq$
14	Abtastung	$x(t) \cdot \sum\limits_{k=0}^\infty \delta(t - kT_A)$	$\dfrac{1}{T_A} \sum\limits_{n=-\infty}^\infty X\left(\sigma + j\left(\omega - n\dfrac{2\pi}{T_A}\right)\right)$
15	Anfangswertsatz	$\lim\limits_{t \to 0} x(t) = \lim\limits_{p \to \infty} p \cdot X(p)$	
16	Endwertsatz	$\lim\limits_{t \to \infty} x(t) = \lim\limits_{p \to 0} p \cdot X(p)$	

Korrespondenzen nach /11/

	$x(t)$	$X(p)$
1	$\delta(t)$	1
2	$\varepsilon(t)$	$\dfrac{1}{p}$
3	$r(t) = t \cdot \varepsilon(t)$	$\dfrac{1}{p^2}$
4	$t^n \varepsilon(t)$	$\dfrac{n!}{p^{n+1}}$
5	$\varepsilon(t)\,e^{-at}$	$\dfrac{1}{p+a}$
6	$\varepsilon(t)\,t\,e^{-at}$	$\dfrac{1}{(p+a)^2}$
7	$\varepsilon(t)\,t^n\,e^{-at}$	$\dfrac{n!}{(p+a)^{n+1}}$
8	$\varepsilon(t)\cos\left(2\pi\dfrac{t}{T_P}\right)$	$\dfrac{p}{p^2+(2\pi/T_P)^2}$
9	$\varepsilon(t)\,e^{-at}\cos\left(2\pi\dfrac{t}{T_P}\right)$	$\dfrac{p+a}{(p+a)^2+(2\pi/T_P)^2}$
10	$\varepsilon(t)\sin\left(2\pi\dfrac{t}{T_P}\right)$	$\dfrac{2\pi/T_P}{p^2+(2\pi/T_P)^2}$
11	$\varepsilon(t)\,e^{-at}\sin\left(2\pi\dfrac{t}{T_P}\right)$	$\dfrac{2\pi/T_P}{(p+a)^2+(2\pi/T_P)^2}$
12	$\varepsilon(t)\cosh(at)$	$\dfrac{p}{p^2-a^2}$
13	$\varepsilon(t)\sinh(at)$	$\dfrac{a}{p^2-a^2}$
14	$\varepsilon(t)\dfrac{e^{at}-e^{bt}}{a-b}$	$\dfrac{1}{(p-a)(p-b)}$
15	$\varepsilon(t)\dfrac{a\,e^{at}-b\,e^{bt}}{a-b}$	$\dfrac{p}{(p-a)(p-b)}$
16	$\varepsilon(t)\dfrac{e^{-\frac{t}{a}}-e^{-\frac{t}{b}}}{a-b}$	$\dfrac{1}{(1+ap)(1+bp)}$

	$x(t)$	$X(p)$
17	$\varepsilon(t)\dfrac{\mathrm{e}^{-D\frac{t}{T}}}{T\sqrt{1-D^2}}\sin\left(\sqrt{1-D^2}\dfrac{t}{T}\right),\ D<1$	$\dfrac{1}{1+2pDT+p^2T^2}$
18	$\varepsilon(t)(1+at)\,\mathrm{e}^{at}$	$\dfrac{p}{(p-a)^2}$
19	$\varepsilon(t)\dfrac{1}{a}\left(\mathrm{e}^{at}-1\right)$	$\dfrac{1}{p(p-a)}$
20	$\varepsilon(t)\dfrac{1}{a^2}\left(\mathrm{e}^{at}-1-at\right)$	$\dfrac{1}{p^2(p-a)}$
21	$\varepsilon(t)\left(\dfrac{1}{ab}+\dfrac{b\,\mathrm{e}^{at}-a\,\mathrm{e}^{bt}}{ab(a-b)}\right)$	$\dfrac{1}{p(p-a)(p-b)}$
22	$\varepsilon(t)\dfrac{(c-b)\,\mathrm{e}^{at}+(a-c)^{bt}+(b-a)\,\mathrm{e}^{ct}}{(a-b)(a-c)(c-b)}$	$\dfrac{1}{(p-a)(p-b)(p-c)}$
23	$\varepsilon(t)\dfrac{(c-b)\,\mathrm{e}^{-\frac{t}{a}}+(a-c)\,\mathrm{e}^{-\frac{t}{b}}+(b-a)\,\mathrm{e}^{-\frac{t}{c}}}{(a-b)(b-c)(a-c)}$	$\dfrac{p}{(p-a)(p-b)(p-c)}$
24	$\varepsilon(t)\dfrac{a^2(b-c)\,\mathrm{e}^{at}+b^2(c-a)\,\mathrm{e}^{bt}+c^2(a-b)\,\mathrm{e}^{ct}}{(a-b)(b-c)(a-c)}$	$\dfrac{p^2}{(p-a)(p-b)(p-c)}$
25	$\varepsilon(t)\dfrac{\mathrm{e}^{at}-(1+(a-b)t)\,\mathrm{e}^{bt}}{(a-b)^2}$	$\dfrac{1}{(p-a)(p-b)^2}$
26	$\varepsilon(t)\dfrac{a\,\mathrm{e}^{at}-(a+b(a-b)t)\,\mathrm{e}^{bt}}{(a-b)^2}$	$\dfrac{p}{(p-a)(p-b)^2}$
27	$\varepsilon(t)\dfrac{a^2\,\mathrm{e}^{at}-(2ab-b^2+b^2(a-b)t)\,\mathrm{e}^{bt}}{(a-b)^2}$	$\dfrac{p^2}{(p-a)(p-b)^2}$
28	$\displaystyle\sum_{k=0}^{\infty}\delta(t-kT_A)$	$\dfrac{1}{1-\mathrm{e}^{-pT_A}}$

Anhang 3 Transformationstabelle zur z-Transformation

Rechenregeln

		Zeitbereich	Bildbereich
1	Hintransformation	$x(kT_A)$	$X(z) = \sum_{k=0}^{\infty} x(kT_A) z^{-k}$
2	Rücktransformation	$x(kT_A) = \dfrac{1}{2\pi j} \oint_C X(z) z^{k-1} \, dz$	$X(z)$
3	Linearität	$x(kT_A) = \sum_i a_i x_i(kT_A)$	$X(z) = \sum_i a_i X_i(z)$
4	Rechtsverschiebung	$x((k-k_0)T_A), \quad k_0 > 0$	$X(z) z^{-k_0}$
5	Linksverschiebung	$x((k+k_0)T_A), \quad k_0 > 0$	$X(z) z^{k_0} - \sum_{i=0}^{k_0-1} x(iT_A) z^{k_0-i}$
6	Faltung im Zeitbereich	$\sum_{i=0}^{k} x_1(iT_A) s_2((k-i)T_A)$	$X_1(z) \cdot X_2(z)$
7	Faltung im Bildbereich	$x_1(kT_A) \cdot x_2(kT_A)$	$\dfrac{1}{j2\pi} \cdot \oint \dfrac{X_1(\tilde{z})}{\tilde{z}} \cdot X_2\left(\dfrac{z}{\tilde{z}}\right) d\tilde{z}$
8	Differenziation 1	$k^n x(kT_A), \quad n > 0$ ganzzahlig	$-z \dfrac{d}{dz} Z\{k^{n-1} s(kT_A)\}$ rekursiv
9	Differenziation 2	$(-1)^n (k-1)(k-2)\cdots(k-n) x((k-n)T_A)$	$\dfrac{d^n}{dz^n} X(z)$
10	Ähnlichkeit	$a^k x(kT_A)$	$X\left(\dfrac{z}{a}\right)$
11	Summation	$x(kT_A) = \sum_{i=0}^{k} \tilde{x}(iT_A)$	$X(z) = \dfrac{z}{z-1} \tilde{X}(z)$
12	periodische Wiederholung	$x(kT_A) = \sum_{i=0}^{\infty} \tilde{x}((k-i\cdot N)T_A)$	$X(z) = \dfrac{z^N}{z^N - 1} \tilde{X}(z)$
13	Anfangswertsatz	$\lim_{k \to 0} x(kT_A) = \lim_{z \to \infty} X(z)$	
14	Endwertsatz	$\lim_{k \to \infty} x(kT_A) = \lim_{z \to 1} (z-1) X(z)$	

Korrespondenzen

	$x(kT_A)$	$X(z)$
1	$\delta(kT_A)$	1
2	$\varepsilon(kT_A) \cdot a^k$	$\dfrac{z}{z-a}$
3	$\varepsilon(kT_A) \cdot k \cdot a^k$	$\dfrac{az}{(z-a)^2}$
4	$\varepsilon(kT_A) \cdot k^2 a^k$	$\dfrac{az \cdot (z+a)}{(z-a)^3}$
5	$\varepsilon(kT_A) \cdot k^3 a^k$	$\dfrac{az \cdot (z^2 + 4az + a^2)}{(z-a)^4}$
6	$\varepsilon((k-1)T_A) a^{k-1}$	$\dfrac{1}{z-a}$
7	$\varepsilon((k-n)T_A) \cdot \binom{k-1}{n-1} \cdot a^{k-n}$	$\dfrac{1}{(z-a)^n}$
8	$\varepsilon(kT_A) \cdot a^k \cos(\Omega k)$	$\dfrac{z \cdot (z - a \cdot \cos(\Omega))}{z^2 - 2za \cdot \cos(\Omega) + a^2}$
9	$\varepsilon(kT_A) \cdot a^k \sin(\Omega k)$	$\dfrac{za \cdot \sin(\Omega)}{z^2 - 2za \cdot \cos(\Omega) + a^2}$
10	$\text{rect}_N(kT_A) = \varepsilon(kT_A) - \varepsilon((k-N))T_A$	$\dfrac{z(1 - z^{-N})}{z-1}$
11	$\varepsilon(kT_A) \dfrac{a^k - b^k}{a - b}$	$\dfrac{z}{(z-a)(z-b)}$

Literatur

/1/ *Auerswald, D.; Behrens, K.; Prehn, H.; Vogelgesang, C.*: Einführung in Zeitreihen – Differenzengleichungen.
http://www.staff.uni-oldenburg.de/dietmar.pfeifer/Ausarbeitung%20Kap%201.pdf
eingesehen am 25.07.2012

/2/ *Arens, T.; Hettlich, F.; Karpfinger, Ch.; Kockelkorn, U.; Lichtenegger, K.; Stache, H.*: Mathematik. – Heidelberg: Spektrum Akademischer Verlag, 2008

/3/ *Bartsch, H. J.*: Taschenbuch mathematischer Formeln. – Leipzig: Fachbuchverlag, 2011

/4/ *Berg, E. J.*: Rechnung mit Operatoren. Deutsche Bearbeitung von O. Gramisch, H. Tropper. – München; Berlin: Verlag von R. Oldenbourg, 1932

/5/ *Brigham, E. O.*: FFT-Anwendungen. – München; Wien: Oldenbourg-Verlag, 1997

/6/ *Bronstein, I. N.*: Taschenbuch der Mathematik. – Frankfurt a. M.: Harri Deutsch, 2008

/7/ *Butz, T.*: Fouriertransformation für Fußgänger. – Wiesbaden: B. G. Teubner Verlag/GWV Fachbuchverlage, 2007

/8/ *Cooley, J. W.; Tukey, J. W.*: An algorithm for the machine calculation of complex Fourier series. Mathematics of Computation 19, 1965

/9/ http://ichart.dfinance.yahoo.com/table_1.csv, eingesehen am 10. 10. 2011

/10/ *Dietrich, K.*: Differenzen- und Differentialgleichungen.
http://kaldor.vwl.uni-hannover.de/karl/elearning/dgl.pdf
eingesehen am 25.07.2012

/11/ *Doetsch, G.*: Anleitung zum praktischen Gebrauch der Laplace-Transformation und der Z-Transformation. – München: Oldenbourg-Verlag, 1956

/12/ *Fliege, N.*: Systemtheorie. – Stuttgart: B. G. Teubner, 1991

/13/ *Föllinger, O.*: Regelungstechnik. – Heidelberg: Hüthig Verlag, 2008

/14/ *Föllinger, O.*: Laplace-, Fourier- und z-Transformation. – Berlin: VDE-Verlag, 2011

/15/ *Girod, B.; Rabenstein, R.; Stenger, A.*: Einführung in die Systemtheorie. – Stuttgart; Leipzig; Wiesbaden: B. G. Teubner, 1997

/16/ *Gröbner, W.; Hofreiter, N.*: Integraltafel. Erster und Zweiter Teil. 1. Unbestimmte Integrale; 2. Bestimmte Integrale. – Wien: Springer-Verlag, 1961

/17/ *von Grüningen, D. Ch.*: Digitale Signalverarbeitung. – Leipzig: Fachbuchverlag, 2001

/18/ *Hess, W.*: Digitale Filter. – Stuttgart: Teubner, 1989

/19/ *Ilgauds, H. J.*: Norbert Wiener. – Leipzig: B. G. Teubner, 1980

/20/ *Johnson, J. R.*: Digitale Signalverarbeitung. – München; Wien; London: Coedition Verlag Carl Hanser und Prentice-Hall International, 1991

/21/ *Kammeyer, K. D.; Kroschel, K.*: Digitale Signalverarbeitung. – Wiesbaden: Vieweg+Teubner/GWV Fachbuchverlage GmbH, 2009

/22/ *Kiencke, U.; Jäckel, H.*: Signale und Systeme. – München: Oldenbourg-Verlag, 2008

/23/ *König, W.; Rommelfanger, H.; Ohse, D.*: Taschenbuch der Wirtschaftsinformatik und Wirtschaftsmathematik. – Frankfurt a. M.: Wissenschaftlicher Verlag Harri Deutsch GmbH, 2003

/24/ *Kreß, D.; Kaufhold, B.*: Signale und Systeme Verstehen und Vertiefen: Denken und Arbeiten im Zeit- und Frequenzbereich. – Wiesbaden: Vieweg- und Teubner-Verlag, 2010

/25/ *Küpfmüller, K.*: Die Systemtheorie der elektrischen Nachrichtenübertragung. – Stuttgart: Hirzel-Verlag, 1974

/26/ *Lathi, B. P.*: Signal Processing and linear Systems. – Oxford: Oxford University Press, 2000

/27/ *Lighthill, M. J.*: An introduction to Fourier analysis and generalised functions. Re-printed. – Cambridge: Cambridge University Press, 2003
/28/ *Lutz, H.; Wendt, W.*: Taschenbuch der Regelungstechnik. – Frankfurt a. M.: Wissenschaftlicher Verlag Harri Deutsch GmbH, 2007
/29/ *Marko, H.*: Systemtheorie. – Berlin; Heidelberg; New York: Springer-Verlag, 1995
/30/ *Marks II, R. J.*: Handbook of Fourier Analysis & its Applications. – Oxford: Oxford University Press, 2009
/31/ *Meyer, M.*: Signalverarbeitung. – Wiesbaden: Vieweg- und Teubner-Verlag, 2011
/32/ *Mildenberger, O.*: System- und Signaltheorie – Grundlagen für das informationstechnische Studium. – Braunschweig; Wiesbaden: Fried. Vieweg & Sohn Verlagsgesellschaft mbH, 1995
/33/ *Narayana, Y.*: Signals and Systems. – Delhi: Cengage Learning India Pvt. Ltd, 2011
/34/ *Nuszkowski, H.*: Digitale Signalübertragung. – Dresden: Jörg Vogt Verlag, 2008
/35/ *Nyquist, H.*: Certain Topics in Telegraph Transmission Theory. In: Transactions of the American Institute of Electrical Engineers. Vol. 47, April 1928, ISSN 0096-3860, S. 617–644 (Wiederabdruck in: Proceedings of the IEEE. Vol. 90, No. 2, 2002, ISSN 0018-9219, S. 617–644)
/36/ *Oberhettinger, F., Badii, L.*: Tables of Laplace Transforms. – Berlin; Heidelberg; New York: Springer-Verlag, 1973
/37/ *Ohm, J. R.; Lüke, H. D.*: Signalübertragung. – Berlin; Heidelberg; New York: Springer-Verlag, 2010
/38/ *Oppenheim, A. V.; Schafer, R. W.; Buck, J. R.*: Zeitdiskrete Signalverarbeitung. – Pearson Education Deutschland, 2004
/39/ *Papoulis, A.*: The Fourier Integral and its Applications. – McGraw-Hill, 1962
/40/ *Papoulis, A.*: Signal Analysis. – McGraw-Hill, 1977
/41/ *Prandoni, P.; Vetterli, M.*: Signal Processing for Communication. – EPFL Press, Italy, 2008
/42/ *Schaumann, R.; van Valkenburg, M. E.*: Design of Analog Filters. – Oxford: Oxford University Press, 2009
/43/ *Shannon, C. E.*: Communication in the Presence of Noise. In: Proc. IRE, Vol. 37, No. 1 (Jan. 1949), Nachdruck in: Proc. IEEE, Vol. 86, No. 2, (Feb. 1998)
/44/ *Unbehauen, R.*: Systemtheorie Band 1 und 2. – München; Wien: R. Oldenbourg Verlag, 2002
/45/ *Weaver, W.; Shannon, C. E.*: The Mathematical Theory of Communication. – Illinois: University of Illinois Press, Urbana, 1949
/46/ *Weißgerber, W.*: Elektrotechnik für Ingenieure Band 2. – Wiesbaden: Vieweg- und Teubner-Verlag, 2009
/47/ *Werner, M.*: Signale und Systeme. – Wiesbaden: Friedr. Vieweg&Sohn Verlag/GWV Fachverlag GmbH, 2005
/48/ *Wollnack, J.*: Regelungstechnik II. Vorlesungsskript der TU Hamburg-Harburg http://www.tu-harburg.de/ft2/wo/Scripts/ScriptRegelungstechnikII.pdf eingesehen am 10.06.2012
/49/ *Wunsch, G.; Schreiber, H.*: Digitale Systeme. – Tudpress, 2006
/50/ *Wunsch, G.*: Handbuch der Systemtheorie. – Oldenbourg-Verlag, 1986
/51/ *Wunsch, G.*: Geschichte der Systemtheorie. – München; Wien: R. Oldenbourg Verlag, 1985
/52/ *Vorob'ev, N. N.*: Fibonacci Numbers. – New Classics Library Publications, USA, 1983

Sachwortverzeichnis

3-dB-Grenzfrequenz 257, 267

A

absolut integrierbar 247, 249
Abtastfrequenz 134
– für Tiefpasssignale 136
– von Bandpasssignalen 140
Abtastintervall 132
Abtastung 17, 55
–, ideale 132, 307
– von Bandpasssignalen 137
– von Tiefpasssignalen 134
Addierer 303
Addition 34, 65
Akausalität 279, 369
algebraische Gleichung 217, 320, 322
aliasing 136
alternierender Vorgang 338
Amplitude 29, 80, 88 f., 95, 354
Amplitudengang 256, 281, 359, 371
Amplitudenkennlinie 264, 359
Amplitudenmodulation 113
amplitudenmoduliertes Signal 108
Amplitudenspektrum 89, 91, 93, 100, 147, 281, 371
Anfangswert 218, 221, 226, 231, 321, 323
Anfangswertpolynom 232
Ansatz- und Einsetzverfahren 296
Ansatzverfahren 192, 300
Anti-Aliasing-Filter 137
Antwort eines *RC*-Gliedes auf eine geschaltete harmonische Funktion 245
aperiodischer Grenzfall 225, 237
aperiodischer Vorgang 237
aperiodisches Signal 224
Assoziativgesetz 44, 72
Ausblendeigenschaft 364 f.
Ausgleichsvorgang 197
Autokorrelation 68
Autokorrelationsfunktion 37, 54, 125

B

Bandbreite 278, 283, 367
Bandpass 138, 236
–, idealer 278, 367

Bandpasssignal 133
Bandsperre, ideale 278, 368
Bernoulli L'Hospital 31, 115, 150
Betrag 253, 255
BIBO-Kriterium 347
BIBO-stabil 190
Bildbereich 201, 218, 231, 320, 332
Bildfunktion 211
bilineare Funktion 227
bit reversal 160
Block 198
Blockdiagramm 197
Blöcke zur Speicherung 303
Bode-Diagramm 267

C

charakteristische Gleichung 194, 301

D

Dämpfung 252
Dämpfungsfaktor 222, 237
Dämpfungskonstante 222
dB (deziBel) 266
deterministisches Signal 18
DGL 191, 193
–, homogene 192
–, inhomogene 192
Differenzengleichung 332, 339
–, diskreter Integrator 297, 301
–, lineare, mit konstanten Koeffizienten 293
–, System zur Mittelwertbildung 299
Differenzengleichungen 320
Differenzenquotient 294
Differenzialgleichung 191, 202, 217, 238, 255 f., 294
–, lineare 191
Differenzialquotient 294
Differenziation 214
– im Frequenzbereich 111
– im Zeitbereich 111
Dirac-Impuls 23, 42, 116, 240
–, Multiplikationseigenschaft 25, 309
–, Verschiebungseigenschaft 134, 278

Dirac-Impulsfolge 26, 129, 132
–, periodische 307
discrete time Fourier transform DTFT 143, 145
diskrete Faltung 71
diskrete Faltung im Zeitbereich 318
diskrete Fourier-Transformation DFT 143, 152, 154
diskreter Integrator 333, 337, 343
diskretes Frequenzspektrum 280
diskretes Spektrum 131, 142, 167
Diskriminante 222, 225
Distributiveigenschaft 355
Distributivgesetz 44, 73
Dreieckfunktion 27, 119
DTFT 365
Dualität 135, 167
dynamisches Verhalten 186

E

Eigenbewegung 195, 237, 338
Eigenfunktion 253, 352
Eigenvorgang 237, 338
Eigenwert 195, 336
Eingangssignal, harmonisches 252
Einheitsimpuls 71, 211
Einheitsimpulsfolge 58, 340
–, periodische 59
Einheitskreis 310
Einheitssprung 21, 121, 240
Einheitssprungfolge 57, 340, 345
einseitige Laplace-Transformation 204, 211
Einsetzverfahren 299
Element 56
Elementarsignal 20, 115
Endwert 196
Energie 50, 77
Energiedichtespektrum 125 f.
Energiesignal 53, 125 f.
Euler'sche Beziehungen 29
Exponentialfolge 60
Exponentialfunktion 28, 230
–, geschaltete 120
exponentiell gedämpfte Schwingung 224, 230

F

Faltung 42, 49, 76, 223, 238 f., 339 f.
–, diskrete 71
–, diskrete, im Zeitbereich 318
– im Frequenzbereich 112
– im Zeitbereich 112, 216
–, periodische 75
Faltungssumme 72
fast Fourier transform 143, 158

FFT 158
Fibonacci-Folge 329
Filter 12, 183, 189, 276 ff., 315, 321, 360 ff., 364 ff.
Filterwirkung 14, 183, 283
finite impulse response 341
FIR-System 341
Fourier, Jean Baptiste Joseph 84
Fourier-Analyse 84, 142
Fourier-Koeffizient 92, 95
Fourier-Reihe 84, 100, 128
Fourier-Synthese 96
Fourier-Transformation 84, 97, 99, 125, 128, 142, 255 f., 307
–, Eigenschaften 102
–, inverse 97, 99
–, Rechenregeln 102
Fourier-Transformierte, inverse 277
Fourier-Transformierte für Abtastsignale FTA 145
Frequenz 29, 80
Frequenzfunktion 167
Frequenzgang 252, 262, 280, 352, 370
– eines RC-Tiefpasses 255
–, System zur Mittelwertbildung 360
Frequenzgangs eines RC-Gliedes 263, 265
Frequenzkennlinie 263 f., 359
Frequenzskalierung 110
Frequenzspektrum 80, 89, 93, 147, 280, 370
–, diskretes 280
Frequenzverhalten 235, 336
Frequenzverschiebung 107
Funktion, bilineare 227
–, si- 31
–, sinc- 31
–, symmetrisch gerade 104
–, symmetrisch ungerade 104

G

Gauß-Funktion 30, 122
Gauß'sche Zahlenebene 154
gedämpfter periodischer Vorgang 237
geschaltete Exponentialfunktion 120
geschaltetes harmonisches Signal 241
Gewichtsfunktion 42, 240
Gibbs'sches Phänomen 97
Gleichung, algebraische 320, 322
Grenzfrequenz 137, 265, 276 f., 365 f.
–, 3-dB- 257, 267
Grundschwingung 85
Gruppenlaufzeit 268, 274, 362
– eines RC-Gliedes 269
–, System zur Mittelwertbildung 363

Harmonische 85, 90
harmonische Analyse 84
harmonische Folge 340, 345
harmonische Funktion 240
harmonische Schwingungen 29, 118
– als Folgen 60
harmonisches Eingangssignal 252
Hochpass, idealer 277, 366
homogene DGL 192
Hüllkurve 270, 273
hyperbolischer Kosinusimpuls 31

ideale Abtastung 132, 307, 313
ideale Bandsperre 278, 368
idealer Bandpass 278, 367
idealer Hochpass 277, 366
idealer Tiefpass 135, 189 f., 276, 290, 365
ideales kontinuierliches Übertragungssystem 275
ideales zeitdiskretes Übertragungssystem 364
IIR-System 341
Imaginärteil 255
– des Spektrums 104
Impulsantwort 42, 71, 239 f., 246, 253, 275, 340 f., 347, 353, 364
– des diskreten Integrators 343
– eines RC-Gliedes 243
–, System zur Mittelwertbildung 344
– von endlicher Dauer 341
– von unendlicher Dauer 341
Impulsantwortfolge 340 f.
infinite impulse response 341
inhomogene DGL 192
instabiles System 291
Integration 182
inverse diskrete Fourier-Transformation IDFT 157
inverse Fourier-Transformation 97, 99
inverse Fourier-Transformierte 277
inverse zeitdiskrete Fourier-Transformation IDTFT 149 f., 355, 368
inverse zeitdiskrete Fourier-Transformierte IDTFT 367 ff.
inverse z-Transformation 307, 312, 314

Kante 198, 304
Kantengewicht 198, 304
kausales System 290
kausales und nichtkausales System 189

Kirchhoff'sche Sätze 191, 220
Knoten 198, 304
Koeffizientenmultiplizierer 303
kommutativ 50, 77
Kommutativgesetz 44, 50, 72
komplexe Form der Fourier-Reihe 84, 91, 93, 96 f.
komplexe Impedanz 255, 258
komplexe Umkehrformel der einseitigen Laplace-Transformation 206
komplexe Umkehrformel der zweiseitigen Laplace-Transformation 209
konstante Signalfolge 57
konstantes Signal 21, 117
kontinuierliches Spektrum 142, 167
Konvergenzbereich 205, 311, 313 f.
Korrelation 36, 49, 67, 76
Korrespondenzen 210 ff., 296, 315 ff., 383, 387, 390
Kosinusimpuls, hyperbolischer 31
Kreisfrequenz 29, 80
Kreuzkorrelation 68
Kreuzkorrelationsfunktion 37, 114

L

Laplace-Integral 204
Laplace-Rücktransformation 201, 204, 206
Laplace-Transformation 97, 192, 201, 204, 217, 231, 238, 307, 313
–, einseitige 204, 211
–, komplexe Umkehrformel der einseitigen 206
–, komplexe Umkehrformel der zweiseitigen 209
Leistung 50, 77
Leistungsdichtespektrum 125, 128, 166
Leistungssignal 53, 125, 127
linear 43, 71
linear and time-invariant 191, 292
lineare Differenzengleichung mit konstanten Koeffizienten 293
lineare Differenzialgleichung mit konstanten Koeffizienten 191
lineares System 286
lineares und nichtlineares System 186
Linearfaktor 235
Linearität 103, 212, 315
Linearitäts- und Differenziationssatz 231
Linienspektrum 131
Linksverschiebung 213, 317
Lösungen 14
LTI-System 191, 292 f.
– der Ordnung n 226

M

Methode der unbestimmten Koeffizienten 301
Mittenfrequenz 278, 367
Mixed Radix-FFT 158
Modulation 82
Multiplikation 35, 66
Multiplikationseigenschaft des Dirac-Impulses 25, 309

N

nichtkausal 276
nichtkausales System 189, 290, 366
nichtlineares System 286
nichtperiodisches Signal 280, 370
nichtrekursives System 295, 335, 341
Nullstelle 235
Nutzsignal 270
Nyquist-Frequenz 136
Nyquist-Shannon'sches Abtasttheorem 55, 136

O

Operatorenrechnung 204
Originalbereich 201, 218, 231, 320
Ortskurve 263
–, eines RC-Gliedes 264

P

Parseval'sches Theorem 127
Partialbruchzerlegung 222, 348
Partialschwingung 249
Partialschwingungen 349
p-Ebene 205
Periode 80
Periodendauer 80
periodische Dirac-Impulsfolge 307
periodische Einheitsimpulsfolge 59
periodische Faltung 75
periodische Rechteckfunktion 86, 89, 94
periodisches Signal 280, 370
periodisches Spektrum 167
Periodizität des Spektrums 146
Pfad 198, 304
Phase 29, 253, 255, 354
Phasengang 257, 264, 281, 359, 371
Phasenkennlinie 264, 359
Phasenlaufzeit 268, 274
– eines RC-Gliedes 269
Phasenspektrum 89, 91, 93, 100, 147, 281, 371
Phasenverschiebung 80, 88 f., 95, 252

PN-Plan 263, 358
– des diskreten Integrators 337
–, System zur Mittelwertbildung 337
Pol-Nullstellen-Diagramm 249, 261, 349
Pol-Nullstellen-Form 234, 336
Pol-Nullstellen-Plan 235, 336
Polstelle 222, 227, 235, 248, 348
Polynomdivision 296, 334
Polynomform 234, 336
Potenzfolge 59
Produktzerlegung 227, 325, 330
Punktsymmetrie 104

Q

Quadrierer 185, 187, 287, 289

R

Radix 2-FFT 158
Radix 3-FFT 158
Rampenfolge 59
RC-Glied 185, 193, 199 f., 263 f., 281
RC-Tiefpass 255, 352
Reaktionsgeschwindigkeit 235
Realteil 255
– des Spektrums 104
Rechenregeln 210, 382, 386, 389
Rechteckfolge 58
Rechteckfunktion 22, 107, 115, 277
–, periodische 86, 89, 94
Rechteckimpulsfolge 132
Rechtecksignal 105
rechtsseitige z-Transformation 353
Rechtsverschiebung 213, 316
reelle Form der Fourier-Reihe, 1 84 f., 96
–, 2 84, 96
Rekursion 296
rekursives System 295, 335, 341
Resonanzfrequenz 259
Resonanzkreisfrequenz 222, 259

S

schnelle diskrete Fourier-Transformation 158
schnelle Fourier-Transformation FFT 143
Schwingungen, exponentiell gedämpfte 224, 230
–, harmonische 29, 118
–, harmonische, als Folgen 60
Schwingungsdauer 80
si-Funktion 31, 123, 277, 366
Signal 16
–, amplitudenmoduliertes 108
–, deterministisches 18
–, geschaltetes harmonisches 241

–, ideal abgetastetes 313
–, konstantes 21, 117
–, nichtperiodisches 280, 370
–, periodisches 280, 370
–, stochastisches 18
–, wertdiskretes 18
–, zeitdiskretes 18, 55
–, Zeitverschiebung 315
Signalbreite 283
Signalflussgraph 197, 200, 303
–, RC-Glied 200
Signalflussplan 197, 199, 303, 344
– des diskreten Integrators 305 f.
–, RC-Glied 199
Signalfolge, konstante 57
Signaloperation 32
sinc-Funktion 31
Skalierung 32, 63
Spaltfunktion 31
Spektrum 135, 161
–, Amplituden- 89, 91, 93, 100
–, diskretes 131, 142, 167
–, Energiedichte- 125 f.
–, Frequenz- 80, 89, 93
–, kontinuierliches 142, 167
–, Leistungsdichte- 125, 128
–, Linien- 131
–, periodisches 167
–, Periodizität 146
–, Phasen- 89, 91, 93, 100
Spiegelung 34, 64
Sprungantwort, System zur Mittelwertbildung 346
Sprungantwortfolge 340, 342
stabiles System 247, 291
stabiles und instabiles System 190
Stabilität 224, 235, 246, 347
Stabilitätsbedingung 250, 350
Stabilitätsgrenze 249
Stabilitätsverhalten 336
statisches Verhalten 185
stochastisches Signal 18
Stoßantwort 42, 240
Subtraktion 34, 65
Summation 182
Summationsstelle 198
Summenzerlegung 227, 229, 328, 331
Symmetrie 103, 146, 156
Symmetrieeigenschaft 359
symmetrisch gerade Funktion 104
symmetrisch ungerade Funktion 104
System 182, 285
– dritter Ordnung 250
– erster Ordnung 218, 321
–, instabiles 291

–, kausales 290
–, kausales und nichtkausales 189
–, lineares 286
–, lineares und nichtlineares 186
– mit und ohne Speicherwirkung 285
–, nichtkausales 189, 290, 366
–, nichtlineares 286
–, nichtrekursives 295, 335, 341
–, rekursives 295, 335, 341
–, stabiles 247, 291
–, stabiles und instabiles 190
–, zeitinvariantes 289
–, zeitinvariantes und zeitvariantes 188
–, zeitvariantes 289
– zur Mittelwertbildung 345, 370
– –, Differenzengleichung 299
– –, Frequenzgang 360
– –, Gruppenlaufzeit 363
– –, Impulsantwort 344
– –, PN-Plan 337
– –, spektrale Beeinflussung 372
– –, Sprungantwort 346
– –, Übertragungsfunktion 333
– zweiter Ordnung 220, 236, 329
Systemantwort 238, 339
Systemdefinition 182
Systemeigenschaft 185, 285
Systemreaktion 241, 342
– auf ein harmonisches Signal 342

T

Tiefpass 138
–, idealer 135, 189 f., 276, 290, 365
Tiefpasssignal 55, 133
Träger 270, 273
Transformationspaar 99, 210

U

Überabtastung 137 f.
Übergangsfunktion 240
– eines RC-Gliedes 243
Übergangsvorgang 185, 241
Übertragungsfunktion 231 f., 238, 248, 332, 339, 348
– des diskreten Integrators 333
– des RC-Gliedes 232, 234
–, System zur Mittelwertbildung 333
Übertragungssystem, ideales kontinuierliches 275
–, ideales zeitdiskretes 364
–, verzerrungsfreies 275
Übungsaufgaben 172, 374

Umlaufintegral 314
Unterabtastung 136

Variation von Konstanten 195
Verschiebung 33, 64
Verschiebungseigenschaft des Dirac-
    Impulses 134, 278
verzerrungsfreies Übertragungssystem 275
Verzweigungsstelle 198

W

wertdiskretes Signal 18
Wertskalierung 32, 63
Whittaker-Kotelnikow-Shannon-
    Abtasttheorem 136
Widerstandsoperator 233
Wiener-Khintchine-Beziehung 126
Wirkungsplan 197

Zahlenfolge 56
zeitdiskrete Fourier-Transformation
    DTFT 143, 145, 353, 365
zeitdiskretes Signal 18, 55
zeitinvariant 43, 71
zeitinvariantes System 289
zeitinvariantes und zeitvariantes System 188
Zeitkonstante 196, 222, 235, 237
Zeitkonstantenform 234
zeitliches Verhalten 235, 336
Zeitskalierung 32, 63, 108
zeitvariantes System 289
Zeitverschiebung 106, 212, 315
z-Rücktransformation 332, 339
z-Transformation 307, 309, 332, 339
–, inverse 307, 312, 314
–, Korrespondenzen 315
–, Rechenregeln 315
–, rechtsseitige 353

HANSER

Eine gute Nachricht!

Frohberg/Kolloschie/Löffler
Taschenbuch der Nachrichtentechnik
456 Seiten, 218 Abb., 57 Tabellen.
ISBN 978-3-446-41602-4

Das Taschenbuch der Nachrichtentechnik vermittelt die umfangreichen Grundlagen und Anwendungen des Gebiets anschaulich, gut strukturiert und komprimiert. Es umfasst sowohl Theorie als auch zukunftsorientierte Techniken, Systeme und Dienste aus allen Teilgebieten der Nachrichtentechnik.

Die textliche Darstellung wird durch zahlreiche Tabellen, Übersichten und Bilder ergänzt. Ein umfassendes Literaturverzeichnis gestattet die weitergehende Arbeit auf Spezialgebieten.

Mehr Informationen unter **www.hanser.de/taschenbuecher**

HANSER

Klein, aber fein!

Metz/Naundorf/Schlabbach
Kleine Formelsammlung Elektrotechnik
5., überarbeitete Auflage
236 Seiten, 337 Abbildungen
ISBN 978-3-446-41755-7

Die »Kleine Formelsammlung« enthält die wichtigsten Formeln ausgewählter Stoffgebiete der Elektrotechnik, die Studenten ingenieurwissenschaftlicher Fachrichtungen an Fachhochschulen und Technischen Universitäten sowie Schüler an Berufsschulen und technisch orientierten Gymnasien benötigen.

Sie dient zum Nachschlagen bei Klausuren, zur Unterstützung beim Lösen von Übungsaufgaben, zur Auffrischung von elektrotechnischen Kenntnissen und zur Prüfungsvorbereitung.

Mehr Informationen unter **www.hanser-fachbuch.de**